파스칼 삼각형

PASCAL TRIANGLE

저 자 토마스 M. 그린, 찰스 L. 햄버그
역 자 황운구 전태환 서은원 최혜린 최수연 신석빈

(주)신한출판미디어

파스칼 삼각형

인 쇄 | 2022년 1월 7일
발 행 | 2022년 1월 15일

저 자 | 토마스 M. 그린, 찰스 L. 햄버그
역 자 | 황운구 전태환 서은원 최혜린 최수연 신석빈
발행인 | 채수봉
발행처 | (주)신한출판미디어

주 소 | 서울 마포구 구룡길 19 B동 332호(상암 한화 오벨리스크)
대표전화 | (02) 338-5396
팩 스 | (02) 338-5293

홈페이지 | http://shinhanpub.com
E-mail | shinhanpub@shinhanpub.com

ISBN | 979-11-90854-08-5
정 가 | 35,000 원

파스칼 삼각형

2 판

토마스 M. 그린, 찰스 L. 햄버그 저

황운구 전태환 서은원 최혜린
최수연 신석빈 역

황운구 · 전태환 · 서은원 · 최혜린 · 최수연 · 신석빈 역

이 판은
훌륭한 교사와 동료들 그리고
친구 찰스 L. 함부르크와의 추억을 기리며
그들에게 바친다.

파스칼 삼각형

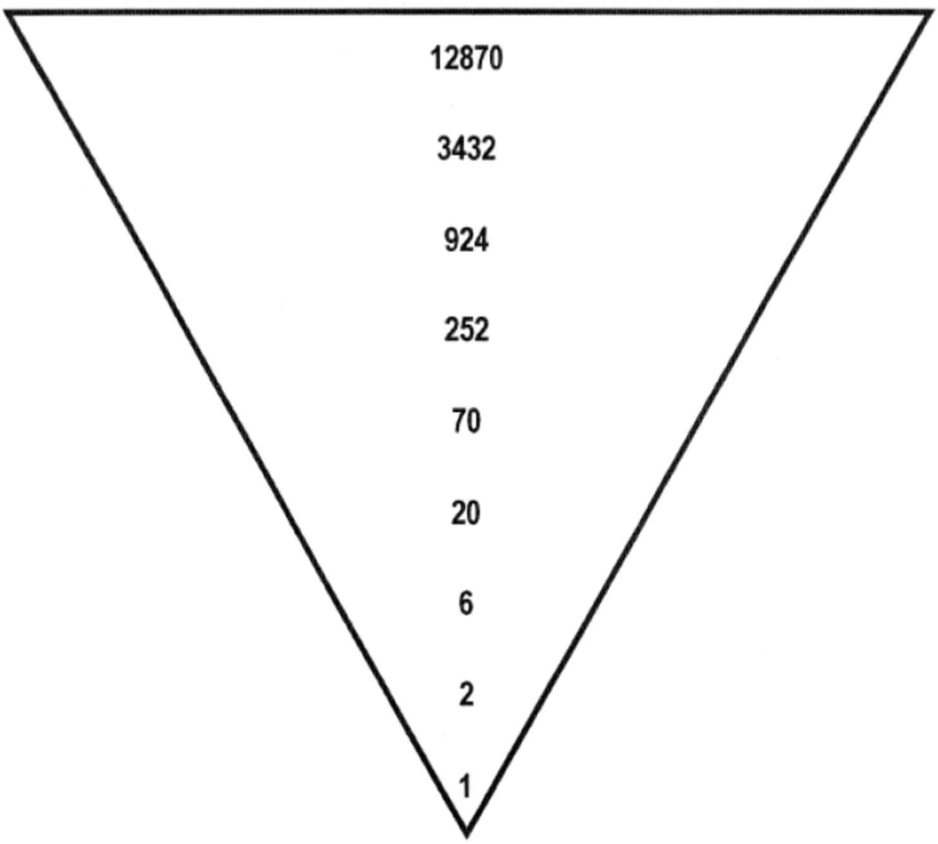

이항 계수의 중앙 : $\mathrm{C}(2n, n)$

2판 머릿말

이 판을 준비하면서 우리는 파스칼의 삼각형이라고 알려진 이 놀라운 숫자의 특성들에 대한 많은 면에 계속해서 흥미를 느낀다. 우리는 몇 가지 새로운 주제를 추가했고, 몇 가지 새로운 패턴을 발견했으며, 초판의 원본을 대부분 유지했다. 우리가 추가한 새로운 주제들 중 일부는 격자에 대한 카탈란 수와 경로, 데르몽드(Vandermonde)의 항등식과 조합 문제 해결, 중심 다각형 수에 대한 적용, 더 많은 고차원 도형 수, 점 도표와 오일러의 공식, 파스칼 삼각형의 다른 반복 수열, 유한 미분과 수열 적분이다. 수열 및 스트링곱과 관련된 더 많은 속성을 몇 개 새로운 이름으로 붙였다. 우리는 독자들이 관심 있는 주제를 쉽게 검색할 수 있는 포괄적인 색인을 개발하였다.

우리는 초판의 목표를 달성하기를 바라며, 구체적인 사례와 패턴의 일반화를 추측하는 검사를 통해 패턴의 검증을 요구하는 많은 문제들을 포함함으로써, 우리는 그러한 목표를 유지할 뿐만 아니라, 그것들을 확장하고, 젊은 초기 연구자를 위한 몇몇 상위 수학의 발견을 위한 도구를 제공하기 위해 노력해왔다.

또 다른 주요 목표는 수학 교사들이 수업에 사용할 수 있는 소스 자료를 만드는 것이었다. 우리는 고급 수학의 중요한 부분을 탐색하고 발견하면서 자신이 받는 만족감에 대해 대학 이전 수준에서 학생들을 소개하는 데 적합한 많은 주제를 포함시켰다.

이전과 마찬가지로, 우리는 여러분이 이 놀라운 산술 삼각형(Arithmetic Triangle)를 우리가 했던 만큼 탐구하는 것을 즐기기를 바란다. 아직 발견해야 할 것이 많이 있다, 우리는 그것을 확신한다.

2012년 저자들

"... [이 산술 삼각형(The Arithmetic Triangle)의 용도]는 제가 포함시킨 것보다 훨씬 더 많이 빼놓았다. 이 삼각형의 성질이 얼마나 풍부한지 놀랍다. 누구나 손수 시도할 수 있다."

1653년 블레즈 파스칼
"산술 삼각형의 논문(Treatise on the Arithmetic Triangle)"

초판 머릿말

파스칼 삼각형은 흥미로운 수의 배열이다. 삼각형 배열 자체 안에 무한한 패턴과 관계가 있는 것처럼 보일 뿐만 아니라, 이 숫자들이 역할을 하는 수학적인 주제도 많이 있다.

이 교재는 파스칼 삼각형과 관련된 수학의 발견을 위한 수단을 제공하기 위해 고안되었다. 대부분의 문제의 수준은 고등학교 대수학 수준이나 그 이하이다. 그러나, 더 진보된 독자는 특정 공식을 증명하거나 주어진 패턴을 일반화하려고 시도함으로써 패턴과 토론을 확장할 수 있다. 예를 들어 T_n이 n번째 삼각수를 나타내고 S_n이 n번째 제곱수를 나타내는 경우 고급 독자는 다음 관계를 증명할 수 있다.

$$T_{n+m} = T_n + T_m + (1) \cdot n \cdot m$$

$$S_{n+m} = S_n + S_m + (2) \cdot n \cdot m$$

$S_{n+m} = (n+m)^2$임을 주목하여라.

고급 독자를 위한 또 다른 문제는 오각수나 다른 도형수에 의해 만들어진 패턴을 확장하는 것이다. 우리의 문제는 이것들과 같은 많은 패턴을 추천한다.

이 교제에 대한 우리의 목표 중 하나는 몇 가지 구체적인 사례를 테스트하여 패턴의 검증을 요청하는 많은 연습들을 포함시킴으로써 젊은 초보 연구자에게 동기를 부여하는 것이었다. 학생들이 특정한 답을 찾기 전에 이러한 생각들 중 몇 가지를 곰곰이 생각해보고 탐구할 시간을 가질 가치가 있다. 학생들이 패턴을 탐구함으로써 진정한 통찰력을 얻을 수 있다는 것이 우리의 경험이었다. 그런 의미에서 연습의 실제 과정이 정답이다.

우리의 또 다른 목표 중 하나는 학생들에게 이산 수학을 소개하는 데 적합한 많은 주제를 포함하여 수학 교사들이 수업에 사용할 흥미로운 원천 자료를 제공하는 것이었다.

우리는 파스칼 삼각형을 20년 넘게 탐구해 왔다. 그리고 우리는 여전히 이 수들을 적용할 수 있는 새로운 패턴과 상황을 발견할 때 놀라움을 금치 못하고 있다. 우리는 당신이 좋아하는 패턴을 다음 페이지에서 찾기를 바란다. 저희만큼 탐구를 즐기실 수 있을 것이다.

1986년

토머스 M. 그린(Thomas M. Green)
찰스 L. 햄버그(Charles L. Hamberg)

역자 서문

'파스칼 삼각형'을 선생님들과 함께 연구한지 한 2년 반의 시간이 흘렀다. '시간이 약이다.'라는 말이 있듯이 시간이 흘러 마무리를 지었다. 파스칼 삼각형의 내용의 깊이를 느낄 수 있는 시간이었다.

본 역자의 목표 중 하나가 학생들에게 이산 수학을 소개하는데 적합한 많은 주제를 포함하여 수학 교사들이 수업에 사용할 흥미로운 원천 자료를 제공하는 것이었는데 그것을 이룬 듯하다. 고등학생들과 함께 연구를 진행을 하여도 될 내용들이라서 수학 프로젝트에 적용을 하면 좋을 듯하다. 더 많은 연구를 위해 '파스칼 사면체'에 대하여 하였으면 한다.

너무나 힘든 시간이었으나 무엇을 이루었다는 것에 뿌듯함을 느낀다.

서로 서로 격려를 아끼지 않은 함께한 선생님들께 감사의 말을 전하다. 아무쪼록 수학이 대중화될 그날이 오기를 기도한다.

2021년 대전괴정고등학교 수학전용교실 1실에서...
황운구, 전태환, 서은원, 최혜린, 최수연, 신석빈

차 례

05 경우의 수 문제 353

06 격자 경로 세기 486

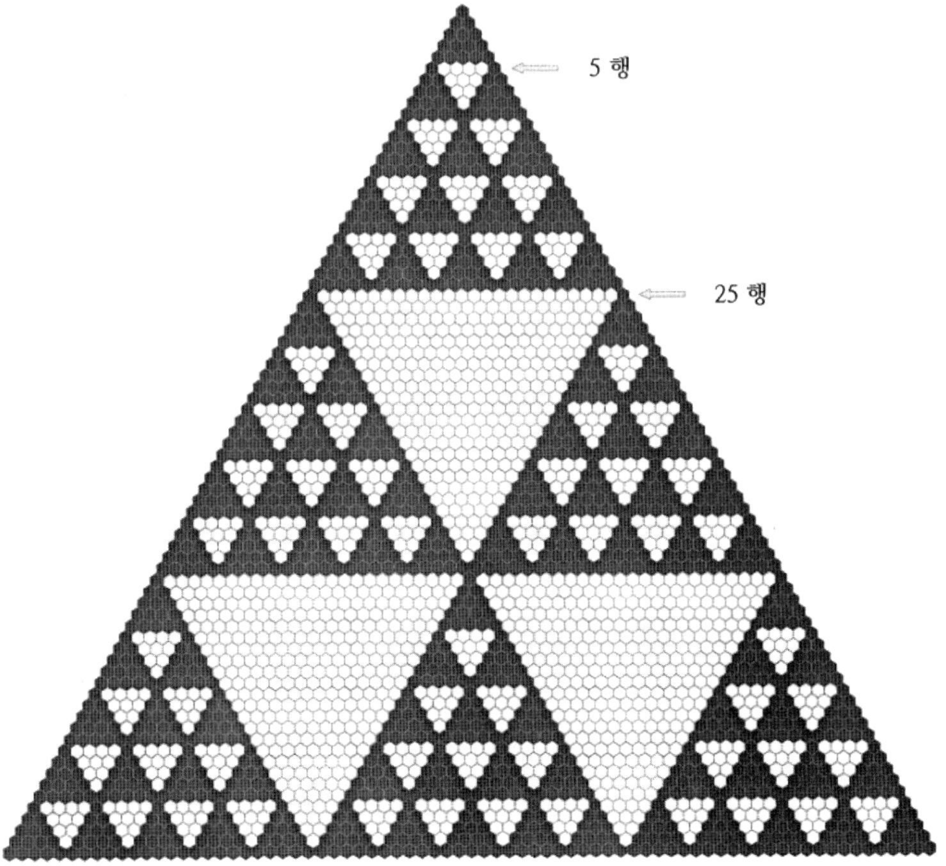

이 파스칼 삼각형의 흰색 정육각형들의 원소 개수는
5의 배수만큼 있다.

1 파스칼 삼각형은 어디에서나 찾을 수 있다.

1.1 파스칼 삼각형의 패턴

파스칼 삼각형(Pascal's Triangle)은 어떤 정수들을 삼각형 패턴으로 배열한 것이다. 1653년, 블레즈 파스칼은 이 삼각형 패턴의 많은 성질을 설명하는 ≪산술 삼각형의 논문(A Treatise on the Arithmetic Triangle)≫을 저술하였다.

파스칼 삼각형의 몇 개의 행은 아래와 같다.

0 행						1					
1 행					1		1				
2 행				1		2		1			
3 행			1		3		3		1		
4 행		1		4		6		4		1	
5 행	1		5		10		10		5		1

0행을 제외하고 각각 행의 수는 위의 행의 수로부터 구할 수 있다. 그 규칙이 보이는가?

1.1절

1. 연속적인 행을 형성하는 규칙은 무엇인가? 6행의 수는 무엇인가?

6행의 수들은 1, 6, 15, 20, 15, 6, 1이다. 각 행의 첫 번째와 마지막 수는 모두 1이다. 다른 수들은 바로 위의 행의 연속된 쌍의 수를 더하여서 구할 수 있다. 예를 들어 5행에서 다음과 같이 6행을 구할 수 있다.

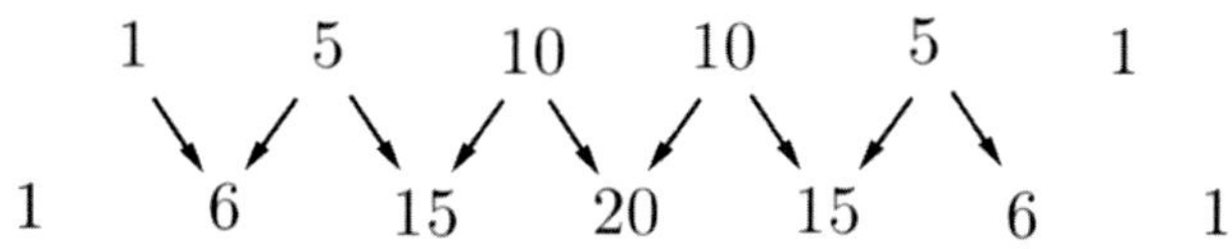

0행부터 5행까지 규칙을 확인하여 보아라.

---

2. 아래의 파스칼 삼각형의 다음 세 행의 수들을 적어 보아라.

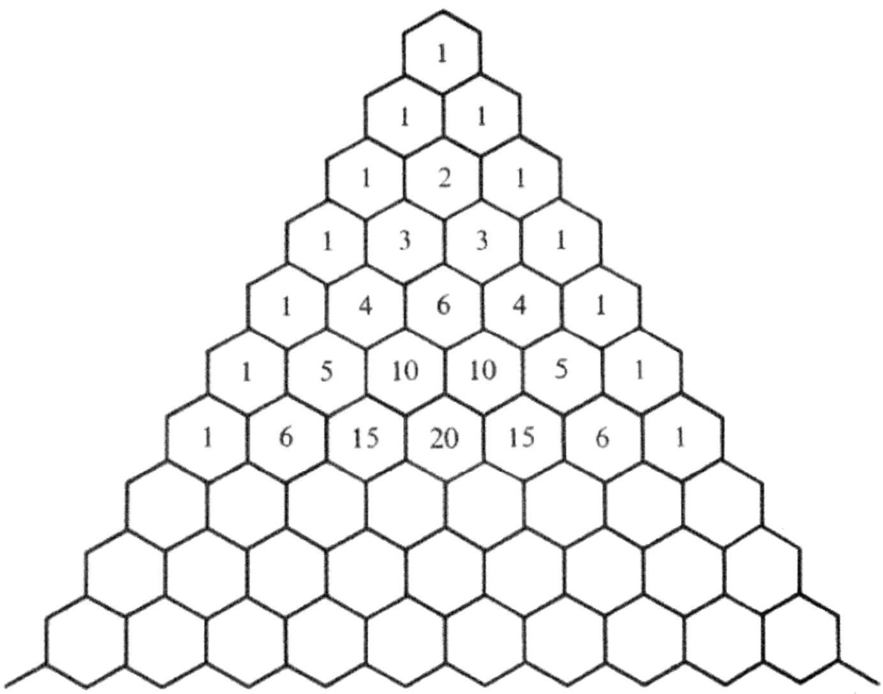

이 숫자 배열은 파스칼이 기록하기 오래 전에 알려져 있었다. 이 삼각형은 약 12세기에 오마르 하야얌(Omar Khayyam)이 사용하였다. 산술 삼각형에 대한 또 다른 초기 기록은 1303년 주세걸(Chu Shih-Chieh)의 중국 고서에 기록되어 있다. 유럽의 수학자들은 파스칼 이전에 대수학을 개발하는 동안 백 년 이상 삼각형을 다루었다.

산술 삼각형에 관한 파스칼의 논문에는 새로운 많은 성질이 포함되어 있다. 그는 수학적 귀납법과 같은 새로운 방법을 사용하여 이전에 논의되었던 것을 일반화할 수 있었다. 파스칼은 또한 삼각형을 확률 이론에 적용하였다.

파스칼 삼각형은 여러 가지 수학 분야의 많은 문제에 대한 해결책을 제공한다. 이 장의 다음 절에 이것에 관한 네 가지 예제가 있다. 이러한 예제는 정수론, 대수학, 기하학 및 확률에서 다루어진다.

파스칼의 삼각형을 사용하여 해결할 수 있는 다양한 문제 외에도 삼각형 자체에는 수의 행과 열에 흥미로운 규칙이 많이 있다. 2장에서는 이러한 규칙 중 몇 가지를 살펴보고, 흥미로운 패턴을 직접 발견할 수도 있다.

1.2 동전 던지기 확률

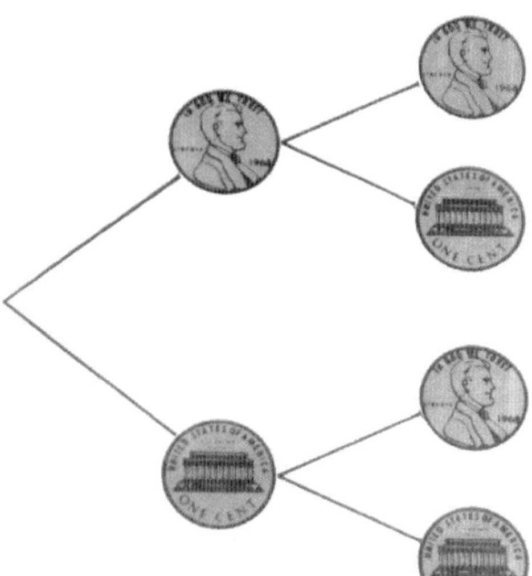

다음 확률 예제를 생각하여 보자. 동전을 던지면 앞이나 뒤가 나온다. 두 가지 경우가 있으며 동전의 앞면이 나올 확률은 2 번 중 1 번 또는 확률이 $\frac{1}{2}$이다. 동전의 뒷면이 나올 확률은 동일하다. 모든 사건의 확률은 0과 1사이의 분수로 표현된다.

2개의 동전 던지기를 생각하여 보자. 나올 수 있는 경우는 무엇인가? 우리는 이를 수형도(tree diagram)로 나타낼 수 있다.

이를 앞면 H, 뒷면 T로 해서 다음과 같이 나타낼 수 있다.

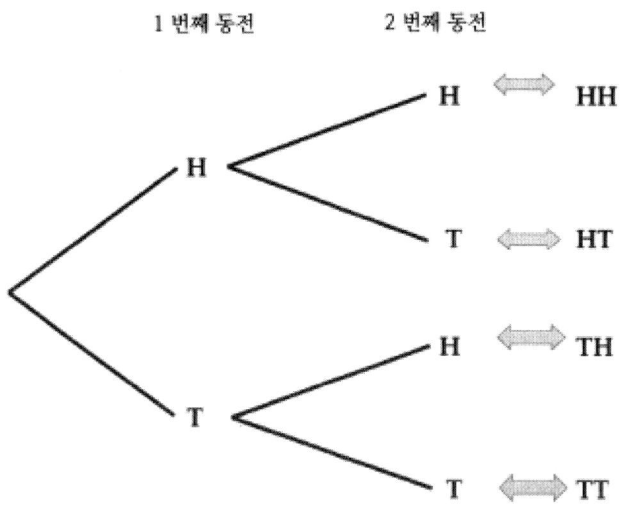

왼쪽부터 시작해서 나뭇가지를 따라가 보면 4가지 경우를 찾을 수 있다. 4가지 가능한 경우는 아래와 같다.

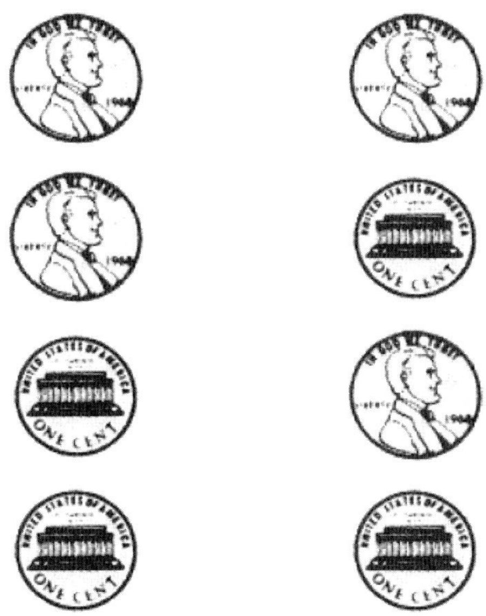

앞면 2개

앞면 1개, 뒷면 1개

뒷면 1개, 앞면 1개

뒷면 2개

위의 경우를 표로 다시 나타내어 보자.

앞면의 수	경우의 수
2	1
1	2
0	1
	합계 : 4

동전 두 개를 던져서 모두 앞면이 나올 확률은 4가지 경우 중 1가지이므로 확률은 $\frac{1}{4}$이다.

동전 두 개 중 한 개가 앞면이 나올 확률은 4가지 경우 중 2가지이므로 확률은 $\frac{2}{4}=\frac{1}{2}$이다.

동전 두 개 중 모두 뒷면이 나올 확률은 4가지 경우 중 1가지이므로 확률은 $\frac{1}{4}$이다.

3개의 동전을 던졌을 때의 경우에 대해서 계산을 하여 보자. 이를 수형도로 나타내면 아래와 같다.

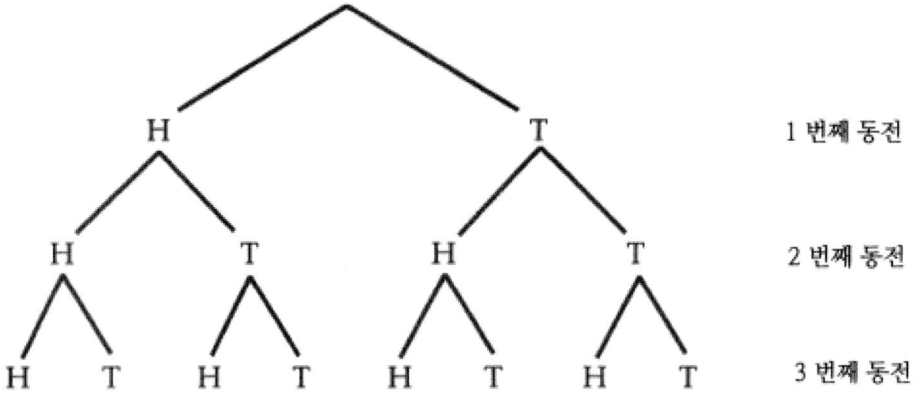

맨 위에서 시작해서 나뭇가지를 따라 8가지 경우를 찾을 수 있다. 왼쪽 가지만을 따라가면

1행은 3개의 동전 모두 앞면인 HHH이다. 8개의 배열은 다음과 같다.

첫 번째 동전	두 번째 동전	세 번째 동전
H	H	H
H	H	T
H	T	H
H	T	T
T	H	H
T	H	T
T	T	H
T	T	T

앞면의 개수의 중심으로 경우의 수를 세어 보면 다음과 같다.

앞면의 수	경우의 수
3	1
2	3
1	3
0	1
	합계 : 8

동전 3개를 던졌을 때 세 개의 앞면이 나올 확률은 8개 중 1개이므로 $\frac{1}{8}$이다. 두 개의 앞면이 나올 확률은 8번 중 3번이므로 $\frac{3}{8}$이다.

1.2절

1. 동전 3개를 던졌을 때, 앞면이 1개만 나올 확률을 구하시오.
2. 동전 3개를 던졌을 때, 뒷면이 3개만 나올 확률을 구하시오.

3. 동전 4개를 던졌다고 생각하자. 이 경우에 대한 수형도를 그리고 가능한 경우의 수를 표로 나타내어라. 그런 다음 아래의 표를 완성하시오.

앞면의 수	경우의 수
4	________
3	________
2	________
1	________
0	________
	합계 : ________

얻은 결과를 가지고 다음 확률을 구하시오.

4. 동전 4개를 던졌을 때, 앞면이 4개 모두 나올 확률을 구하시오.

5. 동전 4개를 던졌을 때, 앞면이 3개만 나올 확률을 구하시오.

6. 동전 4개를 던졌을 때, 앞면이 2개만 나올 확률을 구하시오.

7. 동전 4개를 던졌을 때, 앞면이 1개만 나올 확률을 구하시오.

8. 동전 4개를 던졌을 때, 뒷면이 4개 모두 나올 확률을 구하시오.

이를 정리하여 보면 아래와 같이 정리를 할 수 있다.

동전의 개수	앞면의 개수	경우의 수
1	1	1
	0	1
2	2	1
	1	2
	0	1
3	4	1
	2	3
	1	3
	0	1
4	4	1
	3	4
	2	6
	1	4
	0	1

각 동전의 개수에 대한 파스칼의 삼각형의 열에 있는 수와 위 표의 경우의 수가 같다는 것을 알아차렸는가? 예를 들어, 동전 4개를 던지면, 경우의 수는 1 4 6 4 1로, 파스칼의 삼각형 4열에 있는 수이다.

---

9. 동전 5개를 던질 때, 5행의 파스칼 삼각형 수는 동전의 앞면의 개수가 5, 4, 3, 2, 1, 0인 경우의 수가 포함되어 있다고 가정하자. 파스칼 삼각형만 참조하여 다음 표를 완성하시오.(수형도나 다른 표는 작성하지 말아라.)

앞면의 수	경우의 수
5	________
4	________
3	________
2	________
1	________
0	________
	합계 : ______

10. 앞면 5개가 나올 확률은? 앞면 4개가 나올 확률은? 앞면이 3개가 나올 확률은? 앞면이 2개가 나올 확률은? 앞면이 1개가 나올 확률은? 앞면이 0개(뒷면이 5개)가 나올 확률은? 앞면 5개가 나올 확률과 뒷면 5개가 나올 확률은 같은가?

동전 3개를 던질 때 얻은 앞면 수의 분포를 보여주는 또 다른 방법은 히스토그램을 사용하는 것이다. 각 열의 높이는 기둥 하단에 있는 앞면 수를 포함하는 배열의 수를 나타낸다.

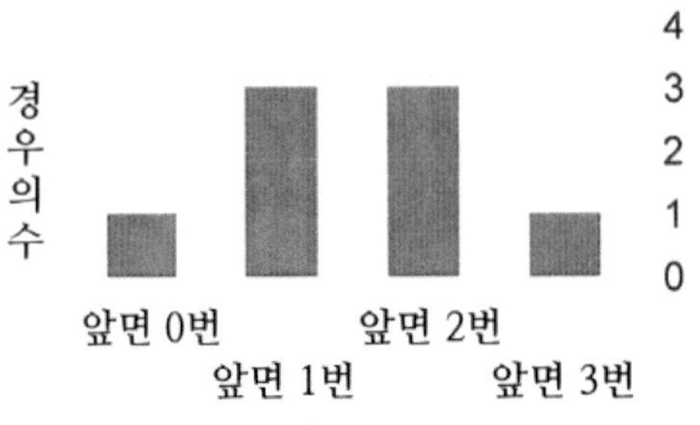

앞면이 나오는 횟수

11. 동전 4개를 던질 때와 동전 5개를 던질 때 얻은 앞면의 수에 대한 분포를 보여주는 히스토그램을 그려보아라.

다음 실험을 시도해보아라. 동전 3개를 80번을 던지고 앞면이 3개, 2개, 1개 또는 0개가 나올 때마다 이를 기록한다. 그런 다음 각 경우에 대한 수를 합하고 이를 80으로 나눈수로 나타낸다. 그 결과는 앞에서 보았던 동전 3개를 던져서 구한 이론적 값인 $\frac{1}{8}=\frac{10}{80}$, $\frac{3}{8}=\frac{30}{80}$, $\frac{3}{8}=\frac{30}{80}$, $\frac{1}{8}=\frac{10}{80}$과 비교하여 보아라.

1.3 2의 거듭제곱, 11 그리고 101

1개의 세포는 일정한 시간을 두고 2개로 분열한다고 한다. 이 과정을 세포 분열이라고 한다. 아래 그림은 1개의 세포가 2단계 분열을 하는 과정을 나타낸 것이다.

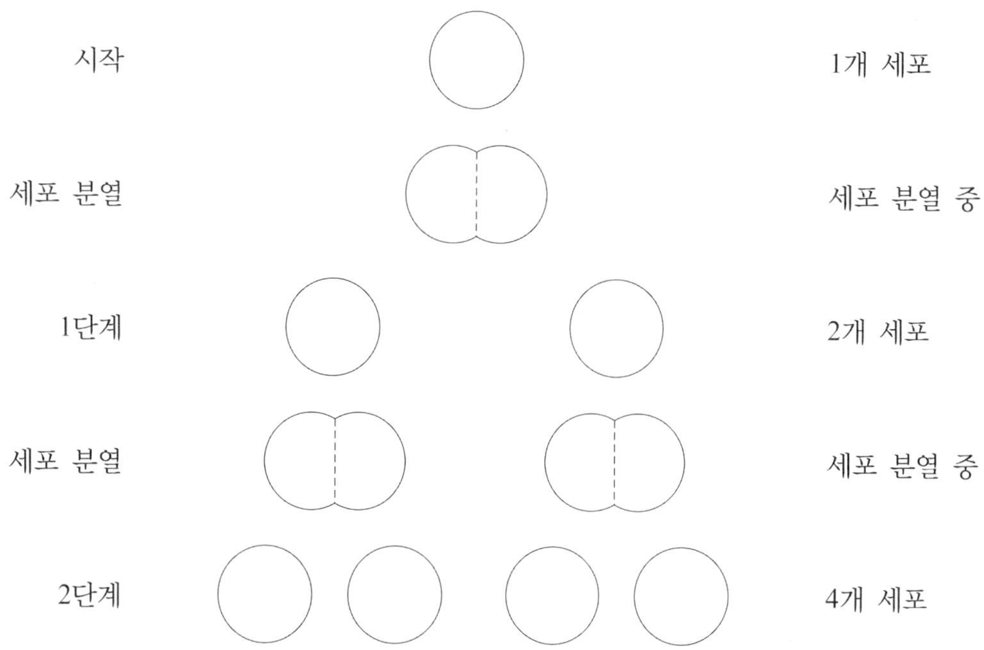

세포 분화 과정을 생각하고 다이어그램으로 아래와 같은 수형도로 나타낼 수 있다.

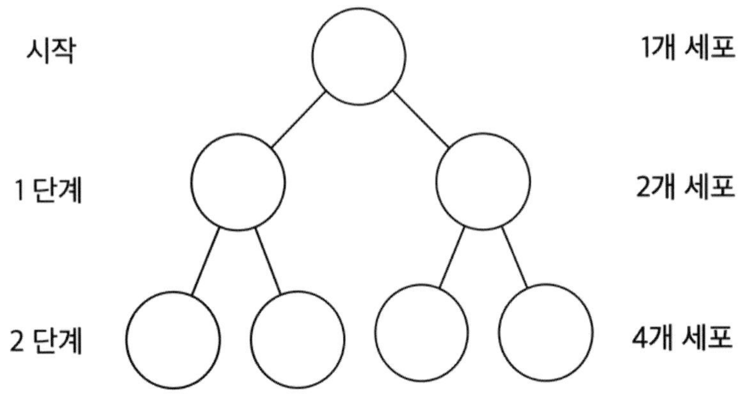

> 이 수형도가 동전 던지기 수형도와 비슷하다는 것을 알아챘는가?

1.3절

1. 2단계의 4개의 세포가 각각 2개로 분화한다고 가정하자. 3단계에는 몇 개의 세포가 있을까?

2. 위의 것과 같은 수형도를 그려 3단계와 4단계로 확장하고 각 단계의 세포 수를 수형도 옆에 써 보아라.

위의 문제 2의 각 단계에 있는 세포의 수열은 1, 2, 4, 8, 16이다. 다음에 올 수는 무엇인가? 만약 32라고 하였다면 맞았다. 이 수열에 나오는 이 숫자들을 '2의 거듭제곱'이라고 부른다. 2^3은 2의 세제곱이라고 하며, 밑은 2로 하여 이 인수 2를 3번 곱한 수로 계산한다.

$$2^3 = 2 \cdot 2 \cdot 2 = 8$$

그러면 $2^2=4$ 그리고 $2^4=16$임을 확인할 수 있다. 추가적으로 2의 1 거듭제곱과 0 거듭제곱은 $2^1=2$, $2^0=1$로 정의한다.

---

3. 2^5과 2^6의 값을 구하시오.

4. 아래는 2의 거듭제곱의 수열을 나열한 것이다.

$$2^0=1,\ 2^1=2,\ 2^2=4,\ 2^3=8,\ 2^4=16,\ 2^5=32,\ 2^6=64$$

다음에 오는 수열의 항의 수를 구하시오.

5. 다음 2의 거듭제곱을 구하시오.

$2^7=$ ____, $2^8=$ ____, $2^9=$ ____, $2^{10}=$ ____.

2의 거듭제곱은 하나의 세포로 시작하여, 세분화 과정의 각 단계에서 세포의 수를 나타낸다. 3단계의 세포 수는 2^3개이다. n단계의 세포 수는 2^n개이다.
우리는 이제 2의 거듭제곱과 파스칼의 삼각관계 사이의 관계를 탐구할 것이다. 아래의 삼각형에서 파스칼 삼각형의 열에 있는 숫자들을 모두 더한 총합계는 2의 거듭제곱인 것을 알 수 있다.

$$
\begin{array}{c}
1 = 1 \\
1 + 1 = 2 \\
1 + 2 + 1 = 4 \\
1 + 3 + 3 + 1 = 8 \\
1 + 4 + 6 + 4 + 1 = 16
\end{array}
$$

6. 다음 합을 구하시오.

   $1 + 5 + 10 + 10 + 5 + 1 =$

7. 파스칼 삼각형의 6열, 7열, 8열, 9열, 10열의 원소들의 모든 합이 각각 2^6, 2^7, 2^8, 2^9, 2^{10} 인가?

일반적으로, 파스칼 삼각형의 n번째 열의 합은 2의 거듭제곱인 2^n과 같다(단, $n=0, 1, 2, \cdots$). 파스칼 삼각형의 n번째 열의 수들은 **이항 전개식**(binomial expansion)의 계수와 같아서 포괄적인 수학적 개념으로 확장할 수 있다.

이항(binomial)은 두 개 항의 합으로 이루어져 있다. 예를 들어 $1+1$, $x+1$, $a+b$ 그리고 $10+1$을 말한다. 파스칼 삼각형 수들은 **이항 계수**(binomial coefficient)로 잘 알려져 있다. 두 개의 항으로 이루어진 **다항식**(polynomial)을 거듭제곱하였을 때 파스칼 삼각형의 수들이 나타난다. 이들 다항식은 파스칼의 삼각형의 수들을 계수로 사용한다. 예를 들어, 이항 $1+1$로 표현된 수 2는 다양한 거듭제곱으로 나타낼 수 있으며 이러한 거듭제곱의 전개는 파스칼 삼각형의 수들의 합, 즉 이항 계수의 합으로 나타난다. 예를 들어,

$$2^3 = (1+1)^3$$

에서 $(1+1)^3$을 전개하면

$$(1+1)^3 = 1 + 3 + 3 + 1$$

으로 파스칼 삼각형의 3행의 수들의 합으로 표현된다. $(1+1)^n$의 전개는 파스칼 삼각형의 n행의 수들의 합과 같다. $1+1$의 제곱의 전개는

$$(1+1)^2 = 1 + 2 + 1$$

이고, 다시 말해 파스칼 삼각형의 2열의 수들의 합이다.

8. $(1 + 1)^4$을 전개하시오.

9. $(1 + 1)^5$을 전개하고, 그 합이 2^5임을 보여라.

기계적으로, $(1 + 1)^3$을 다음과 같이 나타낼 수도 있다.

$$(1 + 1)^3 = \underline{\mathbf{1}} \cdot 1^3 + \underline{\mathbf{3}} \cdot 1^2 + \underline{\mathbf{3}} \cdot 1^1 + \underline{\mathbf{1}} \cdot 1^0$$

$1^3 = 1^2 = 1^1 = 1^0 = 1$(1의 거듭제곱은 1이다.)이고, 1에 어떤 수를 곱하면 자기 자신이므로 결론적으로 1 + 3 + 3 + 1과 같다. 1은 이항 1+1의 첫 번째 숫자이므로 1의 거듭제곱은 전개에 포함된다. 이항 2 + 1의 거듭제곱의 전개에서 2의 거듭제곱 포함되고 아래와 같다.

$$(2 + 1)^3 = \underline{\mathbf{1}} \cdot 2^3 + \underline{\mathbf{3}} \cdot 2^2 + \underline{\mathbf{3}} \cdot 2^1 + \underline{\mathbf{1}} \cdot 2^0$$

이항 계수는 이전의 1, 3, 3, 1과 같지만 이제 각 계수에는 2의 거듭제곱을 곱하는데 2^3부터 시작하여 2^0까지 각각 곱한다. $(2 + 1)^3 = 3^3 = 27$은 계산하여 이 등식이 성립하는지 살펴보자.

$$\begin{aligned}
\text{(좌변)} &= (2 + 1)^3 = 3^3 = 27 \\
\text{(우변)} &= \underline{\mathbf{1}} \cdot 2^3 + \underline{\mathbf{3}} \cdot 2^2 + \underline{\mathbf{3}} \cdot 2^1 + \underline{\mathbf{1}} \cdot 2^0 \\
&= \underline{\mathbf{1}} \cdot 8 + \underline{\mathbf{3}} \cdot 4 + \underline{\mathbf{3}} \cdot 2 + \underline{\mathbf{1}} \cdot 1 \\
&= 8 + 12 + 6 + 1 \\
&= 27
\end{aligned}$$

따라서 등식이 성립함을 확인할 수 있다.

10. $(2 + 1)^4$를 파스칼 삼각형의 수로 전개하고 $3^4 = 81$임을 설명하시오.

11의 거듭제곱도 파스칼 삼각형의 수와 연관 지어 생각하면 쉽게 계산을 할 수 있다.

$11^0 = 1$

$11^1 = 11$

$11^2 = 121$

$11^3 = 1331$

11의 거듭제곱의 자릿수의 수를 주의 깊게 보아라. 이 수들이 파스칼 삼각형의 연속된 열의 수처럼 인식할 수 있는가?

---

11. 11^4을 파스칼 삼각형의 수를 이용해서 계산하시오.

파스칼 삼각형 수가 11을 밑으로 하는 거듭제곱으로 나타나는 이유는 11은 이항 $10+1$과 같기 때문이다. 예를 들어 $(10+1)^3$에 대한 이항전개는 다음과 같다.

$$\begin{aligned} 11^3 = (10+1)^3 &= \mathbf{1} \cdot 10^3 + \mathbf{3} \cdot 10^2 + \mathbf{3} \cdot 10^1 + \mathbf{1} \cdot 10^0 \\ &= \mathbf{1} \cdot 1000 + \mathbf{3} \cdot 100 + \mathbf{3} \cdot 10 + \mathbf{1} \cdot 1 \\ &= 1000 + 300 + 30 + 1 \\ &= 1331 \end{aligned}$$

그러므로, $\mathbf{1} \cdot 10^3 + \mathbf{3} \cdot 10^2 + \mathbf{3} \cdot 10^1 + \mathbf{1} \cdot 10^0$은 수 1331의 전개식의 표현이다.

다시 연습하여 보자. $10 \cdot 11^3 + 11^3$은 아래와 같다.

$$\begin{array}{r} 13310 \\ 1331 \\ \hline 14641 \end{array}$$

자릿수를 알아보겠는가? 이것은 파스칼 법칙을 적용한 버전이다.

---

12. 파스칼 삼각형의 네 번째 행을 사용하여 $(10+1)^4$를 전개하시오.

13. 11^5을 두 가지 방법으로 계산하시오.

(1) $(10 + 1)^5$을 파스칼 삼각형 수를 이용하여 전개하여 구하시오.

(2) $11 \cdot 11 \cdot 11 \cdot 11 \cdot 11 =$

11^5의 수는 파스칼 삼각형 5번째 행의 수와 비교하여 보아라.

101의 거듭제곱도 파스칼 삼각형의 수로 쉽게 계산을 할 수 있다.

$101^0 = 1$

$101^1 = 101$

$101^2 = 10201$

$101^3 = 1030301$

---

14. 다음 101의 거듭제곱을 각각 계산하시오. (계산기를 사용하거나 패턴을 찾아보시오.)

(1) $101^4 =$ ______

(2) $101^5 =$ ______

(3) $101^6 =$ ______

(4) $101^7 =$ ______

(5) $101^8 =$ ______

1.4 이진수와 파스칼 삼각형

이진법은 십진법과 비슷한 수 체계이지만, 열 개의 숫자 대신 두 개의 숫자를 사용한다. 즉, 0과 1만을 사용한다. 이진법에서 '1'이 위치한 자리는 2의 거듭제곱으로 나타낼 수 있다. 예를 들어 $1101_{(2)}$에서 각각의 1은 2^0, 2^2, 2^3을 의미한다. 자릿값은 오른쪽에서 왼쪽으로 두 배씩 커진다. 이진수를 십진수로 변환하려면, '1'의 위치한 자리에 따른 2의 거듭제곱들을 더한다. 즉, $1101_{(2)} = 2^0 + 2^2 + 2^3 = 1 + 4 + 8 = 13_{(10)}$이다.

1.4절

1. 다음 2의 거듭제곱을 계산하시오.

$2^0 =$ ______	$2^8 =$ ______
$2^1 =$ ______	$2^9 =$ ______
$2^2 =$ ______	$2^{10} =$ ______
$2^3 =$ ______	$2^{11} =$ ______
$2^4 =$ ______	$2^{12} =$ ______
$2^5 =$ ______	$2^{13} =$ ______
$2^6 =$ ______	$2^{14} =$ ______
$2^7 =$ ______	$2^{15} =$ ______

2. 다음 이진수를 십진수로 나타내시오.

(1) $1000_{(2)}$

(2) $111111_{(2)}$

(3) $111000_{(2)}$

이진수의 각각의 숫자를 '**비트**(bit)'라고 한다. 십진수는 컴퓨터에서 이진수들로 변환되어 있다. 8-비트 이진수는 '**바이트**(byte)'라고 한다. 가장 큰 8-비트 이진수는 $11111111_{(2)}$이다. $11111111_{(2)}$을 십진수로 나타내려면, 2^0부터 2^7까지 합을 구해야 한다. 2^0부터 2^7까지 합은 2^8-1로 간단하게 구할 수 있다.

---

3. $111_{(2)}$와 $111111111111111_{(2)}$을 십진수로 나타내시오.

2의 거듭제곱에서 지수를 1의 개수인 수에서 1을 뺀 것이다.

---

4. 오른쪽 표에서 첫 번째 열은 십진수를 그에 해당하는 이진수를 두 번째 열에 적혀 있다. 매 밑에 아래의 빈칸을 채우시오.

십진수	이진수
0	0
1	1
2	10
3	11
4	100
5	101
6	110
7	111
8	1000
9	1001
10	1010
11	1011
12	1100
13	1101
14	1110
15	1111
16	10000
17	10001
18	10010
19	10011
20	10100
21	10101
22	10110

오른쪽 표는 같은 값의 이진수와 십진수를 배열한 것이다.
네 자리의 이진수는 몇 개일까? 오른쪽 표를 보면 여덟 개임을 알 수 있으며, 이는 8부터 15까지의 수이다. 여덟 개의 수를 아래와 같이 정리할 수 있다.

1000 1001 1010 1011 1100 1101 1110 1111

---

5. 비트 '1'은 이러한 이진수 중 1번만 사용되는 것은 몇 개인가? 2번만 사용하는 것은 몇 개인가? 3번만 사용하는 것은 몇 개인가? 4번만 사용하는 것은 몇 개인가?

---

6. 전체 합에서 수의 패턴은 무엇인가? 아래 첫 번째 [표 1]을 참조하여라.
7. 다음 페이지의 [표 2]에 5자리 이진수를 쓰시오. 전체 합에서 수의 패턴을 말하시오.

8. 수들을 나열하지 않고, 6자리 이진수의 전체 합를 예측하고 다음 페이지의 [표 3]에 쓰시오.

23	10111
24	11000
25	11001
26	11010
27	11011
28	11100
29	11101
30	______
31	______
32	______

첫 번째

4자리 이진수				
1의 개수	1개	2개	3개	4개
	1000	1001 1010 1100	1011 1101 1110	1111
경우의 수	1	3	3	1

두 번째

5자리 이진수 (수 1의 발생)					
나열하기	1	2	3	4	5
합계					

세 번째

6 자리 이진수 (수 1의 발생)						
	1	2	3	4	5	6
합계						

이진수는 켜짐-꺼짐, 예-아니오, 높음-낮음, 포함-배제 등의 다양한 상황에서 쓰이고 있다. 1.2절에서와 같이 동전 던지기 실험에서도 이진수가 쓰인다. 동전 4개를 던졌을 때의 결과들을 이진수들로 표현할 수 있다. 예를 들어, $1101_{(2)}$은 첫 번째 동전, 두 번째 동전, 네 번째 동전은 앞면이, 세 번째 동전은 뒷면이 나옴을 의미한다. $11_{(2)}$은 $0011_{(2)}$과 같은 수이므로 첫 번째 동전, 두 번째 동전은 뒷면이, 세 번째 동전, 네 번째 동전은 앞면이 나옴을 뜻한다. $0000_{(2)}$에서 $1111_{(2)}$까지 이진수들은 모두 몇 개일까? 이에 대한 답은 1.2절 문제 3의 답과 같으며 이는 4개의 동전을 던진 경우의 수와 같다.

조합과 이진수

조합(Combination)에서도 이진수가 사용된다. 예를 들어 선택할 수 있는 항목이 4개에서 3개 만 선택할 수 있다면 4개 항목에서 3개 항목을 선택할 수 있는 방법은 얼마나 될까? 3개 항목의 특정 그룹을 조합이라고 한다. 위의 예를 사용하기 위해 이진수 1101은 네 번째 항목과 함께 네 번째 항목 중 처음 두 항목을 선택한 경우를 나타낼 수 있으며, 이것은 네 번째 항목에서 세 가지 항목을 선택할 수 있다. 4개 항목에서 3개 항목을 선택하는 총 방법은 동전 4개를 던졌을 때 3개가 표시된 배열의 숫자와 정확히 같다.

9. 수 1의 발생이 정확히 3번 나타나는 모든 이진수(최대 4자리 숫자)를 쓰시오. (각 항목마다 네 자릿수를 나타내도록 3, 2, 1자리 숫자를 선행 0으로 표시한다. 0111은 목록에 포함되어야 한다.) 목록에는 몇 개의 수가 있는가?

위의 논의에 따라 문제 9에 대한 질문은 다음과 같은 질문으로 다시 물을 수 있다.

- 동전 4개를 던지면 정확히 앞면이 3개인 배열은 몇 개인가?
- 4가지 항목 중에서 3가지 항목을 선택할 수 있는 경우의 개수는?

10. 5개의 항목에서 1개 항목을 선택할 수 있는 경우의 수는?

11. 5개의 항목에서 2개 항목을 선택할 수 있는 경우의 수는?

12. 5개의 항목에서 3개 항목을 선택할 수 있는 경우의 수는?

13. 5개의 항목에서 4개 항목을 선택할 수 있는 경우의 수는?

14. 5개의 항목에서 5개 항목을 선택할 수 있는 경우의 수는?

문제 10에서 문제 14까지에 대한 답으로 주어진 수를 알고 있는가? 5개 항목 중에서 0개 항목을 선택할 수 있는 방법이 1개 있다고 하면 파스칼 삼각형의 5행을 완성할 수 있다.

15. 한 농구팀에 총 8명의 선수가 있다면, 8명의 선수 중에서 5명의 선발 선수를 선택할 수 있는 방법은 몇 가지인가? (힌트: 파스칼 삼각형의 8번째 행을 보고 0부터 시작하여 왼쪽에서 5까지 세어 보라.)

모스 부호

모스 부호는 점과 선으로 알파벳, 숫자, 기호들을 표현하는 전신 부호이다. 점과 선을 비트라 하면, 1-비트의 경우의 수는 두 개이다. 아래 문제를 통하여 2-비트, 3-비트, 4-비트의 경우의 수는 각각 몇 개일지 알아보자.

---

16. 2-비트로 몇 글자를 표현할 수 있는가? 3-비트는? 4-비트는? 다음 표를 채우시오.

2-비트				
점(•)의 개수	0개	1개	2개	**합계**
	••	•—, —•	— —	
경우의 수	1	2	1	

3-비트					
점(•)의 개수	0개	1개	2개	3개	합계
경우의 수					

위의 합계에서 수를 검사하고 4-비트로 표시되는 문자 수에서 찾은 수를 추측하시오.

4-비트						
점(•)의 개수	0개	1개	2개	3개	4개	합계
경우의 수						

1.5. **등분된 원 색칠하기**

다음 그림을 보자. 주어진 시간에 1, 2, 3의 부채꼴을 음영 처리할 때 부채꼴을 음영 처리할 수 있는 다양한 방법을 찾고 싶다.

1개 영역만 음영 처리되면 3가지 패턴이 있다.

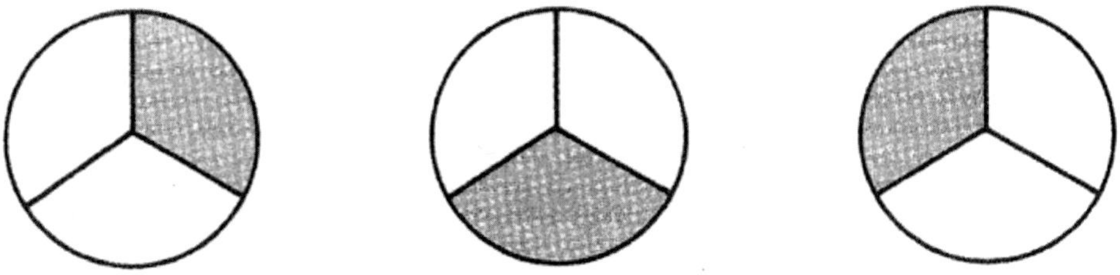

2개의 영역만 음영 처리되면 3가지 패턴이 있다.

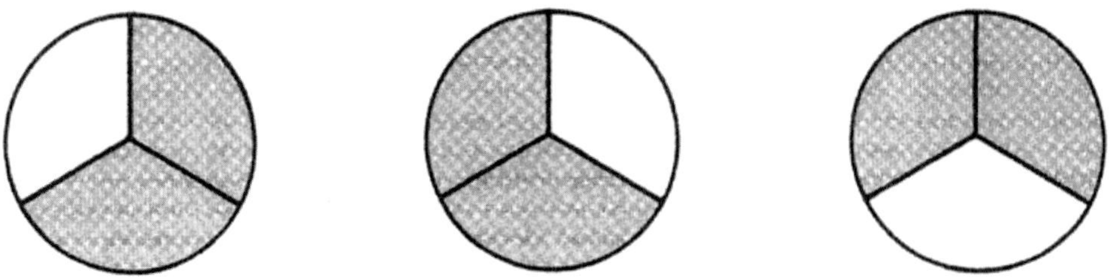

마지막으로, 3개의 영역 모두 음영 처리되면 하나의 패턴만, 부채꼴은 음영 처리되지 않은 경우 하나의 패턴만 있다.

요약 : 영역 음영 처리되지 않은 경우, 하나의 영역 음영 처리되고, 2개의 영역이 음영 처리되고, 3개의 영역이 음영 처리되는 방법의 수는

1 3 3 1

이며 영역을 음영 처리하는 총 방법 수는 $1+3+3+1=8$이다.

1.5절

1. 위 박스 안에 있는 숫자를 알고 있는가?

2. 아래 그림을 사용하면 2개의 영역으로 원을 음영 처리하는 다양한 방법을 보여줄 수 있다. 다음으로, 모든 영역이 음영 처리되지 않는 경우, 1개 영역이 음영 처리되는 경우, 2개의 영역이 모두 음영 처리되는 경우의 수를 구하시오. 또한 위의 예와 같이 합계를 나타냄으로써 이들을 추가할 수 있는 방법을 찾아보시오.

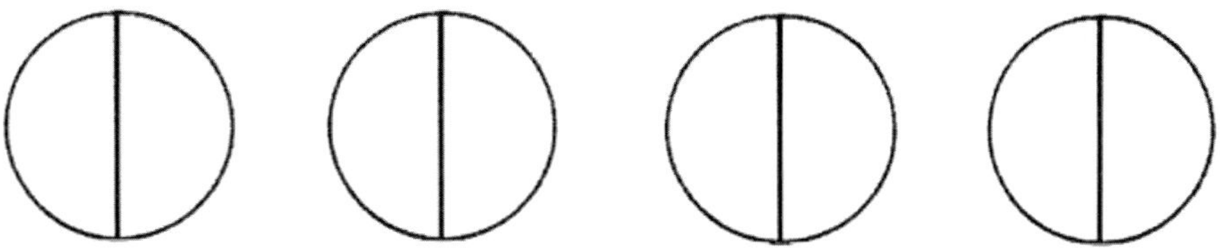

3. 아래 그림에 4개의 영역으로 나누어진 원에 음영 처리하는 다양한 방법을 표시하시오. 다음으로, 영역이 음영 처리되지 않은 경우, 1개 영역이 음영 처리된 경우, 2개 영역이 음영 처리된 경우, 3개 영역이 음영 처리된 경우, 네 영역이 음영 처리된 경우의 수를 각각 구하고 위의 예와 같이 합계를 구하여 보아라.

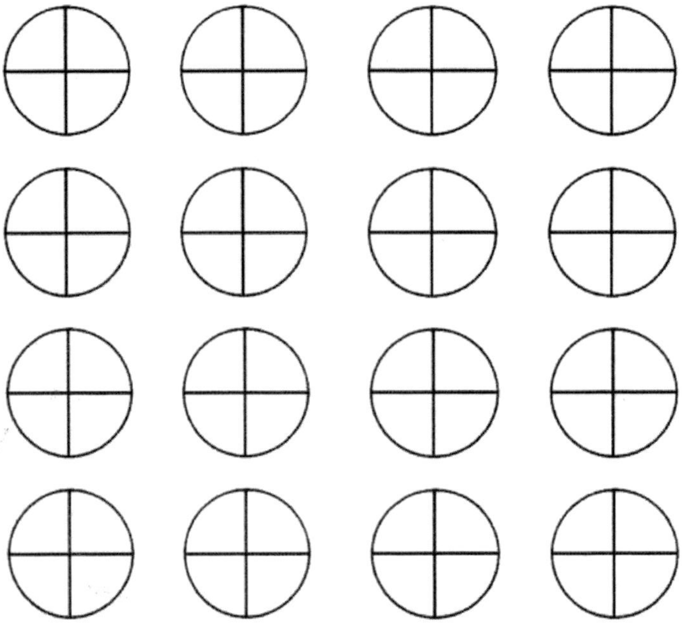

4. 위의 문제의 결과를 이용하여 아래 표를 채우시오. 나오는 수들의 규칙은 무엇인가?

나누어진 영역의 수	규칙	영역에 음영 처리된 개수					합계
		0	1	2	3	4	
1	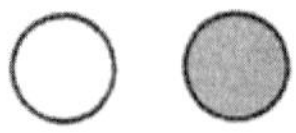	1	1				2
2	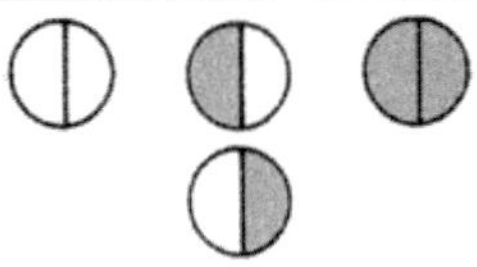	1	2	1			4
3	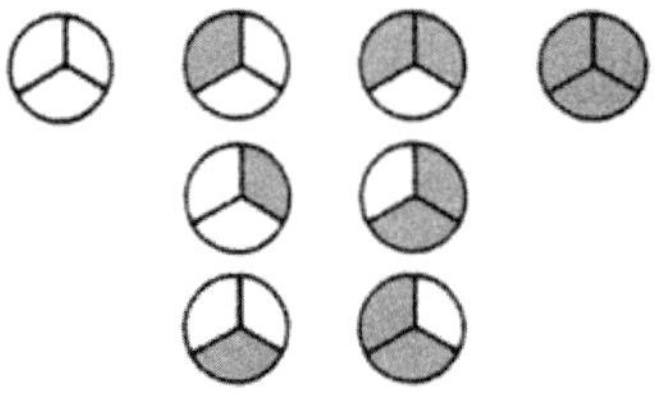	1	3	3	1		8

4	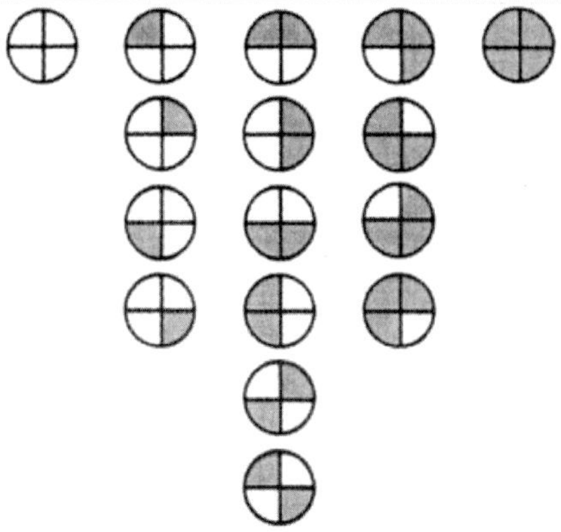	1	4	____	____	____	____

5. 6개 영역이 있는 원에 각 유형의 서로 다른 규칙의 수를 추측하시오.

1.6. **블록 쌓기**

세 개의 블록을 쌓으려 한다.

규칙이 다음과 같을 때, 블록을 쌓는 방법은 모두 몇 가지일까?

- 블록을 좌, 우, 위로 쌓을 수 있고 앞, 뒤로는 쌓을 수 없다.
- 블록을 위로 쌓을 때, 아래 블록의 줄에 맞추어 쌓는다.

규칙에 맞게 쌓는 경우	규칙에 맞지 않게 쌓는 경우
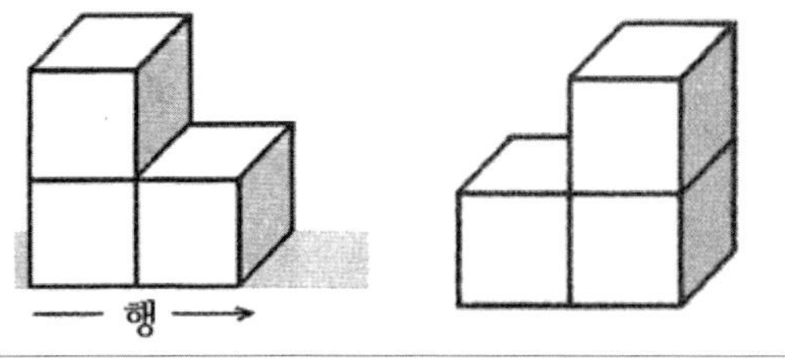	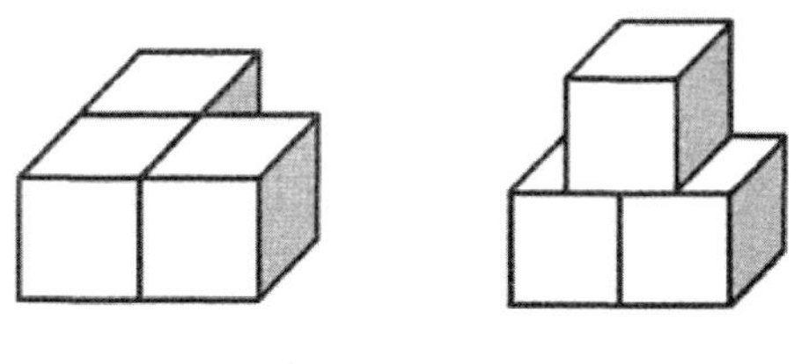

세 개의 블록을 쌓는 방법은 위의 두 가지 방법과 더불어 세 개를 옆으로 나란히 놓는 경우, 세 개를 위로 쌓는 경우로 총 네 가지이다. 즉, 1열로 쌓는 경우 한 가지, 2열로 쌓는 경우 두 가지, 3열로 쌓는 경우 한 가지로 1+2+1=4가지이다.

네 개의 블록을 쌓는 경우는 모두 몇 가지일지 생각해보자.

4개 블록을 1열로 또는 4열로 쌓을 수 있다.

2열로 쌓는 경우, 3열로 쌓는 경우는 각각 몇 가지일까?

네 개의 블록을 쌓는 모든 경우는 $1+3+3+1=8$**가지로 아래 표와 같다.**

1열로 쌓는 경우	2열로 쌓는 경우	3열로 쌓는 경우	4열로 쌓는 경우
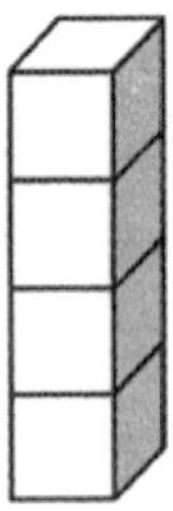	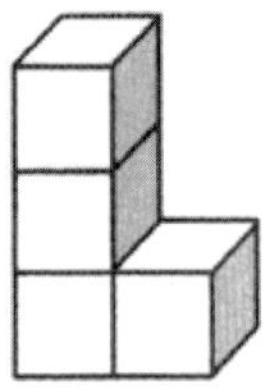 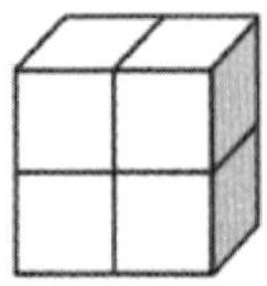 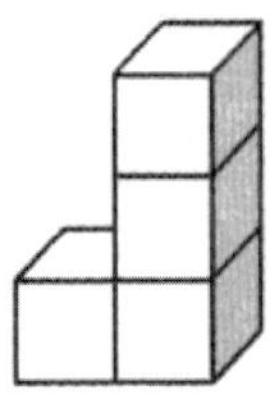	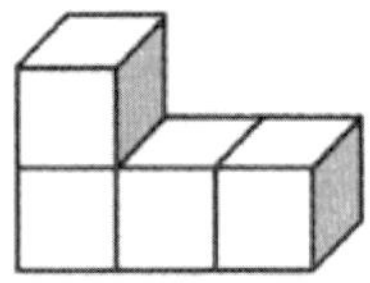 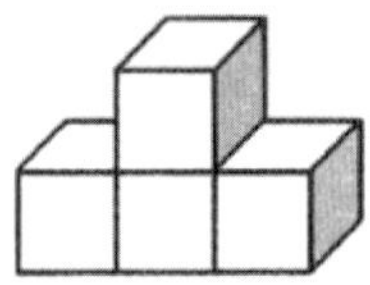 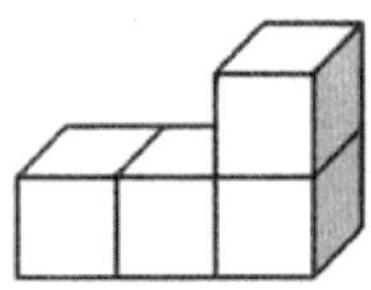	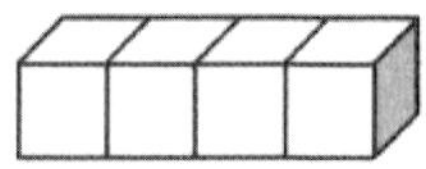
1가지	3가지	3가지	1가지

1.6절

1. 6개 블록을 다르게 쌓는 방법은 모두 몇 가지인가?

2. 위 표의 그림과 유사하게 3개 블록 쌓기 표를 만들고, 2개 블록 쌓기 표를 만들어 보아라.

3. 위 표의 그림과 유사하게 5개 블록 쌓기 표를 만들어 보아라.

4. 6개의 블록을 쌓을 수 있는 방법 수를 추측하여 보아라.

1.7. **체커보드[1])의 경로들**

1) 체커는 서양에서 만들어진 보드 게임으로, 그 기원은 확실하지 않으나 호메로스(Homeros)의 저서 《오디세이아(Odysseia)》에서도 체커 게임을 했다는 기록이 있는 것으로 미루어 상당히 그 역사가 오래되었다고 할 수 있다. 8×8 크기의 칸에서 두는 영국-미국식 규칙과 10×10 크기의 칸에서 두는 국제 규칙이 있다. 한국에서는 미국의 영향으로 영국-미국식 규칙이 알려져 있다. 각각의 칸을 검은색과 흰색으로 번갈아 색칠하고, 검은색 칸에 말을 놓는다. 영국-미국식 규칙은 본인 앞 3줄을, 국제 규칙은 4줄을 채운다.

영국-미국식 규칙의 체커보드

국제 규칙의 체커보드

그림 오른쪽과 같이 각 말은 대각선 방향의 앞으로만 전진할 수 있으며, 만일 상대의 말(B) 바로 다음의 한 칸(X)이 비었을 경우에는 상대방 말을 뛰어넘어 X칸에 말을 놓고 상대방 말(B)을 제거한다. 만일 그것이 연속된 경우에는 연속하여 제거한다. 영국-미국식 규칙은 상대방 말을 제거하는 방법이 여러 가지일 때 선택이 가능하지만, 국제 규칙은 상대방 말을 가장 많이 제거하는 방법으로 선택해야 한다. 만일 자신의 말이 상대방 진영의 마지막 줄까지 도달하면 '킹'이 된다. 킹은 대각선 방향의 뒤쪽으로도 이동이 가능하고 상대방의 말을 잡기 위해 점프하는 방향도 앞, 뒤 모두 가능하다. 영국-미국식 규칙에서는 킹이 한 칸씩 이동하지만 국제 규칙에서는 체스의 비숍처럼 대각선 방향으로 원하는 만큼 이동할 수 있다. 상대방의 말을 모두 제거하거나 상대방의 모든 말을 움직이지 못하게 만든 쪽이 이긴다. 두 명 모두 말을 잡을 수도, 움직일 수도 없게 되면 비긴다.

아래 그림에서 킹이 아닌 하나의 말(●)이 X칸에 도달하기 위한 경로는 모두 몇 가지일까?

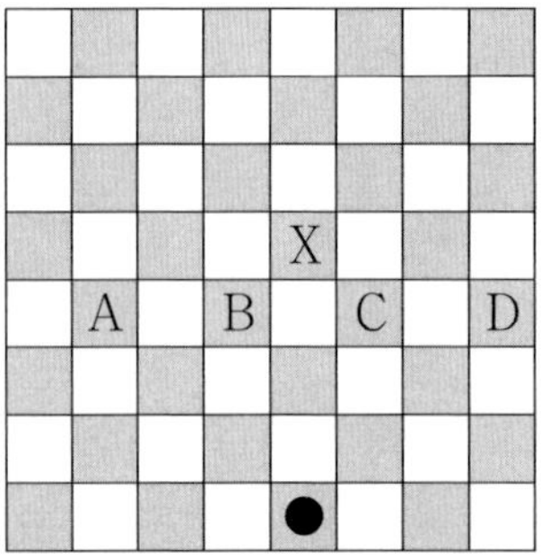

체커보드

아래 그림과 같이 모두 6가지의 서로 다른 경로가 있다.

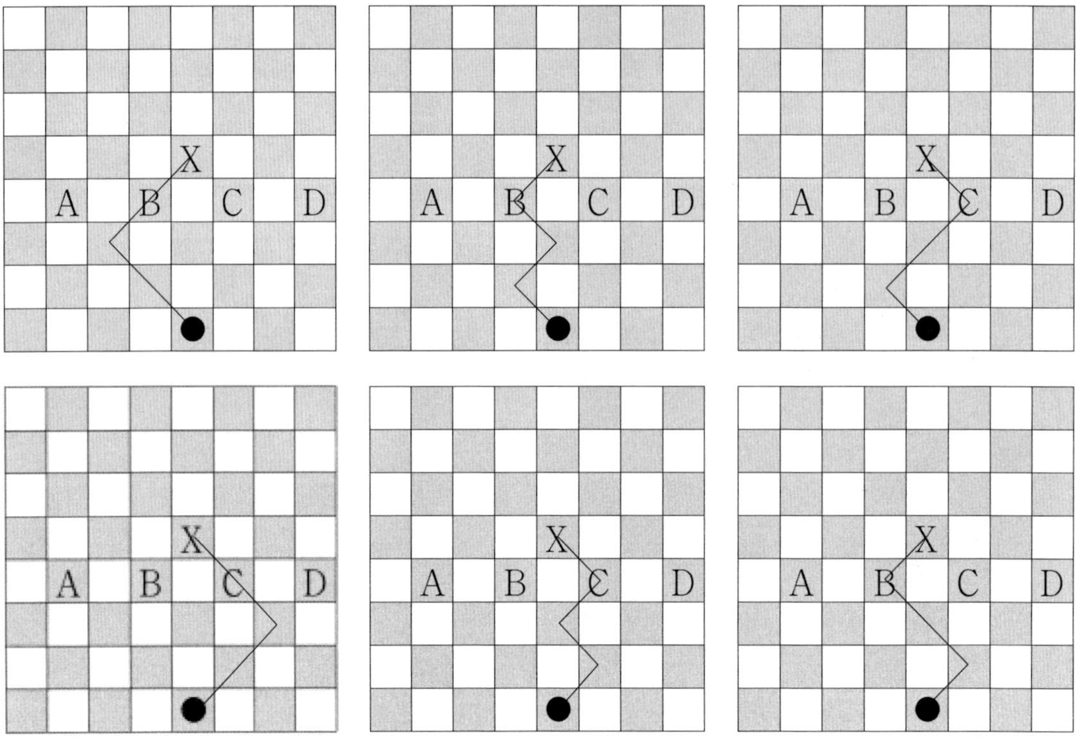

1.7절

위 그림에서 다음 칸에 도착하는 서로 다른 경로의 수를 구하시오.

1. A칸

2. B칸

3. C칸

4. D칸

X칸에 도달하기 위해서는 반드시 B칸 또는 C칸에 도달해야만 한다. B칸에 도달하는 경로의 수가 3가지, C칸에 도달하는 경로의 수가 3가지이므로 X칸에 도달하는 경로의 수는 $3+3=6$가지가 있다. 일반적으로 B칸에 도달하는 경로의 수가 m가지, C칸에 도달하는 경로의 수가 n가지라면 X칸에 도달하는 경로의 수는 $m+n$가지가 있다.

5. 하나의 검은 색 말(●)이 각각의 다른 흰 색 말(○)이 있는 곳으로 갈 수 있는 서로 다른 경로의 수를 구하시오.

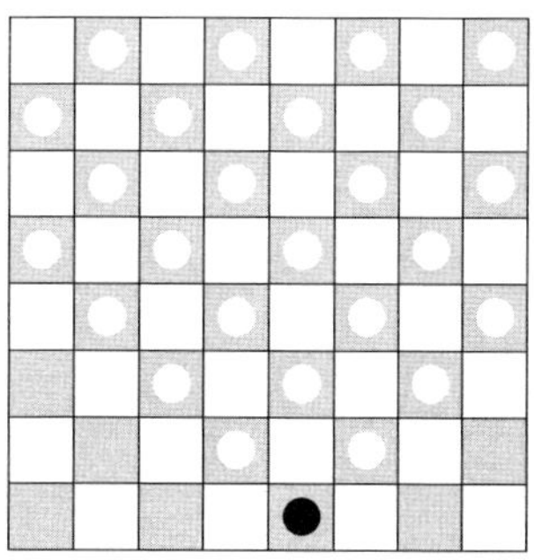

6. 어떠한 규칙이 있는지 서술하시오.

1.8 기하학에서의 점, 선, 면과 n차원의 공간

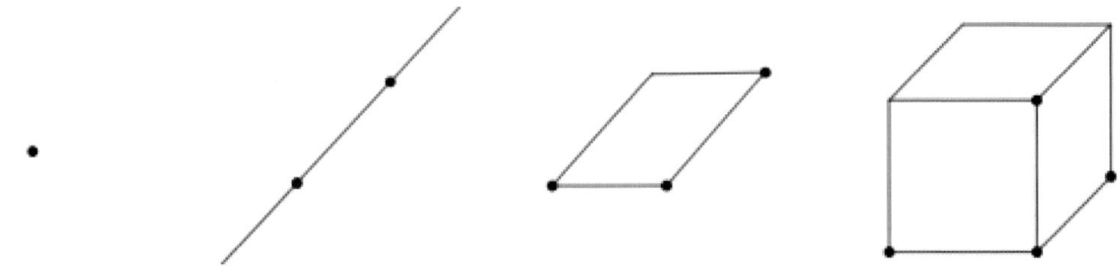

점　　직선의 일부　　평면의 일부　　공간의 일부

위의 그림들의 차원을 생각해보면 공간은 3차원, 평면은 2차원, 직선은 1차원, 점은 0차원이다. 서로 다른 두 점은 하나의 직선을 그릴 수 있다. 한 직선 위에 있지 않은 서로 다른 세 점은 하나의 평면을 만든다. 같은 평면 위에 있지 않은 서로 다른 네 점은 하나의 공간을 만든다. n차원 공간에서 그릴 수 있는 가장 단순한 도형을 단체(Simplex)라고 한다. n차원 공간에서 단체는 $n+1$개의 점들을 포함한다. 사각형은 단체가 아닌데, 그 이유는 2차원 공간에서 3개보다 하나 더 많은 점을 포함하고 있기 때문이다.

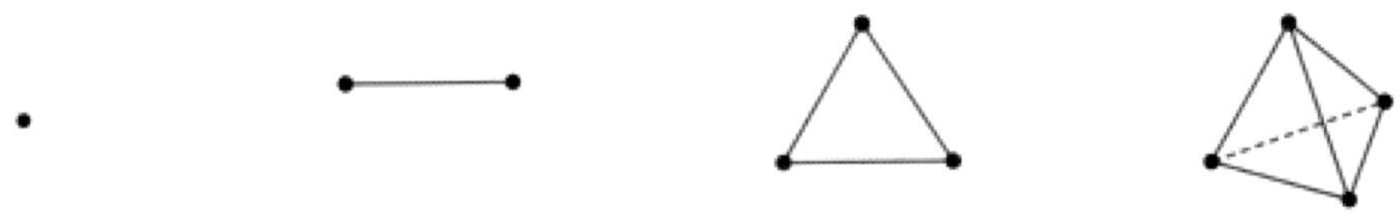

점　　선분　　삼각형　　사면체

0차원 공간에서는 점이 '0-단체'이고 1차원 공간에서는 선분이 1-단체이며 2차원 공간에서는 삼각형이 2-단체이다. 2차원 공간에서 선분과 점은 각각 1-단체와 0-단체이다. 3차원 공간에서는 사면체가 3-단체이고 0차원, 1차원, 2차원 공간에서는 존재하지 않는다. 그러나 3차원 공간에서 점, 선분, 삼각형은 각각 0-단체, 1-단체, 2-단체로 존재한다. n차원 공간에서의 n-단체는 n보다 작은 수의 단체들로 구성된다. 예를 들어, 2차원 공간에서의 2-단체인 삼각형은 0-단체인 세 점과 1-단체인 세 선분으로 구성된다.

1.8절

사면체에 대하여 다음 물음에 답하시오.

1. 2-단체는 모두 몇 개인가?

2. 1-단체는 모두 몇 개인가?

3. 0-단체는 모두 몇 개인가?

또한, 사면체는 하나의 3-단체로 구성되어 있는데 이는 사면체 자기 자신이다. 아래 표는 주어진 수에 대한 단체가 각각 어떻게 구성되어 있는지를 나타낸 것이다.

단체	부분 요소			
	점 (0-단체)	선분 (1-단체)	삼각형 (2-단체)	사면체 (3-단체)
점	1	0	0	0
선분	2	1	0	0
삼각형	3	3	1	0
사면체	4	6	4	1

위 표에서 파스칼 삼각형의 일부분을 찾을 수 있다. 이는 파스칼 삼각형에서 제 0 행을 제거하고 이후 각 행의 첫 번째 수 1을 제외한 나머지 수들과 같다.

파스칼 삼각형의 기초적인 지식에 의하면 4차원 공간에서의 단체의 부분 요소들의 수들을 추측할 수 있다. 4-단체를 오포체(pentatope)라고 한다. 파스칼 삼각형을 이용하면 n-단체들을 추측할 수 있다.

4. 아래 표를 완성하여 오포체(pentatope)의 부분 요소들을 추측하시오.

단체	부분 요소				
	점 (0-단체)	선분 (1-단체)	삼각형 (2-단체)	사면체 (3-단체)	오포체 (4-단체)
점	1	0	0	0	0
선분	2	1	0	0	0
삼각형	3	3	1	0	0
사면체	4	6	4	1	0
오포체					1

5. 오포체의 부분 요소들(점, 선분, 삼각형, 사면체)을 포함하여 오포체를 그리시오.

1752년 레온하르트 오일러(Leonhard Euler)는 다면체에서 성립하는 유명한 공식을 발표하였다.

$$V-E+F=2$$

(V는 꼭짓점의 개수, E는 모서리의 개수, F는 면의 개수)
정육면체를 예로 들면 아래와 같다. (참고: 정육면체는 단체가 아니다.)

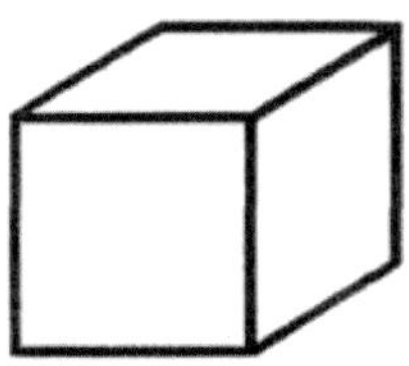

꼭짓점의 개수를 세어보자.

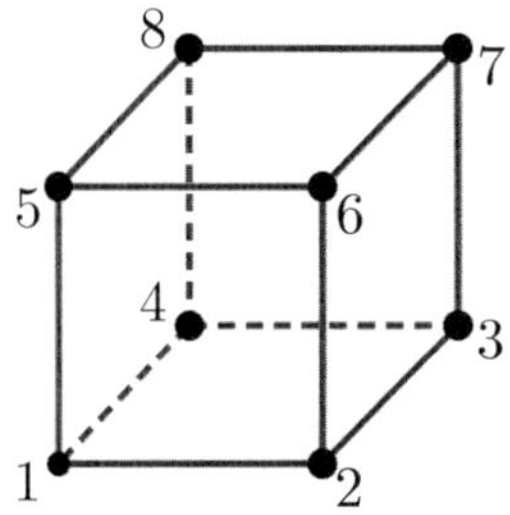

$V=8$

모서리의 개수를 세어보자.

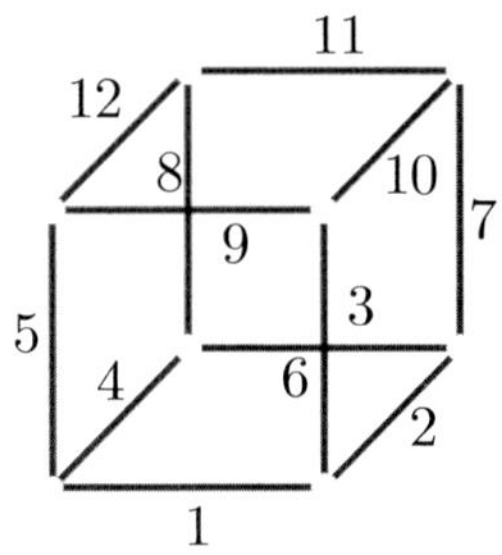

E = 12

면의 개수를 세어보자.

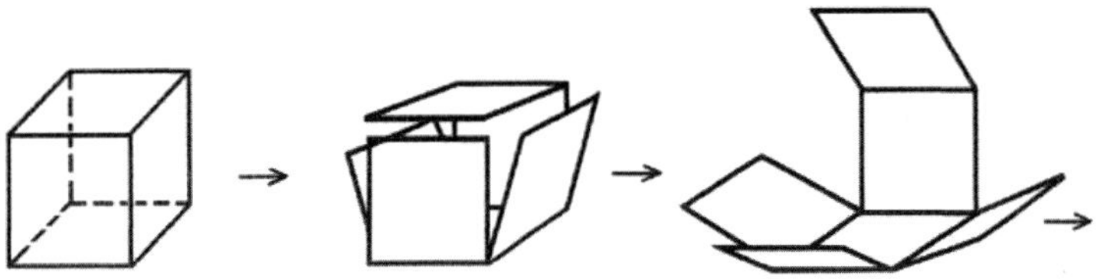

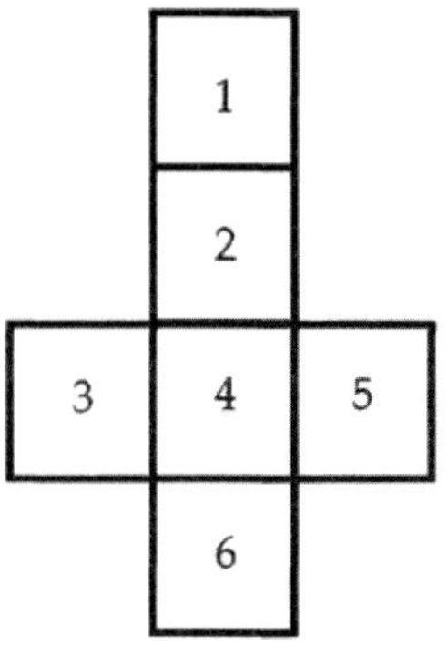

F = 6

오일러의 공식에 위를 대입하면 다음을 얻을 수 있다.

$$\begin{aligned} V-E+F &= 8-12+6 \\ &= -4+6 \\ &= 2 \end{aligned}$$

$V-E+F=2$에서 얻어진 $V-E+F-1=1$은 우리에게 많은 유용한 정보를 준다. 단체들과 단체를 구성하는 부분 요소들(점, 선분, 면 등)에 위 공식을 적용하면 아래와 같은 결론을 얻을 수 있다. (참고: 사면체의 각 면은 삼각형이다.)

점	1 개의 점										=1
선분	2 개의 점	−	1 개의 선								=1
삼각형	3 개의 점	−	3 개의 변	+	1 개의 삼각형						=1
사면체	4 개의 점	−	6 개의 모서리	+	4 개의 면	−	1 개의 사면체				=1
	V	−	E	+	F	−	1				=1

6. 위의 문제에서 답한 오포체(pentatope)에 관한 표를 이용하여 아래 공식을 확인해 보시오. (여기서 T는 오포체에서 찾을 수 있는 사면체의 개수를 뜻한다.)

$$V - E + F - T + 1 = 1$$

1.9. **공간분할**

벽이 방을 둘로 나누는 것처럼 평면으로 공간을 둘로 나눌 수 있다. 평면의 양쪽에 2개의 빈 공간이 존재하게 된다. 같은 방법으로 평면을 직선으로 나누거나, 직선을 점으로 나누는 것도 가능하다.

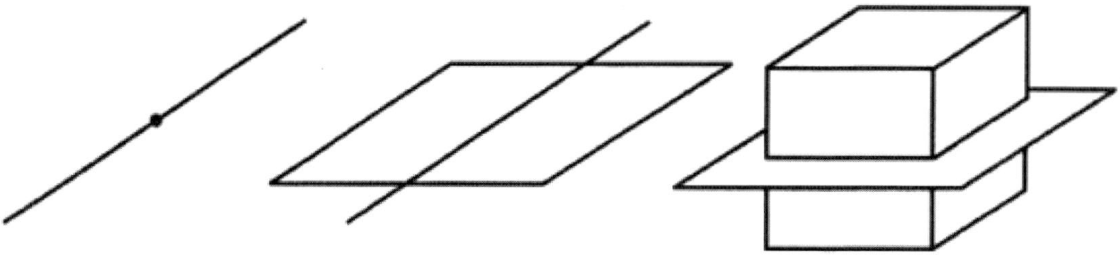

점으로 나뉜 직선: 2개 반직선이 존재 **직선으로 나뉜 평면: 2개의 평면이 존재** **평면으로 나뉜 공간: 2개의 공간이 존재**

한 직선 위에 점 두 개가 있다면 직선은 3개 부분으로 나누어진다.

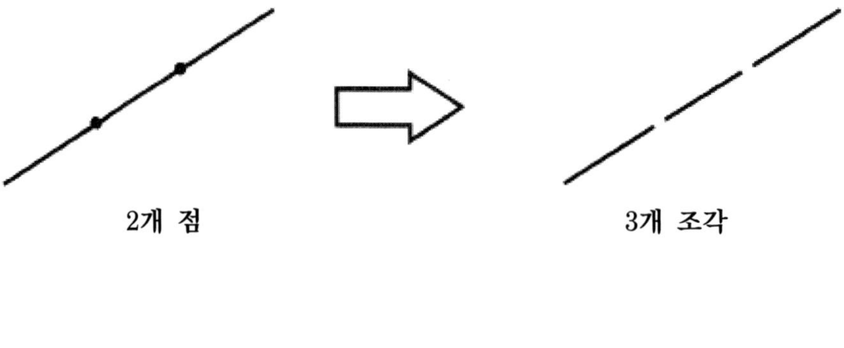

2개 점 **3개 조각**

한 직선 위에 점 3개가 있다면 직선은 4부분으로 나누어진다.

3개 점　　　　4개 조각

한 평면 위에 직선 2개가 있다면 평면은 최대 4개 부분까지 나누어진다.

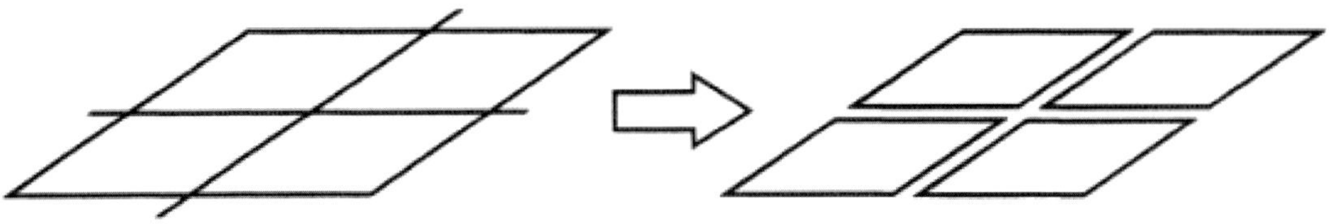

2개 직선　　　　4개 조각

한 평면 위에 세 직선이 있는 경우를 생각해보자. 만약 어떤 두 직선도 평행하지 않고, 어떤 세 직선도 한 점에서 만나지 않는다면 평면은 일곱 조각으로 나누어진다.

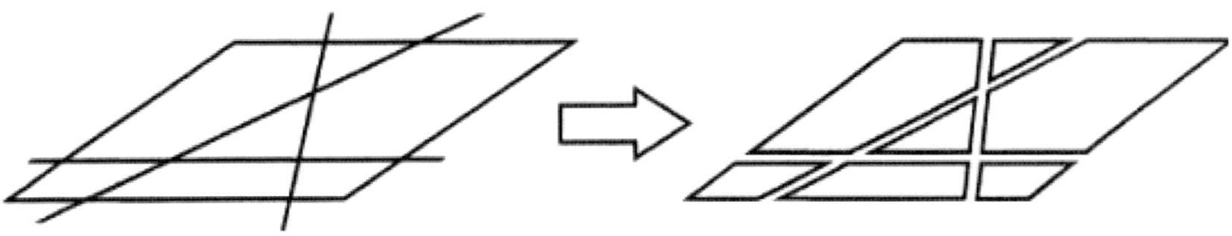

3개 직선　　　　7개 조각

1.9절

1. 4개 직선이 한 평면 위에 있다. 어떤 두 직선도 평행하지 않고 어떤 3개 직선도 한 점에서 만나지 않는다면, 그림을 그리고 평면이 나누어지는 조각 수를 구하여라.

2. 위 질문과 동일한 조건에서 5개의 직선을 그렸을 때의 그림을 그리고 평면이 나누어지는 조각 수를 구하여라.

점에 의해 나누어지는 직선의 개수는 $1, 2, 3, 4, 5, 6, \cdots$ 이라는 매우 쉬운 수열이다. 반면에 직선에 의해 나누어지는 평면의 개수를 이해하기 위해서는 아래 그림에 나타난 규칙성을 눈여겨볼 필요가 있다.

다음 표는 직선에 의해 나누어지는 평면의 개수이다.

직선의 수	조각의 수
0	$1=1$
1	$2=1+1$
2	$4=1+2+1$
3	$7=1+3+3$
4	$11=1+4+6$
5	$16=1+5+10$

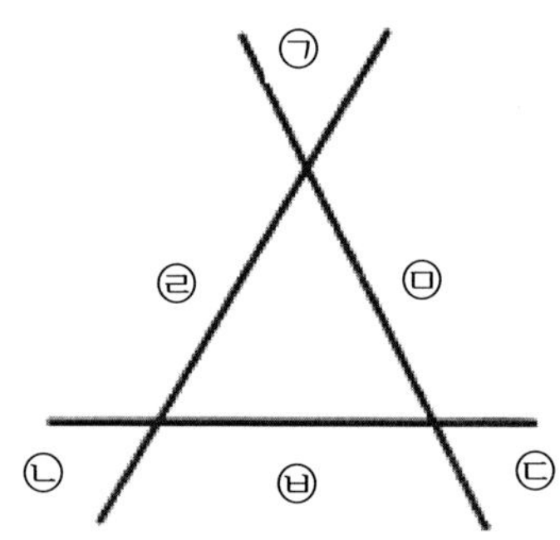

직선 3개에 의해 나누어진 평면:
내부 삼각형은 1개
꼭짓점을 낀 평면은 3개(㉠,㉡,㉢)
변을 낀 평면은 3개(㉣,㉤,㉥)
총 7개의 평면

이 수들은 파스칼 삼각형에서 다음과 같이 나타낼 수 있다.

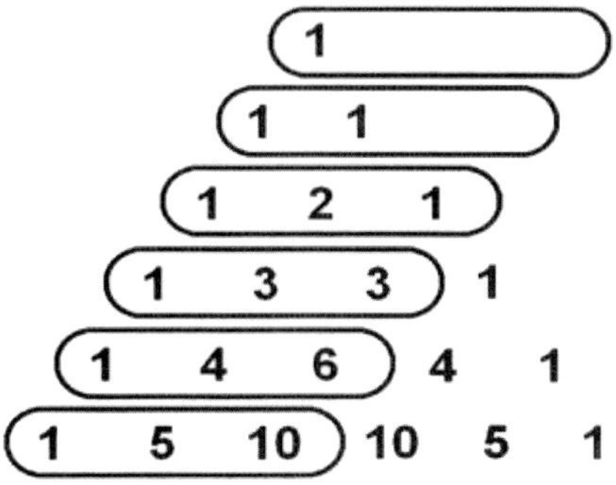

---

3. 6개의 직선이 평면 위에 있을 때 나누어진 조각의 개수를 구하시오.
(단, 어떤 두 직선도 평행하지 않고 어떤 세 직선도 한 점에서 만나지 않는다.)

동일한 질문에 대해 공간을 평면으로 나누는 것을 생각해보자. 이것은 머릿속으로 상상하기도, 그려 보기도 어렵다. 이 때문에 실험에 제약이 생기긴 하지만, 앞에서와 같이 특정한 규칙을 찾아 공간을 주어진 개수의 평면으로 나누었을 때 공간이 몇 조각으로 나눌 수 있는지를 구할 수 있다. 여기서도 파스칼 삼각형을 찾을 수 있다.

아래의 그림 1, 2, 3은 공간을 평면들이 나누는 것을 보여준다. 어떤 두 평면도 평행해서는 안 되며, 어떤 세 평면도 한 직선에서 만날 수 없다. 참고로 공간의 수가 두 배가 되는 수열이 나오는 듯하지만, 이 규칙은 3개의 평면 이후로는 유지되지 않는다.

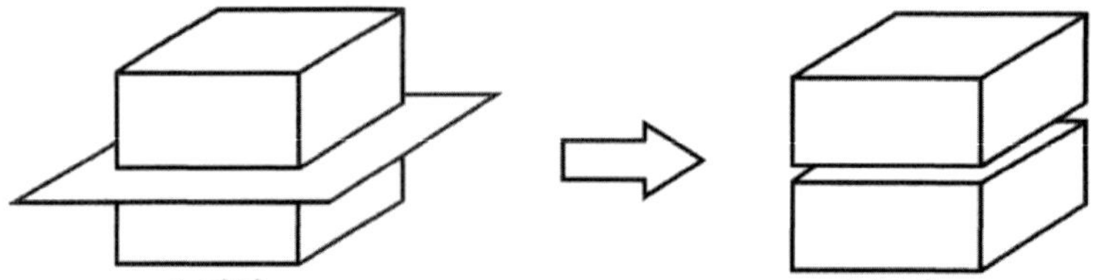

1 평면　　　　2 조각

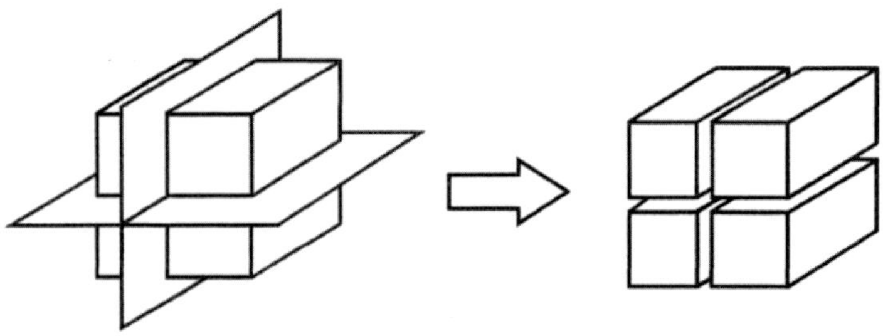

2 평면　　　　4 조각

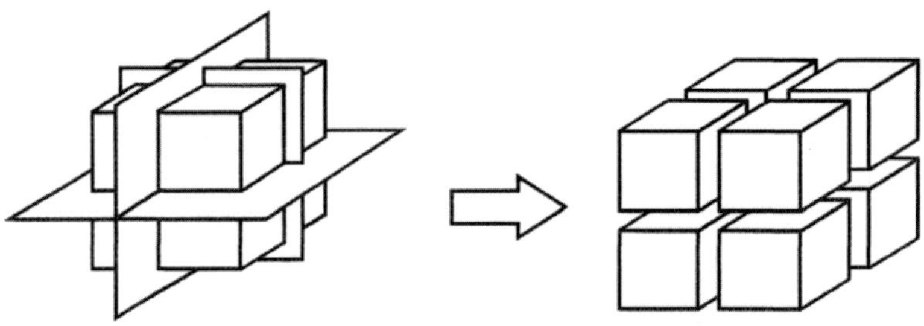

3 평면　　　　8 조각

공간이 4개의 평면으로 나누어지는 경우는 눈으로 확인하기 어렵지만, 평면을 직선으로 나누는 것처럼 생각해보자.

다음 표는 공간이 평면에 의해 나누어진 공간의 개수이다.

평면의 수	조각의 수
0	1 = 1
1	2 = 1 + 1
2	4 = 1 + 2 + 1
3	8 = 1 + 3 + 3 + 1
4	15 = 1 + 4 + 6 + 4
5	26 = 1 + 5 + 10 + 10

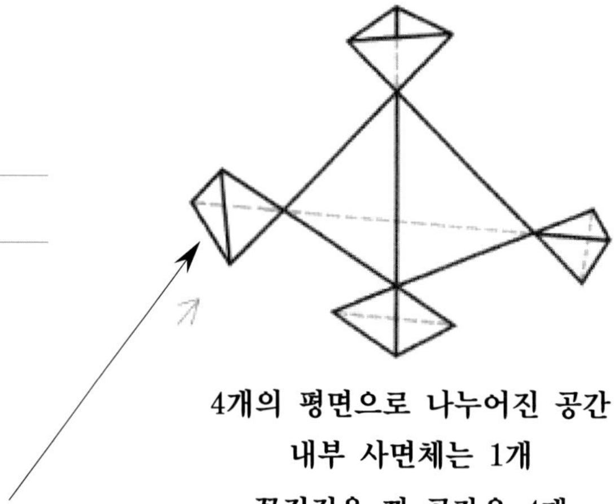

4개의 평면으로 나누어진 공간
내부 사면체는 1개
꼭짓점을 낀 공간은 4개
모서리를 낀 공간은 6개
면을 낀 공간은 4개
총 15개의 공간

이 수들은 파스칼 삼각형에서 다음과 같이 나타난다:

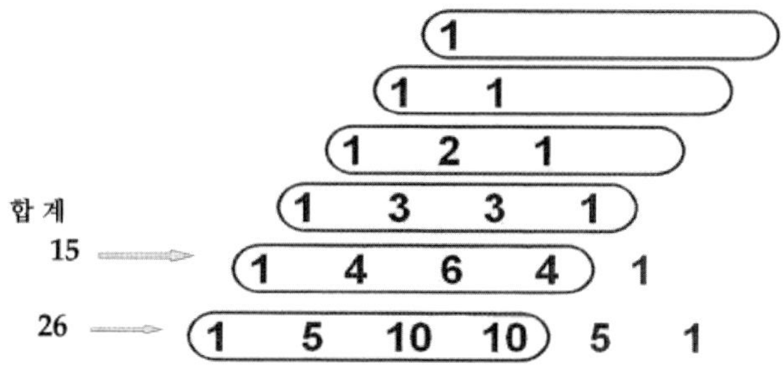

이 규칙에 따르면 공간을 평면 5개로 나눌 때, 나누어진 공간은 26개다.

4. 같은 규칙에 의해서 한 공간을 평면 6개로 나눌 때 나누어지는 공간의 개수를 구하시오.

직선을 일정한 개수의 점으로 나누는 경우에도 파스칼 삼각형을 위와 비슷하게 적용할 수 있다. 이 경우에는 파스칼 삼각형의 각 행마다 앞의 두 수만을 더한 합을 이용한다. 4차원 초공간이 3차원 공간으로 나누어질 수 있다고 가정했을 때, 초공간을 주어진 개수의 공간으로 나눌 때, 나누어진 초공간의 개수들의 규칙성을 생각해보자. (힌트: 파스칼 삼각형)

1.10 도형 복제

1.3절에서 세포 분열의 과정을 다루었다. 이와 유사한 과정을 기하학적 도형에 대해 적용하여 보자. 처음 도형과 복제된 도형의 대응하는 꼭짓점끼리 선분으로 연결하는 과정을 결합(bond)이라고 하자. 이 과정에서 만들어진 선분들은 모두 평행하며 새로 만들어진 도형의 일부분이 된다. 즉, 결합은 새로운 차원으로 도형을 확장하는 것으로 생각할 수 있다. 아래 그림은 삼각형을 복제한 예시이다.

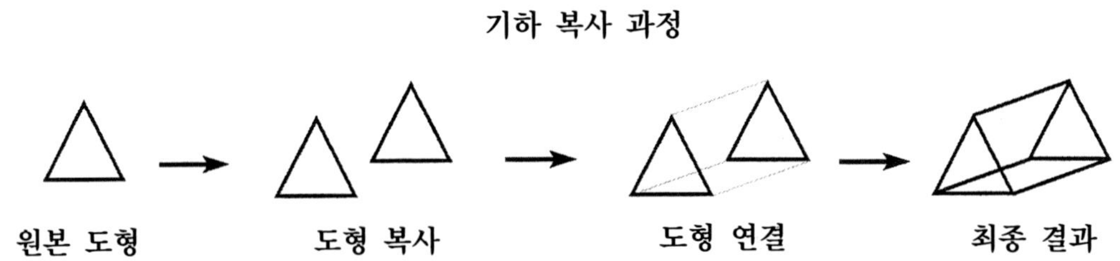

마지막 결과는 3차원 도형이 된다. 6개의 꼭짓점, 9개의 변, 5개의 면 및 1개의 입체도형(3차원 도형, 삼각기둥)으로 구성된다.

이제 여러 단계를 거쳐 도형 복제 과정을 탐구하여 보자.

1개 점에서 시작하자.

	원본	복사	연결	결과
시작				
1단계				
2단계				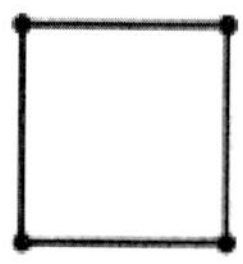

1.10절

1. 3단계의 도형 복제 과정을 그리시오.

	원본	복사	연결	결과
3 단계				

2. 아래 표의 밑줄 친 부분을 완성하시오.

	결과	점	직선	면	공간
시작	•	1			
1단계		2	1		
2단계	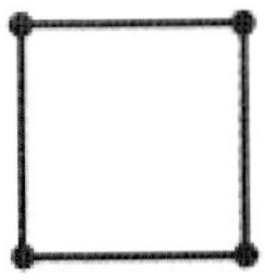	4	4	1	
3단계	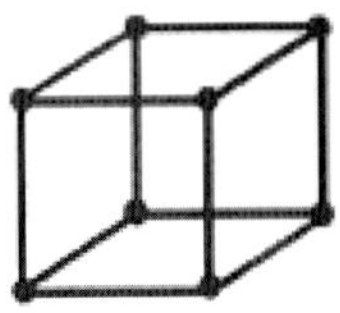	8	______	______	______

위 두 번째 문제에서 각 단계별 구성요소의 수는 다음과 같다.

시작 $1 = 1$

1단계 $3 = 2 + 1$

2단계 $9 = 4 + 4 + 1$

3단계 $27 = 8 + 12 + 6 + 1$

다음 단계를 구성하려면 각 단계별 총합을 나타내는 수의 규칙성을 찾으면 된다. 각 단계별 총합을 나타내는 수 1, 3, 9, 27은 3의 거듭제곱의 규칙성을 갖는다.

$3^0 = 1$

$3^1 = 3$

$3^2 = 9$

$3^3 = 27$

1장 3절에서와 같이 3을 2와 1을 이용한 이항 전개식으로 표현하면 다음을 발견할 수 있다.

$$1=(2+1)^0=1\cdot 2^0=\mathbf{1}$$

$$3=(2+1)^1=1\cdot 2^1+1\cdot 2^0=\mathbf{2+1}$$

$$9=(2+1)^2=1\cdot 2^2+2\cdot 2^1+1\cdot 2^0=\mathbf{4+4+1}$$

$$27=(2+1)^3=1\cdot 2^3+3\cdot 2^2+3\cdot 2^1+1\cdot 2^0=\mathbf{8+12+6+1}$$

위의 이항 전개식들에서 굵게 표시된 수는 각 단계별 구성요소의 수와 같다. 또한, 2의 거듭제곱의 계수는 파스칼 삼각형의 수이다. 예를 들어 4, 4, 1은 2단계의 점(꼭짓점), 선(변), 면(정사각형)의 개수이고 정사각형을 형성한다. 8, 12, 6, 1은 3단계의 점(꼭짓점), 선(모서리), 면(정사각형), 공간(입방체)의 개수이고 정육면체를 형성한다. (5장에서 이 기하학적 구조에 따른 수들이 다시 다루어질 것이다.) 이 규칙성을 통해 다음 단계의 구성 요소의 수를 예측할 수 있다.

정육면체를 복제하여 결합한 것을 초입방체(Hypercube)라 하고 초입방체의 구성요소를 예측해보자.

---

3. 3^4, 3^5을 구하시오.

4. $(2+1)^4$, $(2+1)^5$을 전개하시오.

5. 3단계(정육면체)의 결과를 이용하여 다음 단계의 도형 복제를 그리시오.

6. 다음 표를 완성하시오.

	전체 요소		점		직선		정사각형		정육면체		초입방체
시작	1	=	1								
1단계	3	=	2	+	1						
2단계	9	=	4	+	4	+	1				
3단계	27	=	8	+	12	+	6	+	1		
4단계	81	=	____	+	____	+	____	+	____	+	____

아래 다이어그램은 도형 복제로 구성되지만 지금까지 탐구한 것과는 다른 방법으로 표현된 것이다. 복제된 도형이 있는 공간의 차원을 다음 차원으로 확장할 때, 어떤 방향을 선택하여도 무관하다. 아래 다이어그램에서 수평 레벨의 꼭짓점의 수 즉, 위에서 아래로 표시된 숫자는 파스칼 삼각형의 수이다. 다음은 위 표의 4단계 도형이다.

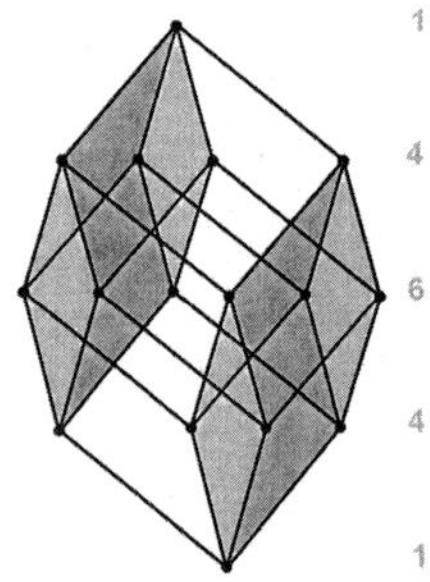

4 단계

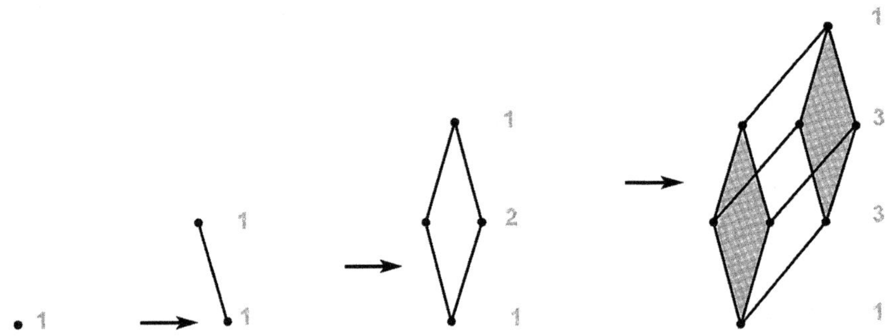

시작　　1 단계　　2 단계　　3 단계

이것은 16 개의 꼭짓점, 32 개의 모서리, 24 개의 면, 8 개의 입체도형, 1 개의 초입방체, 총 81 개의 구성요소, $(2+1)^4=81$를 포함한다. 초입방체는 4단계 도형이다.

이 다이어그램의 더 높은 차원의 도형의 각 구성 요소의 수는 그려진 도형에서 세는 것은 다소 어렵지만, 규칙성으로 예측할 수 있다. 다이어그램의 5단계 도형의 꼭짓점의 수를 예측하여 보자.

---

7. 두 개의 4단계 도형을 결합시켜 32개의 꼭짓점으로 구성된 5단계 도형을 그리고, 이 도형의 각 수평 레벨의 꼭짓점의 수를 구하시오.

8. 아래 그림에서 0 ~ 65번의 점들을 연결하시오.

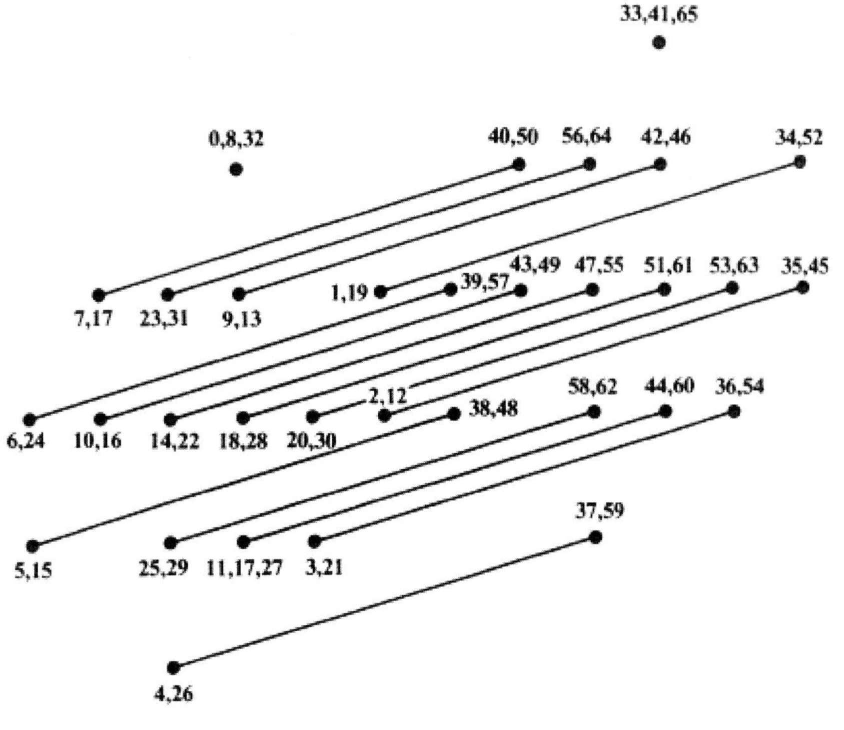

9. 문제 2 그림의 각 줄에 있는 점을 세어 보고, 파스칼 삼각형의 수의 합계와 비교하시오.

10. 위 문항을 참고하여 아래 그림의 빈 칸에 들어갈 수를 구하시오.

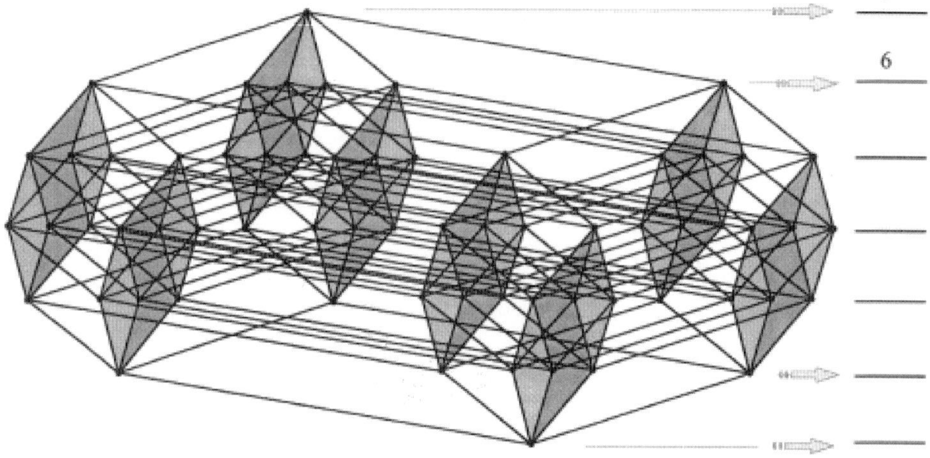

11. 문제 4에서 구한 수들은 파스칼 삼각형의 어떤 행의 수에 대응되는가?

1.11 수나무, 이항 전개 그리고 파스칼 규칙

임의의 3개의 자연수를 선택하자. 3개의 자연수는 같은 수여도 무관하다. 예를 들어 4, 2, 3을 선택하자. 첫 번째 수인 4를 시작수, 2와 3을 각각 왼쪽 가지수, 오른쪽 가지수라 하자. 2는 왼쪽 방향으로 '×2'의 역할을 하고 3은 오른쪽 방향으로 '×3'의 역할을 한다. 그러면 아래와 같은 수나무가 만들어진다.

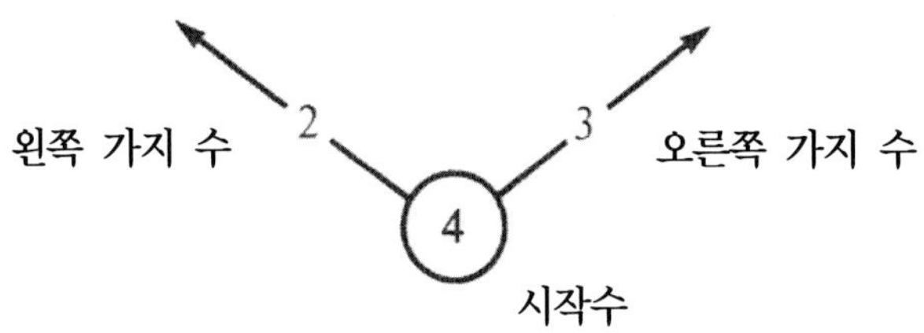

다음 단계에서 왼쪽 가지의 노드의 값은 $4\times2=8$이고 오른쪽 가지의 노드의 값은 $4\times3=12$이다.

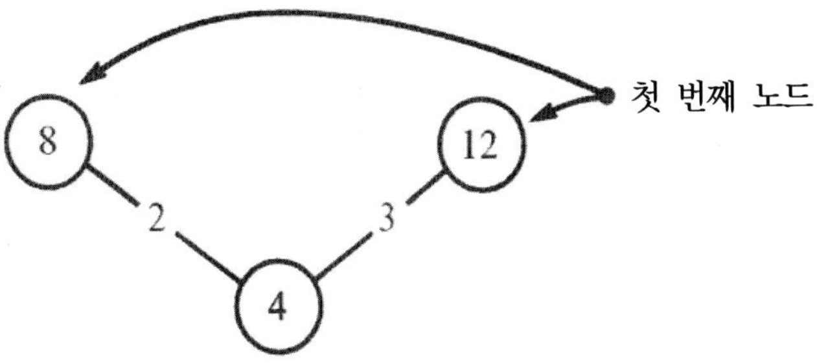

1.11절

1. 다음 수나무의 빈 노드의 값을 구하시오.

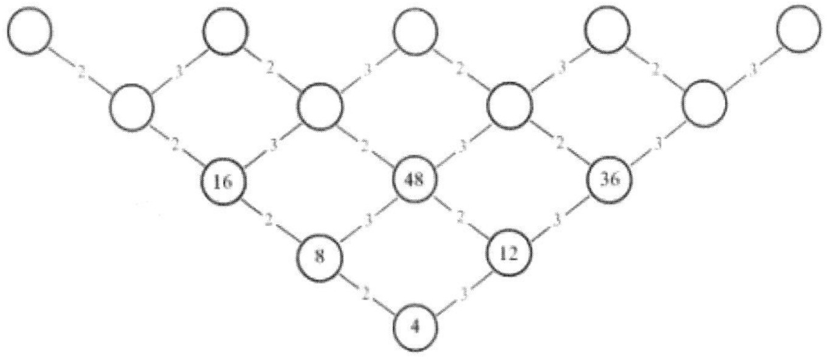

2. 다음 수나무는 시작수가 1이고 왼쪽 가지수, 오른쪽 가지수도 모두 1이다. 빈 노드의 값을 구하시오.

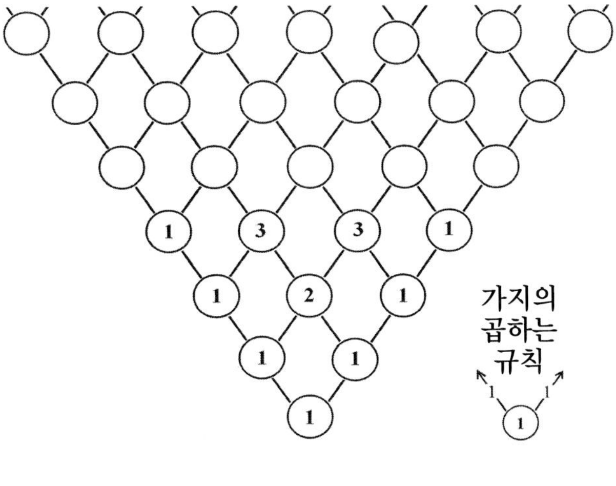

3. 문제 2의 수나무에서 노드 값의 패턴을 설명하시오.

4. 다음 수나무는 시작수가 1이고 왼쪽 가지수가 2, 오른쪽 가지수가 1이다. 빈 노드의 값을 구하시오. (힌트: 1.10 절의 문제 6번을 참조)

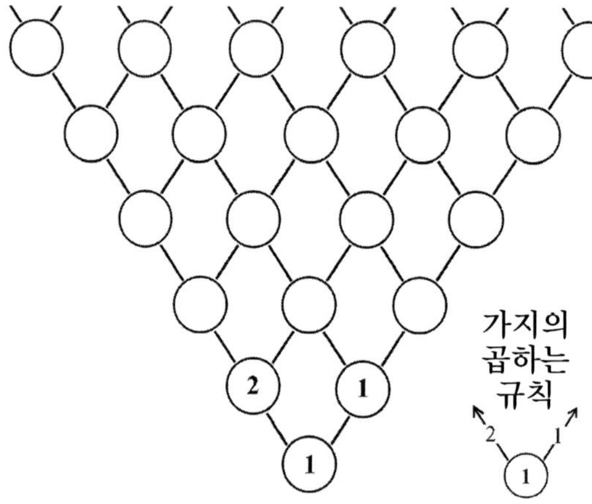

그 다음 단계는 이전 단계의 노드에 각각 두 개의 가지를 추가하여 세 개의 노드가 만들어진다. 왼쪽 노드의 값은 $8 \times 2 = 16$이고 오른쪽 노드의 값은 $12 \times 3 = 36$이다. 가운데 노드의 값은 이전 단계의 노드 8과 오른쪽 가지수 3과 연결되고 동시에 이전 단계의 노드 12와 왼쪽 가지수 2와 연결된다.

따라서 가운데 노드의 값은 $8 \times 3 + 12 \times 2 = 24 + 24 = 48$으로 계산된다.

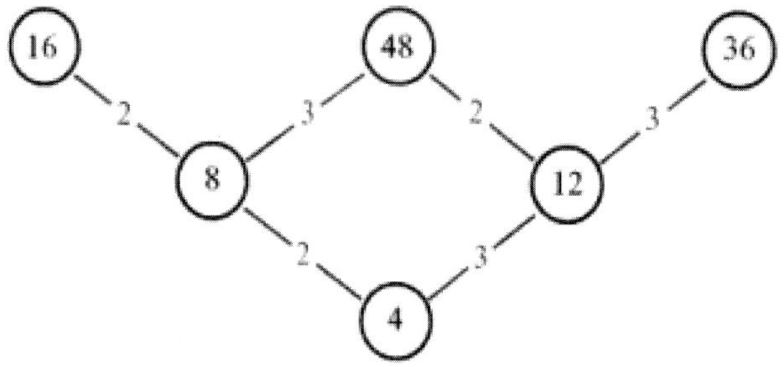

시작수와 가지수를 바꾸면 다양한 수나무가 만들어지며 파스칼 삼각형과 관련이 있다. 수나무의 노드들은 파스칼 삼각형의 규칙에 따라 만들어진다.

수나무의 노드 값을 소인수분해하여 나타내면 수나무의 규칙을 발견할 수 있다. 예를 들어, 다음은 시작수가 4이고 왼쪽 가지수가 2, 오른쪽 가지수가 3인 수나무의 노드 값만 나타낸 것이다.

64 384 864 864 324
32 144 216 108
16 48 36
8 12
4

각각의 노드 값을 소인수분해하여 나타내면 다음과 같다.

$2^4(4)$ $2^3 \cdot 3^1(16)$ $2^2 \cdot 3^2(24)$ $2^1 \cdot 3^3(16)$ $3^4(4)$
$2^3(4)$ $2^2 \cdot 3^1(12)$ $2^1 \cdot 3^2(12)$ $3^3(4)$
$2^2(4)$ $2^1 \cdot 3^1(8)$ $3^2(4)$
$2^1(4)$ $3^1(4)$
(4)

각 노드의 값에서 곱해진 가지수들을 제거하면 괄호의 수만 남는다. 그리고 괄호 안의 각각의 숫자들을 시작수인 4로 나누면 파스칼 삼각형이 된다.

---

5. 아래 수나무의 다음 단계의 노드 값들을 소인수분해 형태로 나타내시오.

$2^4(4)$ $2^3 \cdot 3^1(16)$ $2^2 \cdot 3^2(24)$ $2^1 \cdot 3^3(16)$ $3^4(4)$
$2^3(4)$ $2^2 \cdot 3^1(12)$ $2^1 \cdot 3^2(12)$ $3^3(4)$
$2^2(4)$ $2^1 \cdot 3^1(8)$ $3^2(4)$
$2^1(4)$ $3^1(4)$
(4)

6. 문제 4에서 얻은 수나무의 노드 값을 소인수분해 형태로 나타내시오.

가지수들이 같고 시작수가 다르면 소인수분해 형태에서 괄호 안의 수만 바뀐다. 다음은 가지수가 2, 3이고 시작수를 정하지 않은 수나무이다.

$2^4(\quad)$ $2^3 \cdot 3^1(\quad)$ $2^2 \cdot 3^2(\quad)$ $2^1 \cdot 3^3(\quad)$ $3^4(\quad)$

$2^3(\quad)$ $2^2 \cdot 3^1(\quad)$ $2^1 \cdot 3^2(\quad)$ $3^3(\quad)$

$2^2(\quad)$ $2^1 \cdot 3^1(\quad)$ $3^2(\quad)$

$2^1(\quad)$ $3^1(\quad)$

$(\quad)$

---

7. 시작수를 1로 정하여 수나무의 (　)를 채우시오. 그 규칙성을 설명하시오.

$2^4(\quad)$ $2^3 \cdot 3^1(\quad)$ $2^2 \cdot 3^2(\quad)$ $2^1 \cdot 3^3(\quad)$ $3^4(\quad)$

$2^3(\quad)$ $2^2 \cdot 3^1(\quad)$ $2^1 \cdot 3^2(\quad)$ $3^3(\quad)$

$2^2(\quad)$ $2^1 \cdot 3^1(\quad)$ $3^2(\quad)$

$2^1(\quad)$ $3^1(\quad)$

$(\quad)$

8. 시작수를 2로 정하여 수나무의 (　)를 채우시오. 그 규칙성을 설명하시오.

$2^4(\quad)$ $2^3 \cdot 3^1(\quad)$ $2^2 \cdot 3^2(\quad)$ $2^1 \cdot 3^3(\quad)$ $3^4(\quad)$

$2^3(\quad)$ $2^2 \cdot 3^1(\quad)$ $2^1 \cdot 3^2(\quad)$ $3^3(\quad)$

$2^2(\quad)$ $2^1 \cdot 3^1(\quad)$ $3^2(\quad)$

$2^1(\quad)$ $3^1(\quad)$

$(\quad)$

이를 일반화하자. 가지수들을 x, y로 하면 다음과 같은 수나무가 만들어진다.

$x^4(\quad)$ $x^3 \cdot y^1(\quad)$ $x^2 \cdot y^2(\quad)$ $x^1 \cdot y^3(\quad)$ $y^4(\quad)$

$x^3(\quad)$ $x^2 \cdot y^1(\quad)$ $x^1 \cdot y^2(\quad)$ $y^3(\quad)$

$x^2(\quad)$ $x^1 \cdot y^1(\quad)$ $y^2(\quad)$

$x^1(\quad)$ $y^1(\quad)$

$(\quad)$

9. 가지수가 x, y인 수나무의 다음 단계의 노드 값들을 소인수분해 형태로 나타내시오.

$x^4(\ \ )$ $\qquad$ $x^3 \cdot y^1(\ \ )$ $\qquad$ $x^2 \cdot y^2(\ \ )$ $\qquad$ $x^1 \cdot y^3(\ \ )$ $\qquad$ $y^4(\ \ )$

$x^3(\ \ )$ $\qquad$ $x^2 \cdot y^1(\ \ )$ $\qquad$ $x^1 \cdot y^2(\ \ )$ $\qquad$ $y^3(\ \ )$

$x^2(\ \ )$ $\qquad$ $x^1 \cdot y^1(\ \ )$ $\qquad$ $y^2(\ \ )$

$x^1(\ \ )$ $\qquad$ $y^1(\ \ )$

$(\ \ )$

시작수를 1로 정하면 괄호 안은 파스칼 삼각형의 수로 채워진다. 이 수나무에서 노드는 이항 전개의 각각의 항들이다. 그 결과는 다음과 같다.

$x^4(1)$ $\qquad$ $x^3 \cdot y^1(4)$ $\qquad$ $x^2 \cdot y^2(6)$ $\qquad$ $x^1 \cdot y^3(4)$ $\qquad$ $y^4(1)$

$x^3(1)$ $\qquad$ $x^2 \cdot y^1(3)$ $\qquad$ $x^1 \cdot y^2(3)$ $\qquad$ $y^3(1)$

$x^2(1)$ $\qquad$ $x^1 \cdot y^1(2)$ $\qquad$ $y^2(1)$

$x^1(1)$ $\qquad$ $y^1(1)$

(1)

수나무의 4단계(최상위 단계)의 항들을 모두 더하면 $(x+y)^4$ 의 전개식을 얻을 수 있다.

$$(x+y)^4 = 1 \cdot x^4 + 4 \cdot x^3y^2 + 6 \cdot x^2y^2 + 4 \cdot x^1y^3 + 1 \cdot y^4$$

이 전개식에서 파스칼 삼각형의 수 1, 4, 6, 4, 1은 이항계수이다.

10. $(x+y)^2$와 $(x+y)^3$을 각각 전개하시오.

11. $(x+y)^5$의 이항계수를 구하시오.

12. $(x+y)^5$를 전개하시오.

13. $x=2,\ y=3$일 때, 등식 $(x+y)^4 = 1x^4 + 4x^3y^1 + 6x^2y^2 + 4x^1y^3 + 1y^4$ 이 성립함을 보이시오.

수나무의 또 다른 예로 가계도(family tree)를 들 수 있다. 시간을 거슬러 올라가면 당신의 1대 조상은 어머니(M)와 아버지(F)이다. 2대 조상은 당신의 어머니의 부모(MF, MM), 아버지의 부모(FF, FM)로 구성되고 3대 조상은 조부모의 부모(FFF, FFM, FMF, MFF, FMM, MFM, MMF, MMM)로 구성된다. 이를 가계도로 나타내면 다음과 같다.

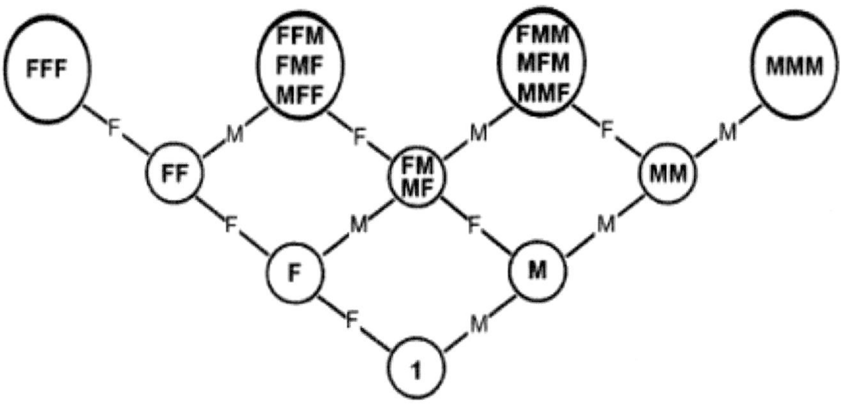

14. 당신의 3대 조상은 몇 명인지 구하시오.

15. 가계도에 당신의 4대 조상을 나타내시오.

16. 가계도와 파스칼 삼각형이 어떤 관련이 있는지 설명하시오.

1.12 삼각수와 파스칼 삼각형

파스칼 삼각형의 행을 이루는 각각의 수는 이전 행의 인접한 두 수의 합으로 구성된다.(1.1절 참고) 수나무에서 두 가지가 만나는 노드를 구할 때 파스칼 삼각형을 이용하였다. 다음 행의 노드들을 알기 위해서 이전 노드들을 모두 알아야만하기에 이 규칙은 재귀적 규칙(recursive rule)이다. 예를 들어, 20행 3열의 수를 구하기 위해서는 19행의 2열과 3열의 수를 알아야 한다.

한편, 파스칼 삼각형의 행에서 인접한 두 수에 적용되는 또 다른 규칙이 있다. 먼저 파스칼 삼각형의 n행은 항상 1(0열)과 n(1열)으로 시작한다. 예를 들어, 20행은 시작은 아래와 같다.

1 20 ⋯

파스칼 삼각형의 r행 c열의 수 n을 구하는 공식은 다음과 같다.

$$n = p \times \frac{r-c+1}{c}$$

p는 r행 $c-1$열의 수이다. 예를 들어, 20행 2열의 수를 구하면 다음과 같다.

$p=20,\ r=20,\ c=2$ 이므로

$$n = 20 \times \frac{20-2+1}{2} = 190$$

이다.

파스칼 삼각형은 0행과 0열부터 시작한다.

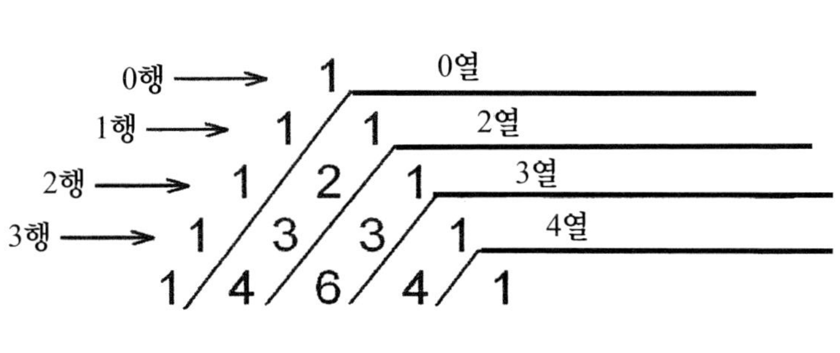

1.12절

1. 파스칼 삼각형의 20행 3열의 수를 구하시오.

2. 공식을 이용하여 파스칼 삼각형의 10행의 모든 수를 구하시오.

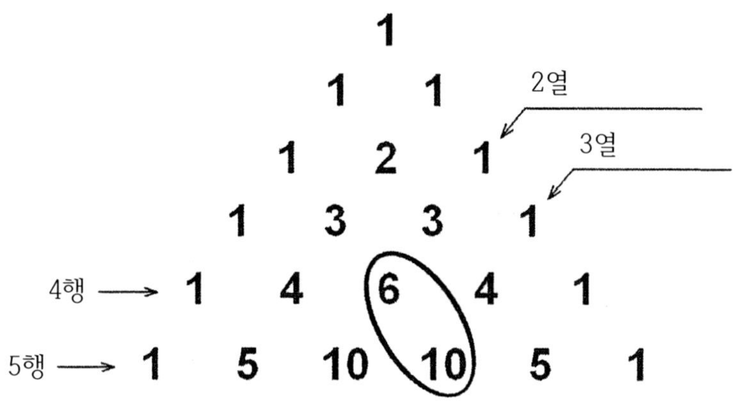

위의 그림에 표시한 6과 10을 보자. 6은 파스칼 삼각형의 4행 2열의 수이고, 10은 파스칼 삼각형의 5행 3열의 수이고 식 $5\times 6 = 3\times 10$이 성립함을 주목하여라.

일반적으로 파스칼의 삼각형의 n행 r열의 수 $(r \neq 0)$에 r을 곱한 값은 $(n-1)$행 $(r-1)$열의 수에 n을 곱한 것과 같다.

3. 파스칼 삼각형의 8행 4열의 수를 구하시오. 8행 4열의 수에 4를 곱한 값은 7행 3열의 수에 8을 곱한 수와 같음을 확인하시오.

4. 파스칼 삼각형의 또 다른 수를 선택하여 위의 성질이 성립함을 확인하시오.

파스칼 삼각형의 n행 r열의 원소를 $C(n, r)$로 표현하고 이항계수라고 한다. 위에서 설명한 성질은 다음과 같이 표현할 수 있다.

$$\boldsymbol{n \cdot C(n-1,\ r-1) = r \cdot C(n,\ r)}$$

예를 들어,

$C(5, 3) = 10$ 이고 $C(4, 2) = 6$ 이므로

$5 \cdot C(4, 2) = 3 \cdot C(5, 3)$

$5 \cdot 6 = 3 \cdot 105\times6=3\times10$

$30 = 30$

이다.

---

5. 다음을 구하시오.

(1) $C(6, 3)$

(2) $C(5, 2)$

6. $6 \cdot C(5, 2) = 3 \cdot C(6, 3)$임을 보이시오.

7. $\dfrac{C(n-1,\ r-1)}{C(r,\ n)} = \dfrac{r}{n}$임을 보이시오.

위의 성질을 이용하여 파스칼 삼각형의 규칙을 다음과 같이 나타낼 수 있다.

$$C(n,\ r-1) + C(n,\ r) = C(n+1,\ r)$$

예를 들어, $n=4$, $r=3$이면, $C(4, 2) + C(4, 3) = C(5, 3)$ 즉, $6 + 4 = 10$ 이다.

8. $n=8$, $r=4$일 때, 위의 파스칼 삼각형의 규칙을 확인하시오.

파스칼 삼각형의 대칭성(Symmetry Rule) 때문에 다음과 같은 성질을 가진다.

$$\mathrm{C}(n, r)=\mathrm{C}(n, n-r)$$

9. $\mathrm{C}(6, 2)=\mathrm{C}(6, 6-2)$임을 확인하시오.

10. m, n에 여러 값을 대입하여 $\mathrm{C}(m+n, m)=\mathrm{C}(m+n, n)$임을 확인하시오.

파스칼 삼각형의 20행 8열의 수와 19행의 모든 수를 모를 때, 20행 9열의 수를 찾는 방법은 다음 절에서 다룬다.

1.13 순열과 조합 ♣♦♥♠

하트 모양의 에이스(A), 킹(K), 퀸(Q) 카드 3장의 카드를 한 줄로 배열하는 방법은 몇 가지가 있을까? 다음 그림과 같이 에이스(A)로 시작하는 2가지, 킹(K)으로 시작하는 2가지, 퀸(Q)으로 시작하는 2가지로 총 6가지가 있다. 각각의 경우는 3장의 카드들이 서로 다른 순서로 배열되어 있다.

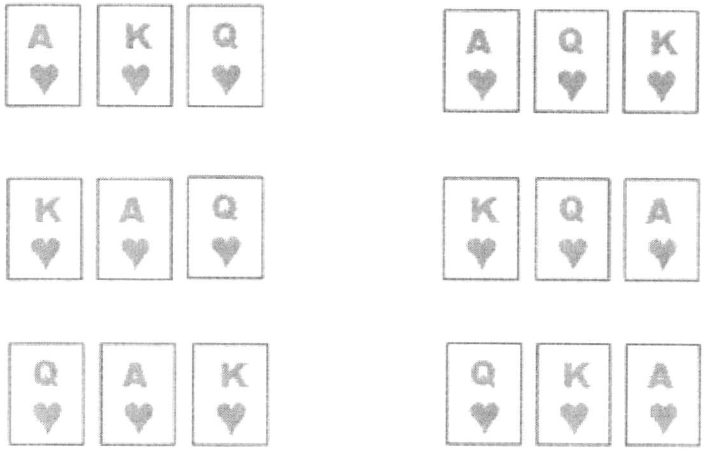

순서를 고려하여 3장의 카드에 대한 각각의 배열을 순열(Permutation)이라고 한다. 3장의 카드에 대해서는 6가지의 순열이 존재한다. 숫자 6은 '세기에 대한 근본 원리(Fundamental Principal of Counting)'를 적용하여 찾을 수 있다.

> 즉, 하나의 사건이 m가지 방법으로 일어나고 또 다른 사건이 n가지 방법으로 일어날 때, 첫 번째 사건에 이어 두 번째 사건이 연달아 일어나는 곱사건(Compound event)은 $m \times n$ 가지 방법으로 일어난다.

이러한 원리는 다양한 사건들에 확장하여 적용할 수 있다. 위의 3장의 카드를 아래 그림의 서로 다른 3자리에 놓는 것이다. 첫 번째 자리는 하트 모양의 에이스(A), 킹(K), 퀸(Q) 카드에 의해 3가지 경우로 놓을 수 있다. 두 번째 자리는 2가지 경우가 있는데, 그 이유는 첫 번째 자리가 킹(K) 카드로 채워졌다면 두 번째 자리는 오직 에이스(A) 또는 퀸(Q) 카드 2가지 경우가 있기 때문이다. 세 번째 자리에는 단 1가지 경우만이 남는다.

따라서, 3개의 자리를 채우는 방법의 전체 경우의 수는 $3 \cdot 2 \cdot 1 = 6$ 이다. 즉, 세는 규칙(counting rule)을 3 번 적용한 것이다. 이제 3장의 카드를 52장의 카드 한 벌에서 뽑고 순서를 고려하여 배열하자. 52장의 카드 중 3장의 카드에 대해 $52 \cdot 51 \cdot 50 = 132{,}600$ 가지의 순열의 수를 얻는다. 첫 번째 자리에 카드를 놓는 경우는 52가지, 두 번째 자리에 카드를 놓는 경우는 51가지, 세 번째 자리에 카드를 놓는 경우는 50가지이다.

52 51 50

52**장의 카드 중** 3**장의 카드의 순열은** $52 \cdot 51 \cdot 50 = 132{,}600$ **가지이다**.

앞에서 우리는 하트 모양의 에이스(A), 킹(K), 퀸(Q) 카드 3장에 대한 6개의 배열을 살펴보았다. 이 6개의 배열은 카드들이 나타나는 순서에 기인하여 생긴다. 만약 순서를 고려하지 않는다면, 이 3장의 카드에 대한 하나의 **조합**(combination)만이 존재할 것이다. 그러므로 52장의 카드 중 3장의 카드에 대한 조합의 수를 구하기 위해서는 순열의 수를 $3 \times 2 \times 1 = 6$ 으로 나누어야 한다. 즉, 52장의 카드 중 3장의 카드에 대한 조합의 수는 $\frac{(52 \times 51 \times 50)}{6} = 22{,}100$ 이다. 한 번 더 이러한 계산을 하는 이유는 3장의 카드에 대한 각각의 세트는 6가지의 서로 다른 배열이 있기 때문이다.

계승(Factorial): 계산 $3 \cdot 2 \cdot 1$ 에 대한 수학적 이름과 기호가 있는데, 이것은 '3계승'이라고 읽고 '3!'으로 표기한다. 예를 들어, $4! = 4 \times 3 \times 2 \times 1 = 24$이며 $4! = 4 \times 3!$ 으로 표기한다.

일반적으로,

$$n! = n(n-1)(n-2) \cdots (3)(2)(1)$$

이고,

$$n! = n(n-1)!$$

으로 나타낼 수 있다.

> 참고 **서로 다른 n개에 대한 순열의 수는 $n!$이다.**
>
> 52!은 한 벌의 카드를 섞어 배열하는 서로 다른 경우의 수이다. 52!은 약 8.1×10^{67}이며 68자리수의 큰 수이다. 물론, 그 누구도 그 많은 시행을 하지는 않았을 것이다. 1초에 1조 번의 카드 배열을 시행할 수 있다고 할지라도 (그리고 매번 서로 다른 배열이 나온다고 할지라도) 이 시행은 2100년 즉, 현재의 우주 나이보다 더 오랜 시간이 걸릴 것이다. 사실, 우주의 나이 보다 10^{35}배 더 오래 걸린다.

수 1!과 0!은 특별한 경우로 $1! = 1$이고 0!도 1로 정의되는데, $n = r$일 때, $(n-r)!$로 나누는 공식을 다루는 데 도움이 된다.

약간의 변형을 통해, 곱셈 $52 \cdot 51 \cdot 50$을 $\frac{52!}{49!}$으로 표기할 수 있는데,

$$52! = 52 \cdot 51 \cdot 50 \cdot 49!$$

이므로 52!을 49!으로 나눔으로써 $52 \cdot 51 \cdot 50$을 얻을 수 있다. 따라서 52장의 카드 중 선택된 3장의 카드에 대한 순열의 수는 $\frac{52!}{49!} = 132{,}600$이다.

순열(Permutation)에 대한 공식

일반적으로, 서로 다른 n개의 대상으로부터 r개를 선택하는 순열의 수는

$$\frac{n!}{(n-r)!}$$

이다.

52장의 카드 중 3장의 카드에 대한 **조합의 수**는 52장의 카드 중 3장의 카드에 대한 순열의 수를 $3! = 6$ 으로 나눈 것과 같은데, 선택된 세 장의 카드를 배열하는 방법이 여섯 가지 존재하기 때문이다. 이런 이유로, 52장의 카드 중 3장의 카드에 대한 조합의 수는 $\frac{(52 \cdot 51 \cdot 50)}{6} = 22,100$ 이다. 우리는 흔히 **52 선택**(choose) **3** 이라고 간단히 읽으며 이것은 $\frac{(52 \cdot 51 \cdot 50)}{6} = 22,100$ 과 같다.

52 선택(choose) 3에 대한 기호는 $C(52, 3)$ 이다. 이것은 파스칼의 삼각형(Pascal's Triangle)에서 성분들을 표기하기 위해 사용하는 기호와 같은데, 우리는 이것을 **이항계수**(binomial coefficient) 혹은 **조합**(combinatorial)이라 한다. 이러한 경우에, 그 성분은 52행 3열에서 찾을 수 있다.

계승(Factorial)을 이용하여, **52 선택**(choose) **3** 을 다음과 같이 쓸 수 있다.

$$
\begin{aligned}
\textbf{52 선택}\text{(choose) }\textbf{3} &= C(52, 3) \\
&= \frac{52!}{(49! \cdot 3!)} \\
&= \frac{52!}{(52-3)! \cdot 3!} \\
&= \frac{52 \cdot 51 \cdot 50}{3 \cdot 2 \cdot 1} \\
&= 22100
\end{aligned}
$$

나눗셈 과정에서 큰 수의 약분을 위해 49!을 제수로 선택하였고 $\frac{52!}{49!} = 52 \cdot 51 \cdot 50$ 이 된다. 49는 $52-3$ 이라는 점에 주목하면, 52와 3은 우리가 찾고 있는 52장 중 3장의 카드를 선택하는 조합의 수를 설명하는 두 개의 수이다. $\frac{52!}{49!} = 52 \cdot 51 \cdot 50$ 은 52개의 항목 중에서 3개의 항목을 선택하는 순열의 수를 의미한다. 즉, 52개의 항목 중에서 3개의 항목을 선택하는 조합의 수는 52개의 항목 중에서 3개의 항목을 선택하는 순열의 수를 3!로 나눈 것과 같다.

조합(Combination)에 대한 공식

일반적으로, 서로 다른 n개의 대상으로부터 r개를 선택하는 **조합의 수**는 아래와 같다.

$$\mathrm{C}(n,\ r) = \frac{n!}{(n-r)!\times r!}$$

n의 값이 크고 r의 값이 작을 때, 계산 과정에서 $(n-r)!$에 의해 약분되는 $n!$의 인수들이 많이 존재한다. 특별한 경우들은 다음과 같다.

$$\mathrm{C}(n,\ n) = 1,\quad \mathrm{C}(n,\ 1) = n,\quad \mathrm{C}(n,\ 0) = 1$$

또한, 대칭적으로

$$\mathrm{C}(n,\ r) = \mathrm{C}(n,\ n-r)$$

이 성립하는데, 이는 C(13, 10)과 같은 조합의 계산을 쉽게 해준다. 그 이유는 C(13, 10) = C(13, 3)이므로 직접 계산하기에는 C(13, 3)이 더 쉽기 때문이다.

예를 들면,

$$\begin{aligned}\mathrm{C}(13,\ 10) &= \frac{13!}{(13-10)!\times 10!}\\ &= \frac{13!}{3!\times 10!}\\ &= \frac{13!}{10!\times 3!}\\ &= \frac{13!}{(13-3)!\times 3!} = \mathrm{C}(13,\ 3)\end{aligned}$$

이고 다음과 같이 10개의 인수를 써야하는 C(13, 10)는 다음과 같다.

$$\mathrm{C}(13,\ 10) = \frac{(13\cdot 12\cdot 11\cdot 10\cdot 9\cdot 8\cdot 7\cdot 6\cdot 5\cdot 4)}{(10\cdot 9\cdot 8\cdot 7\cdot 6\cdot 5\cdot 4\cdot 3\cdot 2\cdot 1)}$$

대신, C(13, 3)으로 계산해보자. 다음과 같이 3개의 인수 13, 12, 11을 3!로 나누어 주면 된다.

$$C(13,\ 3) = \frac{(13 \bullet 12 \bullet 11)}{(3 \bullet 2 \bullet 1)}$$

나눗셈 과정을 살펴보면, 인수 $10 \bullet 9 \bullet 8 \bullet 7 \bullet 6 \bullet 5 \bullet 4$가 약분되어 더 간단한 값으로 $\frac{13 \bullet 12 \bullet 11}{3 \bullet 2 \bullet 1} = 286$이다.

1.13절

1. 5!을 계산하시오.

2. 4장의 에이스 카드 중에서 2장의 에이스 카드를 선택하는 순열의 수를 계산하고 각각의 경우를 모두 구하시오.

3. 서로 다른 4개에서 2개를 선택하는 조합의 수, C(4, 2)를 계산하시오.

4. 13 **선택**(choose) 3을 계산하고 13 **선택**(choose) 10을 계산하시오.

5. 몇 개의 m과 n 값을 선택하여 $C(m+n,\ m) = C(m+n,\ n)$임을 확인하시오.

6. 파스칼 삼각형의 52행 5열에 있는 원소를 찾으시오.

7. 52장의 카드로부터 가능한 5-핸드 카드[2]의 수는 몇 가지인가? (단, 순서는 중요하지 않다.)
8. 코치가 9명의 플레이어에 대하여 배팅 순서를 정할 수 있는 방법은 몇 가지인가? (이 문제에서는 순서가 중요하다.)

9. 코치가 20 명에서 9 명의 플레이어를 선택하여 팀을 구성하는 방법의 수는 몇 가지인가? 이 경우에도 순서가 중요한가?

10. 아래 그림에서 오직 두 개의 부채꼴 영역만을 선택하여 색칠하는 방법의 수는 몇 가지인가?
(힌트: C(6, 2)인가?)

30 페이지의 이진법을 사용하여 일부 조합을 찾는 방법을 설명하였다. 예를 들어, 4개의 원소를 갖는 집합에서 원소를 선택하는 방법은 다음 16가지의 이진수에 의해서 모든 가능한 방법을 나타낼 수 있다($2^4 = 16$).

2) 역자주 : 52장의 카드 중 5장을 뽑는 것

원소를 하나도 선택을 하지 않는 경우	원소 1개 선택하는 경우	원소 2개 선택하는 경우	원소 3개 선택하는 경우	모든 원소를 선택하는 경우
0000	0001 0010 0100 1000	0011 0101 0110 1001 1010 1100	0111 1011 1101 1110	1111
1가지	4가지	6가지	4가지	1가지

파스칼 삼각지의 제4행이 보이는가? 여기서 C(4, 2)=6임을 알 수 있다. 또한, 예를 들어, 항목 0101은 집합 내의 4개의 원소 중에서 선택한 2개의 원소 즉, 첫 번째 원소와 두 번째 원소를 나타낸다.

---

11. 위의 표에서 두 번째 원소만 선택한 것을 나타내는 이진수 표현은 무엇인가?
    위의 표에서 두 번째 원소만 선택하지 않을 것을 나타내는 이진수 표현은 무엇인가?

1.14 **수 세기 경로**(Counting Paths)

주어진 다이어그램에서, A 지점을 출발하여 **빅 룸**(Big Room)의 서로 다른 입구에 도착하는 경로를 세어보자. 각각의 교차로에서 오른쪽 또는 왼쪽 방향으로 이동해야 하며 뒤쪽으로는 이동할 수 없다. 그 중 하나의 경로는 A－B－E－H－M이다.

E 지점에 도착하는 방법은 2가지, H 지점에 도착하는 방법은 3가지 임을 주목해보자. I 지점에 도착하는 방법은 몇 가지일까? 이것을 안다면, H 지점에 도착하는 방법의 수와 I 지점에 도착하는 방법의 수를 더하여 A에서 M지점에 이르는 방법의 수를 구할 수 있을 것이다.

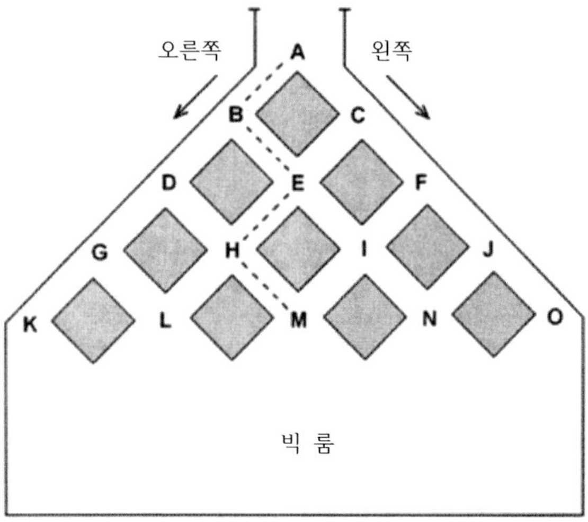

1.14절

1. 빅 룸(Big Room)으로 향하는 위의 그림을 보고 다음 물음에 답하시오.

(a) A 지점을 출발하여 B, C, E로 이동하는 경로의 수를 구하시오.

(b) A 지점을 출발하여 D와 F로 이동하는 경로의 수를 구하시오.

2. H 지점에 도착하기 위해서는 직전에 어느 지점을 거쳐야 하는가? 이 지점들에 도착하는 경로의 수를 더하여 H 지점에 도착하는 경로의 수를 구할 수 있다. 위 과정을 I 지점에 대해서도 구하시오. 이 계산을 위의 그림에 적용하여 빅 룸(Big Room)으로 가는 경로의 수를 구하시오.

3. A 지점을 출발하여 위의 그림의 각 지점에 도착하는 방법의 수를 구해보자. 어떤 패턴의 수들이 생성되는가? K, L, M, N, O 지점에 도착하는 방법의 수를 일렬로 적으시오. 이 수들은 어떤 수열을 이루는가? A 지점을 출발하여 빅 룸(Big Room)에 도착하는 방법의 수는 모두 몇 가지인가?

다음 그림에서 A는 앨(Al)의 집을 의미하고 B는 베티(Betty)의 집을 의미한다. 앨(Al)은 매일 서로 다른 최단 경로를 이용하여 베티(Betty)의 집을 방문한다. 최단 경로의 수는 몇 가지인가? [주의: 그림에서 A는 왼쪽 또는 아래쪽으로만 이동한다. 뒤쪽으로 이동하면 더 긴 경로가 된다.]

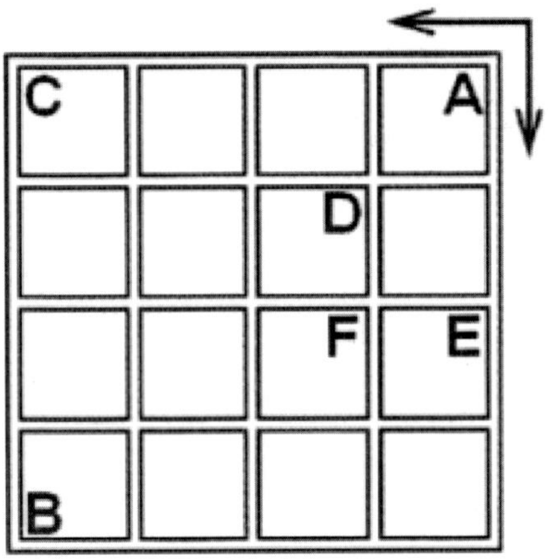

힌트: 각각의 교차로에 앨(Al)이 도착하기 위한 서로 다른 경로의 수를 적어보시오. 예를 들면, A 지점으로부터 C 지점에 이르는 최단 경로는 오직 1개 존재하고 A 지점으로부터 D 지점에 이르는 최단 경로의 수는 2개이다.

F 지점에 도착하기 위해서는, 앨(Al)이 D 지점 또는 E 지점으로부터 와야 한다. 따라서 A 지점으로부터 F 지점에 이르는 최단 경로의 수를 찾기 위해서는 D 지점에 적은 최단 경로의 수와 E 지점에 적은 최단 경로의 수를 더해야 한다. B 지점에 최단 경로의 수를 적을 때까지, 이 과정을 전체 그림에 적용해보자. 최종적으로, A 지점으로부터 B 지점에 이르는 최단 경로의 수는 70개이다. 하지만, 각각의 교차로에 적은 최단 경로의 수를 검증해 보아야 한다. 어떤 패턴의 수들을 발견하였는가?

4.

(a) 위에 제시된 그림에서 앨(Al)이 이동하는 각각의 경로를 문자 H(수평 방향)와 V(수직 방향)로 묘사해보자. 예를 들어, A 지점에서 E 지점으로 이동한 후, F 지점으로 이동한 다음, 맨 아래로 이동하여 왼쪽으로 세 번 이동하는 경로는 VVHVVHHH으로 묘사한다. 수직 방향으로 4번, 수평 방향으로 4번, 총 8번의 이동이 있음을 주목하자. 문자 H와 V를 각각 4번씩 사용한다면, 이들을 일렬로 나열하는 경우의 수는 몇 가지인가?

(b) $\dfrac{8!}{(4!\times 4!)}$을 계산하시오.

(c) C(8, 4)를 계산하시오.

(d) 위의 응답들은 어떤 공통점이 있는지 설명하시오.

일반적으로, 하나의 문자가 n번 사용되고 또 다른 문자가 n번 사용되었을 때, $2n$개의 문자를 나열하는 경우의 수는 $C(2n,\ n)$ 가지이다. 더욱 일반적으로, 한 종류의 대상이 n번 사용되고 또 다른 종류의 대상이 n번 사용되었을 때, $2n$개의 대상은 $C(2n,\ n)$ 가지 방법으로 배열될 수 있다. 이를 더 일반화하면, 한 종류의 대상이 n번 사용되고 또 다른 종류의 대상이 m번 사용되었을 때, $m+n$개의 대상은 $C(m+n,\ n) = C(m+n,\ m)$가지 방법으로 배열될 수 있다.

5.

(a) 다음 그림에서 아래 방향으로 내려가는 길만 선택할 때, 가장 위에서 출발하여 가장 아래에 도착하는 경로는 몇 가지인가?
같은 조건에서, X 지점을 통과하는 경로는 몇 가지인가?

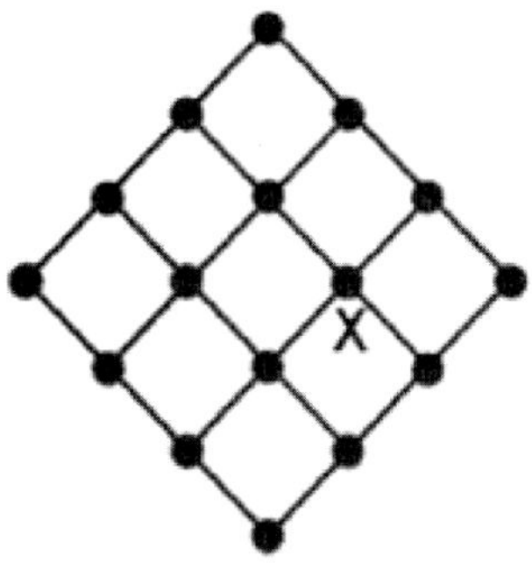

(b) 각각의 점 옆에 그 점에 도착하는 경로의 수를 적으시오. 수들의 패턴이 보이는가?

6. 위에서 아래 방향으로 문자들을 지그재그로 선택하여 단어 PASCALS를 만드는 방법의 수는 몇 가지인가?

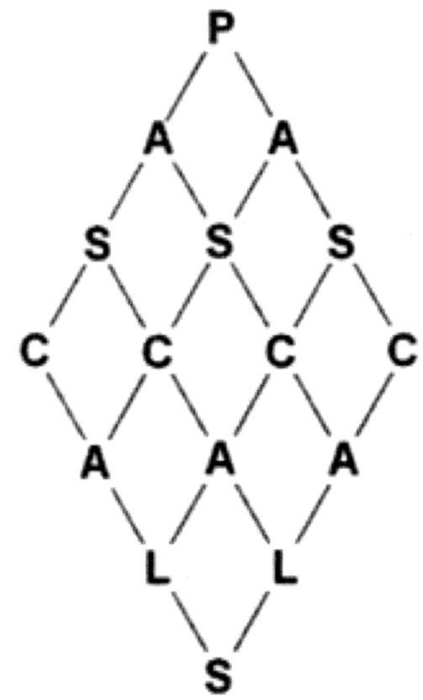

7. 위에서 아래 방향 또는 아래에서 위쪽 방향으로 문자들을 지그재그로 선택하여 단어 LEVEL을 만드는 방법의 수는 몇 가지인가?

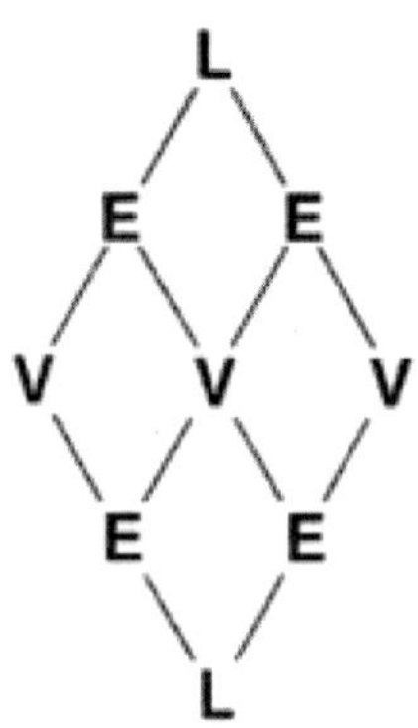

8.

(a) 빨간색 칩 5개와 검은색 칩 5개, 총 10개의 칩을 수직으로 쌓는 경우의 수를 구하시오.

(b) 빨간색 칩 5개와 검은색 칩 3개, 총 8개의 칩을 수직으로 쌓는 경우의 수를 구하시오.

다음 삼각격자의 시작점(Start)에서 출발하여 격자선을 따라 이동할 때, 종착선(Finish Line)에 도착하는 최단 경로의 수를 구하여 보자.

두 번째 그림에는 삼각격자의 시작점(Start)에서 출발하여 각각의 격자점에 도착하는 최단 경로의 수를 적었다. 파스칼 삼각형의 원소를 찾아보자. 종착선(Finish Line)에 적힌 숫자들을 더하여 시작점(Start)부터 종착선(Finish Line)까지의 최단 경로의 수를 구할 수 있다.

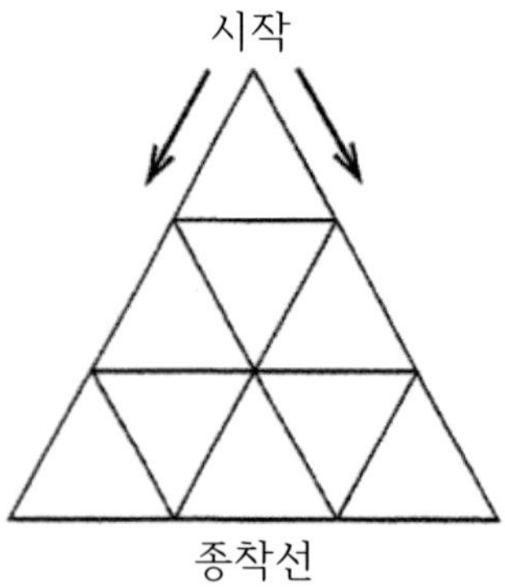

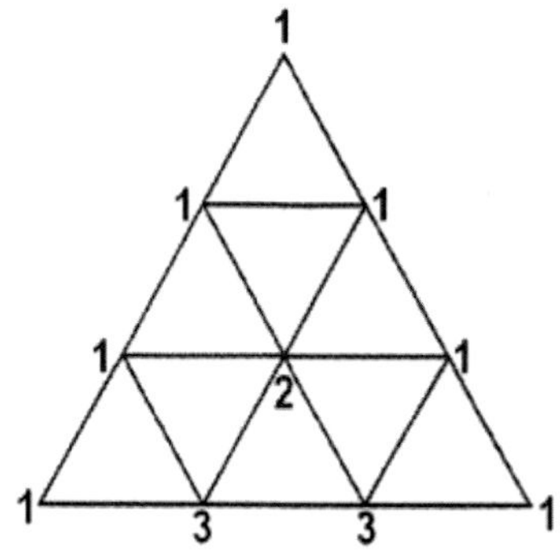

다음은 3×3 삼각격자에 대한 총 8개의 최단경로이다.

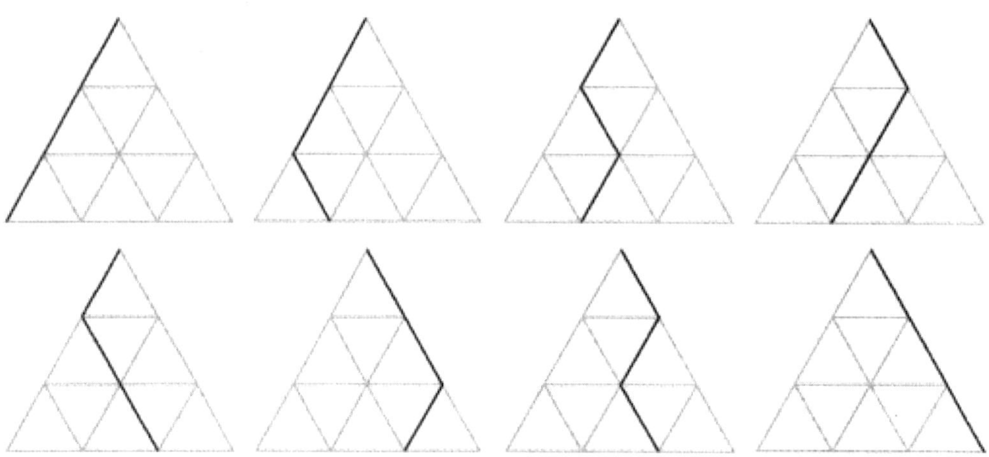

어떤 경로도 수평격자 선을 따라가지 않는다는 점을 주목하자. 수평격자 선을 따라가면 최단 경로보다 더 긴 경로가 생성된다. 이 경우 최대 수평격자선 3개가 추가된다.

9. 4×4 삼각격자를 그리시오. 시작점을 출발하여 각각의 격자점에 도착하는 최단 경로의 수를 구하시오. 종착선에 도착하는 최단 경로의 수는 모두 몇 개인가?

10. 5×5 삼각격자에는 종착선을 따라 5개의 점이 있을 것이다. 각각의 5개의 점에 도착하는 최단 경로의 수를 예측해보시오. 종착선에 도착하는 최단 경로의 총 개수는 몇 개인가?

1.15 이항분포 실험기

16개의 공을 이항분포 실험기(직선 통로를 통해 점점 넓어지는 오프셋 핀 배열)에 떨어뜨려 보자. 그림을 보면, 각각의 육각형 모양의 핀에서 공의 절반은 핀의 왼쪽으로 떨어지고 나머지 절반은 핀의 오른쪽으로 떨어진다. 그 후, 아래 행의 핀에서도 같은 과성이 반복된나. 핀 옆에 적힌 숫자는 그곳을 통과하는 공의 수를 의미한다. 실험기의 바닥면의 서로 다른 칸에 떨어진 공들이 모이게 된다. 각 칸에 모인 공들의 수는 1, 4, 6, 4, 1이다. 이 수들의 배열을 알고 있는가?

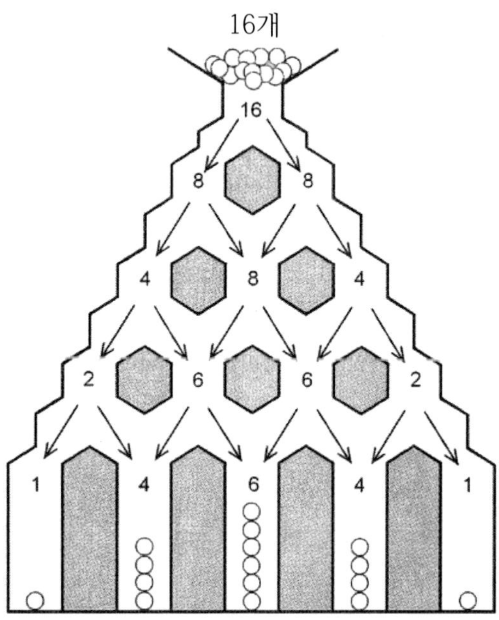

1.15절

1.
그림과 같이 8개의 공을 실험기에 떨어뜨렸다. 각각의 육각형 핀에서 공의 절반은 핀의 왼쪽으로 떨어지고 나머지 절반은 핀의 오른쪽으로 떨어진다. 그 후, 아래 행의 핀에서도 같은 과정이 반복된다. 각각의 핀 옆을 지나는 공의 수를 표기하시오. 바닥면의 각 칸에 떨어지는 최종적인 공들의 수를 적으시오.

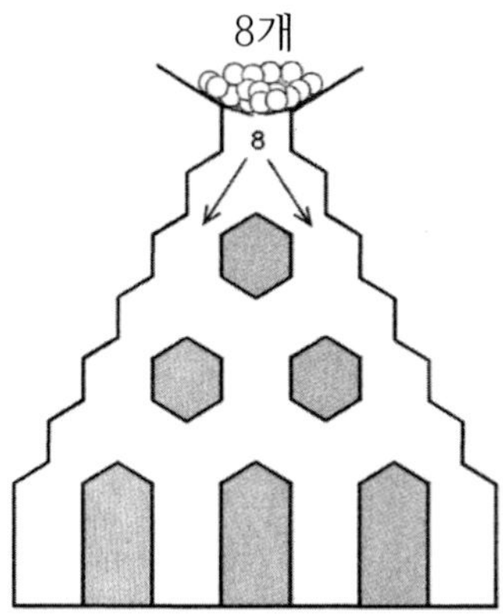

2. 아래 그림과 같이 32개의 공을 실험기 안에 떨어뜨렸다. 1번 문제에서의 과정을 반복하여 각각의 핀 옆을 지나는 공의 수를 표기하시오. 바닥면의 기둥 각 칸에 떨어지는 최종적인 공의 수를 적으시오.

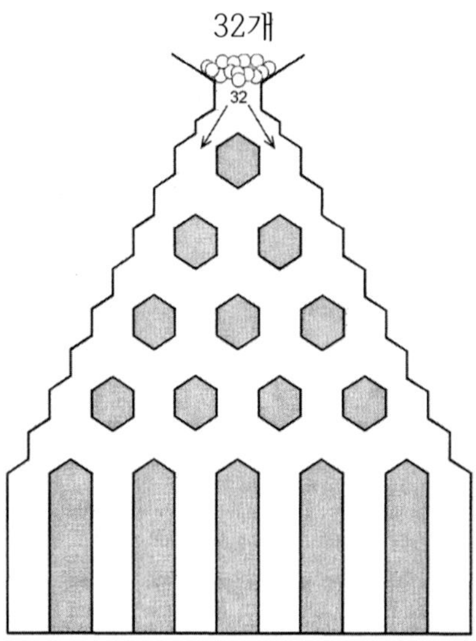

일반적으로 $(n-1)$개의 행에 핀이 꽂힌 이항분포 실험기에 2^n개의 공을 떨어뜨리면, 바닥면의 각 칸에 모인 공들의 수는 파스칼 삼각형의 n행의 원소들과 일치한다.

1.16 하노이 탑

하노이 탑은 위로 올라갈수록 크기가 작아지는 삼각형 디스크[3] n개가 3개의 기둥 중 하나에 탑처럼 쌓여있다. 디스크를 최소 횟수로 움직여 원래의 탑을 두 개의 비어 있는 기둥 중 하나로 옮긴다. 한 번에 한 개의 디스크만 이동할 수 있고, 작은 디스크 위에 큰 디스크를 옮겨 놓을 수 없다.

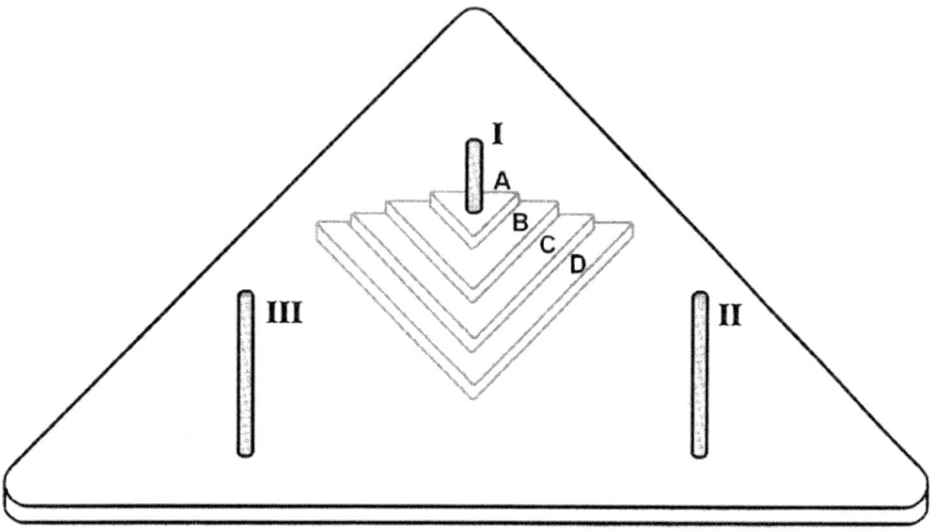

따라서 2개의 디스크가 있는 하노이 탑에서는 디스크를 세 번 옮겨서 비어 있는 다른 하나의 기둥으로 모두 옮길 수 있다. 이를 알아보기 위해 작은 디스크를 A, 큰 디스크를 B라 하고 서로 다른 세 기둥을 I, II, III라 하자. 디스크 A와 B는 기둥 I에 쌓여있다. 아래와 같이 디스크를 옮기자.

- 디스크 A를 기둥 II에 옮긴다.
- 디스크 B를 기둥 III에 옮긴다.
- 디스크 A를 기둥 II로 옮긴다.

따라서 2개의 디스크만 사용하는 경우 탑을 한 기둥에서 비어 있는 다른 기둥으로 이동하려면 3번의 이동이 필요하다.

3) 역자주 : 어떤 모양이라도 괜찮다. 단지 임의의 두 개의 디스크는 닮음이어야 한다.

1.16절

1. 위의 예처럼 기둥 I에서 다른 기둥 중 하나로 3개의 디스크 (A, B, C) 탑을 모두 옮기는 디스크의 움직임을 설명하시오. 3개의 디스크 탑을 비어 있는 기둥으로 옮기는 데 필요한 최소 이동 횟수는 몇 번인가?

8개의 디스크로 구성된 하노이 탑은 원래 64개의 디스크를 사용하면 최소 수십억 번의 움직임을 필요로 하는 하노이 탑의 전설을 단순화한 것이다. n개의 디스크를 옮기는데 필요한 최소 이동 횟수를 어떻게 알 수 있을까? 디스크의 이동에 대한 규칙성을 발견할 수 있는가? 이 두 가지 질문에 대한 답은 파스칼의 삼각형 안에 있다. 먼저 A, B, C 세 개의 디스크의 탑을 분석해 보자. 이 탑을 다른 빈 기둥으로 옮기려면 7번 이동해야 한다. 다음 그림에서 이동 순서를 확인하여라.

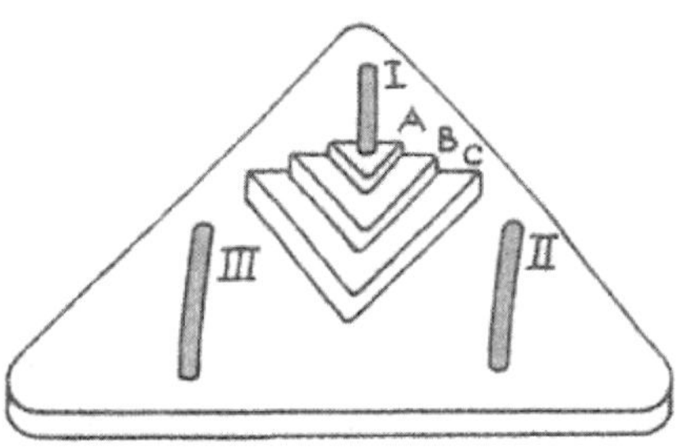

시작

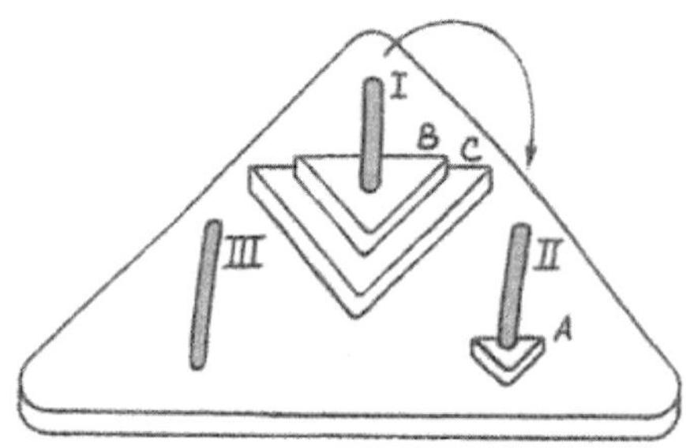

1번 이동

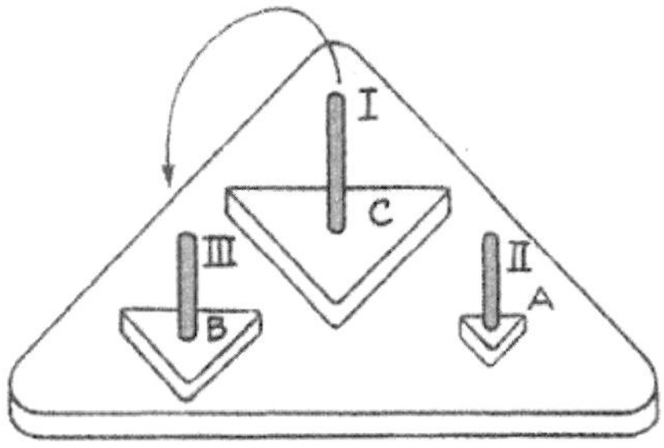

2번 이동

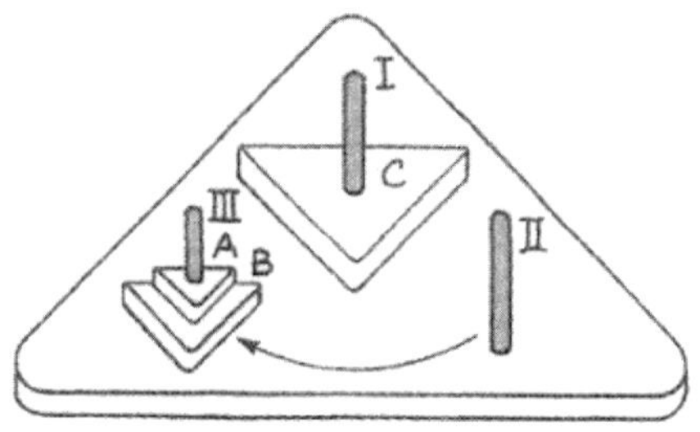

3번 이동

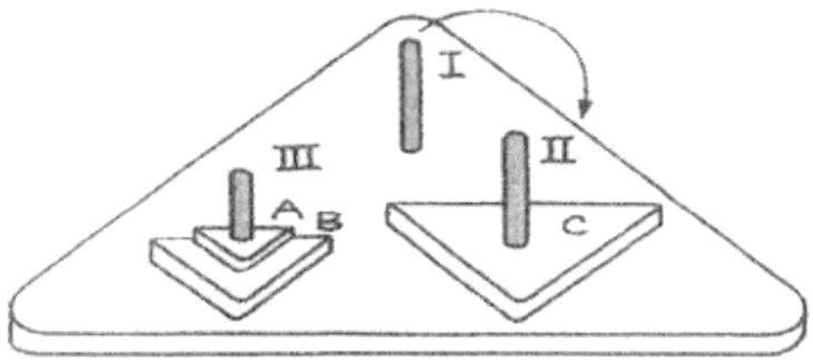

4번 이동

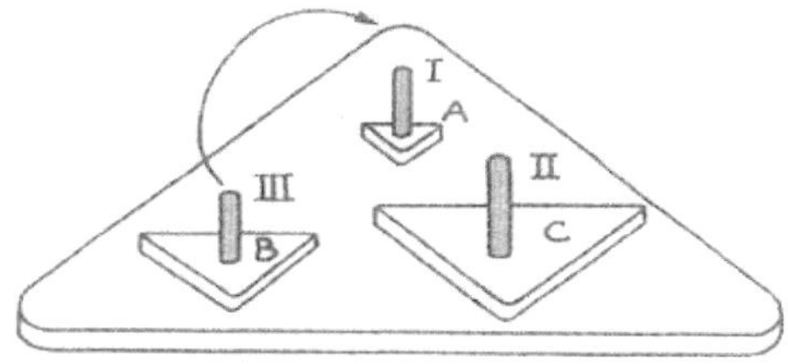

5번 이동

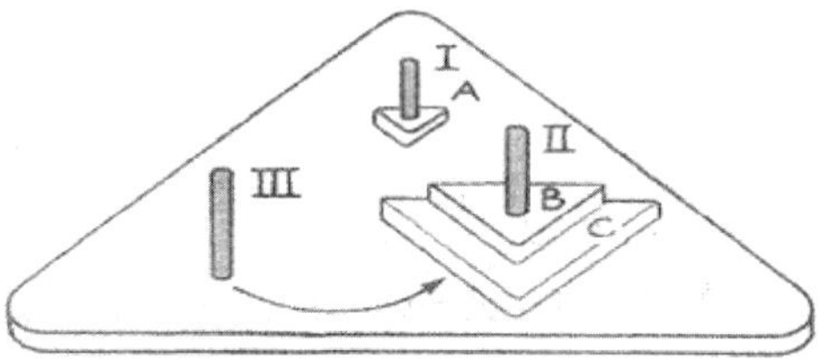

6번 이동

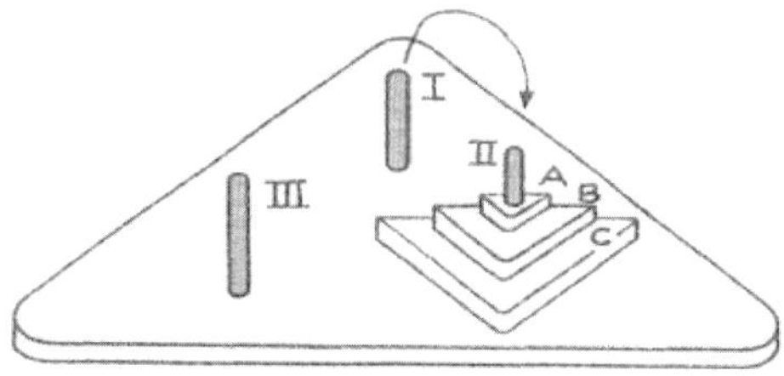

7번 이동

디스크 A는 총 4번 이동하고 세 디스크 중 가장 많이 이동한다. 디스크 B는 2번 이동하고 디스크 C는 1번만 이동한다. 여기서 1, 2, 4는 지수가 0부터 2까지의 2의 거듭제곱의 수이며 파스칼 삼각형의 0행부터 2행까지의 각 행의 모든 원소들의 합과 같다.

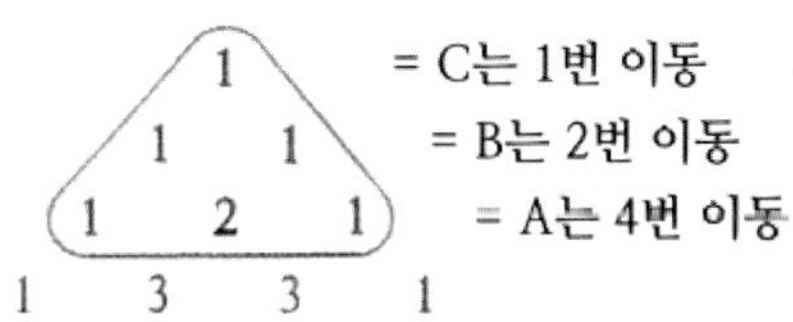

3개의 디스크 전체 이동 수 = 1 + 2 + 4 = 7번

다음은 디스크가 어떻게 이동하는지 알아보기 위해, 이동 순서대로 정렬한 것이다.

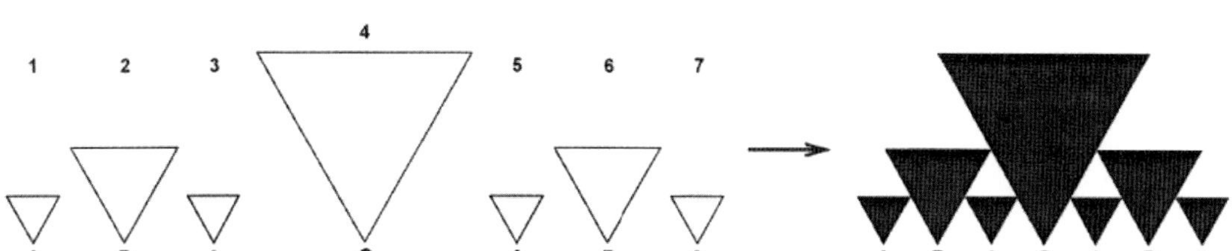

움직이는 순서대로 정렬된 삼각형 디스크의 패턴은 파스칼의 삼각형에서도 볼 수 있는데, 다음은 삼각형의 각 원소가 홀수이면 흰색 정육각형으로, 원소는 짝수이면 검은색 정육각형으로 대체한 그림이다.

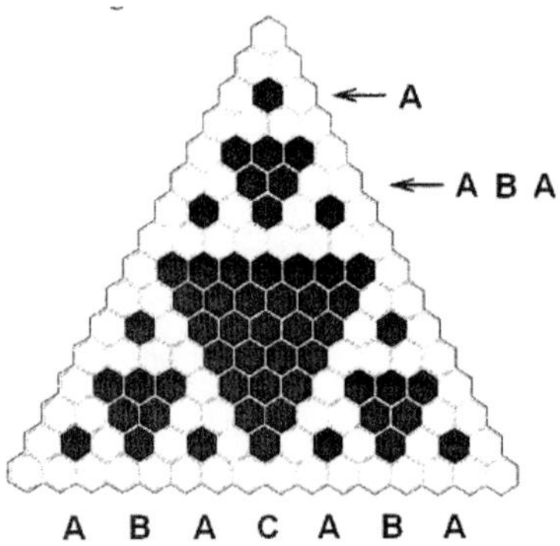

검은색 정육각형 그룹을 적절한 크기의 삼각형으로 교체한 것이다.

이동 순서대로 디스크를 정렬한 패턴

마틴 가드너(Martin Gardner)는 그의 저서 『The Scientific American Book of Mathematical Puzzles and Diversions』의 6장에서 이 패턴 ABACABA와 두 게임 '하노이의 탑'과 '이코시안 게임(The Icosian Game)'의 관계를 설명하고 있다. 이코시안 게임은 아일랜드의 수학자인 윌리엄 로완 해밀턴 경(Sir William Rowan Hamilton)에 의해 발명된 정육면체와 초입방체 모서리를 따라가는 경로와 관련이 있다. 이 경로를 해밀턴 경로(Hamiltonian paths)라고 한다. 또한 가드너는 ABACABA 패턴도 이진법으로 나타낸 수열로 표현할 수 있음을 언급하였다.

이를 알기 위해서는 먼저 1부터 7까지의 수를 이진수로 나타내고 숫자 C, B, A의 열에 이름을 붙인다. 그런 다음 각 이진수의 반대편에는 오른쪽에 가장 멀리 있는 비트 '1'을 식별하는 열의 문자를 쓴다. 위에서 아래로 적혀있는 문자열은 ABACABA이다.

십진수	이진수			오른쪽에서 처음으로 '1'이 보이는 열의 문자
	C	B	A	
1	0	0	1	A
2	0	1	0	B
3	0	1	1	A
4	1	0	0	C
5	1	0	1	A
6	1	1	0	B
7	1	1	1	A

2. 위의 표와 유사한 표를 만드시오. 첫 번째 열에 1부터 15까지 숫자를 나열하고 다음 열에는 첫 번째 열의 십진수를 이진수로 바꾼 네 자리의 이진수를 D, C, B, A로 표시된 하위 열 아래에 있는 이진수를 적어라. 그런 다음 각 이진수의 오른쪽에 시작하여 비트 '1'이 처음으로 보이는 열의 문자를 쓴다. 마지막 열(위부터 아래까지)에서 어떤 문자열이 만들어지는가?

가드너는 또한 동일한 패턴이 1인치의 이진 세분화(the binary subdivisions)에서 2분할, 4분할 및 8분할로 표시될 수 있음을 발견하였다.

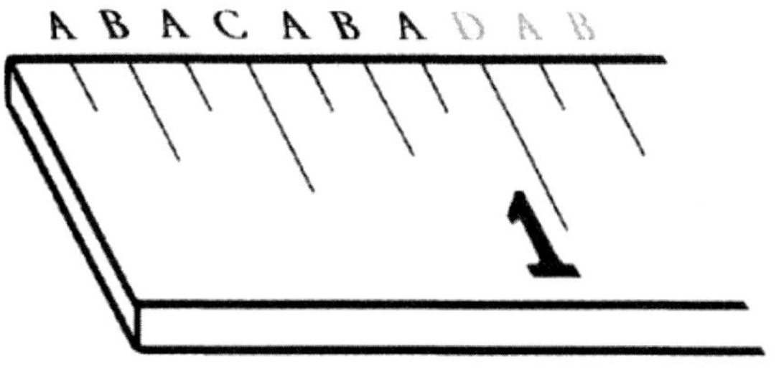

위의 그림의 문자 D는 이진수 1000, 즉 십진수 8에 해당하며, 2^3과 같다. 이 패턴의 비트 '1'은 오른쪽에 있는 비트 중 가장 멀리 있으며, 위의 표를 확장한 경우 D로 표시된 열 아래에 놓인다.

3. 자를 2인치로 확대하여 적당한 곳에 A, B, C, D의 문자를 적으시오.

4. 2분할, 4분할, 8분할, 16분할로 나누어진 1인치의 자를 그린다. 적당한 곳에 A, B, C, D의 문자를 적으시오. 힌트: 1인치 아래에 표시될 문자는 E이여야 한다.

이동을 보여주는 그림의 순서(88-89페이지)를 관찰하면, 디스크 A는 다른 기둥으로 이동할 때, 시계 방향으로 움직이는 것을 알 수 있다.(홀수 번 이동하는 것을 확인하여라.) 디스크 B는 시계 반대 방향으로 움직인다. 디스크 C는 한 번만 움직이며, 다시 시계 방향으로 움직인다. 디스크 개수가 많은 더 큰 탑에서는 각각의 연속된 디스크는 이전 디스크와 반대 방향으로 움직인다.

홀수-짝수 패턴 (89페이지)으로 볼 때 파스칼 삼각형을 사용하여 이러한 움직임을 예측할 수 있다. 홀수-짝수 패턴의 각각의 삼각형 꼭짓점이 기둥 중 하나를 나타낸다고 가정하자. 즉 큰 삼각형의 세 꼭짓점이 기둥이다. 아래의 그림을 참고하여라.

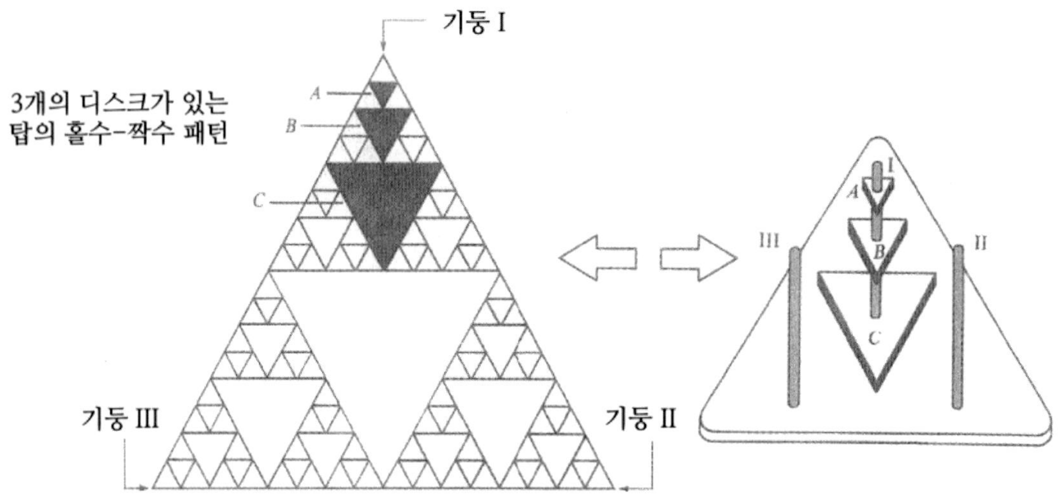

7번의 이동은 다음과 같이 나타낼 수 있다.

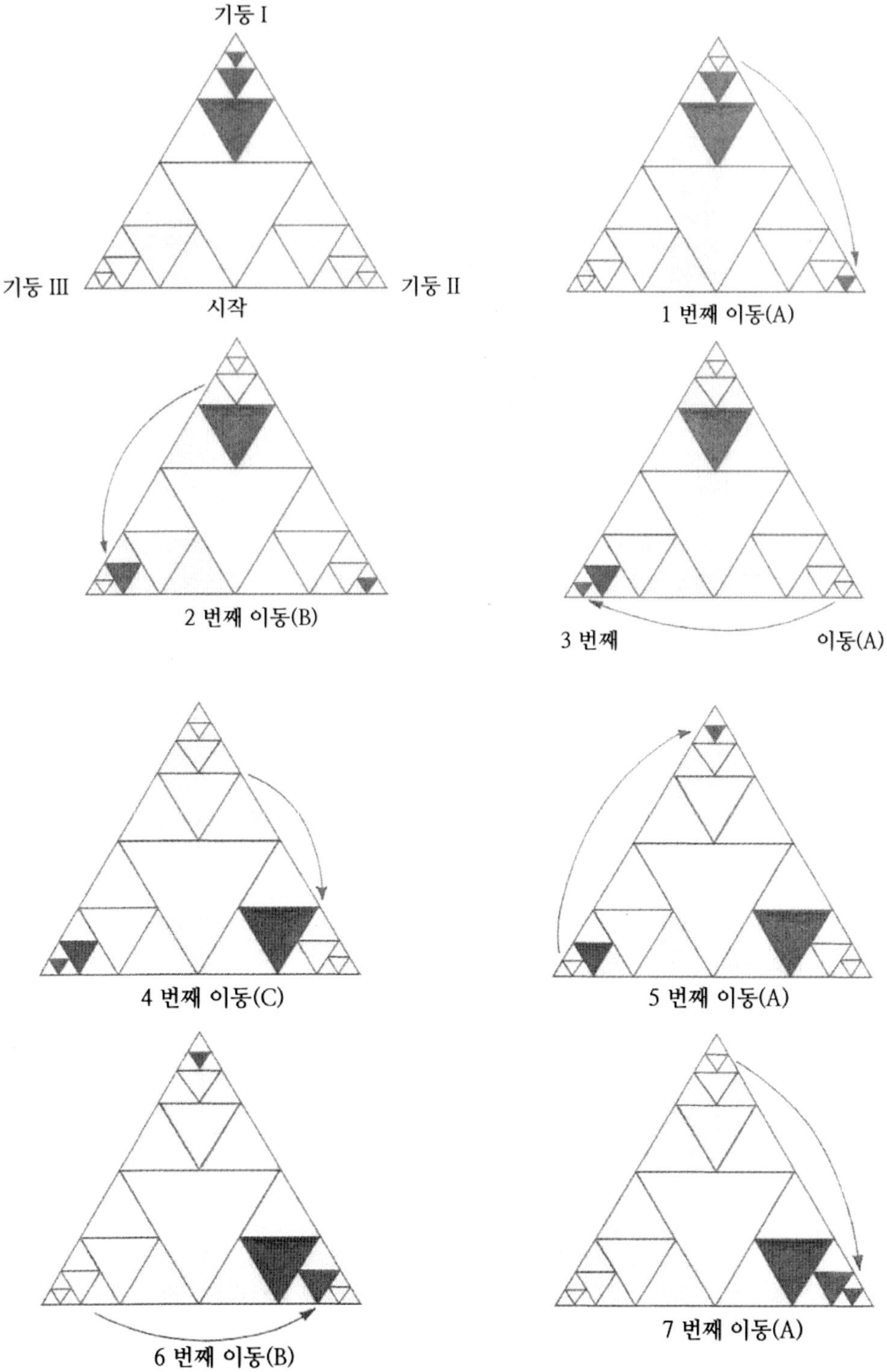

4개의 디스크가 있는 탑을 생각하여라.

파스칼 삼각형의 홀수-짝수 패턴의 32개 행
각 정육각형은 파스칼의 삼각형 원소를 나타낸 것이다.

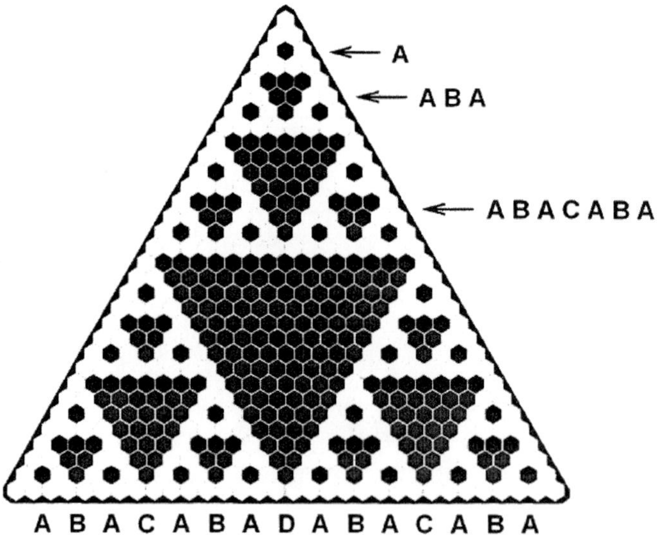

이 패턴은 4개의 디스크의 탑에 대응된다. (그림의 중앙에 있는 4개의 삼각형 모양을 보아라. 디스크 수와 일치한다.) 원래 기둥에서 다른 기둥으로 디스크 4개를 이동하는데 필요한 최소한의 이동 횟수는 $2^4-1=15$번이다. 홀수-짝수 패턴은 $2^{4+1}=2^5=32$행을 나타낸다. 디스크 4개가 A, B, C, D로 표시되어 있는 경우, 위 그림에서 아래에 표시된 문자열은 디스크 4개에 의한 15번의 이동 순서를 나타낸다.

---

5. 4개의 디스크가 있는 하노이 탑을 생각하자. 4개의 디스크를 원래 기둥에서 다른 기둥 중 하나로 옮기는 최소 이동 횟수를 구하시오. 파스칼 삼각형의 0행부터 3행에 모든 원소의 수를 더하면 얼마인가?

6. 4개의 디스크 이동 순서를 확인하기 위해 다음 그림에 색칠하시오.

4개의 디스크가 있는 탑의 홀수-짝수 패턴

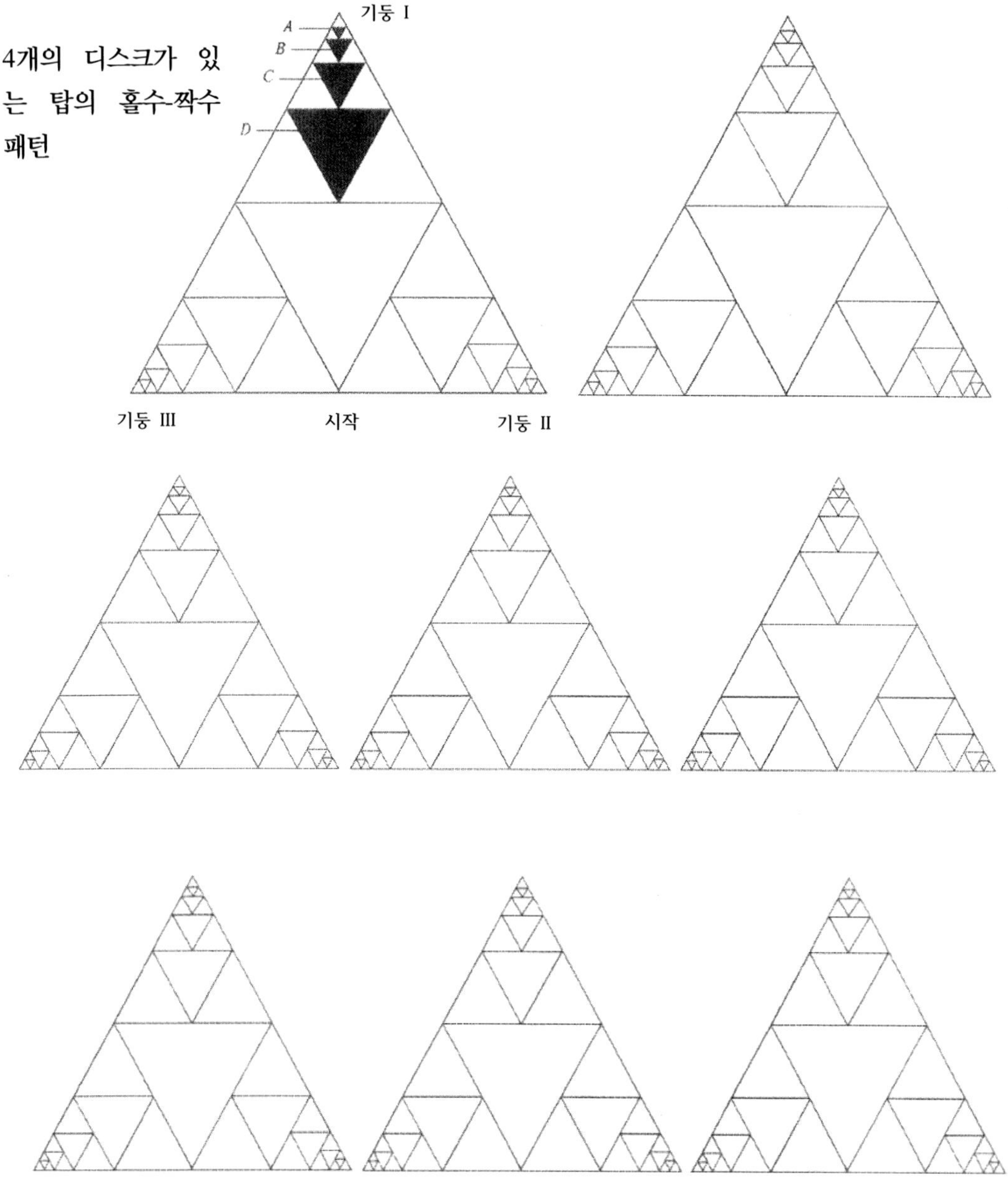

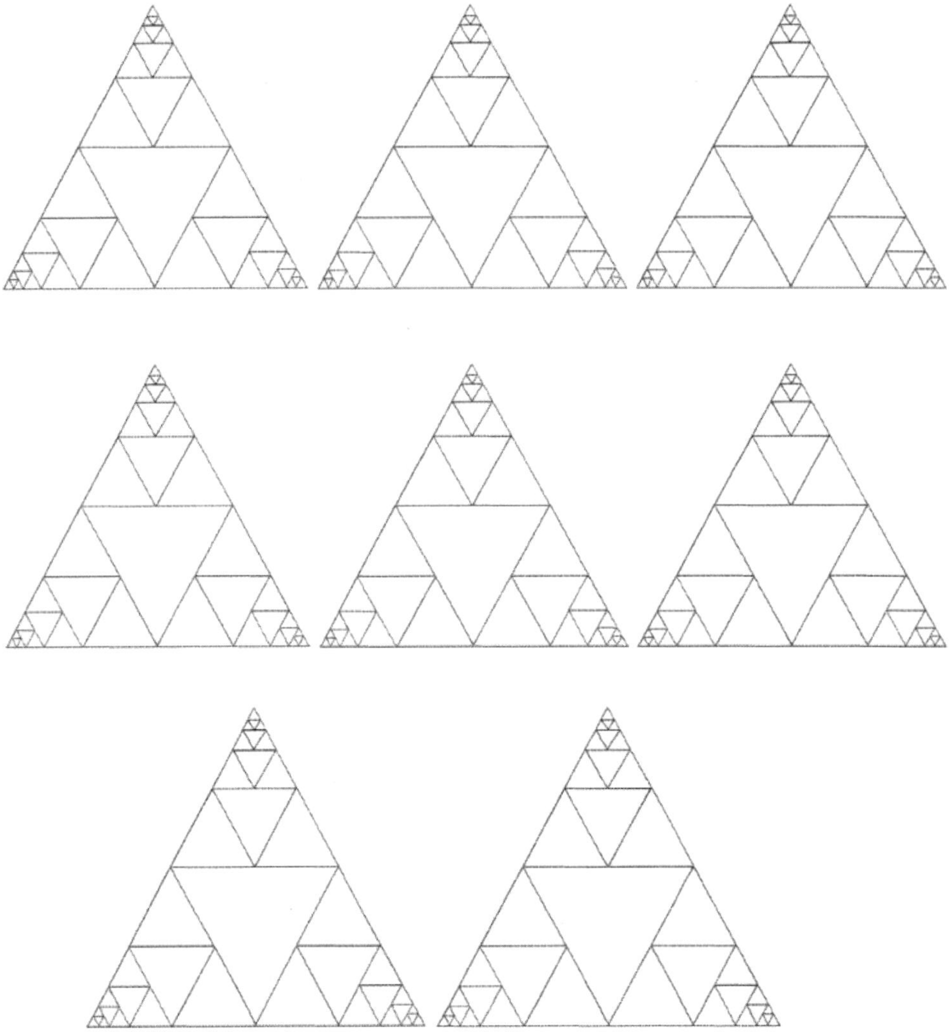

n개 디스크가 있는 하노이 탑의 최소 이동 횟수는 파스칼 삼각형의 0번째 행에서 $(n-1)$번째 행의 원소의 합이다. 각 행의 원소의 합은 2의 거듭제곱이다. n개의 디스크가 있는 하노이 탑의 최소 이동 횟수는 다음과 같다.

$$1+2+4+8+\cdots+2^{n-1}=2^0+2^1+2^2+2^3+\cdots+2^{n-1}=2^n-1$$

7. $n=4,\ 5,\ 6$ 일 때, $2^0+2^1+2^2+2^3+\cdots+2^{n-1}=2^n-1$ 이 성립함을 보이시오.

8. 다음은 4개 디스크로 구성된 하노이 탑의 최소 이동 순서를 구하는 과정이다. 빈칸을 채우시오.

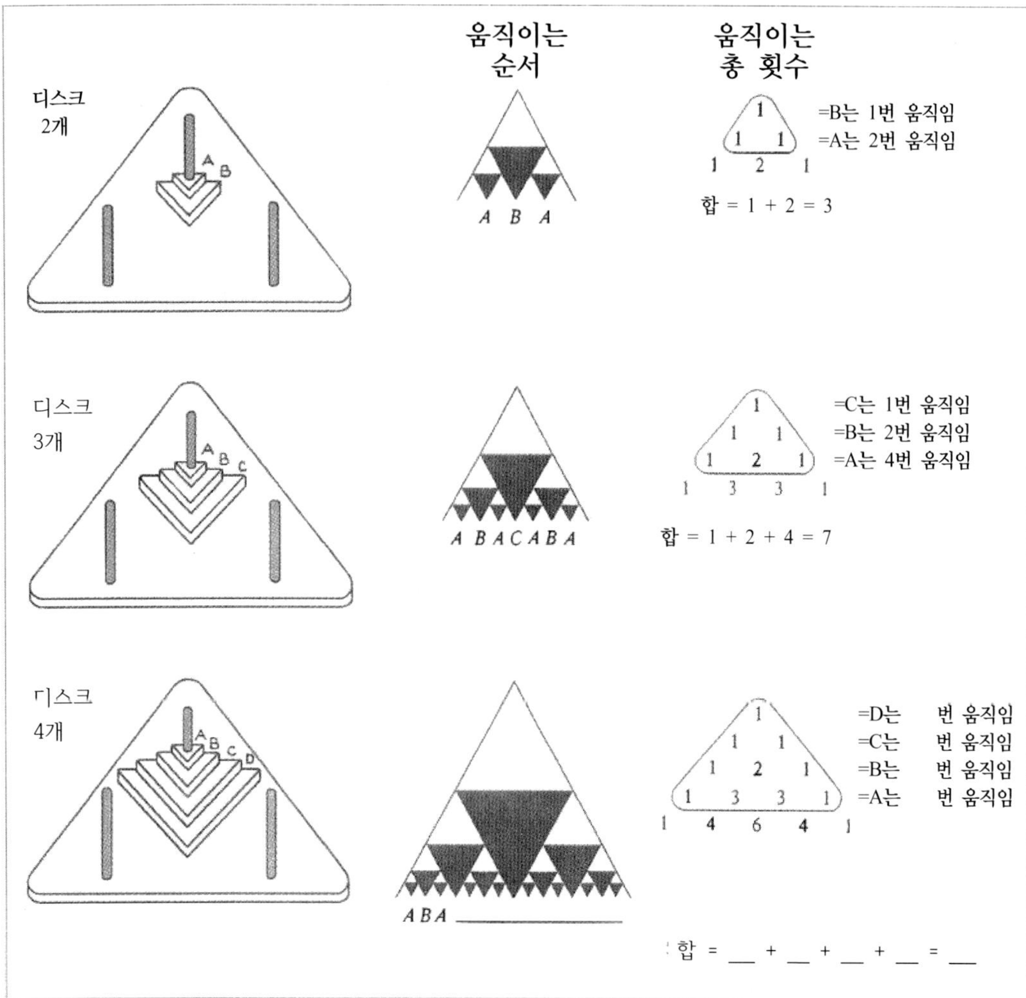

9. 5, 6, 7, 8개의 디스크를 원래 기둥에서 다른 기둥으로 옮기는 최소 이동 횟수를 예측하시오.

하노이 탑의 전설은 64개 디스크를 원래 기둥에서 다른 기둥으로 옮기는 것이다. 64개의 디스크를 옮기는 최소 이동 횟수는 $2^n-1=2^{64}-1$이다. 다음 분석을 통해 얼마나 큰 수인지를 추정할 수 있다. $2^{10}=1024$이므로 근사적으로 1000 즉, 10^3이다. 그러므로

$$\begin{aligned}2^{64}=\left(2^{10}\right)^6\times 2^4\approx 10^{18}\times 16 &= 16\times 1{,}000{,}000{,}000{,}000{,}000{,}000\\ &= 16{,}000{,}000{,}000{,}000{,}000{,}000\end{aligned}$$

이다.

이 엄청난 수는 160경이다! (그리고 이 값은 원래 값보다 작은 근사값이다.) 밤낮으로 일하면서 1초당 디스크 1개를 움직일 수 있다고 가정하면, 64개의 디스크를 모두 옮기는데 걸리는 시간은 5,000억 년이 더 걸린다. 1초당 100만 개의 디스크를 옮기더라도 64개의 디스크를 모두 옮기는 데 여전히 50만 년이 걸릴 것이다. 1초당 디스크 100개를 옮긴다고 한다면 시간이 얼마나 걸릴까?

이것은 디스크 5개의 하노이 탑의 파스칼 패턴이다.

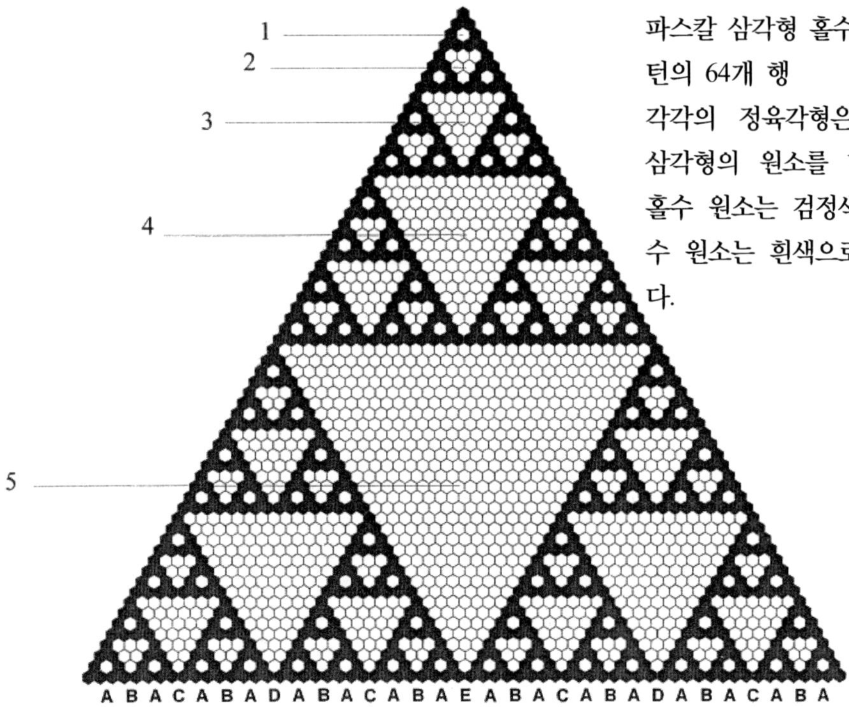

31회 이동

파스칼 삼각형 홀수-짝수 패턴의 64개 행
각각의 정육각형은 파스칼 삼각형의 원소를 나타낸다. 홀수 원소는 검정색으로 짝수 원소는 흰색으로 표현된다.

파스칼 삼각형 홀수-짝수 패턴은 2장에서 더 많이 볼 수 있다.

아래의 3×3 격자판 위에서 S에서 F로 최단 경로로 이동하는 경우의 수는 C(6, 3)= 20 가지임을 보여준다.

경로의 총 길이는 6이고, 3개는 왼쪽 아래로, 나머지 3개는 오른쪽 아래로 각각 이동한다. 따라서 길이가 6인 경로 중 3개를 왼쪽으로 선택하고 나머지 3개를 오른쪽으로 선택하면 된다. 위의 첫 번째 경로 LLLRRR은 S에서 시작하여 왼쪽, 왼쪽, 왼쪽, 오른쪽, 오른쪽, 오른쪽으로 이동하는 것을 표현한 것이다. 이 표현을 사용하여 20개의 경로를 아래와 같이 나열할 수 있다.

LLLRRR	LLRLRR	LLRRLR	LLRRRL	LRLLRR
LRLRLR	LRLRRL	LRRLLR	LRRLRL	LRRRLL
RRRLLL	RRLRLL	RRLLRL	RRLLLR	RLRRLL
RLRLRL	RLRLLR	RLLRRL	RLLRLR	RLLLRR

2 파스칼 삼각형 안에 있는 수의 패턴

2.1 행에 있는 원소들의 성질

1장에서 파스칼 삼각형에서의 각 행의 모든 원소의 합이 2의 거듭제곱과 같다는 것을 알았다. 파스칼 삼각형의 처음 몇 행의 원소들의 합:

0행	$1 = \mathbf{1} = 2^0$
1행	$1 + 1 = \mathbf{2} = 2^1$
2행	$1 + 2 + 1 = \mathbf{4} = 2^2$
3행	$1 + 3 + 3 + 1 = \mathbf{8} = 2^3$
4행	$1 + 4 + 6 + 4 + 1 = \mathbf{16} = 2^4$
5행	$1 + 5 + 10 + 10 + 5 + 1 = \mathbf{32} = 2^5$

일반적으로, n 행의 원소들의 합은 2^n과 같다. $2^n = (1+1)^n$을 이항전개하여 확인할 수 있다.

$$2^0 = (1+1)^0 = 1$$
$$2^1 = (1+1)^1 = 1 + 1$$
$$2^2 = (1+1)^2 = 1 + 2 + 1$$
$$2^3 = (1+1)^3 = 1 + 3 + 3 + 1$$
$$2^4 = (1+1)^4 = 1 + 4 + 6 + 4 + 1$$
$$2^5 = (1+1)^5 = 1 + 5 + 10 + 10 + 5 + 1$$

이제 1장의 수 수형도를 생각하자. 예를 들어, 근원수 1과 가지수 2와 1을 생각하자. (1.11의 예제 4)

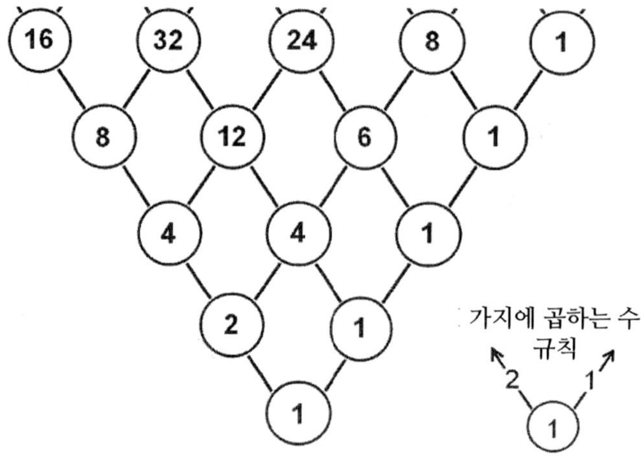

이제 노드 값이 다음 수 삼각형을 되도록 수 수형도를 뒤집어라.

1
1 2
1 4 4
1 6 12 8
1 8 24 32 16

2.1절

1. 이 수 삼각형의 각 행의 원소들을 더하시오. 어떤 거듭제곱이 만들어지는가?

2. 수 삼각형에 두 행을 더 추가한 다음 각 행의 원소들을 더하시오. 무엇을 확인할 수 있는가?

3. 아래는 주어진 각 노드의 인수분해 꼴이다.

$$
\begin{array}{ccccccccc}
 & & & & 1(1) & & & & \\
 & & & 1(1) & & 1(2) & & & \\
 & & 1(1) & & 2(2^1) & & 1(2^2) & & \\
 & 1(1) & & 3(2^1) & & 3(2^2) & & 1(2^3) & \\
1(1) & & 4(2^1) & & 6(2^2) & & 4(2^3) & & 1(2^4)
\end{array}
$$

인수분해 꼴인 수 삼각형에 두 행을 더 추가하시오. (괄호 밖의 수는 파스칼 삼각형의 수를, 괄호 안에 있는 수는 2의 거듭제곱을 사용한다.)

인수분해 꼴에서, 이항계수 즉 파스칼의 삼각형 수를 발견한다. 이 경우 두 개 항(이항)은 $(1 + 2)$이다. 그러므로

$$
\begin{aligned}
3^0 &= (1+2)^0 = 1 \\
3^1 &= (1+2)^1 = 1(1) + 1(2) \\
3^2 &= (1+2)^2 = 1(1) + 2(2^1) + 1(2^2) \\
3^3 &= (1+2)^3 = 1(1) + 3(2^1) + 3(2^2) + 1(2^3) \\
3^4 &= (1+2)^4 = 1(1) + 4(2^1) + 6(2^2) + 4(2^3) + 1(2^4)
\end{aligned}
$$

---

4. 근원수가 1이고 가지수가 2와 3인 수 삼각형을 적어도 5행 이상 만들어 보시오. 각 행의 원소를 더하시오. 각 행의 합을 이항전개로 전개하시오.

파스칼 삼각형의 각 행의 원소를 더하는 대신 원소를 교대로 더하고 빼보자.

---

5. 아래의 빈칸을 채우시오.

0행	1 = **1**
1행	1 − 1 = **0**
2행	1 − 2 + 1 = **0**
3행	1 − 3 + 3 − 1 = ______
4행	1 − 4 + 6 − 4 + 1 = ______
5행	1 − 5 + 10 − 10 + 5 − 1 = ______
6행	1 − 6 + 15 − 20 + 15 − 6 + 1 = ___

첫 번째 행을 제외하고, 다음 모든 행 모든 원소들을 교대로 서로 더하고 뺀 값은 $(1-1)^n=0$의 이항전개로 표현할 수 있다.

---

6. 아래의 빈칸을 채우시오.

1 = **1**

1 + 1 = **2**

1 + 2 − 1 = ______

1 + 3 − 3 + 1 = ______

1 + 4 − 6 + 4 − 1 = ______

1 + 5 − 10 + 10 − 5 + 1 = ______

1 + 6 − 15 + 20 − 15 + 6 − 1 = ______

문제 7~9번에서는, 사각형 안에 있는 원소를 제외하고, 표시된 대로 계산하시오. 각각의 경우에 대해 결과 값을 빈칸에 적으시오.

7.

1
1 + 1 = **1**
1 + 2 − 1 = **1**
1 + 3 − 3 + 1 = _____
1 + 4 − 6 + 4 − 1 = _____
1 + 5 − 10 + 10 − 5 + 1 = _____
1 + 6 − 15 + 20 − 15 + 6 − 1 = _____

8.

1
1 1
1 2 1 = **1**
1 3 3 − 1 = **2**
1 4 6 − 4 + 1 = _____
1 5 10 − 10 + 5 − 1 = _____
1 6 15 − 20 + 15 − 6 + 1 = _____
1 7 21 − 35 + 35 − 21 + 7 − 1 = _____

9.

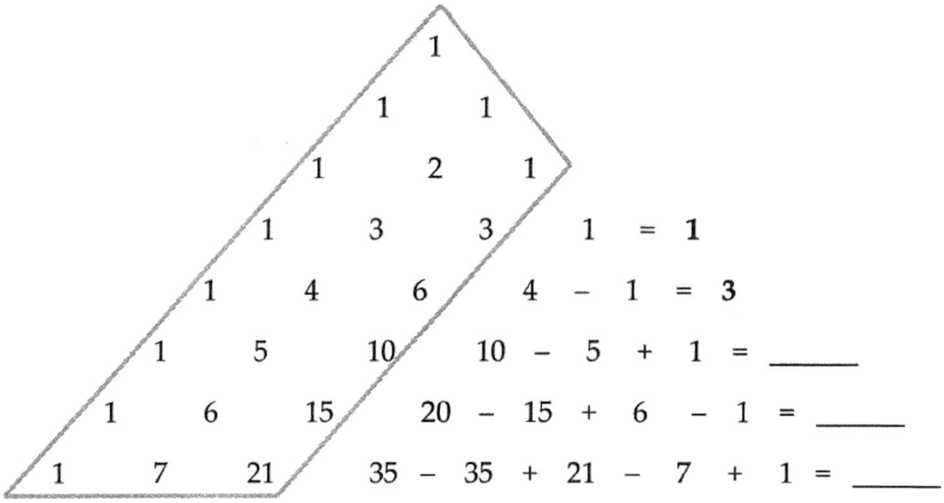

10. 도형 안에 있는 대각선의 원소들은 모두 더하고 수평선과 평행한 수들은 교대로 빼기와 더하기를 하시오. 이 수들의 규칙성을 발견할 수 있는가?

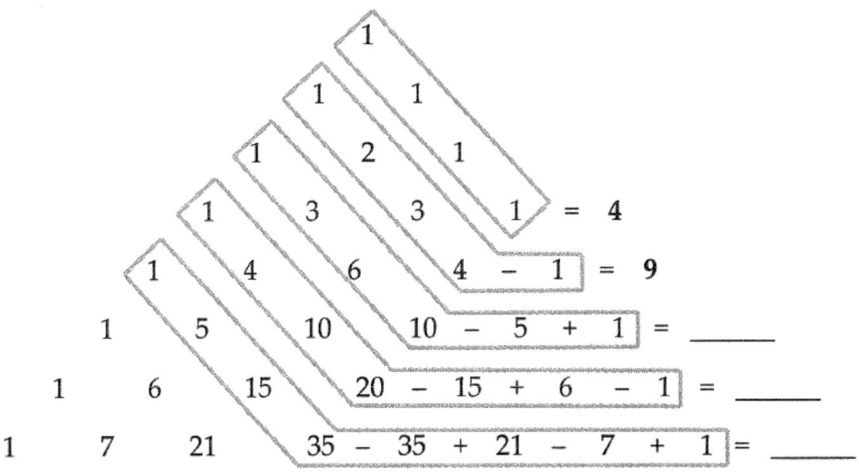

파스칼 삼각형의 11행은

1 11 55 165 330 462 462 330 165 55 11 1

이고 이 수들은 역시 $(x+y)^{11}$을 전개식의 이항계수들이다.

밑줄 친 수들을 모두 더하면 $1024=2^{10}$이다. 밑줄이 없는 수들도 모두 더하면 $1024=2^{10}$으로 그 값이 같다. 이 수들을 모두 더하면 $2^{10}+2^{10}=2^{11}=2048$이다.

---

11. 파스칼 삼각형의 3행, 5행, 7행, 9행을 각각 쓰고, 홀수 행에 밑줄을 그으시오. 밑줄이 있는 원소들의 합과 밑줄이 없는 원소들의 합이 같고 2의 거듭제곱으로 나타내어짐을 보이시오.

12. 파스칼 삼각형의 11행에서 처음과 마지막 원소를 제외한 각 원소가 11로 나누어짐을 보이시오. 다른 행에서도 적용되는가? 소수(prime number) 행에서도 적용되는가?

아래 파스칼 삼각형에서는 각 원소에 그 원소의 열 번호를 곱하고 있다.

[문제 13~14]

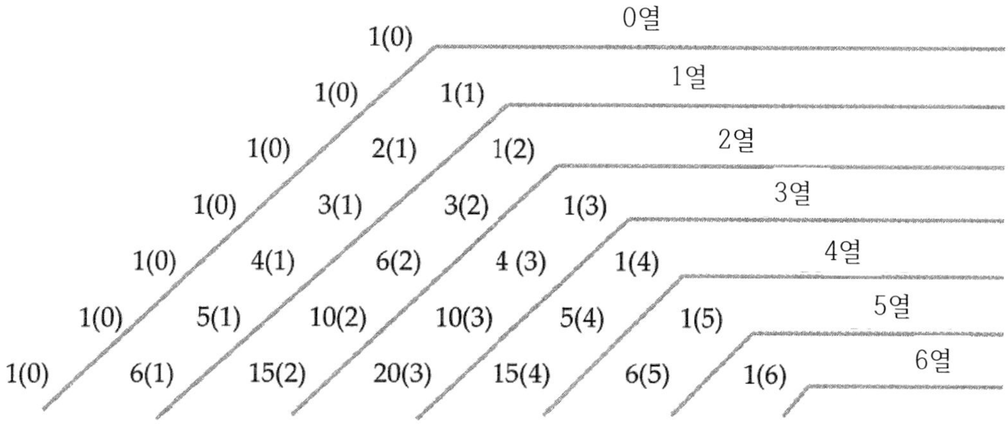

13. 각 원소에 열 번호를 곱한 다음 각 행의 모든 원소를 더하시오. 위의 그림을 참고하여 다음의 합을 확인하시오.

6행의 합은 $6 \cdot 2^5$,

5행의 합은 $5 \cdot 2^5$,

4행의 합은 $4 \cdot 2^4$,

3행의 합은 $3 \cdot 2^3$,

2행의 합은 $2 \cdot 2^1$이다.

14. n행의 각 원소에 열 번호를 곱한 다음 n번째 행의 모든 원소의 합을 구하는 공식을 유추하시오.

15. 아래 삼각형의 빈칸의 수를 유추하시오. 그리고 이를 계산하여 빈칸을 채우시오.

$$1(0) = \mathbf{0}$$
$$1(0) + 1(1) = \mathbf{1}$$
$$1(0) + 2(1) - 1(2) = \mathbf{0}$$
$$1(0) + 3(1) - 3(2) + 1(3) = \underline{\qquad}$$
$$1(0) + 4(1) - 6(2) + 4(3) - 1(4) = \underline{\qquad}$$
$$1(0) + 5(1) - 10(2) + 10(3) - 5(4) + 1(5) = \underline{\qquad}$$
$$1(0) + 6(1) - 15(2) + 20(3) - 15(4) + 6(5) - 1(6) = \underline{\qquad}$$

16. 파스칼 삼각형의 7행은

$$1 \quad 7 \quad 21 \quad 35 \quad 35 \quad 21 \quad 7 \quad 1$$

이다. 이 수들을 C_0, C_1, C_2, C_3, C_4, C_5, C_6, C_7로 나타내자. 그러면 아래 식이 성립함을 보이시오.

(1) $C_1 + 2C_2 + 3C_3 + 4C_4 + 5C_5 + 6C_6 + 7C_7 = 7 \cdot 2^6$

(2) $C_1 - 2C_2 + 3C_3 - 4C_4 + 5C_5 - 6C_6 + 7C_7 = 0$

17. C_0, C_1, C_2, C_3, C_4를 파스칼 삼각형의 4행의 이항계수라 하자.

$$C_0 + \frac{1}{2}C_1 + \frac{1}{3}C_2 + \frac{1}{4}C_3 + \frac{1}{5}C_4 = \frac{1}{5}(2^5 - 1)$$

이 성립함을 보이시오.

18. 임의의 자연수 n에 대하여

$$C_0 + \frac{1}{2}C_1 + \frac{1}{3}C_2 + \frac{1}{4}C_3 + \cdots \frac{1}{n+1}C_n = \frac{1}{n+1}(2^{n+1} - 1)$$

이 성립함을 보이시오.

19. 아래의 파스칼 삼각형의 각 행에서 밑줄 친 원소들을 더하고 오른쪽 대각선에 있는 빈칸을 채우시오. 이 수열의 일반항을 구하시오.

$\underline{1}$ → 1

$\underline{1}$ 1 → 1

$\underline{1}$ 2 $\underline{1}$ → 2

$\underline{1}$ 3 $\underline{3}$ 1 → 4

$\underline{1}$ 4 $\underline{6}$ 4 $\underline{1}$ → ______

$\underline{1}$ 5 $\underline{10}$ 10 $\underline{5}$ 1 → ______

$\underline{1}$ 6 $\underline{15}$ 20 $\underline{15}$ 6 $\underline{1}$ → ______

$\underline{1}$ 7 $\underline{21}$ 35 $\underline{35}$ 21 $\underline{7}$ 1 → ______

20. 아래의 파스칼 삼각형의 각 행에서 밑줄 친 원소들을 더하고 오른쪽 대각선의 빈칸을 채우시오. 이 수열의 일반항을 구하시오.

1

1 $\underline{\mathbf{1}}$ → 1

1 $\underline{\mathbf{2}}$ 1 → 2

1 $\underline{\mathbf{3}}$ 3 $\underline{\mathbf{1}}$ → 4

1 $\underline{\mathbf{4}}$ 6 $\underline{\mathbf{4}}$ 1 → ______

1 $\underline{\mathbf{5}}$ 10 $\underline{\mathbf{10}}$ 5 $\underline{\mathbf{1}}$ → ______

1 $\underline{\mathbf{6}}$ 15 $\underline{\mathbf{20}}$ 15 $\underline{\mathbf{6}}$ 1 → ______

1 $\underline{\mathbf{7}}$ 21 $\underline{\mathbf{35}}$ 35 $\underline{\mathbf{21}}$ 7 $\underline{\mathbf{1}}$ → ______

파스칼 삼각형에서 임의의 행을 선택하자.

예를 들어 6행을 선택하자. 이 행에 있는 수들을 아래와 같이 두 개의 행으로 나누자.

										6		20		6	
1	6	15	20	15	6	1	→		1		15		15		1

위에 있는 행의 수들의 합을 아래에 있는 행의 수들의 합으로 나누어 분수 형태로 만들자.

$$\frac{6+20+6}{1+15+15+1}$$

그러면 이 값은 1이다.

---

21. 파스칼 삼각형의 1행부터 8행까지의 수들에 대해 위 규칙에 따라 분수 형태로 나타내시오. 그 값은 얼마인가?

2.2 열의 원소들에 대한 성질

연속된 열의 원소들의 합을 생각하자. 예를 들어 2열의 원소들은 아래와 같다.

1

3

6

10

15

21

…

아래와 같은 방법으로, 부분 수열의 합을 만들자.

$$
\begin{aligned}
1 &= 1 \\
1 + 3 &= 4 \\
1 + 3 + 6 &= 10 \\
1 + 3 + 6 + 10 &= 20 \\
1 + 3 + 6 + 10 + 15 &= 35 \\
1 + 3 + 6 + 10 + 15 + 21 &= 56
\end{aligned}
$$

부분합은 1, 4, 10, 20, 35, 56 임을 알 수 있다. 이 수들은 파스칼 삼각형의 3열의 수들이다. 2열의 처음 2개의 원소의 합은 4열의 두 번째 원소와 같다. 그리고 2열의 처음 3개의 원소의 합은 3열의 세 번째 원소와 같다.

2.2절

1. 2열의 처음 4개의 원소의 합은 얼마인가?

아래 그림과 같이 파스칼 삼각형에서 2열의 처음 4개의 원소의 합을 도형 안의 수와 같이 발견할 수 있다.

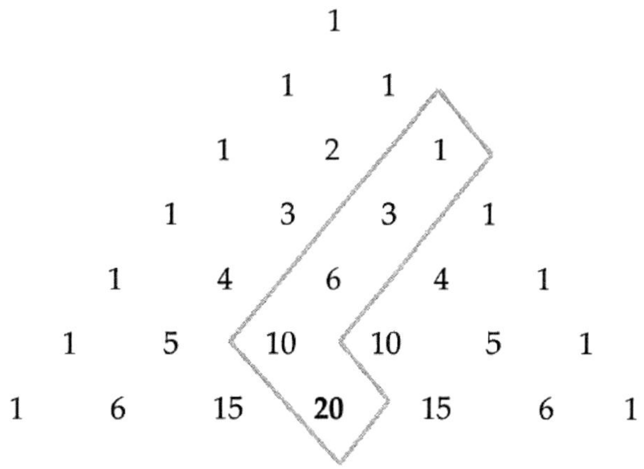

같은 방법으로, 2열의 처음 5개의 원소의 합은 아래와 같이 도형을 그릴 수 있다.

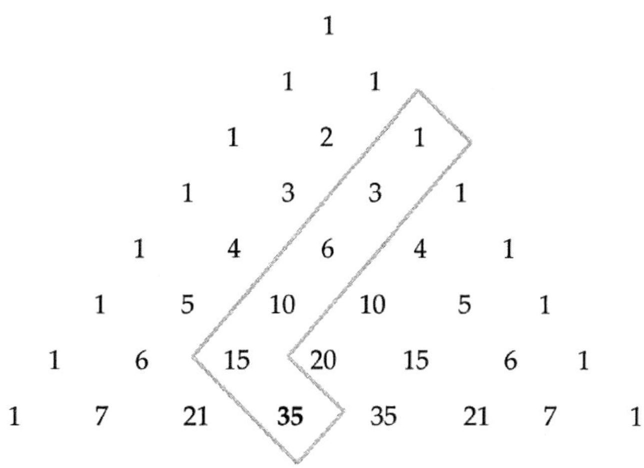

파스칼 삼각형은 좌우대칭이기 때문에 반대 방향으로도 같은 도형을 만들 수 있다.

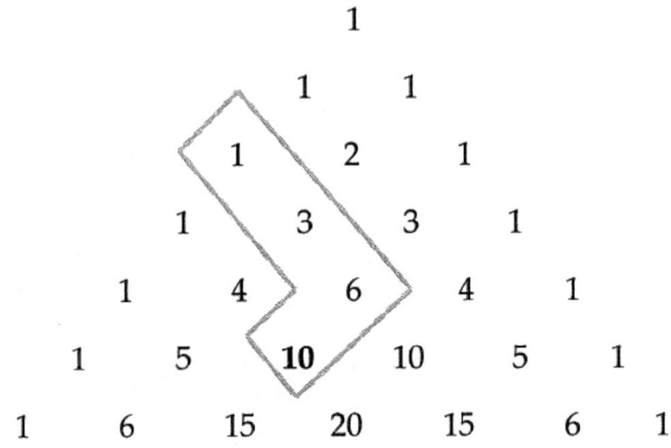

다른 열들도 같은 성질을 가지고 있을까?
아래의 표를 보아라.

0열의 원소들의 합	1열의 원소들의 합	2열의 원소들의 합
1 = 1	1 = 1	1 = 1
1 + 1 = 2	1 + 2 = 3	1 + 3 = 4
1 + 1 + 1 = 3	1 + 2 + 3 = 6	1 + 3 + 6 = 10
1 + 1 + 1 + 1 = 4	1 + 2 + 3 + 4 = 10	1 + 3 + 6 + 10 = 20

위의 도형은 '하키 스틱'과 비슷하다. 이를 열 원소를 더하는 규칙을 '하키 스틱 패턴(hockey stick pattern)'이라고 한다.

2. 위의 표를 참고하여 다음 파스칼 삼각형에서 하키 스틱 패턴을 그린 후 아래 표를 완성하시오.

1

1 1

1 2 1

1 3 3 1

1 4 6 4 1

1 5 10 10 5 1

1 6 15 20 15 6 1

1 7 21 35 35 21 7 1

3열의 원소들의 합	4열의 원소들의 합	5열의 원소들의 합
1 = 1 1 + 4 = 5 1 + 1 + 1 = __ 1 + 1 + 1 + 1 = __	1 = __ 1 + 5 = __ 1 + 5 + 15 = __ 1 + 3 + 15 + 35 = __	1 = __ 1 + 6 = __ 1 + 6 + 21 = __ 1 + 6 + 21 + 56 = __

문제 2의 표의 합계를 확인하고 파스칼 삼각형에 적용하면 하키 스틱 패턴이 해당 열에 대해 유지된다는 것을 알 수 있다.

3. 3열의 처음 4개의 원소의 합은 ________ 열의 ________ 번째 원소의 수와 같다.

4. 8열의 처음 4개의 원소의 합은 ________ 열의 ________ 번째 원소의 수와 같다.

5. 12열의 처음 ________ 개의 원소의 합은 ________ 열의 9번째 원소의 수와 같다.

6. 6열의 처음 r개의 원소의 합은 ________ 열의 ________ 번째 원소의 수와 같다.

7. n열의 처음 20개의 원소의 합은 ________ 열의 ________ 번째 원소의 수와 같다.

8. ________ 열의 처음 ________ 개의 원소의 합은 $(n+1)$ 열의 17번째 원소의 수와 같다.

9. n열의 처음 m개의 원소의 합은 ________ 열의 ________ 번째 원소의 수와 같다.

10. 1열의 처음 10개의 원소의 합을 구하시오.

11. 2열의 처음 8개의 원소의 합을 구하시오.

12. 3열의 처음 8개의 원소의 합을 구하시오.

파스칼 삼각형의 1열에 있는 원소는 자연수 1, 2, 3, 4, 5, ⋯ 이다. 1열의 처음 몇 개의 원소의 합은 2열의 원소이다. 이들 중 처음 몇 가지는 아래에 적어 놓았다. 파스칼 삼각형의 각 열에 있는 각 원소는 이전 열에서 처음 몇 개의 원소의 합이다. 즉, 1열 처음 5개의 원소의 합은 2열의 5번째 원소이다.

+1	1	1	1	1	1
1	+2	2	2	2	2
	3	+3	3	3	3
		6	+4	4	4
			10	+5	5
				15	+6
					21

---

13. 파스칼 삼각형과 하키 스틱 패턴을 이용하여 $1+2+3+4+5+6+7$의 값을 구하시오.

$1+2+3+\cdots+10$의 값을 구하려면 파스칼 삼각형의 2열에서 10번째 수를 찾으시오. 알다시피 이 수는 55이지만 파스칼의 삼각형에서 **인접한 수**(adjacetn number)의 성질을 적용하여 이 합의 공식을 유도할 수 있다.(1.12절 참조).

예를 들어, 1열에서 10 다음의 수는 11이다. 이 수는 1열의 처음 10개의 원소의 합은 2열의 수에 인접해 있다. 11은 '11행 1열'에 있다. 그러므로 만약 n이 인접한 수라고 하면,

$$n=p\cdot\frac{r-c+1}{c}$$

이다. (단, $p=$ (r행 $(c-1)$열의 수), $r=$(n의 행), $c=$(n의 열), $n=$(r행 c열의 수))

위의 예에서, $p=11,\ r=11,\ c=2$이다. 그러므로

$$n=11\cdot\frac{11-2+1}{2}=11\cdot5=55$$

이다.

$r-c+1$은 더하여야 할 수열의 마지막 수와 같고 p는 마지막 수에 1을 더한 것과 같다.

이것을 사용하여 1 부터 n 까지 자연수 합에 대한 익숙한 공식을 만들 수 있다.

$$\Rightarrow\ 1+2+3+\cdots+n=\frac{(n+1)\cdot n}{2}=\frac{n(n+1)}{2}$$

위의 공식을 이용하여 $1+2+3+\cdots+50$의 값을 구하면, $n=50$이므로

$$\frac{n(n+1)}{2}=\frac{50\cdot 51}{2}=1275$$

이다. 그러므로 $1+2+3+\cdots+50=1275$이다.

---

14. 위의 공식을 이용하여, $1+2+3+\cdots+100$의 합을 구하시오.

15. $51+52+53+\cdots+100$의 합을 구하기 위한 계획을 세우시오.

16. 아래의 빈칸을 채우시오.

$1\cdot1=\underline{1}$	$1\cdot2=2$	$1\cdot3=3$	$1\cdot4=$ ____	$1\cdot5=$ ____
1	$2\cdot1=\underline{2}$	$2\cdot2=4$	$2\cdot3=$ ____	$2\cdot4=$ ____
S	**4**	$3\cdot1=\underline{3}$	$3\cdot2=$ ____	$3\cdot3=$ ____
	U	**10**	$4\cdot1=$ ____	$4\cdot2=$ ____
		M	▬▬	$5\cdot1=$ ____
			S	▬▬

합은 1, 4, 10, ______ , ______ 이다. 이 수들은 파스칼 삼각형의 _____열에서 발견할 수 있다.

17. 아래의 빈칸을 채우시오.

$\frac{1 \cdot 2}{2} = 1$ $\frac{2 \cdot 3}{2} = 3$ $\frac{3 \cdot 4}{2} = 6$

$\frac{4 \cdot 5}{2} =$ ______ $\frac{5 \cdot 6}{2} =$ ______ $\frac{6 \cdot 7}{2} =$ ______

수열은 1, 3, 6, ______ , ______ , ______ 이다. 이 수들은 파스칼 삼각형의 ______열에서 볼 수 있다.

18. 아래의 빈칸을 채우시오.

$\frac{1 \cdot 2 \cdot 3}{6} = 1$ $\frac{2 \cdot 3 \cdot 4}{6} = 4$ $\frac{3 \cdot 4 \cdot 5}{6} = 10$

$\frac{4 \cdot 5 \cdot 6}{6} =$ ______ $\frac{5 \cdot 6 \cdot 7}{6} =$ ______ $\frac{6 \cdot 7 \cdot 8}{6} =$ ______

수열은 1, 4, 10, ______ , ______ , ______ 이다. 이 수들은 파스칼 삼각형의 ______ 열에서 볼 수 있다.

19. 아래의 빈칸을 채우시오.

$\frac{1 \cdot 2 \cdot 3 \cdot 4}{24} = 1$ $\frac{2 \cdot 3 \cdot 4 \cdot 5}{24} = 5$ $\frac{3 \cdot 4 \cdot 5 \cdot 6}{24} = 15$

$\frac{4 \cdot 5 \cdot 6 \cdot 7}{24} =$ ______ $\frac{5 \cdot 6 \cdot 7 \cdot 8}{24} =$ ______ $\frac{6 \cdot 7 \cdot 8 \cdot 9}{24} =$ ______

수열은 1, 5, 15, ______ , ______ , ______ 이다. 이 수들은 파스칼 삼각형의 ______열에서 볼 수 있다.

문제 20 ~ 22**는 표시된 도형 즉** 'T-**스틱**(T-sticks)' **각각의 숫자 패턴을 찾으시오**.
힌트 : **문제** 17 ~ 19**를 복습하시오**.

20.

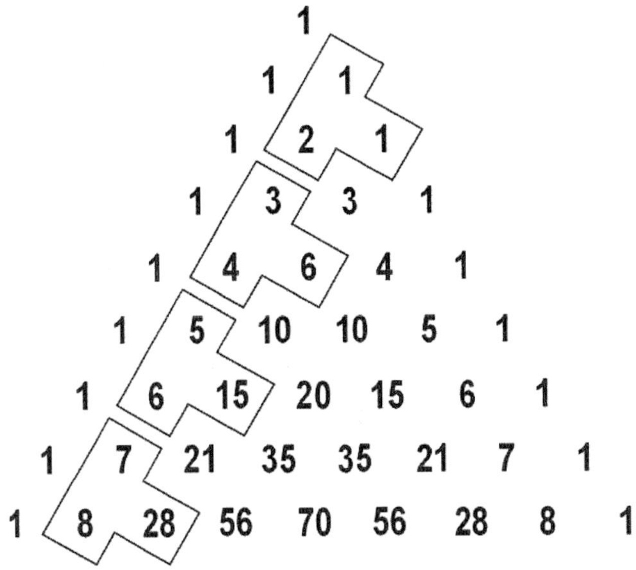

21.

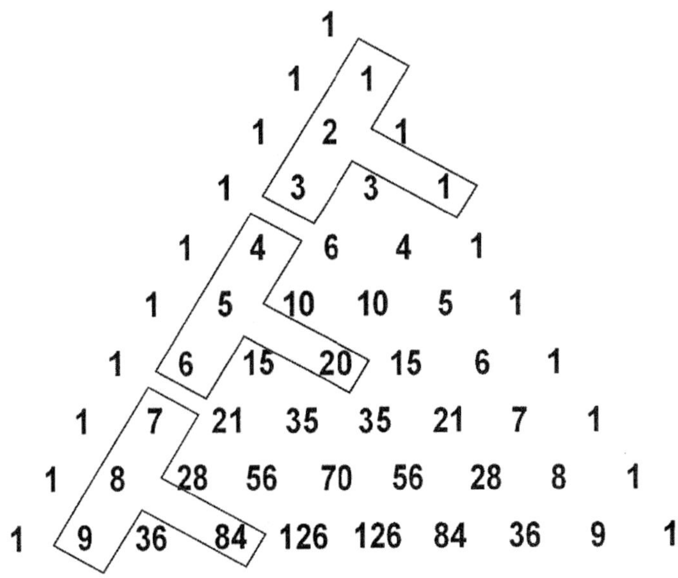

22.

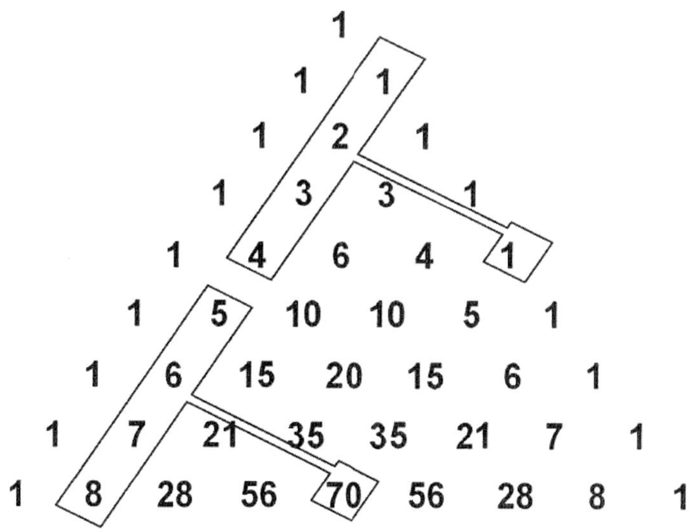

23. T-스틱은 다른 수에서도 적용되는가?

2.3. 행 성분들의 제곱의 합

파스칼의 규칙은 삼각형을 이루는 세 원소들 중 같은 행에 있는 두 개의 연이은 원소들의 합은 다음 행에 위치하고 있는 삼각형의 나머지 원소인 수와 같다. 이 규칙을 확장하면 아래 그림과 같다.

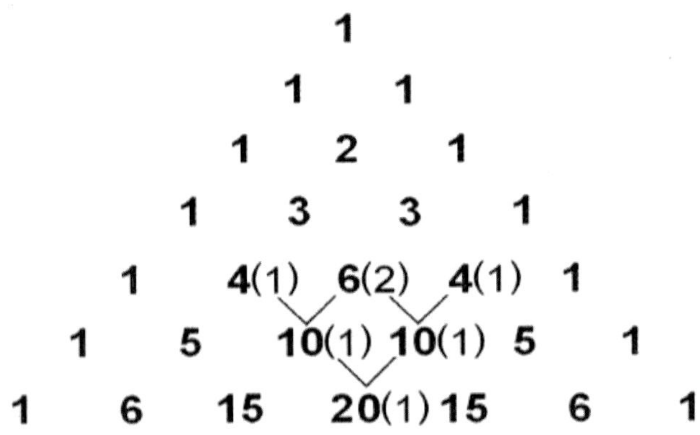

위의 그림은 20을 $20=10+10$으로 표현할 수 있으며, $20=4(1)+6(2)+4(1)$으로도 표현할 수 있음을 보여준다.

또한 괄호 안의 수들은 파스칼 삼각형이 뒤집혀 있는 것이다. 이 삼각형의 위쪽으로 행을 하나 추가한 그 행의 원소들의 제곱의 합과 같다.

$$20=1(1)+3(3)+3(3)+1(1)=1^2+3^2+3^2+1^2$$

파스칼 삼각형 3행의 원소들의 제곱의 합은 20이며, 20은 6행의 중앙의 원소이다.

2.3절

1. 2 행의 원소들의 제곱의 합을 구하시오. 이 합은 ______번째 행의 중앙의 원소와 같다.

2. 4 행의 원소들의 제곱의 합을 구하시오. 이 합은 ______번째 행의 중앙의 원소와 같다.

아래 그림은 파스칼 삼각형과 뒤집힌 파스칼 삼각형을 겹쳐 놓은 것이다.

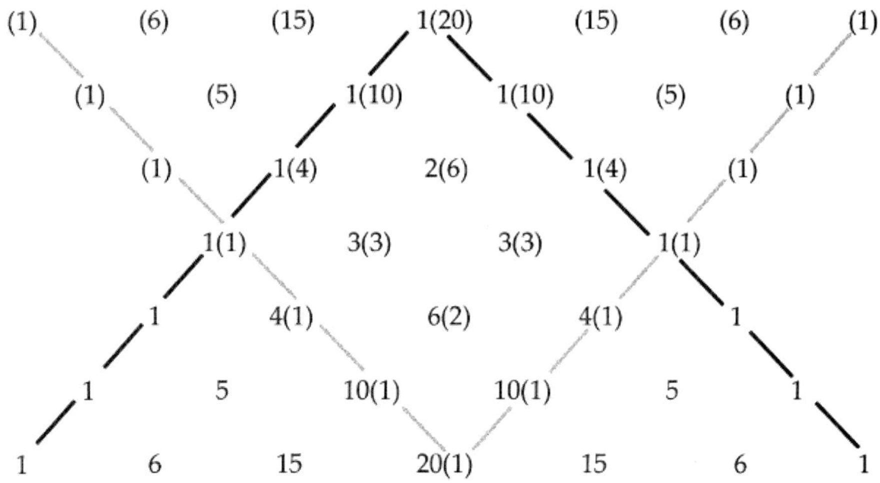

두 개의 파스칼 삼각형이 서로 겹치는 부분을 살펴보자.

1(20)

1(10) 1(10)

1(4) 2(6) 1(4)

1(1) 3(3) 3(3) 1(1)

4(1) 6(2) 4(1)

10(1) 10(1)

20(1)

두 개의 파스칼 삼각형이 겹쳐진 위의 그림을 보고 다음 물음에 답하시오.

3. 각 행에서 원소와 괄호 안의 수들을 각각 곱한 후 모두 더하시오. 어떤 규칙을 발견할 수 있는가?

4. 각 열(대각선)의 원소들을 모두 더하시오. 어떤 규칙을 발견할 수 있는가? 합한 결과들은 파스칼 삼각형에 어디에 위치하는가?

5. 아래 그림에 파스칼 삼각형과 뒤집힌 파스칼 삼각형의 수들을 쓰시오. 단, 두 파스칼 삼각형이 겹쳐지는 공통부분에는 파스칼 삼각형의 수를 쓰고, 괄호 안에 뒤집힌 파스칼 삼각형의 수를 쓰시오.

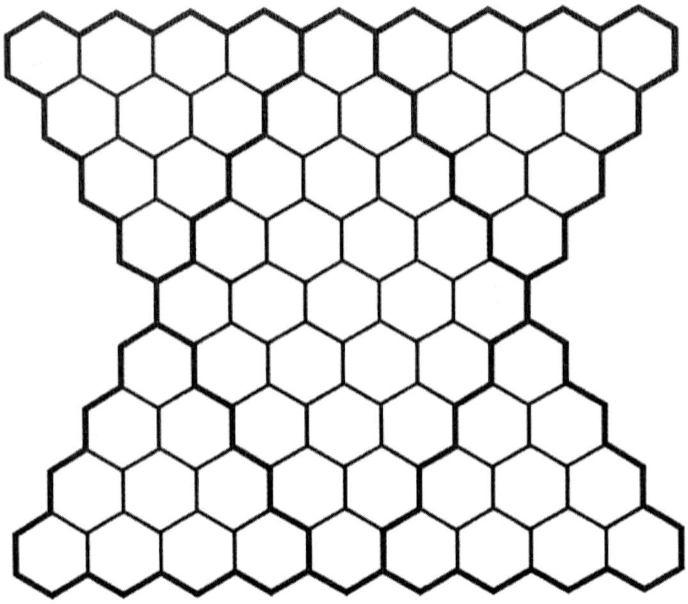

6. 문제 5 그림에서 겹쳐지는 공통부분에서 같은 행에 있는 원소와 괄호 안의 수들을 서로 곱한 후 모두 더하시오. 합한 결과들은 파스칼 삼각형에 어디에 위치하는가?

7. 문제 6에서 각 행마다 계산한 결과들에서 어떤 규칙을 발견할 수 있는가?

8. 아래 그림은 파스칼 삼각형의 각 행의 원소들의 제곱을 각각 구한 후, 그 합을 구한 것이다. 빈칸을 채우시오.

$$1^2 = \mathbf{1}$$

$$1^2 + 1^2 = \mathbf{2}$$

$$1^2 + 2^2 + 1^2 = \_\_\_\_\_\_$$

$$1^2 + 3^2 + 3^2 + 1^2 = \_\_\_\_\_\_$$

$$1^2 + 4^2 + 6^2 + 4^2 + 1^2 = \_\_\_\_\_\_$$

$$1^2 + 5^2 + 10^2 + 10^2 + 5^2 + 1^2 = \_\_\_\_\_\_$$

$$1^2 + 6^2 + 15^2 + 20^2 + 15^2 + 6^2 + 1^2 = \_\_\_\_\_\_$$

문제 8에서 구한 수들은 아래 그림과 같이 파스칼 삼각형의 중앙에 있는 값임을 알 수 있다. 이 수들에 대하여 5장에서 중요하게 다룰 것이다.

1

1 1

1 **2** 1

1 3 3 1

1 4 **6** 4 1

1 5 10 10 5 1

1 6 15 **20** 15 6 1

1 7 21 35 35 21 7 1

1 8 28 56 **70** 56 28 8 1

1 9 36 84 126 126 84 36 9 1

1 10 45 120 210 **252** 210 120 45 10 1

다음 물음에 답하시오

9. 파스칼 삼각형의 12행의 중앙의 원소를 구하시오.

10. 파스칼 삼각형의 6행의 각 원소들의 제곱의 합은 ______ 행의 중앙의 원소와 같다.

4행의 중앙의 원소는 6이고, 6은 2열에 있다. 6행의 중앙의 원소는 20이며, 20은 3열에 있다. 일반적으로 $2n$행의 중앙의 원소는 n 열에 있다. 즉, 행의 수가 짝수이면, 열의 수는 행의 수의 절반과 같다.

---

11. 8행의 중앙의 원소는 _______ 열에 있다.

1.11.절에 따르면, 4 행의 중앙의 원소는 $\mathrm{C}(4,2)$로 표현할 수 있고, 6행의 중앙의 원소는 $\mathrm{C}(6,3)$으로 표현할 수 있다. $2n$행의 중앙의 원소는 항상 그 짝수 행의 절반인 n 열에 위치하므로, $2n$행의 중앙의 원소는 $\mathrm{C}(2n,n)$이다.

특히 $\mathrm{C}(2n,n)$의 꼴은 중심이항계수(central binomial coefficient)라고 한다. 이 내용은 이미 1.14절에서 다루었으며 5장에서 다시 다룰 것이다.

12. 행과 열을 값을 사용하여 다음 방정식을 완성하시오.

$$C(2, 1) = 1^2 + 1^2$$

$$C(4, 2) = 1^2 + 2^2 + 1^2$$

$$C(6, 3) = 1^2 + 3^2 + 3^2 + 1^2$$

$$C(\_\_\_, \_\_\_) = 1^2 + 4^2 + 6^2 + 4^2 + 1^2$$

$$C(\_\_\_, \_\_\_) = 1^2 + 5^2 + 10^2 + 10^2 + 5^2 + 1^2$$

$$C(\_\_\_, \_\_\_) = 1^2 + 6^2 + 15^2 + 20^2 + 15^2 + 6^2 + 1^2$$

13. 다음 빈칸을 채우시오.

$$1^2 = \mathbf{1}$$

$$1^2 - 1^2 = \mathbf{0}$$

$$1^2 - 2^2 + 1^2 = \mathbf{-2}$$

$$1^2 - 3^2 + 3^2 - 1^2 = \_\_\_\_\_\_$$

$$1^2 - 4^2 + 6^2 - 4^2 + 1^2 = \_\_\_\_\_\_$$

$$1^2 - 5^2 + 10^2 - 10^2 + 5^2 - 1^2 = \_\_\_\_\_\_$$

$$1^2 - 6^2 + 15^2 - 20^2 + 15^2 - 6^2 + 1^2 = \_\_\_\_\_\_$$

$$1^2 - 7^2 + 21^2 - 35^2 + 35^2 - 21^2 + 7^2 - 1^2 = \_\_\_\_\_\_$$

$$1^2 - 8^2 + 28^2 - 56^2 + 70^2 - 56^2 + 28^2 - 8^2 + 1^2 = \_\_\_\_\_\_$$

14. 문제 13의 규칙을 살펴보고, 계산 없이 9행과 10행의 결과를 추측하시오.

[15~16] **아래의 두 개의 삼각형의 겹치는 부분을 참고하시오.**

15. 다음 그림은 두 개의 파스칼 삼각형이 하나는 정방향, 다른 하나는 역방향으로 겹쳐진 것이며, 이 둘은 중앙에 맞춰 겹쳐진 것은 아니다. 겹쳐지는 공통부분 안의 두 원소는 서로 곱하고, 각 행에서 겹치는 부분들의 값을 더하시오. 어떤 규칙을 발견할 수 있는가?

16. 겹쳐지는 공통부분 안의 두 원소는 서로 곱하고, 각 열에서 겹치는 부분들의 값을 더하시오. 어떤 규칙을 발견할 수 있는가?

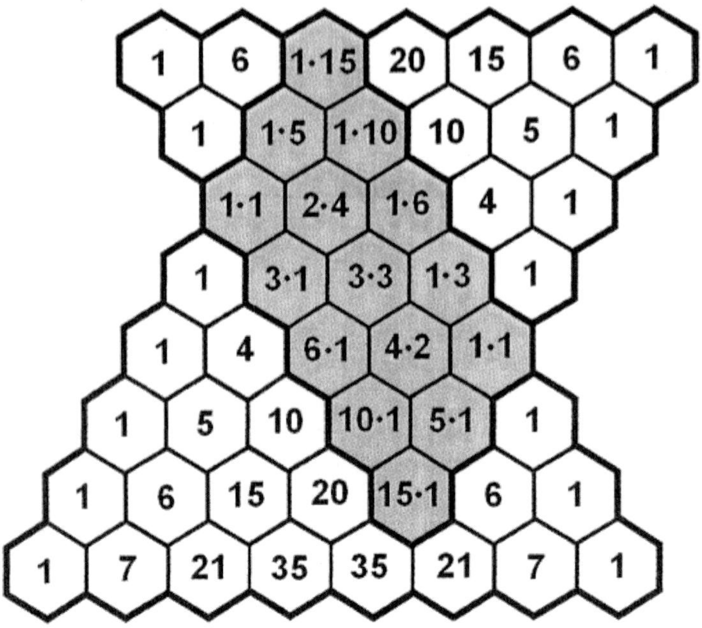

2.4. 흥미로운 수들의 관계

파스칼 삼각형의 행의 원소들의 합은 2의 거듭제곱과 같다. 이제 처음부터 n행까지의 모든 행의 원소들의 합을 조사해보자.

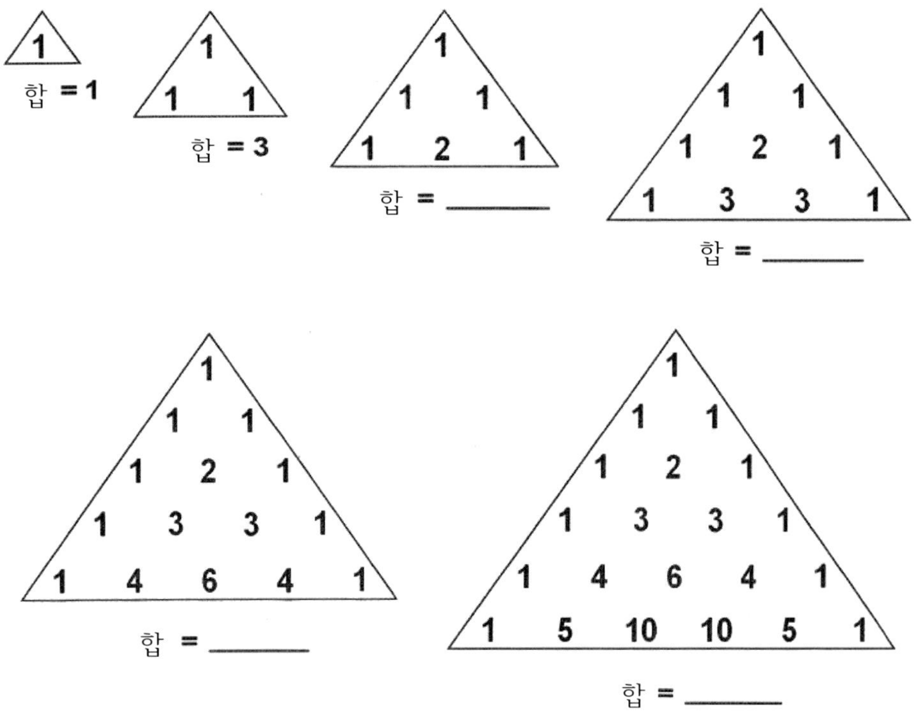

2.4절

1. 위의 파스칼 삼각형의 모든 원소들의 합을 각각 구하시오.
   위에서 찾은 합의 결과는 오른쪽 표의 수들의 규칙과 일치한다.

2. 오른쪽 표를 완성하시오.

n	2^{n+1}	$2^{n+1}-1$
0	2	1
1	4	3
2	8	7
3	____	____
4	____	____
5	____	____

3. 파스칼 삼각형에서 아래와 같이 묶인 상단 그룹의 원소들을 모두 더하고, 하단 그룹의 모든 원소를 더한 후, 두 개의 값을 비교하시오. 어떤 규칙을 발견할 수 있는가?

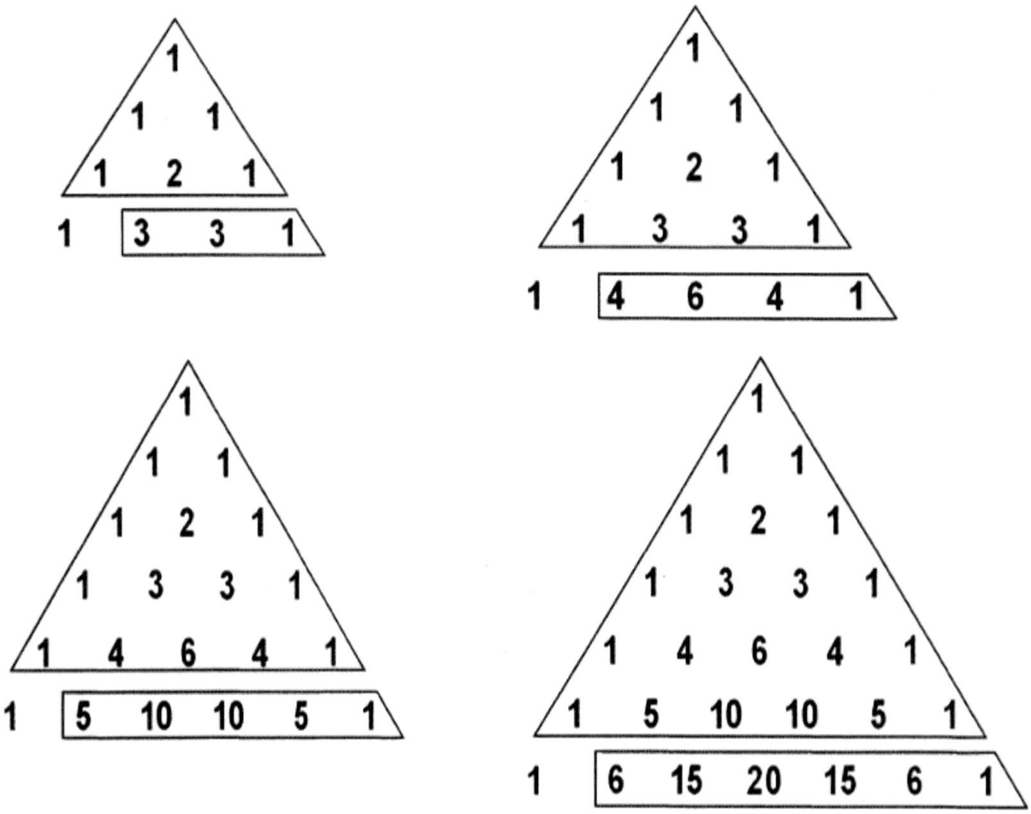

하키스틱 성질을 통해 위와 같이 파스칼 삼각형의 n행까지의 모든 원소들의 합이 $2^{n+1}-1$과 같음을 확인할 수 있다.

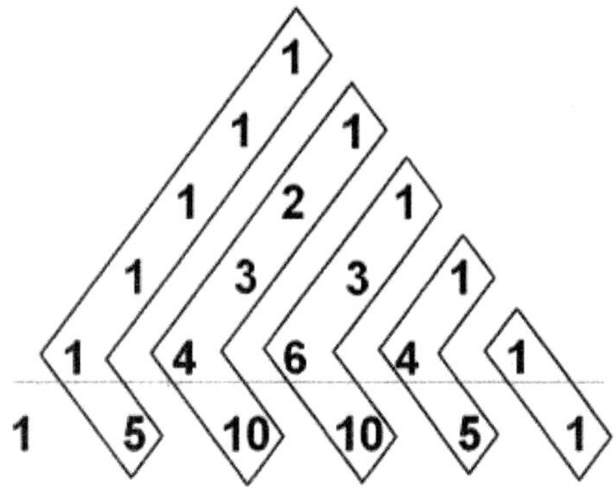

4행까지의 모든 원소들의 합은 하키스틱 성질에 의해,
5행의 모든 원소들의 합보다 1만큼 작다.

각 행의 모든 원소들의 합이 2^n이므로 다음과 같은 식을 구할 수 있다.

$$2^0+2^1+2^2+2^3+2^4=2^5-1$$

이를 일반화하면, 파스칼 삼각형의 n행까지의 모든 원소의 합을 구하는 공식은 다음과 같다.

$$2^0+2^1+2^2+\cdots+2^{n-1}+2^n=2^{n+1}-1$$

---

4. 위의 공식을 이용하여 2^0부터 2^{10}까지의 2의 거듭제곱의 합을 구하시오.

5. (a) 위의 공식을 이용하여 2^{30}부터 2^0까지의 2의 거듭제곱의 합을 구하시오.

$$2^{30}+2^{29}+2^{28}+\cdots+2^1+2^0=?$$

   (b) 1센트부터 시작하여 매일 돈이 2배로 늘어난다면, 30일 후에 모인 돈은 모두 얼마인지 구하시오.

6. 문제 4와 문제 5의 결과를 이용하여 파스칼 삼각형의 10행부터 29행까지의 모든 원소들의 합을 구하는 방법을 서술하시오.

7. 아래와 같이 파스칼 삼각형을 왼쪽으로 정렬하고, 각 행에서 맨 왼쪽의 수를 제외한 모든 원소들을 더하여 그 합을 쓰시오. 그 합들은 어떤 수열인가?

1	
1	1 = **1**
1	2 + 1 = **3**
1	3 + 3 + 1 = ______
1	4 + 6 + 4 + 1 = ______
1	5 + 10 + 10 + 5 + 1 = ______
1	6 + 15 + 20 + 15 + 6 + 1 = ______
1	7 + 21 + 35 + 35 + 21 + 7 + 1 = ______
1	8 + 28 + 56 + 70 + 56 + 28 + 8 + 1 = ______

8. 파스칼 삼각형에서 아래와 같이 묶인 상단 그룹의 모든 원소들을 더하고, 하단 그룹의 모든 원소들을 더한 후, 그 값을 비교하시오. 어떤 규칙을 찾을 수 있는가?

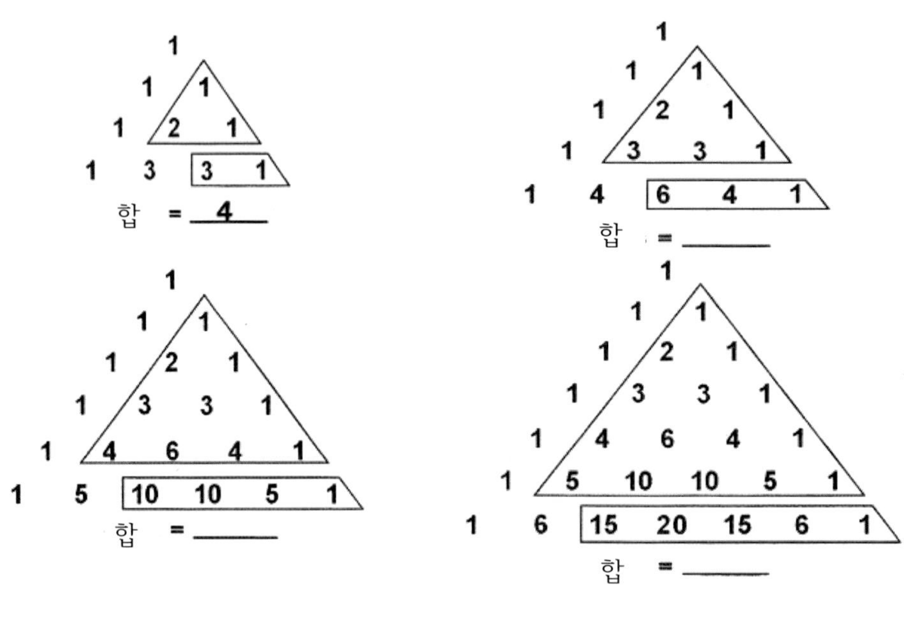

9. 파스칼 삼각형에서 아래와 같이 묶인 상단 그룹의 모든 원소들을 더하고, 하단 그룹의 원소들을 더한 후, 그 값을 비교하시오. 각각의 경우에서 어떤 규칙을 발견할 수 있는가?

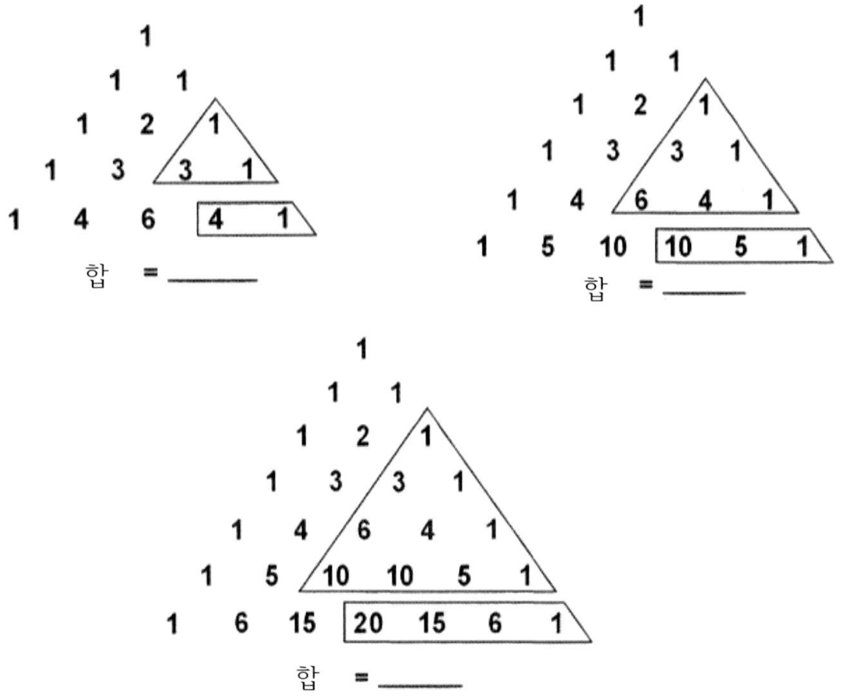

수열 1, 3, 7, 15, …의 첫째항부터 n항까지의 부분합은 문제 8에서 발견한 수열 4, 11, 26, 57, …의 $(n-1)$항과 같다. (단, $n \geq 2$) 또한, 2의 거듭제곱 수열 1, 2, 4, 8, …의 첫째항부터 n항까지의 부분합은 수열 1, 3, 7, 15, …의 n항과 같다.

$1 = 1$	$1 = 1$
$1+2 = 3$	$1+3 = 4$
$1+2+4 = 7$	$1+3+7 = 11$
$1+2+4+8 = 15$	$1+3+7+15 = 26$
$1+2+4+8+16 = 31$	$1+3+7+15+31 = 57$

위의 부분합으로 이루어진 수열은 오른쪽 그림과 같이 파스칼 삼각형의 각 행에서 왼쪽에서 첫 번째와 두 번째의 원소를 제외한 모든 원소들의 합과 같다.

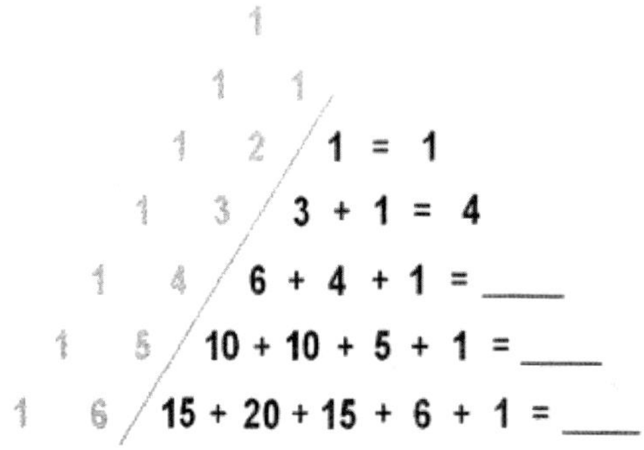

10. 위 그림에 두 행을 추가하여 앞에서 구한 식을 확장하시오.

11. 다음 각각의 파스칼 삼각형에서 평행사변형 안의 모든 수의 합을 구하시오. 그 합은 평행사변형의 가장 아래의 꼭짓점이 가리키는 수보다 1만큼 작음을 알 수 있다. (이 성질은 하키 스틱 성질의 결과이다.)

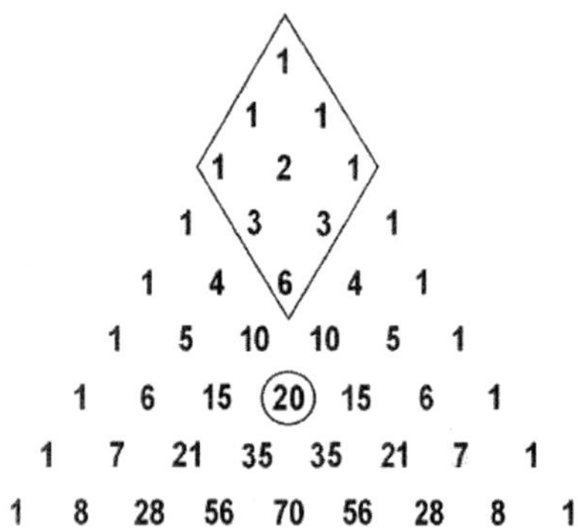

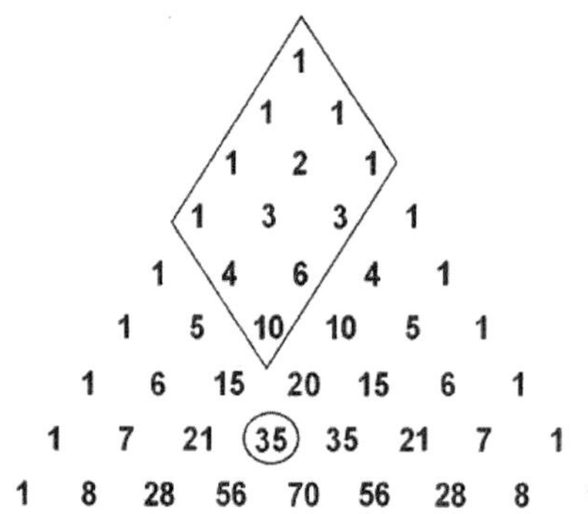

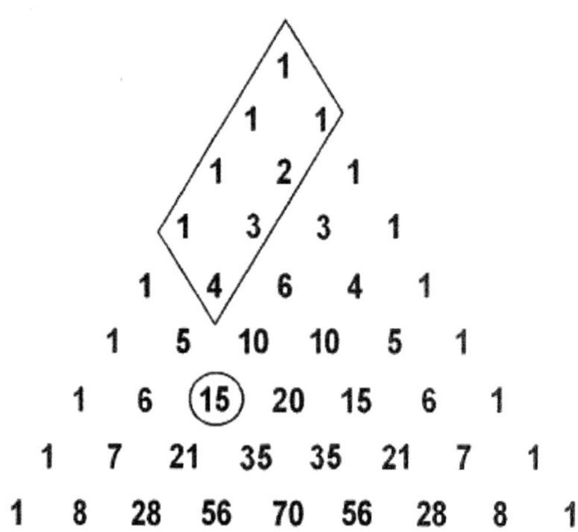

오른쪽 그림과 같이 육각형의 두 변이 파스칼 삼각형의 행과 평행하게 그리면, 육각형 안에 포함된 원소는 모두 7개이다. 7개의 원소들의 합은 육각형의 아래 변의 바로 밑에 위치한 원소의 두 배이다.

육각형 안의 모든 원소들의 합은 육각형의 아래 변 바로 아래의 원소인 35의 두 배와 같다.

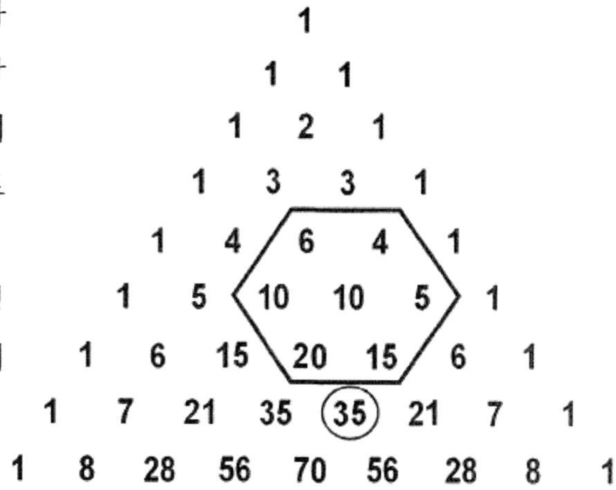

---

12. 다음 그림의 육각형 안의 원소들의 합을 구하고, 그 합을 2로 나누시오. 그 결과를 파스칼 삼각형에서 찾아 표시하시오.

13. 여러 개의 육각형들을 그리고 문제 12와 같이 계산한 후, 그 결과를 비교하시오.

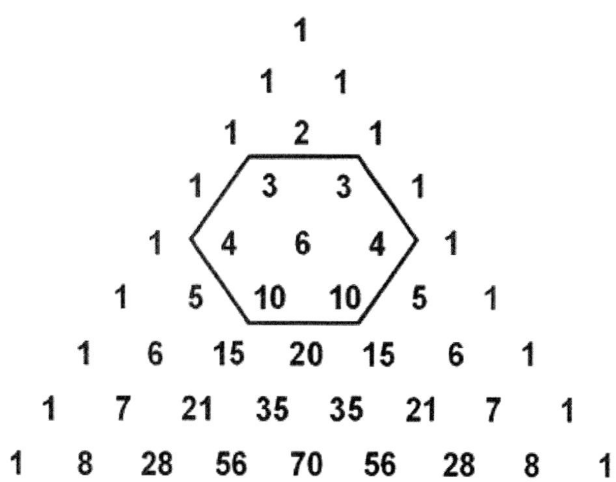

14. 아래의 육각형에서 원으로 표시한 3개의 원소의 곱과 사각형으로 표시한 3개의 원소의 곱을 구하고 비교하시오. 어떤 규칙을 발견할 수 있는가?

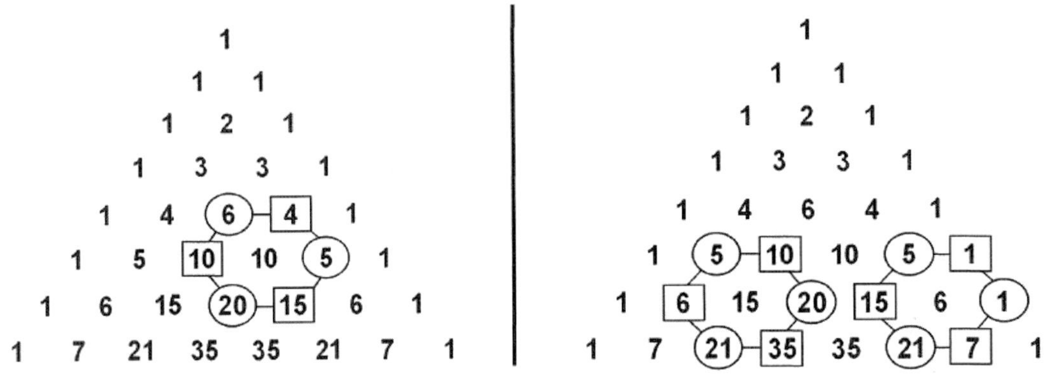

자유롭게 육각형을 그리고 위와 같은 과정을 반복하시오.

15. 아래의 파스칼 삼각형에서 표시된 원소들의 규칙을 살펴보고, 그림 옆에 있는 방정식들을 완성하시오.

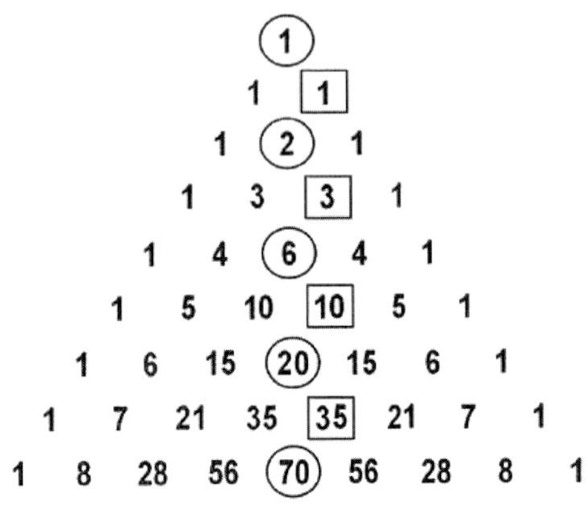

$1 \cdot 1 = 1 \cdot 1$

$3 \cdot 2 = 2 \cdot 3$

$5 \cdot 6 = 3 \cdot 10$

$7 \cdot 20 = 4 \cdot 35$

$9 \cdot$ ____ $= 5 \cdot$ ____

____ $\cdot$ ____ $=$ ____ $\cdot$ ____

파스칼 삼각형의 n행의 원소들의 제곱의 합은 $2n$행 중앙의 원소의 값과 같다. 이제 파스칼 삼각형의 두 행의 연속된 일부 원소들을 이용하여 새로운 연산 ‘**스트링곱**(string product)’을 정의해보자. 스트링곱은 짝지은 숫자열에서 각 성분의 곱들의 합이다. 예를 들어, 첫 번째

스트링을 파스칼 삼각형 3행 $(1,3,3,1)$이라 하고, 두 번째 스트링은 파스칼 삼각형의 4행의 일부분인 $(1,4,6,4)$라 할 때, 두 스트링의 스트링곱은 다음과 같이 계산한다.

$$(1,3,3,1) \bullet (1,4,6,4) = 1 \bullet 1 + 3 \bullet 4 + 3 \bullet 6 + 1 \bullet 4$$ ⬅ 각 성분의 곱의 합

$$= 1 + 12 + 18 + 4$$ ⬅ 중간 결과

$$= 35$$ ⬅ 스트링곱

> 참고 **벡터 대수에서 이 연산은 내적, 스트링은 벡터라 한다.**

그리고 파스칼 삼각형의 한 행의 원소들의 제곱의 합은 자기 자신과의 스트링곱과도 같다.

$$\begin{aligned}(1,3,3,1) \bullet (1,3,3,1) &= 1 \bullet 1 + 3 \bullet 3 + 3 \bullet 3 + 1 \bullet 1 \\ &= 1^2 + 3^2 + 3^2 + 1^2 \\ &= 20 = \mathrm{C}(6,3)\end{aligned}$$

파스칼 삼각형의 서로 다른 행들의 스트링곱에 대해 알아보기 위해 각 행들은 그 행들의 원소와 0(0은 스트링곱의 계산을 위해 자리를 채우고자 필요함)들로 이루어져 있다고 하자. 예를 들어, 파스칼 삼각형의 3행과 4행의 스트링곱은 다음과 같다.

$$\begin{aligned}(1,3,3,1,0) \bullet (1,4,6,4,1) &= 1 \bullet 1 + 3 \bullet 4 + 3 \bullet 6 + 1 \bullet 4 + 0 \bullet 1 \\ &= 1 + 12 + 18 + 4 + 0 \\ &= 35\end{aligned}$$

위의 스트링곱의 결과는 35이며, 파스칼 삼각형의 7 행 4 열의 원소와 값이 같다. 즉, $\mathrm{C}(7,4) = 35$이다. 일반적으로 n행과 m행의 스트링곱은 $(n+m)$ 행 m 열의 원소와 값이 같으며, $(n+m)$ 행 n 열의 원소와도 값이 같다. 즉,

$$\mathrm{C}(n+m, n) = \mathrm{C}(n+m, m)$$

파스칼 삼각형은 대칭적이므로 스트링곱은 교환법칙이 성립하여

$(1, 3, 3, 1, 0) \cdot (1, 4, 6, 4, 1) = (1, 4, 6, 4, 1) \cdot (1, 3, 3, 1, 0)$이다.

파스칼 삼각형의 행들로 만들어지는 스트링곱과 이에 관련된 내용은 5장에서 중요하게 다룰 것이다.

---

16. 스트링곱 $(1, 4, 6, 4, 1) \cdot (1, 4, 6, 4, 1)$을 계산하시오.

17. (a) 아래의 파스칼 삼각형의 두 스트링의 스트링곱을 계산하시오.
    파스칼 삼각형의 몇 번째 행과 열에서 그 결과값을 찾을 수 있는가?

1
1 1
1 2 1
(1 3 3 1 0 0)
1 4 6 4 1
(1 5 10 10 5 1)

    (b) 다음 스트링곱을 계산하시오.
    $(0, 1, 3, 3, 1, 0) \cdot (1, 5, 10, 10, 5, 1) =$
    $(0, 0, 1, 3, 3, 1) \cdot (1, 5, 10, 10, 5, 1) =$
    $(0, 0, 0, 1, 3, 3, 1) \cdot (1, 5, 10, 10, 5, 1, 0) =$
    $(0, 0, 0, 0, 1, 3, 3, 1) \cdot (1, 5, 10, 10, 5, 1, 0, 0) =$
    파스칼 삼각형의 몇 번째 행에서 그 결과값을 찾을 수 있는가?

18. 파스칼 삼각형의 4 행에 필요한 만큼 0을 추가하여 4행과 5행의 스트링곱을 계산하시오. $4+5=9$ 행에서 그 결과값이 있음을 확인하시오.

19. 오른쪽 그림의 각 스트링들과 $(1, 2, 1)$의 스트링곱을 구하시오.
그 결과값들을 파스칼 삼각형에서 찾으시오.

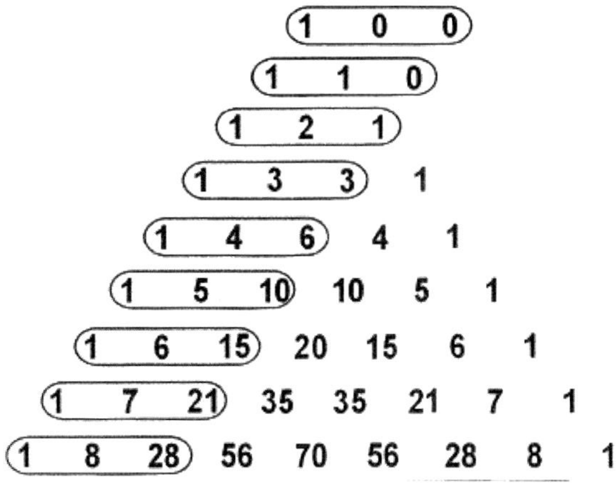

문제 19에서 구한 수를 **삼각수**(triangular numbers)(3장에서 논의할 것이다.)라고 하며, 파스칼 삼각형 2행에서 찾을 수 있다.

> 일반적으로 m행의 처음 3개의 원소로 구성된 스트링과 n행의 마지막 3개의 원소로 구성된 스트링의 스트링곱은 파스칼 삼각형의 $(m+n)$행 2열의 원소 값과 같다.

---

20. 파스칼 삼각형의 5 행의 처음 3 개의 원소들과 4 행의 마지막 3 개의 원소들의 스트링곱을 계산하시오. 그 값은 몇 행 몇 열에 있는가?

21. 다음은 파스칼 삼각형의 1 열과 2 열의 수들로 만든 스트링곱들이다. 스트링곱들을 계산하고 파스칼 삼각형에서 그 값을 찾으시오.

$(1) \cdot (1) = 1$
$(1, 2) \cdot (3, 1) = 5$
$(1, 2, 3) \cdot (6, 3, 1) =$ __________

22. 비슷한 방법으로 파스칼 삼각형의 1 열과 3 열의 수들로 여러 스트링곱을 계산하여 보시오.

파스칼 삼각형의 4행 $(1, 4, 6, 4, 1)$과 $(x^4, x^3, x^2, x^1, x^0)$의 스트링곱은

$1 \cdot x^4 + 4 \cdot x^3 + 6 \cdot x^2 + 4 \cdot x^1 + 1 \cdot x^0$이며, 이는 $(x+1)^4$의 전개식이다.

---

23. $x = 2$일 때, $(1,4,6,4,1) \cdot (x^4, x^3, x^2, x^1, x^0) = (x+1)^4$가 성립함을 확인하시오.

24. 스트링곱 $(1,3,3,1) \cdot (x^3, x^2, x^1, x^0)$을 구하고, 어느 이항정리의 전개식인지 찾으시오.

25. S_0, S_1, S_2, S_3을 아래와 같이 정의하자.

$S_0 = 1^0 + 2^0 + 3^0 = 1 + 1 + 1 = 3$

$S_1 = 1^1 + 2^1 + 3^1 = 1 + 2 + 3 = 6$

$S_2 = 1^2 + 2^2 + 3^2 = 1 + 4 + 9 = 14$

$S_3 = 1^3 + 2^3 + 3^3 = 1 + 8 + 27 = 36$

아래 내용이 성립함을 확인하시오.

$3^1 = 1 \cdot S_0$

$3^2 = 2 \cdot S_1 - 1 \cdot S_0$

$3^3 = 3 \cdot S_2 - 3 \cdot S_1 + 1 \cdot S_0$

$3^4 = 4 \cdot S_3 - 6 \cdot S_2 + 4 \cdot S_1 - 1 \cdot S_0$

그리고 $S_4 = 1^4 + 2^4 + 3^4$을 사용하여 위의 식들에서 다음에 나올 식을 구하시오.

26. S_0, S_1, S_2, S_3을 아래와 같이 정의하자.

$S_0 = 1^0 + 2^0 + 3^0 + 4^0 = 1 + 1 + 1 + 1 = 4$

$S_1 = 1^1 + 2^1 + 3^1 + 4^1 = 1 + 2 + 3 + 4 = 10$

$S_2 = 1^2 + 2^2 + 3^2 + 4^2 = 1 + 4 + 9 + 16 = 30$

$S_3 = 1^3 + 2^3 + 3^3 + 4^3 = 1 + 8 + 27 + 64 = 100$

아래 내용이 성립함을 확인하시오.

$4^1 = 1 \cdot S_0$

$4^2 = 2 \cdot S_1 - 1 \cdot S_0$

$4^3 = 3 \cdot S_2 - 3 \cdot S_1 + 1 \cdot S_0$

$4^4 = 4 \cdot S_3 - 6 \cdot S_2 + 4 \cdot S_1 - 1 \cdot S_0$

그리고 $S_4 = 1^4 + 2^4 + 3^4 + 4^4$을 사용하여 위의 식들에서 다음에 나올 식을 구하시오.

27. 일반적으로 S_i를 $S_i = 1^i + 2^i + 3^i + \cdots + n^i$라 할 때,

$n = 1 \cdot S_0$

$n^2 = 2 \cdot S_1 - 1 \cdot S_0$

$n^3 = 3 \cdot S_2 - 3 \cdot S_1 + 1 \cdot S_0$

$n^4 = 4 \cdot S_3 - 6 \cdot S_2 + 4 \cdot S_1 - 1 \cdot S_0$

이라 하자. n^5의 식을 구하시오.

그리고 $n = 2$일 때, n^5의 식이 성립함을 확인하시오.

28. S_0, S_1, S_2, S_3, S_4을 아래와 같이 정의하자.

$$S_0 = 1^0 + 2^0 + 3^0 = 1+1+1 = 3$$

$$S_1 = 1^1 + 2^1 + 3^1 = 1+2+3 = 6$$

$$S_2 = 1^2 + 2^2 + 3^2 = 1+4+9 = 14$$

$$S_3 = 1^3 + 2^3 + 3^3 = 1+8+27 = 36$$

$$S_4 = 1^4 + 2^4 + 3^4 = 1+16+81 = 98$$

아래 스트링곱들이 성립함을 확인하시오.

$$(2) \cdot (S_1) = 4^2 - 4$$

$$(3, 3) \cdot (S_2, S_1) = 4^3 - 4$$

$$(4, 6, 4) \cdot (S_3, S_2, S_1) = 4^4 - 4$$

$$(5, 10, 10, 5) \cdot (S_4, S_3, S_2, S_1) = 4^5 - 4$$

그리고 $S_5 = 1^5 + 2^5 + 3^5$을 사용하여 위의 식들에서 다음에 나올 식을 구하시오.

2.5. 피보나치 수

레오나르도 피보나치(Leonardo Fibonacci)는 1202년 피사에서 출판된 산반서(Liber Abaci)에서 다음과 같은 토끼 수 증가에 대한 문제를 발표하였다.

토끼 한 쌍이 있다. 두 달 이상 된 토끼는 번식 가능하며, 번식 가능한 토끼 한 쌍은 매달 토끼 한 쌍을 낳는다.

첫 번째 토끼 한 쌍은 첫 번째 달에 토끼 한 쌍을 낳아 두 번째 달 초에는 총 두 쌍의 토끼가 있게 된다. 두 번째 달 동안에 첫 번째 쌍이 또 다른 토끼 한 쌍을 낳아 세 번째 달 초에는 총 세 쌍의 토끼가 있게 된다. 세 번째 달 동안에 첫 번째 토끼 한 쌍이 토끼 한 쌍을 낳고, 두 번째 토끼 한 쌍도 토끼 한 쌍을 낳아 네 번째 달 초에는 총 5쌍의 토끼가 있게 된다. 두 번째 토끼 한 쌍이 낳은 토끼들을 2세대 토끼라 하자. 이 과정은 12개월 동안 반복된다.

그러나 다섯 번째 달 초에는 첫 번째 토끼 한 쌍과 두 번째 토끼 한 쌍뿐만 아니라 첫 번째 토끼 한 쌍이 낳았던 세 번째 토끼 한 쌍도 토끼 한 쌍을 낳는다. 즉, 4번째 달까지의 토끼 다섯 쌍에 새로운 토끼 세 쌍이 추가되는 것이다. 처음 토끼들이 낳은 토끼를 1세대라 하면, 1세대는 모두 4쌍이고, 1세대가 낳은 2세대는 모두 3쌍이다. 이를 표로 나타내면 다음과 같다.

	처음 토끼	토끼 1세대	토끼 2세대
다섯 번째 달(쌍)	1	4	3

2.5절

1. 네 번째 달 초에 처음 토끼들, 1세대, 2세대의 토끼 쌍을 세어보시오.

2. 여섯 번째 달 초의 처음 토끼들, 1세대, 2세대, 3세대의 토끼 쌍을 세어보시오.

처음 6개월 동안 매월 초 토끼 쌍은 1, 2, 3, 5, 8, 13이다. 이는 피보나치 수열의 일부분이다. 산반서가 출판된 이후 수 백년 동안 이 수들이 주목받지 못하였으나, 지금은 자연과 수학에서 많은 영향을 미치고 있다. 1960년대 초, 이 흥미로운 수열에 대한 연구 및 홍보를 위해 캘리포니아에 피보나치 협회가 설립되었다.

피보나치 수열은 앞의 수들을 알면 다음 수들을 알 수 있는 규칙이 있다. 토끼 수 증가에 대한 문제의 토끼 쌍의 수를 분석하면 그 규칙을 알 수 있다. 이 규칙에도 파스칼 삼각형의 수들을 발견할 수 있다.

---

3. 다음 표는 여러 달의 토끼 쌍을 정리한 것이다. 빈칸에 들어갈 수들을 추측하여 표를 완성하시오.

다음 표의 수들에서 파스칼 삼각형을 찾을 수 있다. 1세대의 열은 파스칼 삼각형의 1열과 같고, 2세대의 열은 파스칼 삼각형의 2열과 같으며 (아래 그림처럼 빈 자리를 채우기 위해 0을 사용한다.), 다른 열들도 같은 규칙을 적용한다. 그러면 그 열의 총합은 피보나치 수이다.

토끼 쌍의 수	조상	1세대	2세대	3세대	4세대	5세대	6세대	합
1달	1	0	0	0	0	0	0	1
2달	1	1	0	0	0	0	0	2
3달	1	2	0	0	0	0	0	3
4달	1	3	1	0	0	0	0	5
5달	1	4	3	0	0	0	0	8
6달	1	5	6	1	0	0	0	13
7달	1	6	10	4	0	0	0	21
8달	1	7	15	10	1	0	0	34
9달	____	____	____	____	____	____	____	____
10달	____	____	____	____	____	____	____	____
11달	____	____	____	____	____	____	____	____
12달	____	____	____	____	____	____	____	____
13달	____	____	____	____	____	____	____	____

피보나치 수는 파스칼 삼각형에서 찾을 수 있다. 오른쪽 그림에서 대각선으로 묶여진 원소들의 합은 피보나치 수이다. 이들을 **피보나치 대각선**이라고 한다.

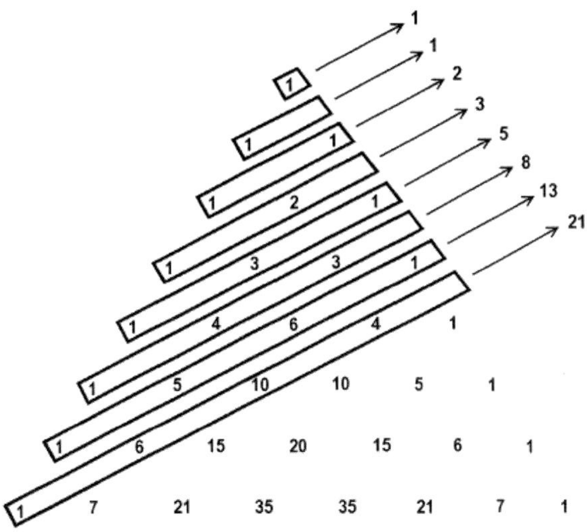

파스칼 삼각형에서의 피보나치 대각선

4. 위의 파스칼 삼각형을 확장하여 피보나치 대각선 2개를 더 적으시오. 각 대각선의 원소들의 합을 구하여 피보나치 수임을 확인하시오.

5. 아래 열들은 파스칼 삼각형의 열들로 다음 열은 이전 열의 원소보다 2개 아래에서 만들어진다. 빈칸을 채우시오. 어떤 수열인가?

						행의 합
1					________	1
1					________	1
1	1				________	2
1	2				________	3
1	3	1			________	____
1	4	3			________	____
1	5	6	1		____	____
1	6	10	4		____	____
1	7	15	10	1	__	____

2.6 피보나치 규칙과 파스칼 삼각형

이제는 다음 피보나치 수를 찾는 매우 간단한 규칙을 알아차렸을 것이다. 연속된 두 피보나치 수를 더하면, 다음 피보나치 수를 얻을 수 있다. 파스칼 규칙과 피보나치 대각선을 살펴보면 피보나치 규칙이 어떻게 성립하는지 알 수 있을 것이다.

파스칼 규칙과 피보나치 대각선을 이용하면
$8+13=21$임을 알 수 있다.

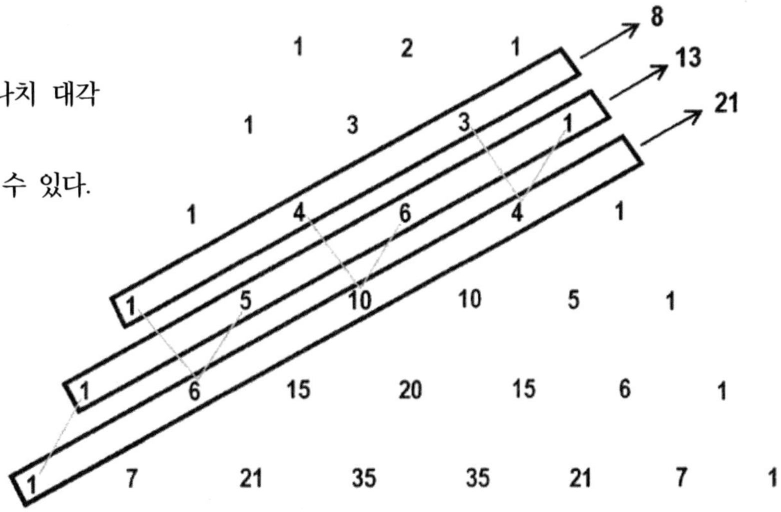

2.6절

1. 13, 21, 34에 해당하는 피보나치 대각선을 그리고 파스칼 규칙을 이용하여 $13+21=34$ 임을 확인하시오.

F_1이 첫 번째 피보나치 수, F_2는 두 번째 피보나치 수, F_3이 세 번째 피보나치 수와 같이 나타내면 위의 그림은 $F_8=F_7+F_6$. 즉, $21=13+8$임을 보여준다.

일반적으로 n번째 피보나치 수를 $(n-1)$번째 피보나치 수와 $(n-2)$번째 피보나치 수의 합으로 나타낸다: $F_n=F_{n-1}+F_{n-2}$ (단, $F_1=1$, $F_2=1$)

피보나치 규칙이라고 불리는 이 수식은 재귀 수열의 대표적인 예이다. 첫 번째와 두 번째 피보나치 수가 주어지면, 나머지 수는 규칙에 따라 모두 구할 수 있다.

$F_1=1$, $F_2=1$이 주어졌다면,

$$F_3=F_2+F_1=1+1=2$$

$$F_4=F_3+F_2=2+1=3$$

$$F_5=F_4+F_3=3+2=5$$

이다.

2. $F_1 = 1$, $F_2 = 1$일 때 피보나치 규칙을 사용하여 20번째 수까지 피보나치 수를 구하시오.

3. (a) $F_{29} = 514,329$이고 $F_{30} = 832,040$일 때 F_{31}을 구하시오.

   (b) $F_{21} = 10,946$이고 $F_{20} = 6,765$일 때 F_{19}를 구하시오.

주어진 $F_7 = F_6 + F_5$는 $13 = 8 + 5$로도 나타낼 수 있지만 $13 = 1 \cdot 8 + 1 \cdot 5$로도 나타낼 수 있다.

$8 = 5 + 3$, $5 = 3 + 2$을 위 식에 적용하여 나타내면 아래와 같다.

$$13 = 1 \cdot 5 + 2 \cdot 3 + 1 \cdot 2$$

그러므로 한 단계 더 적용하여 나타내면 아래와 같다.

$$13 = 1 \cdot 3 + 3 \cdot 2 + 3 \cdot 1 + 1 \cdot 1$$

위 식들의 우변을 스트링곱으로 나타낼 수 있다.

$$13 = (1) \cdot (13)$$
$$13 = (1,\ 1) \cdot (8,\ 5)$$
$$13 = (1,\ 2,\ 1) \cdot (5,\ 3,\ 2)$$
$$13 = (1,\ 3,\ 3,\ 1) \cdot (3,\ 2,\ 1,\ 1)$$

위의 식들은 파스칼 삼각형의 행과 피보나치 수들의 스트링곱으로 표현된 것이다.

예를 들어, $13 = (1) \cdot (13)$은 파스칼 삼각형의 0번째 행과 피보나치 수 13을 스트링곱으로 나타낸 것이고, $13 = (1,\ 3,\ 3,\ 1) \cdot (3,\ 2,\ 1,\ 1)$은 파스칼 삼각형의 3번째 행과 첫 번째부터 네 번째까지 거꾸로 배열한 피보나치 수의 스트링곱으로 나타낸 것이다. 여기서 3과 4의 합은 7이고 피보나치 수의 7번째 수 F_7은 13이다.

4. 다음 스트링곱을 계산하시오.

(1) · (21) = ____

(1,1) · (13,8) = ____

(1,2,1) · (8,5,3) = ____

(1,3,3,1) · (5,3,2,1) = ___

(1,4,6,4,1) · (3,2,1,1,0) = ____ (스트링곱의 형태에 0을 추가함)

5. 빈칸을 채우시오.

1(55) = 55

1(34) + 1(21) = 55

1(13) + 3(8) + 3(5) + 1(3) = ______

1(8) + 4(5) + 6(3) + 4(2) + 1(1) = ______

1(5) + 5(3) + 10(2) + 10(1) + 5(1) + 1(0) = ______

일반적으로, 피보나치 규칙을 다음과 같이 파스칼 삼각형 표현으로 나타낼 수 있다.

$$
\begin{aligned}
F_n &= 1 \cdot F_n \\
&= 1 \cdot F_{n-1} + 1 \cdot F_{n-2} \\
&= 1 \cdot F_{n-2} + 2 \cdot F_{n-3} + 1 \cdot F_{n-4} \\
&= 1 \cdot F_{n-3} + 3 \cdot F_{n-4} + 3 \cdot F_{n-5} + 1 \cdot F_{n-6} \\
&= 1 \cdot F_{n-4} + 4 \cdot F_{n-5} + 6 \cdot F_{n-6} + 4 \cdot F_{n-7} + 1 \cdot F_{n-8} \\
&= 1 \cdot F_{n-5} + 5 \cdot F_{n-6} + 10 \cdot F_{n-7} + 10 \cdot F_{n-8} + 5 \cdot F_{n-9} + 1 \cdot F_{n-10}
\end{aligned}
$$

6. (a) 처음 11개의 피보나치 수들을 나열하시오. 위의 공식에서 $n = 11$이라고 하자. 실제 피보나치 수를 위의 수식으로 바꾸고 각각의 합이 F_{11}인지 확인하시오.

(b) $n = 14$인 경우도 확인하시오.

7. 아래 스트링곱이 성립함을 확인하시오.

$F_5 = (1,2,1) \cdot (1,1,2)$

$F_7 = (1,3,3,1) \cdot (1,1,2,3)$

$F_9 = (1,4,6,4,1) \cdot (1,1,2,3,5)$

$F_{11} = (1,5,10,10,5,1) \cdot (1,1,2,3,5,8)$

F_{13}도 스트링곱으로 나타내시오.

8. 아래 스트링곱이 성립함을 확인하시오.

$F_4 = (2,1) \cdot (1,1)$

$F_6 = (3,3,1) \cdot (1,1,2)$

$F_8 = (4,6,4,1) \cdot (1,1,2,3)$

$F_{10} = (5,10,10,5,1) \cdot (1,1,2,3,5)$

F_{12}도 스트링곱으로 나타내시오.

9. 빈칸을 채우시오.

$$1 \cdot F_1 = \underline{\quad 1 \quad}$$

$$1 \cdot F_1 + 1 \cdot F_2 = \underline{\quad 2 \quad}$$

$$1 \cdot F_1 + 2 \cdot F_2 + 1 \cdot F_3 = \underline{\qquad}$$

$$1 \cdot F_1 + 3 \cdot F_2 + 3 \cdot F_3 + 1 \cdot F_4 = \underline{\qquad}$$

$$1 \cdot F_1 + 4 \cdot F_2 + 6 \cdot F_3 + 4 \cdot F_4 + 1 \cdot F_5 = \underline{\qquad}$$

$$1 \cdot F_1 + 5 \cdot F_2 + 10 \cdot F_3 + 10 \cdot F_4 + 5 \cdot F_5 + 1 \cdot F_6 = \underline{\qquad}$$

위의 계산된 결과의 수의 나열에서 규칙을 발견하시오.

10. 빈칸을 채우시오.

$$1 \cdot 0 = 0$$

$$1 \cdot 0 + 1 \cdot F_1 = \underline{\qquad}$$

$$1 \cdot 0 + 2 \cdot F_1 + 1 \cdot F_2 = \underline{\qquad}$$

$$1 \cdot 0 + 3 \cdot F_1 + 3 \cdot F_2 + 1 \cdot F_3 = \underline{\qquad}$$

$$1 \cdot 0 + 4 \cdot F_1 + 6 \cdot F_2 + 4 \cdot F_3 + 1 \cdot F_4 = \underline{\qquad}$$

$$1 \cdot 0 + 5 \cdot F_1 + 10 \cdot F_2 + 10 \cdot F_3 + 5 \cdot F_4 + 1 \cdot F_5 = \underline{\qquad}$$

위의 계산된 결과의 수의 나열에서 규칙을 발견하시오.

11. $n=3,\ 4,\ 5$에 대해 공식 $(F_n)^2 - (F_{n-1}) \cdot (F_{n-2}) = \pm 1$이 성립함을 확인하시오.

12. 1보다 큰 임의의 홀수에 대하여 $(F_n + 1) \cdot (F_n - 1) = (F_{n-1}) \cdot (F_{n+1})$이 성립함을 보이시오.

다음으로 피보나치 수와 파스칼의 삼각형 사이의 또 다른 흥미로운 관계를 탐구할 것이다. 이 관계는 5의 거듭제곱과 관련이 있다. 예를 들어, 6번째 피보나치 수 F_6을 살펴보자.

1단계

파스칼 삼각형의 6행의 수들을 다음과 같이 두 줄로 나눈다.

$$\begin{array}{ccccccc} & 6 & & 20 & & 6 & \\ 1 & & 15 & & 15 & & 1 \end{array}$$

2단계

$(5^0,\ 5^1,\ 5^2)$으로 맨 윗줄의 스트링곱을 만든다. (필요한 만큼 5의 거듭제곱을 사용한다.)

$$(6, 20, 6) \cdot (5^0, 5^1,\ 5^2) = 6 \cdot 5^0 + 20 \cdot 5^1 + 6 \cdot 5^2$$

3단계

아래 행에 숫자를 추가하고 다음과 같이 분수로 나타낸다.

$$\frac{(6 \cdot 5^0 + 20 \cdot 5^1 + 6 \cdot 5^2)}{(1 + 15 + 15 + 1)}$$

4단계

분수를 계산하여 이 값이 F_6과 같은지 확인한다.

$$F_6 = \frac{(6 \cdot 5^0 + 20 \cdot 5^1 + 6 \cdot 5^2)}{(1 + 15 + 15 + 1)} = \frac{(6 + 100 + 150)}{(32)} = \frac{256}{32} = 8$$

---

13. 위와 동일한 방식으로 F_4, F_5, F_7을 구하고 그 값을 피보나치 수와 비교하시오.

2.7 피보나치 수의 합과 파스칼 삼각형

파스칼 삼각형의 피보나치 대각선에 있는 숫자의 합은 피보나치 수와 같음을 알 수 있다. 아래와 같이 표현된 n번째까지의 피보나치 대각선의 모든 수들을 더하시오.

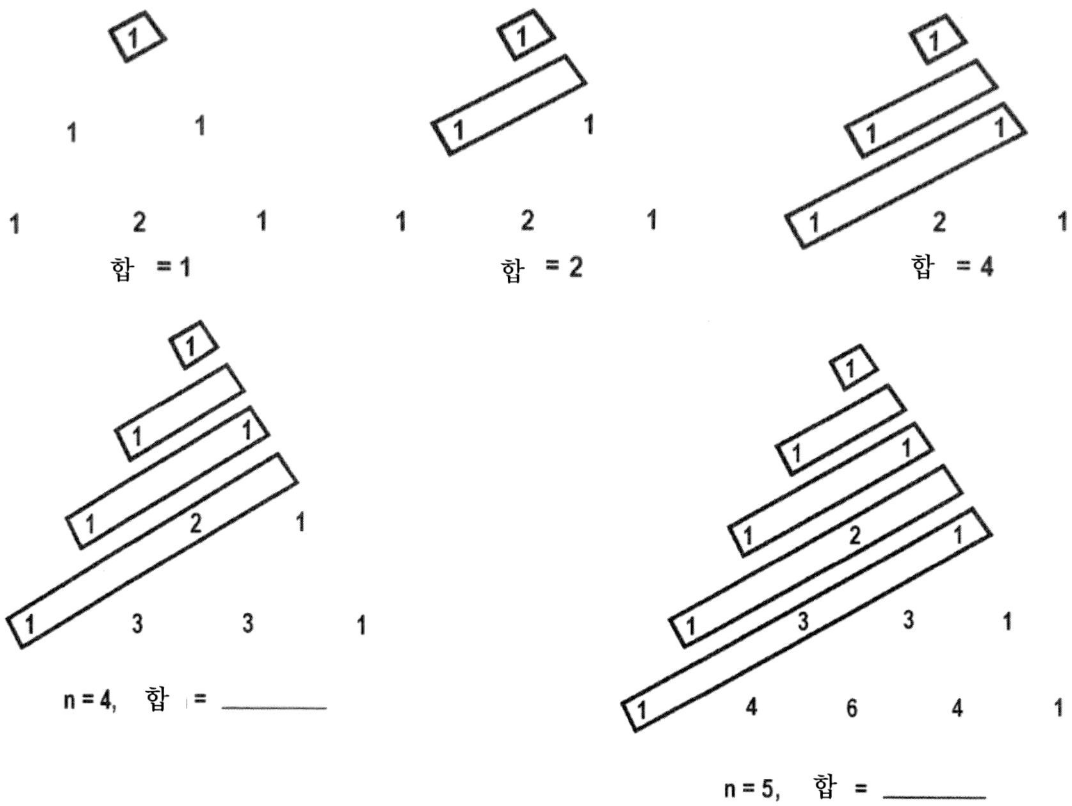

2.7절

1. 위 그림에서 $n=4$, $n=5$일 때, 빈칸을 채우시오. $n=6$일 때, 피보나치 대각선의 모든 수들을 더하시오.

문제 1에서 구한 합계는 다음 표와 일치한다.

n	F_{n+2}	$F_{n+2}-1$
1	2	1
2	3	2
3	5	4
4	8	7
5	___	___
6	___	___
7	___	___

만약, $n=4$이면 $F_{n+2}=F_6$이며
이는 6번째 피보나치 수 $F_6=8$이다.

---

2. 위의 표를 완성하시오.

3. 다음의 각 파스칼 삼각형에서 위쪽 묶음의 모든 수를 더한 것과 아래쪽 묶음의 모든 수를 더한 것을 비교하시오. 어떤 규칙을 발견할 수 있는가?

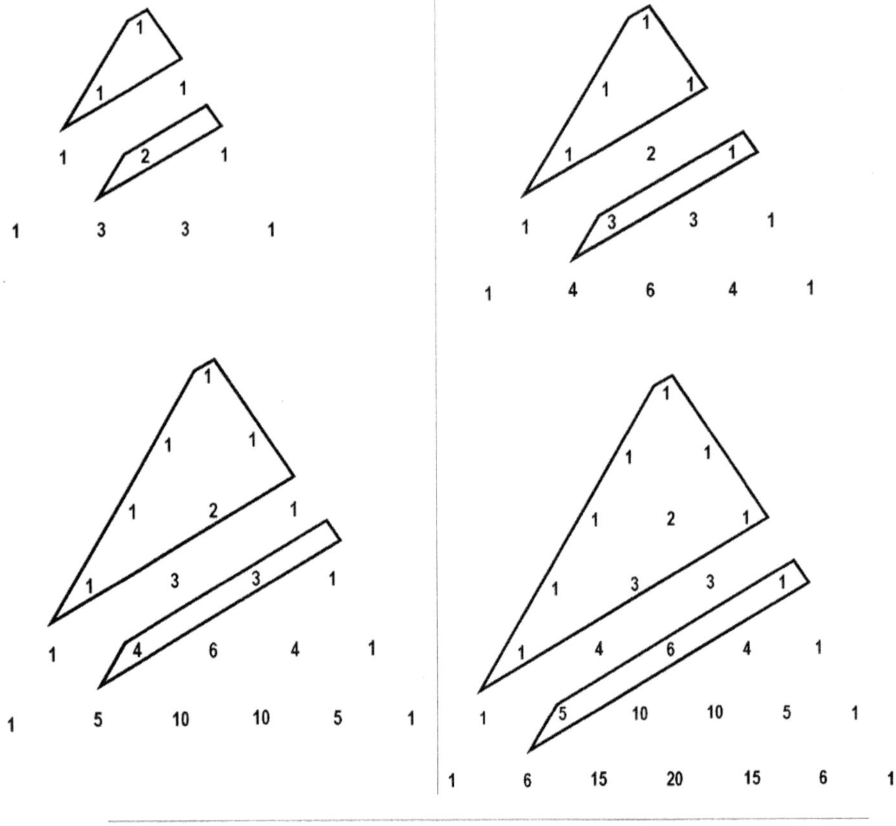

위에서 찾은 수의 합 (문제3)은 피보나치 수의 속성을 보여준다. n번째 피보나치 대각선까지 피보나치 수의 합은 $F_{n+2}-1$과 같다. 즉, 피보나치 수의 부분 합은 다음과 같다.

$$1+1+2+3+5+\cdots+F_n=F_{n+2}-1$$

---

4. 아래 빈칸을 채우시오.

$$\begin{aligned}
F_1 &= F_3-1 = 2-1 = 1\\
F_1+F_2 &= F_4-1 = 3-1 = 2\\
F_1+F_2+F_3 &= F_5-1 = 5-1 = 4\\
F_1+F_2+F_3+F_4 &= __-1 = __-1 = __\\
F_1+F_2+F_3+F_4+F_5 &= __-1 = __-1 = __\\
F_1+F_2+F_3+F_4+F_5+F_6 &= __-1 = __-1 = __\\
F_1+F_2+F_3+F_4+F_5+F_6+F_7 &= __-1 = __-1 = __\\
&\cdots\\
F_1+F_2+F_3+\cdots+F_{n-2}+F_{n-1}+F_n &= __-1
\end{aligned}$$

5. 위 문제의 마지막 줄에 있는 공식을 사용하여 처음 20개의 피보나치 수의 합을 구하시오. 즉, $F_1+F_2+F_3+\cdots+F_{18}+F_{19}+F_{20}$의 값을 구하시오.

6. 각 묶음의 모든 수들의 합을 각각 구하시오. 어떤 규칙을 발견할 수 있는가?

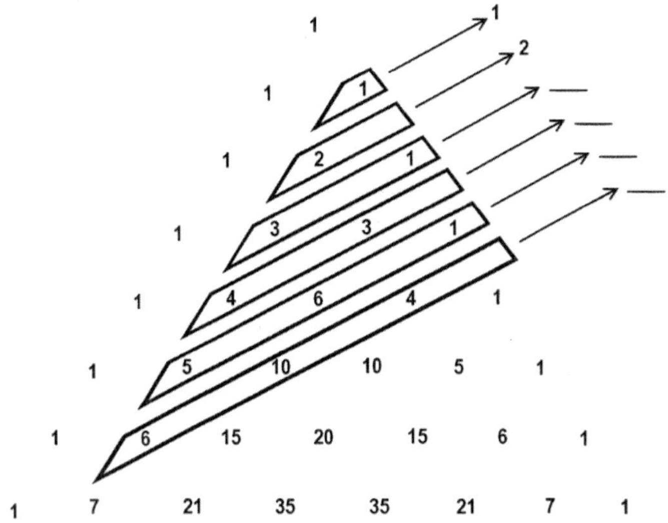

7. 다음의 각 파스칼 삼각형에서 위쪽 묶음의 모든 수를 더한 것과 아래쪽 묶음의 모든 수를 더한 것을 비교하시오. 어떤 규칙을 발견할 수 있는가?

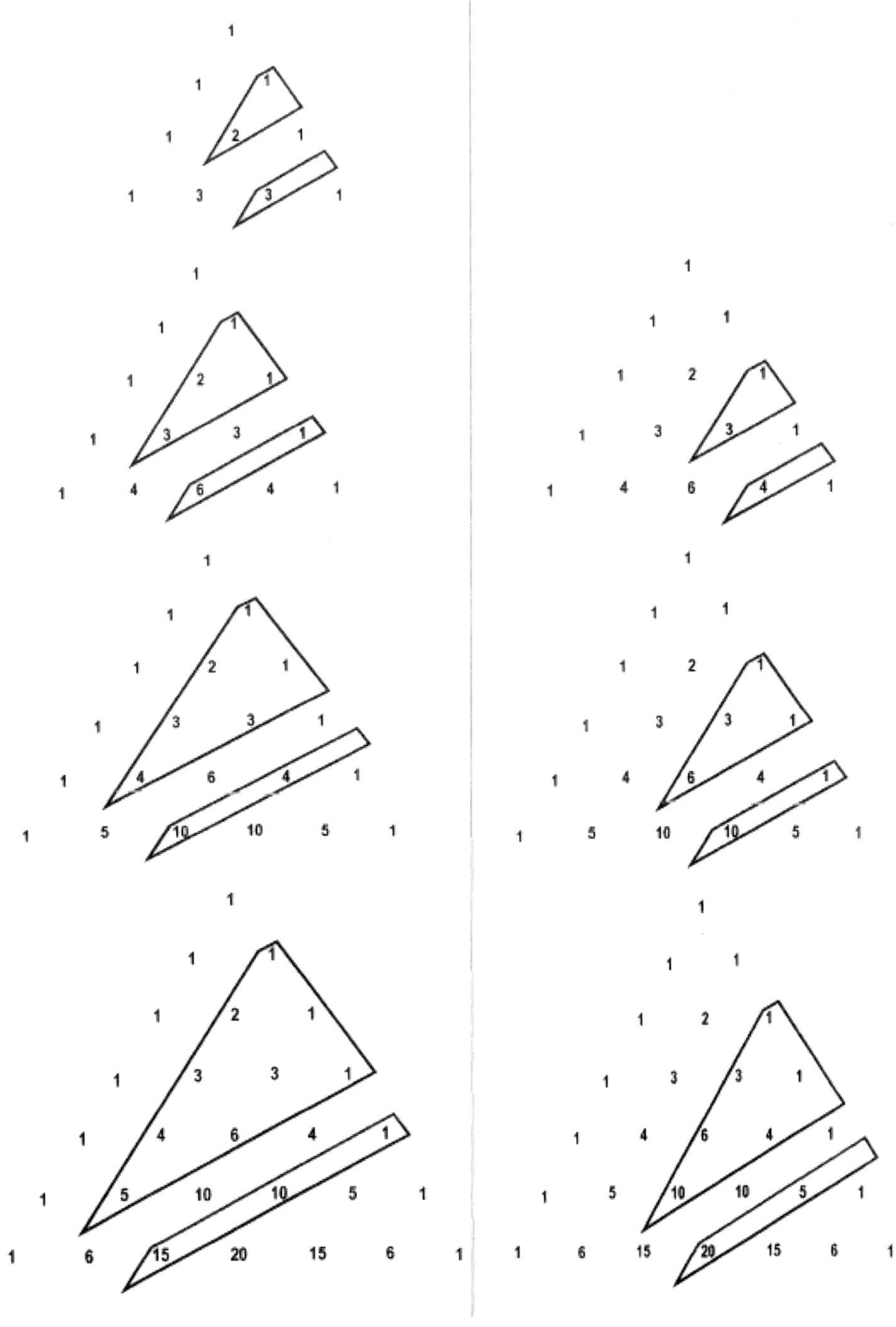

8. 아래 파스칼 삼각형에 각 묶음의 수의 합을 구하시오. 어떤 규칙을 발견할 수 있는가?

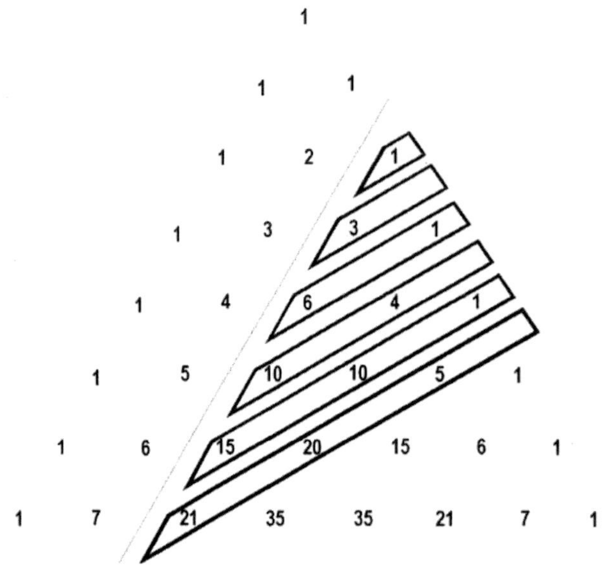

수열 3, 7, 14, 26, ⋯은 수열 1, 2, 4, 7, 12, ⋯의 부분합이다. 또한, 이 수열은 피보나치 수열 1, 1, 2, 3, 5, 8, ⋯의 부분합이다. 이 부분합은 다음과 같다.

$$
\begin{array}{rr}
1=1 & 1=1 \\
1+1=2 & 1+2=3 \\
1+1+2=4 & 1+2+4=7 \\
1+1+2+3=7 & 1+2+4+7=14 \\
1+1+2+3+5=12 & 1+2+4+7+12=26
\end{array}
$$

9. 위의 식에서 각각 두 개의 식을 더 포함하여 나타내시오.

이러한 부분합은 파스칼 삼각형의 왼쪽에서 열을 제거하고 각 피보나치 대각선에 나머지 요소를 추가하여 만든다. 이 결과는 다음 그림에서 볼 수 있듯이 파스칼 삼각형의 '하키 스틱'이다.

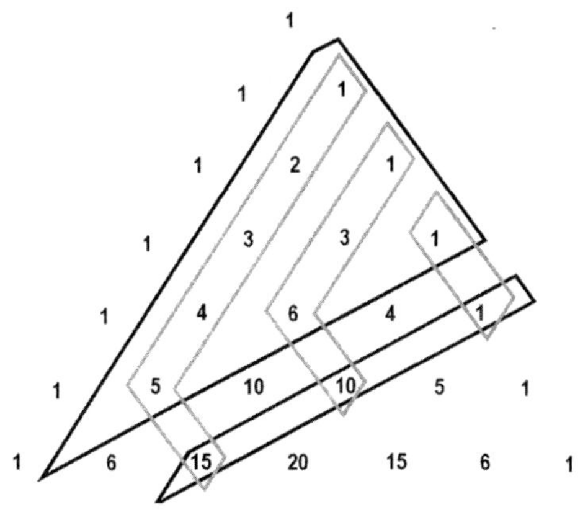

2.8 재귀 수열과 파스칼 삼각형

파스칼 삼각형에서는 무한히 많은 재귀 수열이 나타난다. 가장 잘 알려진 수열인 피보나치 수열은 이들 중 하나이다. 이 수열은 주어진 경사와 평행한 대각선을 따라 원소를 더한 것이다. 이러한 대각선을 설명하기 위해 직교좌표계의 음이 아닌 정수점에 의해 결정된 격자점에 파스칼의 삼각형 요소를 배열한 다음 대각선을 나타내는 직선의 방정식을 찾아보는 것이 좋다. 아래 그림을 살펴보자.

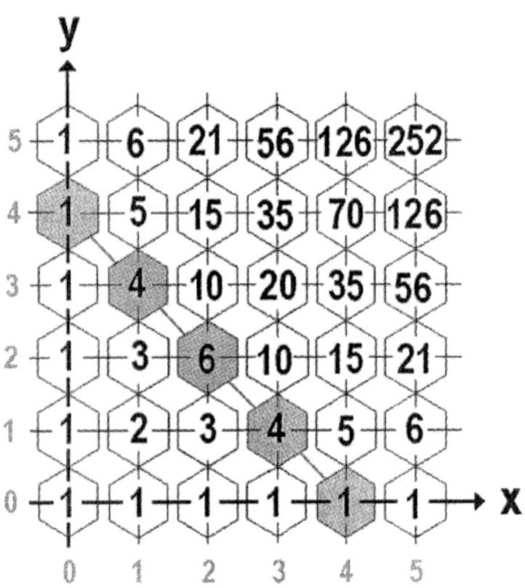

그림 1

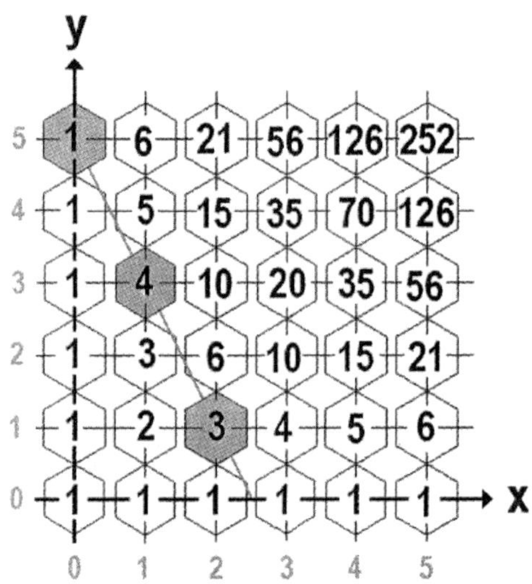

그림 2

이 그림에서 파스칼 삼각형의 시작점은 xy평면의 원점이다. 이 배열에서 격자점의 좌표 $(x,\ y)$는 삼각형의 각 요소의 위치와 값을 고유하게 결정한다. 그 값은

$$\mathrm{C}(n,\ r) = \frac{(x+y)!}{x! \cdot y!}$$

(단, $n=x+y$ 및 $r=y$ 또는 삼각형의 대칭으로 인해 $r=x$)이다.

기존 파스칼 삼각형의 열은 격자점에서 가로 행 또는 세로 열이 된다. 기존 삼각형의 행은 대각선으로 표시되며 왼쪽에서 오른쪽으로 볼 때 아래쪽으로 기울어진다. 4행은 위의 그림 1에서 음영으로 나타내어 있다. 다른 행들은 4행의 직선과 평행하다. 이 직선은 다음과 같은 방정식으로 나타내어진다.

$$x+y=n \quad (n=0,\ 1,\ 2,\ 3,\ \cdots)$$

이 직선 위의 수들의 합은 2의 거듭제곱이다.(1장 3절에서 확인하였다.)

$n=4$일 때, 그림 1에서 음영 표시된 수들의 합은 16 즉, 2^4이고, 그 직선의 방정식은 $x+y=4$이다. 앞에서 언급했듯이 파스칼 삼각형의 4행이다.

모든 직선 $x+y=n$의 기울기는 $\frac{-1}{1}$이다. 즉, 이 직선 위의 한 격자점을 선택하면 오른쪽 한 칸, 아래쪽으로 한 칸 이동하여 다른 격자점을 찾을 수 있다. 오른쪽으로 1만큼 평행이동, 아래쪽으로 1만큼 평행이동한 것을 '1-1 평행이동'으로 생각하자. '1-1 평행이동'은 중요하다.

그림 2에서 음영 표시된 대각선은 피보나치 대각선이다. 다른 피보나치 대각선의 수는 그림 2에서 음영 표시된 직선과 평행한 직선 위에 있다. 이 피보나치 대각선은 아래와 같다.

$$2x+y=n \quad (n=0,\ 1,\ 2,\ 3,\ \cdots)$$

n번째 피보나치 수는 이러한 직선 위의 수들의 합이다.

$n=5$일 때, 그림 2에서 음영 표시된 수들의 합은 8 즉, 5번째 피보나치 수이며 그 직선의 방정식은 $2x+y=5$이다.

모든 직선 $2x+y=n$(피보나치 대각선)의 기울기는 $\frac{-2}{1}$이다. 즉, 이 직선 위의 한 격자점을 선택하면 오른쪽 한 칸, 아래쪽으로 두 칸 이동하여 다른 격자점을 찾을 수 있다. 오른쪽으로 1만큼 평행이동, 아래쪽으로 2만큼 평행이동한 것을 '1-2 평행이동'으로 생각하자. '1-2 평행이동'은 중요하다.

첫 번째 경우, 그림 1에서 이러한 직선 위의 수들의 합은 2^n이며 이 수열의 일반항은 다음과 같다.

$$1,\ 2,\ 4,\ 8,\ \cdots,\ 2^n,\ \cdots$$

이 수열을 재귀 수열로 나타내면 다음과 같다.

$$\mathrm{P}_0=1,$$

$$\mathrm{P}_n=\mathrm{P}_{n-1}+\mathrm{P}_{n-1}$$

$$\mathrm{P}_n=2\mathrm{P}_{\mathrm{n}-1}$$

이다.

두 번째 경우, 그림 2에서 이러한 직선 위의 수들의 합은 F_n이며 피보나치 수열의 일반항은 다음과 같다.

$$1,\ 1,\ 2,\ 3,\ 5,\ 8,\ \cdots,\ F_n,\ \cdots$$

이 수열을 재귀 수열로 나타내면 다음과 같다.

$$F_0=1,\ F_1=1,\ F_n=F_{n-1}+F_{n-2}$$

피보나치 대각선의 기울기와 '1-2 평행이동'와 관련하여 생각해보자.

점화식의 좌변 F_n은 첨자 n에서 '1-2 평행이동'의 1을 뺀 항인 F_{n-1}과 '1-2 평행이동'의 2를 뺀 항 F_{n-2}를 더한 것과 같다. 그림 1에 언급된 '1-1 평행이동'의 기울기를 2^n에 관련한 재귀 수열에도 같은 방법으로 적용할 수 있다.

마찬가지로 방정식

$$3x+y=n\ (n=0,\ 1,\ 2,\ 3,\ \cdots)$$

으로 주어진 대각선 (기울기가 $\frac{-3}{1}$, '1-3 평행이동')은 점화식

$$G_n=G_{n-1}+G_{n-3},\ G_0=1,\ G_1=1,\ G_2=1$$

이며 수열 G_n은 이러한 n번째 대각선 위의 수들의 합을 나타낸다.

2.8절

1. $G_n = G_{n-1} + G_{n-3}$, $G_0 = 1$, $G_1 = 1$, $G_2 = 1$으로 주어진 수열의 처음 10개 항을 구하시오.

2. 그림 1을 확장하여 대각선 $3x + y = 9$를 찾고, 이 대각선 위의 수들을 합하여 G_9임을 확인하시오.

3. 처음 7개의 항 $G_0 + G_1 + G_2 + \cdots + G_6$의 합은 $G_9 - 1$임을 확인하시오. 일반적으로 수열 G_k의 $k=0$에서 $k=n-1$까지의 합은 $G_{n+2} - 1$과 같다. $n = 3, 4, 5, 6$일 때, 성립함을 확인하시오.

이 대각선의 규칙을 계속 적용하면 $4x+y=n$, $5x+y=n$, $\cdots$, 일반적으로

$$kx + y = n \quad (n = 0,\ 1,\ 2,\ 3,\ \cdots\ ,\ k = 1,\ 2,\ 3,\ \cdots)$$

이다.

각 대각선의 기울기는 $\frac{-k}{1}$이고 '$1-k$ 평행이동'으로 오른쪽으로 1만큼 평행이동하고 아래쪽으로 k만큼 평행이동한 것이다.

따라서 주어진 점화식을 찾으면

$$R_n = R_{n-1} + R_{n-k},\ R_0 = 1,\ R_1 = 1,\ \cdots\ ,\ R_{k-1} = 1$$

이다.

이를 더 일반화하면 대각선의 방정식은

$$ax + by = n \quad (n = 0,\ 1,\ 2,\ 3,\ \cdots\ ,\ a,\ b = 1,\ 2,\ 3,\ \cdots)$$

이다.

이 대각선의 기울기는 $\frac{-a}{b}$이고 '$a-b$ 평행이동'으로 오른쪽으로 a만큼 평행이동하고 아래쪽으로 b만큼 평행이동한 것이다.

대각선 위의 파스칼 삼각형 수들을 모두 더한 수를 S_n이라 하면 다음과 같은 재귀 수열로

나타낼 수 있다.

$$S_n = S_{n-a} + S_{n-b}$$

이 경우 주어진 대각선 위의 파스칼 삼각형 수들을 모두 더한 수열 S_n의 위치를 찾는데 필요한 음이 아닌 정수해 (x, y)를 찾기 위해 생각해야 할 몇 가지 사항이 있다.

첫째, 계수 쌍 a, b는 쌍 b, a와 동일한 재귀 수열을 생성한다.

둘째, 예를 들어 4, 6과 같은 공통 인수를 가진 쌍 a, b는 쌍 2, 3과 동일한 재귀 수열을 생성한다. 따라서 a와 b가 서로소인 쌍 a, b만 고려해야 한다. a와 b가 서로소인 경우에도 $ax+by=n$에 음이 아닌 정수해가 없는 경우가 있다. 즉, 이 경우 n의 특정 값에 대해 $ax+by=n$에서 파생된 재귀 수열은 합할 파스칼 삼각형의 수가 없으므로 수열의 해당 n번째 항의 값을 0으로 하자.

참고문헌 [1][4]에 의하면 $n=ab-(ja+kb)$ (단, j, $k=1, 2, 3, \cdots$)인 경우 음이 아닌 정수 해는 없다.

따라서 수열 S_n의 첫째항은 1 또는 0이 된다. $n=a+b$일 때 1보다 큰 수열의 값이 처음으로 나타난다. 이 경우 x 및 y에 대한 대각선의 방정식의 해는 (0, 1) 및 (1, 0)이다. 그러한 위치에 있는 파스칼 요소는 둘 다 1과 같다. 따라서 $S_{a+b}=1+1=2$이다.

예를 들어, $3x+2y=n$ $(n=0, 1, 2, 3, \cdots)$ (파스칼 삼각형의 "오른쪽으로 2만큼 아래쪽으로 3만큼 평행이동", 대각선 기울기)에 대해 파생된 재귀 수열을 고려하자. 항상 원점에 대응하는 원소는 $S_0=1$이다. 앞에서 설명한 바와 같이 $1=3\cdot2-(3+2)$이므로 $n=1$에 대한 정수해는 없다. 따라서 $S_1=0$이다.

다음으로 $S_{a+b}=S_{3+2}=S_5=1+1=2$이다. S_1과 S_5사이의 S_n은 모두 1이다.

따라서 이 수열은 $S_n=S_{n-3}+S_{n-2}$, $S_0=1$, $S_1=0$, $S_2=1$, $S_3=1$로 나타낼 수 있다.

이미 $S_4=1$, $S_5=2$라는 것을 알고 있지만, 그 값을 점화식에서 직접 구할 수 있다.

4) [1] Recurrent Sequences and Pascal's Triangle, Thomas M. Green, Mathematics Magazine, Vol. 41, No. 1, 13-21, Jan., 1968

4. 위의 식에서 처음 11개의 항들 즉, S_0, S_1, S_2, $\cdots$, S_{10}을 구하시오.

5. 그림 1을 확장하여 대각선 $3x+2y=12$를 찾고, 이 대각선 위의 수들을 합하여 S_{12}임을 확인하시오.

6. 처음 10개의 항 S_0, S_1, S_2, $\cdots$, S_9의 합은 $S_{12}+S_{11}-1$임을 보이시오. 일반적으로 수열 S_k의 $k=0$에서 $k=n-1$까지의 합은 $S_{n+2}+S_{n+1}-1$이다. $n=4$, 5, 6, 7일 때, 성립함을 확인하시오.

7. 수열 S_n의 처음 11개의 항은 1, 0, 1, 1, 1, 2, 2, 3, 4, 5, 7이다. 이 수들을 이용하여 빈칸을 채우시오.

$$1 \cdot S_{10} = \underline{\quad 7 \quad}$$
$$1 \cdot S_8 + 1 \cdot S_7 = \underline{\qquad}$$
$$1 \cdot S_6 + 2 \cdot S_5 + 1 \cdot S_4 = \underline{\qquad}$$
$$1 \cdot S_4 + 3 \cdot S_3 + 3 \cdot S_2 + 1 \cdot S_1 = \underline{\qquad}$$

문제 7에서 제시된 규칙을 일반화하면, 수열 S_n을 다음과 같은 파스칼 삼각형의 확장된 표현으로 나타낼 수 있다. (파스칼 삼각형의 "오른쪽으로 2만큼, 아래쪽으로 3만큼 평행이동"한 대각선 기울기)

$$
\begin{aligned}
S_n &= 1 \cdot S_n \\
&= 1 \cdot S_{n-2} + 1 \cdot S_{n-3} \\
&= 1 \cdot S_{n-4} + 2 \cdot S_{n-5} + 1 \cdot S_{n-6} \\
&= 1 \cdot S_{n-6} + 3 \cdot S_{n-7} + 3 \cdot S_{n-8} + 1 \cdot S_{n-9} \\
&= 1 \cdot S_{n-8} + 4 \cdot S_{n-9} + 6 \cdot S_{n-10} + 4 \cdot S_{n-11} + 1 \cdot S_{n-12} \\
&= 1 \cdot S_{n-10} + 5 \cdot S_{n-11} + 10 \cdot S_{n-12} + 10 \cdot S_{n-13} + 5 \cdot S_{n-14} + 1 \cdot S_{n-15} \\
&\cdots
\end{aligned}
$$

'2-3 평행이동' 규칙을 찾을 수 있는가?

---

8. $n=15$일 때, 수열 S_n의 처음 16개의 항을 쓰시오.($n=0$부터 시작함에 주의) 이 수들로 위 공식을 적용하여 합계가 모두 S_{15}와 동일한지 확인하시오.

2.9. 루카스(Lucas) 수와 다른 수의 삼각형

이 절에서는 새로운 수의 삼각형을 다룰 것이다. 아래 그림의 두 개의 파스칼 삼각형을 살펴보자.

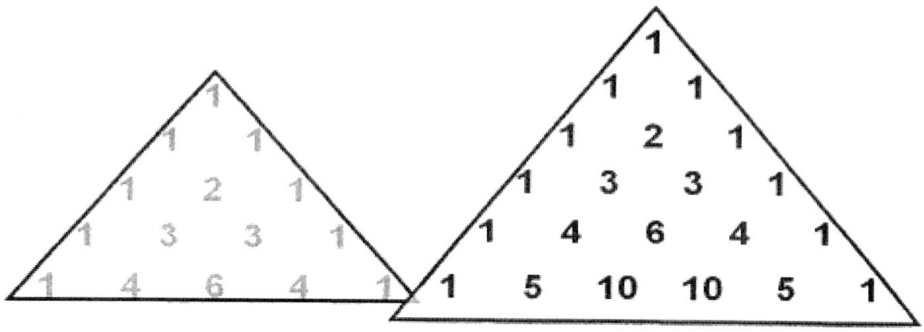

아래 그림처럼 오른쪽 삼각형을 왼쪽 삼각형에 부분적으로 겹쳐 놓는 것을 상상해보자.

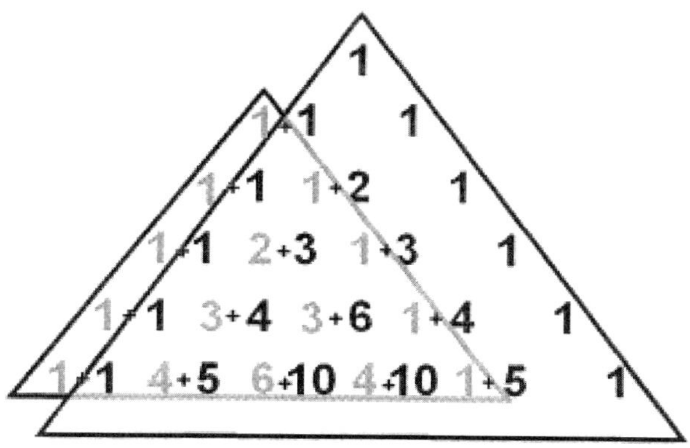

대응하는 두 원소를 합하여 아래와 같은 새로운 수의 삼각형을 만들자.

1

2 1

2 3 1

2 5 4 1

2 7 9 5 1

2 9 16 14 6 1

이 새로운 수의 삼각형은 대칭은 아니지만, 파스칼 삼각형과 비슷한 성질을 갖고 있다.

예를 들어, 파스칼 규칙과 하키 스틱 성질이 성립한다.

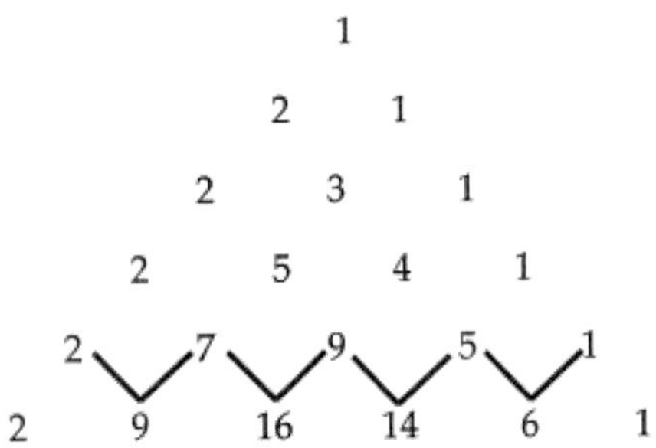

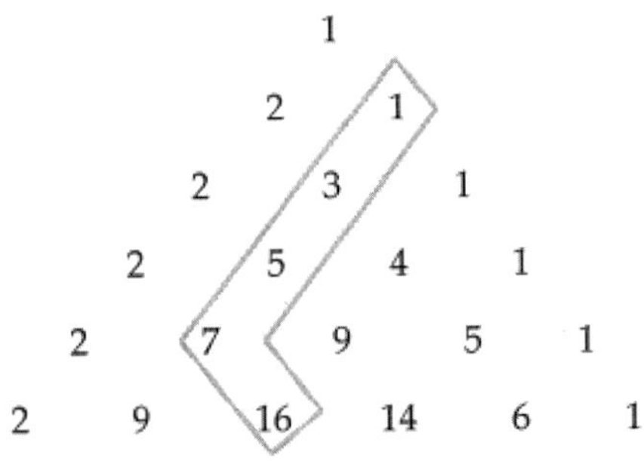

2.9절

1. 위의 그림의 수의 삼각형에서 세 개의 행을 더 만드시오.

2. 이 삼각형의 1열은 홀수들로 이루어진 수열이다. 수의 삼각형에서 하키 스틱을 그리고, 1+3+5+7+9의 합을 구하시오.

$$1 = 1$$

$$1 + 3 = 4$$

$$1 + 3 + 5 = 9$$

$$1 + 3 + 5 + 7 = \underline{\qquad}$$

$$1 + 3 + 5 + 7 + 9 = \underline{\qquad}$$

$$1 + 3 + 5 + 7 + 9 + 11 = \underline{\qquad}$$

$$1 + 3 + 5 + 7 + 9 + 11 + 13 = \underline{\qquad}$$

3. 이 삼각형의 2열은 제곱수들의 수열이며, 이는 홀수들의 부분합으로 나타내어지는 수열과도 같다. 아래 빈칸을 채우시오.

아래 빈칸을 채우시오.

첫 번째부터 5개의 홀수들의 합은 제곱수_______와 같다.

첫 번째부터 6개의 홀수들의 합은 제곱수_______와 같다.

첫 번째부터 n개의 홀수들의 합은 제곱수_______와 같다.

4. 다음은 수의 삼각형의 4행이다. 그 아래 줄은 4행을 역순으로 나열한 것이다.

2	7	9	5	1
1	5	9	7	2

같은 줄에 위치한 두 수를 각각 더해보자.

	2	7	9	5	1
+	1	5	9	7	2
	3	12	18	12	3

마지막으로 각각의 합을 3으로 나누어보자. 어떤 값들이 나오는가?

이 수의 삼각형의 3열과 5열도 같은 과정을 반복해보자. 어떤 값들이 나오는가?

5. 아래 그림에서 각 대각선 위의 수들을 더하시오. 어떤 수열인가?

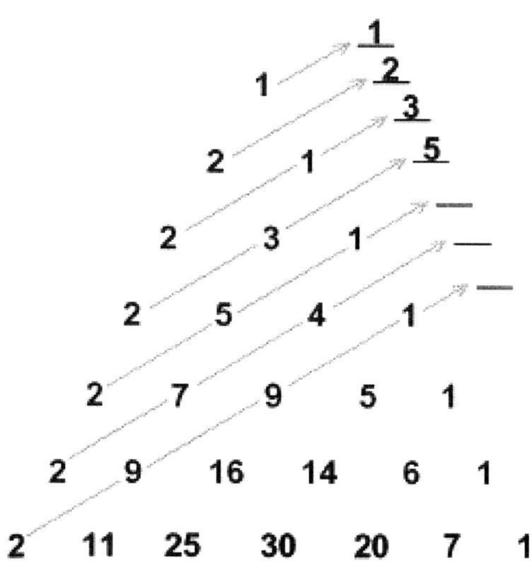

이제 문제 5의 수의 삼각형을 살펴보고, 대각선 방향을 반대 방향으로 바꾸어보자. 새로운 대각선 위의 수들을 더하면, 새로운 수열이 만들어지는데, 이 수열의 수들을 루카스(Lucas) 수라고 한다. 이 수의 삼각형의 대각선을 루카스 대각선이라 한다. 아래 그림을 참고하시오.

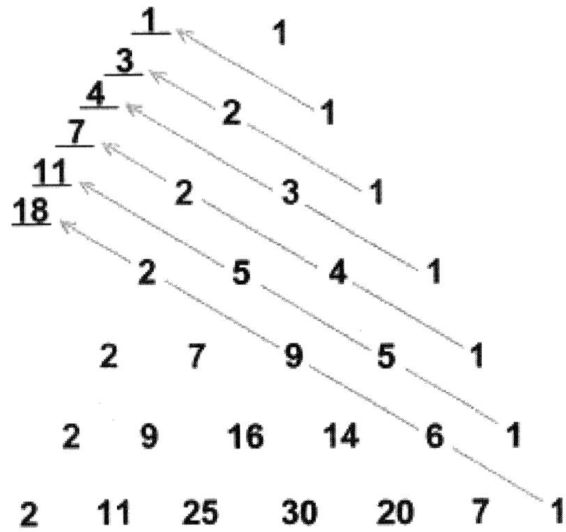

---

6. 위의 수의 삼각형을 확장하여 루카스 대각선을 두 개 더 찾고, 그 대각선 위의 수들을 더하여 루카스 수를 두 개 더 찾으시오.

루카스 수열 $1, 3, 4, 5, 11, 18, \cdots$은 피보나치 수열이 만들어지는 방법과 비슷하다. n번째 루카스 수를 L_n이라 하면, 다음과 같은 규칙이 성립한다.

$$L_n = L_{n-1} + L_{n-2} \quad (L_1 = 1, L_2 = 3)$$

그러면 다음과 같은 식이 성립한다.

$$L_3 = L_2 + L_1 = 3 + 1 = 4$$

$$L_4 = L_3 + L_2 = 4 + 3 = 7$$

$$L_5 = L_4 + L_3 = 7 + 4 = 11$$

$$\vdots$$

7. 루카스 규칙을 사용하여 처음 20개의 루카스 수를 나열하시오.

8. $L_{29}=1,149,851$, $L_{30}=1,860,498$일 때, L_{31}, L_{28}을 구하시오.

9. 처음 9개의 루카스 수들은 1, 3, 4, 7, 11, 18, 29, 47, 76이다.
이 수들을 이용하여 다음 빈칸을 채우시오.

$$\mathbf{1}\cdot L_9 = \_\_\_\_\_$$

$$\mathbf{1}\cdot L_8 + \mathbf{1}\cdot L_7 = \_\_\_\_\_$$

$$\mathbf{1}\cdot L_7 + \mathbf{2}\cdot L_6 + \mathbf{1}\cdot L_5 = \_\_\_\_\_$$

$$\mathbf{1}\cdot L_6 + \mathbf{3}\cdot L_5 + \mathbf{3}\cdot L_4 + \mathbf{1}\cdot L_3 = \_\_\_\_\_$$

$$\mathbf{1}\cdot L_5 + \mathbf{4}\cdot L_4 + \mathbf{6}\cdot L_3 + \mathbf{4}\cdot L_2 + \mathbf{1}\cdot L_1 = \_\_\_\_\_$$

문제 9의 패턴을 일반화하여 아래와 같은 루카스 규칙에 대한 공식을 얻을 수 있다. 이 공식들의 계수들은 파스칼 삼각형의 수들로 이루어져 있다. 이 공식은 파스칼 삼각형의 규칙에 따라 계속해서 확장할 수 있다.

$$\begin{aligned}
L_n &= 1\cdot L_n \\
&= 1\cdot L_{n-1}+1\cdot L_{n-2} \\
&= 1\cdot L_{n-2}+2\cdot L_{n-3}+1\cdot L_{n-4} \\
&= 1\cdot L_{n-3}+3\cdot L_{n-4}+3\cdot L_{n-5}+1\cdot L_{n-6} \\
&= 1\cdot L_{n-4}+4\cdot L_{n-5}+6\cdot L_{n-6}+4\cdot L_{n-7}+1\cdot L_{n-8} \\
&= 1\cdot L_{n-5}+5\cdot L_{n-6}+10\cdot L_{n-7}+10\cdot L_{n-8}+5\cdot L_{n-9}+1\cdot L_{n-10}
\end{aligned}$$

10. 처음 10개의 루카스 수를 나열하시오. 위의 공식을 사용하여 구한 값이 L_{10}과 같은지 확인하시오.

11. 아래 빈칸을 채우시오.

$$1 \cdot L_1 = \_\_\_\_\_$$

$$1 \cdot L_1 + 1 \cdot L_2 = \_\_\_\_\_$$

$$1 \cdot L_1 + 2 \cdot L_2 + 1 \cdot L_3 = \_\_\_\_\_$$

$$1 \cdot L_1 + 3 \cdot L_2 + 3 \cdot L_3 + 1 \cdot L_4 = \_\_\_\_\_$$

$$1 \cdot L_1 + 4 \cdot L_2 + 6 \cdot L_3 + 4 \cdot L_4 + 1 \cdot L_5 = \_\_\_\_\_$$

$$1 \cdot L_1 + 5 \cdot L_2 + 10 \cdot L_3 + 10 \cdot L_4 + 5 \cdot L_5 + 1 \cdot L_6 = \_\_\_\_\_$$

위 빈칸에 적은 수들은 어떤 수열인가?

12. 아래 5개의 파스칼 삼각형에서 각각 묶여 있는 수들의 합을 구하시오. 어떤 수열인가?

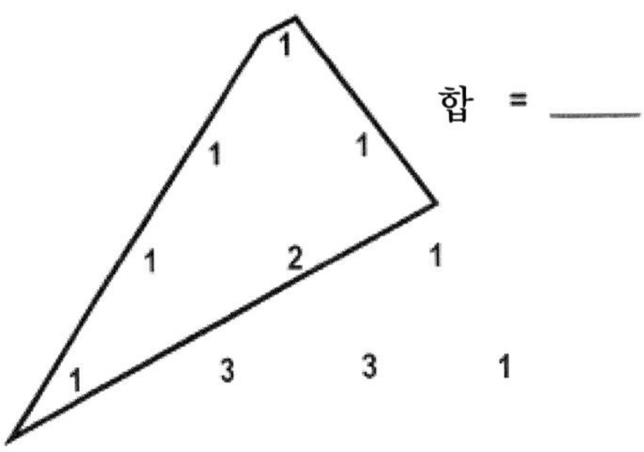

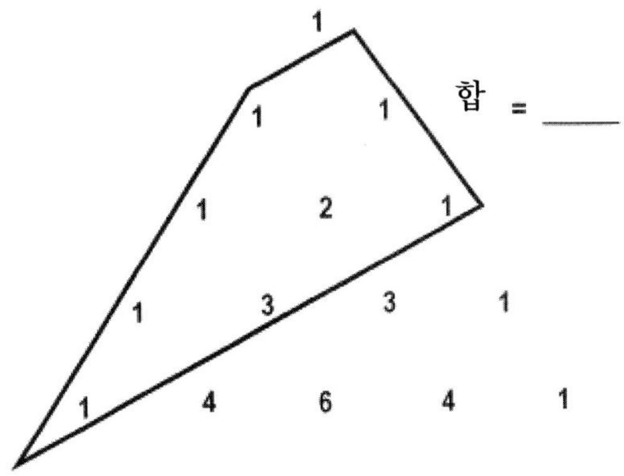

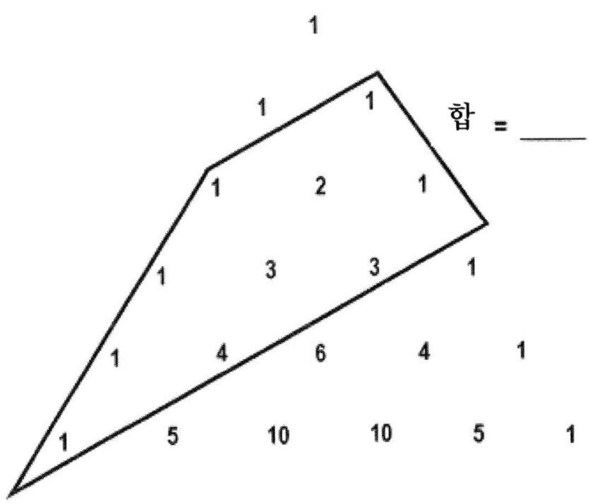

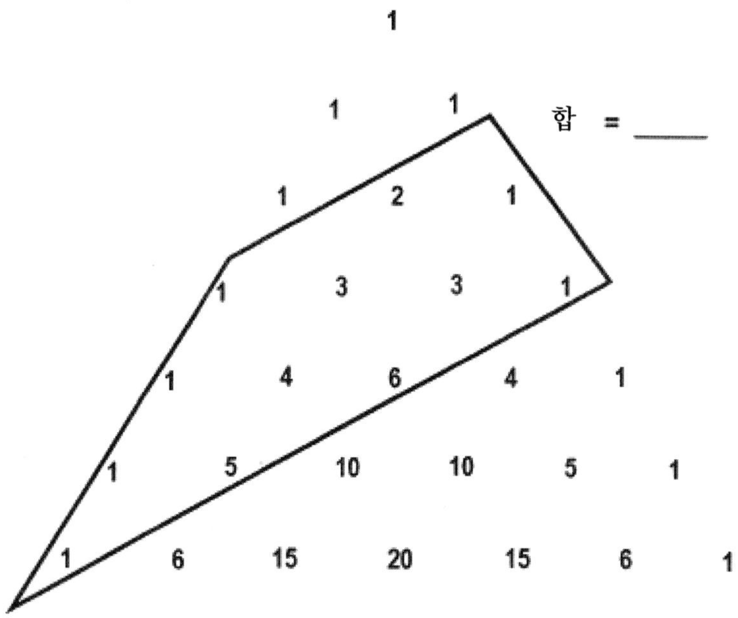
1
1 1
합 = ____
1 2 1
1 3 3 1
1 4 6 4 1
1 5 10 10 5 1
1 6 15 20 15 6 1

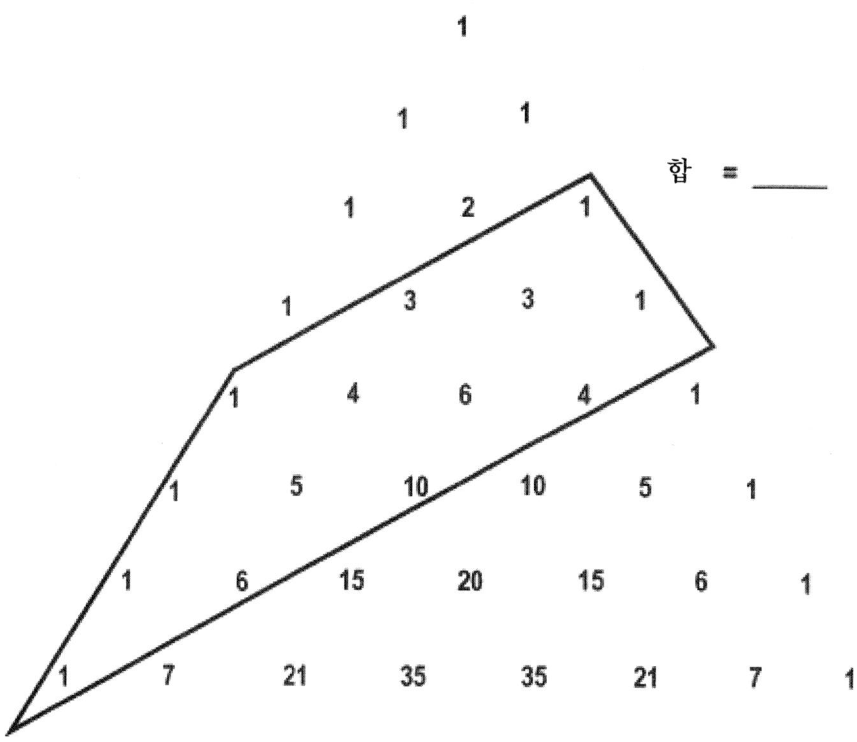
1
1 1
합 = ____
1 2 1
1 3 3 1
1 4 6 4 1
1 5 10 10 5 1
1 6 15 20 15 6 1
1 7 21 35 35 21 7 1

문제 12의 빈칸의 수들은 파스칼 삼각형의 4개의 연이은 피보나치 대각선의 수들의 합과 연관된다. 이 결과로부터 다음 공식이 성립한다.

$$L_n = F_n + F_{n-1} + F_{n-2} + F_{n-3}$$

다음 공식들과도 같음을 알 수 있다.

$$L_n = F_{n+1} + F_{n-1}$$

$$L_n = F_n + 2 \cdot F_{n-1}$$

---

13. 다음 표를 완성하시오.

n	L_n	$F_n + F_{n-1} + F_{n-2} + F_{n-3}$	$F_n + 2 \cdot F_{n-1}$
4	$L_4 = 7$	3 + 2 + 1 + 1 = 7	3 + 2 · 2 = 7
5	$L_5 = 11$	5 + 3 + 2 + 1 = ____	5 + 2 · 3 = ____
6	$L_6 =$ ____	8 + 5 + 3 + 2 = ____	8 + 2 · 5 = ____
7	$L_7 =$ ____	13 + 8 + 5 + 3 = ____	12 + 2 · 8 = ____
8	$L_8 =$ ____	21 + 13 + 8 + 5 = ____	21 + 2 · 13 = ____
9	$L_9 =$ ____	34 + 21 + 13 + 8 = ____	34 + 2 · 21 = ____
10	$L_{10} =$ ____	____ + ____ + ____ + ____ = ____	____ + 2 · ____ = ____

다음 단계는 루카스 수와 파스칼 삼각형 사이의 또 다른 관계를 설명한다. 이는 2.6절 피보나치 수에서 다룬 관계와 비슷하다. 이 성질이 성립함을 L_6으로 확인해보자.

1단계

파스칼 삼각형의 6행의 원소들을 오른쪽 그림과 같이 분리해보자.

$$\begin{matrix} 1 & & 15 & & 15 & & 1 \\ & 6 & & 20 & & 6 & \end{matrix}$$

2단계

윗줄과 $(5^0, 5^1, 5^2, 5^3)$의 스트링곱을 구하자.(필요한 만큼 5의 거듭제곱을 사용하시오.)

$$(1,\ 15,\ 15,\ 1) \cdot (5^0,\ 5^1,\ 5^2,\ 5^3)$$
$$= 1 \cdot 5^0 + 15 \cdot 5^1 + 15 \cdot 5^2 + 1 \cdot 5^3$$

3단계

아랫줄의 수들의 합을 구하고, 오른쪽 그림과 같이 분수를 만드시오.

$$\frac{1 \cdot 5^0 + 15 \cdot 5^1 + 15 \cdot 5^2 + 1 \cdot 5^3}{6 + 20 + 6}$$

4단계

위의 분수를 계산하여 L_6과 같음을 확인하시오.

$$L_8 = \frac{1 \cdot 5^0 + 15 \cdot 5^1 + 15 \cdot 5^2 + 1 \cdot 5^3}{6 + 20 + 6}$$
$$= \frac{1 + 75 + 375 + 125}{32}$$
$$= \frac{576}{32} = 18$$

---

14. 위의 단계를 적용하여 L_4, L_5, L_7의 값을 확인하시오.

아래의 수의 삼각형은 파스칼 삼각형의 각 열을 2번씩 입력하여 파스칼 삼각형을 수정한 것이다. 이를 중복-열(double-columned) 삼각형이라 하자.

1
1 1
1 1 1
1 1 2 1
1 1 3 2 1
1 1 4 3 3 1
1 1 5 4 6 3 1
1 1 6 5 10 6 4 1
1 1 7 6 15 10 10 4 1
1 1 8 7 21 15 20 10 5 1

---

15. 위의 삼각형에 2개의 행을 추가하여 삼각형을 확장하시오.

16. 중복-열 삼각형의 각 행마다 모든 원소의 합을 구하시오. 어떤 수열인가?

17. 중복-열 삼각형에서 피보나치 대각선을 만들고, 각 대각선마다 모든 원소의 합을 구하시오. 어떤 수열인가? (힌트: 계차수열을 확인하시오.)

이 절의 앞부분에서 소개한 수의 삼각형을 루카스 삼각형이라 한다. 각 행마다 원소들을 역순으로 나열해도 루카스 삼각형이다. 한 행의 인접한 두 수의 합은 다음 행의 원소가 된다는 파스칼 규칙과 하키 스틱 성질은 루카스 삼각형에서도 성립한다. 다음 그림은 루카스 삼각형의 처음 몇 개의 행의 원소들을 역순으로 나열한 것이다.

1
1 2
1 3 2
1 4 5 2
1 5 9 7 2
1 6 14 16 9 2

루카스 삼각형

---

18. 2개의 행을 추가하여 루카스 삼각형을 확장하시오.

19. 아래와 같이 대각선 위의 수들을 각각 더하시오. 어떤 수열인가?

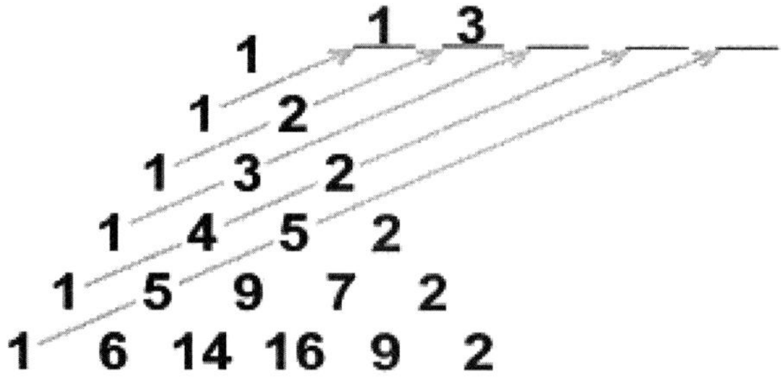

20. 앞의 중복-열 파스칼 삼각형처럼 중복-열 루카스 삼각형을 만드시오. 중복-열 루카스 삼각형의 각 행의 모든 원소의 합을 각각 구하시오. 어떤 수열인가?

21. 아래 빈칸을 채우시오.

$$1 \cdot L_1 = \underline{\quad 1 \quad}$$

$$1 \cdot L_1 + 2 \cdot L_2 = \underline{\quad 7 \quad}$$

$$1 \cdot L_1 + 3 \cdot L_2 + 2 \cdot L_3 = \underline{\qquad}$$

$$1 \cdot L_1 + 4 \cdot L_2 + 5 \cdot L_3 + 2 \cdot L_4 = \underline{\qquad}$$

$$1 \cdot L_1 + 5 \cdot L_2 + 9 \cdot L_3 + 7 \cdot L_4 + 2 \cdot L_5 = \underline{\qquad}$$

$$1 \cdot L_1 + 6 \cdot L_2 + 14 \cdot L_3 + 16 \cdot L_4 + 9 \cdot L_5 + 2 \cdot L_6 = \underline{\qquad}$$

위 빈칸에 적은 수들은 어떤 수열인가?

루카스 삼각형의 2열(아래 그림은 역순으로 나타내었다.)의 원소들은 제곱수임을 알고 있다. 또한, 제곱수는 1열의 홀수들의 부분합이다. 그리고 루카스 삼각형의 가운데 수직선의 원소들은 첫 번째 수를 제외하고 모두 3의 배수이다.

1
1 | | 2
1 | **3** | 2
1 4 | | 5 2
1 5 | **9** | 7 2
1 6 14 | | 16 9 2
1 7 20 | **30** | 25 11 2

이 수들은 파스칼 삼각형의 가운데 수직선 바로 옆 수직선에 있는 수의 3배이다.

1
1 | **1** |
1 2 | | 1
1 3 | **3** | 1
1 4 6 | | 4 1
1 5 10 | **10** | 5 1
1 6 15 20 | | 15 6 1
1 7 21 35 | **35** | 21 7 1

22. 아래 빈칸을 채우고, 몇 개의 행을 추가하여 확인하시오.

$$3 = 3 \cdot \ 1$$
$$9 = 3 \cdot \ 3$$
$$30 = 3 \cdot \ 10$$
$$105 = 3 \cdot \ 35$$
$$378 = 3 \cdot \underline{\qquad}$$
$$\underline{\qquad} = 3 \cdot 462$$

수열 $1, \frac{1}{2}, \frac{1}{3}, \cdots, \frac{1}{n}, \cdots$은 조화수열(화음 연결)의 한 예이다. 현악기의 현 길이는 배음(harmonic tone)을 만드는 이 수들에 비례한다. 이 수들을 사용하여 조화 삼각형(harmonic triangle)을 만들어 보자. 이 수의 삼각형은 17~18세기 독일 수학자 라이프니츠(Gottfried leibniz)가 가장 먼저 연구하였다. 이 수의 삼각형을 만들기 위해 파스칼 삼각형의 모든 원소들의 역수로 바꾼다.

$$
\begin{array}{ccccccccc}
 & & & & \frac{1}{1} & & & & \\
 & & & \frac{1}{1} & & \frac{1}{1} & & & \\
 & & \frac{1}{1} & & \frac{1}{2} & & \frac{1}{1} & & \\
 & \frac{1}{1} & & \frac{1}{3} & & \frac{1}{3} & & \frac{1}{1} & \\
\frac{1}{1} & & \frac{1}{4} & & \frac{1}{6} & & \frac{1}{4} & & \frac{1}{1}
\end{array}
$$

이제 위의 삼각형의 수들과 조화수열의 수 $1, \frac{1}{2}, \frac{1}{3}, \cdots, \frac{1}{n}, \cdots$ 들을 순서대로 각각 곱하자. 예를 들어, 제0행의 원소는 1과 곱하고, 제1행의 원소들은 $\frac{1}{2}$과 곱하고, 제2행의 원소들과 $\frac{1}{3}$를 각각 곱하자. 즉, 제n행의 모든 원소들은 $\frac{1}{n+1}$과 곱한다.

$$1\cdot\frac{1}{1}$$
$$\frac{1}{2}\cdot\frac{1}{1}\quad\frac{1}{2}\cdot\frac{1}{1}$$
$$\frac{1}{3}\cdot\frac{1}{1}\quad\frac{1}{3}\cdot\frac{1}{2}\quad\frac{1}{3}\cdot\frac{1}{1}$$
$$\frac{1}{4}\cdot\frac{1}{1}\quad\frac{1}{4}\cdot\frac{1}{3}\quad\frac{1}{4}\cdot\frac{1}{3}\quad\frac{1}{4}\cdot\frac{1}{1}$$
$$\frac{1}{5}\cdot\frac{1}{1}\quad\frac{1}{5}\cdot\frac{1}{4}\quad\frac{1}{5}\cdot\frac{1}{6}\quad\frac{1}{5}\cdot\frac{1}{4}\quad\frac{1}{5}\cdot\frac{1}{1}$$

이것을 조화 삼각형(harmonic triangle)라 하자.

$$\frac{1}{1}$$
$$\frac{1}{2}\quad\frac{1}{2}$$
$$\frac{1}{3}\quad\frac{1}{6}\quad\frac{1}{3}$$
$$\frac{1}{4}\quad\frac{1}{12}\quad\frac{1}{12}\quad\frac{1}{4}$$
$$\frac{1}{5}\quad\frac{1}{20}\quad\frac{1}{30}\quad\frac{1}{20}\quad\frac{1}{5}$$

라이프니츠 조화 삼각형

---

23. 4개의 행을 추가하여 라이프니츠의 조화 삼각형을 확장하시오.

24. 조화 삼각형의 행들의 각 원소들을 조사하여 파스칼 규칙처럼 조화 삼각형에 성립하는 규칙을 찾으시오. (힌트: 아래 행부터 위쪽으로 살펴보시오.)

2.10 파스칼 삼각형 항들의 홀수(또는 짝수) 패턴

파스칼 삼각형에서 각 항들이 작은 정육각형으로 대체된다고 가정하자. 항들이 홀수이면 어두운색 정육각형으로, 짝수이면 밝은색 정육각형으로 바꾼다. 다음 페이지에는 이러한 파스칼 삼각형이 그려져 있으며, 0행부터 7행까지의 원소가 어둡고 밝은색으로 채워져 있다.

0행부터 7행까지

두 홀수의 합은 짝수이다. 두 숫자를 더하면 다음과 같이 네 가지 가능한 경우가 있다.

짝수 + 짝수 = 짝수

홀수 + 홀수 = 홀수

홀수 + 짝수 = 홀수

홀수 + 홀수 = 짝수

파스칼의 규칙을 적용할 때마다 이러한 가능한 경우들 중 하나가 나타난다. 흰색과 검은색의 정육각형을 사용하여 파스칼의 규칙을 다음과 같이 그렸다.

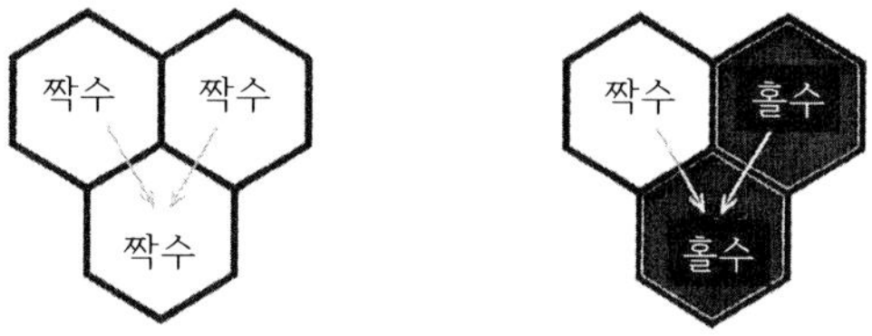

짝수 + 짝수 = 짝수　　짝수 + 홀수 = 홀수

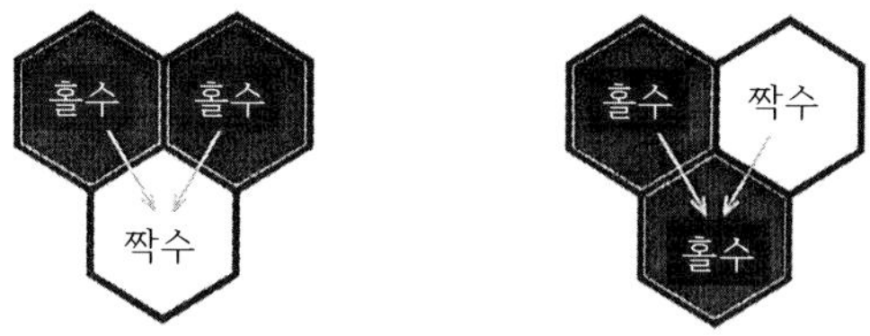

홀수 + 홀수 = 짝수　　홀수 + 짝수 = 홀수

2.10절

1. 주어진 파스칼의 삼각형 한 행에 대하여, 파스칼의 규칙과 파스칼 삼각형의 항의 수가 홀수이면 어두운 정육각형, 짝수이면 밝은 정육각형으로 나머지를 채우시오.

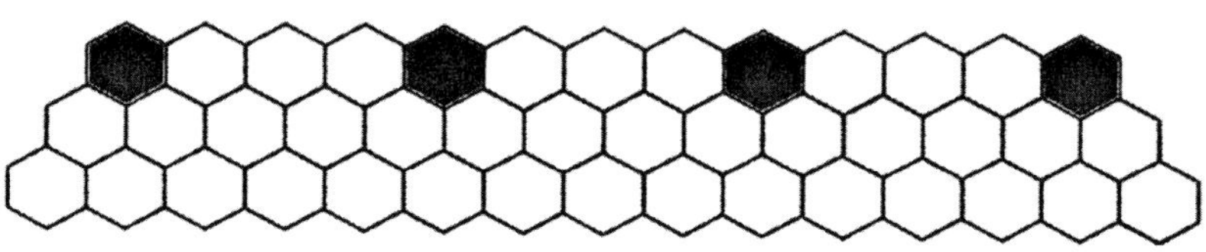

패턴을 알고 나면, 파스칼 삼각형을 무한대로 확장할 수 있다. 이전 페이지의 패턴 (0행 ~ 7행)을 사용하여 아래에 표시된 파스칼 삼각형을 확장하는 방법을 확인하시오.

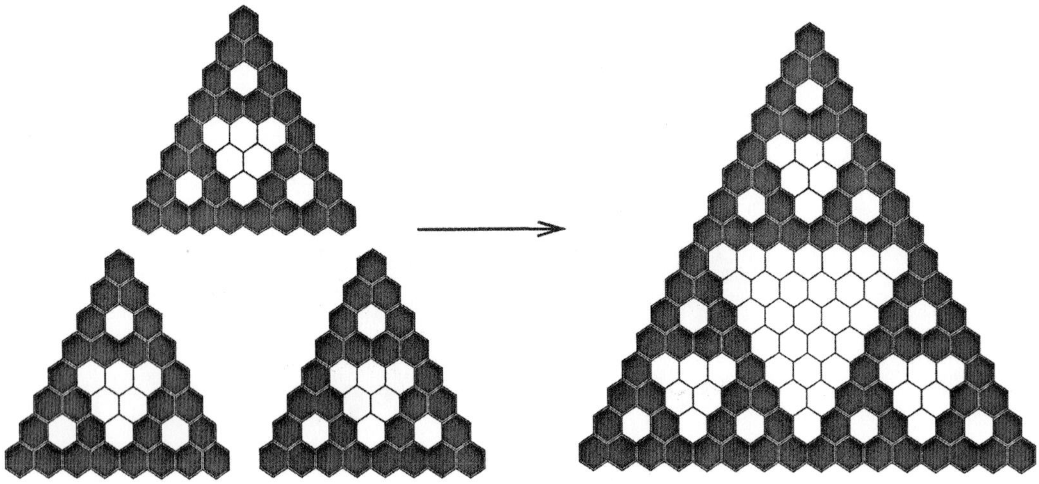

세 개의 파스칼 삼각형: 각각의 파스칼 삼각형은 0행 ~ 7행이다.

새로운 파스칼 삼각형: 0행 ~ 15행
- 행의 수는 처음 삼각형의 2배이다.
- 어두운 정육각형의 개수는 처음 삼각형의 3배이다.

2. 다음 페이지에 있는 양식을 사용하여 위에 있는 삼각형을 0행 ~ 31행의 삼각형으로 확장하시오.

예를 들어, 3 또는 5의 배수를 사용하여 파스칼 삼각형 안에서 다른 두드러진 패턴을 형성할 수 있다. 3의 배수를 나타내는 정육각형에 색을 칠하고 나머지는 그대로 둔다. 다른 숫자의 배수에 대해서도 같은 절차를 따라 색칠한 파스칼 삼각형을 만들 수 있다. 다음 문제를 살펴보자.

3. 앞의 양식을 사용하고 3의 배수에 대한 패턴을 만들어라.

4. 앞의 양식을 사용하고 5의 배수에 대한 패턴을 만들어라.

5. 앞의 양식을 사용하고 원하는 배수에 대한 패턴을 만들어라.

앞의 문제 2의 삼각형을 나타내시오.

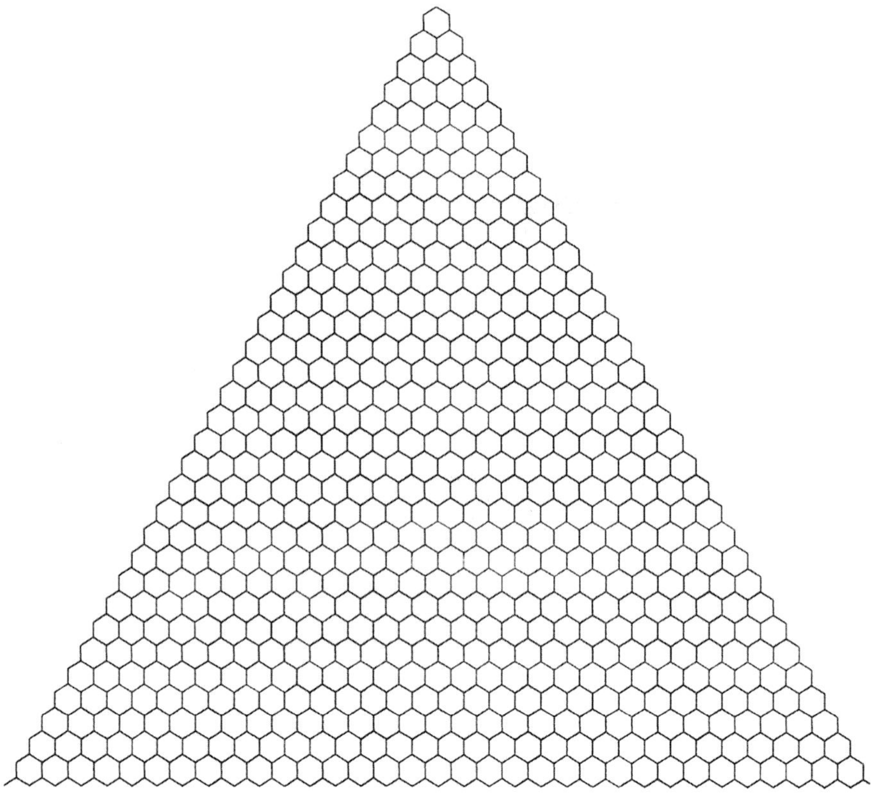

앞의 문제 3의 삼각형을 나타내시오.

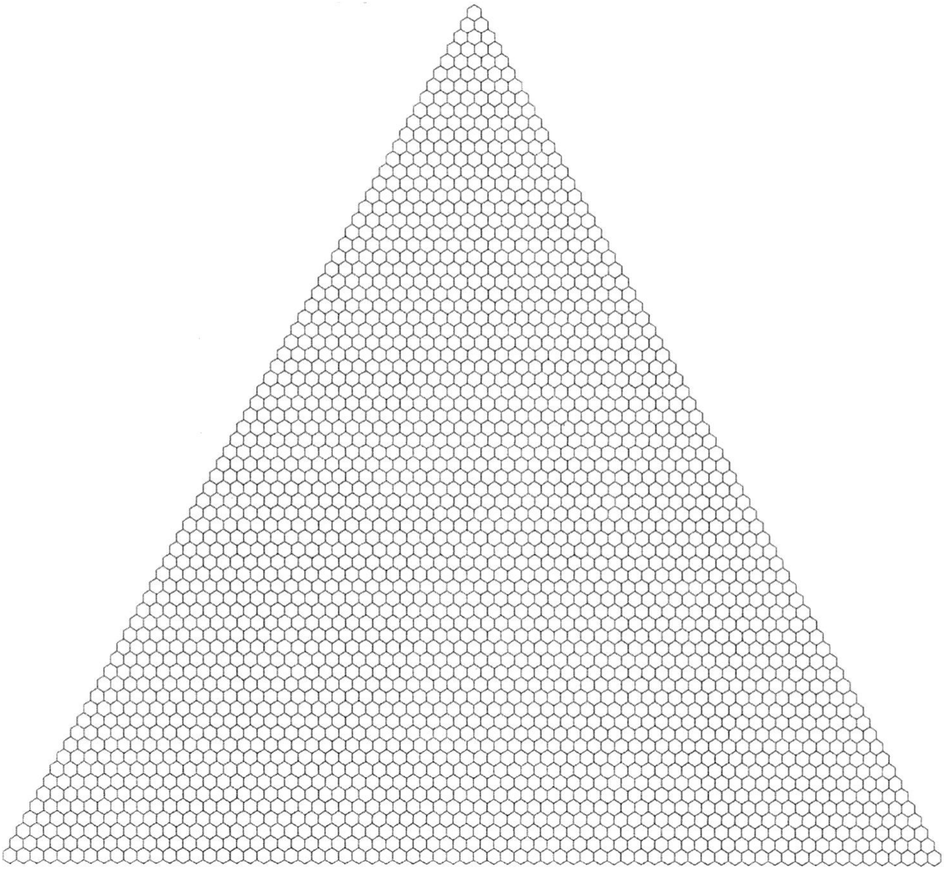

앞의 문제 4의 삼각형을 나타내시오.

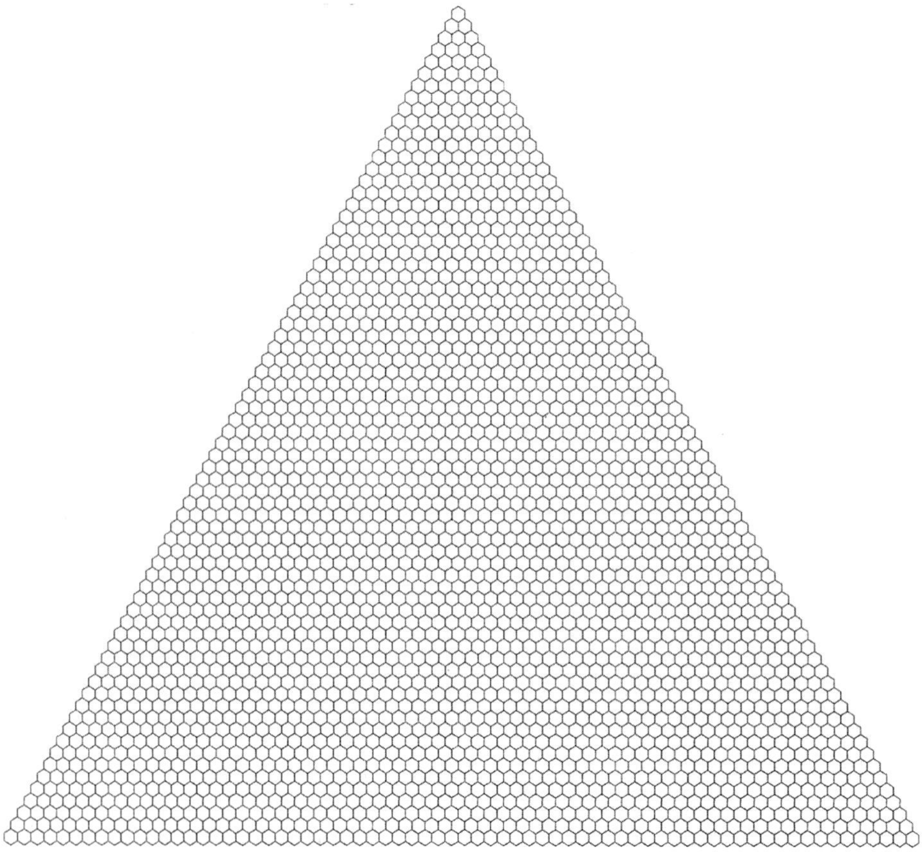

앞의 문제 5의 삼각형을 나타내시오.

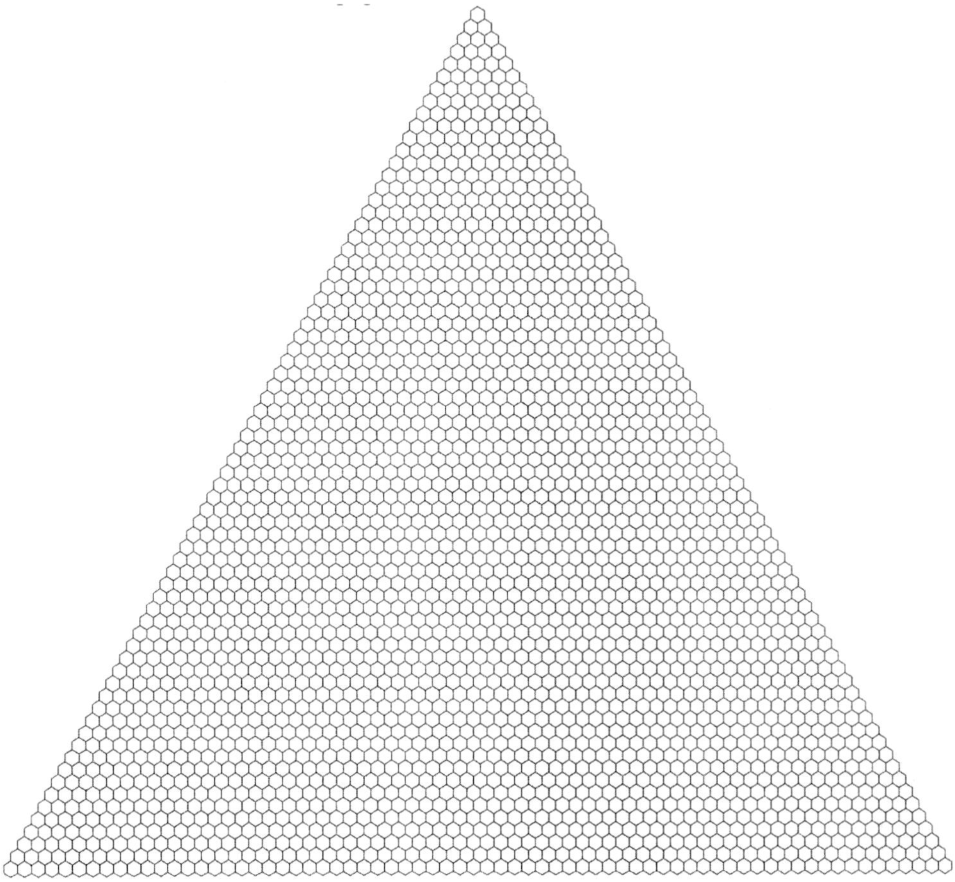

원하는 배수로 색칠한 파스칼 삼각형을 나타내시오.

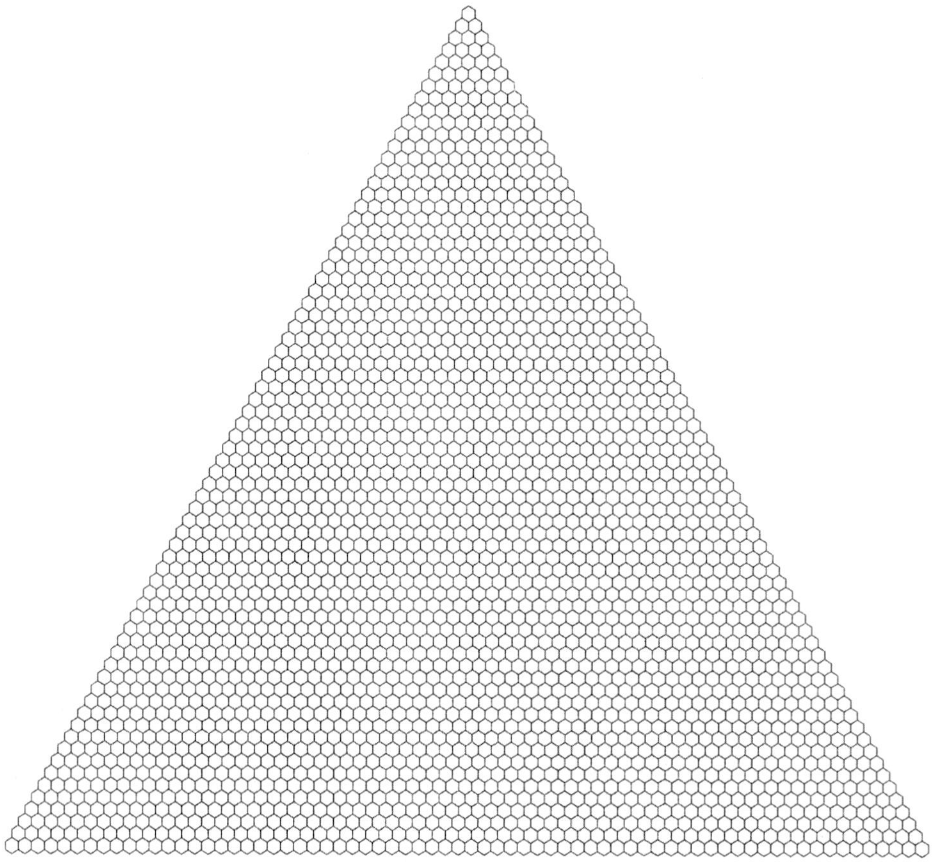

파스칼 삼각형의 어떤 행에서나 홀수인 원소의 개수를 결정하는 흥미로운 규칙이 있다. 예를 들어, 5행

1 5 10 10 5 1

에는 4개의 홀수 1, 5, 5, 1가 있다.

---

6. 파스칼 삼각형을 조사하여 아래 표를 완성하시오.

행의 수	행의 원소들	홀수의 개수
1	1 1	2
2	1 2 1	2
3	1 3 3 1	4
4	1 4 6 4 1	______
5	1 5 10 10 5 1	______
6	1 6 15 20 15 6 1	______
7	1 7 21 35 35 21 7 1	______
8	1 8 28 56 70 56 28 8 1	______

위 표의 세 번째 열에 있는 각 숫자는 2의 거듭제곱이다. 2, 4, 8, …이 표를 확장하면 이 속성이 계속해서 적용된다. n번째 행의 홀수 개수를 결정하는데 필요한 2의 거듭제곱은 다음과 같이 찾을 수 있다.

- 먼저 n을 이진법으로 표현한다.
- 둘째, n의 이진법 표현에서 1의 개수를 센다.
- 센 개수는 구하고자 하는 2의 지수이다.

예를 들어 제13행에서 $13 = 1101_{(2)}$이다. 1101은 세 개의 1이 있으므로 $2^3 = 8$은 파스칼 삼각형의 13번째 행의 원소들에서 홀수의 개수이다.

7. 위에서 설명한 단계를 사용하여 파스칼 삼각형의 제7행, 제8행, 제9행, 제10행 및 제100행의 원소들에서 홀수의 개수를 각각 찾으시오.

8. (a) 파스칼 삼각형의 제5행의 원소들은 몇 개인가?
   이 중 홀수와 짝수의 개수는 각각 몇 개인가?

   (b) 제9행에 대하여 (a)를 반복하시오.

9. 파스칼 삼각형의 처음 8행까지 홀수의 총 개수는 몇 개인가?
   처음 8행까지의 행에 있는 짝수의 총 개수는 몇 개인가?

파스칼 삼각형에는 홀수와 짝수의 개수 중 어느 것이 많을까? 이 질문에 답하기 위해 이 절의 시작 부분에서 탐구한 홀수-짝수 패턴을 조사할 것이다. 처음 4행까지는 짝수가 한 개만 있다는 것을 주목하자.

$$
\begin{array}{ccccccc}
 & & & 1 & & & \\
 & & 1 & & 1 & & \\
 & 1 & & 2 & & 1 & \\
1 & & 3 & & 3 & & 1
\end{array}
$$

(짝수인 원소의 개수) = 1
(홀수인 원소의 개수) = 9
(전체 원소의 개수) = 10

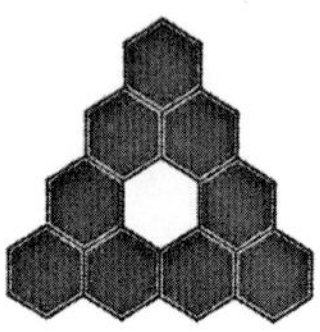

처음 4행까지의 패턴

검은색 정육각형과 흰색 정육각형의 패턴을 이용하여 파스칼의 삼각형에서 홀수와 짝수를 세는 방법을 고안해 낼 수 있다. 다음 패턴은 처음 8행까지를 보여준다.

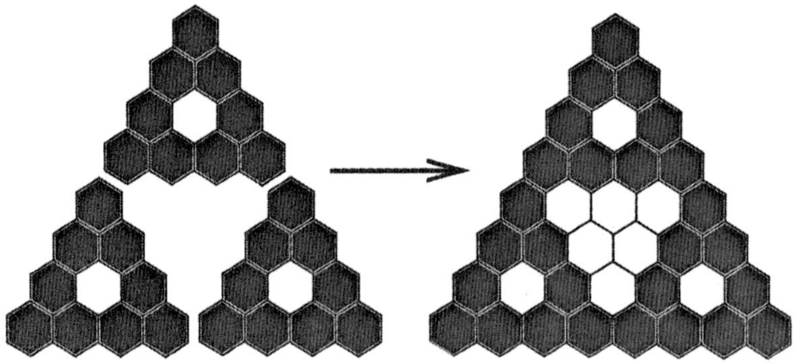

처음 4행까지의 패턴 3개는 새로운 처음 8행까지 패턴을 만드는데 사용된다.

이 새로운 패턴에는 9개의 밝은 정육각형과 총 36개의 정육각형이 있다. 따라서 36 − 9 = 27개의 어두운 정육각형이 있다.

(짝수인 원소의 개수) = 9
(홀수인 원소의 개수) = 27
(전체 원소의 개수) = 36

처음 8행까지의 패턴

위에 제시된 전체 항의 개수 (10 또는 36)는 “삼각수(triangle number)”라고 하는 일련의 수에 속한다. 이 수는 3장에서 다룰 것이다. 지금은 2열의 파스칼 삼각형에서 찾을 수 있다.

16개의 행으로 구성된 패턴에서 밝은 패턴과 어두운 패턴의 개수를 결정하기 위해 8의 행이 있는 패턴 세 개를 사용한다. 16행의 패턴은 8행의 패턴과 정확히 같은 3개로 나누어지는 부분과 밝은 정육각형의 삼각형 배열인 가운데 부분으로 구성된다. (문제 2의 위에 있는 그림을 보시오.)

16개의 행이 있는 패턴에서 어두운 정육각형 수를 찾으려면 이전 패턴 8개의 어두운 육각형 수에 3을 곱한다. 그러면 $3 \cdot 27 = 81$개의 어두운 정육각형이 있다. 처음 16행까지의 총 정육각형 개수와 밝은 정육각형의 개수를 찾아야 한다. 물론, 이 중 하나를 찾으면, 검은색 정육각형의 개수를 알고 있기 때문에, 다른 하나를 알 수 있다.

이 삼각형 배열에서 삼각형의 전체 정육각형 개수를 찾는 간단한 공식이 있다. 파스칼 삼각형에서 '하키 스틱(hockey stick)' 속성을 사용하여 계산한 합은 $1+2+3+\cdots+16=136$이다. 또한 이항계수 공식(1장 참조)을 사용하여 찾을 수 있다. 즉, 제17행 2열의 원소인

$$C(17, 2) = \frac{17!}{15! \cdot 2!} = \frac{17 \cdot 16}{2} = 136$$

이다.

따라서 처음 16행까지의 패턴에는 $136-81=55$개의 밝은 정육각형이 있다. 어두운 정육각형의 개수는 여전히 밝은 정육각형의 개수보다 많다.

따라서 총 정육각형 개수를 알면 어두운 정육각형 개수를 빼서 밝은 정육각형 개수를 찾는다. $528-243=285$개의 밝은 정육각형이 있다는 것을 알 수 있다. 이제는 흰색 정육각형의 개수가 검은색 정육각형의 수보다 많다. 다음 그림을 확인하시오.

검은색 정육각형 개수(홀수)는 9, 27, 81, 243이다. 이 수는 3의 거듭제곱이다.

행의 수	**검은색 정육각형 개수**	**흰색 정육각형 개수**
$4=2^2$	$9=3^2$	1
$8=2^3$	$27=3^3$	9
$16=2^4$	$81=3^4$	55
$32=2^5$	$243=3^5$	285
64 = ______	______	______

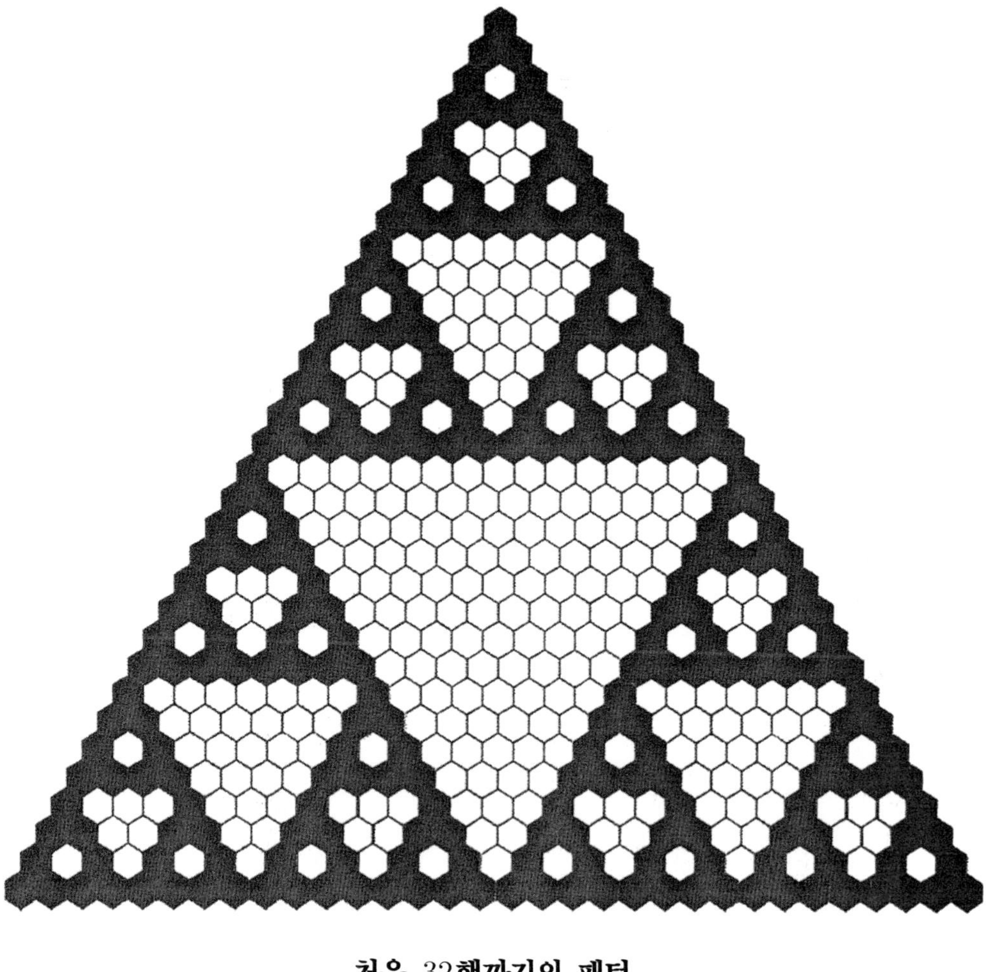

처음 32행까지의 패턴

10. (a) 검은색 정육각형의 개수, 총 정육각형 개수, 결과적으로 64행의 파스칼 삼각형을 나타내는 삼각형 배열의 흰색 정육각형 개수를 찾으시오. 여기서 홀수인 항은 검은색 정육각형으로 표시되고 짝수인 항은 흰색 정육각형으로 표시된다. 다음 페이지의 그림을 확인하시오.

    (b) 이전 페이지의 표를 완성하시오.

11. 앞에 있는 두 그림의 처음 128행까지와 처음 256행까지로 구성된 삼각형 배열에 대해서 문제 10 (a)를 반복하시오.

12. 지금까지 그려본 검은색 정육각형, 흰색 정육각형의 삼각형 배열을 살펴보고, 파스칼의 삼각형에서 홀수의 개수와 짝수의 개수 중 어느 것이 더 많은지 예측하시오.

13. 지금까지 그려본 삼각형의 정육각형 배열을 살펴보고, 다음 질문에 대한 답을 하시오.

    (a) 파스칼 삼각형 중 홀수인 원소로만 구성된 행은? (맨 위 행을 0번째 행, 다음 행을 1행 등 참조)

    (b) 첫 번째와 마지막 원소를 제외한다면 짝수인 원소로만 구성된 행은?

    (c) 홀수와 짝수인 원소로 번갈아 나타나는 행은?

    (d) 특정 행 이후로는 파스칼 삼각형에는 홀수인 원소의 개수보다 짝수인 원소의 개수가 더 많다. 짝수의 개수가 홀수의 개수를 초과하는 행을 구하시오.

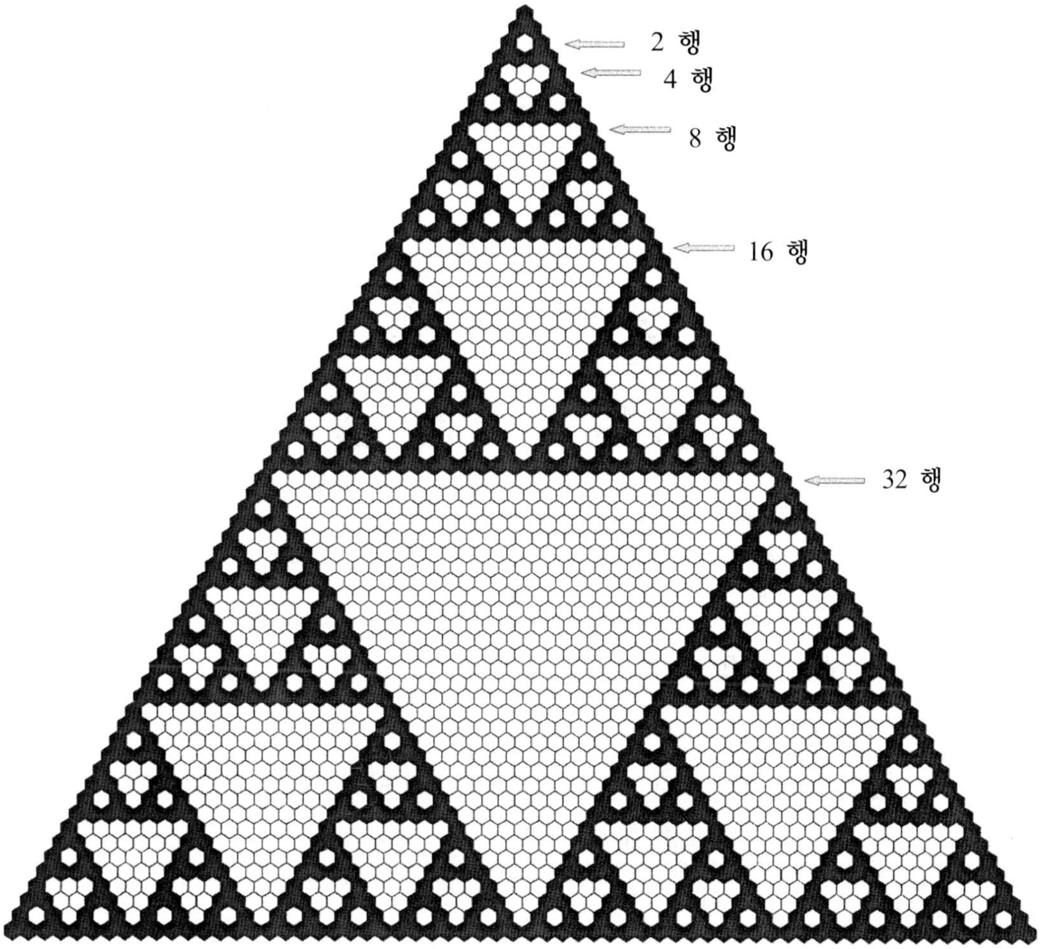

처음 64행까지의 패턴

하노이 탑 게임에 이러한 패턴을 적용하려면 1장 16절을 참조하시오.

처음 128**행까지의 패턴**

처음 256행까지의 패턴

2.11 **완전수**(perfect number)**와 소수**(Prime number)**의 관계**

자기 자신과 1을 제외한 다른 약수가 없는 1보다 큰 정수를 소수(Prime number)라고 한다. 자기 자신과 1 이외의 약수가 있는 1보다 큰 정수를 합성수(composite number)라고 한다. 7은 약수가 1과 자기 자신뿐이므로 소수이며, 6은 약수가 1과 자기 자신뿐만 아니라 2와 3도 있으므로 합성수이다. 처음 몇 개의 소수는 다음과 같다.

$$2,\ 3,\ 5,\ 7,\ 11,\ 13,\ 17,\ 19,\ 23,\ 29,\ 31,\ 37,\ 41,\ 43,\ 47,\ 53,\ \cdots$$

소수의 개수는 무한하며 수학 역사상 가장 많이 연구된 수 중 하나이다. 소수에 대해 많은 질문은 간단하지만 대답하기 어려우며, 여러 추측이 오늘날까지 해결되지 않은 상태로 남아 있다. 소수와 파스칼 삼각형과 관련된 흥미로운 관계 중 하나를 살펴보겠다. 파스칼 삼각형의 제5행을 살펴보자.

1 5 10 10 5 1

5는 소수이고 1을 제외한 제5행의 원소는 5로 나누어떨어진다.

n이 소수이면 1을 제외한 제n행의 원소는 n으로 나누어떨어진다. (나누어떨어지는 성질, divisible property) 이 속성은 2행, 3행에 대해 쉽게 확인된다.

1 2 1
1 3 3 1

2.11절

1. 1을 제외한 7행의 원소들이 7로 나누어떨어지는지 확인하시오.

2. 파스칼 삼각형의 11행과 13행에 대하여 나누어떨어지는 성질을 확인하시오.

일부 합성수는 완전수로 알려져 있다. 완전수(perfect number)는 자기 자신을 제외한 모든 약수의 합과 같은 합성수이다. 가장 작은 완전수는 6으로 $6=1+2+3$, 즉, 자기 자신을 제외한 약수의 합과 같다. 다음으로 큰 완전수는 28이고 $28=1+2+4+7+14$이다. 그 다음 세 개의 완전수는 469, 8128, 33,550,336이다. 33,550,336까지 다섯 개의 완전수가 있다. 가장 큰 숫자가 있는지 또는 완전수의 개수가 무한한지 여부는 알 수 없다. 그러나 33,550,336보다 큰 숫자가 존재하는 것으로 알려져 있다. 알려진 모든 완전수는 짝수이며 홀수인 완전수가 있는지는 알려지지 않았다. 많이 알려진 완전수는 6 또는 28 정도이다.

완전수 496에 대하여 $496=16\times31$이다. 한 인수(factor)는 반으로 줄이고 다른 인수를 두 배로 늘리면 다음과 같다.

$$\begin{aligned}496&=16\times31\\&=8\times62\\&=4\times124\\&=2\times248\\&=1\times469\end{aligned}$$

따라서 자기 자신을 제외한 496의 약수는 1, 2, 4, 8, 16, 31, 62, 124, 248이다.

---

3. 496은 자기 자신을 제외한 모든 약수의 합과 같음을 보이시오.

2의 거듭제곱인 32와 같은 숫자는 약수의 합이 자기 자신보다 1이 적기 때문에 거의-완전수(near-perfect number)이다. 자기 자신을 제외한 32의 약수는 1, 2, 4, 8, 16이고, 그 합은 $1+2+4+8+16=31$이다. 모든 약수는 2의 거듭제곱이다. 2의 거듭제곱의 제곱도 2의 거듭제곱이다. 또한 그 약수의 합은 항상 주어진 2의 거듭제곱보다 1이 작다.

---

4. 자기 자신을 제외한 2^6의 약수를 모두 구하고 합이 2^6-1임을 보이시오.

완전수는 파스칼 삼각형에서 두 가지 흥미로운 방식으로 나타난다. 완전수 6은 파스칼 삼각형의 1행과 2행의 모든 원소의 합이다. 완전수 28은 2행 3행, 4행의 모든 원소의 합이다.

1

1 1

1 2 1

1 3 3 1

1 4 6 4 1

1 5 10 10 5 1

모든 원소의 합은 28이다.

---

5. 파스칼 삼각형에서 위와 같이 연속된 행의 모든 원소를 합하였을 때, 세 번째 완전수인 496이 나타나는 연속된 행들을 찾으시오. (힌트: 제9행 이상으로 찾을 필요는 없다.)

1

1 1

1 2 1

1 3 3 1

1 4 6 4 1

1 5 10 10 5 1

1 6 15 20 15 6 1

1 7 21 35 35 21 7 1

1 8 28 56 70 56 28 8 1

파스칼 삼각형 임의의 행에 있는 모든 원소의 합은 항상 2의 거듭제곱이다. 즉, 제n행에 있는 모든 원소의 합은 2^n이다. 약 2300년 전 그리스 기하학자인 유클리드는 (2^n-1)이 소수인 경우 $2^{n-1}\cdot(2^n-1)$꼴로 표현되는 모든 수가 완전수임을 증명했다. 완전수와 파스칼 삼각형의 밀접한 관계를 파악해보자.

유클리드의 결론을 확인하기 위해 $n=3$을 대입하자.

$$2^n-1=2^3-1=8-1=7 \text{ (소수)}$$

해당하는 완전수는 다음과 같다.

$$2^{3-1} \cdot (2^3 - 1) = 2^3 \cdot 7 = 28$$

---

6. $2^n - 1$의 값이 소수가 되는 10보다 작은 자연수 n의 값과 그에 해당하는 완전수를 찾으시오.

$2^n - 1$꼴의 소수를 메르센 소수(Mersenne Prime)라고 한다.

---

7. $2^{13} - 1$이 메르센 소수인지 확인하고, $2^{13-1}(2^{13} - 1)$가 다섯 번째 완전수 33,550,336과 같음을 보이시오.

완전수는 파스칼의 삼각형에서 이전 절의 홀수-짝수 패턴으로 나타난다. 아래 그림처럼 숫자가 표시되어 있는 삼각형 영역을 살펴보자. 이 숫자들에서 흥미로운 성질을 발견할 수 있다. 이 수는 삼각수이지만 일부는 다중완전수(multiperfect) 또는 준-완전수(quasi-perfect)이다. 이 용어들을 바로 정의하기 전, 먼저 위에서 제시된 이 수들이 홀수-짝수 패턴임을 검토해 보자.

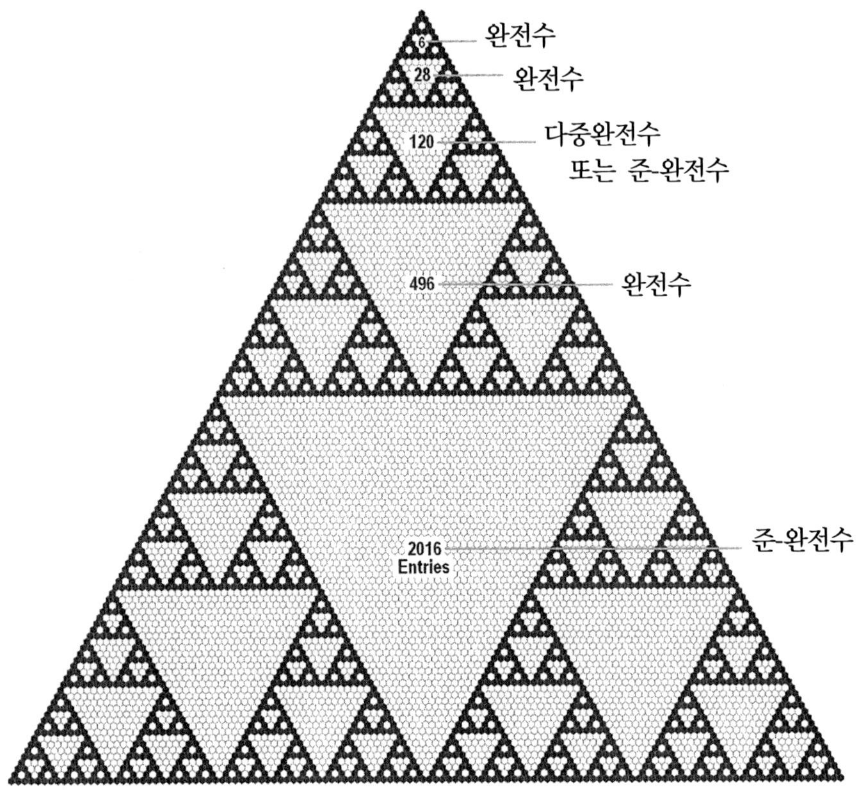

수 120은 완전수로 알려진 형태와 같은 $2^{n-1}(2^n-1)$ 꼴이다.

그러나 $n=4$인 경우의 (2^n-1)은 소수가 아니다.

$$
\begin{aligned}
120 &= 4^{4-1}\cdot(2^4-1)\\
&= 2^3\cdot(16-1)\\
&= 8\cdot 15\\
&= 2^3\cdot 2\cdot 5 \text{ (소인수분해)}
\end{aligned}
$$

그리고 자기 자신을 제외한 120의 약수의 합은 다음과 같다.

$$
\begin{aligned}
\text{(합)} &= 2^{n-1}\cdot(2^n-1)+3\cdot(2^n-1)+5\cdot(2^n-1) \ (n=4 \text{ 대입})\\
&= (2^n-1)\cdot[2^{n-1}+3+5]\\
&= 15\cdot[8+3+5]\\
&= 15\cdot 16\\
&= 240 \text{ (이 수는 } 2\cdot 120\text{이다.)}
\end{aligned}
$$

따라서 자기 자신을 제외한 120의 약수의 합은 자기 자신의 배수와 같기 때문에 120은 다중완전수라고 한다. 이전 페이지의 그림에서 찾은 120 및 2016은 완전수는 아니지만 완전수와 유사한 성질을 갖는다. 이 수들은 $2^{n-1} \cdot (2^n - 1)$ 꼴이며, 준-완전수이라고 부른다.

---

8. $496 = 2^{n-1} \cdot (2^n - 1)$인 n을 찾아 496이 완전수임을 확인하시오. 또한 $2^n - 1$이 소수인지를 확인하시오.

9. $2016 = 2^{n-1} \cdot (2^n - 1)$인 n을 찾아 2016이 완전수임을 확인하시오. 또한 $2^n - 1$이 소수가 아님을 확인하시오.

10. 2016을 소인수분해하여 자기 자신을 제외한 2016의 모든 약수의 합을 구하시오. 모든 약수의 합은 2016의 배수인가?

자기 자신을 제외한 2016의 모든 약수의 합이 2016의 배수가 아니기 때문에 2016은 다중완전수는 아니고 준-완전수이다.

삼각수에 대한 참고

알려진 완전수의 집합은 삼각수 집합의 부분 집합이다. 이 숫자는 파스칼 삼각형의 제2열에 존재하며 3장에서 광범위하게 탐구할 것이다. 파스칼 삼각형의 제2열의 원소들은
1, 3, 6, 10, 15, 21, 28, 36, $\cdots$이다.

완전수 6과 28은 이 순서에서 3항와 7항이며 다음 그림에서 볼 수 있다.

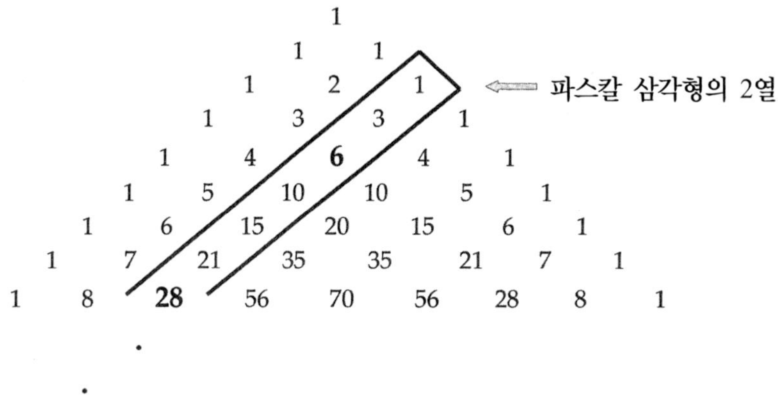

다음 3개의 완전수는 496, 8128, 33,550,336이며 31번째, 127번째, 8191번째 삼각수이다. 각 위치 수, 3번째, 7번째, 31번째, 127번째, 8191번째의 수는 소수이다. 이전 그림에서 볼 수 있는 다중완전수 및 준-완전수는 삼각수이며 각 수는 2의 거듭제곱에서 1이 작은, 즉 $2^n - 1$ 번째 삼각수이며 그 항의 숫자는 소수가 아니다. 120은 15번째 삼각수이고, 2016은 63번째 삼각수이다.

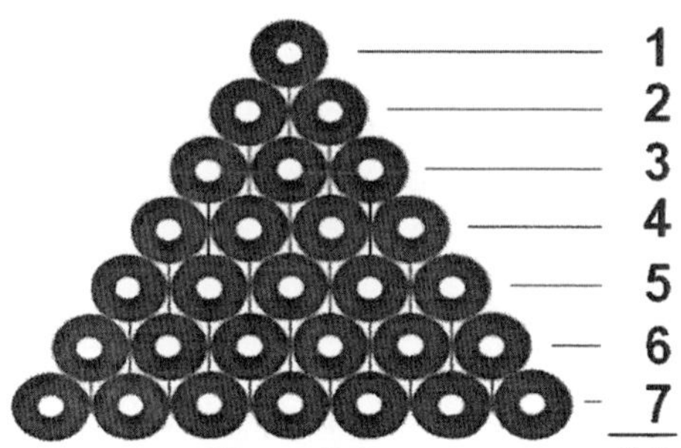

7번째 삼각수

완전수

$$\underbrace{1 + 2 + 4 + 7 + 14}_{\text{28의 약수들}} = 28 = \underbrace{1 + 2 + 3 + 4 + 5 + 6 + 7}_{T_7 = \text{ 자연수 처음 7개 수의 합}}$$

3 도형수와 파스칼 삼각형

3.1 삼각수

파스칼 삼각형에서 두 번째 열에 있는 수들을 삼각수로 나열하면 1, 3, 6, 10, …이다. 이 수열에서 10 다음의 수는 다섯 번째 항이므로 5(위치에 해당하는 수)에 10을 더함으로써 찾을 수 있다. 즉, $10+5=15$이다.

$$\begin{aligned} 1 &= 1 \\ 3 &= 1+2 \\ 6 &= 1+2+3 \\ 10 &= 1+2+3+4 \\ 15 &= 1+2+3+4+5 \end{aligned}$$

일반적으로, 삼각수 T_n을 나타내면 다음과 같다.

$$T_n = 1+2+3+\cdots+n$$

2장에서 언급한 하키스틱 성질을 떠올려보자. 하키스틱의 스틱에 놓인 수들을 더하면 퍽에 놓인 수의 값과 같다.

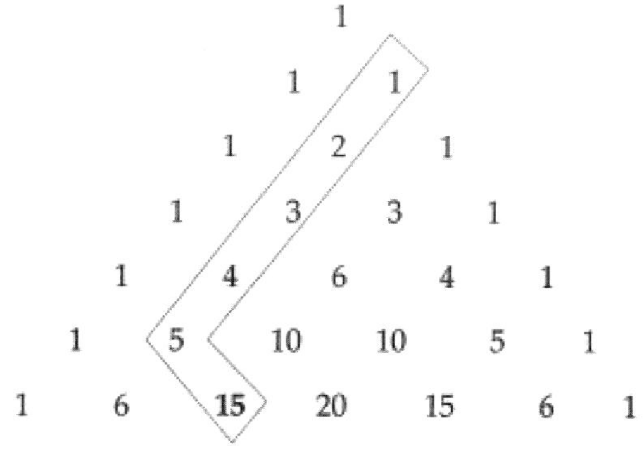

이 수들은 1, 3, 6, 10, 15, …으로써 삼각형 패턴으로 확장시킨 정육각형의 개수와 동일하여 삼각형의 모양을 띤다.

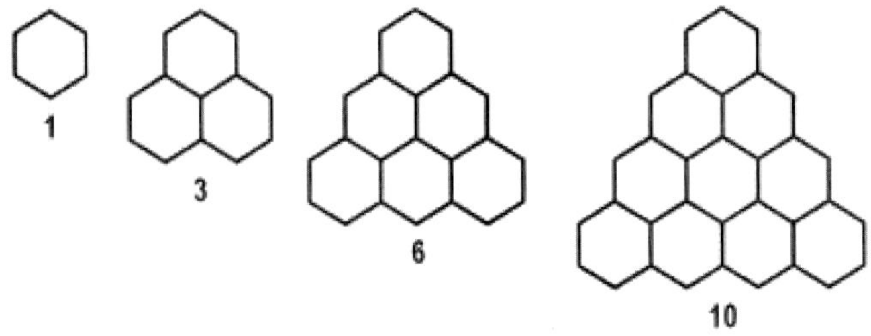

물론, 삼각형 패턴 내에 각각의 도형은 반드시 정육각형으로 구성될 필요는 없다. 동전, 볼링핀 등 다른 물체로 나타내도 무방하다.

네 번째 삼각수는 10이다. T_4를 네 번째 삼각수로 표현하자. 즉, $\mathrm{T}_4 = 10$이다. 이를 일반화하여 n번째 삼각수를 T_n으로 나타낼 수 있다. 따라서 네 번째 삼각수는 세 번째 삼각수보다 4 크다. 즉,

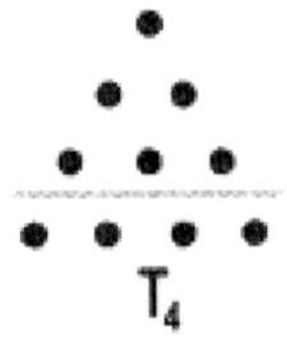

$$\mathrm{T}_4 = \mathrm{T}_3 + 4$$

실제로 다음과 같이 표현할 수 있다.

$$\mathrm{T}_3 = \mathrm{T}_2 + 3$$

$$\mathrm{T}_2 = \mathrm{T}_1 + 2$$

이를 일반화하면,

$$\mathrm{T}_n = \mathrm{T}_{n-1} + n \text{ (단, } n > 1\text{이고 } \mathrm{T}_1 = 1)$$

관계식 $\mathrm{T}_n = \mathrm{T}_{n-1} + n$은 이웃한 두 항 사이의 관계를 나타내는 점화식의 또 다른 예이다. 2장에서 살펴본 또 다른 예는 피보나치 수열을 정의한 관계식이다. 이 경우 n번째 피보나치 수는 바로 앞의 이웃한 두 항의 합과 같다. 여러 수열들은 다양한 점화식으로 정의된다.

3.1절

1. T_5, T_6, T_7, T_8의 값을 구하시오.

2. 볼링핀을 동그라미로 표현함으로써, 10개의 볼링핀($T_4 = 10$)을 삼각형 배열로 나타내시오.

3. 17번째 삼각수가 153일 때, 18번째 삼각수를 구하시오.

4. 파스칼 삼각형에서 처음 두 행의 원소의 개수를 구하시오. 처음 세 행의 원소의 개수를 구하시오. 처음 네 행의 원소의 개수를 구하시오. 처음 18행의 원소의 개수를 구하시오.

5. 12번째 삼각수가 78일 때, 11번째 삼각수를 구하시오.

대부분의 경우 수열의 일반항에 대한 명확한 공식이 존재한다. 삼각수의 경우에는 파스칼 삼각형의 2번째 열에서 발견할 수 있다. 구체적으로 찾고자 하는 삼각수의 위치 즉, 행과 열을 이용하여 이항계수 공식을 적용함으로써 그 삼각수를 찾을 수 있다. 예를 들어 5번째 삼각수는 15인데 이는 파스칼 삼각형에서 6행 2열에 위치한다. 이 원소의 이항계수는 다음과 같다.

$$C(6,\ 2)=\frac{6!}{2!\cdot 4!}=\frac{6\cdot 5}{2\cdot 1}=15$$

일반적으로 n번째 삼각수의 공식은 $C(n+1,\ 2)$이다. 즉, 다음과 같이 나타낼 수 있다.

$$C(n+1,\ 2)=\frac{(n+1)!}{2!\cdot(n+1-2)!}=\frac{(n+1)\cdot n}{2\cdot 1}=\frac{n(n+1)}{2}$$

따라서 n번째 삼각수의 명료한 공식은 다음과 같다.

$$T_n=\frac{n(n+1)}{2}$$

또 다른 예로, 8번째 삼각수는 $\frac{8\cdot 9}{2}=4\cdot 9=36$이다.

6. 위의 공식을 이용하여 T_5, T_6, T_7, T_8의 값을 구하시오.

점화식과 위의 공식을 이용하여 다음 식을 유도할 수 있다.

$$1+2+3+\cdots+n=\frac{n(n+1)}{2}$$

7. 다음 빈칸을 구하시오.

$$1+2+3+\cdots+10=$$

$$1+2+3+\cdots+100=$$

자연수 1부터 100까지의 합을 구하는 문제는 수학자 가우스(Karl F. Gauss, 1777-1855)가 초등학생일 때 해결하였다고 알려져 있다. 그는 다음과 같은 방식으로 수들을 짝지어 짧은 시간에 답을 연역적으로 이끌어냈을 것이다.

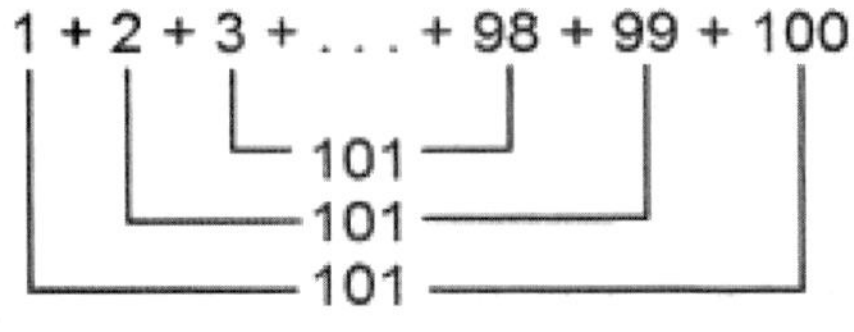

각 쌍의 합은 101이다. 가우스는 아마도 쌍의 개수가 정확히 50임을 추론하였고 결과적으로 101과 50을 곱한 값 5050을 구하였다. 앞서 언급된 공식 $\frac{100(100+1)}{2}$는 $101 \cdot 50$과 일치한다.

8. 51부터 100까지의 합을 구하는 방법을 생각해보자.

프랑스 수학자 페르마(Pierre de Fermat, 1601-1665)는 다음과 같이 주장하였다. '모든 자연수는 삼각수이거나 두 삼각수의 합 또는 세 삼각수의 합'으로 나타낼 수 있다. 예를 들어, $9=6+3$, $17=10+6+1$이다.

---

9. 다음의 수들을 삼각수, 두 삼각수의 합, 세 삼각수의 합의 방법으로 나타내시오.

1 =	21 =
2 =	22 =
3 =	23 =
4 =	24 =
5 =	25 =
6 =	26 =
7 =	27 =
8 =	28 =
9 =	29 =
10 =	30 =
11 =	31 =
12 =	32 =
13 =	33 =
14 =	34 =
15 =	35 =
16 =	36 =
17 =	37 =
18 =	38 =
19 =	39 =
20 =	40 =

10.

(a) 아래 파스칼 삼각형에서 직사각형 안에 있는 각각의 수들을 더한 후 규칙성을 찾아보시오.

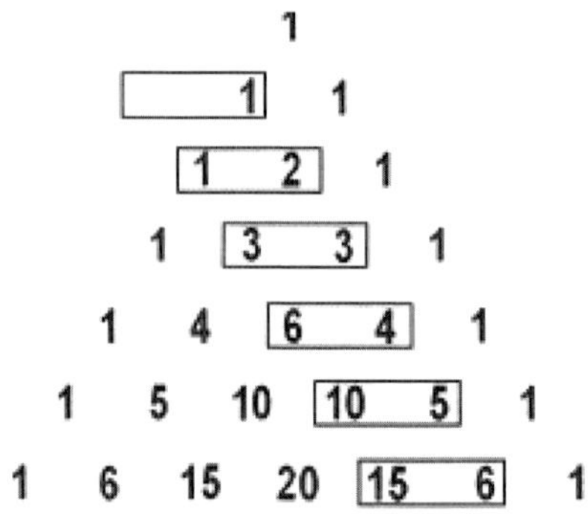

(b) 아래 파스칼 삼각형에서 각 그룹 안에 있는 각각의 수들을 곱한 후 규칙성을 찾아보시오.

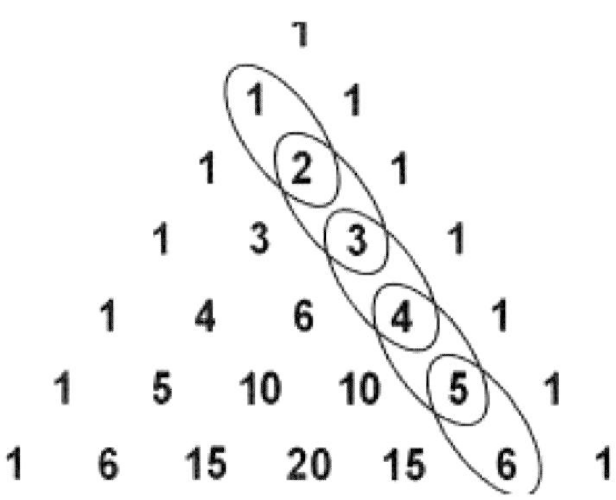

임의의 홀수를 선택하자. 예를 들어 7을 선택하였다. 이 수를 이웃한 두 자연수의 합으로 나타내어보면 $7=3+4$이다. 7과 그보다 작은 자연수를 각각 곱하면 삼각수가 된다.

$$7 \cdot 3 = 21 = T_6, \quad 7 \cdot 4 = 28 = T_7$$

일반적으로,

어떤 홀수의 배수이면서 이웃한 두 삼각수가 항상 존재한다.

11.

(a) 아래 그림에서 각 행은 그 행의 첫 번째 홀수의 배수들로 구성되어 있다. 삼각수에 동그라미로 나타내시오. 참고로 T_6과 T_7은 표시되어 있다.

1	2	3	4	5	6	7	8	...
3	6	9	12	15	18	21	24	...
5	10	15	20	25	30	35	40	...
7	14	(21)	(28)	35	42	49	56	...
9	18	27	36	45	54	63	72	...
11	22	33	44	55	66	77	88	...
13	26	39	42	65	78	91	104	...
15	30	45	60	75	90	105	120	...
⋮	⋮	⋮	⋮	⋮	⋮	⋮	⋮	

(b) 17을 이웃한 두 자연수의 합으로 나타내시오. 해당되는 두 자연수를 7과 각각 곱한 후 T_{16}과 T_{17}의 값과 비교하시오.

(c) T_6과 T_7을 더한 값이 7^2과 같음을 보이시오. T_{16}과 T_{17}을 더한 값이 17^2과 같음을 보이시오. 임의의 두 이웃한 삼각수의 합이 완전제곱수임을 보이시오.

모든 자연수는 서로 다른 두 삼각수의 차로 표현할 수 있다. 예를 들어, 5는 두 삼각수 15와 10의 차인 동시에 두 삼각수 6과 1의 차이기도 하다.

12.

(a) 다음 그림에서 각 그룹 안에 있는 두 수에 대하여 큰 수에서 작은 수를 뺀 후 규칙성을 찾아보시오.

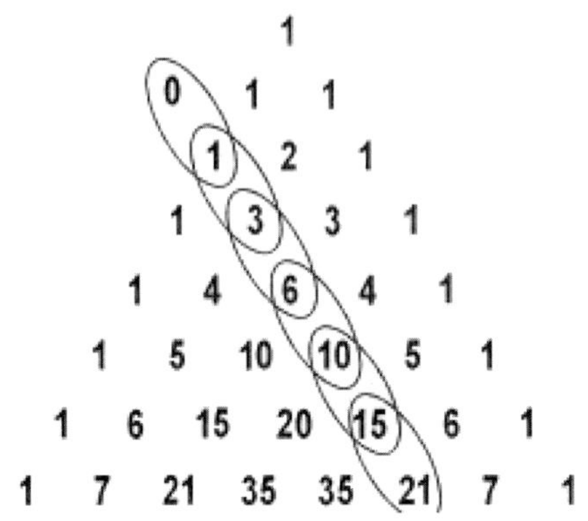

(b) 다음 그림에서 각 그룹 안에 있는 두 수에 대하여 큰 수에서 작은 수를 뺀 후 규칙성을 찾아보시오.

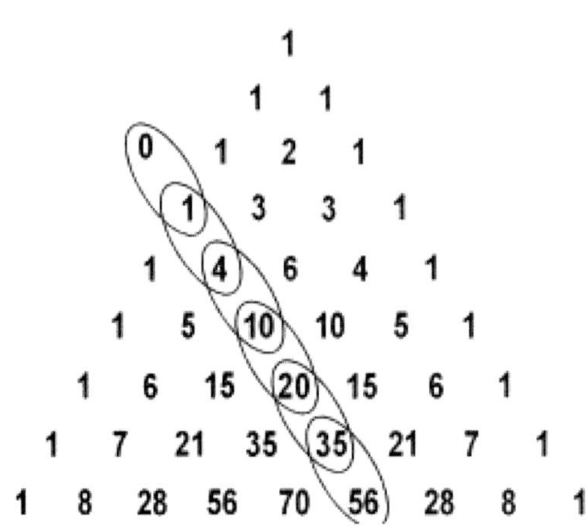

완전수와 삼각수

알려진 모든 완전수(2.10 참고)는 삼각수이다. 그러나 삼각수 중에는 완전수가 아닌 것이 있다. 만일 2^n-1이 소수이면 완전수는 $2^{n-1} \cdot (2^n-1)$로 나타낼 수 있다.
$2^{n-1} \cdot (2^n-1)$에 2를 곱한 후 다시 2로 나누어 식을 정리하면 다음과 같이 삼각수의 공식으로 표현할 수 있다.

$$\frac{2 \cdot 2^{n-1} \cdot (2^n-1)}{2} = \frac{2^n \cdot (2^n-1)}{2}$$

이는 삼각수 T_{2^n-1}의 공식이다. 예를 들어 $n=3$이면 $2^n-1=7$이고 $T_7=28$이다.

13.

(a) $n=4$이면 2^n-1은 소수인가? 만일 소수라면 $\frac{2^n \cdot (2^n-1)}{2}=T_{2^n-1}$이 성립함을 확인하시오.

(b) $n=5$이면 2^n-1은 소수인가? 만일 소수라면 $\frac{2^n \cdot (2^n-1)}{2}=T_{2^n-1}$이 성립함을 확인하시오.

스트링곱

일반적으로 파스칼 삼각형에서 n행의 처음 3개의 원소로 구성된 스트링과 3행의 마지막 3개의 원소로 구성된 스트링 (3, 3, 1)에 스트링곱을 적용하면 그 결과값은 $(n+2)$행과 2열에 위치한 원소가 된다. 이 수는 삼각수 T_{n+2}이다.

만일 $n=4$이면 4행의 처음 3개의 원소로 구성된 스트링은 (1, 4, 6)이다. 스트링곱 $(1, 4, 6) \cdot (3, 3, 1) = 1 \cdot 3 + 4 \cdot 3 + 6 \cdot 1 = 3 + 12 + 6 = 21$은 파스칼 삼각형에서 7행(즉, $n+3$)과 2열에 위치한 원소이다. 이 원소는 6번째 삼각수, $T_{n+2}=T_{4+2}=T_6$이다. 삼각수는 파스칼 삼각형의 2열에 있음을 주목하자.

파스칼 삼각형에서 행렬식

첫 번째 분수의 분자와 두 번째 분수의 분모의 곱이 첫 번째 분수의 분모와 두 번째 분수의 분자의 곱과 동일하면 두 분수가 같음을 알고 있다.

예를 들어, $3 \cdot 24 = 8 \cdot 9 = 72$이므로 $\frac{3}{8} = \frac{9}{24}$이다. 또는 $a \cdot d = c \cdot b$이면 $\frac{a}{b} = \frac{c}{d}$이다. 두 분수가 같음을 확인하는 또 다른 방식은 두 곱의 차가 0임을 보이는 것이다. 예를 들어, $(3 \cdot 24) - (8 \cdot 9) = 0$이다. 또는 $(a \cdot d) - (c \cdot b) = 0$이다. 이를 3, 9, 8, 24(또는 a, b, c, d)의 행렬식의 값이라 한다. 이 수들의 행렬식은 아래 그림과 같이 정사각행렬로 나타낼 수 있다.

$$\begin{vmatrix} 3 & 9 \\ 8 & 24 \end{vmatrix} \qquad \begin{vmatrix} a & b \\ c & d \end{vmatrix}$$

---

14. 아래 그림에 표시된 각각의 스트링과 스트링(3, 3, 1)에 스트링곱을 한 후 규칙성을 찾아보시오.

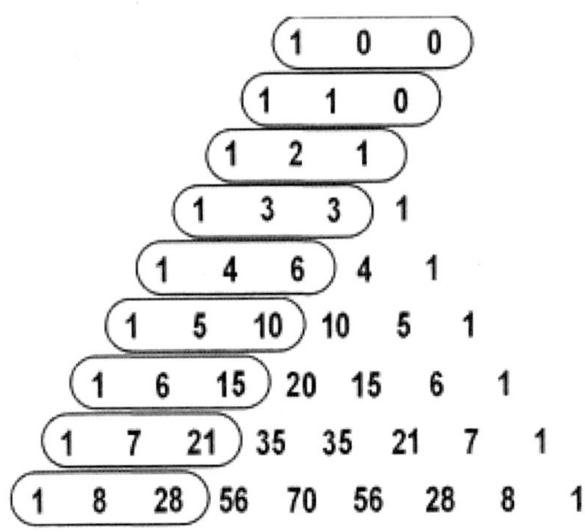

15.

(a) 스트링곱 (1, 5, 10) • (3, 3, 1)의 값을 구하시오. 파스칼 삼각형의 몇 행에서 찾을 수 있는가? 몇 번째 삼각수인가?

(b) 스트링곱 (1, 6, 15) • (3, 3, 1)의 값을 구하시오. 파스칼 삼각형의 몇 행에서 찾을 수 있는가? 몇 번째 삼각수인가?

(c) 스트링곱 (1, 7, 21) • (3, 3, 1)의 값을 구하시오. 파스칼 삼각형의 몇 행에서 찾을 수 있는가? 몇 번째 삼각수인가?

16. T_{10}을 스트링곱으로 나타내시오.

2×2 행렬식의 값은 아래와 같이 각 대각선의 두 수를 곱한 후 두 수를 뺀다.

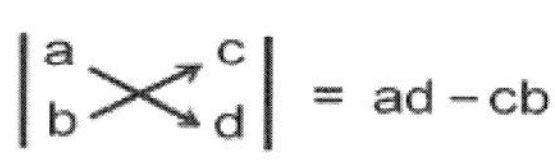

행렬식은 방성식 해법을 포함한 여러 응용 분야에서 유용하기에 수학에서 연구되어왔다. 다음 연습문제에서는 파스칼 삼각형의 특정 그룹의 2×2 행렬식을 구성하여 삼각수를 생성한다.

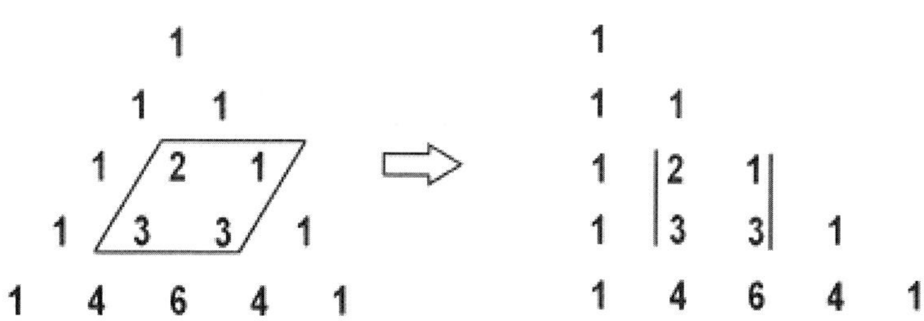

위에서 제시된 원소의 행렬식은 다음과 같다.

$$\begin{vmatrix} 2 & 1 \\ 3 & 3 \end{vmatrix} = 2 \cdot 3 - 3 \cdot 1 = 3 = T_2$$

17. 각 그룹에서 2×2 행렬식의 값을 구하시오.

(a)

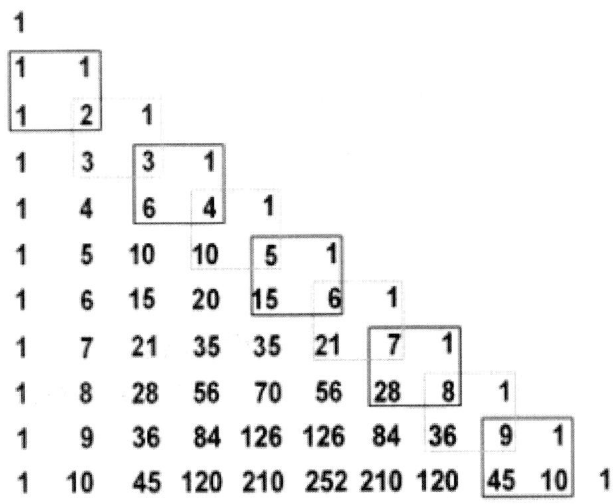

(b)

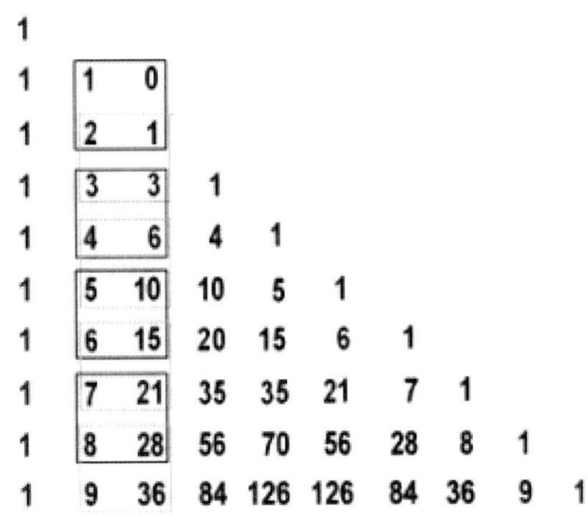

(c)

$$\begin{array}{ccccccccc}
1 & 1 & 1 & 1 & 1 & 1 & 1 & 1 & 1 \\
1 & 2 & 3 & 4 & 5 & 6 & 7 & 8 & \\
1 & 3 & 6 & 10 & 15 & 21 & 28 & & \\
1 & 4 & 10 & 20 & 35 & 56 & & & \\
1 & 5 & 15 & 35 & 70 & & & & \\
1 & 6 & 21 & 56 & & & & & \\
1 & 7 & 28 & & & & & & \\
1 & 8 & & & & & & & \\
1 & & & & & & & &
\end{array}$$

(d) (a), (b), (c)에서 각각 어떤 수열을 얻을 수 있는가?

(e) (c)를 바탕으로 $n\mathrm{T}_{n+1}-(n+1)\mathrm{T}_n=\mathrm{T}_n$임을 알 수 있다. $n=1,2,3$ 에 대하여 확인하시오.

(f) (e)를 바탕으로 $n\mathrm{T}_{n+1}-(n+1)\mathrm{T}_n-\mathrm{T}_n=0$, 즉, $n\mathrm{T}_{n+1}=(n+2)\mathrm{T}_n$ 임을 알 수 있다. $n=1,\ 2,\ 3$에 대하여 확인하시오.

18. 문항 17(a)에서 각 행렬식은 다음의 형태로 나타낸다.

$$\begin{vmatrix} n & 1 \\ \dfrac{n(n+1)}{2} & n+1 \end{vmatrix}$$

이 행렬식이 T_n과 같음을 보이시오.

결과적으로 삼각수의 성질과 공식을 요약해볼 수 있다. 이들 중 몇몇은 복잡해 보일 수 있으나 구체적 값을 위한 식을 증명하는 정도로 쓰일 것이다. 예를 들어 아래의 수식은 n^2 번째의 삼각수의 값

$$\mathrm{T}_{n^2}$$

을 의미한다. 만일 $n=3$이면 $n^2=9$이고 구하려는 삼각수는 $\mathrm{T}_9=\dfrac{9(9+1)}{2}=9\cdot5=45$이다.

식을 증명한다는 것은 방정식의 각 항의 값 또는 일부 식을 찾는 것을 의미하는데 이후 각 항의 값이 동일한지 확인해보자. 예를 들어 $n=3$일 때,

$$\mathrm{T}_{n^2}^2-\mathrm{T}_{n^2-1}^2=n^6$$

을 증명하기 위해 좌변의 항인 $\mathrm{T}_{n^2}^2-\mathrm{T}_{n^2-1}^2$의 값을 구하고 우변의 항인 n^6의 값과 비교하자.

$n=3$일 때	
좌변	**우변**
$\mathrm{T}_{n^2}^2-\mathrm{T}_{n^2-1}^2=\mathrm{T}_9^2-\mathrm{T}_8^2$ $=45^2-36^2$ $=2025-1296$ $=729$	$n^6=3^6$ $=729$

식의 좌변과 우변의 값은 729로 같으므로 $n=3$일 때 위 식이 성립함을 알 수 있다.

19.

(a) 합과 차가 모두 삼각수인 두 삼각수의 쌍을 찾으시오. (힌트: 삼각수의 처음 10개의 수열 중에서 한 쌍을 찾을 수 있다.)

(b) T_{14}와 T_{18}의 값을 구하시오. $\mathrm{T}_{18}-\mathrm{T}_{14}=\mathrm{T}_{11}$, $\mathrm{T}_{18}+\mathrm{T}_{14}=\mathrm{T}_{23}$임을 보이시오.

(c) 각각 1보다 크면서 곱이 삼각수인 두 삼각수의 쌍을 찾으시오. (힌트: 삼각수의 처음 10개의 수열 중에서 한 쌍을 찾을 수 있다.)

(d) $\mathrm{T}_3+\mathrm{T}_4+3\cdot4=\mathrm{T}_{3+4}=\mathrm{T}_7$, $\mathrm{T}_3+\mathrm{T}_5+3\cdot5=\mathrm{T}_{3+5}=\mathrm{T}_8$임을 보이시오.
임의의 두 자연수 m, n에 대하여 다음 식이 성립함을 보이시오.

$$T_n + T_m + mn = T_{n+m}$$

(e) 그림에서 빈칸을 채운 후 규칙성을 파악하여 이 식을 일반화하시오.

$$\begin{aligned}
T_3 &= 3 \cdot 2 \cdot T_1 \\
T_3 + T_6 &= 3 \cdot 3 \cdot T_2 \\
T_3 + T_6 + T_9 &= 3 \cdot 4 \cdot T_3 \\
T_3 + T_6 + T_9 + T_{12} &= \underline{\qquad\qquad\qquad} \\
T_3 + T_6 + T_9 + T_{12} + T_{15} &= \underline{\qquad\qquad\qquad} \\
&\vdots \\
T_3 + T_6 + T_9 + \cdots + T_{3n} &= \underline{\qquad\qquad\qquad}
\end{aligned}$$

(f) 다음 등식이 성립함을 보이시오.

$T_6 = 21$

$T_{66} = 2211$

$T_{666} = 222111$

T_{6666}**의 값을 구하시오.**

(g) 임의의 자연수 n에 대하여 n거듭제곱은 n개의 삼각수의 합으로 나타낼 수 있다.

$3^4 = 55 + 15 + 10 + 1 = 81$

$2^5 = 15 + 10 + 3 + 3 + 1 = 32$

합이 4^4 인 4개의 삼각수를 찾으시오.

합이 3^5 인 5개의 삼각수를 찾으시오.

합이 2^6 인 6개의 삼각수를 찾으시오.

(h) 그림에서 빈칸을 채운 후 규칙성을 파악하여 이 식을 일반화하시오.

$$\begin{aligned}
1^3 &= T_1^2 = 1^2 = 1 \\
1^3 + 2^3 &= T_2^2 = 3^2 = 9 \\
1^3 + 2^3 + 3^3 &= T_3^2 = 6^2 = 36 \\
1^3 + 2^3 + 3^3 + 4^3 &= T_4^2 = 10^2 = \underline{\qquad} \\
1^3 + 2^3 + 3^3 + 4^3 + 5^3 &= T_5^2 = \underline{\qquad} = \underline{\qquad}
\end{aligned}$$

(i) 다음 식이 성립함을 보이시오.

n이 홀수일 때

$$1 = 1^2$$

$$1+3+6 = 1^2+3^2$$

$$1+3+6+10+15 = 1^2+3^2+5^2$$

n이 짝수일 때

$$1+3 = 2^2$$

$$1+3+6+10 = 2^2+4^2$$

$$1+3+6+10+15+21 = 2^2+4^2+6^2$$

n이 홀수일 때와 짝수일 때 각각 위 식을 확장하시오. 규칙성을 찾은 후 두 문장으로 표현하시오.

(j) $n = 1, 2, 3, \cdots, 10$ 에 대하여 $2T_n - 1$이 소수인지 확인하시오.

(k) $(2+1)^3 + (2+2)^3 + (2+3)^3 + (2+4)^3 = (T_{2+4})^2 - T_2^2$이 성립함을 보이시오.

m, n에 적절한 값을 대입하여 다음 식이 성립함을 보이시오.

$$(n+1)^3 + (n+2)^3 + (n+3)^3 + \cdots + (n+m)^3 = (T_{m+n})^2 - T_n^2$$

(l) $T_{T_5} - T_{T_4} = 4T_5 + 5$가 성립함을 보이시오.

($T_5 = 15$이므로 $T_{T_5} = T_{15} = \dfrac{15(15+1)}{2} = 120$임을 주목하시오.)

1보다 큰 n에 적절한 값을 대입하여 다음 식이 성립함을 보이시오.

$$T_{T_n} - T_{T_{n-1}} = (n-1)T_n + n$$

(m) 1부터 n까지 자연수와 그 수의 세제곱의 평균의 합은 T_n번째의 삼각수의 값을 의미한다.

예를 들어, $n=4$일 때, $\frac{1+1^3}{2}+\frac{2+2^3}{2}+\frac{3+3^3}{2}+\frac{4+4^3}{2}=T_{T_4}=T_{10}$ 이다.

위 식이 성립함을 보이시오.

n에 적절한 값을 대입하여 다음 식이 성립함을 보이시오.

$$\frac{1+1^3}{2}+\frac{2+2^3}{2}+\frac{3+3^3}{2}+\cdots+\frac{n+n^3}{2}=T_{T_n}$$

(n) $3T_4+T_5=T_9$, $3T_6+T_7=T_{13}$이 성립함을 보이시오.

n에 적절한 값을 대입하여 다음 식이 성립함을 보이시오.

$$3T_n+T_{n+1}=T_{2n+1}$$

다음 그림은 $3T_4+T_3=T_8$**임을 보여준다**.

일반화하면, $3T_n+T_{n-1}=T_{2n}$이다. $n=5$일 때, 그림처럼 도형으로 나타내고 이 식이 성립함을 보이시오.

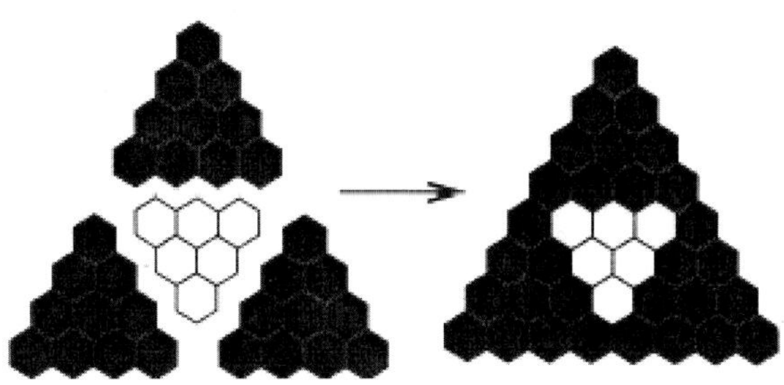

(o) 다음 그림은 $T_4+T_5=5^2$임을 보여준다. 즉 두 이웃한 삼각수의 합은 완전제곱수가 된다.

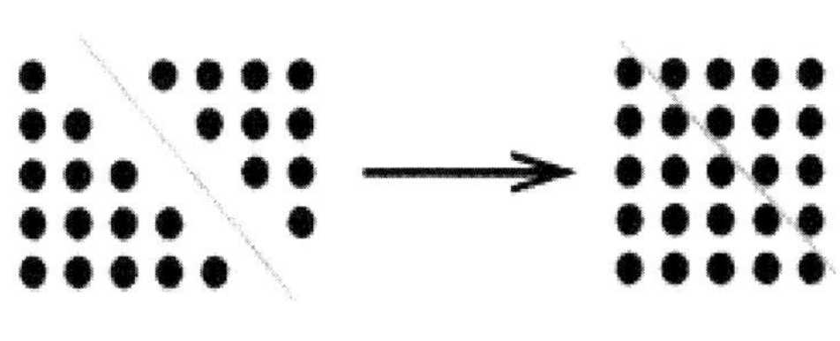

$T_6+T_7=7^2$이 성립함을 보이시오. 1보다 큰 n에 적절한 값을 대입하여 다음 식이 성

립함을 보이시오.

$$T_{n-1} + T_n = n^2$$

(p) $T_{4^2} + T_{4^2-1} = 4^4$ 이 성립함을 보이시오. 1보다 큰 n에 적절한 값을 대입하여 다음 식이 성립함을 보이시오.

$$T_{n^2} + T_{n^2-1} = n^4$$

(q) $n = 2, 3, 4$ 에 대하여 $(T_n)^2 + (T_{n-1})^2 = T_{n^2}$ 이 성립함을 보이시오. 1보다 큰 n에 적절한 값을 대입하여 위 식이 성립함을 보이시오.

(r) 다음 그림은 $T_5 - T_4 = 5$ 임을 나타낸 것이다. 1보다 큰 n 에 적절한 값을 대입하여 다음 식이 성립함을 보이시오.

$$T_n - T_{n-1} = n$$

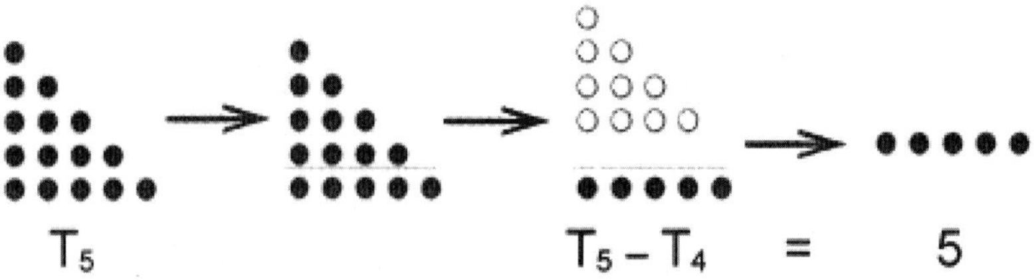

(s) $n = 2, 3, 4$ 에 대하여

$$(T_n)^2 - (T_{n-1})^2 = n^3$$

이 성립함을 보이시오. 1보다 큰 n 에 적절한 값을 대입하여 위 식이 성립함을 보이시오.

(t) $n = 2, 3, 4$ 에 대하여 $T_{n^2} - T_{n^2-1} = n^2$ 이 성립함을 보이시오. 1보다 큰 n에 적절한 값을 대입하여 위 식이 성립함을 보이시오.

(u) $T_4 \cdot T_3 = \dfrac{T_{4^2-1}}{2}$ 이 성립함을 보이시오. 1보다 큰 n에 적절한 값을 대입하여 다음 식이 성립함을 보이시오.

$$\mathrm{T}_n \cdot \mathrm{T}_{n-1} = \frac{\mathrm{T}_{n^2-1}}{2}$$

(v) $\mathrm{T}_3 \cdot \mathrm{T}_5 = 2\mathrm{T}_{\mathrm{T}_4-1}$ 이 성립함을 보이시오. ($\mathrm{T}_{\mathrm{T}_4-1} = \mathrm{T}_{10-1} = \mathrm{T}_9 = 45$에 주목하시오.)

1보다 큰 n에 적절한 값을 대입하여 다음 식이 성립함을 보이시오.

$$\mathrm{T}_{n-1} \cdot \mathrm{T}_{n+1} = 2\mathrm{T}_{\mathrm{T}_n-1}$$

(w) $\mathrm{T}_{3^2} \cdot \mathrm{T}_{3^2-1} = \frac{\mathrm{T}_{3^4-1}}{2}$ 이 성립함을 보이시오.

1보다 큰 n에 적절한 값을 대입하여 다음 식이 성립함을 보이시오.

$$\mathrm{T}_{n^2} \cdot \mathrm{T}_{n^2-1} = \frac{\mathrm{T}_{n^4-1}}{2}$$

(x) $\mathrm{T}_{3^3}^2 - \mathrm{T}_{3^3-1}^2 = 3^9$ 이 성립함을 보이시오.

1보다 큰 n에 적절한 값을 대입하여 다음 식이 성립함을 보이시오.

$$\mathrm{T}_{n^3}^2 - \mathrm{T}_{n^3-1}^2 = n^9$$

(y) $\mathrm{T}_{3^3}^2 + \mathrm{T}_{3^3-1}^2 = \mathrm{T}_{3^6}$ 이 성립함을 보이시오.

1보다 큰 n에 적절한 값을 대입하여 다음 식이 성립함을 보이시오.

$$\mathrm{T}_{n^3}^2 + \mathrm{T}_{n^3-1}^2 = \mathrm{T}_{n^6}$$

(z) $n = 1, 2, 3, 4$ 에 대하여 $2\left(\mathrm{T}_n + (\mathrm{T}_n)^2\right) = n + n^2 + n^3 + \mathrm{T}_{n^2}$ 이 성립함을 보이시오.

20. $n = 3, 4, 5, 6, 7$ 에 대하여 $\mathrm{T}_{n+1} - (\mathrm{T}_n + \mathrm{T}_{n-1}) + \mathrm{T}_{n-2} = 2$ 이 성립함을 보이시오. 이 식은 오일러 식의 특수한 경우이다.(5.14 참고)

21. $n = 4, 5, 6, 7$ 에 대하여 다음 점화식이 성립함을 보이시오.
$\mathrm{T}_n = (3,\ -3,\ 1) \cdot (\mathrm{T}_{n-1},\ \mathrm{T}_{n-2},\ \mathrm{T}_{n-3})$

3.2 **사각수**

3.1절 문항 19.(o)에서 이웃한 두 삼각수의 합은 사각수가 됨을 확인하였다. 다음은 4번째 사각수가 $4^2 = 16$임을 보여주는 그림이다.

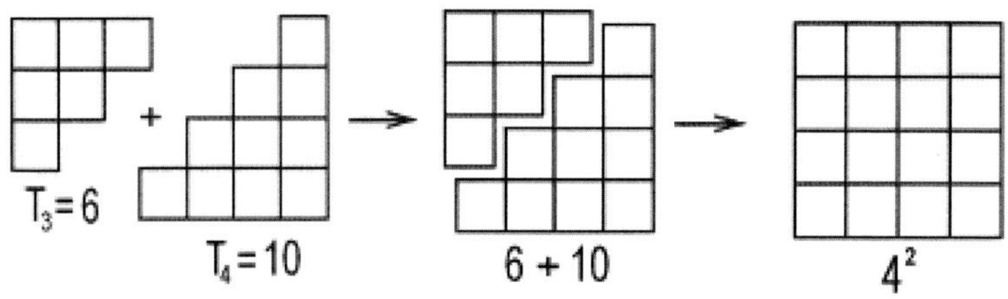

$$4^2 = \mathrm{T}_4 + \mathrm{T}_3$$

일반적으로, $\mathrm{T}_n + \mathrm{T}_{n-1} = n^2 = \mathrm{S}_n$ (단, S_n은 사각수이다.)

3.2절

1. 5^2 에 대하여 위와 유사한 그림을 그려보고 이웃한 두 삼각수의 쌍을 찾아보시오.

2. (a) $n=3,4,5,6,7$ 에 대하여 $\mathrm{T}_{n+1}+\mathrm{T}_n+\mathrm{T}_{n-1}+\mathrm{T}_{n-2}=\mathrm{S}_{n+1}+\mathrm{S}_{n-1}$ 이 성립함을 보이시오.

(b) $n=2,3,4,5,6,7$ 에 대하여
$(\mathrm{S}_{n+1}, \mathrm{S}_n, \mathrm{S}_{n-1}) \bullet (1, -2, 1) = \mathrm{S}_{n+1}-2\mathrm{S}_n+\mathrm{S}_{n-1}=2$ 이 성립함을 보이시오.

(c) $n=2,3,4,5,6,7$ 에 대하여
$(\mathrm{S}_{n+1}, \mathrm{S}_n, \mathrm{S}_{n-1}, \mathrm{S}_{n-2}) \bullet (1, -3, 3, -1) = \mathrm{S}_{n+1}-3\mathrm{S}_n+3\mathrm{S}_{n-1}-\mathrm{S}_{n-2}=0$ 이 성립함을 보이시오.

3. 아래 파스칼 삼각형에서 각 그룹에 속한 두 수를 각각 더하시오.
이 수들은 어떤 수열인가?

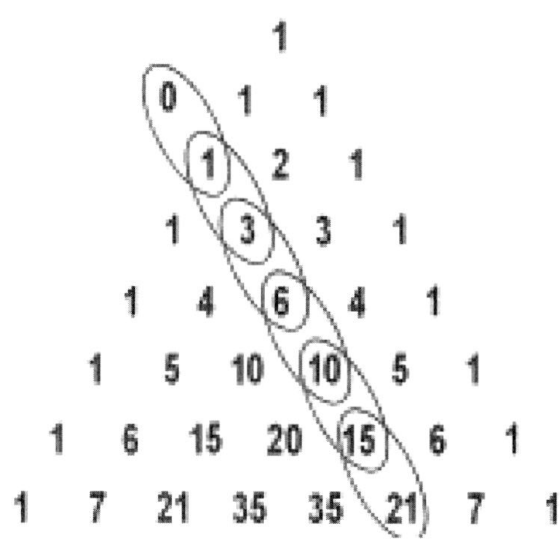

4. 다음 빈칸을 채우시오.

n	n^2	T_n	T_{n-1}	$n^2 = \mathrm{T}_n + \mathrm{T}_{n-1}$
1	$1^2=1$	$\mathrm{T}_1=1$	$\mathrm{T}_0=0$	$1 = 1 + 0$
2	$2^2=4$	$\mathrm{T}_2=3$	$\mathrm{T}_1=1$	$4 = 3 + 1$
3	$3^2=9$	$\mathrm{T}_3=6$	$\mathrm{T}_2=3$	$9 = 6 + 3$
4	$4^2=$ ______	$\mathrm{T}_4=$ ______	$\mathrm{T}_3=$ ______	____ = __________
5				
6				
7				

$\mathrm{T}_{204}+\mathrm{T}_{203}=\mathrm{S}_{204}$, $\mathrm{T}_{204}+\mathrm{T}_{203}=\mathrm{T}_{288}$임을 보이시오.

5. 아래 파스칼 삼각형에서 각 그룹에 속한 원소들을 더하시오.
이 수들은 어떤 수열인가?

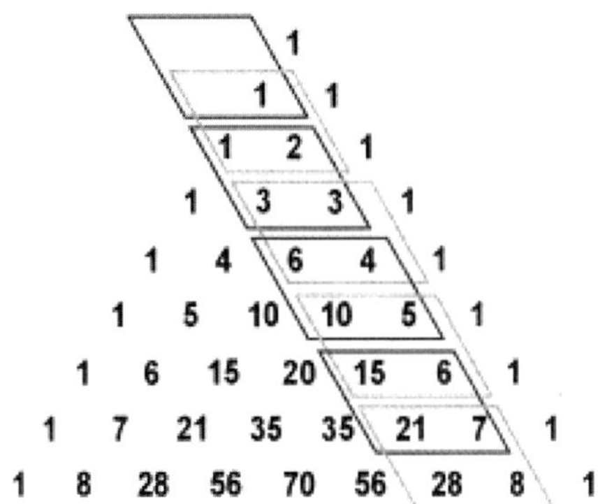

사각수 4^2을 바라보는 또 다른 방법은 주 대각선은 그대로 두되 같은 두 삼각수로 쪼개는 것이다. 아래 그림에서 대각선에 있는 정사각형 단위의 수가 정사각형의 한 변인 단위의 수와 같다. 그러므로 그림에서 다음 식이 성립한다.

$$2 \cdot \mathrm{T}_3 + 4 = 4^2$$

이를 일반화하면, $2 \cdot T_{n-1} + n = n^2$이다.

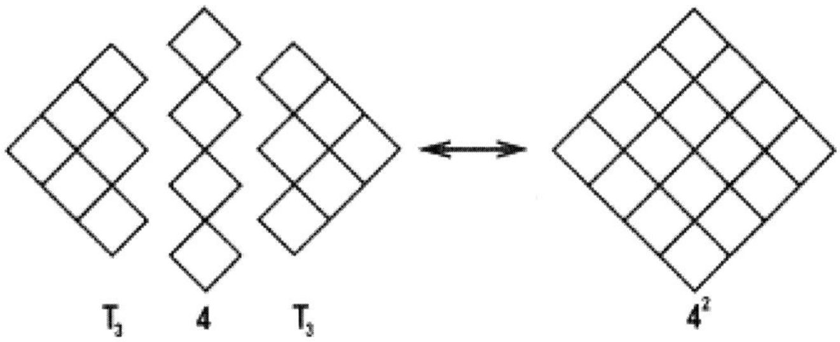

사각수 4^2을 달리 바라보는 방법으로는 삼각수 T_4에서 식을 이끌어낼 수 있다. $T_4 + T_4$에서 대각선을 제거하면 4^2을 얻을 수 있다. 아래 그림을 살펴보자.

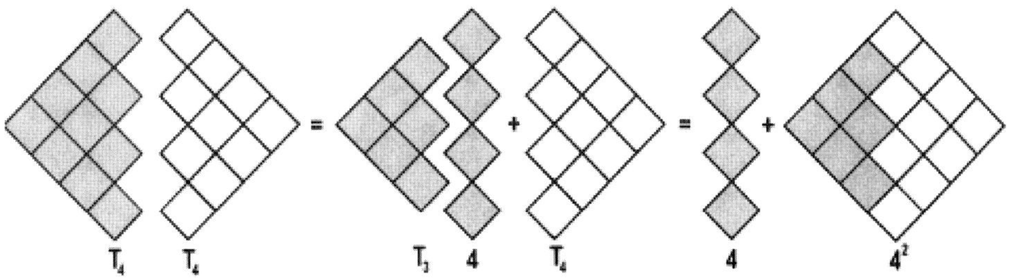

위의 그림은 $2 \cdot T_4 = 4 + 4^2$, 즉, $2 \cdot T_4 - 4 = 4^2$ 임을 보여준다.

이를 일반화하면 다음과 같다.

$$2 \cdot T_n - n = n^2$$

---

6. $n = 1, 2, 3$ 에 대하여 위 식이 성립함을 보이시오.

7. $n = 2, 3, 4$ 에 대하여 $2 \cdot T_{n-1} + n = n^2$ 이 성립함을 보이시오.

한편, 사각수 4^2 을 바라보는 또 다른 방법으로는 수직 대각선과 평행한 정사각형 단위의 수를 세는 것이다. 다음 그림에서 정사각형 단위의 총 개수는 각 평행한 대각선의 정사각형 단위의 수의 합과 같다. 즉,

$$4^2 = 1+2+3+4+3+2+1$$

또한, $1+2+3+4 = T_4$이고 $1+2+3 = T_3$이므로

$$4^2 = (1+2+3+4)+(3+2+1) = T_4 + T_3$$

이다. 이는 이번 절 앞부분에서 확인한 식과 동일하다.

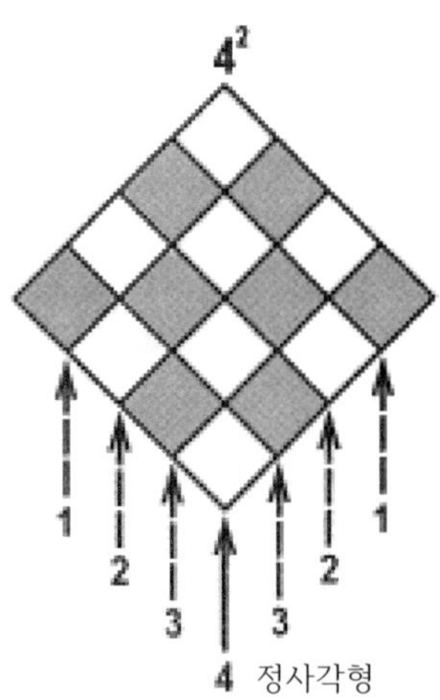

---

8. 아래 그림에서 각 평행한 대각선에서 단위 정사각형의 수를 찾고, 식의 빈칸을 완성하시오.

$$1+\_\_\_\_+\_\_\_\_+\_\_\_\_+\_\_\_\_+\_\_\_\_+\_\_\_\_+\_\_\_\_+1=(\_\_\_\_)^2$$

옆의 평행한 대각선들을 모으면 어떤 그림이 만들어지는가?

9. 다음 빈칸을 채우시오.

$$1 = 1^2$$
$$1+\ 2+1=\underline{\ 2^2\ }$$
$$1+2+\ 3+2+1=\underline{\ 3^2\ }$$
$$1+2+3+\ 4+3+2+1=\_\_\_\_\_\_$$
$$1+2+3+4+\ 5+4+3+2+1=\_\_\_\_\_\_$$
$$1+2+3+4+5+\ 6+5+4+3+2+1=\_\_\_\_\_\_$$
$$1+2+3+\ .\ .\ .\ +7+\ .\ .\ .\ +3+2+1=\_\_\_\_\_\_$$
$$1+2+3+\ .\ .\ .\ +10+\ .\ .\ .\ +3+2+1=\_\_\_\_\_\_$$
$$1+2+3+\ .\ .\ .\ +n+\ .\ .\ .\ +3+2+1=\_\_\_\_\_\_$$

사각수와 홀수 사이의 흥미로운 관계는 그림으로 파악할 수 있다. 처음 4개의 홀수에 대한 그림은 다음과 같다.

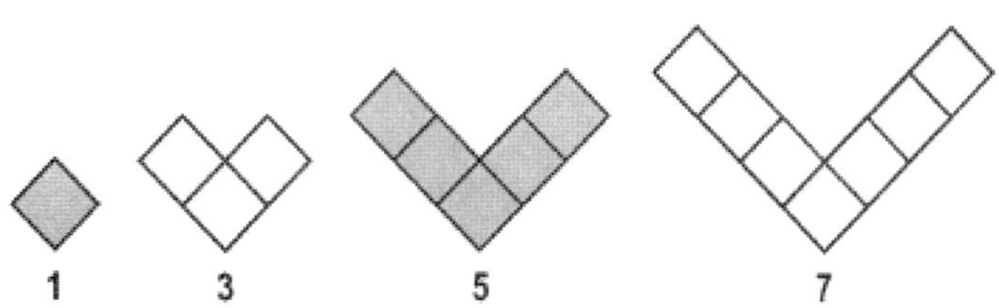

홀수개의 도형 조각들을 함께 합치면, 정사각형 형태가 된다.

위 4개의 그림을 한데 모으면 정사각형이 되고 4^2을 확인할 수 있다.(다음 그림 참고)

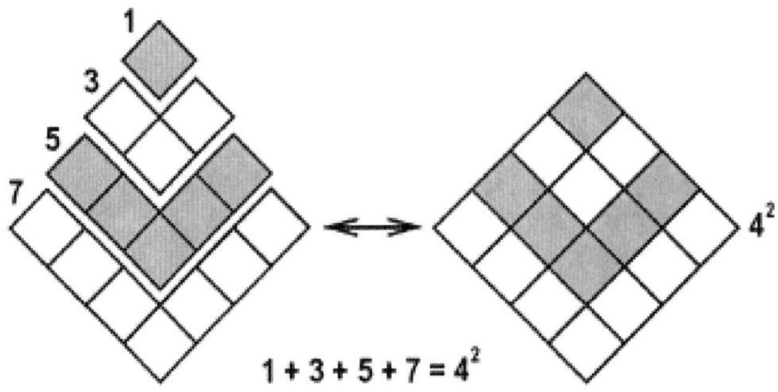

10.

(a) 처음 5개의 홀수의 합을 구하시오.

(b) 처음 6개의 홀수의 합을 구하시오.

(c) 처음 10개의 홀수의 합을 구하시오.

처음 10개의 홀수의 합은 10^2이다. 10번째 홀수는 무엇인가? 10번째 홀수는 10의 2배보다 1작은 수로 $2 \cdot 10 - 1 = 19$이다. 일반적으로, n번째 홀수는 $2n-1$이다.

11.

(a) 100번째 홀수를 구하시오.

(b) 홀수 수열에서 47은 몇 번째 항인가?

(c) $1+3+5+\cdots+47$의 값을 구하시오.

처음 n개의 홀수의 합에 대한 공식은 다음과 같다.

$$1+3+5+\cdots+(2n-1)=n^2$$

---

12. 다음 빈칸을 채우시오.

(a) $1+3+5+\ \cdots\ +\boxed{}=64$

(b) $1+3+5+\ \cdots\ +\boxed{}=12^2$

13. 다음의 이웃한 두 완전수의 차를 구하시오. 이 수들은 어떤 수열인가?

$2^2-1^2=$

$3^2-2^2=$

$4^2-3^2=$

$5^2-4^2=$

$6^2-5^2=$

$7^2-6^2=$

14.

(a) $n=2,3,5$ 에 대하여 $n^2-(n-1)^2=2n-1$ 이 성립함을 보이시오.

(b) $n=2,3,5$ 에 대하여 $\mathrm{S}_n-\mathrm{S}_{n-1}=\mathrm{T}_n-\mathrm{T}_{n-2}$ 이 성립함을 보이시오.

15.

(a) $n=3,4,5$ 에 대하여 $(\mathrm{T}_n+\mathrm{T}_{n-1})-(\mathrm{T}_{n-1}+\mathrm{T}_{n-2})=2n-1$과 $(\mathrm{T}_n-\mathrm{T}_{n-2})=2n-1$ 이 성립함을 보이시오.

(b) $n=1,2,3,4,5$ 에 대하여 $\mathrm{T}_{2n}=2\mathrm{T}_n+\mathrm{S}_n$ 이 성립함을 보이시오.

앞 절에서 모든 자연수는 삼각수, 두 삼각수의 합, 세 삼각수의 합 중 하나로 표현하는 페르마 명제에 대해 배웠다. 페르마는 또한 "***모든 자연수는 사각수, 두 사각수의 합, 세 사각수의 합, 또는 네 사각수의 합 중 하나로 표현된다.***"고 하였다. 예를 들어, $20 = 16 + 4 \quad 15 = 9 + 4 + 1 + 1$이다.

---

16. 다음 수를 사각수, 두 사각수의 합, 세 사각수의 합, 네 사각수의 합 중 하나로 표현하시오.

5 =	43 =
6 =	48 =
7 =	80 =
8 =	90 =
9 =	99 =
10 =	999 =

수직선으로 직사각형 수를 두 부분으로 나눈 후 수평선으로 다시 두 부분으로 나눈다. 다음 그림에서 대각선에 해당하는 두 직사각형의 넓이의 곱은 역대각선에 해당하는 두 직사각형의 넓이의 곱과 같음을 주목하자.

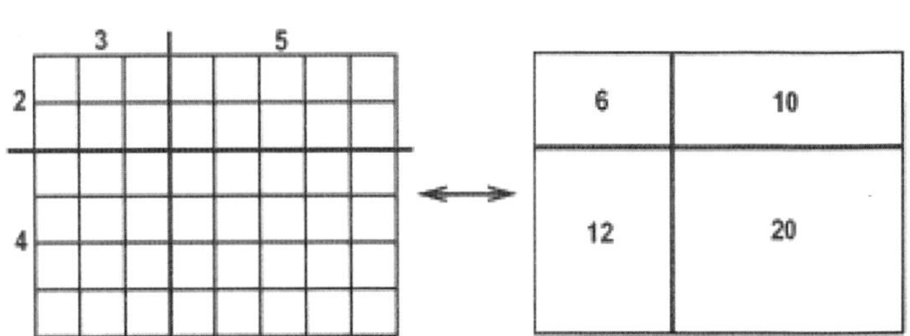

6·20 = 10·12

원래 직사각형의 영역의 넓이가 홀수 제곱이라면 흥미로운 식을 얻을 수 있다. 대각선 위치에 이웃한 두 완전제곱수를 얻기 위해 그림에서 수직선과 수평선을 그린다. 역대각선 위치에 있는 다른 두 수를 포함하면 4개의 삼각수가 구성된다.

게다가 $4 \cdot 9 = 6 \cdot 6$, 즉, $2^2 \cdot 3^2 = 2T_2 \cdot 2T_2 = 4(T_2)^2$ 이다.

일반화하여, S_n이 n번째 사각수, 즉 n^2이라 하면 $S_n \cdot S_{n+1} = 4T_n^2$이다.

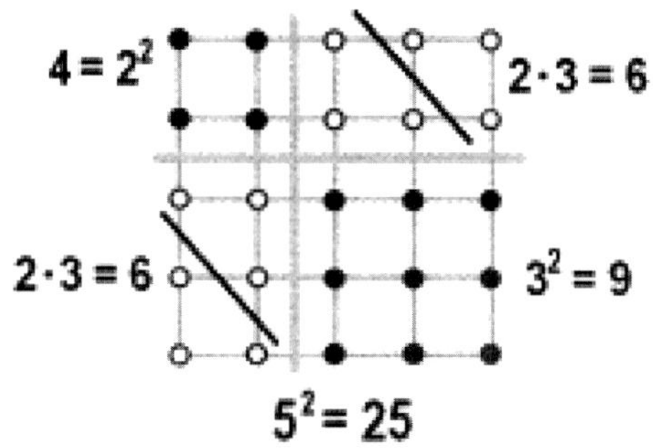

17. $n = 3, 4, 5$에 대하여 $S_n \cdot S_{n+1} = 4T_n^2$이 성립함을 보이시오.

아래 그림에서 홀수 제곱의 수 49는 8개의 삼각수와 1로 분할할 수 있다.
그림이 나타내는 식은 다음과 같다.

$$8T_n + 1 = (2n+1)^2$$

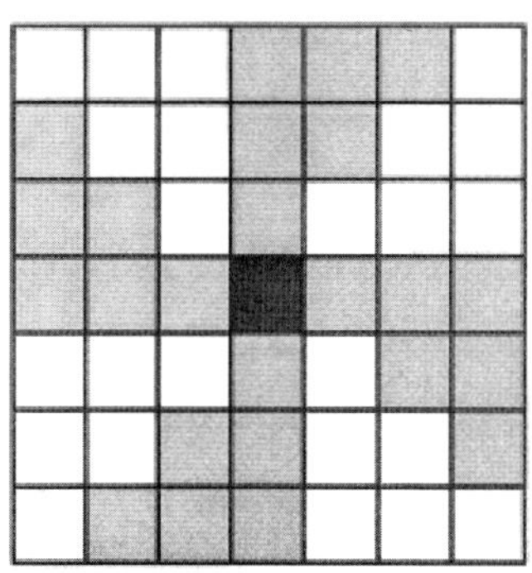

$7^2 = 8 \cdot T_3 + 1$

18. 다음 표를 완성하여, $8\mathrm{T}_n+1=(2n+1)^2$ 이 성립함을 보이시오.

n	T_n	$8\,\mathrm{T}_n + 1$	$(2n+1)^2$
1	1	$8 \cdot 1 \quad + \ 1 = \ 9$	$3^2 = \ 9$
2	3	$8 \cdot 3 \quad + \ 1 = 25$	$5^2 = \ 25$
3	6	$8 \cdot 6 \quad + \ 1 = 49$	$7^2 = \ 49$
4	10	$8 \cdot 10 \quad + \ 1 = 81$	$9^2 = \ 81$
5	15	$8 \cdot 15 \quad + \ 1 = 121$	$11^2 = 121$
6	21	$8 \cdot$ ____ $+ \ 1 =$ ____	____$^2 =$ ____
7	____	$8 \cdot$ ____ $+ \ 1 =$ ____	____$^2 =$ ____
8	____	$8 \cdot$ ____ $+ \ 1 =$ ____	____$^2 =$ ____
9	____	$8 \cdot$ ____ $+ \ 1 =$ ____	____$^2 =$ ____
10	____	$8 \cdot$ ____ $+ \ 1 =$ ____	____$^2 =$ ____

19. 다음 식이 성립함을 보이시오. 관찰한 규칙에 근거하여, 수열의 다음 식을 추측하시오.

$$9+1=\mathrm{T}_{3+1}$$

$$25+3=\mathrm{T}_{5+2}$$

$$49+6=\mathrm{T}_{7+3}$$

$$81+10=\mathrm{T}_{9+4}$$

6보다 큰 수를 택하여 다음 식이 성립함을 보이시오.

$$(2n+1)^2+\mathrm{T}_n=\mathrm{T}_{2n+1+n}$$

20. $n=1, 2, 3$ 에 대하여 다음 식이 성립함을 보이시오. 식을 확장하시오.

$$9T_n + 1 = T_{3n+1}$$
$$25T_n + 3 = T_{5n+2}$$
$$49T_n + 6 = T_{7n+3}$$
$$81T_n + 10 = T_{9n+4}$$

삼각수 T_x 를 하나 선택하여 $n=1, 2, 3$ 에 대하여 다음 식이 성립함을 보이시오.

$$(2n+1)^2 T_x + T_n = T_{(2n+1)x+n}$$

21. 열별로 두 수열을 더한 후 규칙성을 찾아보시오.

		1	3	6	10	15	21	28	36	45
+	1	3	6	10	15	21	28	36	45	55

22. $n=4, 5, 6, 7$ 에 대하여 다음 점화식이 성립함을 보이시오.

$$S_n = (3,\ -3,\ 1) \cdot (S_{n-1},\ S_{n-2},\ S_{n-3})$$

23. 아래 파스칼 삼각형에서 만일 두 원소가 연결되어 있으면, 큰 수에서 작은 수를 빼시오. 결과값을 크기 순으로 정렬하시오. 이 수들은 어떤 수열인가?

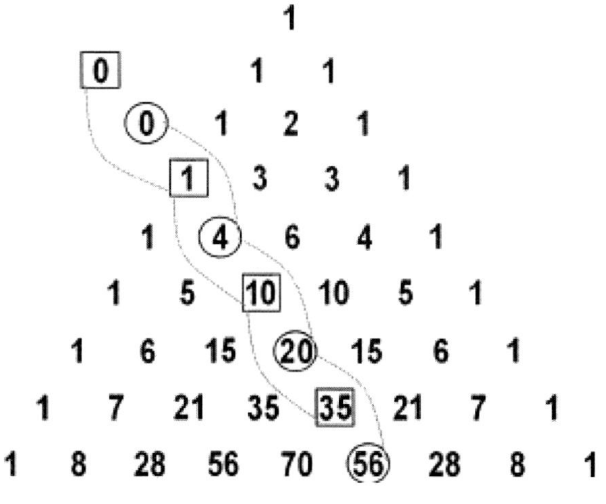

24. $n=2, 3, 4$ 에 대하여 다음 식이 성립함을 보이시오.

$$T_{T_n} + T_{T_{n-1}} = \frac{1}{2}\left(T_{S_n} + S_n\right)$$

(힌트: $n=3$일 때, $T_{S_n} = T_{S_3} = T_{3^2} = T_9 = 45$이다.)

25. 아래 그림은 $n=4$일 때 $T_{2n} = 2T_n + S_n$ 즉, 아래의 식을 보여준다.

$$\begin{aligned} T_8 &= 2T_4 + S_4 \\ &= 2(10) + 16 \\ &= 36 \end{aligned}$$

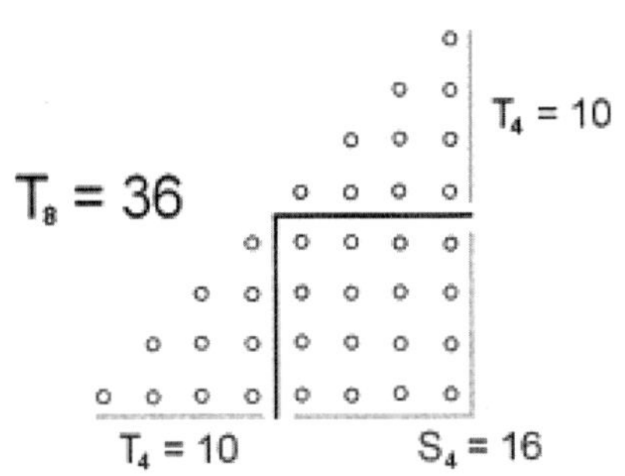

$n=2, 3, 5$ 에 대하여 위 식이 성립함을 보이시오. $n=3$ 일 때 그림과 비슷하게 그려보시오.

$n=3$에 대하여 $T_{2n+1} = 2T_n + S_{n+1}$이 성립함을 보이고 위의 그림과 비슷하게 그려보시오.

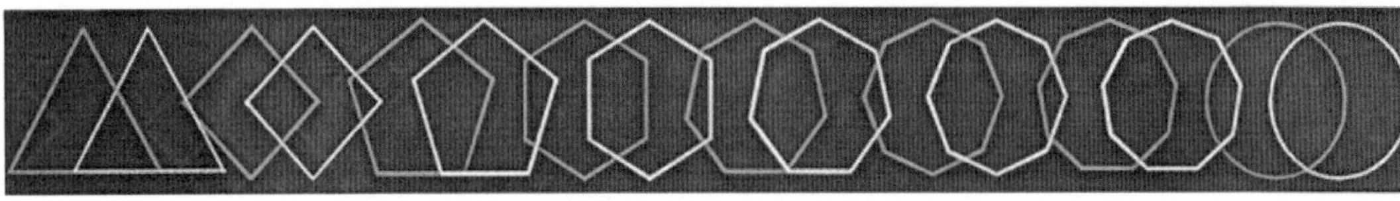

3.3. **오각수, 육각수 그 외의 수들**

이 절에서는 오각수, 육각수, 칠각수, 팔각수 등 여러 다른 다각수들을 살펴보고자 한다. 고대 그리스인들은 다각수를 연구하였는데 그 중 디오판토스(Diophatus of Alexandria)는 다각수의 많은 성질들을 기록하였다. 파스칼(Pascal) 역시 1665년에 도형수에 관한 논문을 발표하였다.

다음 그림은 처음 4가지의 도형수에 대해 각각 4개씩 나타낸 것이다.

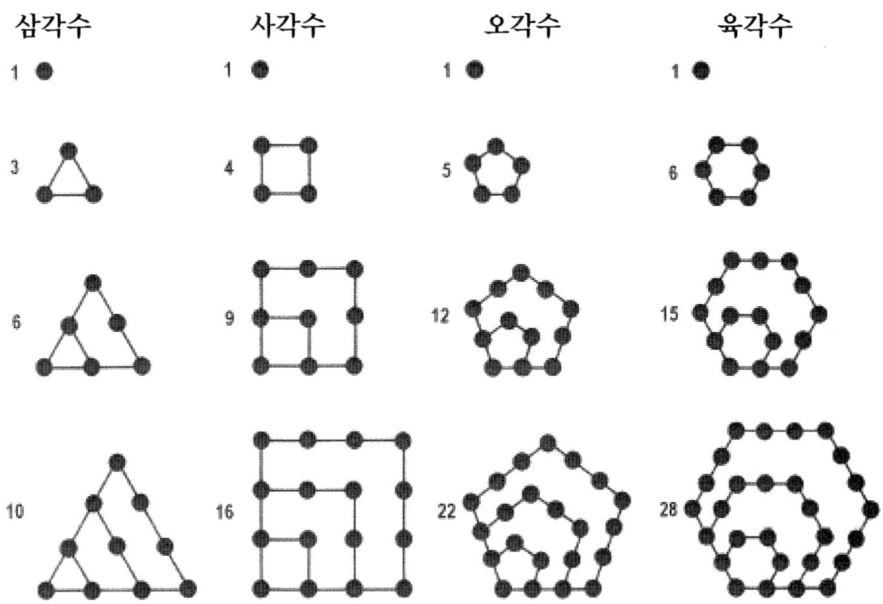

앞 절에서 살펴본 삼각수와 사각수의 나열을 확장시킨 간단한 공식은 다음과 같다.

$$\mathrm{T}_n = \frac{n(n+1)}{2},\ \mathrm{S}_n = n^2$$

하지만 오각수와 육각수를 어떤 식으로 표현할 수 있을까? P_n과 H_n을 각각 오각수와 육각수라 하자. 삼각수를 바탕으로 각각의 점화식이 존재한다. 우선, 오각수 $1, 5, 12, 22$ 는 오각형 형태로 위 그림에 그려져 있다.

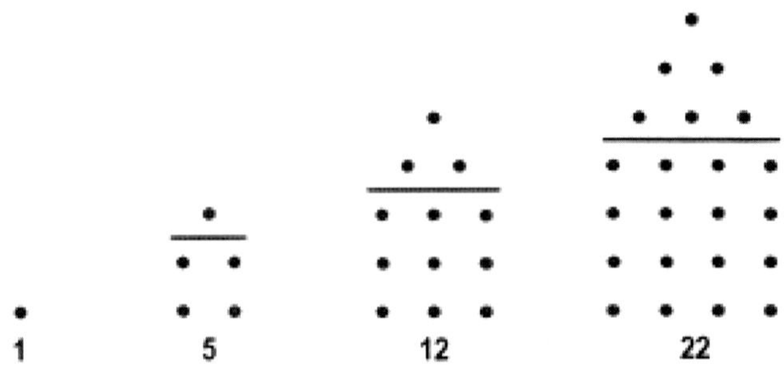

두 번째, 세 번째, 네 번째 집 모양의 사각수와 그 사각수보다 1계(order) 작은 삼각수의 합으로 보여진다. 그러므로,
$5=4+1$, $12=9+3$, $22=16+6$이고 기호로 나타내면 다음과 같다.

$$P_2=S_2+T_1$$
$$P_3=S_3+T_2$$
$$P_4=S_4+T_3$$

이러한 규칙성으로부터 $P_5=S_5+T_4$임을 추론할 수 있다. 따라서 $P_5=5^2+10=35$이다. P_5에 대한 그림은 다음과 같다.

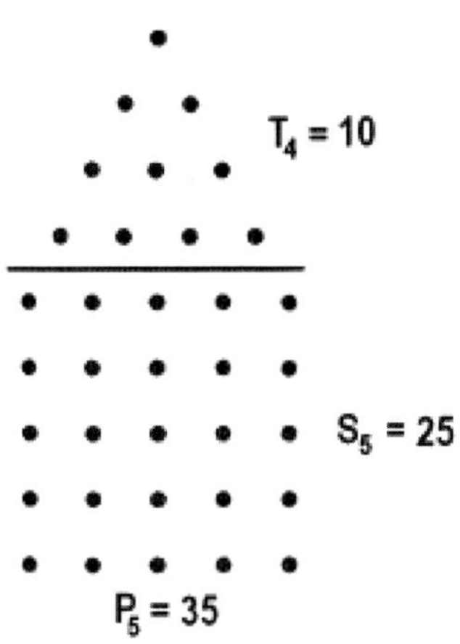

일반화하면, n번째 오각수 P_n은 다음 식을 이용하여 구할 수 있다.

$$\mathrm{P}_n = \mathrm{S}_n + \mathrm{T}_{n-1}$$

즉, 다음과 같다.

$$\mathrm{P}_n = n^2 + \mathrm{T}_{n-1}$$

3.3절

1. P_6을 찾고 집 모양을 그리시오.

2. $n = 2, 3, 4$ 에 대하여 $\mathrm{P}_n = n^2 + \mathrm{T}_{n-1}$ 이 성립함을 보이시오.

3. 위 식을 이용하여 P_7 과 P_{10} 을 구하시오.

앞 절에서 각 사각수는 두 삼각수의 합으로 나타낼 수 있음을 증명하였다.

$$n^2 = \mathrm{T}_n + \mathrm{T}_{n-1}$$

P_n에 관한 식에서 n^2을 $\mathrm{T}_n + \mathrm{T}_{n-1}$로 바꾸어 다음 식을 얻을 수 있다.

$$\begin{aligned}\mathrm{P}_n &= \mathrm{T}_n + \mathrm{T}_{n-1} + \mathrm{T}_{n-1} \\ &= \mathrm{T}_n + 2\mathrm{T}_{n-1}\end{aligned}$$

오각수를 삼각수로 표현할 수 있다는 것은 기하학적인 관점에서 접근할 수 있음을 의미한다.

$$\mathrm{P}_4 = \mathrm{T}_4 + 2\mathrm{T}_3$$

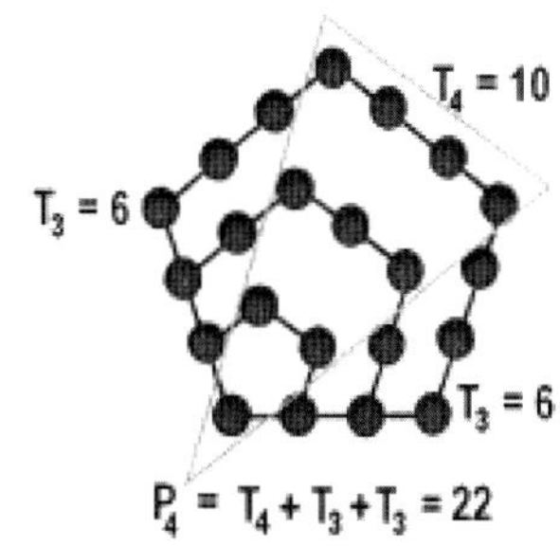

4. P_4의 집 모양을 그린 후 합이 22가 되는 삼각수들로 분리할 수 있는 선분을 그리시오.

5. $n=2, 3, 4$ 에 대하여 $P_n = T_n + 2T_{n-1}$ 이 성립함을 보이시오.

다음은 지금까지 살펴본 도형수를 나타낸 표이다.

n	**삼각수**	**사각수**	**오각수**	**육각수**	**칠각수**	**팔각수**
1	1	1	1	1	1	1
2	3	4	5	6	___	___
3	6	9	12	15	___	___
4	10	16	22	28	___	___
5	15	25	35	___	___	___
6	21	36	51	___	___	___

표를 완성하기 위해 다음 성질을 관찰해보자.

> 수의 각 행은 상수만큼 차이 나는 성분들로 구성되어 있다.
> 각각의 경우 그 차는 앞 행이 몇 행인지에 따라 반영된 삼각수이다.
> 2행에서 각 성분은 이전 열에 있는 성분보다 1 크다.
> 3행에서 각 성분은 이전 열에 있는 성분보다 3 크다.
> 4행에서 각 성분은 이전 열에 있는 성분보다 6 크다.
> 5행에서 각 성분은 이전 열에 있는 성분보다 10 크다.
> 6행에서 각 성분은 이전 열에 있는 성분보다 15 크다.

따라서 5번째 육각수는 5번째 오각수에 4번째 삼각수 10을 더한 값과 같다.
H_5가 5번째 육각수라 하면 다음과 같다.

$$H_5 = P_5 + T_4 = 35 + 10 = 45$$

이를 일반화하면, 다음과 같다.

$$\mathrm{H}_n = \mathrm{P}_n + \mathrm{T}_{n-1}$$

좀 더 일반화하면, 표는 다음 성질을 나타낸다.

(n번째 삼각수)$= n + \mathrm{T}_{n-1}$

(n번째 사각수)$=n$번째 삼각수$+ \mathrm{T}_{n-1}$

(n번째 오각수)$=n$번째 사각수$+ \mathrm{T}_{n-1}$

(n번째 육각수)$=n$번째 오각수$+ \mathrm{T}_{n-1}$

(n번째 칠각수)$=n$번째 육각수$+ \mathrm{T}_{n-1}$

(n번째 팔각수)$=n$번째 칠각수$+ \mathrm{T}_{n-1}$

…

---

6. 각 행의 이웃하는 두 성분의 상수 차는 앞 행의 삼각수라는 성질을 이용하여 위의 표의 빈칸을 채우시오.

7. 하단의 표를 완성하시오.

n	삼각형	사각형	오각형	육각형
1	1 = 1	1 = 1	1 = 1	1 = 1
2	3 = 2 + 1	4 = 2 + 2 · 1	5 = 2 + 3 · 1	6 = 2 + 4 · 1
3	6 = 3 + 3	9 = 3 + 2 · 3	12 = 3 + 3 · 3	15 = 3 + 4 · 3
4	10 = 4 + 6	16 = 4 + 2 · 6	22 = 4 + 3 · 6	28 = 4 + 4 · 6
5	15 = 5 + 10	25 = 5 + 2 · 10	35 = 5 + 3 · 10	45 = 5 + 4 · 10
6	21 = ___ + ___	36 = ___ + 2 · ___	51 = ___ + 3 · ___	66 = ___ + 4 · ___
7	___ = ___ + ___	___ = ___ + 2 · ___	___ = ___ + 3 · ___	___ = ___ + 4 · ___
8	___ = ___ + ___	___ = ___ + 2 · ___	___ = ___ + 3 · ___	___ = ___ + 4 · ___
9	___ = ___ + ___	___ = ___ + 2 · ___	___ = ___ + 3 · ___	___ = ___ + 4 · ___
10	___ = ___ + ___	___ = ___ + 2 · ___	___ = ___ + 3 · ___	___ = ___ + 4 · ___

위 표에 관한 식은 다음과 같이 정리할 수 있다.

$$\mathrm{T}_n = n + \mathrm{T}_{n-1}$$

$$S_n = n + 2T_{n-1}$$

$$P_n = n + 3T_{n-1}$$

$$H_n = n + 4T_{n-1}$$

앞에서 배운 성질들을 이용하여 다음과 같이 나타낼 수 있다.

$$S_n = n + 2T_{n-1} = T_n + T_{n-1}$$

$$P_n = n + 3T_{n-1} = S_n + T_{n-1} = T_n + 2T_{n-1}$$

$$H_n = n + 4T_{n-1} = P_n + T_{n-1} = T_n + 3T_{n-1}$$

이 식들은 다음과 같이 정리할 수 있다.

(n번째 칠각수)$= T_n + 4T_{n-1}$

(n번째 팔각수)$= T_n + 5T_{n-1}$

따라서, 모든 다각수는 삼각수를 이용하여 나타낼 수 있다.

다음은 $n = 4$ 일 때, $H_n = T_n + 3T_{n-1}$ 즉, $H_4 = T_4 + 3T_3$ 임을 나타낸 것이다.

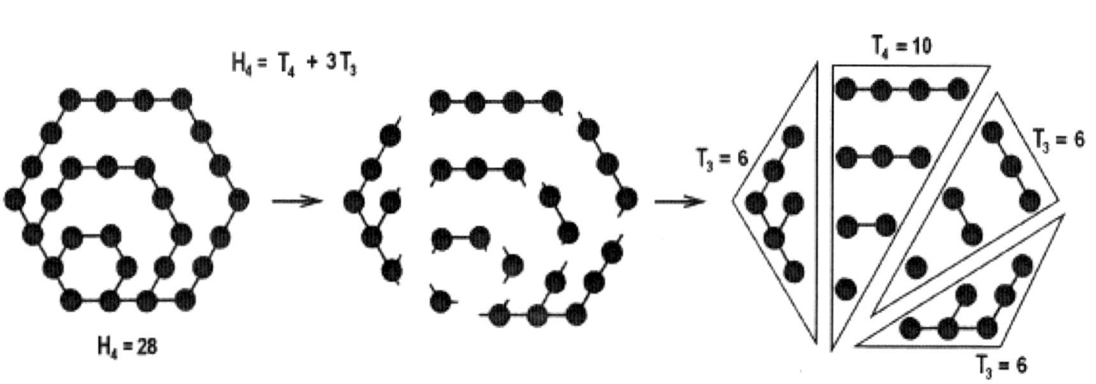

8. 구각수와 십각수의 식을 추측하시오.

9. 식을 이용하여 10번째 오각수, 10번째 육각수, 10번째 칠각수, 10번째 팔각수를 구하시오.

10. 다음 항등식이 성립함을 보이시오.

$$H_1 = T_1$$

$$H_2 = T_3$$

$$H_3 = T_5$$

$$H_4 = T_7$$

위 항등식을 일반화하시오.

11. 아래 파스칼 삼각형에서 2열에 있는 육각수에 동그라미로 표시하시오.

1
1 1
1 2 1
1 3 3 1
1 4 6 4 1
1 5 10 10 5 1
1 6 15 20 15 6 1
1 7 21 35 35 21 7 1
1 8 28 56 70 56 28 8 1
1 9 36 84 126 126 84 36 9 1
1 10 45 120 210 252 210 120 45 10 1

12. $T_{20} = P_{12}$ 임을 보이시오.

13. $n=1, 2, 3$ 에 대하여 다음 식이 성립함을 보이시오.

$$n\,\mathrm{T}_{n+1}=(n+2)\mathrm{T}_n$$

$$n\,\mathrm{S}_{n+1}=(n+2)\mathrm{S}_n+n$$

$$n\,\mathrm{P}_{n+1}=(n+2)\mathrm{P}_n+2n$$

$$n\,\mathrm{H}_{n+1}=(n+2)\mathrm{H}_n+3n$$

14. $n=2, 3, 4$ 에 대하여 다음 식이 성립함을 보이시오.

$$\mathrm{T}_n^2-(\mathrm{T}_{n-1})(\mathrm{T}_{n+1})=1\,\mathrm{T}_n-0$$

$$\mathrm{S}_n^2-(\mathrm{S}_{n-1})(\mathrm{S}_{n+1})=2\,\mathrm{S}_n-1$$

$$\mathrm{P}_n^2-(\mathrm{P}_{n-1})(\mathrm{P}_{n+1})=3\,\mathrm{P}_n-2$$

$$\mathrm{H}_n^2-(\mathrm{H}_{n-1})(\mathrm{H}_{n+1})=4\,\mathrm{H}_n-3$$

15. 다음 식이 성립함을 보이시오.

$$\mathrm{P}_1=\mathrm{T}_1$$

$$\mathrm{P}_1+\mathrm{P}_2=2\mathrm{T}_2$$

$$\mathrm{P}_1+\mathrm{P}_2+\mathrm{P}_3=3\mathrm{T}_3$$

$$\mathrm{P}_1+\mathrm{P}_2+\mathrm{P}_3+\mathrm{P}_4=4\mathrm{T}_4$$

$$\mathrm{P}_1+\mathrm{P}_2+\mathrm{P}_3+\mathrm{P}_4+\mathrm{P}_5=5\mathrm{T}_5$$

5보다 큰 임의의 n의 값을 대입하여 다음 식이 성립함을 보이시오.

$$\mathrm{P}_1+\mathrm{P}_2+\mathrm{P}_3+\cdots+\mathrm{P}_n=n\,\mathrm{T}_n$$

모든 다각수는 삼각수를 이용하여 나타낼 수 있고 n번째 삼각수 $\mathrm{T}_n = \frac{n(n+1)}{2}$임을 알고 있다. 따라서 각각의 다각수에 대한 식을 도출할 수 있다. 예를 들어 다음과 같다.

$$\begin{aligned}
\mathrm{P}_n &= \mathrm{T}_n + 2\mathrm{T}_{n-1} \\
&= \frac{n(n+1)}{2} + 2 \cdot \frac{(n-1)(n-1+1)}{2} \\
&= \frac{n(n+1)}{2} + 2 \cdot \frac{(n-1)n}{2} \\
&= \frac{n^2+n+2n^2-2n}{2} \\
&= \frac{3n^2-n}{2} \\
&= \frac{n(3n-1)}{2}
\end{aligned}$$

따라서, $\mathrm{P}_n = \frac{n(3n-1)}{2}$이다.

---

16. $n=1, 2, 3, 4$ 에 대하여 $\mathrm{P}_n = \frac{n(3n-1)}{2}$ 이 성립함을 보이시오.

17. H_n 에 관한 식을 나타내시오.

18. $n=1, 2, 3, 4$ 에 대하여 다음 식이 성립함을 보이시오.

$$\mathrm{T}_n = \frac{n(n+1)}{2}$$

$$\mathrm{S}_n = \frac{n(2n+0)}{2}$$

$$\mathrm{P}_n = \frac{n(3n-1)}{2}$$

$$\mathrm{H}_n = \frac{n(4n-2)}{2}$$

삼각수를 소개한 장에서 다음 공식을 다루었다.

$$T_{n+m} = T_n + T_m + m \cdot n$$

모든 다각수에 대하여 유사한 공식이 존재한다.

$$T_{n+m} = T_n + T_m + m \cdot n \text{ (삼각수)}$$

$$S_{n+m} = S_n + S_m + 2 \cdot m \cdot n \text{ (사각수)}$$

$$P_{n+m} = P_n + P_m + 3 \cdot m \cdot n \text{ (오각수)}$$

$$H_{n+m} = H_n + H_m + 4 \cdot m \cdot n \text{ (육각수)}$$

사각수 공식은 $(m+n)^2$ 인 친숙한 이항정리 전개와 매우 유사하다. 예를 들어, $n=3$, $m=4$일 때, 다음과 같다.

$$\begin{aligned} S_{3+4} &= S_3 + S_4 + 2 \cdot 4 \cdot 3 \\ &= 3^2 + 4^2 + 24 \\ &= 9 + 16 + 24 \\ &= 49 = S_7 = 7^2 \end{aligned}$$

게다가, 이항정리로 보면 $S_{3+4} = (3+4)^2 = 3^2 + 4^2 + 2 \cdot 4 \cdot 3$이다.

일반화하면 다음과 같다.

$$S_{n+m} = S_n + S_m + 2 \cdot m \cdot n$$

이는 대수적 항등식 $(n+m)^2 = n^2 + m^2 + 2mn$과 같다.

19.

(a) $n=2,\ m=4$ 일 때, 다음 식이 성립함을 보이시오.

$$\mathrm{T}_{n+m}=\mathrm{T}_n+\mathrm{T}_m+1\cdot m\cdot n \text{ (삼각수)}$$

$$\mathrm{S}_{n+m}=\mathrm{S}_n+\mathrm{S}_m+2\cdot m\cdot n \text{ (사각수)}$$

$$\mathrm{P}_{n+m}=\mathrm{P}_n+\mathrm{P}_m+3\cdot m\cdot n \text{ (오각수)}$$

$$\mathrm{H}_{n+m}=\mathrm{H}_n+\mathrm{H}_m+4\cdot m\cdot n \text{ (육각수)}$$

(b) $m=1$일 때 위 네 식의 결과값을 구하시오. (힌트: T_1, S_1, P_1, H_1의 값은 모두 1이다.)

20.

(a) $n=2, 3, 4, 5$ 에 대하여 다음 식이 성립함을 보이시오.

$$(\mathrm{T}_{n+1},\ \mathrm{T}_n)\bullet(1,\ -1)=\mathrm{T}_{n+1}-\mathrm{T}_n=n+1$$

$$(\mathrm{S}_{n+1},\ \mathrm{S}_n)\bullet(1,\ -1)=\mathrm{S}_{n+1}-\mathrm{S}_n=2n+1$$

$$(\mathrm{P}_{n+1},\ \mathrm{P}_n)\bullet(1,\ -1)=\mathrm{P}_{n+1}-\mathrm{P}_n=3n+1$$

$$(\mathrm{H}_{n+1},\ \mathrm{H}_n)\bullet(1,\ -1)=\mathrm{H}_{n+1}-\mathrm{H}_n=4n+1$$

21.

(a) $n=2, 3, 4, 5$ 에 대하여 다음 식이 성립함을 보이시오.

$$(\mathrm{T}_{n+1},\ \mathrm{T}_n,\ \mathrm{T}_{n-1})\bullet(1,\ -2,\ 1)=\mathrm{T}_{n+1}-2\mathrm{T}_n+\mathrm{T}_{n-1}=1$$

$$(\mathrm{S}_{n+1},\ \mathrm{S}_n,\ \mathrm{S}_{n-1})\bullet(1,\ -2,\ 1)=\mathrm{S}_{n+1}-2\mathrm{S}_n+\mathrm{S}_{n-1}=2$$

$$(\mathrm{P}_{n+1},\ \mathrm{P}_n,\ \mathrm{P}_{n-1})\bullet(1,\ -2,\ 1)=\mathrm{P}_{n+1}-2\mathrm{P}_n+\mathrm{P}_{n-1}=3$$

$$(\mathrm{H}_{n+1},\ \mathrm{H}_n,\ \mathrm{H}_{n-1})\bullet(1,\ -2,\ 1)=\mathrm{H}_{n+1}-2\mathrm{H}_n+\mathrm{H}_{n-1}=4$$

22. $n=4, 5, 6, 7$ 에 대하여 다음 식이 성립함을 보이시오.

$$\mathrm{P}_n=(3,\ -3,\ 1)\bullet(\mathrm{P}_{n-1},\ \mathrm{P}_{n-2},\ \mathrm{P}_{n-3})$$

$$\mathrm{H}_n=(3,\ -3,\ 1)\bullet(\mathrm{H}_{n-1},\ \mathrm{H}_{n-2},\ \mathrm{H}_{n-3})$$

파스칼 삼각형의 3행에서 스트링을 구성하고 부호를 교대로 바꾸어 $(1, -3, 3, -1)$와 같이 나타내어 보자. 이웃하는 4개의 다각수의 스트링을 구성하고 이 두 스트링의 스트링곱을 계산하자. 예를 들어, 처음 4개의 오각수로 이루어진 스트링 (1, 5, 12, 22)에 대하여 다음과 같이 스트링곱을 계산할 수 있다.

$$\begin{aligned}(1, 5, 12, 22) \bullet (1, -3, 3, -1) &= 1 + 5(-3) + 12(3) - 22 \\ &= 1 - 15 + 36 - 22 \\ &= 0\end{aligned}$$

다각수는 크기순으로(증가 또는 감소) 나열할 수 있다. 이웃한 두 다각수를 임의로 선택하여도 무방하다. $S_6 = 36$으로 시작하는 감소하는 사각수 수열로 예를 들면 다음과 같다.

$$\begin{aligned}(36, 25, 16, 9) \bullet (1, -3, 3, -1) &= 36 + 25(-3) + 16(3) - 9 \\ &= 36 - 75 + 48 - 9 \\ &= 0\end{aligned}$$

일반적으로, $(1, -3, 3, -1)$***과 4개의 이웃하는 다각수 스트링의 스트링곱은 항상 0이다.***

---

23. $n = 3, 4, 5, 6$ 에 대하여 다음 식이 성립함을 보이시오.
$(T_{n+1}, T_n, T_{n-1}, T_{n-2}) \bullet (1, -3, 3, -1) = 0$
$(S_{n+1}, S_n, S_{n-1}, S_{n-2}) \bullet (1, -3, 3, -1) = 0$
$(P_{n+1}, P_n, P_{n-1}, P_{n-2}) \bullet (1, -3, 3, -1) = 0$
$(H_{n+1}, H_n, H_{n-1}, H_{n-2}) \bullet (1, -3, 3, -1) = 0$

문항 23에 제시된 성질은 파스칼 삼각형의 4행, 5행, 6행, …, $(n+1)$개의 이웃하는 다각수의 스트링으로 n행까지 확장할 수 있다. 예를 들어, 부호가 교대로 바뀌는 파스칼 삼각형의 5행에 있는 스트링과 6개의 연속하는 육각수를 스트링곱하면 다음과 같다.

$(66,\ 45,\ 28,\ 15,\ 6,\ 1)\bullet(1,\ -5,\ 10,\ -10,\ 5,\ -1)$

$=66+45(-5)+28(10)+15(-10)+6(5)-1$

$=66-225+280-150+30-1$

$=0$

---

24. $n=6,7,8,9$ 에 대하여 다음 식이 성립함을 보이시오.

$(T_{n+1},\ T_n,\ T_{n-1},\ T_{n-2}, T_{n-3})\bullet(1,-4,\ 6,-4,\ 1)=0$

$(T_{n+1},\ T_n,\ T_{n-1},\ T_{n-2}, T_{n-3}, T_{n-4})\bullet(1,-5,\ 10,-10,\ 5,-1)=0$

$(T_{n+1},\ T_n,\ T_{n-1},\ T_{n-2}, T_{n-3}, T_{n-4}, T_{n-5})\bullet(1,-6,\ 15,-20,\ 15,-6,\ 1)=0$

25. $n=6,7,8,9$ 에 대하여 다음 식이 성립함을 보이시오.

$(S_{n+1},\ S_n,\ S_{n-1},\ S_{n-2},\ S_{n-3})\bullet(1,-4,\ 6,-4,\ 1)=0$

$(S_{n+1},\ S_n,\ S_{n-1},\ S_{n-2},\ S_{n-3},\ S_{n-4})\bullet(1,-5,\ 10,-10,\ 5,-1)=0$

$(S_{n+1},\ S_n,\ S_{n-1},\ S_{n-2},\ S_{n-3},\ S_{n-4},\ S_{n-5})\bullet(1,-6,\ 15,-20,\ 15,-6,\ 1)=0$

26. $H_2=6$을 시작으로 5개의 이웃하는 육각수의 스트링을 구성한 후, $(1,-4,\ 6,-4,\ 1)$과의 스트링곱을 구하시오.

27. 다음 행렬식은 사각수로 구성된 것이다. 행렬식을 계산하시오. 이 수들은 어떤 수열인가?

$$\begin{vmatrix} 1 & 1 \\ 3 & 4 \end{vmatrix}= \qquad \begin{vmatrix} 3 & 4 \\ 6 & 9 \end{vmatrix}= \qquad \begin{vmatrix} 6 & 9 \\ 10 & 16 \end{vmatrix}= \qquad \cdots$$

이 수열의 다음 3개의 행렬식을 표현하고 그 값을 구하시오.

28. 문항 27의 행렬식은 $T_n\cdot S_{n+1}-T_{n+1}\cdot S_n=T_n$을 나타낸다. $n=1,2,3,4$ 에 대하여 이 식이 성립함을 보이시오.

29. 표의 빈칸을 채우시오. 이 수들은 어떤 수열인가?

n	T_n	S_n	P_n	H_n
1	$\begin{vmatrix} 1 & 1 \\ 2 & 3 \end{vmatrix} = 1$	$\begin{vmatrix} 1 & 1 \\ 2 & 4 \end{vmatrix} = 2 = 2 \cdot 1$	$\begin{vmatrix} 1 & 1 \\ 2 & 5 \end{vmatrix} = 3 = 3 \cdot 1$	$\begin{vmatrix} 1 & 1 \\ 2 & 6 \end{vmatrix} = 4 = 4 \cdot 1$
2	$\begin{vmatrix} 2 & 3 \\ 3 & 6 \end{vmatrix} = 3$	$\begin{vmatrix} 2 & 4 \\ 3 & 9 \end{vmatrix} = 6 = 2 \cdot 3$	$\begin{vmatrix} 2 & 5 \\ 3 & 12 \end{vmatrix} = 9 = 3 \cdot 3$	$\begin{vmatrix} 2 & 6 \\ 3 & 15 \end{vmatrix} = 12 = 4 \cdot 3$
3	$\begin{vmatrix} 3 & 6 \\ 4 & 10 \end{vmatrix} = 6$	$\begin{vmatrix} 3 & 9 \\ 4 & 16 \end{vmatrix} = 12 = 2 \cdot 6$	$\begin{vmatrix} 3 & 12 \\ 4 & 22 \end{vmatrix} = 18 = 3 \cdot 6$	$\begin{vmatrix} 3 & 15 \\ 4 & 28 \end{vmatrix} = 24 = 4 \cdot 6$
4	$\begin{vmatrix} 4 & 10 \\ 5 & 15 \end{vmatrix} =$	$\begin{vmatrix} 4 & 16 \\ 5 & 25 \end{vmatrix} = \quad =$	$\begin{vmatrix} 4 & 22 \\ 5 & 35 \end{vmatrix} = \quad =$	$\begin{vmatrix} 4 & 28 \\ 5 & 45 \end{vmatrix} = \quad =$
5	$\begin{vmatrix} \quad & \quad \\ \quad & \quad \end{vmatrix} =$	$\begin{vmatrix} \quad & \quad \\ \quad & \quad \end{vmatrix} = \quad =$	$\begin{vmatrix} \quad & \quad \\ \quad & \quad \end{vmatrix} = \quad =$	$\begin{vmatrix} \quad & \quad \\ \quad & \quad \end{vmatrix} = \quad =$
6	$\begin{vmatrix} \quad & \quad \\ \quad & \quad \end{vmatrix} =$	$\begin{vmatrix} \quad & \quad \\ \quad & \quad \end{vmatrix} = \quad =$	$\begin{vmatrix} \quad & \quad \\ \quad & \quad \end{vmatrix} = \quad =$	$\begin{vmatrix} \quad & \quad \\ \quad & \quad \end{vmatrix} = \quad =$

문항 29의 행렬식의 수열은 다음과 같이 나타낸다.

$$\begin{vmatrix} n & T_n \\ n+1 & T_{n+1} \end{vmatrix} = T_n \qquad \text{또는 } n \cdot T_{n+1} - (n+1) \cdot T_n = T_n$$

$$\begin{vmatrix} n & S_n \\ n+1 & S_{n+1} \end{vmatrix} = 2 \cdot T_n \qquad \text{또는 } n \cdot S_{n+1} - (n+1) \cdot S_n = 2 \cdot T_n$$

$$\begin{vmatrix} n & P_n \\ n+1 & P_{n+1} \end{vmatrix} = 3 \cdot T_n \qquad \text{또는 } n \cdot P_{n+1} - (n+1) \cdot P_n = 3 \cdot T_n$$

$$\begin{vmatrix} n & H_n \\ n+1 & H_{n+1} \end{vmatrix} = 4 \cdot T_n \qquad \text{또는 } n \cdot H_{n+1} - (n+1) \cdot H_n = 4 \cdot T_n$$

30. $n=1,2,3,4$ 에 대하여 위 식이 성립함을 보이시오.

31. 다음 행렬식을 계산하시오. 이 수들은 어떤 수열인가?

$$\begin{vmatrix} 1 & 1 \\ 4 & 5 \end{vmatrix}$$

$$\begin{vmatrix} 4 & 5 \\ 9 & 12 \end{vmatrix}$$

$$\begin{vmatrix} 9 & 12 \\ 16 & 22 \end{vmatrix}$$

$\cdots$

이 수열의 다음 3개의 행렬식을 표현하고 그 값을 계산하시오.

32. 다음 행렬식을 계산하시오. 이 수들은 어떤 수열인가?

$$\begin{vmatrix} 1 & 1 \\ 5 & 6 \end{vmatrix}$$

$$\begin{vmatrix} 5 & 6 \\ 12 & 15 \end{vmatrix}$$

$$\begin{vmatrix} 12 & 15 \\ 22 & 28 \end{vmatrix}$$

$\cdots$

이 수열의 다음 3개의 행렬식을 표현하고 그 값을 계산하시오.

33. 다음 행렬식을 계산하시오. 이 수들은 어떤 수열인가?

$$\begin{vmatrix} 1 & 1 \\ 3 & 5 \end{vmatrix}$$
$$\begin{vmatrix} 3 & 5 \\ 6 & 12 \end{vmatrix}$$
$$\begin{vmatrix} 6 & 12 \\ 10 & 22 \end{vmatrix}$$
$$\begin{vmatrix} 10 & 22 \\ 15 & 35 \end{vmatrix}$$
$$\cdots$$

34. 다음 행렬식을 계산하시오. 이 수들은 어떤 수열인가?

$$\begin{vmatrix} 1 & 1 \\ 3 & 6 \end{vmatrix}$$
$$\begin{vmatrix} 3 & 6 \\ 6 & 15 \end{vmatrix}$$
$$\begin{vmatrix} 6 & 15 \\ 10 & 28 \end{vmatrix}$$
$$\begin{vmatrix} 10 & 28 \\ 15 & 45 \end{vmatrix}$$
$$\cdots$$

35. 다음 행렬식을 계산하시오. 이 수들은 어떤 수열인가?

$$\begin{vmatrix} 1 & 1 \\ 4 & 6 \end{vmatrix}$$

$$\begin{vmatrix} 4 & 6 \\ 9 & 15 \end{vmatrix}$$

$$\begin{vmatrix} 9 & 15 \\ 16 & 28 \end{vmatrix}$$

$$\begin{vmatrix} 16 & 28 \\ 25 & 45 \end{vmatrix}$$

$$\cdots$$

36. 문항 31~35로부터 다음 공식을 이끌어 낼 수 있다.

$$S_n \cdot P_{n+1} - S_{n+1} \cdot P_n = T_n$$

$$P_n \cdot H_{n+1} - P_{n+1} \cdot H_n = T_n$$

$$T_n \cdot P_{n+1} - T_{n+1} \cdot P_n = 2T_n$$

$$T_n \cdot H_{n+1} - T_{n+1} \cdot H_n = 3T_n$$

$$S_n \cdot H_{n+1} - S_{n+1} \cdot H_n = 2T_n$$

$n=1, 2, 3$ 에 대하여 위 5개의 식이 성립함을 보이시오.

이 절에서는 다각수의 공식을 최대로 이끌어내었다.
m=(정다각형의 변의 개수), n=(m으로 구성된 수열의 n번째 다각수의 위치)라 하면 다각수의 일반화된 공식은 다음과 같다.

$$P(m,\ n) = \frac{n[(m-2)n-(m-4)]}{2}$$

예를 들어 4번째 오각수는(단, $m=5$) 다음과 같이 주어진다.

$$P(m,\ n)=\frac{n[(m-2)n-(m-4)]}{2}$$

$$P(5,\ 4)=\frac{4[(5-2)4-(5-4)]}{2}$$

$$=\frac{4[(3)4-(1)]}{2}$$

$$=\frac{4[12-1]}{2}$$

$$=\frac{44}{2}$$

$$=22$$

---

37. 위 공식을 이용하여 다음 다각수를 계산하시오. (십각형은 10개의 변을 갖고 있다.)
(a) 10번째 팔각수

(b) 10번째 십각수

3.4. **홀수, 짝수, 그리고 피타고라스 수**(Pythagorean Triples)[5)]

피타고라스학파(기원전 약 500년경)는 분명 다각형의 수 개념에서부터 시작되었을 것이다. 이 고대 그리스 학자들은 수를 홀수 또는 짝수로 분류하였고 몇몇 연속된 홀수들의 합이 제곱수와 일치함을 관찰하였다.

---

5) 역자주 : 피타고라스 수는 $(3,\ 4,\ 5)$와 같은 피타고라스 세 수를 원소로 하는 집합이다.

$$\begin{aligned} 1 &= 1 = 1^2 \\ 1+3 &= 4 = 2^2 \\ 1+3+5 &= 9 = 3^2 \\ 1+3+5+7 &= 16 = 4^2 \\ 1+3+5+7+9 &= 25 = 5^2 \\ \vdots \quad & \quad \vdots \quad \vdots \\ 1+3+5+\cdots+(2n-1) &= n^2 \end{aligned}$$

피타고라스 학자들은 또한 연속된 짝수들의 합에 대해 규칙성을 발견하였다.

$$\begin{aligned} 2 &= 2 = 2 \cdot 1 \\ 2+4 &= 6 = 2 \cdot 3 \\ 2+4+6 &= 12 = 2 \cdot 3 \\ 2+4+6+8 &= 12 = 2 \cdot 10 \\ 2+4+6+8+15 &= 30 = 2 \cdot 15 \end{aligned}$$

3.4절

1. 위에서 보여준 짝수의 합에 대한 규칙을 확장하여 이어지는 3개의 방정식을 더 구하시오. 합의값을 확인하시오. 마지막 열의 수들의 규칙성에서 나타나는 수열을 찾으시오.

짝수의 합에 대한 방정식은 다음과 같은 일반적인 규칙으로 정리한다.

$$2+4+6+\cdots+2n = 2\mathrm{T}_n$$

연속적인 홀수로 이루어진 수열의 항 각각에 1을 더하면, 짝수로 이루어진 수열을 얻을 수 있다. 다음을 검증하여 짝수들의 합에 대한 또 다른 공식을 얻는다.

$$\begin{array}{rcl} 1+3+5+\cdots+(2n-1) & = & n^2 \\ 1+1+1+\cdots+\quad 1 & = & n \\ \hline 2+4+6+\cdots+\quad 2n & = & n^2+n \end{array}$$

또한, 여기에서 앞서 살펴본 공식은 다음과 같은 식을 확인할 수 있다.

$$2 \cdot \mathrm{T}_n = n^2+n, \text{ 또는 이와 동등한 식 } \mathrm{T}_n = \frac{(n^2+n)}{2} = \frac{n(n+1)}{2}$$

2. $n=1, 2, 3, 4$ 에 대하여 공식
$2+4+6+\cdots+2n=n^2+n$ 이 성립함을 보이시오.

3. 처음 100개의 짝수의 합을 구하시오.

피타고라스 정리(Pythagorean Theorem)는 '두 개의 변 a, b 와 빗변 c 로 이루어진 모든 직각삼각형에 대하여 $a^2+b^2=c^2$'라는 것이다. 피타고라스학파의 입장에서 변과 빗변의 제곱은 말 그대로 기하학적 제곱이다. 아마도 가장 유명한 직각삼각형은 두 변의 길이가 3, 4 이고 빗변이 5 인 직각삼각형일 것이다. 이 특별한 삼각형 역시 홀수의 연속된 합과 연관되어 있다. $4^2=16=1+3+5+7$ 임을 살펴보면 순서에 따라 다음 홀수는 9(완전제곱수)이다.

즉, $(1+3+5+7)+9=25$ 이고 $4^2+3^2=5^2$ 이다.

3, 4, 5 는 **피타고라스 세 수**(Pythagorean Triple)로 알려져 있다. 홀수인 제곱수는 무수히 많으므로 피타고라스의 관계식이 또 다른 피타고라스의 세 수를 무한히 반복하여 생성할 것이다. 9 다음에 나오는 제곱수인 동시에 홀수인 수는 25이다. 25는 13번째 홀수이므로(25에 1을 더하고 2로 나누어 13을 계산한다.)

$$(1+3+5+7+9+\cdots+23)+25=13^2$$
$$12^2 \qquad\qquad +5^2=13^2$$ 이다.

이로부터 피타고라스 세 수 (5, 12, 13)를 얻게 된다.

4. 25 다음에 나오는 제곱수인 동시에 홀수인 수를 찾고,
그 수가 피타고라스 세 수에 해당함을 서술하시오.

5. 피타고라스 세 수에 대한 배수 역시 피타고라스 세 수임을 보이시오.
예를 들어, (6, 8, 10) 과 (30, 40, 50) 이 피타고라스 세 수임을 보이시오.
이제, 양의 정수 x 에 대하여 $(3x, 4x, 5x)$ 가 피타고라스 세 수임을 보이시오.

6. 양의 정수 x에 대하여 $(5x, 12x, 13x)$가 피타고라스 세 수임을 보이시오.

7. 제곱수인 동시에 홀수인 수, 81에 대하여 $1+3+5+\cdots+79$의 합을 구하고, $(1+3+5+\cdots+79)+81$의 합을 구하여 두 개의 제곱 수를 더한 결과가 또 다른 제곱 수가 됨을 보이시오. 이를 통해 피타고라스 세 수 (9, ___, ___)를 얻을 수 있다. 빈 칸을 채우시오.

피타고라스 수 중 (3, 4, 5), (5, 12, 13), (7, 24, 25), (9, 40, 41)은 어떤 다른 세 수의 배수가 아니므로 **원시 피타고라스 수**(primitive triples)로 분류한다. 아래의 그림에 제시된 세 수의 쌍들을 관찰하여 다음의 세 수를 예측할 수 있는지 규칙성을 찾아보자.

원시 피타고라스 수

3	4	5
5	12	13
7	24	25
9	40	41
___	___	___

첫 번째 열에서 빈칸에 들어갈 수는 쉽게 찾을 수 있다. 단순하게 다음 순서의 홀수, 11이다. 세 번째 열의 수는 항상 가운데 열의 수보다 1이 더 크다. 그렇다면 가운데 열의 수를 어떻게 찾을 수 있을까? 가운데 열에서 각각의 수가 4의 배수인 점에 주목해보자.

$$4 = 4 \cdot 1$$
$$12 = 4 \cdot 3$$
$$24 = 4 \cdot 6$$
$$40 = 4 \cdot 10$$

삼각수가 나타나는 것을 확인할 수 있다.

8. 위에 제시된 표(원시 피타고라스 수)에서 다음의 피타고라스 세 수를 예측하시오. 예측한 피타고라스 세 수의 처음 두 수를 각각 제곱하여 더한 값이 세 번째 수의 제곱한 값과 같음을 확인하시오.

9. 세 개의 행을 추가하여 표를 확장하고 각 행에서 나타난 피타고라스 세 수의 처음 두 수를 각각 제곱하여 더한 값이 세 번째 수의 제곱한 값과 같음을 확인하시오.

피타고라스 세 수에 대한 표를 채우는 과정에서 다음 공식을 얻는다.

$$(2n+1\,,\ 4\cdot \mathrm{T}_n\,,\ 4\cdot \mathrm{T}_n+1)$$

즉, $(2n+1)^2+(4\cdot \mathrm{T}_n)^2=(4\cdot \mathrm{T}_n+1)^2$ 이다.

10. $n=1, 2, 3, 10$ 에 대하여 피타고라스 공식 $(2n+1)^2+(4\cdot \mathrm{T}_n)^2=(4\cdot \mathrm{T}_n+1)^2$ 이 성립함을 확인하시오.

11. $\mathrm{T}_n=\dfrac{n(n+1)}{2}$ 이므로, 위 공식의 T_n 에 $\dfrac{n(n+1)}{2}$ 을 대입하여 등식이 성립함을 대수적으로 증명하시오.

12. 15로 시작하는 원시 피타고라스 세 수 (15, ___, ___)를 구하시오.

원시 피타고라스 세 수에 대한 흥미로운 성질을 관찰할 수 있다. 예를 들어, 두 수는 홀수이고 하나는 짝수이다. 적어도 하나의 수는 3, 4, 5로 나누어 떨어진다. 이 성질은 (8, 15, 17)처럼 다른 원시 피타고라스 세 수에 대해서도 성립한다. 추가적인 성질은 다음의 연습문제를 통해 확인해보자.

13. 원시 피타고라스 수를 나타낸 그림에서 묶은 수의 합을 각각 구하시오.
어떤 수열인가?

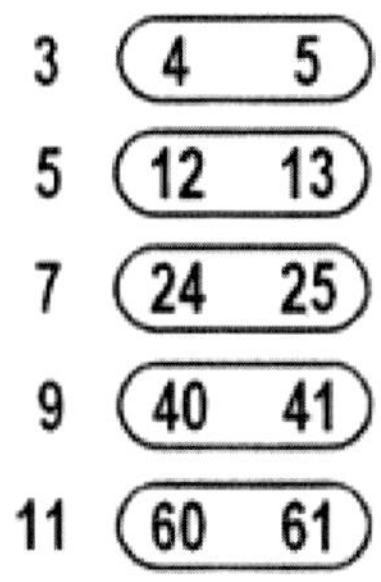

14. 아래 그림에서 짝지어 묶은 4개의 수를 각각 더한 후 8로 나누시오. 어떤 수열인가?

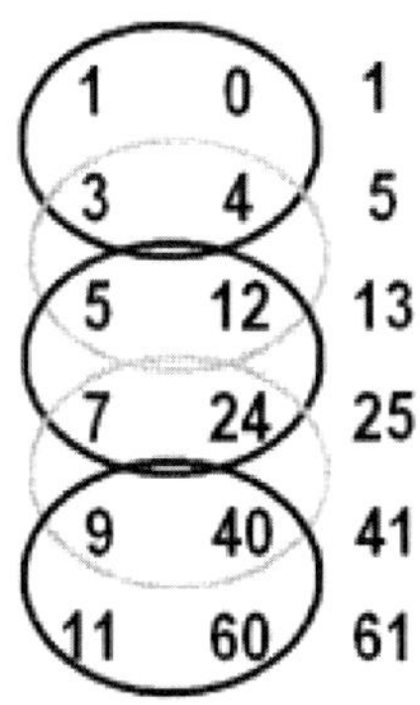

15. 아래 그림의 각 행의 첫 번째 값과 세 번째 값을 더한 후 2로 나누시오.
어떤 수열인가?

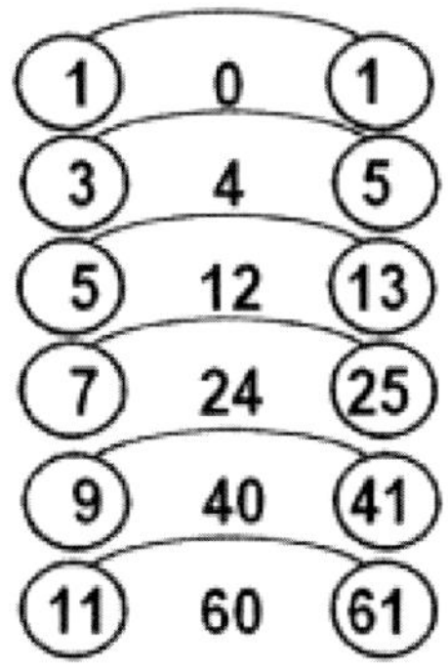

16. 문제 14에 제시된 그림에서 그룹으로 묶은 수들에 대해 행렬식을 구하시오. 어떤 수열인가?

17. 연속된 4개의 피보나치 수, F_n, F_{n+1}, F_{n+2}, F_{n+3}을 선택하자.
$A = F_n \cdot F_{n+3}$, $B = 2(F_{n+1}) \cdot (F_{n+2})$이고 $C = (F_{n+1})^2 + (F_{n+2})^2$라 할 때, (A, B, C)가 피타고라스 세 수가 됨을 보이시오.

18. 문제 14에 제시된 그림에서 각각의 행을 구성하는 세 개의 숫자를 더하고 2로 나누시오. 이때 나타나는 수열을 육각수와 비교하시오.

19. ${T_n}^2 + (T_{n-1})^2 = T_{n^2}$이고 T_{49}가 완전제곱수일 때,
T_n과 T_{n-1}을 찾고 T_{n-1}, T_n, T_{49}가 피타고라스 세 수임을 보이시오.
(힌트: $T_{49} = 35^2$)

20. $n = 2, 3, 4$에 대하여 T_{n-1}, $\sqrt{n^3}$, T_n가 피타고라스 세 수임을 보이시오.

21. $n = 1, 2, 3$에 대하여 n, n^2, $\sqrt{2 \cdot T_{n^2}}$가 피타고라스 세 수임을 보이시오.

3.5. **중심 다각수**

다각수(Polygonal Numbers)에는 **중심 다각수**(Centered Polygonal Numbers)라 불리는 수들이 있다. 이 수들은 사각형에 또 다른 사각형을 추가하는 형태로 제시되는 다각수와 관련이 있다. 아래의 그림은 4번째 사각수와 4번째 중심 사각수를 나타낸다. (점의 개수를 세어보아라.)

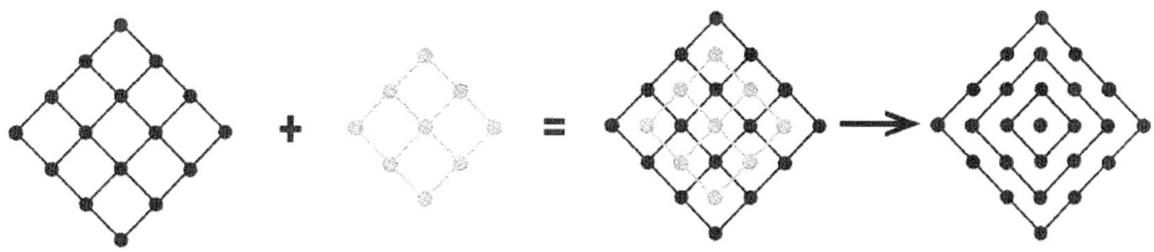

4번째 사각수　　3번째 사각수　　4번째 중심 사각수

이 경우, $16+9=25$ 이다. 중심 사각수를 의미하는 기호 ${}^{C}S$ 를 사용하여 다음과 같이 나타낸다.

$$ {}^{C}S_4 = S_4 + S_3 = 16+9 = 25 $$

일반적으로, n번째 중심 다각수 ${}^{C}P_n$ 은 n번째 다각수 P_n 과 $n-1$번째 사각수의 합과 같다.

$$ {}^{C}P_n = P_n + S_{n-1} $$

또 하나의 예로, 4번째 중심 삼각수는 19이며 4번째 삼각수와 3번째 사각수의 합과 같다. 즉, 다음과 같이 나타낼 수 있다.

$$ {}^{C}T_4 = T_4 + S_3 = 10+9 = 19 $$

단, ${}^{C}T$ 는 중심 삼각수를 의미하는 기호이다. 아래의 그림을 살펴보자. 수에 대한 정보를 얻기 위해서 단순히 점의 개수만 세면 된다는 것을 기억하자.

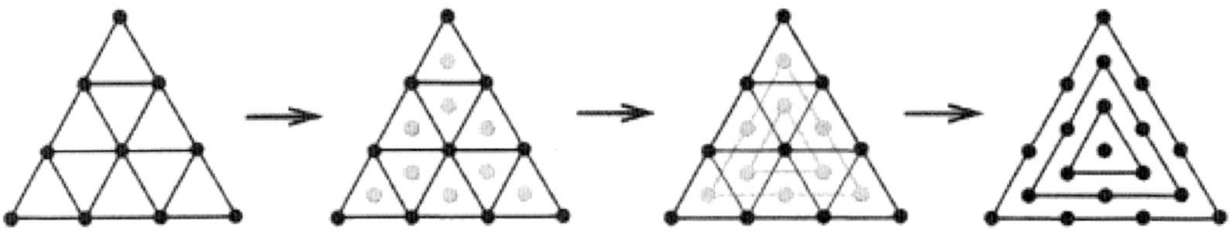

T_4 $\qquad$ $T_4+1+3+5 = T_4+9$ $\qquad$ $T_4+S_3 = 10+9$ $\qquad$ 네 번째 중심 삼각수 $= 19$

아래의 그림은 중심 오각수 ${}^{C}P_6$와 중심 육각수 ${}^{C}H_4$를 나타낸 것이다.

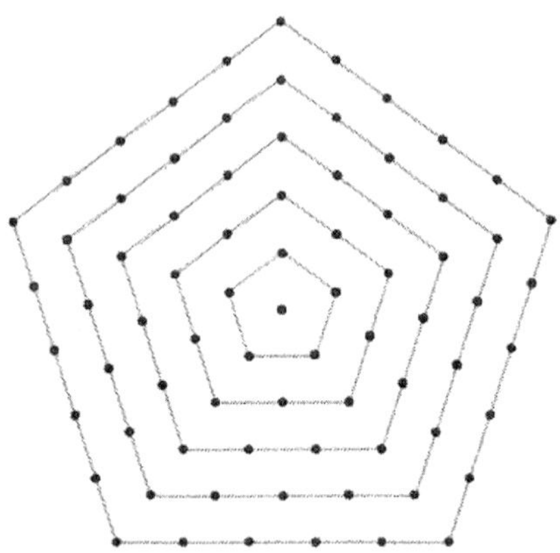

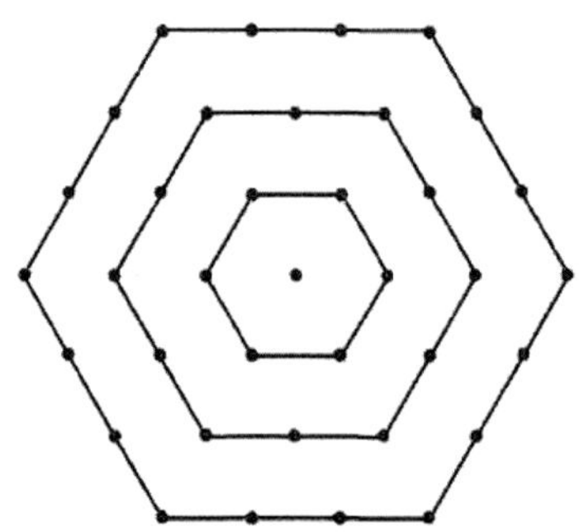

${}^{C}P_6 = P_6 + S_5 = 51 + 25 = 76$, $\qquad$ **${}^{C}H_4 = H_4 + S_3 = 28 + 9 = 37$**

3.5절

1. 아래의 표를 완성하시오.

n	중심 삼각수	중심 사각수	중심 오각수	중심 육각수
1	1 = 1	1 = 1	1 = 1	1 = 1
2	4 = 3 + 1	5 = 4 + 1	6 = 5 + 1	7 = 6 + 1
3	10 = 6 + 4	13 = 9 + 4	16 = 12 + 4	19 = 15 + 4
4	19 = 10 + 9	25 = 16 + 9	31 = 22 + 9	37 = 28 + 9
5	31 = 15 + 16	41 = 25 + 16	51 = 35 + 16	61 = 45 + 16
6	46 = ____ + ____	61 = ____ + ____	76 = ____ + ____	91 = ____ + ____
7	____ = ____ + ____	____ = ____ + ____	____ = ____ + ____	____ = ____ + ____
8	____ = ____ + ____	____ = ____ + ____	____ = ____ + ____	____ = ____ + ____
9	____ = ____ + ____	____ = ____ + ____	____ = ____ + ____	____ = ____ + ____
10	____ = ____ + ____	____ = ____ + ____	____ = ____ + ____	____ = ____ + ____

일련의 아래 그림은 4 번째 육각수인 28에서 시작하여 3 번째 사각수인 9를 추가함으로써 어떻게 4 번째 중심 육각수인 37을 얻을 수 있는지 설명하고 있다.

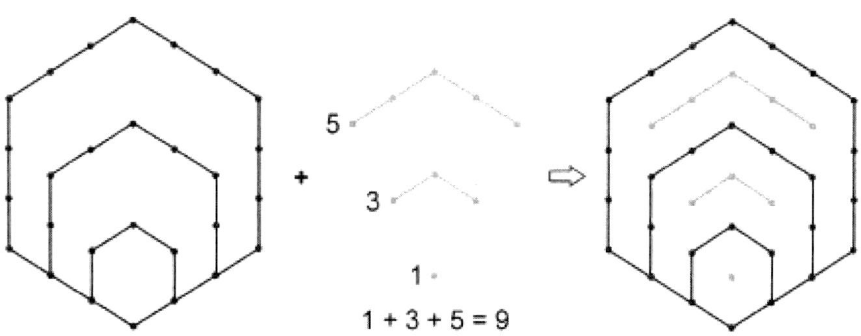

위의 그림은 $H_4 + S_3 = 28+9$를 의미한다. 꼭짓점은 그대로 둔 채, 부분적인 선 요소를 조정하여 4번째 중심 육각수인 37을 얻는다.

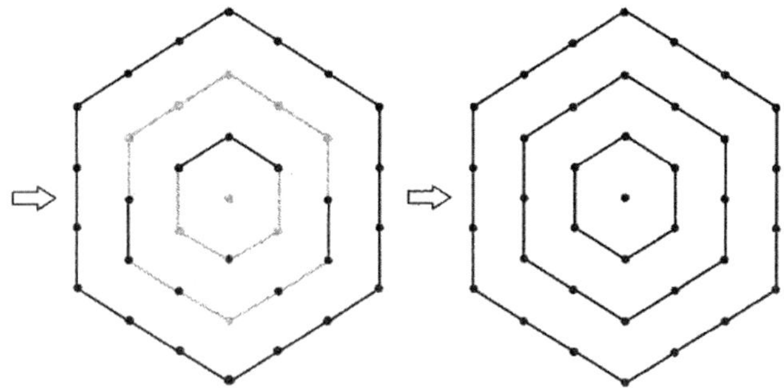

다음은 문제 1의 결과로 얻은 중심 다각수에 대한 표를 새롭게 작성한 것이다.

새로운 표				
1	1	1	1	...
4	5	6	7	...
10	13	16	19	...
19	25	31	37	...
31	41	51	61	...
46	61	76	91	...
64	85	106	127	...
...				

중심 다각수는 이미 알려진 다각수의 성질과 유사한 성질을 갖는다. 제시된 표에 있는 수들을 관찰해보자.

각 행을 구성하는 수들은 일정한 수(d)만큼 차이가 난다.
그 수(d)는 삼각수를 이루는데 n행보다 1 작은 $n-1$번째 삼각수이다.
2번째 행에서 각각의 수는 이전 열의 수보다 1이 더 크다.
3번째 행에서 각각의 수는 이전 열의 수보다 3(또는 T_2)이 더 크다.
4번째 행에서 각각의 수는 이전 열의 수보다 6(또는 T_3)이 더 크다.
5번째 행에서 각각의 수는 이전 열의 수보다 10이 더 크다.
6번째 행에서 각각의 수는 이전 열의 수보다 15가 더 크다.
각각의 열에서 이웃한 항 사이의 차이는 각각 3, 4, 5, 6의 배수이다.

이러한 성질들을 관찰함으로써, 중심 다각수들을 쉽게 확장할 수 있다.

2. 앞 페이지에 제시된 "새로운 표"에 두 개의 열을 추가하시오.

모든 다각수는 삼각수를 이용한 표현으로 변환할 수 있으므로, 모든 중심 다각수 역시 삼각수들의 합의 표현으로 나타낼 수 있다. 예를 들어, 4번째 중심 삼각수는 다음과 같다.

$$ {}^{C}T_4 = T_4 + S_3 = T_4 + T_3 + T_2 $$

그리고 4번째 중심 사각수는 다음과 같다.

$$ {}^{C}S_4 = S_4 + S_3 = (T_4 + T_3) + (T_3 + T_2) = T_4 + 2T_3 + T_2 $$

3. $n = 3, 4, 5, 6$ 에 대하여 공식 ${}^{C}P_n = T_{2n-1} + T_{n-2}$ 이 성립함을 확인하시오.

4.

(a) 4번째 중심 오각수을 구하는 공식은 $P_4 + S_3$ 이다.
오각수에 대한 공식 $P_4 = T_4 + 2T_3$ 를 이용하여 4번째 중심 오각수를 삼각수들의 합의 표현으로 나타내시오.

(b) 4번째 중심 육각수을 구하는 공식은 $H_4 + S_3$ 이다.
육각수에 대한 공식 $H_4 = T_4 + 3T_3$ 를 이용하여 4번째 중심 육각수를 삼각수들의 합의 표현으로 나타내시오.

아래 그림은 문제 4의 정답을 해설한다. 4번째 중심 육각수에 대한 다이어그램에서 색칠한 부분은 여섯 개의 삼각수를 의미한다.

$$
\begin{aligned}
{}^{C}H_4 &= T_4 + 4T_3 + T_2 \\
&= 10 + 4(6) + 3 \\
&= 37
\end{aligned}
$$

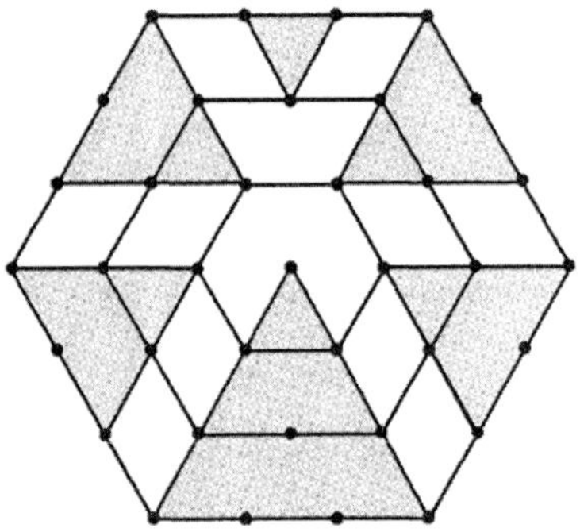

---

5. 5번째 중심 삼각수, 5번째 중심 사각수, 5번째 중심 오각수, 5번째 중심 육각수에 대한 삼각수들의 합의 표현으로 나타내시오.

일반적으로, n ***번째 중심 다각수에 대한 삼각수들의 합의 표현은 다음과 같다.***

${}^{C}T_n = T_n + T_{n-1} + T_{n-2}$ (3개의 연속된 삼각수의 합)

${}^{C}S_n = T_n + 2T_{n-1} + T_{n-2}$

${}^{C}P_n = T_n + 3T_{n-1} + T_{n-2}$

${}^{C}H_n = T_n + 4T_{n-1} + T_{n-2}$

다음과 같이 중심 다각수 사이의 고차원 계(order)에 따른 차는 삼각수이다.

${}^{C}S_n - {}^{C}T_n = T_{n-1}$

${}^{C}P_n - {}^{C}S_n = T_{n-1}$

${}^{C}H_n - {}^{C}P_n = T_{n-1}$

m개의 변을 갖는 다각형을 Poly(m)으로 표현할 때, ${}^{C}(\mathrm{Poly}(m))_n$은 n번째 중심 m각수를 의미하는 기호이다. 이를 나타내면 다음과 같다.

$${}^{C}(\mathrm{Poly}(m))_n = \mathrm{T}_n + (m-2)\mathrm{T}_{n-1} + \mathrm{T}_{n-2}$$

또는

$${}^{C}(\mathrm{Poly}(m))_n - {}^{C}(\mathrm{Poly}(m-1))_n = \mathrm{T}_{n-1}$$

6.

(a) ${}^{C}(\mathrm{Poly}(6))_5$에 대한 삼각수들의 합의 표현으로 나타내고, 그 결과가 ${}^{C}\mathrm{H}_5 = 61$와 같은지 확인하시오.

(b) $n = 2, 3, 4, 5$ 에 대하여 ${}^{C}\mathrm{H}_n - {}^{C}\mathrm{P}_n$ 의 값을 구하시오.

7.

(a) ${}^{C}(\mathrm{Poly}(8))_4$에 대한 삼각수들의 합의 표현으로 나타내고, 그 값을 구하시오.

(b) ${}^{C}(\mathrm{Poly}(3))_4 + {}^{C}(\mathrm{Poly}(5))_4 = {}^{C}(\mathrm{Poly}(8))_4$ 임을 보이시오.

(c) ${}^{C}(\mathrm{Poly}(2))_4 + {}^{C}(\mathrm{Poly}(6))_4 = {}^{C}(\mathrm{Poly}(8))_4$ 임을 보이시오.
(단, 2각형은 존재하지 않지만 수열의 성질로 그 값을 예상할 수 있다.)

8. 아래의 표를 완성하시오. 네 개의 열들은 어떤 수열인가?

n	$3T_n+1$	$4T_n+1$	$5T_n+1$	$6T_n+1$
1	4	5	6	7
2	10	13	16	19
3	______	______	______	______
4	______	______	______	______
5	______	______	______	______

문제 8의 표에서 제목 열에 나타난 표현은 일반적으로 다음과 같다.

$$^{C}(\mathrm{Poly}(m))_n = m\,T_{n-1}+1$$

다음 그림은 $n=4$이고 $m=3,4,5,6$ 인 경우에 대하여 위 공식이 성립함을 보여준다. 4번째 중심 삼각수, 4번째 중심 사각수, 4번째 중심 오각수, 4번째 중심 육각수, 즉, $^{C}(\mathrm{Poly}(3))_4$, $^{C}(\mathrm{Poly}(4))_4$, $^{C}(\mathrm{Poly}(5))_4$, $^{C}(\mathrm{Poly}(6))_4$ 와 위 공식의 관계를 설명하는 그림이다. 그림에서 색칠하지 않은 삼각형은 삼각수를 의미하며 각각의 도형의 한 가운데에 남은 점 하나는 mT_n에 더하는 1을 의미한다.

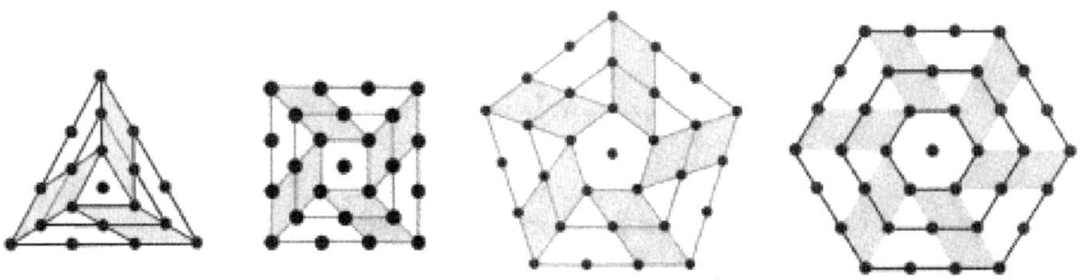

$^{C}T_4 = 19 = 3T_3 + 1$ $^{C}S_4 = 25 = 4T_3 + 1$ $^{C}P_4 = 31 = 5T_3 + 1$ $^{C}H_4 = 37 = 6T_3 + 1$

다음 그림은 중심 다각수에 대한 또 다른 삼각수 표현 공식을 설명한다.

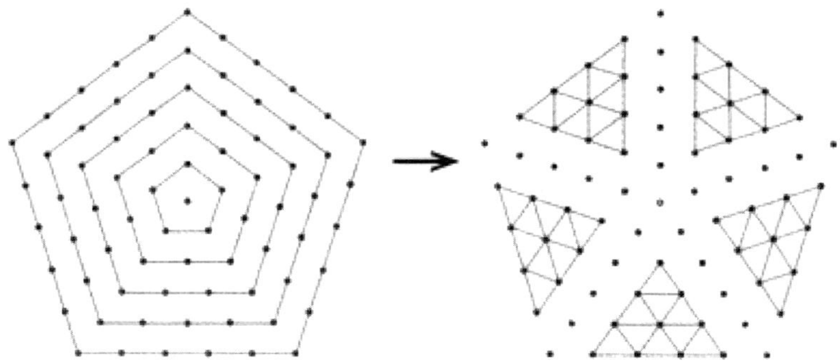

그림을 통해 6번째 중심 오각수는 4번째 삼각수에 5를 곱한 값과 5(=6−1)에 5를 곱한 값을 더한 후 1(가운데의 점 하나를 의미)을 더한 값과 같다는 것을 알 수 있다. 이를 기호로 표현하면, 다음과 같다.

$$^{C}P_6 = 5T_4 + 5(6-1) + 1$$

이를 일반화하여 나타내면 다음과 같다.

$$^{C}P_n = 5T_{n-2} + 5(n-1) + 1$$

---

9. 4번째 중심 육각수는 2번째 삼각수에 6을 곱한 값과 3(=4−1)에 6을 곱한 값을 더한 후 1을 더한 값과 같음을 보이시오.
   즉, $n=4$일 때, 다음이 성립함을 보이시오.
   $$^{C}H_n = 6T_{n-2} + 6(n-1) + 1$$
   앞의 그림과 같이 $^{C}H_4$를 쪼개진 6개의 삼각수, 6개의 3, 그리고 1의 합으로 나타내는 도형을 그리시오.
10. 4번째 중심 사각수는 2번째 삼각수에 4를 곱한 값과 3에 4를 곱한 값을 더한 후 1을 더한 값과 같음을 보이시오. 즉, $n=4$일 때, 다음 식이 성립함을 보이시오.
   $$^{C}S_n = 4T_{n-2} + 4(n-1) + 1$$
   앞의 그림과 같이 $^{C}S_4$를 쪼개진 4개의 삼각수, 4개의 3, 그리고 1의 합으로 나타내는 도형을 그리시오.

이를 일반화하면 다음과 같다.

$$^{C}(\mathrm{Poly}(m))_n = m\mathrm{T}_{n-2} + m(n-1) + 1$$

---

11. $m=3$이고 $n=5$일 때,
$^{C}(\mathrm{Poly}(m))_n = m\mathrm{T}_{n-2} + m(n-1) + 1$이 성립함을 보이시오.

12. $n = 1, 2, 3, 4$에 대하여, $^{C}\mathrm{H}_{n+1} = \mathrm{T}_{3n+1} - 3\mathrm{T}_n$이 성립함을 보이시오.

13. 제시된 도형은 $^{C}(\mathrm{Poly}(8))_5$ 즉, 5번째 중심 팔각수 $^{C}\mathrm{O}_5 = 81$을 나타낸 것이다. 도형 (a) ~ (c) 각각에 그림을 그려 아래의 공식 (a) ~ (c)가 성립함을 보이시오. 각각의 공식에 맞게 몇 개의 삼각수와 추가적인 요소를 더함으로써 $^{C}\mathrm{O}_5$를 나타내는 도형을 그리시오.

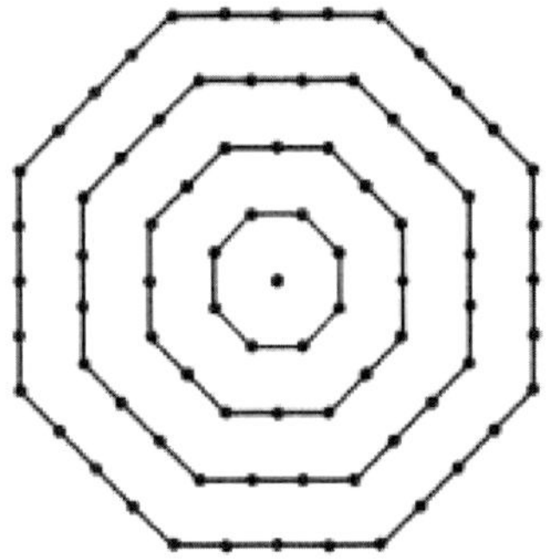

(a) $m=8$이고 $n=5$일 때, $^{C}\mathrm{O}_n = \mathrm{T}_n + (m-2)\mathrm{T}_{n-1} + \mathrm{T}_{n-2}$

(b) $m=8$이고 $n=5$일 때, $^{C}\mathrm{O}_n = m\mathrm{T}_{n-1} + 1$ (참고: 3.2장의 연습문제 18)

(c) $m=8$이고 $n=5$일 때, $^{C}\mathrm{O}_n = m\mathrm{T}_{n-2} + m(n-1) + 1$

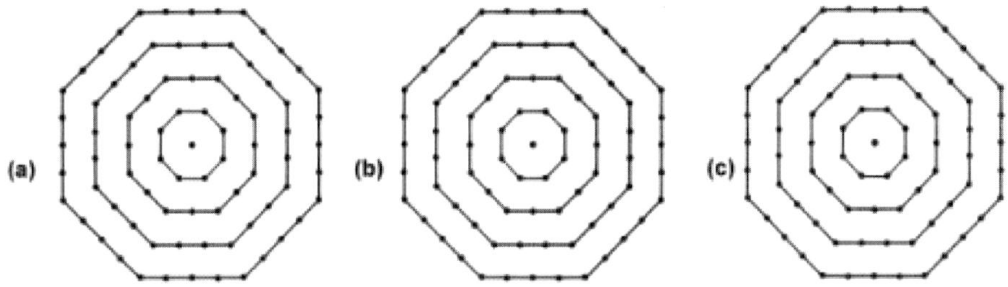

14. 공식 ${}^{C}\mathrm{O}_n = 8\,\mathrm{T}_{n-1} + 1$을 이용하여 ${}^{C}\mathrm{O}_n$를 구하는 n에 대한 식을 유도하시오. 모든 중심 팔각수는 어떤 홀수의 제곱이 됨을 보이시오.

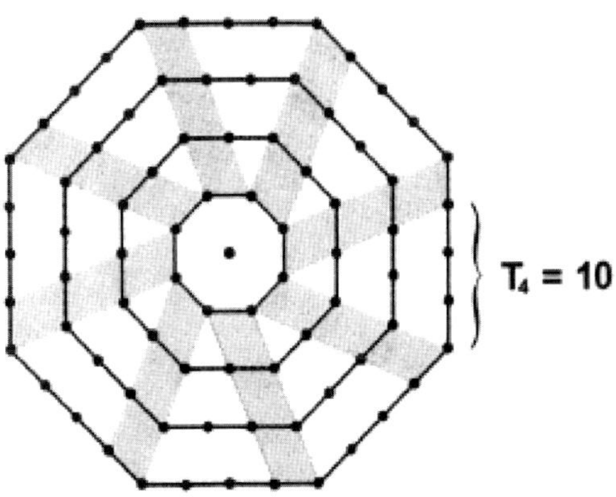

${}^{C}O_5 = 81$
$= 8T_4 + 1$

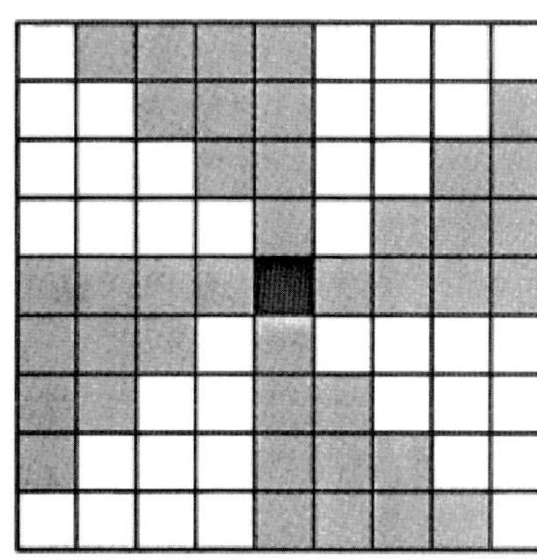

$8T_4 + 1 = 8(10) + 1 = 81 = 9^2$

왼쪽: 5 번째 팔각수는 $8\,\mathrm{T}_4 + 1$로 나타낼 수 있다.

오른쪽: $8\,\mathrm{T}_4 + 1$은 $(2 \cdot 4 + 1)^2 = 9^2 = 81$로 나타낼 수 있다.

모든 중심 다각수를 삼각수들의 합의 표현으로 나타낼 수 있다는 것과, n번째 삼각수를 구하는 n에 대한 식, $\mathrm{T}_n = \dfrac{n(n+1)}{2}$ 을 알고 있다. 따라서 중심 다각수를 구하는 n에 대한 식을 유도할 수 있다. 예를 들어 아래와 같다.

$$\begin{aligned} {}^{\mathrm{C}}\mathrm{P}_n &= 5\,\mathrm{T}_{n-1} + 1 \\ &= 5\left[\frac{n(n-1)}{2}\right] + 1 \\ &= \frac{5\left(n^2 - n\right)}{2} + 1 \end{aligned}$$

---

15. $n = 1, 2, 3, 4$ 에 대하여 공식 ${}^{\mathrm{C}}\mathrm{P}_n = 5\left[\dfrac{n(n-1)}{2}\right] + 1$ 이 성립함을 보이시오.

16. 공식 ${}^{\mathrm{C}}\mathrm{H}_n = 6\,\mathrm{T}_{n-1} + 1$을 이용하여 ${}^{\mathrm{C}}\mathrm{H}_n$를 구하는 n에 대한 식을 유도하시오.

17. $n = 1, 2, 3, 4$ 에 대하여 다음 공식이 성립함을 보이시오.

$$\begin{aligned} {}^{\mathrm{C}}\mathrm{T}_n &= \left[\frac{3n(n-1)}{2}\right] + 1 \\ {}^{\mathrm{C}}\mathrm{S}_n &= \left[\frac{4n(n-1)}{2}\right] + 1 \\ {}^{\mathrm{C}}\mathrm{P}_n &= \left[\frac{5n(n-1)}{2}\right] + 1 \\ {}^{\mathrm{C}}\mathrm{H}_n &= \left[\frac{6n(n-1)}{2}\right] + 1 \end{aligned}$$

18. 문제 17에 나타난 규칙성을 확장하여 n번째 중심 팔각수를 구하는 n에 대한 식을 유도하시오.

19. 다음은 ${}^{C}T_n$, ${}^{C}S_n$, ${}^{C}P_n$ 에 대한 점화식이다.

$$ {}^{C}T_n = {}^{C}T_{n-1} + 3(n-1) $$
$$ {}^{C}S_n = {}^{C}S_{n-1} + 4(n-1) $$
$$ {}^{C}P_n = {}^{C}P_{n-1} + 5(n-1) $$

(a) $n=4$ 에 대하여, 각각의 공식이 성립함을 보이시오.

(b) ${}^{C}H_n$ 에 대한 점화식을 예측하고 $n=4$ 에 대하여 성립함을 보이시오.

(c) ${}^{C}O_n$ 에 대한 점화식을 예측하고 $n=4$ 에 대하여 성립함을 보이시오.

20.
(a) $n=2,3,4,5$ 에 대하여, 아래 네 개의 공식이 성립함을 보이시오.

$$ ({}^{C}T_{n+1},\ {}^{C}T_n,\ {}^{C}T_{n-1}) \cdot (1,\ -2,\ 1) = {}^{C}T_{n+1} - 2{}^{C}T_n + {}^{C}T_{n-1} = 3 $$
$$ ({}^{C}S_{n+1},\ {}^{C}S_n,\ {}^{C}S_{n-1}) \cdot (1,\ -2,\ 1) = {}^{C}S_{n+1} - 2{}^{C}S_n + {}^{C}S_{n-1} = 4 $$
$$ ({}^{C}P_{n+1},\ {}^{C}P_n,\ {}^{C}P_{n-1}) \cdot (1,\ -2,\ 1) = {}^{C}P_{n+1} - 2{}^{C}P_n + {}^{C}P_{n-1} = 5 $$
$$ ({}^{C}H_{n+1},\ {}^{C}H_n,\ {}^{C}H_{n-1}) \cdot (1,\ -2,\ 1) = {}^{C}H_{n+1} - 2{}^{C}H_n + {}^{C}H_{n-1} = 6 $$

(b) 위의 네 개의 공식과 같은 규칙성을 따르도록 중심 칠각수, 중심 팔각수에 대한 공식을 고안하시오.
중심 칠각수, 중심 팔각수 각각의 기호는 ${}^{C}h_n$, ${}^{C}O_n$으로 표현하시오.

파스칼 삼각형의 3행으로 스트링을 구성하고 부호를 교대로 바꾸어 새로운 스트링 $(1,-3,3,-1)$을 만들자. 다음 단계로, 4개의 연속된 중심 다각수로 스트링을 구성하고 두 스트링의 곱을 계산한다. 예를 들어, 처음 4개의 중심 오각수로 스트링을 만들면 $(1,6,16,31)$이다.

$$\begin{aligned}(1, 6, 16, 31) \bullet (1, -3, 3, -1) &= 1 + 6(-3) + 16(3) - 31 \\ &= 1 - 18 + 48 - 31 \\ &= 0\end{aligned}$$

스트링에서 중심 다각수의 순서가 오름차순인지 내림차순인지는 중요하지 않다. 또한, 연속된 중심 다각수의 스트링이 어디에서 시작했는지도 중요하지 않다. ${}^{C}S_6 = 61$에서 시작하여 내림차순을 따르는 중심 사각수의 예를 살펴보자. :

$$\begin{aligned}(61, 41, 25, 13) \bullet (1, -3, 3, -1) &= 61 + 41(-3) + 25(3) - 13 \\ &= 61 - 123 + 75 - 13 \\ &= 0\end{aligned}$$

일반적으로, $(1, -3, 3, -1)$***와*** 4 ***개의 연속된 중심 다각수로 구성된 스트링의 곱은*** 0 ***이다.*** (참고: 이 성질은 일반적인 다각수에 대한 스트링에서도 나타난다. 3.2~3.3절을 살펴보아라.)

---

21. $n = 3, 4, 5, 6$ 에 대하여, 아래 네 개의 식이 성립함을 보이시오.

$$({}^{C}T_{n+1}, {}^{C}T_{n}, {}^{C}T_{n-1}, {}^{C}T_{n-2}) \bullet (1, -3, 3, -1) = 0$$
$$({}^{C}S_{n+1}, {}^{C}S_{n}, {}^{C}S_{n-1}, {}^{C}S_{n-2}) \bullet (1, -3, 3, -1) = 0$$
$$({}^{C}P_{n+1}, {}^{C}P_{n}, {}^{C}P_{n-1}, {}^{C}P_{n-2}) \bullet (1, -3, 3, -1) = 0$$
$$({}^{C}H_{n+1}, {}^{C}H_{n}, {}^{C}H_{n-1}, {}^{C}H_{n-2}) \bullet (1, -3, 3, -1) = 0$$

문제 20과 이에 뒤따르는 문단에서 설명하는 성질은 4 ***번째,*** 5 ***번째,*** 6 ***번째,*** $\cdots$, n ***번째 행의 파스칼 삼각형과*** $n+1$ ***개의 연속된 중심 다각수에 대해 확장할 수 있다.*** 예를 들어, 파스칼 삼각형의 5행으로부터 부호를 교대로 바꾸어 스트링을 구성하고 6개의 연속된 중심 육각수로 스트링을 구성해보자.

$$(91,61,37,19,7,1) \bullet (1,-5,\ 10,-10,\ 5,-1)$$
$$= 91 + 61(-5) + 37(10) + 19(-10) + 7(5) - 1$$
$$= 91 - 305 + 370 - 190 + 35 - 1$$
$$= 0$$

---

22. $n = 6, 7, 8, 9$ 에 대하여, 다음 식이 성립함을 보이시오.

$({}^{C}T_{n+1}, {}^{C}T_{n}, {}^{C}T_{n-1}, {}^{C}T_{n-2}, {}^{C}T_{n-3}) \bullet (1,-4,\ 6,-4,\ 1) = 0$

$({}^{C}T_{n+1}, {}^{C}T_{n}, {}^{C}T_{n-1}, {}^{C}T_{n-2}, {}^{C}T_{n-3}, {}^{C}T_{n-4}) \bullet (1,-5,\ 10,-10,\ 5,-1) = 0$

$({}^{C}T_{n+1}, {}^{C}T_{n}, {}^{C}T_{n-1}, {}^{C}T_{n-2}, {}^{C}T_{n-3}, {}^{C}T_{n-4}, {}^{C}T_{n-5}) \bullet (1,-6,15,-20,15,-6,1) = 0$

23. $n = 6, 7, 8, 9$ 에 대하여, 다음 식이 성립함을 보이시오.

$({}^{C}S_{n+1}, {}^{C}S_{n}, {}^{C}S_{n-1}, {}^{C}S_{n-2}, {}^{C}S_{n-3}) \bullet (1,-4,\ 6,-4,\ 1) = 0$

$({}^{C}S_{n+1}, {}^{C}S_{n}, {}^{C}S_{n-1}, {}^{C}S_{n-2}, {}^{C}S_{n-3}, {}^{C}S_{n-4}) \bullet (1,-5,\ 10,-10,\ 5,-1) = 0$

$({}^{C}S_{n+1}, {}^{C}S_{n}, {}^{C}S_{n-1}, {}^{C}S_{n-2}, {}^{C}S_{n-3}, {}^{C}S_{n-4}, {}^{C}S_{n-5}) \bullet (1,-6,15,-20,15,-6,1) = 0$

24. ${}^{C}H_2 = 7$으로 시작하며 5개의 연속된 중심 육각수로 구성된 스트링과 $(1,-4,\ 6,-4,\ 1)$의 스트링곱을 구하시오.

25. $n = 4, 5, 6, 7$ 에 대하여, 다음의 점화식이 성립함을 보이시오.

${}^{C}T_n = (3,\ -3,\ 1) \bullet ({}^{C}T_{n-1},\ {}^{C}T_{n-2},\ {}^{C}T_{n-3})$

${}^{C}S_n = (3,\ -3,\ 1) \bullet ({}^{C}S_{n-1},\ {}^{C}S_{n-2},\ {}^{C}S_{n-3})$

${}^{C}P_n = (3,\ -3,\ 1) \bullet ({}^{C}P_{n-1},\ {}^{C}P_{n-2},\ {}^{C}P_{n-3})$

${}^{C}H_n = (3,\ -3,\ 1) \bullet ({}^{C}H_{n-1},\ {}^{C}H_{n-2},\ {}^{C}H_{n-3})$

26. 중심 삼각수로 이루어진 수열 1, 4, 10, 19, 31, 46, 64, $\cdots$ 와 이 수열의 부분합으로 이루어진 수열 1, 5, 15, 34, 65, 111, $\cdots$ 에 대하여 다음 물음에 답하시오.

(a) $(4,-6,\ 4,-1)\bullet(34,15,5,1)=65$ 임을 보이시오.
(참고: 65는 부분합 수열의 5번째 항이며 (34, 15, 5, 1)은 부분합 수열의 4번째 항부터 시작하여 내림차순을 따르는 스트링이다.)

(b) $(4,-6,\ 4,-1)\bullet(65,34,15,5)=111$ 임을 보이시오.

(c) (a), (b)에 나타나는 규칙을 활용하여 중심 삼각수 수열의 첫 항부터 7번째 항까지의 부분합을 구하시오.

27. 처음부터 8개의 중심 육각수를 나열하면 1, 7, 19, 37, 61, 91, 127, 169이다.
이 수열의 부분합들이 세제곱수가 됨을 보이시오.
즉, 수열 $1+7,\ 1+7+19,\ 1+7+19+37,\ \cdots$ 이 세제곱수의 수열 $8, 27, 64, \cdots$ 이 됨을 보이시오.

일반적으로, 처음부터 n개의 중심 육각수를 더한 수는 $\mathrm{c}_n=n^3$ 이다.

28. $n=4,5,6$ 에 대하여 다음 공식들이 성립함을 보이시오.

$$1+3+5+\ \cdots+2n-1+2n+1+2n-1+\ \cdots+5+3+1={}^{C}\mathrm{S}_n$$

$$1+4+9+\ \cdots+(n-1)^2+n^2+(n-1)^2+\ \cdots+9+4+1$$
$$={}^{C}\mathrm{S}_1+{}^{C}\mathrm{S}_2+{}^{C}\mathrm{S}_3+\ \cdots\ +{}^{C}\mathrm{S}_n$$

29. 아래 파스칼 삼각형에서 짝지어 묶은 각각의 스트링과 (1, 3, 3) 사이의 스트링곱을 구하시오. 어떤 수열인가? (2.4절의 문제 19의 정답과 비교하시오.)

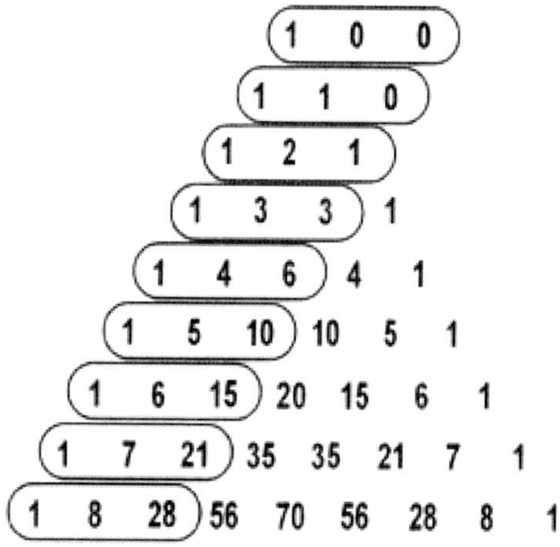

30. 위의 파스칼 삼각형에서 짝지어 묶은 각각의 스트링과 (1, 4, 4) 사이의 스트링곱을 구하시오. 어떤 수열인가?

31. 위의 파스칼 삼각형에서 짝지어 묶은 각각의 스트링과 (1, 5, 5) 사이의 스트링곱을 구하시오. 어떤 수열인가?

32. 위의 파스칼 삼각형에서 짝지어 묶은 각각의 스트링과 (1, 6, 6) 사이의 스트링곱을 구하시오. 어떤 수열인가?

33. 위의 파스칼 삼각형에서 짝지어 묶은 각각의 스트링과 (1, 8, 8) 사이의 스트링곱을 구하시오. 어떤 수열인가?

4
도형수와 파스칼 삼각형

4.1 **사면체수**

사면체는 삼각형의 밑면을 갖는 피라미드의 형태다. 사면체는 밑면뿐만 아니라 4개의 면이 모두 삼각형인 3차원 다면체이다.

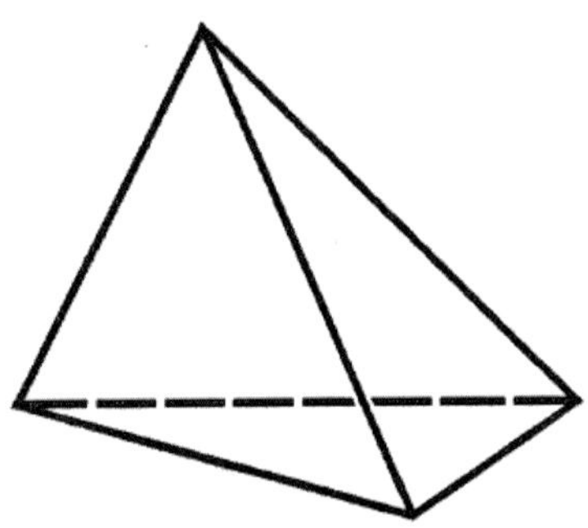

사면체

사면체수는 삼각수가 층을 이루어 형성한, 사면체 안에 존재하는 점의 개수를 뜻한다.

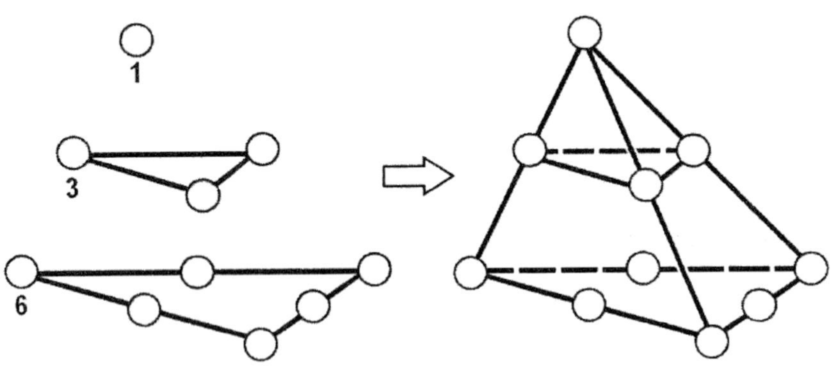

3번째 사면체수 $= 1+3+6$
$= 10$

사면체수는 $1(\mathrm{T}_1)$을 첫째항으로 하는 삼각수 수열의 부분합과 같다.

1번째 사면체수 $=1$
2번째 사면체수 $=1+3=4$
3번째 사면체수 $=1+3+6=10$

$$\vdots$$

n**번째 사면체수** $=1+3+6+\cdots+\mathrm{T}_n=t_n$

여기서 t_n은 n번째 사면체수를 의미한다.

2장에서 살펴본 파스칼 삼각형의 "**하키스틱**" 성질을 떠올려보자. 이 성질은 사면체수 $1+3+6+\cdots+\mathrm{T}_n=t_n$을 설명한다.

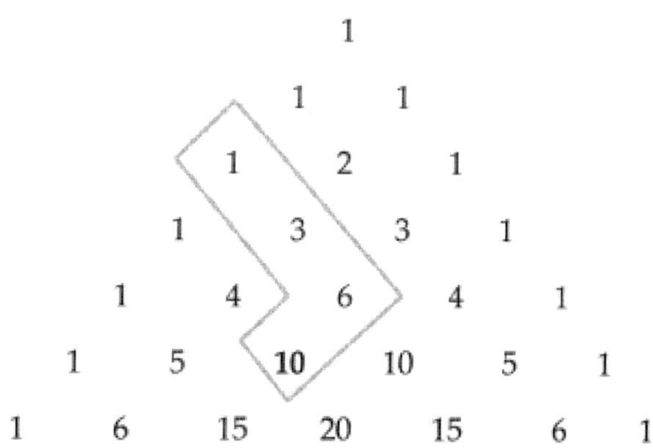

4.1절

1. 4번째 사면체수를 구하시오. 이 수를 의미하는 사면체 그림을 그리시오.

2. 5번째 사면체수, 6번째 사면체수, 7번째 사면체수, 8번째 사면체수를 구하시오.

3. $n=2,\ 3,\ 4,\ 5$에 대하여 공식 $t_n = t_{n-1} + \mathrm{T}_n$이 성립함을 보이시오.

4. 파스칼 삼각형을 관찰하여 사면체수를 찾으시오.
사면체수들이 열 또는 행으로 묶으시오.

1
1 1
1 2 1
1 3 3 1
1 4 6 4 1
1 5 10 10 5 1
1 6 15 20 15 6 1
1 7 21 35 35 21 7 1
1 8 28 56 70 56 28 8 1
1 9 36 84 126 126 84 36 9 1
1 10 45 120 210 252 210 120 45 10 1

5. 20번째 사면체수는 1540이다. 21번째 사면체수를 구하시오.

1장에서 언급한 파스칼 삼각형의 이웃하는 수에 대한 성질

$$n = \mathrm{p} \cdot \frac{\mathrm{r} - \mathrm{c} + 1}{\mathrm{c}}$$

을 이용하여 n번째 사면체수를 구하는 일반 공식을 찾을 수 있다. 이 공식에서 n = (r 행에 위치하며 구하려는 수), p = (r 행에 위치한 n 이전의 수), r = (n이 위치한 행 번호), c = (n이 위치한 열 번호)이다. t_n의 공식을 얻기 위해 좌변의 n 대신 t_n을 쓰고, 우변에 $\mathrm{c}=3$, $\mathrm{r}=n+2$, $\mathrm{p}=\mathrm{T}_{n+1}$을 대입하면 다음과 같다.

$$
\begin{aligned}
t_n &= (\mathrm{T}_{n+1}) \bullet \frac{[(n+2)-3+1]}{3} \\
&= (\mathrm{T}_{n+1}) \bullet \frac{n}{3} \\
&= \left[\frac{(n+1)(n+2)}{2}\right] \cdot \left(\frac{n}{3}\right) \\
&= \frac{n(n+1)(n+2)}{6}
\end{aligned}
$$

따라서, 5번째 사면체수를 구하기 위해서는 그 수가 파스칼 삼각형의 7(5+2)행, 3열에 위치한다는 사실과 같은 7행에 위치하는 $\mathrm{T}_6 = 21$가 5번째 사면체수보다 이전에 있는 수라는 사실을 이용해야 한다. 즉, 다음이 성립한다.

$$
\begin{aligned}
t_5 &= \frac{\mathrm{p} \bullet (\mathrm{r}-\mathrm{c}+1)}{\mathrm{c}} \\
&= \frac{\mathrm{T}_6(7-3+1)}{3} \\
&= \frac{21 \cdot 5}{3} \\
&= 35
\end{aligned}
$$

또는, 공식을 직접 적용하면 다음과 같다.

$$
\begin{aligned}
t_5 &= \frac{n(n+1)(n+2)}{6} \\
&= \frac{5(5+1)(5+2)}{6} \\
&= \frac{5 \cdot 6 \cdot 7}{6} \\
&= 35
\end{aligned}
$$

---

6. 위의 공식을 이용하여 t_1, t_2, t_3, t_{20}, t_{100}의 값을 구하시오.

조금 더 나아가, $\mathbf{1+3+6+\cdots+T_n=}\,t_n$ 이고 $t_n=\dfrac{n(n+1)(n+2)}{6}$ 이므로

$$1+3+6+\cdots+\mathrm{T}_n=\frac{n(n+1)(n+2)}{6}$$ 이다.

---

7. 위의 공식을 이용하여 다음 삼각수들의 합을 구하시오.

(a) $1+3+6+10+15+21+28+36+45+55+66=$

(b) $1+(1+2)+(1+2+3)+(1+2+3+4)+(1+2+3+4+5)$
$\quad+(1+2+3+4+5+6)+(1+2+3+4+5+6+7)=$

파스칼 삼각형의 규칙을 이용하여, 이전 사면체수를 알면 다음 사면체수를 찾을 수 있음에 주목하자. 예를 들어, $t_5=\mathrm{t}_4+\mathrm{T}_5$ (또는 35 = 20+15)이다. 아래의 그림을 살펴보자.

파스칼 규칙

$t_5 = t_4 + T_5$

```
                    1
                  1   1
                1   2   1
              1   3   3   1
            1   4   6   4   1
          1   5  10  10   5   1
        1   6  15  20  15   6   1
      1   7  21  35  35  21   7   1
```

일반적으로 식 $t_n=t_{n-1}+\mathrm{T}_n$ 이 성립하며, 문제 3에서 간략히 확인한 바 있다.
이 공식은 $t_n-t_{n-1}=\mathrm{T}_n$ 과 같다.

지금부터는 식 t_n-t_{n-2} 에 대해 고찰해보자.

8. $n=3,\ 4,\ 5,\ 6$에 대하여 $t_n - t_{n-2}$의 값을 구하시오. 어떤 수열인가?

9. 아래의 식을 계산하시오.
이어지는 두 개의 식을 예측하여 빈 칸을 채우시오. 각각의 열은 어떤 수열인가?

$\frac{3}{3} \cdot 1 =$	$\frac{3}{1} \cdot 1 =$
$\frac{4}{3} \cdot 3 =$	$\frac{4}{2} \cdot 3 =$
$\frac{5}{3} \cdot 6 =$	$\frac{5}{3} \cdot 6 =$
$\frac{6}{3} \cdot 10 =$	$\frac{6}{4} \cdot 10 =$
___ • ___ =	___ • ___ =
___ • ___ =	___ • ___ =

문제 9의 왼쪽 수열로부터 다음 공식을 얻는다.

$$t_n = \left[\frac{(n+2)}{3}\right] \cdot \mathrm{T}_n$$

이 공식은 앞서 살펴본 식

$$t_n = (\mathrm{T}_{n+1}) \cdot \frac{n}{3}$$

과 다른 식처럼 보이지만,
두 식을 각각 전개하면 모두 다음과 같은 식이다.

$$t_n = \frac{n(n+1)(n+2)}{6}$$

그 밖의 스트링곱

일반적으로, 파스칼 삼각형의 3행으로 이루어진 스트링 (1, 3, 3, 1)과 n행의 처음 4개의 수로 구성된 스트링의 곱의 결과는 $(3+n)$행 3열에 존재한다. 이 수는 사면체수 t_{n+1}이다. 예를 들어, (1, 3, 3, 1)와 4행의 처음 4개의 수에 대한 스트링곱은 다음과 같다.

$$(1,\ 3,\ 3,\ 1) \bullet (1,\ 4,\ 6,\ 4) = 1 \cdot 1 + 3 \cdot 4 + 3 \cdot 6 + 1 \cdot 4 = 1 + 12 + 18 + 4 = 35$$

계산 결과인 35는 5번째 $(n+1=4+1=5)$ 사면체수이며,
파스칼 삼각형의 7행 $(3+n=3+4=7)$ 3열에 존재한다. $C(7,\ 3)=35$.

---

10. 그림과 같이 짝지어 묶은 각각의 스트링과 (1, 3, 3, 1) 사이의 스트링곱을 구하시오. 그 결과로 얻은 수들의 특징을 설명하시오. 2.4절의 문제 19의 정답과 비교하시오.

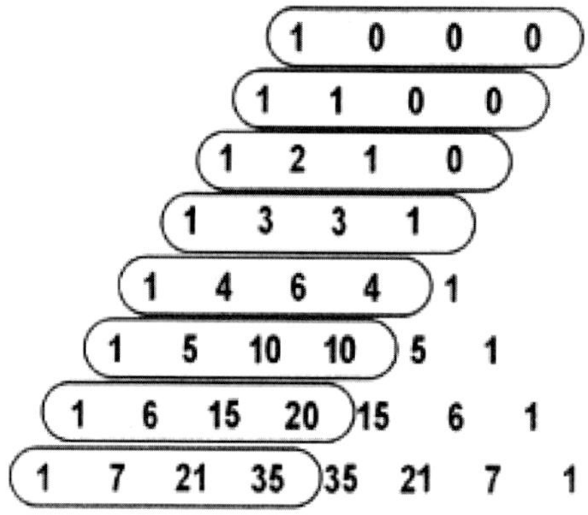

좀 더 일반화하면, 파스칼 삼각형에서 m 번째 행의 처음 4개의 수로 구성된 스트링과 n 번째 행의 마지막 4개의 수로 구성된 스트링의 스트링곱의 결과는 $(m+n)$행 3열에 존재한다. 이 수는 사면체수 t_{m+n-2}이다.

예를 들어, 파스칼 삼각형에서 5번째 행의 처음 4개의 수와 4번째 행의 마지막 4개의 수에 대한 스트링곱은 다음과 같다.

$$(1,\ 5,\ 10,\ 10) \bullet (4,\ 6,\ 4,\ 1) = 1 \cdot 4 + 5 \cdot 6 + 10 \cdot 4 + 10 \cdot 1 = 4 + 30 + 40 + 10 = 84$$

스트링곱의 결과 84는 7번째 ($m+n-2=5+4-2=7$) 사면체수이며 파스칼 삼각형의 9행 ($m+n=5+4=9$) 3열에 존재한다. 즉, $C(9,\ 3)=84$이다.

11.
(a) t_{10}을 스트링 (1, 3, 3, 1)을 이용한 스트링곱으로 표현하시오.
(b) t_{10}을 스트링 (1, 4, 6, 4)를 이용한 스트링곱으로 표현하시오.

12.
(a) 파스칼 삼각형의 6행과 4행으로 두 개의 스트링을 구성하시오. 길이가 짧은 스트링의 뒤에 두 개의 0을 덧붙여 길이가 긴 스트링과 길이를 맞추고 스트링곱을 계산하시오. 그 결과가 파스칼 삼각형에서 6과 4의 합인 10행에 존재함을 확인하시오.
(b) 길이가 짧은 스트링의 앞에 두 개의 0을 덧붙여, 위의 과정을 반복하시오.
(c) 길이가 짧은 스트링의 앞과 뒤에 0을 하나씩 덧붙여, 위의 과정을 반복하시오.

13. 파스칼 삼각형에서 임의의 두 행을 선택하여 두 개의 스트링을 구성하시오. 길이가 짧은 스트링의 앞 또는 뒤에 0을 덧붙여 길이가 긴 스트링과 길이를 맞추고 스트링곱을 계산하시오. 그 결과가 파스칼 삼각형에서 선택한 앞의 두 행 번호를 합한 수에 해당하는 행에 존재함을 보이시오.

문제 10부터 문제 13에서 다룬 내용은 방데르몽드**의 항등식**(Vandermonde's Identity)에 해당하는 특별한 경우이며, 더 자세한 내용은 5장에서 논의하도록 하자.

14.

(a) 다음 행렬식을 계산하시오. 어떤 수열이 만들어지는가? 이 수열에 이어지는 3개의 행렬식을 쓰고 각각을 계산하시오.

$$\begin{vmatrix} 1 & 1 \\ 2 & 4 \end{vmatrix} = \qquad \begin{vmatrix} 2 & 4 \\ 3 & 10 \end{vmatrix} = \qquad \begin{vmatrix} 3 & 10 \\ 4 & 20 \end{vmatrix} =$$

(b) 이 행렬식은 공식 $n \cdot t_{n+1} - (n+1) \cdot t_n = 2 \cdot t_n$으로 이어진다.

$n=1,\ 2,\ 3,\ 4$에 대하여, 위의 공식이 성립함을 확인하시오.

15. 아래의 파스칼 삼각형 안에 그룹으로 표시된 식을 계산하고 각각의 결과를 2로 나누시오. 어떤 수열인가?

1
1 1
1 (2 · 1 − 0)
1 (3 · 3 − 1)
1 (4 · 6 − 4) 1
1 (5 · 10 − 10) 5 1
1 (6 · 15 − 20) 15 6 1
1 (7 · 21 − 35) 35 21 7 1
1 (8 · 28 − 56) 70 56 28 8 1

마지막으로 삼각수와 사면체수 사이의 놀라운 연관성에 관련된 논의 및 새로운 발견을 살펴보자. 두 개의 배열에 대한 관찰로 시작하며, 이는 같은 둘레의 길이를 갖는 직사각형(**등주사각형**(isoperimetric rectangles))에 대한 기하 문제로 이어진다.
두 배열은 다음과 같다.

<배열 1>

1	2	3	4	5	...
1	2	3	4	5	...
1	2	3	4	5	...
1	2	3	4	5	...
1	2	3	4	5	...
.					
.					
.					

<배열 2>

1	2	3	4	5	...
2	4	6	8	10	...
3	6	9	12	15	...
4	8	12	16	20	...
5	10	15	20	25	...
.					
.					
.					

16. 위의 <배열 2> 안에 있는 수들의 규칙성을 설명하시오.

17. 제시된 <배열 1>에 그룹으로 표시된 수들의 합을 구하시오. 어떤 수열인가?

18. 제시된 <배열 1>에 2개의 행과 2개의 열을 추가하여 확장하고 2개의 비스듬한 대각선을 추가하시오. 새롭게 짝지은 수들의 합을 구하시오.

<배열 1>

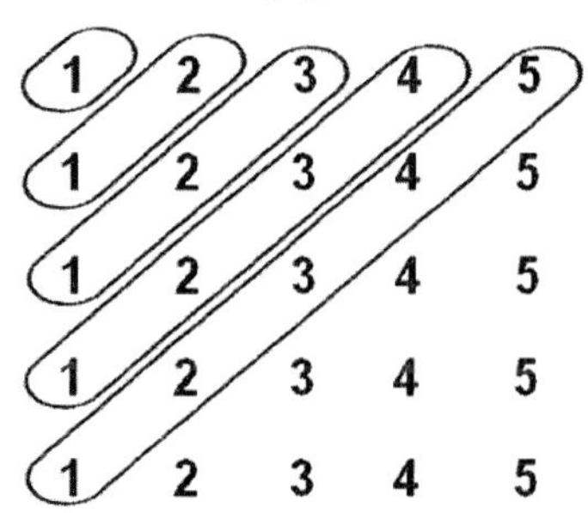

19. 제시된 <배열 2>에 그룹으로 표시된 수들의 합을 구하시오. 어떤 수열인가?

20. 주어진 배열의 규칙성을 고려하여 제시된 <배열 2>에 2개의 행과 2개의 열을 추가하여 확장하시오.

<배열 2>

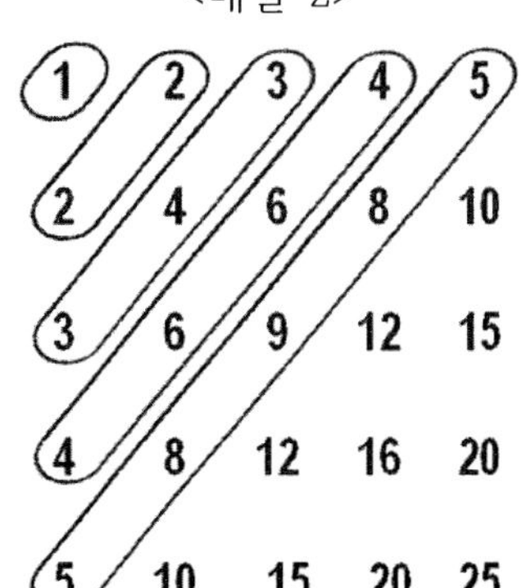

21. 제시된 <배열 2>에 그룹으로 표시된 수들의 특징을 설명하시오.

2 개의 행과 2 개의 열을 추가하여 배열을 확장하면 주대각선의 규칙성이 계속 이어지는가?

<배열 2>

1	2	3	4	5
2	4	6	8	10
3	6	9	12	15
4	8	12	16	20
5	10	15	20	25

문제 19부터 문제 21에서 얻은 수열은 다음 식으로 나타낼 수 있다.

$t_1 = 1 \cdot 1^2$

$t_3 = 1 \cdot 2^2 + 2(2^2 - 1^2)$

$t_5 = 1 \cdot 3^2 + 2(3^2 - 1^2) + 2(3^2 - 2^2)$

$t_7 = 1 \cdot 4^2 + 2(4^2 - 1^2) + 2(4^2 - 2^2) + 2(4^2 - 3^2$

$t_9 = 1 \cdot 5^2 + 2(5^2 - 1^2) + 2(5^2 - 2^2) + 2(5^2 - 3^2) + 2(5^2 - 4$

$\vdots$

$t_{2n-1} = 1 \cdot n^2 + 2(n^2 - 1^2) + 2(n^2 - 2^2) + 2(n^2 - 3^2) + \cdots + 2(n^2 - (n-1)^2)$

---

22. 위에 제시된 처음 5 개의 등식이 성립함을 보이시오. $n = 5$에 대하여 t_{2n-1}의 식이 성립함을 보이시오.

이제 직사각형의 둘레에 대한 기하 문제를 탐구해보자. 이 문제는 같은 둘레의 길이를 갖는 서로 다른 직사각형들의 집합을 찾는 것이다. 직사각형들은 모두 단위 정사각형(한 변의 길이가 1인 정사각형)으로 만들 것이다. 아래의 그림은 둘레의 길이가 10 인 두 개의 직사각형을 보여준다. 이들은 3×2 직사각형과 2×3 직사각형으로 서로 다른 직사각형으로 생각하자.

(둘레의 길이) = 10

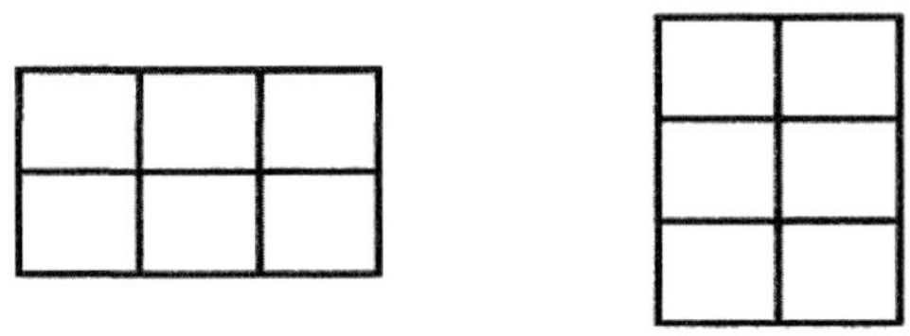

3×2 직사각형 **2×3 직사각형**

둘레의 길이가 10인 두 개의 직사각형이 더 있는데, 1×4 직사각형과 4×1 직사각형이다. 다음 그림은 둘레의 길이가 10인 모든 직사각형 4개를 나타낸 것이며, 이들의 넓이가 앞에서 살펴보았던 배열 속의 숫자를 생성한다는 것을 보여준다.

둘레의 길이가 10인 모든 직사각형

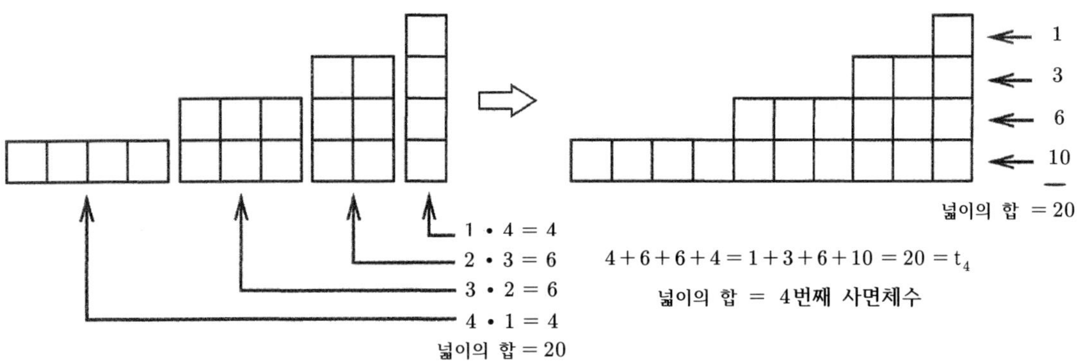

⟨배열 2⟩

그림 <배열 2>에 둘레의 길이가 10인 4개의 직사각형의 넓이를 의미하는 수들이 있다.

1	2	3	4	5
2	4	6	8	10
3	6	9	12	15
4	8	12	16	20
5	10	15	20	25

⇨

1·1	1·2	1·3	1·4	1·5
2·1	2·2	2·3	2·4	2·5
3·1	3·2	3·3	3·4	3·5
4·1	4·2	4·3	4·4	4·5
5·1	5·2	5·3	5·4	5·5

23. 앞의 예시와 같이, 둘레의 길이가 8인 직사각형들을 모두 찾아 그림으로 나타내고, 넓이의 합을 구하시오. 넓이의 합은 어떤 사면체수를 의미하는가?

24. 앞의 예시와 같이, 둘레의 길이가 12인 직사각형들을 모두 찾아 그림으로 나타내고, 넓이의 합을 구하시오. 넓이의 합은 어떤 사면체수를 의미하는가?

25. 둘레의 길이가 12인 직사각형에 대한 넓이가 모두 나타나도록 아래의 빈칸을 채우시오.

〈배열 2〉	총 넓이 = 1	총 넓이 = 4	총 넓이 = 10	총 넓이 = 20	총 넓이 =
둘레의 길이가 4인 직사각형에 대한 넓이	1	2	3	4	__
둘레의 길이가 6인 직사각형에 대한 넓이	2	4	6	8	__
둘레의 길이가 8인 직사각형에 대한 넓이	3	6	9	12	__
둘레의 길이가 10인 직사각형에 대한 넓이	4	8	12	16	__
둘레의 길이가 12인 직사각형에 대한 넓이	__	__	__	__	__

4.2 사각뿔수

아래 그림은 처음 네 개의 사각뿔수(square pyramidal number, 피라미드 제곱수)이다. 이것은 점(점, 원, 구 등)의 배열의 층으로, 각 층에는 정사각형 모양으로 1, 4, 9, 16, …개의 점으로 재배열되어 있다. (삼각뿔[6])수(tetrahedral number)도 역시 각뿔 수(pyramidal number)인데, 각 층에 1, 3, 6, 10 개의 점으로 구성되고 삼각형 모양으로 재배열된 점들로 구성된 층으로 만들어진다.)

각 사각뿔수는 연속된 제곱수의 합과 같다. 그러므로 4번째 사각뿔수는 $s_4 = 1^2+2^2+3^2+4^2$ 이다.

$$\begin{aligned} s_4 &= 1^2+2^2+3^2+4^2 \\ &= 1+4+9+16 \\ &= 30 \end{aligned}$$

일반화하면 아래와 같다.

$$s_n = 1^2+2^2+3^2+\cdots+n^2$$

6) 역자주 : 현 교육과정은 사면체이지만 용어의 통일성을 위해 여기서는 삼각뿔로 사용하겠다.

다음으로 자연수 제곱의 합에 대한 공식을 찾아보자.

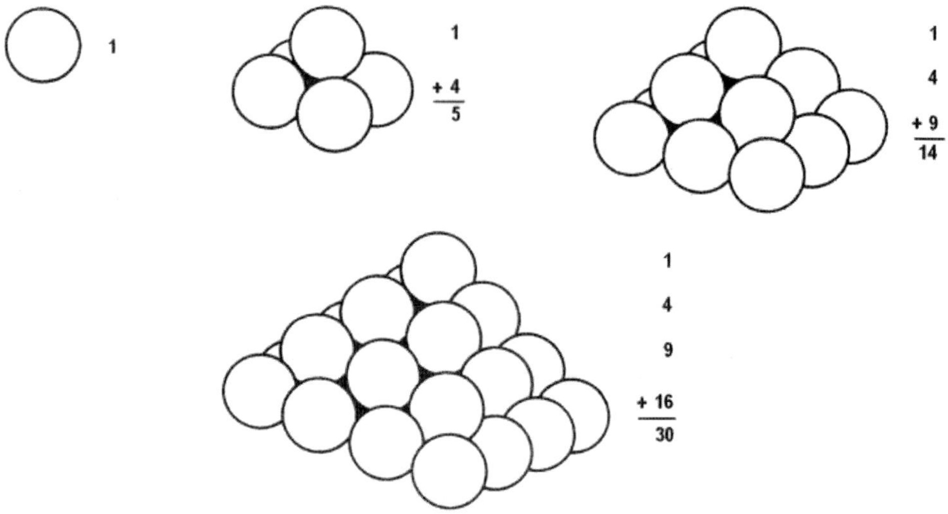

처음 네 개의 사각뿔 수

아래 그림은 55개 블록으로 쌓은 피라미드 모양을 나타낸 것이다.

$$\begin{aligned} s_5 &= 1^2+2^2+3^2+4^2+5^2 \\ &= 1+4+9+16+25 \\ &= 55. \end{aligned}$$

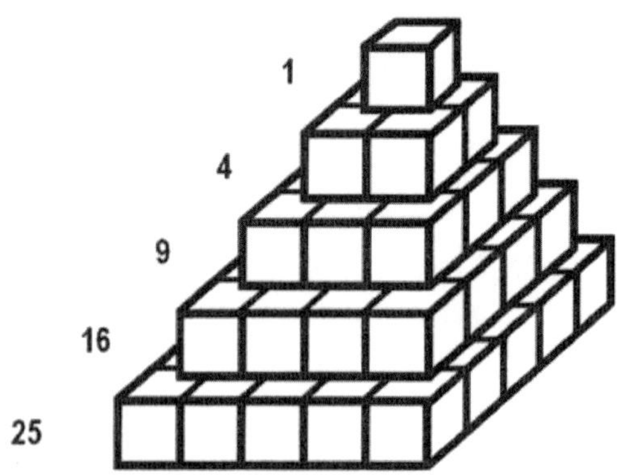

(처음 5개의 사각뿔 수의 합)$=55$

아래 그림은 처음 5개의 제곱수의 합을 2차원 그림으로 나타낸 것이다.

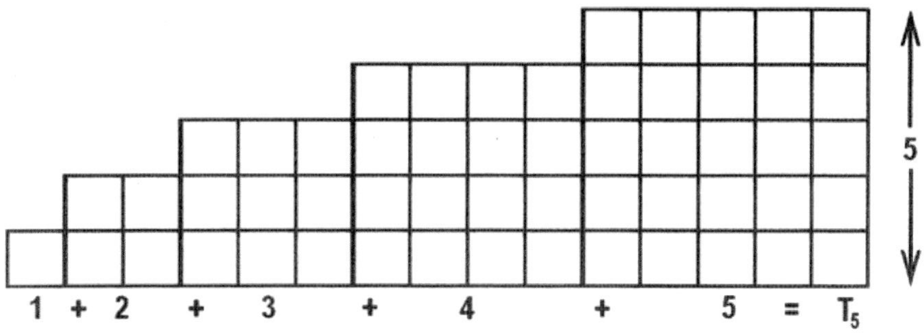

위 그림의 폭 길이는 $1+2+3+4+5=\mathrm{T}_5=15$로 5번째 삼각수이고, 높이는 5이다. 다음 그림처럼 빈칸을 채워 직사각형 모양으로 만들어 보자.

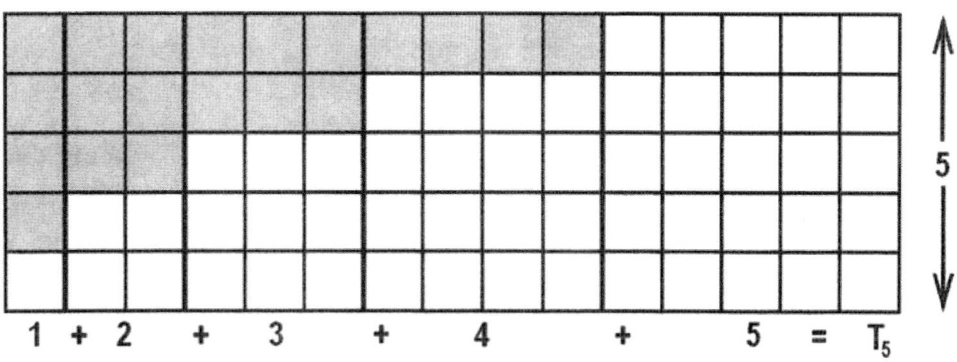

위 그림에서 5×15 크기의 직사각형의 색칠한 부분에서 무엇을 생각할 수 있을까? 4.1절 후반에서 살펴본 등주 직사각형(isoperimetric rectangles)이며, 둘레의 길이가 10이고 넓이가 $4+6+6+4=t_4=20$인 4번째 사면체 수이다. 따라서 직사각형의 전체 넓이는 $5\cdot T_5$이고, 색칠하지 않은 영역의 넓이는 처음 5개의 제곱수의 합인 $1^2+2^2+3^2+4^2+5^2$이며, 색칠한 부분의 넓이는 $t_4=20$이다. 이 결과들을 종합하면 아래와 같은 방정식을 얻을 수 있다.

$$5\cdot \mathrm{T}_5=(1^2+2^2+3^3+4^2+5^2)+t_4$$

이 방정식으로부터 아래의 식을 얻는다.

$$1^2+2^2+3^2+4^2+5^2=5 \cdot \mathrm{T}_5-t_4$$

이를 자연수 제곱의 합인 제곱수 합의 공식으로 일반화하면 아래와 같다.

$$1^2+2^2+3^2+\ \cdots\ +n^2=n \cdot \mathrm{T}_n-t_{n-1}$$

또한 이를 사각뿔수의 수열로 나타내면 아래와 같다.

$$s_n=n \cdot \mathrm{T}_n-t_{n-1}$$

4.2절

1. 위와 같은 방법으로 제곱수의 합 $1^2+2^2+3^2+4^2$을 구하기 위해, 등주 직사각형 3개를 나타내는 단위 정사각형들을 색칠하시오. 색칠한 부분의 넓이의 합은 세 번째 사면체 수 t_3와 같다. 그리고, $1^2+2^2+3^2+4^2=4 \cdot T_4-t_3$임을 확인하시오.

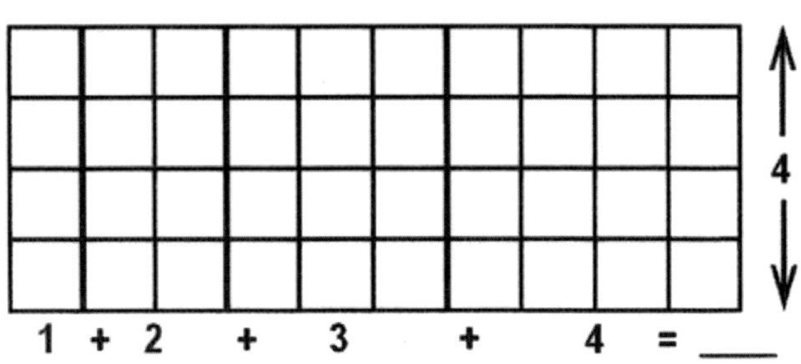

2. $n=2$, $n=3$, $n=6$일 때, $1^2+2^2+3^2+\ \cdots\ +n^2=n \cdot \mathrm{T}_n-t_{n-1}$임을 확인하시오.

3. 처음 6개의 사각뿔 수를 구하시오.

$s_n = n \cdot \mathrm{T}_n - t_{n-1}$은 주어진 n에 대한 삼각수와 사면체수로 나타낸 공식이다. 하지만, T_n과 t_{n-1}에 대한 공식을 알고 있으므로 사각뿔수에 대한 공식도 유추할 수 있다.

$$\begin{aligned}
s_n &= n \cdot \mathrm{T}_n - t_{n-1} \\
&= n \cdot \frac{n(n+1)}{2} - \frac{(n-1)(n-1+1)(n-1+2)}{6} \\
&= n \cdot \frac{n(n+1)}{2} - \frac{(n-1)n(n+1)}{6} \\
&= n(n+1) \cdot \left(\frac{n}{2} - \frac{n-1}{6}\right) \\
&= n(n+1) \cdot \left(\frac{3n}{6} - \frac{n-1}{6}\right) \\
&= n(n+1) \cdot \frac{\{3n-(n-1)\}}{6} \\
&= n(n+1) \cdot \frac{3n-n+1}{6} \\
&= \frac{n(n+1)(2n+1)}{6}
\end{aligned}$$

---

4. $n=1,\ n=2,\ n=3,\ n=4,\ n=5,\ n=6$일 때, $s_n = \dfrac{n(n+1)(2n+1)}{6}$임을 확인하시오.

5. 문제 4의 식을 이용하여 $1^2+2^2+3^2+\cdots+10^2$의 값을 구하시오.

6. 문제 4의 식을 이용하여 s_{100}의 값을 구하시오.

7. 아래 그림의 파스칼 삼각형에서 묶여진 두 수를 더한 값을 각각 구하시오. 어떤 수열인가?

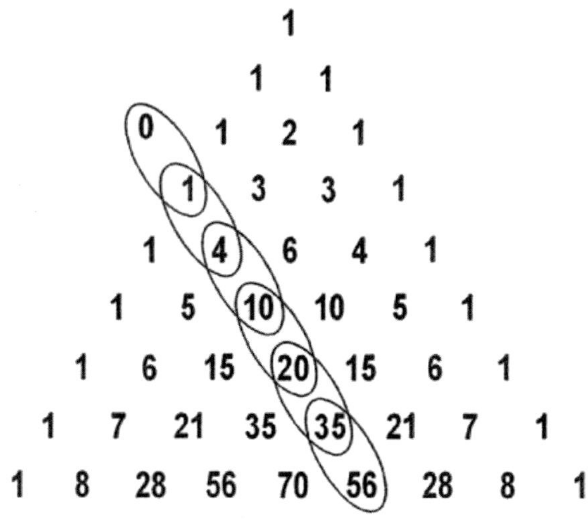

8. 아래 파스칼 삼각형과 같이 표시된 도형의 수들의 곱과 차를 각각 구하시오. 어떤 수열인가?

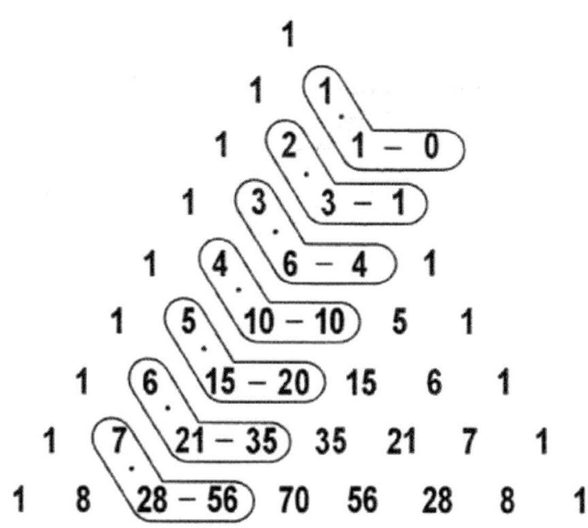

9. 아래와 같은 규칙으로 삼각뿔수의 두 수열을 항끼리 더하시오. 어떤 수열인가?

		1	4	10	20	35	56	84 ...
+	1	4	10	20	35	56	84	120 ...

10. 문제 7과 문제 9는 각각 사각뿔수를 두 개의 연속적인 삼각뿔수의 합, $s_n = t_n + t_{n-1}$임을 나타낸다. 제3장에서 각 제곱수는 두 개의 연속적인 삼각수의 합, $S_n = \mathrm{T}_n + \mathrm{T}_{n-1}$임을 알았다.
$n=1$, $n=2$, $n=3$, $n=4$, $n=5$, $n=6$일 때, 두 식이 성립함을 확인하시오.

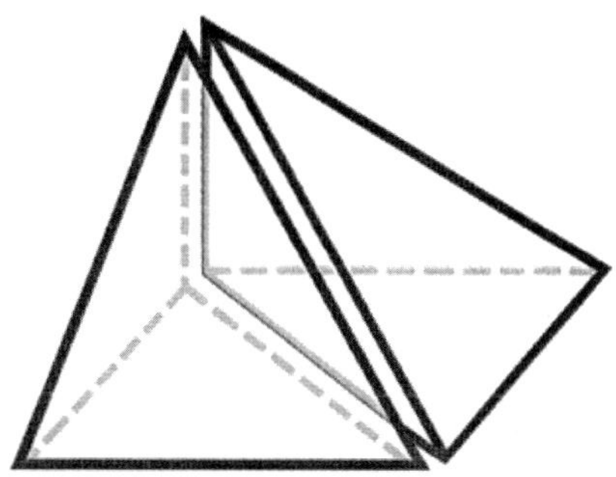

$t_n + t_{n-1}$

11. 아래 표의 빈칸을 채우시오.

n	T_n	s_n	$\dfrac{s_n}{\mathrm{T}_n}$
1	1	1	$\dfrac{1}{1}=\dfrac{3}{3}$
2	3	5	$\dfrac{5}{3}=\dfrac{5}{3}$
3	6	14	$\dfrac{14}{6}=\dfrac{7}{3}$
4	10	30	$\dfrac{30}{10}=\dfrac{9}{3}$
5	15	55	$\dfrac{55}{15}=$ ____
6	21	____	______ = ____

문제 11의 표에서 $\dfrac{s_n}{\mathrm{T}_n}=\dfrac{2n+1}{3}$임을 알 수 있다. 단, $2n+1$은 $(n+1)$번째 홀수이다.

이를 정리하면 다음과 같다.

$$s_n=\mathrm{T}_n\cdot\frac{2n+1}{3}$$

또는 전에 다루었던 식 $s_n=\dfrac{n(n+1)(2n+1)}{6}$이기도 하다.

12.

(a) 아래의 식이 성립함을 확인하시오.

$$1+3+1=s_1$$
$$1+3+6+3+1=s_3$$
$$1+3+6+10+6+3+1=s_4$$

(b) $n=54$, $n=6$일 때, 아래 공식이 성립함을 확인하시오.

$$1+3+6+\ \cdots\ +\mathrm{T}_{n-1}+\mathrm{T}_n+\mathrm{T}_{n-1}+\ \cdots\ +6+3+1=s_n$$

13. 아래 그림의 직각삼각형에서 빗변의 길이를 각각 구하시오. 어떤 수열인가?

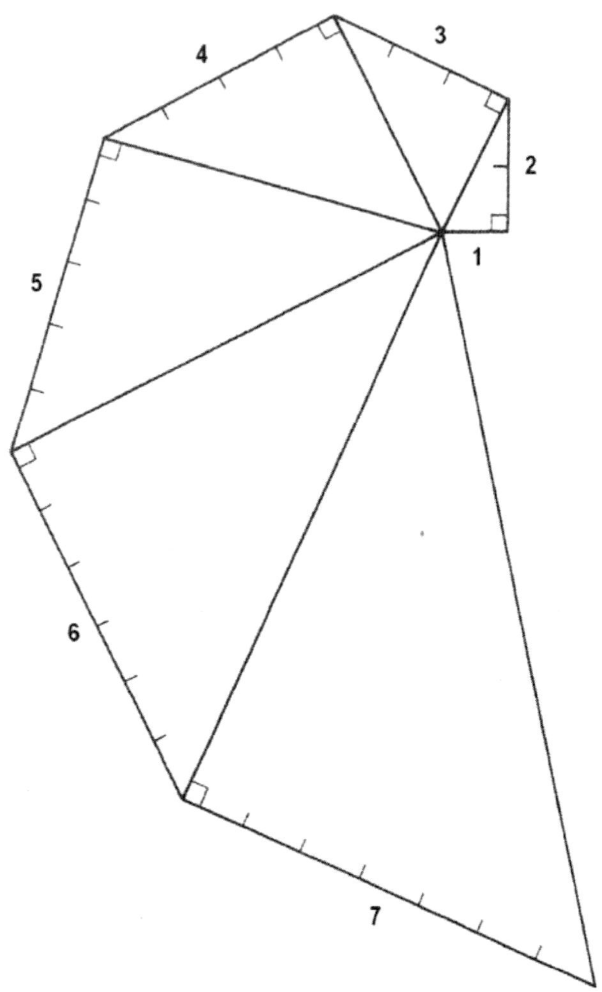

4.3 여러 가지 각뿔수

$P_1 = 1$로 시작하는 n개의 연속된 오각수(pentagonal number)의 수열의 합은 n번째 **오각뿔수**(pentagonal pyramidal) p_n와 같다. (오각형 수는 1, 5, 12, 22, 35, 51, ⋯이다.)

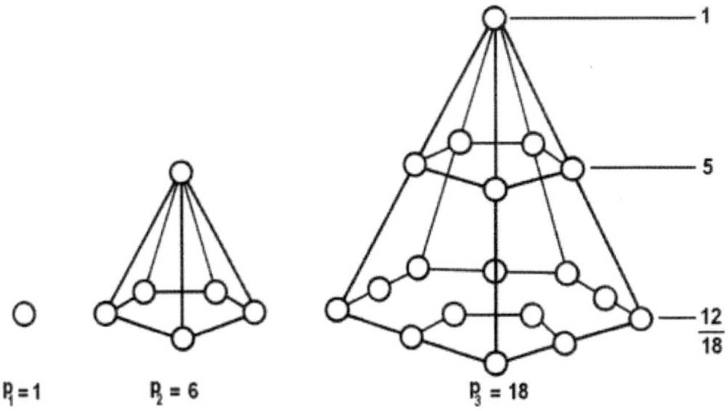

따라서, **오각뿔수**는 다음과 같다.

$$p_1 = 1$$

$$p_2 = 1 + 5 = 6$$

$$p_3 = 1 + 5 + 12 = 18$$

$$p_4 = 1 + 5 + 12 + 22 = 40$$

$$p_5 = 1 + 5 + 12 + 22 + 35 = 75$$

$$\vdots$$

4.3절

1. p_6을 구하시오.

일반화하면 $p_n = 1 + 5 + 12 + \ \cdots \ + \mathrm{P}_n$이므로, p_n의 점화식은 $p_n = p_{n-1} + \mathrm{P}_n$이다.

또한, 3.3절에서 오각수의 합은 아래의 식으로 나타내었다.

$$1 + 5 + 12 + \ \cdots \ + \mathrm{P}_n = n \cdot \mathrm{T}_n$$

따라서 $p_n = n \cdot \mathrm{T}_n$이다.

즉, n번째 오각뿔수는 n번째 삼각수에 n을 곱한 것과 같다.

---

2. 아래 표의 빈 칸을 채우시오.

n	T_n	$n \cdot \mathrm{T}_n = p_n$
1	1	$1 \cdot 1 = 1$
2	3	$2 \cdot 3 = 6$
3	6	$3 \cdot 6 = 18$
4	10	$4 \cdot 10 =$ ____
5	15	____ = ____
6	____	____ = ____
7	____	____ = ____
8	____	____ = ____
9	____	____ = ____
10	____	____ = ____

3. p_{100}을 구하시오.

4. 아래에 있는 파스칼 삼각형에서 그룹으로 묶인 수들을 각각 곱하시오. 어떤 수열인가?

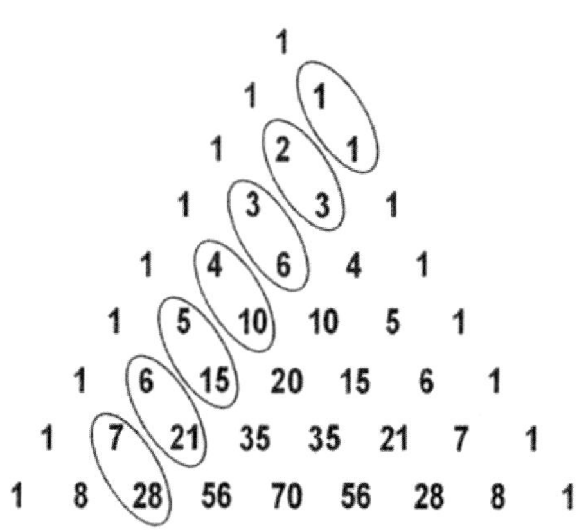

p_n의 공식은 $n \cdot T_n = n \cdot \frac{n(n+1)}{2}$ 즉,

$$p_n = \frac{n^2(n+1)}{2}$$

아래 공식은 n번째 오각뿔수가 n번째 사각뿔 수와 $(n-1)$번째 삼각뿔수의 합과 같음을 보여준다.

$$p_n = s_n + t_{n-1}$$

위 공식은 'n번째 오각수가 n번째 사각수와 $(n-1)$번째 삼각수의 합과 같다.'는 다각형 수에 대한 공식, $\mathrm{P}_n = \mathrm{S}_n + \mathrm{T}_{n-1}$을 연상시킨다.

$\mathbf{p_n = s_n + t_{n-1}}$

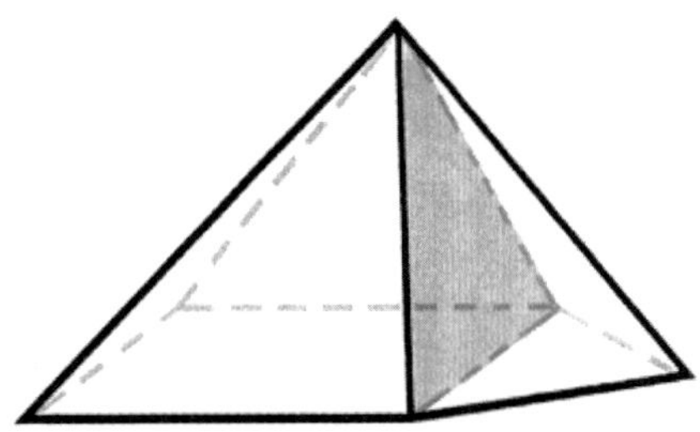

---

5. $n=2$, $n=3$, $n=4$에 대하여 $p_n = s_n + t_{n-1}$과 $\mathrm{P}_n = \mathrm{S}_n + \mathrm{T}_{n-1}$임을 확인하시오.

6. $n=2$, $n=3$, $n=4$에 대하여 $p_n = t_n + 2 \cdot t_{n-1}$임을 확인하시오.

다각형수(제3장)에 대한 공식을 찾은 것과 같은 방법으로 각뿔수(pyramidal number)에 대한 공식을 발견할 수 있다. 지금까지 살펴본 각뿔수가 포함된 아래 표를 살펴보자.

n	삼각뿔수	사각뿔수	오각뿔수	육각뿔수
1	1	1	1	______
2	4	5	6	______
3	10	14	18	______
4	20	30	40	______
5	35	55	75	______

위 각뿔수의 표에서 각 행에서의 수들은 일정한 값(d)을 더하면서 이웃하는 다음 수를 만든다. 각 행(n)에서 나타나는 두 수의 차(d)는 항상 이전 행의 행 번호 $(n-1)$번째인 삼각뿔수이다. 4번째 행에서 두 수의 차(d)는 10이고, 이것은 3번째 행의 삼각뿔 수이다. 따라서 네 번째 육각뿔수는 다음과 같다.

$$p_4 + t_3 = 40 + 10 = 50$$

일반화하면, n번째 육각뿔수 h_n은 다음과 같다.

$$h_n = p_n + t_{n-1}$$

---

7. 위 표의 빈칸을 채우시오. 각 행(n)에서 나타나는 두 수의 차(d)는 항상 이전 행의 행 번호 $(n-1)$번째인 삼각뿔수임을 의미하는 $h_n = p_n + t_{n-1}$을 사용하시오.

위 표를 바탕으로 다음 식을 알 수 있다.

(n번째 삼각뿔수) $= \mathrm{T}_n + t_{n-1}$

(n번째 사각뿔수) $=$ (n번째 삼각뿔수) $+ t_{n-1}$

(n번째 오각뿔수) $=$ (n번째 사각뿔수) $+ t_{n-1}$

(n번째 육각뿔수) $=$ (n번째 오각뿔수) $+ t_{n-1}$

이를 기호로 나타내면 다음과 같다.

$$t_n = \mathrm{T}_n + t_{n-1}$$
$$s_n = t_n + t_{n-1}$$
$$p_n = s_n + t_{n-1} = t_n + 2 \cdot t_{n-1}$$
$$h_n = p_n + t_{n-1} = t_n + 3 \cdot t_{n-1}$$

---

8. 위와 같이, n번째 칠각뿔수에 대한 식을 각뿔수들의 합으로 나타내시오.

9. 위와 같이, n번째 팔각뿔수에 대한 식을 각뿔수들의 합으로 나타내시오.

10. 아래 표의 빈칸을 채우시오.

삼각뿔수 t_n	**사각뿔수** s_n	**오각뿔수** p_n	**육각뿔수** h_n
$1=1$	$1=1$	$1=1$	$1=1$
$4=3+1$	$5=3+2\cdot1$	$6=3+3\cdot1$	$7=3+4\cdot1$
$10=6+4$	$14=6+2\cdot4$	$18=6+3\cdot4$	$22=6+4\cdot4$
$20=10+10$	$30=10+2\cdot10$	$40=10+3\cdot10$	$50=10+4\cdot10$
$35=15+20$	$55=15+2\cdot20$	$75=15+3\cdot20$	$95=15+4\cdot20$
$56=$ ____ $+$ ____	$91=$ ____ $+2\cdot$ ____	$126=$ __ $+3\cdot$ __	$161=$ __ $+4\cdot$ __
____ $=$ ____ $+$ ____	___ $=$ ___ $+2\cdot$ ___	___ $=$ ___ $+3\cdot$ ___	___ $=$ ___ $+4\cdot$ ___

앞의 표와 각뿔수에 대한 공식을 이용하여 다음과 같은 일반적인 식을 찾을 수 있다.

$$t_n = \mathrm{T}_n + t_{n-1}$$
$$s_n = \mathrm{T}_n + 2 \cdot t_{n-1} = t_n + t_{n-1}$$
$$p_n = \mathrm{T}_n + 3 \cdot t_{n-1} = t_n + 2 \cdot t_{n-1}$$
$$h_n = \mathrm{T}_n + 4 \cdot t_{n-1} = t_n + 3 \cdot t_{n-1}$$

11. 위와 같이, n번째 칠각뿔수에 대한 식을 삼각뿔수들의 합으로 나타내시오.

12. 위와 같이, n번째 팔각뿔수에 대한 식을 삼각뿔수들의 합으로 나타내시오.

13. 위의 식을 이용하여, 다음을 구하시오.

$s_{10} =$

$p_{10} =$

$h_{10} =$

[14~17] $n=1$, $n=2$, $n=3$**에 대하여 각 식이 성립함을 확인하시오.**

14. $n \cdot t_{n+1} = (n+3)t_n$

15. $n \cdot s_{n+1} = (n+3)s_n + \mathrm{T}_n$

16. $n \cdot p_{n+1} = (n+3)p_n + 2\mathrm{T}_n$

17. $n \cdot h_{n+1} = (n+3)h_n + 3\mathrm{T}_n$

18. 아래 식이 성립함을 확인하시오.

$s_1 = (t_1)^2$

$s_1 + s_2 = (t_2)^2 - t_1 \cdot t_3$

$s_1 + s_2 + s_3 = (t_3)^2 - t_2 \cdot t_4$

$$s_1 + s_2 + s_3 + s_4 = (t_4)^2 - t_3 \cdot t_5$$

$$s_1 + s_2 + s_3 + s_4 + s_5 = (t_5)^2 - t_4 \cdot t_6$$

19. $n=2$, $n=3$, $n=4$에 대하여, $(s_n)^2 - s_{n+1} \cdot s_{n-1} = n \cdot s_n + t_{n-1}$이 성립함을 확인하시오.

20. $n=1$, $n=2$, $n=3$에 대하여, 다음 각뿔수의 공식이 성립함을 확인하시오.

$$t_n = \frac{n(n+1)(n+2)}{6}$$

$$s_n = \frac{n(n+1)(2n+1)}{6}$$

$$p_n = \frac{n(n+1)(3n+0)}{6}$$

$$h_n = \frac{n(n+1)(4n-1)}{6}$$

21. 문제 20의 공식을 이용하여 n번째 칠각뿔수 및 n번째 팔각뿔수에 대한 공식을 구하시오.

22. $n=1$, $n=2$, $n=3$, $n=4$, $n=5$에 대하여, 아래의 식이 각각 성립함을 확인하시오.

$$t_n = \frac{(n+1)(2\mathrm{T}_n + n)}{6}$$

$$s_n = \frac{(n+1)(2\mathrm{S}_n + n)}{6}$$

$$p_n = \frac{(n+1)(2\mathrm{P}_n + n)}{6}$$

$$h_n = \frac{(n+1)(2\mathrm{H}_n + n)}{6}$$

23.

(a) $n=2,\ n=3,\ n=4,\ n=5$에 대하여, 아래 식이 성립함을 확인하시오.

$$(t_{n+1},\ t_n,\ t_{n-1})\cdot(1,\ -2,\ 1)=t_{n+1}-2t_n+t_{n-1}=n+1$$

$$(s_{n+1},\ s_n,\ s_{n-1})\cdot(1,\ -2,\ 1)=s_{n+1}-2s_n+s_{n-1}=2n+1$$

$$(p_{n+1},\ p_n,\ p_{n-1})\cdot(1,\ -2,\ 1)=p_{n+1}-2p_n+p_{n-1}=3n+1$$

$$(h_{n+1},\ h_n,\ h_{n-1})\cdot(1,\ -2,\ 1)=h_{n+1}-2h_n+h_{n-1}=4n+1$$

(b) 위 네 개의 식의 규칙을 살펴보고, 이와 같이 칠각뿔수와 팔각뿔수에 대한 식들을 구하시오. (단, n번째 칠각뿔수와 팔각뿔수를 각각 h'_n과 o_n이라 하자.)

24.

(a) $n=3,\ n=4,\ n=5$에 대하여, 아래 네 개의 식이 성립함을 확인하시오.

$$(t_{n+1},\ t_n,\ t_{n-1},\ t_{n-2})\cdot(1,\ -3,\ 3,\ -1)=1$$

$$(s_{n+1},\ s_n,\ s_{n-1},\ s_{n-2})\cdot(1,\ -3,\ 3,\ -1)=2$$

$$(p_{n+1},\ p_n,\ p_{n-1},\ p_{n-2})\cdot(1,\ -3,\ 3,\ -1)=3$$

$$(h_{n+1},\ h_n,\ h_{n-1},\ h_{n-2})\cdot(1,\ -3,\ 3,\ -1)=4$$

(b) 위 네 개의 식의 규칙을 살펴보고, 이와 같이 칠각뿔수와 팔각뿔수에 대한 식들을 구하시오. (단, n번째 칠각뿔수와 팔각뿔수를 각각 h'_n과 o_n이라 하자.)

25. $s_{24}=\mathrm{S}_{70}$임을 보이시오.

26. $t_2=\mathrm{S}_2$와 $t_{48}=\mathrm{S}_{140}$임을 보이시오.

27. 아래의 식이 성립함을 확인하시오.

$$t_1=1\cdot \mathrm{T}_1$$

$$t_2=3\cdot \mathrm{T}_2+\mathrm{s}_1$$

$$t_3=t\cdot \mathrm{T}_3+\mathrm{s}_2$$

$$t_4=7\cdot \mathrm{T}_4+\mathrm{s}_3$$

28. $n=6$, $n=7$에 대하여, 아래 식들이 성립함을 확인하시오

$$\mathrm{T}_{n-1}+\mathrm{T}_n+\mathrm{T}_{n+1}=3\cdot\mathrm{T}_n+s_1$$
$$\mathrm{T}_{n-2}+\mathrm{T}_{n-1}+\mathrm{T}_n+\mathrm{T}_{n+1}+\mathrm{T}_{n+2}=5\cdot\mathrm{T}_n+s_2$$

$$t_{n+3}-t_{n-4}=7\cdot\mathrm{T}_n+s_3$$
$$t_{n+4}-t_{n-5}=9\cdot\mathrm{T}_n+s_4$$

파스칼 삼각형의 4행으로 이루어진 스트링에 +, − 부호를 번갈아 가며 붙이면 $(1, -4, 6, -4, 1)$이 된다. 그리고 5개의 연속된 각뿔 수를 스트링을 만들어 두 스트링의 스트링곱을 계산하자. 예를 들어, 처음 네 개의 오각뿔수의 스트링은 $(1, 5, 12, 22, 35)$이다.

$$\begin{aligned}(1, 5, 12, 22, 35)\cdot(1, -4, 6, -4, 1)&=1+5\cdot(-4)+12\cdot6+22\cdot(-4)+35\\&=1-20+72-88+35\\&=0\end{aligned}$$

각뿔 수의 스트링을 구성할 때, 오름차순 및 내림차순인지도 중요하지 않고, 연속되는 수열의 시작하는 부분도 중요하지 않다. 다음은 $\mathrm{S}_7=49$로 시작하는 내림차순의 제곱수를 이용한 또 다른 예이다.

$$\begin{aligned}(49, 36, 25, 16, 9)\cdot(1, -4, 6, -4, 1)&=49+36\cdot(-4)+25\cdot6+16\cdot(-4)+9\\&=49-144+150-64+9\\&=0\end{aligned}$$

> 일반적으로, 스트링 $(1, -4, 6, -4, 1)$과 연속적인 다섯 개의 각뿔수로 구성한 스트링의 스트링곱은 0이다.

29. $n=4$, $n=5$, $n=6$에 대하여, 아래 네 개의 식이 성립함을 확인하시오.

$$(t_{n+1}, t_n, t_{n-1}, t_{n-2}, t_{n-3}) \cdot (1, -4, 6, -4, 1) = 0$$
$$(s_{n+1}, s_n, s_{n-1}, s_{n-2}, s_{n-3}) \cdot (1, -4, 6, -4, 1) = 0$$
$$(p_{n+1}, p_n, p_{n-1}, p_{n-2}, p_{n-3}) \cdot (1, -4, 6, -4, 1) = 0$$
$$(h_{n+1}, h_n, h_{n-1}, h_{n-2}, h_{n-3}) \cdot (1, -4, 6, -4, 1) = 0$$

문제 29에서 확인한 성질을 파스칼 삼각형의 5번째, 6번째, …, n번째 행의 스트링과 $(n+1)$개의 연속된 각뿔수의 스트링의 스트링곱으로 확장될 수 있다.

예를 들어, 파스칼 삼각형의 5행으로 이루어진 스트링과 +, − 부호를 교대로 붙인 연속된 6개의 육각뿔수의 스트링의 스트링곱을 구해보자.

$$\begin{aligned}
&(161, 95, 50, 22, 7, 1) \cdot (1, -5, 10, -10, 5, -1) \\
&= 161 + 95 \cdot (-5) + 50 \cdot 10 + 22 \cdot (-10) + 7 \cdot 5 - 1 \\
&= 161 - 475 + 500 - 220 + 35 - 1 \\
&= 0
\end{aligned}$$

30. $n=6$, $n=7$, $n=8$, $n=9$에 대하여, 아래의 식이 성립함을 확인하시오.

$$(t_{n+1}, t_n, t_{n-1}, t_{n-2}, t_{n-3}, t_{n-4}) \cdot (1, -5, 10, -10, 5, -1) = 0$$
$$(t_{n+1}, t_n, t_{n-1}, t_{n-2}, t_{n-3}, t_{n-4}, t_{n-5}) \cdot (1, -6, 15, -20, 15, -6, 1) = 0$$

31. $n=6$, $n=7$, $n=8$, $n=9$에 대하여, 아래의 식이 성립함을 확인하시오.

$$(s_{n+1}, s_n, s_{n-1}, s_{n-2}, s_{n-3}, s_{n-4}) \cdot (1, -5, 10, -10, 5, -1) = 0$$
$$(s_{n+1}, s_n, s_{n-1}, s_{n-2}, s_{n-3}, s_{n-4}, s_{n-5}) \cdot (1, -6, 15, -20, 15, -6, 1) = 0$$

32. $H_2=7$로 시작하는 연속적인 6개의 육각뿔수의 스트링과
스트링 $(1,\ -5,\ 10,\ -10,\ 5,\ -1)$과의 스트링곱을 구하시오.

33. $n=5$, $n=6$, $n=7$에 대하여, 아래 점화식이 성립함을 확인하시오.

$$t_n=(4,\ -6,\ 4,\ -1)\cdot(t_{n-1},\ t_{n-2},\ t_{n-3},\ t_{n-4})$$
$$s_n=(4,\ -6,\ 4,\ -1)\cdot(s_{n-1},\ s_{n-2},\ s_{n-3},\ s_{n-4})$$
$$p_n=(4,\ -6,\ 4,\ -1)\cdot(p_{n-1},\ p_{n-2},\ p_{n-3},\ p_{n-4})$$
$$h_n=(4,\ -6,\ 4,\ -1)\cdot(h_{n-1},\ h_{n-2},\ h_{n-3},\ h_{n-4})$$

4.4 중심 각뿔수

각뿔수의 수열은 중심 다각형수의 수열의 부분합으로부터 구할 수 있다. 3장에서 중심 삼각수 ${}^{C}T_n$은 1, 4, 10, 19, 31, 46, 64, 85, 109, 136, ⋯ 인 수열이라는 것을 확인하였다. 네 번째 중심 삼각뿔수 ${}^{C}t_4$은 부분합으로 구하면 다음과 같다.

$${}^{C}t_4={}^{C}T_1+{}^{C}T_2+{}^{C}T_3+{}^{C}T_4=1+4+10+19=34$$

4.4절

1.
(a) 처음 세 개의 중심 삼각뿔수를 구하시오.

(b) ${}^{C}t_5$와 ${}^{C}t_6$을 구하시오.

2. $n=1,\ 2,\ 3,\ 4,\ 5,\ 6$에 대하여 $3\cdot t_{n-1}+n$을 계산하시오.
주의 : t_{n-1}은 $(n-1)$번째 삼각뿔수이다. (또한, 파스칼 삼각형의 3열의 수들이다.)
문제 1에서 구한 수들과 비교하시오.

일반화하면, 중심 삼각뿔수는 아래와 같이 나타낼 수 있다.

$$^{C}t_n = 3 \cdot t_{n-1} + n$$

중심 사각수 $^{C}S_n$은 1, 5, 13, 25, 41, 61, 85, 113, 145, 181, ⋯ 인 수열이다.

네 번째 중심 사각뿔수 $^{C}s_4$는 아래와 같은 부분합으로 구할 수 있다.

$$^{C}s_4 = {}^{C}S_1 + {}^{C}S_2 + {}^{C}S_3 + {}^{C}S_4 = 1 + 5 + 13 + 25 = 44$$

3.
(a) 처음 세 개의 중심 사각뿔수를 구하시오.

(b) $^{C}s_5$와 $^{C}s_6$을 구하시오

4. $n = 1$, 2, 3, 4, 5, 6에 대하여, $4 \cdot t_{n-1} + n$을 계산하시오.
주의 : t_{n-1}은 $(n-1)$번째 삼각뿔수이다. (또, 파스칼 삼각형의 3열의 수들이다.)
문제 3에서 구한 수들과 비교하시오.

일반화하면, 중심 사각뿔수는 다음과 같이 나타낼 수 있다.

$$^{C}s_n = 4 \cdot t_{n-1} + n$$

중심 오각수가 층을 이루어 중심 오각뿔수를 구성한다. 일반화하여 n번째 중심 오각뿔수는 아래와 같다.

$$^{C}p_n = 5 \cdot t_{n-1} + n$$

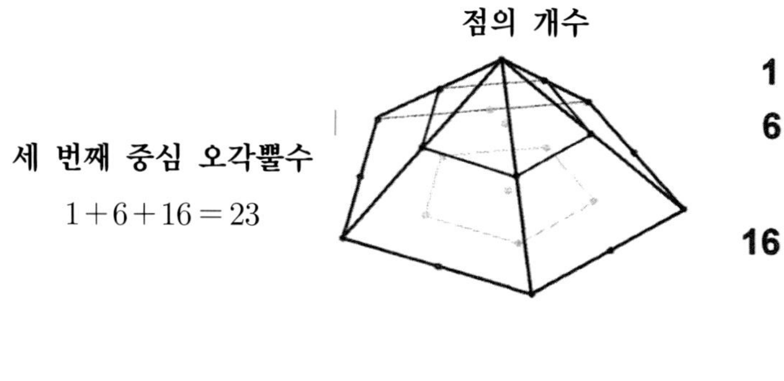

5.

(a) 위의 식을 이용하여, 처음 세 개의 중심 오각뿔수를 구하시오.

(b) 중심 오각수 수열, 1, 6, 16, 31, 51, 76, 106, 141, 181, 226, ⋯ 을 이용하여 처음 세 개의 중심 오각뿔수를 구하고, (a)의 결론과 비교하시오.

6. ${}^{C}p_3$과 ${}^{C}p_4$를 구하시오.

7.

(a) ${}^{C}t_n$, ${}^{C}s_n$, ${}^{C}p_n$에 대한 식을 관찰하여 n번째 중심 육각뿔수 ${}^{C}h_n$에 대한 식을 예측하시오.

(b) 중심 육각수 수열, 1, 7, 19, 37, 61, 91, 127, 169, 217, 217, ⋯을 이용하여 처음 세 개의 중심 육각뿔수를 구하고, (a)에서 예측한 식을 이용하여 구한 값과 비교하시오.

(c) ${}^{C}h_4$와 ${}^{C}h_5$를 구하시오. 수열 ${}^{C}h_1$, ${}^{C}h_2$, ${}^{C}h_3$, ⋯와 같은 값을 갖는 다른 수열을 찾아보시오.

8. 아래의 파스칼 삼각형에서 묶여있는 수들로 만든 스트링들과 스트링 $(1, 4, 6, 4)$의 스트링곱을 각각 구하시오.

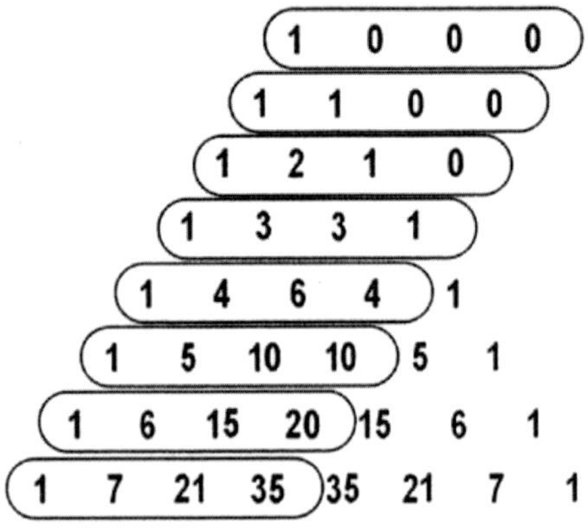

9. 문제 8에서 계산된 수들의 수열은 중심 삼각뿔수로 구성된다. 여덟 번째 삼각뿔수는 295이다.

(a) 아홉 번째 중심 삼각뿔수를 구하시오.

(b) 네 번째 중심 삼각뿔수는 처음 4개의 삼각뿔수($t_1 = 1$, $t_2 = 4$, $t_3 = 10$, $t_4 = 20$)의 합과 같음을 보이시오.

(c) 다섯 번째 중심 삼각뿔수는 $t_2 = 4$로 시작하는 4개의 연속된 삼각뿔수의 합과 같음을 보이시오.

(d) 여덟 번째 중심 삼각뿔수는 $t_5 = 35$로 시작하는 4개의 연속된 삼각뿔수의 합과 같음을 보이시오.

요약:

	중심 다각형수*	중심 각뿔수**
삼각형	${}^{C}T_n = 3 \cdot T_{n-1} + 1$	${}^{C}t_n = 3 \cdot t_{n-1} + n$
사각형	${}^{C}S_n = 4 \cdot T_{n-1} + 1$	${}^{C}s_n = 4 \cdot t_{n-1} + n$
오각형	${}^{C}P_n = 5 \cdot T_{n-1} + 1$	${}^{C}p_n = 5 \cdot t_{n-1} + n$
육각형	${}^{C}H_n = 6 \cdot T_{n-1} + 1$	${}^{C}h_n = 6 \cdot t_{n-1} + n$

* $n = 1$일 때, $T_{n-1} = t_{n-1} = 0$이다.

** ${}^{C}t_n$에서의 t의 의미는 "삼각형"이다. 그리고 t_{n-1}에서의 t의 의미는 "삼각뿔"이다.

4.5 **입방체수**(Cubic number)**와 기타 각뿔대수**(Prismoidal number)

삼차원의 다각수는 이차원의 다각수보다 더 많은 다면체 형태를 띈다. 이 절에서 입방체수를 포함한 각뿔대수의 기초가 되는 다면체를 살펴보자.

블록 다이어그램 : 단위 정육면체들로 구성된 정육면체

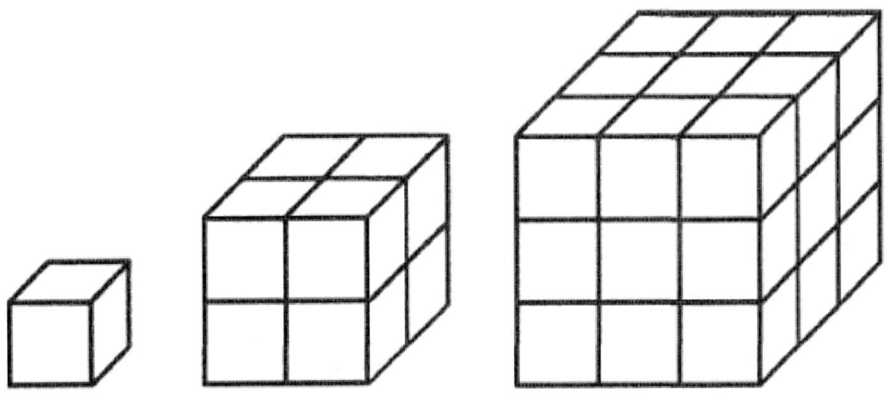

$c_1 = 1^3 = 1$ $c_2 = 2^3 = 8$ $c_3 = 3^3 = 27$

점 다이어그램 : 정육면체를 구성하는 꼭짓점들로 이루어진 정사각형 층들

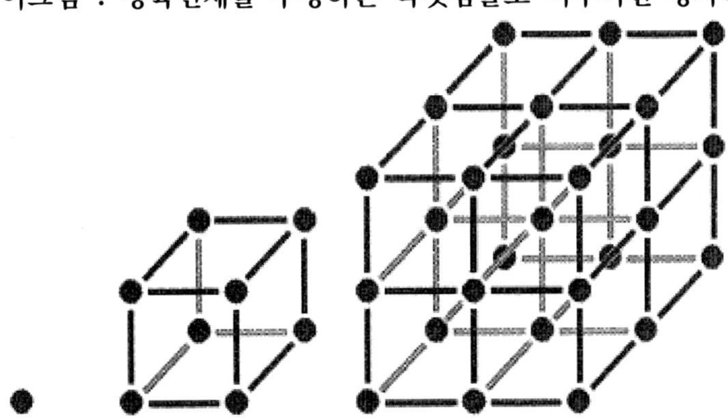

1 8 27

일반적으로 n번째 입방체수는 n-정육면체 즉, $c_n = n^3$이다. 또한 입방체수는 사면체 수와 다른 다각수로도 표현할 수 있다. 아래 문제들을 통해 이들 사이의 관계에 대해 알아보자.

4.5절

1. c_{10}을 구하시오.

2. 다음 식을 계산하고, 두 개 이상의 새로운 식을 추가하여 수열을 확장하시오. 어떤 수열인가? (힌트: 아래 식들의 수는 모두 삼각수이다.)

$\underline{\ \ 1\ \ } = 1$

$\underline{\qquad} = 6 + 3 - 1$

$\underline{\qquad} = 15 + 10 + 6 - 3 - 1$

$\underline{\qquad} = 28 + 21 + 15 + 10 - 6 - 3 - 1$

$\underline{\qquad} = 45 + 36 + 28 + 21 + 15 - 10 - 6 - 3 - 1$

$\underline{\qquad} = \underline{\qquad} + \underline{\qquad} + \underline{\qquad} + \underline{\qquad} + \underline{\qquad} + \underline{\qquad} - \underline{\qquad} - \underline{\qquad} - \underline{\qquad} - \underline{\qquad} - \underline{\qquad}$

$\underline{\qquad} =$

3. 다음 표의 빈칸을 채우시오.

n	$c_n = n^3$	$n^3 = n \cdot S_n$
1	$c_1 = 1^3 = 1$	$1^3 = 1 \cdot 1$
2	$c_2 = 2^3 = 8$	$2^3 = 2 \cdot 4$
3	$c_3 = 3^3 = 27$	$3^3 = 3 \cdot 9$
4	$c_4 = 4^3 = 64$	$4^3 = 4 \cdot 16$
5	$c_5 =$	$5^3 =$
6	$c_6 =$	$6^3 =$
7	$\underline{\qquad} =$	$\underline{\qquad} =$
8	$\underline{\qquad} =$	$\underline{\qquad} =$
9	$\underline{\qquad} =$	$\underline{\qquad} =$
10	$\underline{\qquad} =$	$\underline{\qquad} =$

4. 다음 표의 빈칸을 채우시오.

n	$n^3 = 6 \cdot t_{n-1} + n$
1	$1 = 6 \cdot 0 + 1$
2	$8 = 6 \cdot 1 + 2$
3	$27 = 6 \cdot 4 + 3$
4	$64 = 6 \cdot 10 + 4$
5	$125 = 6 \cdot 20 +$ ____
6	$216 = 6 \cdot$ ____ $+$ ____
7	____ $= 6 \cdot$ ____ $+$ ____
8	____ $= 6 \cdot$ ____ $+$ ____
9	____ $= 6 \cdot$ ____ $+$ ____
10	____ $= 6 \cdot$ ____ $+$ ____

5. 이 문제를 통해 입방체수는 6개의 삼각뿔수의 합과 같음을 알 수 있다. 다음 표의 빈칸을 채우시오.

n	$n^3 = t_n + 4 \cdot t_{n-1} + t_{n-2}$
3	$27 = 10 + 4 \cdot 4 + 1$
4	$64 = 20 + 4 \cdot 10 + 4$
5	$125 = 35 + 4 \cdot 20 + 10$
6	$216 = 56 + 4 \cdot 35 + 20$
7	$343 = 84 + 4 \cdot$ ____ $+$ ____
8	____ $=$ ____ $+ 4 \cdot$ ____ $+$ ____
9	____ $=$ ____ $+ 4 \cdot$ ____ $+$ ____
10	____ $=$ ____ $+ 4 \cdot$ ____ $+$ ____

6. 이 문제를 통해 입방체수는 오각뿔수, 삼각뿔수, 사각뿔수의 합과 같음을 알 수 있다. 다음 표의 빈칸을 채우시오.

n	$n^3 = p_n + t_{n-1} + s_{n-1}$
2	$8 = 6 + 1 + 1$
3	$27 = 18 + 4 + 5$
4	$64 = 40 + 10 + 14$
5	$125 = 75 + 20 + 30$
6	$216 = 126 + 35 +$ ____
7	$343 =$ ____ $+$ ____ $+$ ____
8	____ $=$ ____ $+$ ____ $+$ ____

2차원에서 입방체수와 삼각수 사이의 흥미로운 관계를 살펴볼 수 있다. 다음 그림에서 삼각수의 제곱은 입방체수들의 합과 같음을 알 수 있다.

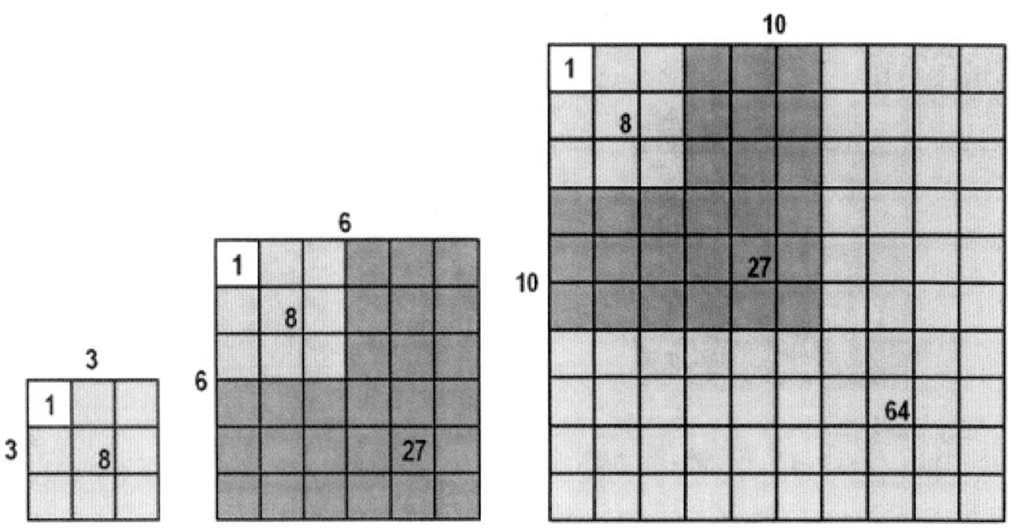

$T_2^2 = 9 = 1 + 8$ $T_3^2 = 36 = 1 + 8 + 27$ $T_4^2 = 100 = 1 + 8 + 27 + 64$

7. 아래 등식들이 각각 성립함을 확인하고, 규칙을 파악하여 빈칸을 채우시오.

$1^2 = 1^3$

$3^2 = 1^3 + 2^3$

$6^2 = 1^3 + 2^3 + 3^3$

$10^2 = 1^3 + 2^3 + 3^3 + 4^3$

$15^2 = 1^3 + 2^3 + 3^3 + 4^3 + \_\_\_\_$

$\_\_\_\_ = \_\_\_\_ + \_\_\_\_ + \_\_\_\_ + \_\_\_\_ + \_\_\_\_ + \_\_\_\_$

일반적으로 다음이 성립한다.

$$(\mathrm{T}_n)^2 = 1^3 + 2^3 + 3^3 + \cdots + n^3$$

즉, n번째 삼각수의 제곱은 처음부터 n번째까지의 입방체수들의 합과 같다.

4.6절에서 입방체수들의 합으로 4차원의 수인 초입방체수(hypercubic number)를 만드는 것을 살펴볼 것이다.

위의 공식을 다음과 같이 표현할 수 있다.

$$(1+2+3+ \cdots + n)^2 = 1^3 + 2^3 + 3^3 + \cdots + n^3$$

또한, $\mathrm{T}_n = \dfrac{n(n+1)}{2}$이므로 처음부터 n번째까지의 입방체수들의 합은 다음과 같이 나타낼 수도 있다.

$$1^3 + 2^3 + 3^3 + \cdots + n^3 = \left\{\frac{n(n+1)}{2}\right\}^2$$

8. 위의 제시된 공식들을 사용하여 처음부터 10번째까지의 입방체수들의 합을 구하시오. 그리고 처음부터 100번째까지의 입방체수들의 합을 구하시오.

공식 $(\mathrm{T}_n)^2 = 1^3 + 2^3 + 3^3 + \cdots + n^3$로부터 $(\mathrm{T}_n)^2 - (\mathrm{T}_{n-1})^2 = n^3$을 이끌어낼 수 있다. 아래의 그림은 $(\mathrm{T}_3)^2 - (\mathrm{T}_2)^2 = 3^3$를 나타낸 것이다.

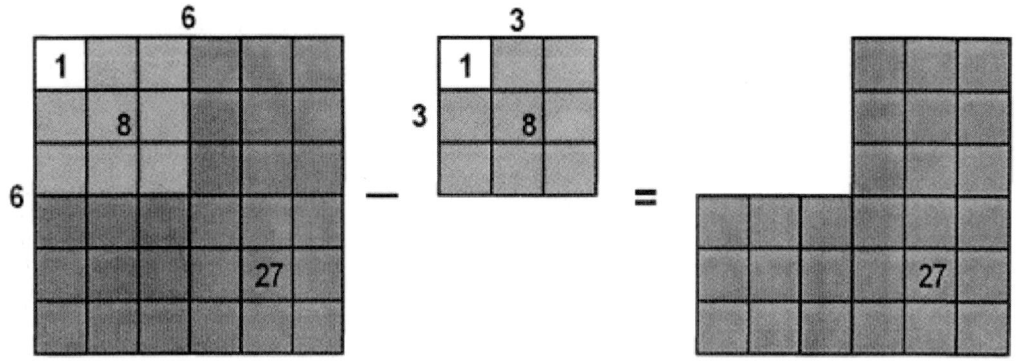

$$6^2 \quad - \quad 3^2 \quad = \quad 3^3$$

즉, $(\mathrm{T}_3)^2 - (\mathrm{T}_2)^2 = 6^2 - 3^2 = 3^3$이다.

---

9. $(\mathrm{T}_4)^2 - (\mathrm{T}_3)^2 = 4^3$을 그림으로 표현하시오.

10. $n = 1,\ 2,\ 3,\ 4$일 때, 다음 식들이 성립함을 확인하시오.

$$1^3 + 2^3 + 3^3 + \cdots + n^3 = \frac{1}{2}(\mathrm{T}_{n^2} + n^3)$$

$$n^3 = 2(1 + 5 + 12 + \cdots + \mathrm{P}_n) + 2 \cdot \mathrm{T}_{n-1} + \mathrm{S}_n$$

11. 다음 식들이 각각 성립함을 확인하고, 빈칸을 채우시오.

$$2^3 = (2 \cdot 2) + (2 + 2)$$

$$3^3 = (6 \cdot 3) + (6 + 3)$$

$$4^3 = (12 \cdot 4) + (12 + 4)$$

$$\underline{\qquad} = (20 \cdot 5) + (20 + 5)$$

$$6^3 = \underline{\qquad} + \underline{\qquad}$$

12. $n=2,\ 3,\ 4$일 때, 다음 식들이 각각 성립함을 확인하시오.

$$n^2=2\cdot \mathrm{T}_{n-1}+n$$

$$n^3=2n\cdot \mathrm{T}_{n-1}+n^2$$

$$n^4=2n^2\cdot \mathrm{T}_{n-1}+n^3$$

$$n^5=2n^3\cdot \mathrm{T}_{n-1}+n^4$$

13. $n=2,\ k=5$와 $n=3,\ k=4$와 $n=4,\ k=5$일 때, 다음 식이 각각 성립함을 확인하시오.

$$\frac{n(n^k-1)}{2\mathrm{T}_{n-1}}=1+n+n^2+n^3+\cdots+n^{k-1}$$

14. c_n을 n번째 입방체수라고 하자.

$n=2,\ 3,\ 4$일 때, 다음 식이 각각 성립함을 확인하시오.

$$\mathrm{c}_n-c_{n-1}=\mathrm{S}_n+2\cdot \mathrm{T}_{n-1}+\mathrm{S}_{n-1}$$

15. $n=3,\ 4,\ 5,\ 6$일 때, 다음 식이 각각 성립함을 확인하시오.

$$(\mathrm{c}_{n+1},\ \mathrm{c}_n,\ \mathrm{c}_{n-1},\ \mathrm{c}_{n-2})\cdot(1,\ -3,\ 3,\ -1)=6$$

일반적으로 연속된 5개의 입방체수로 구성된 스트링과 스트링 (1, −4, 6, −4, 1)의 스트링곱은 0과 같다.

입방체수가 내림차순으로 배열되거나 오름차순으로 배열되는지, 수열의 어디에서 연속된 수가 시작되는지 상관없다. $\mathrm{c}_6=216$으로 시작하며 입방체수의 내림차순으로 구성된 스트링을 예로 들어보자.

$$\begin{aligned}(216,\ 125,\ 64,\ 27,\ 8)\cdot(1,\ -4,\ 6,\ -4,\ 1)&=216+125\times(-4)+64\times6+27\times(-4)+8\\&=216-500+384-108+8\\&=0\end{aligned}$$

이 성질은 파스칼 삼각형의 5행, 6행, ⋯, n행으로 구성된 스트링들과 연속된 $(n+1)$개의 입방체수들의 스트링의 스트링곱으로 확장할 수 있다.

---

16. $n=4,\ 5,\ 6,\ 7$일 때, 다음 식이 성립함을 확인하시오.

$$(c_{n+1},\ c_n,\ c_{n-1},\ c_{n-2},\ c_{n-3})\cdot(1,\ -4,\ 6,\ -4,\ 1)=0$$

17. $n=5,\ 6,\ 7$일 때, 다음 식이 성립함을 확인하시오.

$$(c_{n+1},\ c_n,\ c_{n-1},\ c_{n-2},\ c_{n-3},\ c_{n-4})\cdot(1,\ -5,\ 10,\ -10,\ 5,\ -1)=0$$

18. $n=6,\ 7,\ 8$일 때, 다음 식이 성립함을 확인하시오.

$$(c_{n+1},\ c_n,\ c_{n-1},\ c_{n-2},\ c_{n-3},\ c_{n-4}, c_{n-5})\cdot(1,\ -6,\ 15,\ -20,\ 15,\ -6, 1)=0$$

19. $n=5,\ 6,\ 7$일 때, 다음 점화식이 성립함을 확인하시오.

$$c_n=(4,\ -6, 4,\ -1)\cdot(c_{n-1},\ c_{n-2},\ c_{n-3},\ c_{n-4})$$

입방체수는 각뿔대수에 포함된다. 한편, 각뿔수는 연속적인 다각수들의 수열로부터 생성되며, 다각수들의 층들이 모여 각뿔수를 만든다. 이와 같은 방법으로 각뿔대수도 만들 수 있다.

아래 그림은 처음 3개의 삼각뿔대수를 나타낸다.

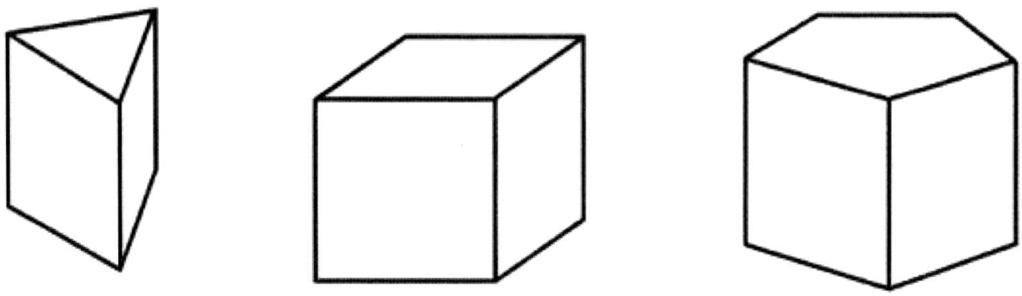

삼각기둥 **사각기둥** **오각기둥**

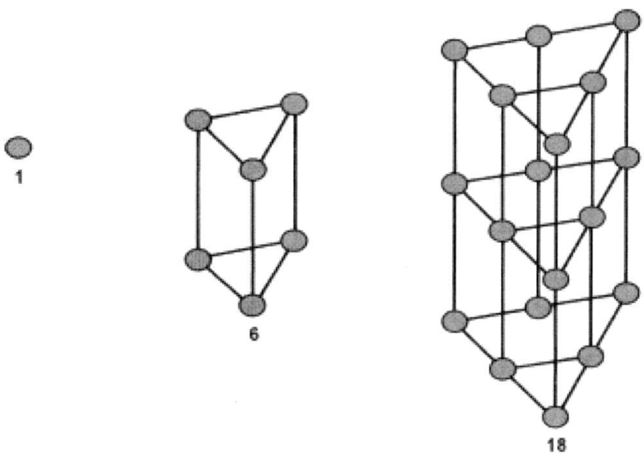

20. 네 번째 삼각뿔대수를 그림으로 나타내시오.

21. $n \cdot \mathrm{T}_n$으로부터 삼각뿔대수를 구할 수 있음을 확인하시오.

22. 4.2절에서 $\mathrm{s}_n = n \cdot \mathrm{T}_n - t_{n-1}$을 확인하였다.
$n=2,\ 3,\ 4,\ 5$일 때, $n \cdot \mathrm{T}_n = s_n + t_{n-1}$이 각각 성립함을 확인하시오.

23. 처음 6개의 삼각뿔대수는 1, 6, 18, 40, 75, 126이다.
다음 식들이 성립함을 확인하시오.
(a) $(1,\ 6,\ 18,\ 40,\ 75) \cdot (1,\ -4,\ 6,\ -4,\ 1) = 0$
(b) $(126,\ 75,\ 40,\ 18,\ 6,\ 1) \cdot (1, -5,\ 10,\ -10,\ 5,\ -1) = 0$
(c) $(40,\ 18,\ 6,\ 1) \cdot (4, -6,\ 4,\ -1) = 75$
(d) $(75,\ 40,\ 18,\ 6) \cdot (4, -6,\ 4,\ -1) = 126$

24. 삼각뿔대수의 수열과 오각뿔수의 수열을 비교하시오. 어떤 특징을 찾을 수 있는가?

4.6 사차원의 다각수

2차원의 다각수의 합은 3차원의 삼각뿔수를 만든다. 같은 방법으로 3차원의 삼각뿔수는 4차원의 다포체수(polytopal number)를 만든다. 가장 간단한 4차원 도형은 오포체(pentatope, 4-단체)이다. 1장에서 간략하게 살펴본 도형이다. 각각의 오포체는 더 낮은 단체들의 원소들로 구성된다. 오포체는 5개의 점(0-단체), 10개의 선분(1-단체), 10개의 삼각형(2-단체), 5개의 사면체(3-단체)로 구성되어 있다. 이 수들은 파스칼 삼각형 5행에서 찾을 수 있다. 도형들(단체 포함)의 모든 도면(및 그림)은 종이에 2차원 그림으로 그려진다. 오포체를 그리려면, 사면체를 그리고, 5번째 꼭짓점을 추가하여 사면체의 모든 점과 연결하면 된다.(주: 5번째 꼭짓점은 사면체의 3차원 공간에 있지 않으며, 2차원 종이 위의 모든 꼭짓점과 선분들로 아래와 같이 예상할 수 있다. 또한, 4차원 그림은 대각선을 가진 오각형으로서 이차원에 표현된다.)

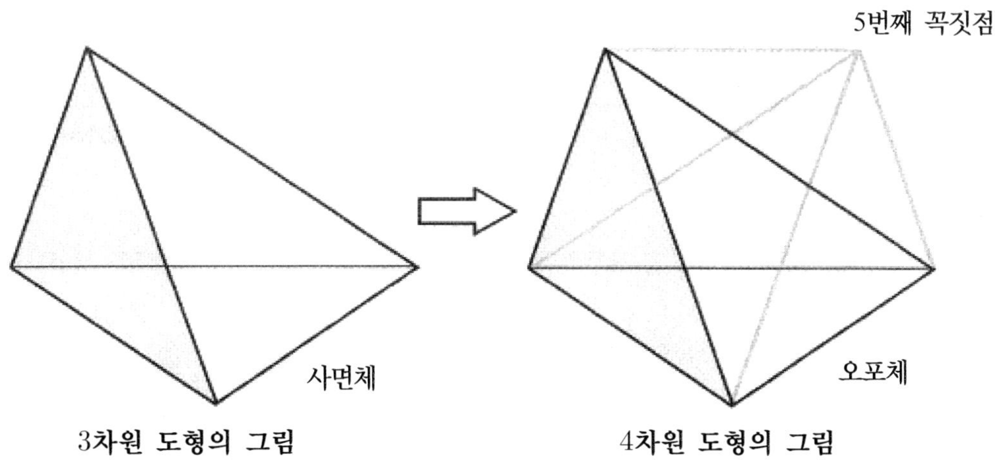

오포체수는 사면체수들의 층이 모여 만들어진다. 예를 들어, 4번째 오포체수는 다음과 같다.

$$t_1 + t_2 + t_3 + t_4$$

사면체 수들의 합은 파스칼 삼각형의 하키스틱 성질을 사용하여 쉽게 찾을 수 있으며, 이 경우 파스칼 삼각형의 4열의 원소가 만들어진다.

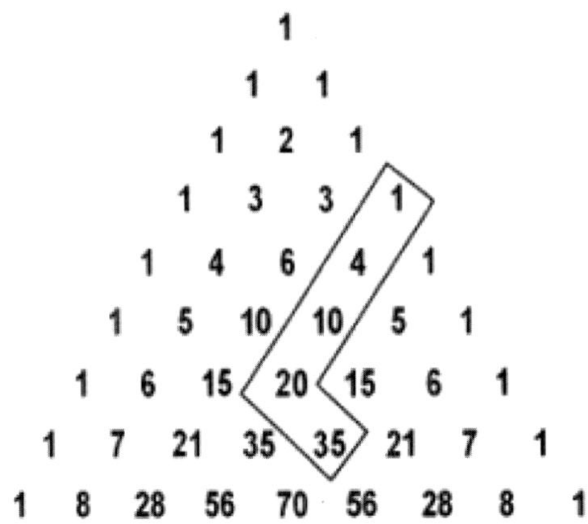

4번째 오포체수는 35이며, 이 수는 파스칼 삼각형의 7행 4열의 원소로 다음과 같다.

$$t_1+t_2+t_3+t_4=1+4+10+20=35$$

일반적으로 n번째 오포체수 $\mathbb{P}_n$은 다음과 같이 나타낼 수 있다.

$$\mathbb{P}_n=t_1+t_2+t_3+\cdots+t_n$$

4.6절

1. 5번째 오포체수를 구하시오.

파스칼 삼각형에서 인접한 수들에 대한 성질을 이용하여 n번째 오포체수에 대한 다음과 같은 일반적인 공식을 찾을 수 있다.

$$\begin{aligned}(n\text{번째 오포체수}) &= t_{n+1}\cdot\frac{n}{4}\\ &=\frac{n(n+1)(n+2)(n+3)}{24}\\ &=\mathbb{P}_n\end{aligned}$$

2. 위의 공식을 사용하여 10번째 오포체수 $\mathbb{P}_{10}$을 구하시오.

n번째 오포체수는 삼각수들을 이용하여 다음과 같이 나타낼 수 있다.

$$\mathbb{P}_n = \frac{\mathrm{T}_n \cdot \mathrm{T}_{n+2}}{6}$$

3. $n=1,\ 2,\ 3$일 때, 위의 식들이 각각 성립함을 확인하시오.

4. 다음 파스칼 삼각형에 각각의 타원 안의 큰 오포체수에서 작은 오포체수를 빼시오. 어떤 수열인가?

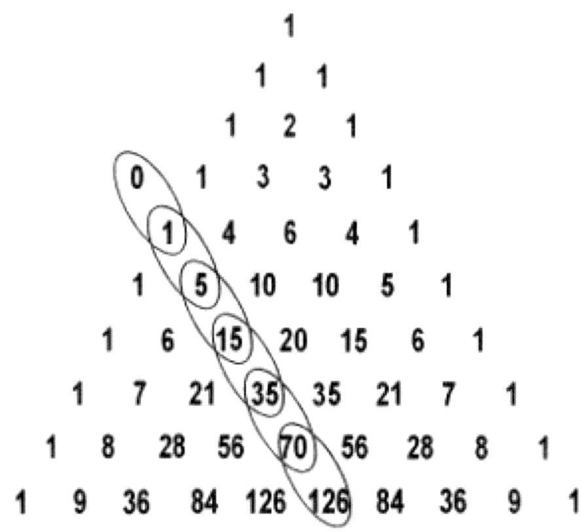

5.

(a) $n=2,\ 3,\ 4,\ 5$일 때, $\mathbb{P}_{n+1}-2\mathbb{P}_n+\mathbb{P}_{n-1}=\mathrm{T}_{n+1}$이 성립함을 확인하시오.

(b) $n=2,\ 3,\ 4,\ 5$일 때, 다음 식이 성립함을 확인하시오.

$$(n,\ n-1,\ n-2,\ \cdots,\ 3,\ 2,\ 1)\cdot(\mathrm{T}_1,\ \mathrm{T}_2, \mathrm{T}_3,\ \cdots,\mathrm{T}_n)=\mathbb{P}_n$$

6. 아래 파스칼 삼각형에 각각의 연결된 쌍들에서 큰 오포체수에서 작은 오포체수를 빼시오. 어떤 수열인가?

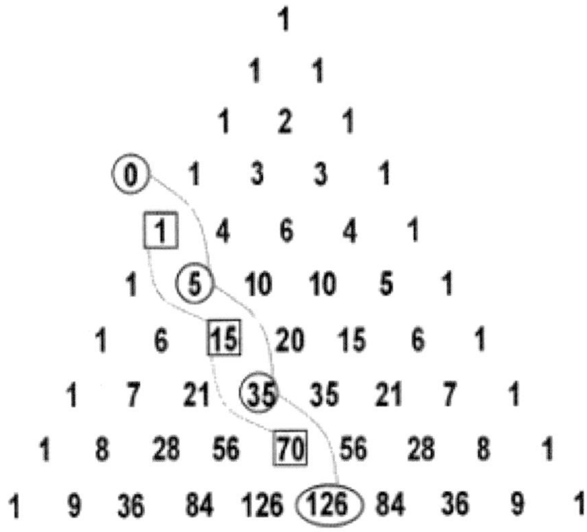

7.

(a) 삼각수들로 구성된 아래의 수 삼각형에 3행을 추가하여 확장하시오.

1

3 6

10 15 21

28 36 45 55

(b) 아래 표시된 열의 각각의 원소들을 3으로 나누시오. 어떤 수열인가?

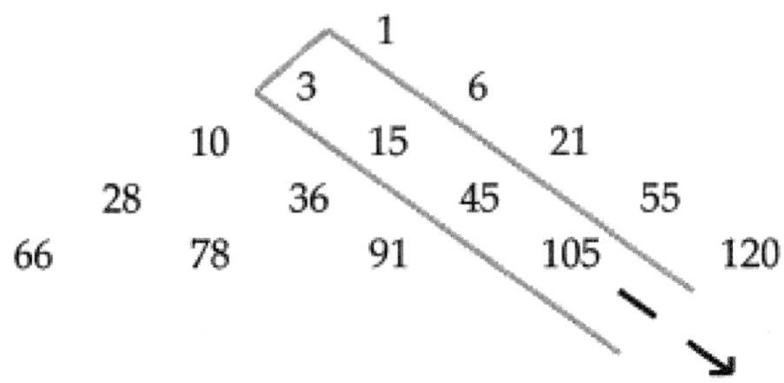

8. $n=4,\ 5,\ 6,\ 7$일 때, 다음 식이 각각 성립함을 확인하시오.

$$(\mathbb{P}_{n+1},\ \mathbb{P}_n,\ \mathbb{P}_{n-1},\ \mathbb{P}_{n-2},\ \mathbb{P}_{n-3})\cdot(1,\ -4,\ 6,\ -4,\ 1)=1$$

9. $n=5,\ 6,\ 7$일 때, 다음 식이 각각 성립함을 확인하시오.

$$(\mathbb{P}_{n+1},\ \mathbb{P}_n,\ \mathbb{P}_{n-1},\ \mathbb{P}_{n-2},\ \mathbb{P}_{n-3},\ \mathbb{P}_{n-4})\cdot(1,\ -5,\ 10,\ -10,\ 5,\ -1)=0$$

10. $n=6,\ 7,\ 8$일 때, 다음 점화식이 각각 성립함을 확인하시오.

$$\mathbb{P}_n=(\mathbb{P}_{n-1},\ \mathbb{P}_{n-2},\ \mathbb{P}_{n-3},\ \mathbb{P}_{n-4},\ \mathbb{P}_{n-5})\cdot(5,\ -10,\ 10,\ -5,\ 1)$$

육포체수(Hexatopal numbers, 4차원 사각뿔수)는 정사각뿔수들의 층들을 쌓아 만들 수 있다. 4번째 육포체수는 4개의 연속된 정사각뿔수들의 합으로 만들어지면 다음과 같다.

$$s_1+s_2+s_3+s_4=1+5+14+30=50$$

일반적으로 n번째 육포체수 $\mathbb{H}_n$은 다음과 같이 표현할 수 있다.

$$\mathbb{H}_n=s_1+s_2+s_3+\cdots+s_n$$

4.3절의 18번 문제에서 다음 식이 성립한다.

$$s_1+s_2+s_3+s_4=(t_4)^2-t_3\cdot t_5$$

또한 이를 일반화하면 다음과 같다.

$$s_1+s_2+s_3+\cdots+s_n=(t_n)^2-t_{n-1}\cdot t_{n+1}$$

이므로 $\mathbb{H}_n=(\mathrm{t}_n)^2-t_{n-1}\cdot t_{n+1}$ 이다.

---

11. 5번째 육포체수를 구하시오.

12. 다음 오포체수로 이루어진 두 수열을 항끼리 더하시오. 어떤 수열인가?

		1	5	15	35	70	126	210 ...
+	1	5	15	35	70	126	210	330 ...

13. 아래 파스칼 삼각형의 각각의 타원에서 작은 오포체수를 큰 오포체수에 더하시오. 어떤 수열인가?

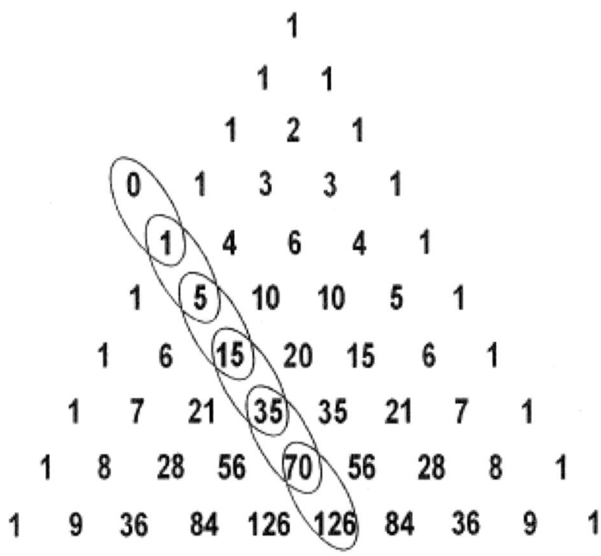

14. 12번과 13번을 통해 육포체수는 2개의 연속된 오포체수의 합, $\mathbb{H}_n=\mathbb{P}_n+\mathbb{P}_{n-1}$임을 알 수 있다. $n=1,\ 2,\ 3,\ 4,\ 5,\ 6$일 때, 이 식이 각각 성립함을 확인하시오.

15. 파스칼 삼각형의 4열을 3열에 항마다 각각 더하면, 그 결과는 파스칼 삼각형의 4열과 같다.

		1	5	15	35	70	126	210	...
+	1	4	10	20	35	56	84	120	...
	1	5	15	35	70	126	210	330	...

이는 파스칼 삼각형의 규칙인 주어진 열의 두 개의 인접한 원소들의 합이 다음 행의 원소를 만들기 때문이다. 그러나 파스칼 삼각형의 4열의 원소들의 두 배와 3열의 원소들을 항끼리 더한다면 놀라운 결과를 얻을 것이다. 파스칼 삼각형의 4열의 원소마다 각각 2를 곱한 후, 3열의 원소들을 항끼리 더하시오. 어떤 수열인가?

		1•2	5•2	15•2	35•2	70•2	126•2	210•2	...
+	1	4	10	20	35	56	84	120	...
	1	6							

16. 다음 파스칼 삼각형에서 각각의 연결된 쌍에서 큰 수에서 작은 수를 빼시오. 어떤 수열인가?

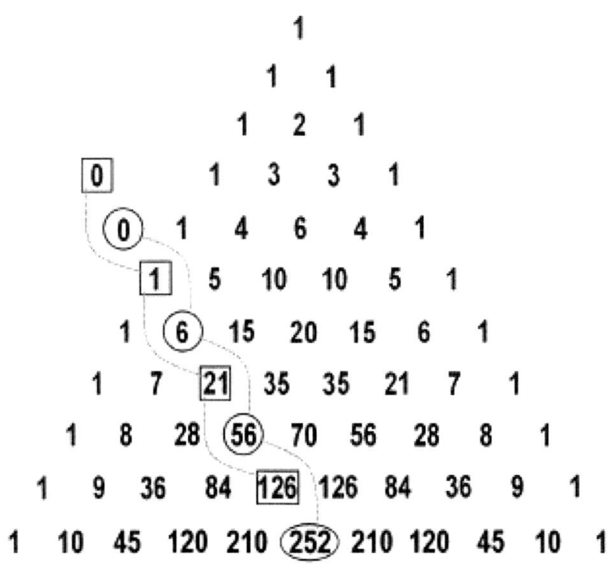

앞에서 사면체 수들의 합으로 $\mathbb{H}_n$을 표현한 공식은 다음과 같다.

$$\mathbb{H}_n = (t_n)^2 - t_{n-1} \cdot t_{n+1}$$

위 식을 다음과 같이 행렬식으로 나타낼 수 있다.

$$(t_n)^2 - t_{n-1} \cdot t_{n+1} = \begin{vmatrix} t_n & t_{n-1} \\ t_{n+1} & t_n \end{vmatrix}$$

---

17. 다음 행렬식을 계산하고, 수열을 이루고 있음을 확인하시오. 그리고 뒤이어 나오는 3개의 행렬식을 계산하시오.

$\begin{vmatrix} 1 & 0 \\ 4 & 1 \end{vmatrix} =$ $\qquad$ $\begin{vmatrix} 4 & 1 \\ 10 & 4 \end{vmatrix} =$ $\qquad$ $\begin{vmatrix} 10 & 4 \\ 20 & 10 \end{vmatrix} =$

18. 삼각수, 각뿔수, t_n, s_n, p_n, h_n을 포함하는 행렬식을 계산하여 아래 표를 채우시오. 결과를 살펴보면, 육포체수 $\mathbb{H}_n$의 규칙을 찾을 수 있다.

n	사면체 **t_n = 1, 4, 10, ...**	사각뿔 **s_n = 1, 5, 14, ...**	오각뿔 **p_n = 1, 6, 18, ...**	육각뿔 **h_n = 1, 7, 22, ...**
1	$\begin{vmatrix} 1 & 1 \\ 3 & 4 \end{vmatrix} = 1$	$\begin{vmatrix} 1 & 1 \\ 3 & 5 \end{vmatrix} = 2 = 2 \bullet 1$	$\begin{vmatrix} 1 & 1 \\ 3 & 6 \end{vmatrix} = 3 = 3 \bullet 1$	$\begin{vmatrix} 1 & 1 \\ 3 & 7 \end{vmatrix} = 4 = 4 \bullet 1$
2	$\begin{vmatrix} 3 & 4 \\ 6 & 10 \end{vmatrix} = 6$	$\begin{vmatrix} 3 & 5 \\ 6 & 14 \end{vmatrix} = 12 = 2 \bullet 6$	$\begin{vmatrix} 3 & 6 \\ 6 & 18 \end{vmatrix} = 18 = 3 \bullet 6$	$\begin{vmatrix} 3 & 7 \\ 6 & 22 \end{vmatrix} = 24 = 4 \bullet 6$
3	$\begin{vmatrix} 6 & 10 \\ 10 & 20 \end{vmatrix} = 20$	$\begin{vmatrix} 6 & 14 \\ 10 & 30 \end{vmatrix} = 40 = 2 \bullet 20$	$\begin{vmatrix} 6 & 18 \\ 10 & 40 \end{vmatrix} = 60 = 3 \bullet 20$	$\begin{vmatrix} 6 & 22 \\ 10 & 50 \end{vmatrix} = 80 = 4 \bullet 20$
4	$\begin{vmatrix} 10 & 20 \\ 15 & 35 \end{vmatrix} = 50$	$\begin{vmatrix} 10 & 30 \\ 15 & 55 \end{vmatrix} = 100 =$	$\begin{vmatrix} 10 & 40 \\ 15 & 75 \end{vmatrix} = \quad =$	$\begin{vmatrix} 10 & 50 \\ 15 & 95 \end{vmatrix} = \quad =$
5	=	= =	= =	= =
6	=	= =	= =	= =

18번의 행렬식 수열로부터 다음 식들을 얻을 수 있다.

$$\begin{vmatrix} \mathrm{T}_n & t_n \\ T_{n+1} & t_{n+1} \end{vmatrix} = \mathbb{H}_n \qquad \text{또는} \qquad \mathrm{T}_n \cdot \mathrm{t}_{n+1} - \mathrm{T}_{n+1} \cdot \mathrm{t}_n = \mathbb{H}_n$$

$$\begin{vmatrix} \mathrm{T}_n & \mathrm{s}_n \\ \mathrm{T}_{n+1} & \mathrm{s}_{n+1} \end{vmatrix} = 2 \cdot \mathbb{H}_n \qquad \text{또는} \qquad \mathrm{T}_n \cdot \mathrm{s}_{n+1} - \mathrm{T}_{n+1} \cdot \mathrm{s}_n = 2 \cdot \mathbb{H}_n$$

$$\begin{vmatrix} \mathrm{T}_n & \mathrm{p}_n \\ \mathrm{T}_{n+1} & \mathrm{p}_{n+1} \end{vmatrix} = 3 \cdot \mathbb{H}_n \qquad \text{또는} \qquad \mathrm{T}_n \cdot \mathrm{p}_{n+1} - \mathrm{T}_{n+1} \cdot \mathrm{p}_n = 3 \cdot \mathbb{H}_n$$

$$\begin{vmatrix} \mathrm{T}_n & \mathrm{h}_n \\ \mathrm{T}_{n+1} & \mathrm{h}_{n+1} \end{vmatrix} = 4 \cdot \mathbb{H}_n \qquad \text{또는} \qquad \mathrm{T}_n \cdot \mathrm{h}_{n+1} - \mathrm{T}_{n+1} \cdot \mathrm{h}_n = 4 \cdot \mathbb{H}_n$$

---

19. $n=2, 3, 4, 5$일 때, 위의 4개의 식이 성립함을 확인하시오.

20. 다음 행렬식을 계산하시오. 어떤 수열인가?

$$\begin{vmatrix} 1 & 1 \\ 4 & 5 \end{vmatrix} \qquad \begin{vmatrix} 4 & 5 \\ 10 & 14 \end{vmatrix} \qquad \begin{vmatrix} 10 & 14 \\ 20 & 30 \end{vmatrix}$$

21. 아래 행렬식 수열의 다음 3개의 항을 더 쓰고 행렬식을 각각 계산하시오. 어떤 수열인가?

$$\begin{vmatrix} 1 & 1 \\ 5 & 6 \end{vmatrix}$$

$$\begin{vmatrix} 5 & 6 \\ 14 & 18 \end{vmatrix}$$

$$\begin{vmatrix} 14 & 18 \\ 30 & 40 \end{vmatrix}$$

$$\cdots$$

22. 아래 행렬식 수열의 다음 3개의 항을 더 쓰고 행렬식을 각각 계산하시오. 어떤 수열인가?

$$\begin{vmatrix} 1 & 1 \\ 6 & 7 \end{vmatrix}$$

$$\begin{vmatrix} 6 & 7 \\ 18 & 22 \end{vmatrix}$$

$$\begin{vmatrix} 18 & 22 \\ 40 & 50 \end{vmatrix}$$

$$\begin{vmatrix} 40 & 50 \\ 75 & 95 \end{vmatrix}$$

$$\cdots$$

23. 다음 행렬식을 계산하시오. 어떤 수열인가?

$$\begin{vmatrix} 1 & 1 \\ 4 & 6 \end{vmatrix}$$

$$\begin{vmatrix} 4 & 6 \\ 10 & 18 \end{vmatrix}$$

$$\begin{vmatrix} 10 & 18 \\ 20 & 40 \end{vmatrix}$$

$$\begin{vmatrix} 20 & 40 \\ 35 & 75 \end{vmatrix}$$

$$\cdots$$

24. 다음 행렬식을 계산하시오. 어떤 수열인가?

$$\begin{vmatrix} 1 & 1 \\ 4 & 7 \end{vmatrix}$$

$$\begin{vmatrix} 4 & 7 \\ 10 & 22 \end{vmatrix}$$

$$\begin{vmatrix} 10 & 22 \\ 20 & 50 \end{vmatrix}$$

$$\begin{vmatrix} 20 & 50 \\ 35 & 95 \end{vmatrix}$$

$$\cdots$$

25. 다음 행렬식을 계산하시오. 어떤 수열인가?

$$\begin{vmatrix} 1 & 1 \\ 5 & 7 \end{vmatrix}$$

$$\begin{vmatrix} 5 & 7 \\ 14 & 22 \end{vmatrix}$$

$$\begin{vmatrix} 14 & 22 \\ 30 & 50 \end{vmatrix}$$

$$\begin{vmatrix} 30 & 50 \\ 55 & 95 \end{vmatrix}$$

$\cdots$

26. 문제 20번 ~ 문제 25번로부터 다음 식들을 알 수 있다.

$$t_n \cdot s_{n+1} - \mathrm{t}_{n+1} \cdot s_n = \mathbb{H}_n$$

$$s_n \cdot p_{n+1} - \mathrm{s}_{n+1} \cdot p_n = \mathbb{H}_n$$

$$p_n \cdot h_{n+1} - \mathrm{p}_{n+1} \cdot h_n = \mathbb{H}_n$$

$$t_n \cdot p_{n+1} - \mathrm{t}_{n+1} \cdot p_n = 2\mathbb{H}_n$$

$$t_n \cdot h_{n+1} - \mathrm{t}_{n+1} \cdot h_n = 3\mathbb{H}_n$$

$$s_n \cdot h_{n+1} - \mathrm{s}_{n+1} \cdot h_n = 2\mathbb{H}_n$$

$n=1$, 2, 3, 4일 때, 위의 식이 성립함을 확인하시오.

27. $n=2$, 3, 4, 5일 때, 다음 식이 성립함을 확인하시오.

$$\mathbb{H}_{n+1} - 2\mathbb{H}_n + \mathbb{H}_{n+1} = \mathrm{S}_{n+1} = (n+1)^2$$

28. $n=4$, 5, 6, 7일 때, 다음 식이 성립함을 확인하시오.

$$(\mathbb{H}_{n+1},\ \mathbb{H}_n,\ \mathbb{H}_{n-1},\ \mathbb{H}_{n-2},\ \mathbb{H}_{n-3}) \cdot (1,\ -4,\ 6,\ -4,\ 1) = 2$$

29. $n=5$, 6, 7일 때, 다음 식이 성립함을 확인하시오.

$$(\mathbb{H}_{n+1},\ \mathbb{H}_n,\ \mathbb{H}_{n-1},\ \mathbb{H}_{n-2},\ \mathbb{H}_{n-3},\ \mathbb{H}_{n-4}) \cdot (1,\ -5,\ 10,\ -10,\ 5,\ -1) = 0$$

n번째 육포체수는 아래와 같이 삼각수들로만 표현할 수 있다.

$$\mathbb{H}_n = \frac{T_n \cdot T_{n+1}}{3}$$

30. $n=1,\ 2,\ 3,\ 4,\ 5$일 때, 위의 식이 성립함을 확인하시오.

31. 위의 식을 사용하여 아래 $\mathbb{H}_n$에 대한 공식이 성립함을 보이시오.

$$\mathbb{H}_n = \frac{n(n+1)^2(n+2)}{12}$$

32. $n=6,\ 7,\ 8$일 때 다음 점화식이 성립함을 확인하시오.

$$\mathbb{H}_n = (\mathbb{H}_{n-1},\ \mathbb{H}_{n-2},\ \mathbb{H}_{n-3},\ \mathbb{H}_{n-4},\ \mathbb{H}_{n-5}) \cdot (5,\ -10,\ 10,\ -5,\ 1)$$

33. $n=2,\ 3,\ 4,\ 5$일 때, 다음 식이 성립함을 확인하시오.

$$(n,\ n-1,\ n-2,\ \cdots,\ 3,\ 2,\ 1) \cdot (S_1,\ S_2,\ S_3,\ \cdots,\ S_n) = \mathbb{H}_n$$

4.7. **단체수, 다포체**

육포체수는 파스칼 삼각형 안에 가지런히 있는 것이 아니라, 기하학의 각각의 차원의 단체수와 같다. 1장에서 어느 차원에서든 가장 간단한 형태를 단체라고 하였으며, n차원의 단체는 $n+1$의 꼭짓점이 된다. 이러한 기하학적 도형들은 n차원 다면체의 더 큰 그룹에 속한다. 단체수는 한 단계 낮은 차원의 단체수들의 층들을 더하며 확장한 것이다. 예를 들어 사면체수(3차원의 단체수)는 연속된 삼각수(2차원의 단체수)들의 층을 더함으로써 만들어지고 오포체수(4차원의 단체수)는 연속된 사면체수(3차원의 단체수)들의 층을 더함으로써 만들어진다. 예를 들어 다음과 같이 나타낼 수 있다.

$$\mathrm{T}_1+\mathrm{T}_2+\mathrm{T}_3+\mathrm{T}_4=t_4 \text{ 또는 } t_1+t_2+t_3+t_4=\mathbb{P}_4.$$

이 값들은 또한 파스칼 삼각형의 하키 스틱 성질을 이용하여 찾을 수 있다.

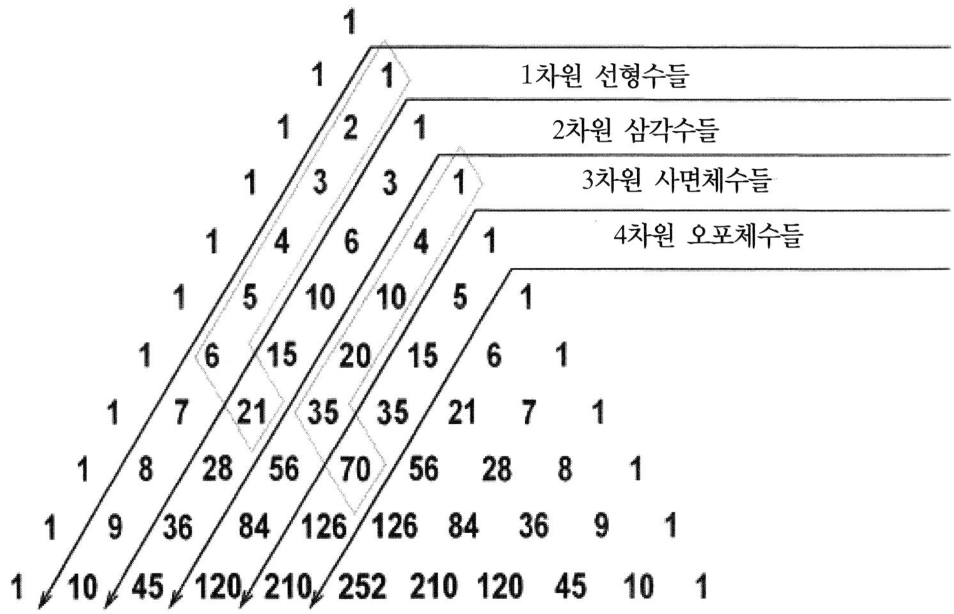

단체수들의 수열

모든 단체수는 파스칼 삼각형의 열에서 찾을 수 있다. 즉, 파스칼 삼각형은 단체수의 삼각형 배열이라 할 수 있다.

4.7절

1. 5차원의 단체수들의 수열을 찾으시오. 더 높은 차원일 때도 찾을 수 있는가?

1장에서 다루었던 단체에 대하여 생각해보면, 삼각형의 부분 요소는 3개의 꼭짓점, 3개의 선분, 1개의 삼각형이다. 이를 스트링 (3, 3, 1)이라 하자. 사면체의 부분 요소는 4개의 꼭짓점, 6개의 선분, 4개의 삼각형, 1개의 사면체이다. 이를 스트링 (4, 6, 4, 1)이라 하자. 이제 4.6절 초반에 있는 오포체의 그림을 떠올리며, 오포체의 부분 요소를 찾아보자.

2. 오포체의 부분 요소를 나타내는 수들을 예상하여 다음 표를 완성하시오.

단체	부분 요소				
	꼭짓점 (0-단체)	선분 (1-단체)	삼각형 (2-단체)	사면체 (3-단체)	오포체 (4-단체)
꼭짓점	1	0	0	0	0
선분	2	1	0	0	0
삼각형	3	3	1	0	0
사면체	4	6	4	1	0
오포체	____	____	____	____	1

3. 2번에 나열된 단체들의 부분 요소들로 스트링을 각각 만드시오.

문제 3번에서 구한 스트링들을 사용하여 단체수를 만들 수 있다. 파스칼 삼각형의 각 행에서 처음 몇 개의 원소들로 적절하게 구성된 스트링으로 단체의 부분 요소들로 구성된 스트링을 만들 수 있다.

4. 스트링 (3, 3, 1)과 아래 파스칼 삼각형에 표시한 스트링들을 각각 곱하시오. 어떤 수열인가?

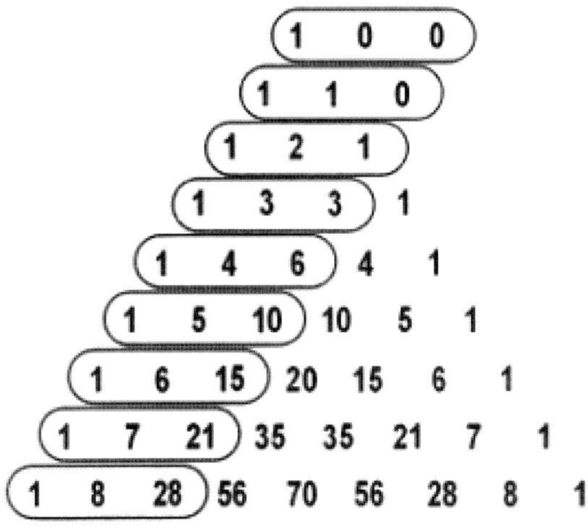

5. 스트링 (4, 6, 4, 1)과 아래 파스칼 삼각형에 표시한 스트링들을 각각 곱하시오. 어떤 수열인가?

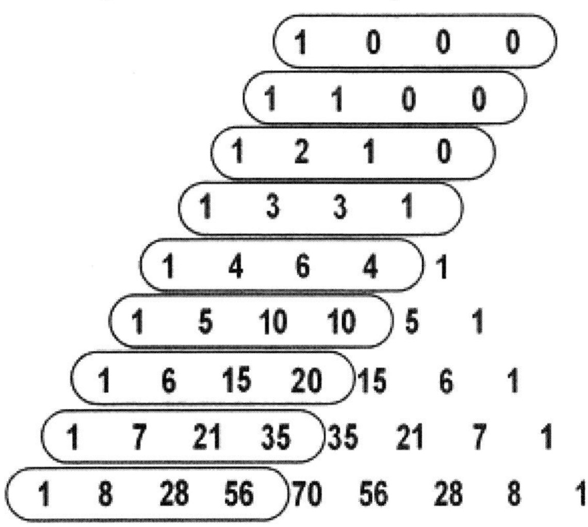

6. 스트링 (5, 10, 10, 5, 1)과 아래 파스칼 삼각형에 표시한 스트링들을 각각 곱하시오. 어떤 수열인가?

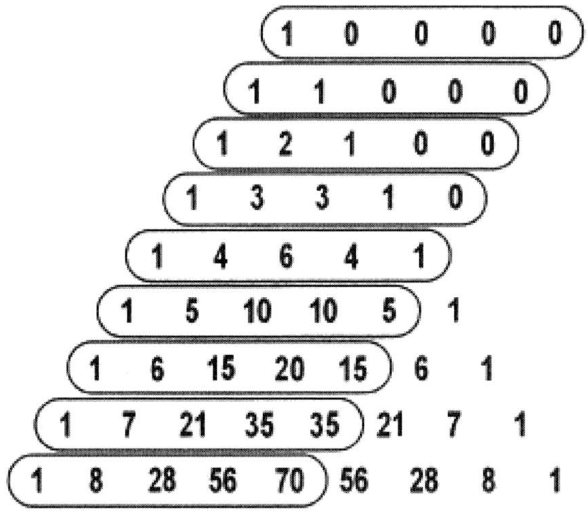

4.8 **유한차분**(DIFFERENTIATION)**과 부분합**(INTEGRATION)

12번째 삼각수와 11번째 삼각수 사이의 차는 12이다. 일반적으로 차에 관한 공식 $T_n - T_{n-1} = n$이 성립한다. 연속된 삼각수 사이의 계차를 수열로 나타내면 자연수를 얻는다.

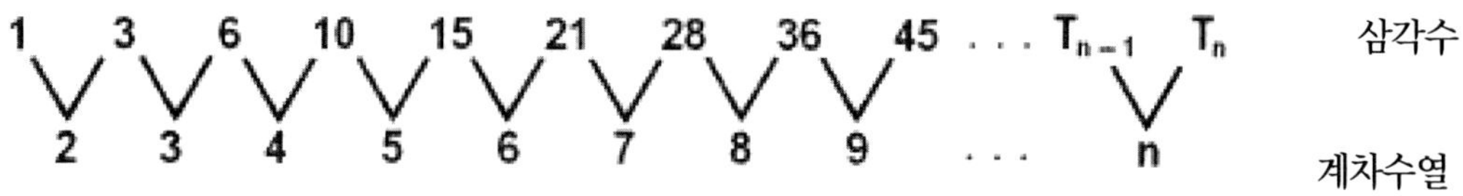

삼각수 사이의 계차수열은 자연수 수열이다. 연속된 자연수 사이의 계차는 모두 1이며 이를 공차라고 한다.

삼각수와 같은 주어진 수열에서 시작하여 정해진 수의 단계(삼각수에 대해서는 두 단계가 되는)에서 공통 계차수열[7])에 도달하면 그 과정을 유한차분이라고 한다.
다음은 사면체수에 대한 유한차분을 나타낸다.

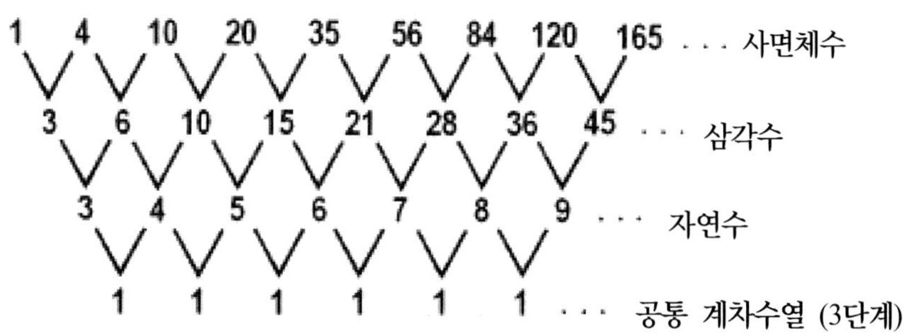

4.8절

1. 제곱수의 수열에서 시작하여 공통 계차수열이 나올 때까지 나타나는 계차수열들을 구하시오.

7) 역자주 : 1, 1, 1, 1, …처럼 모든 항이 같은 수열을 말한다.

2. 오각수의 수열에서 같은 과정을 반복하시오.

3. 세제곱수의 수열에서 같은 과정을 반복하시오.

4. 아래 그림에서 계차수열들을 찾으시오. 위와 같은 규칙을 찾을 수 있는가?

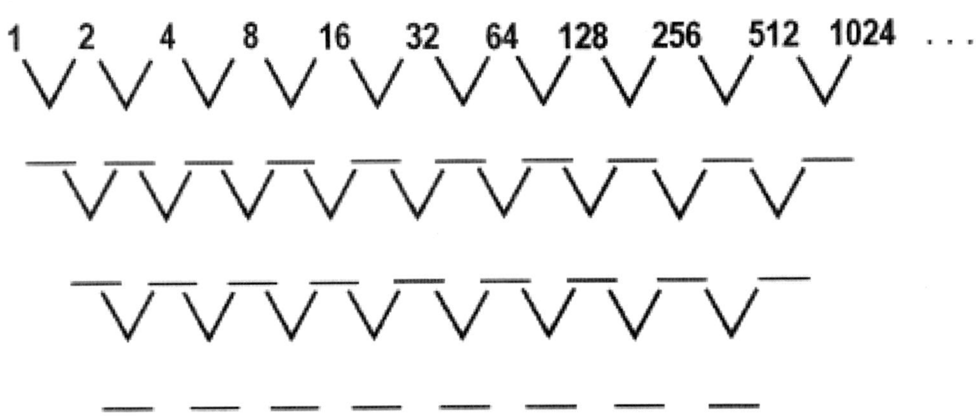

위의 연습문제 4의 결과를 보면 공통 계차수열이 나오지 않는다는 것을 주목하자. 주어진 수열은 각 항이 2의 거듭제곱인 수열이며 등비수열이라는 특수한 수열의 종류 중 하나이다. 이러한 수열들은 유한차분의 과정에서 공통 계차수열이 나오지 않는다.

5. 피보나치 수열에서 시작하여 3단계의 계차수열을 찾으시오. 위와 같은 규칙을 찾을 수 있는가?

유한차분의 역은 부분합이다. 이 과정은 한 수열로 시작하여 연속적인 항을 더하여 새로운 수열에 도달하는 것이다. 예를 들어, 삼각수 수열로 시작하여 아래 표시된 것처럼 부분합 수열을 이룬다. 부분합 수열의 항은 원래 수열의 부분합이다.

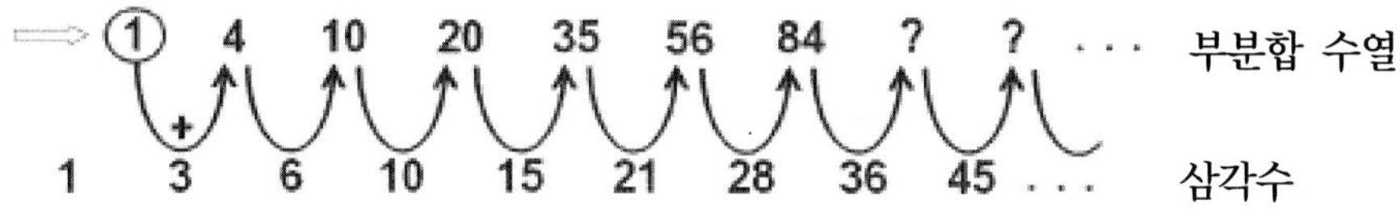

이 수열은 1부터 시작한다고 가정하자.

---

6. 위의 부분합 수열에서 누락된 두 개의 숫자를 찾으시오. 삼각수 수열의 부분합 수열은 어떤 수열인가?

7. 사면체수 수열에서 시작하여 다음 두 단계의 부분합 수열을 구하시오. 단 이 수열은 1부터 시작한다고 가정하자.

8. 제곱수 수열에서 같은 과정을 반복하시오.

9. 오각수 수열에서 같은 과정을 반복하시오.

10. 세제곱수 수열에서 같은 과정을 반복하시오.

이제 제곱수 수열로 시작하여 동시에 수열을 유한 차분하고, 부분합을 구해보자. 그런 다음 계차수열과 부분합 수열을 이동시키고, 각 수열에서 특정 수를 더하면 피보나치 수열을 얻는다. 먼저 주어진 수열을 유한 차분하고, 부분합을 구하자.

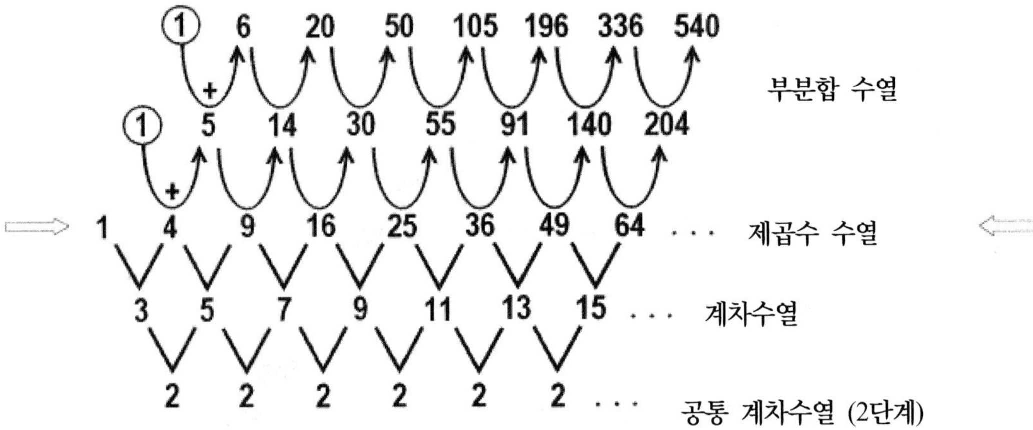

그런 다음 아래와 같은 표 그림으로 수열을 재정렬하고, 수열 앞에 1을 채우고, 공통 계차수열의 항을 더 나열하여 항의 개수을 맞춘다.

1	6	20	50	105	196	336	540	...	육각수
1	5	14	30	55	91	140	204	...	정사각뿔수
1	4	9	16	25	36	49	64	...	제곱수
1	3	5	7	9	11	13	15		
1	2	2	2	2	2	2	2		

표 그림

다음 단계는 첫 4행을 좌우로 이동시킨다. 이동시키는 간격은 수열마다 다르다. 마지막으로, 각 열의 수들을 더하여 피보나치 수열을 만든다.

								1	6	20	50	105	196	336	540	…
						1	5	14	30	55	91	140	204	…		
				1	4	9	16	25	36	49	64	…	제곱수			
		1	3	5	7	9	11	13	15	…						
+ 1	2	2	2	2	2	2	2	2	2	…						
1	2	3	5	8	13	___	___	___	___							

피보나치 수열

(피보나치 수열은 보통 두 개의 1로 시작한다.) 2장에서 다음 공식을 살펴보았다.

$$F_n = F_{n-1} + F_{n-2},\ F_1 = 1 \text{ 이고 } F_2 = 1$$

따라서 위와 같은 과정을 거쳐 얻은 수열을 F'_n으로 부르기로 하자.

$$F'_n = F_n + F_{n-1},\ F'_1 = 1,\ F'_2 = 2,\ F'_3 = 3,\ F'_4 = 4,\ \cdots$$

---

11. 위 그림에서 네 개의 빈칸을 채우고 위 규칙의 수열을 완성하시오. 이 수들이 피보나치 수인지 확인하시오.

12. 위의 표 그림에서 제곱수 수열의 첫 번째 행의 수열의 이름은 무엇인가? 두 번째 행의 수열, 네 번째 행의 수열의 이름은 무엇인가?

13. 삼각수 수열로 시작하여, 제곱수 수열의 부분합 수열과 계차수열을 구하는 과정을 반복하시오. 그런 다음 표 그림으로 수열을 정렬하시오. 표 그림에서 계차의 행에 공차 또는 1을 추가하여 빈공간을 채우시오. 그런 다음 위의 예시처럼 첫 4행을 좌우로 이동시켜 정렬하시오. 마지막으로 각 열의 수를 더하여 새로운 수열을 만드시오. 완성한 표 그림의 각 수들은 무엇인가? 마지막 단계에서 각 열의 수를 더한 수열은 무엇인가?

14. 오각수 수열로 시작하여 문제 13과 같은 과정을 따라 루카스 수열을 얻으시오. 루카스 수열은 $L_n = F_n + 2F_{n-1}$, $L_1 = 1$이다.

15. 육각수 수열로 시작하여 문제 13과 같은 과정을 따라 다음 점화식 $G_n = F_n + 3F_{n-1}$, $G_1 = 1$으로 표현되는 수열 G_n을 얻으시오.

16. 위 예시와 문제 14, 문제 15에서 발견한, 다음 수열의 관계를 찾으시오.

$$F'_n = F_n + F_{n-1}$$
$$L_n = F_n + 2F_{n-1}$$
$$G_n = F_n + 3F_{n-1}$$

17. 칠각수 수열로 시작하여, 문제 13에서와 같은 과정을 따라 문제 16에서의 수열들을 얻으시오.

18. J_n이 문제 17에서 얻은 수열의 n번째 항을 나타낸다고 할 때, 아래 규칙에 맞는 J_n의 관계를 추측하시오.

$$F'_n = F_n + F_{n-1}$$
$$L_n = F'_n + F_{n-1}$$
$$G_n = L_n + F_{n-1}$$
$$J_n = \_\_\_\_ + \_\_\_\_$$

19. 세제곱수 수열로 시작하여 문제 13 ~ 문제 15와 같은 과정에 따라 다음 점화식 $K_n = F_{n+1} + F_n + F_{n-1} + F_{n-2} + F_{n-3}$, $K_1 = 1$, $K_2 = 5$, $K_3 = 7$으로 표현되는 수열 K_n을 얻으시오. 특히, $K_4 = 5+3+2+1+1$, $K_5 = 8+5+3+2+1$이다.

20. 문제 19에서의 수열 K_n에 대하여 다음 공식을 확인하시오.

$$K_n = F_{n+3} - F_{n-2}$$
$$K_n = 3F_{n+1} - F_n$$
$$K_n = 2F_{n+3} + 3F_{n-1} = F_n + G_n \quad \text{(문제 15)}$$
$$K_n = F_{n+1} - L_n$$

유한차분의 방법과 다각수를 포함한 다양한 문제해결 방법 및 적용에 관련한 자세한 정보를 알고 싶다면 데일 시모어 출판사(Dale Seymour)에서 발행하는 Dale Seymour와 Margaret Shedd의 *Finite Differences*를 추천한다.

유한차분을 파스칼의 삼각형에 적용하며 이 절을 마무리하자. 어떤 세 수 a, b, c로 이루어진 수열을 가정하자. 그런 다음 각각의 계차를 다음과 같이 수형도로 나타낼 수 있다.

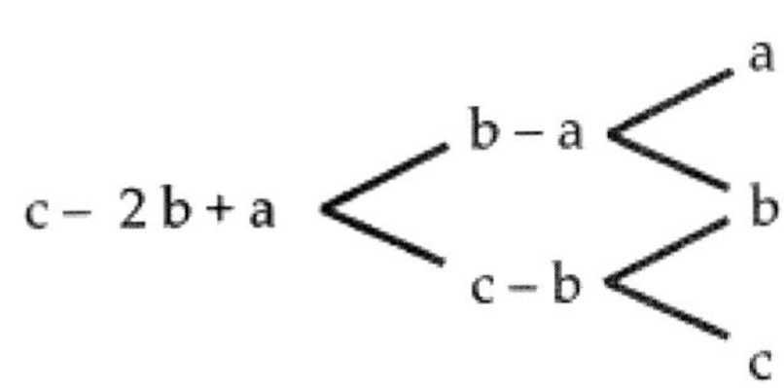

> 참고
>
> 위 수형도를 보면 두 번째 수에서 첫 번째 수를 빼고, 세 번째 수에서 두 번째 수를 빼는 식이다. 또한 이전에 했던 방법인 위에서 아래로가 아니라 오른쪽에서 왼쪽으로 계산하여 계차를 형성한다.

어떤 네 수 a, b, c, d로 이루어진 수열이라고 하면 다음과 같다.

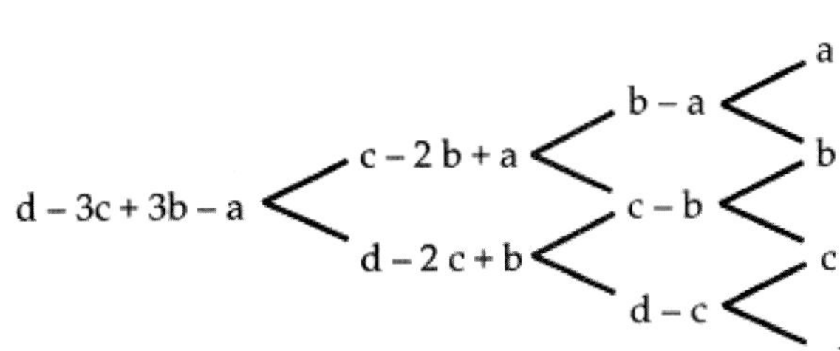

위 수형도에서 결과 식들의 a, b, c, d의 계수를 보면 파스칼 삼각형의 2행과 3행(교대 부호 포함)의 원소를 찾을 수 있다.

$$1c-2b+1a \text{ 그리고 } 1d-3c+3b-1a.$$

이제 주어진 부분 수열의 스트링곱(2장 참조)과 다른 스트링으로 교대 부호가 있는 파스칼 삼각형의 행을 사용하면 실제로 계차수열을 찾지 않고도 유한차분의 최종 결과를 미리 예측할 수 있다. 예를 들어 $(a, b, c, d)=(2, 4, 7, 11)$이라 가정하자. 그리고 파스칼 삼각형의 3행(교대 부호가 있는)과 함께 이 문자열의 스트링곱을 찾는다.

$$\begin{aligned}(11, 7, 4, 2)\cdot(1, -3, 3, -1) &= 1\cdot 11-3\cdot 7+3\cdot 4-1\cdot 2\\ &= 11-21+12-2\\ &= 0\end{aligned}$$

> **참고**
>
> **수열의 스트링은 a, b, c, d가 아닌 d, c, b, a 순서이다.**
> **이것은 위의 수형도와 일치한다.**

유한차분을 3번 적용한 후의 결과는 0으로 예측된다. 연속적인 계차를 계산하여 이를 검증하여 보자.

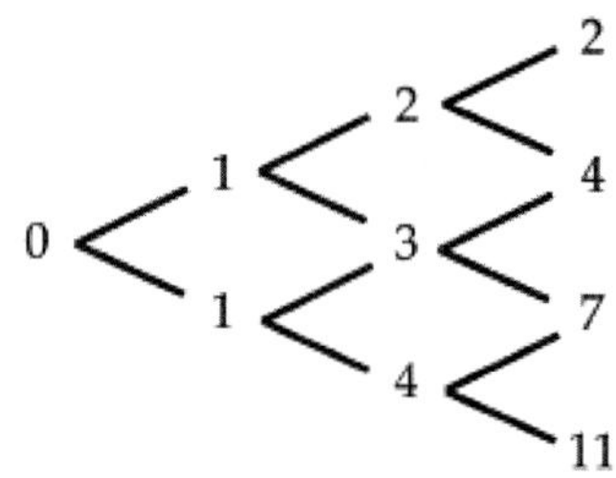

이 특별한 예시에는 세 가지 주목할 점이 있다. 첫째, 주어진 수열이 4개의 항이므로 파스칼 삼각형의 3행을 사용한다. 항상 주어진 부분 수열와 동일한 수의 원소를 가진 파스칼 삼각형의 행을 선택할 것이다.

둘째, 결과 0를 얻는 것은 이전 계차수열이 공통 계차수열을 나타내며, 이는 원래 수열이 예측 가능하다는 것을 의미한다. 2, 4, 7, 11 다음 수는 16이다. 이것은 부분합 과정 (또는 여기서 더 이상 논의하지 않을 정형화된 수학의 방법)으로 찾을 수 있다.

셋째, 유한차분 과정은 원래 수열이 4개의 항만 있었기 때문에 3번했다. 유한차분 과정이 적용되는 횟수는 항상 부분 수열의 항의 수보다 1이 적다.

파스칼의 삼각형을 사용하여 문제 21부터 문제 34까지의 수열에 대한 유한차분 과정의 최종 결과를 예상하시오. 예상한 값(양수 또는 음수)에 도달할 때까지 계차를 만들어 결과를 확인하시오.

21. 제곱수 1, 4, 9, 16

피라미드 세기

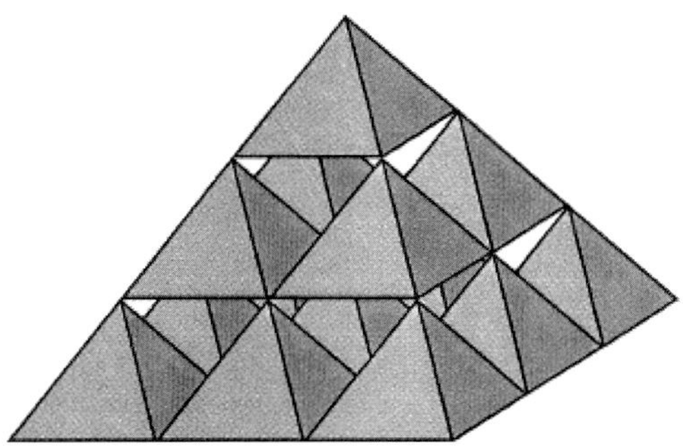

$s_3 = 14$

22. 10, 5, 3
23. 2, 6, 10
24, 15, 7, 3, 0
25. 1, 2, 6, 20
26. 1, 3, 3, 1
27. 피보나치 수 1, 1, 2, 3, 5
28. 세제곱수 1, 8, 27, 64, 125
29. 2, 4, 3, 6, 4, 8
30. 1에서 T_5까지 삼각형수
31. 1에서 t_5까지 사면체수
32, 1에서 $\mathbb{P}_5$까지 오포체수

33. 중심 오각형수 1, 6, 16, 31, 51

점 세기

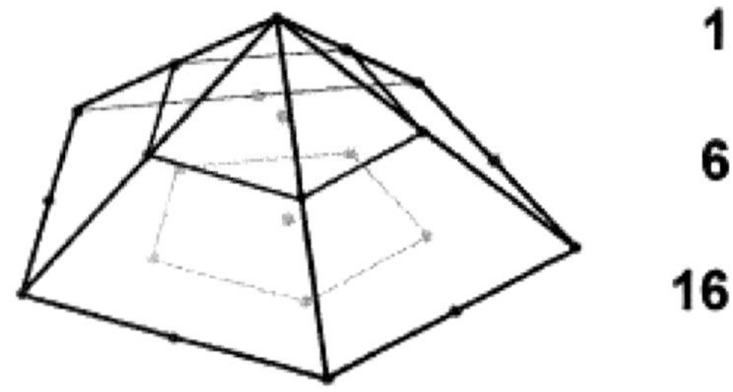

세 번째 중심 오각뿔수

1 + 6 + 16 = 23

34. 파스칼삼각형의 5번째 열의 첫 번째에서 일곱 번째 수 :
1, 6, 21, 56, 126, 252, 462

35. a, b, c, d, e의 5개의 수로 시작하여 하나의 수를 나타내는 식을 얻을 때까지 연속적인 계차를 찾으시오. a, b, c, d, e의 계수를 나타내는 수는 무엇인가?

5 경우의 수 문제

5.1 부분집합의 수

파스칼 피자 가게에서는 토핑(치즈 c, 고기 m, 야채 v)을 하나, 둘, 세 개 주문할 수도 있고 플레인(토핑 없음)을 주문할 수도 있다. 피자 세 가지 토핑을 모두 집합 $\{c,\ m,\ v\}$으로 표현하자. 주문할 수 있는 다른 가능한 피자는 이 집합의 부분집합이다. 모든 가능한 피자가 아래 표에 나열되어 있다.

	토핑없음	한 종류	두 종류	세 종류
	ϕ (플레인)	$\{c\},\ \{m\},\ \{v\}$	$\{c,\ m\}$, $\{c,\ v\}$, $\{m,\ v\}$	$\{c,\ m,\ v\}$
경우의 수	1	3	3	1

서로 다른 피자 종류의 총 개수는 $1+3+3+1=8$이다. 이 수들은 파스칼 삼각형의 3행에서 찾을 수 있다.

5.1절

1. 토핑의 종류에 멸치(anchovies)가 추가되었다고 가정하자. 네 가지 토핑이 모두 들어간 피자는 집합 $\{a,\ c,\ m,\ v\}$로 표현된다. 가능한 모든 피자를 나열한 위의 표와 비슷한 표를 만드시오. 각 경우의 수를 나타내는 행의 수를 구하시오. 네 가지 토핑이 준비되어 있을 때 얼마나 많은 다른 피자를 주문할 수 있는지 구하시오.

2. 다음 표를 채우시오.

집합	각각의 원소의 개수를 갖는 부분집합의 수					부분집합의 총 개수
	원소가 없음	한 개의 원소	두 개의 원소	세 개의 원소	네 개의 원소	
ϕ						
$\{a\}$						
$\{a,\ b\}$						
$\{a,\ b,\ c\}$	1	3	3	1	0	8
$\{a,\ b,\ c,\ d\}$						
$\{a,\ b,\ c,\ d,\ e\}$						

3. 여섯 개의 원소를 갖는 집합의 부분집합의 개수를 구하시오.

4. n개의 원소를 갖는 집합의 부분집합의 개수를 나타내는 식을 표현하시오.

많은 경우의 수 문제는 순열과 조합을 이용하여 해결할 수 있다. 한 집합의 부분집합의 개수를 구하는 것은 본질적으로 조합 문제다. 예를 들어 다섯 개의 원소를 갖는 집합이 주어졌을 때, 세 개의 원소를 갖는 부분집합의 개수는 $C(5,\ 3)=10$이다.

---

5. 6개의 원소를 갖는 집합이 주어졌을 때, 3개의 원소를 갖는 부분집합의 개수를 구하시오.

집합은 오일러 다이어그램 또는 벤다이어그램으로 자주 표현된다. 이 다이어그램에서 원 안의 점은 주어진 집합의 원소를 나타낸다. 주어진 원 바깥의 점들은 주어진 집합의 여집합이라고 불리는 또 다른 집합의 원소들이다. 두 집합을 합쳐서 전체집합을 만들 수 있다. 다음 다이어그램에서 직사각형 내부의 모든 점은 전체집합에 속하고, 각 점은 집합 A와 집합 A'[8] 둘

8) 역자주 : A'은 현 교육과정의 A의 여집합(A^C)이다.

중 하나에만 속한다. 원 안에 있는 점은 집합 A의 원소들이고, 원 바깥의 원소들이지만 직사각형 안에는 집합 A'로 표시된 집합 A의 여집합의 원소들이 있다.

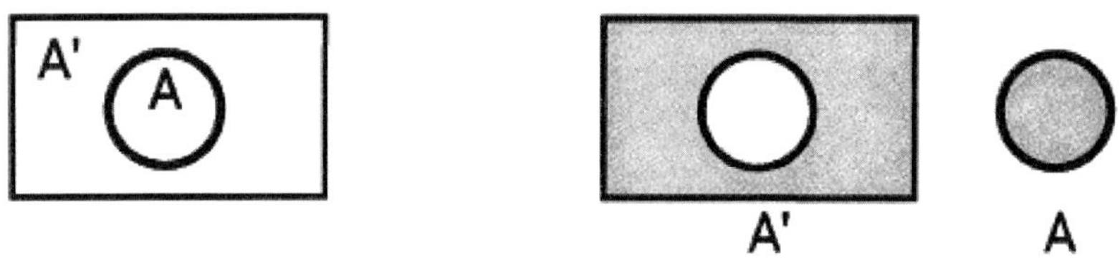

위의 왼쪽 그림에서 직사각형 안에 두 집합 A와 A'로 이루어진 전체집합이 있다. 오른쪽 그림은 색칠한 부분의 점들은 두 집합 A와 A'에 속하는 원소들을 나타낸다.
동일한 전체집합에서 둘 이상의 집합을 고려할 때, 벤다이어그램을 사용하면 집합이 서로 겹치거나 교차할 수 있다.

전체집합의 두 부분집합 A와 B에 대해 전체집합의 원소가 다음 네 개의 분리된 부분집합 중 정확히 하나에만 속해야 한다.

$A \cap B$ (A와 B에 모두 속함.)
$A \cap B'$ (A에 속하지만 B에 속하지 않음.)
$A' \cap B'$ (A와 B에 모두 속하지 않음.)
$A' \cap B$ (B에 속하지만 A에 속하지 않음.)

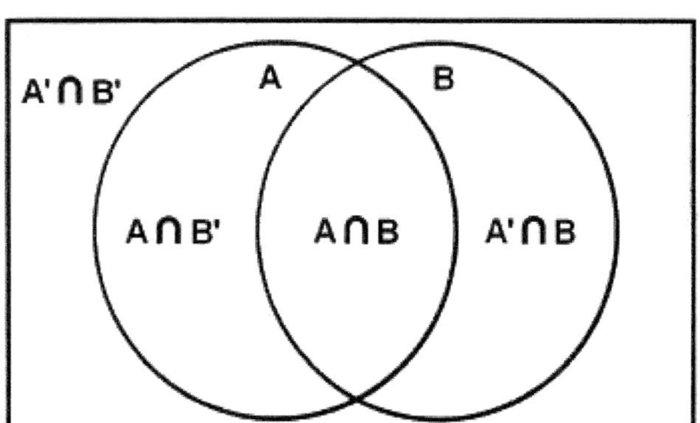

각 부분집합을 구별하여 나타내면 유사한 모양의 두 부분집합을 찾을 수 있다.

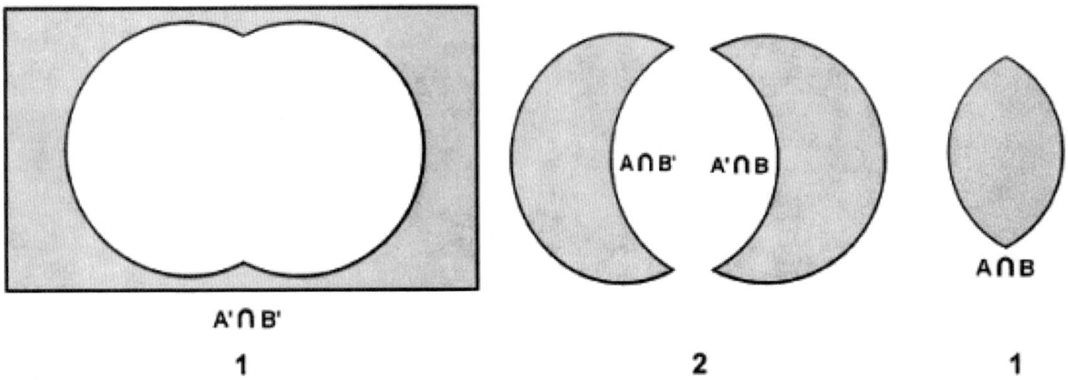

비슷한 모양의 영역의 수

전체집합의 세 부분집합 A, B, C에 대하여 전체집합의 모든 원소들은 다음과 같은 서로소인 집합들 중 정확히 하나에 속해야 한다.

$A\cap B\cap C$ (A, B, C에 모두 속함.) → I

$A\cap B\cap C'$ (A, B에 모두 속하지만 C에 속하지 않음.)

$A\cap B'\cap C$ (A, C에 모두 속하지만 B에 속하지 않음.)

$A'\cap B\cap C$ (B, C에 모두 속하지만 A에 속하지 않음.)

$A\cap B'\cap C'$ (A에 속하지만 B, C에 모두 속하지 않음.)

$A'\cap B\cap C'$ (B에 속하지만 A, C에 모두 속하지 않음.)

$A'\cap B'\cap C$ (C에 속하지만 A, B에 모두 속하지 않음.)

$A'\cap B'\cap C'$ (A, B, C에 모두 속하지 않음.) → Ⅷ

아래 그림의 직사각형이 종이 한 장이라고 가정하자. 각 원을 따라 자르면 나타나는 조각의 수를 세시오.

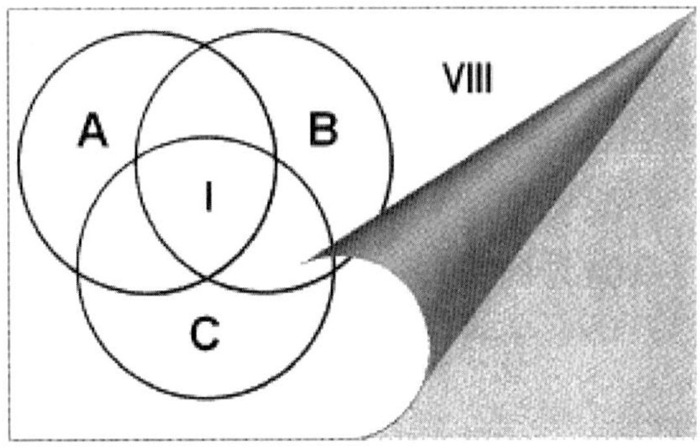

---

6. 위의 벤다이어그램에서 여덟 개의 분리된 부분집합을 각각 찾고, $A \cap B \cap C$처럼 적절한 집합기호를 사용하여 나타내시오. 비슷한 모양의 영역의 수를 세시오. 이 수들이 무엇인지 확인하시오. 총 영역 수는 몇 개인지 구하시오.

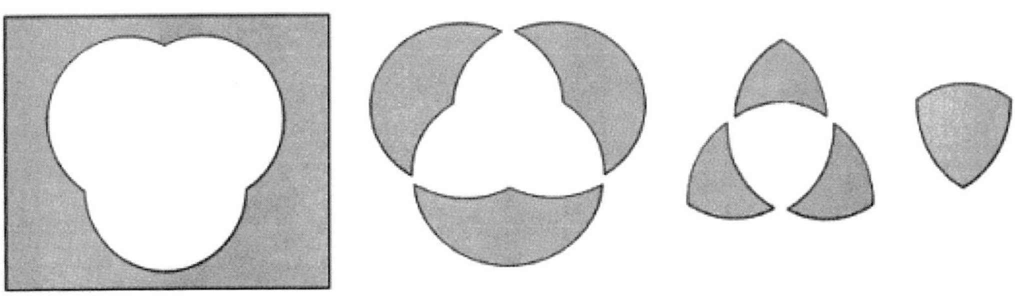

____ ____ ____ __1__

비슷한 모양의 영역의 수

총 영역의 수 : ______________

세 개 이상의 집합들을 고려할 때, 집합이 서로 겹치거나 교차할 수 있어서 벤다이어그램은 더욱 복잡해진다. 그러나 각 부분집합을 이진 코드와 연결하여 전체집합을 구성하는 서로소인 부분집합들을 계속 나열할 수 있다. 예를 들어 전체집합의 네 개의 부분집합 A, B, C, D를 생각하자. $A\cap B'\cap C'\cap D$는 이 부분집합들 중 하나이다. 기본 집합인 A, B, C, D가 알파벳 순으로 배열된 경우 집합 $A\cap B'\cap C'\cap D$에서 이 집합에 대한 이진 코드는 1001로 즉, 각 집합에 대해 1개의 이진 코드로 표현된다. 여기서 1은 집합을 나타내고 0은 집합의 여집합을 나타낸다. 네 자리 이진 코드의 수는 이러한 부분집합의 수를 나타낸다. 1장에서 이진 코드와 조합 사이의 관계를 살펴보았지만, 이 경우 집합 $A'\cap B'\cap C\cap D$를 나타내기 위해 0011과 같은 이진 코드 표현을 해야 한다.

---

7. (a) 집합 $A\cap B'\cap C\cap D'$를 나타내는 네 자리 이진 코드를 찾으시오.
   (b) 이진 코드 1101에 해당하는 집합의 식을 쓰시오,

8. 네 자리 이진 코드를 사용하여 네 집합 A, B, C, D을 포함하는 전체집합의 16개의 부분집합의 목록을 구하시오.

9. 문제 6에서 구한 여덟 개의 부분집합에 대한 이진 코드목록을 만드시오.

5.2. **자연수 합의 수 세기**

합이 5인 두 개의 자연수를 구하는 방법의 수는? 가능한 네 가지 방법은 다음과 같다.

1+4　　4+1　　2+3　　3+2

합이 5인 세 개의 자연수를 구하는 방법의 수는? 가능한 여섯 가지 방법은 다음과 같다.

1+1+3　　1+3+1　　3+1+1

1+2+2　　2+1+2　　2+2+1

5.2절

1. 합이 5인 네 개의 자연수를 구하는 방법을 모두 나열하시오.

문제 1을 포함한 위 내용을 요약하면 다음과 같다.

	한 개의 자연수를 더할 때	두 개의 자연수를 더할 때	세 개의 자연수를 더할 때	네 개의 자연수를 더할 때	다섯 개의 자연수를 더할 때
총합이 5	5	1+4 4+1 2+3 3+2	1+1+3 1+3+1 3+1+1 1+2+2 2+1+2 2+2+1	1+1+1+2 1+1+2+1 1+2+1+1 2+1+1+1	1+1+1+1+1
경우의 수	1	4	6	4	1

총 경우의 수 $=1+4+6+4+1=16$

각 경우의 수는 어떤 수인가? 이 수들은 파스칼 삼각형 4행에서 찾을 수 있는 원소들이다.

---

2. 위와 비슷한 표를 만들어 합이 2가 되는 자연수의 합을 나타내시오. 총 경우의 수를 구하시오.

3. 위와 비슷한 표를 만들어 합이 3가 되는 자연수의 합을 나타내시오. 총 경우의 수를 구하시오.

4. 위와 비슷한 표를 만들어 합이 4가 되는 자연수의 합을 나타내시오. 총 경우의 수를 구하시오.

5. 위와 비슷한 표를 만들어 합이 6가 되는 자연수의 합을 나타내시오. 총 경우의 수를 구하시오.

5.3 기하학적 도형의 원소 개수 세기

다음 연습문제에서는 조합을 사용하여 많은 답을 찾을 수 있다. 다양한 조합을 선택하기 위한 원소들의 전체집합을 정확하게 확인할 필요가 있다.

선분의 개수 세기

두 점을 연결하는 선분은 몇 개인가? 세 점은? 네 점은?
아래 연습문제 1을 보자.

5.3절

1. 생략된 선분을 그리고, 수를 채워서 아래 표를 완성하시오.
(세 점은 동일선 상에 있지 않아야 하고, 각 점은 다른 모든 점에 연결되어야 한다.)

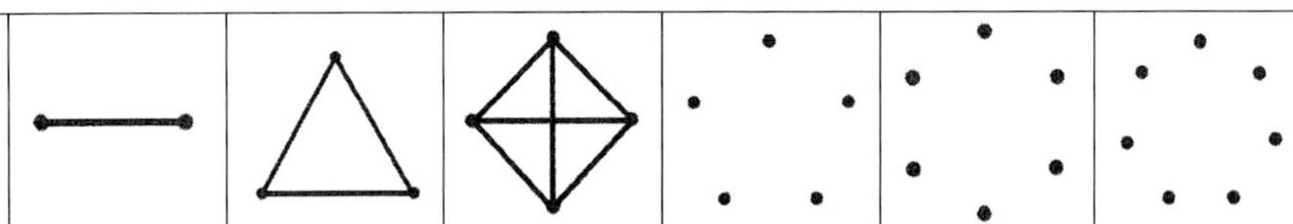

점의 개수	2	3	4	5	6	7
선분 개수	1	3	6			

맨 아래 줄에 있는 숫자에 대해 설명하시오.

이제, 세 개(또는 그 이상)의 점이 같은 간격의 동일선 상에 있다고 하자. 동일선 상에 같은 간격의 네 점이 있는 그림이 있다. 이 그림에서 단위 길이 1인 세 개의 선분과 단위 길이 2인 두 개의 선분과 단위 길이 3인 한 개의 선분이 있다.

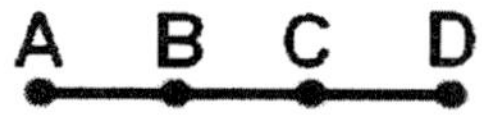

단위 길이 1인 선분	단위 길이 2인 선분	단위 길이 3인 선분
AB	AC	AD
BC	BD	
CD		

2. 아래 표를 완성하시오.

점의 수	단위 길이를 가진 선분의 수 : 길이1	길이2	길이3	길이4	길이5	전체
2	1					1
3	2	1				3
4	3	2	1			__
5	__	__	__	__		__
6	__	__	__	__	__	__

전체 빈칸을 채운 수들을 찾는 과정을 설명하시오.

각의 개수 세기

네 개의 반직선, AB, AC, AD, AE가 보이는 다음 그림에서 세 개 이상의 각을 그릴 수 있다. 각이 여섯 개가 있다. 이 각들을 찾으시오.

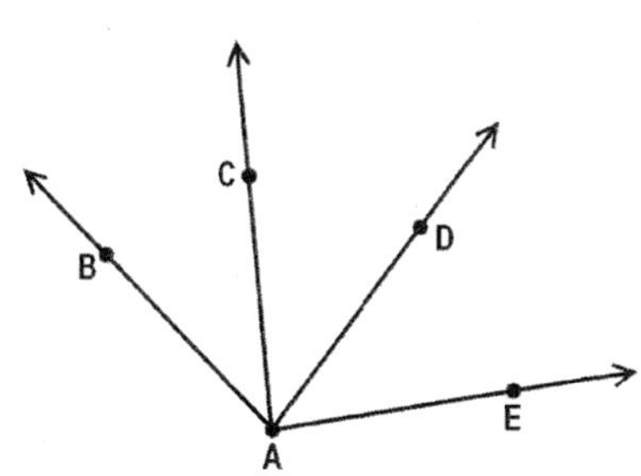

BAC　CAD　DAE
BAD　CAE
BAE

3. 위에 보이는 각 BAE는 이 각을 나타내는 두 반직선($\overrightarrow{AB}$, $\overrightarrow{AE}$) 사이에, 두 개의 반직선($\overrightarrow{AC}$, $\overrightarrow{AD}$)을 가진다. 한 각을 이루는 두 반직선 사이에 세 개의 반직선을 그리고, 만들어진 각들의 개수를 구하시오.

4. 아래 표를 완성하시오.

	반직선의 개수	각의 개수					전체 각의 개수
		두 반직선 사이에 반직선이 없음	두 반직선 사이에 반직선 한 개	두 반직선 사이에 반직선 두 개	두 반직선 사이에 반직선 세 개	두 반직선 사이에 반직선 네 개	
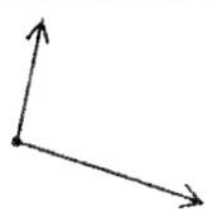	2	1					1
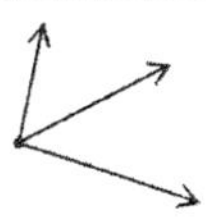	3	2	1				3
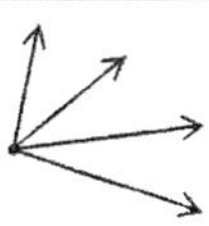	4	3	2	1			6
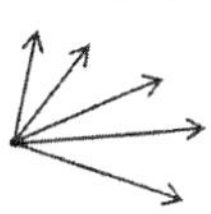	5						
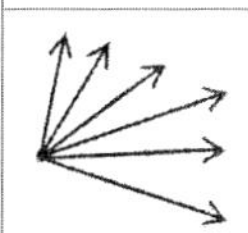	6						

전체 빈칸을 채운 수들을 찾는 과정을 설명하시오.

직선에 한 점을 선택하면 두 반직선은 반대 방향으로 만들어지고, 그 각은 평각(180°)이다. 두 직선이 교차하는 경우, 교점에서 두 개의 평각은 네 개의 다른 각들과 함께 만들어진다.

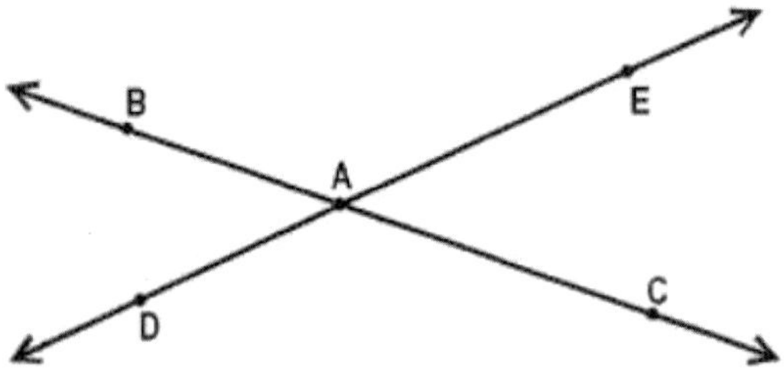

두 평각 :
BAC, DAE

네 개의 다른 각 :
BAD, BAE, CAD, CAE

---

5. 다음 표를 완성하시오.

	직선의 수	각의 수 (평각을 포함)	각의 수 (평각을 포함하지 않음)
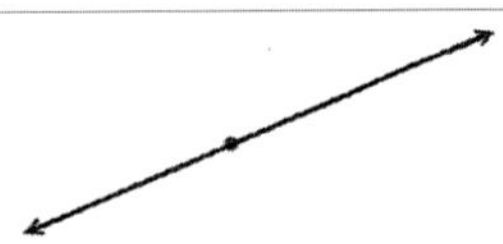	1	1	0
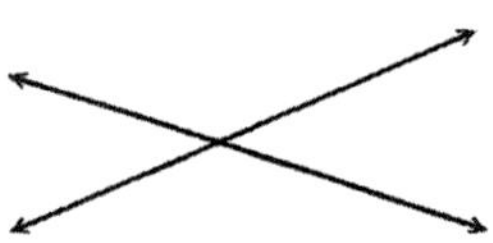	2	6	4=4•1
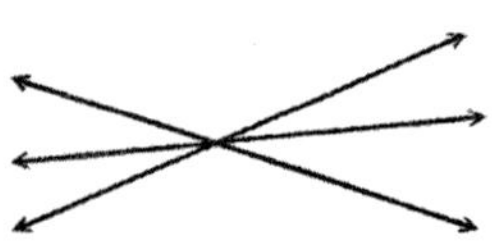	3	15	12=4•3
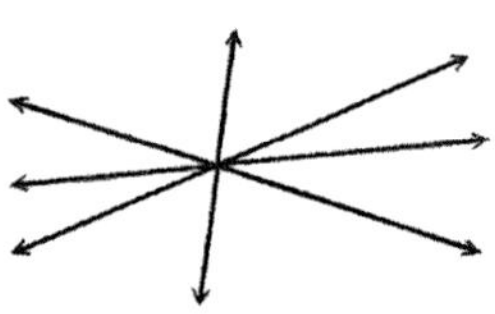	4	____	____=4•6
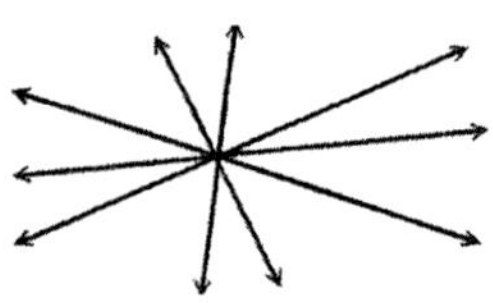	5	____	____=____•____

마지막 두 칸을 채운 수를 찾는 과정을 설명하시오.

6. 아래 그림은 시계의 둘레에 1에서 12의 수들이 있는 원형 시계를 나타낸 것이다. 이제

1부터 7, 2부터 8, 3부터 9, 4부터 10, 5부터 11, 6부터 12까지 시계의 중심을 통과하는 선을 그리시오. 평각들은 세지 않고, 직선들이 만드는 전체 각의 수를 추측하시오.

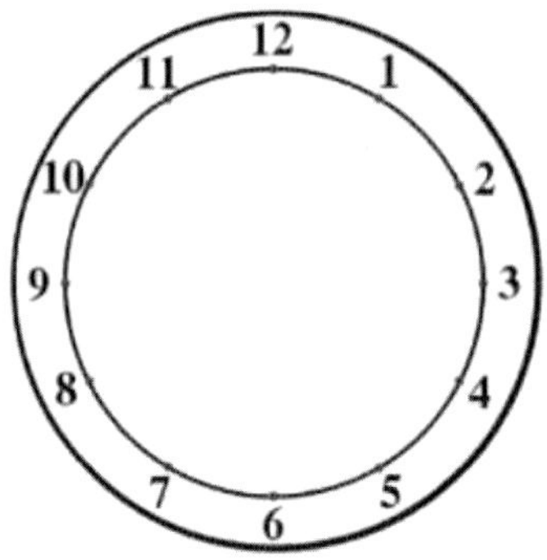

7. 아래 표를 완성하시오.

	원 위에 꼭짓점의 수	각 꼭짓점에서 각의 수	전체 각의 수
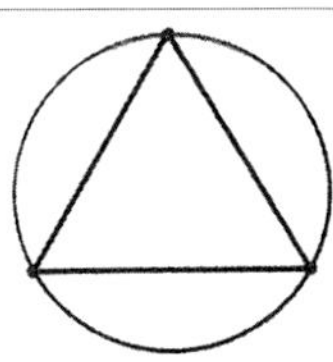	3	1	3
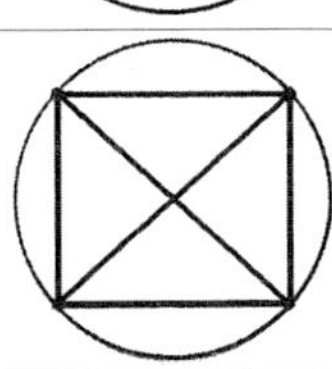	4	3	12
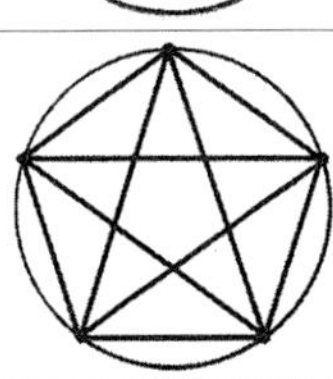	5	____	____
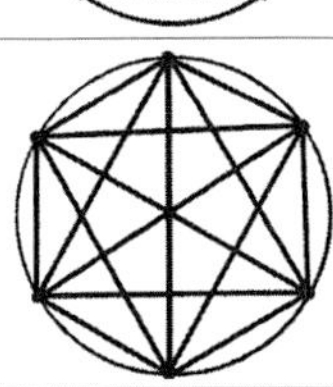	6	____	____

8. 오른쪽 그림과 같이 파스칼 삼각형에서 타원으로 묶인 두 수를 곱하고, 위 문제 7의 전체 각의 수와 비교하시오.

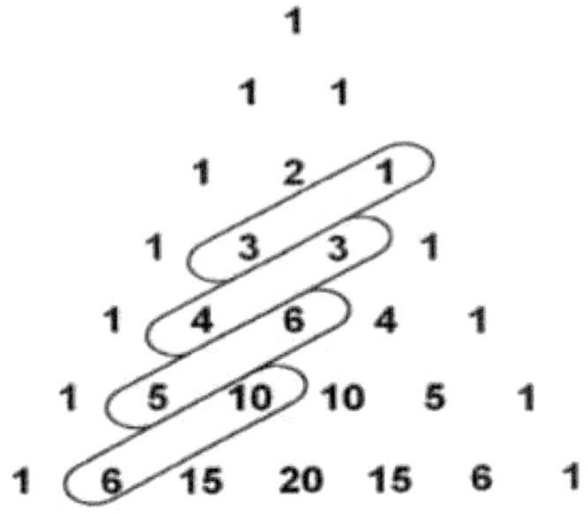

9. 원 둘레에 같은 간격으로 일곱 개의 꼭짓점들이 있다. 각 꼭짓점들이 위 문제 7처럼 다른 꼭짓점들과 연결된다면 각 꼭짓점에서 찾을 수 있는 각의 수와 전체 각의 수를 추측하시오.

삼각형의 개수 세기

동일 직선상의 점이 아닌 세 점은 평면에서 삼각형을 결정하는 것처럼 한 개의 직선과 직선 위에 있지 않은 한 개의 점은 평면을 결정한다. 아래 표는 주어진 한 점과 주어진 직선 위에 여러 개의 점들 중 서로 다른 두 점에 의해 결정된 모든 삼각형의 개수를 찾는 과정이다.

10. 아래의 표를 채우시오.

점 A에서 점 아래 있는 직선 위에 각 점을 연결하시오.	직선 위에 있는 점의 수	만들어진 삼각형의 수
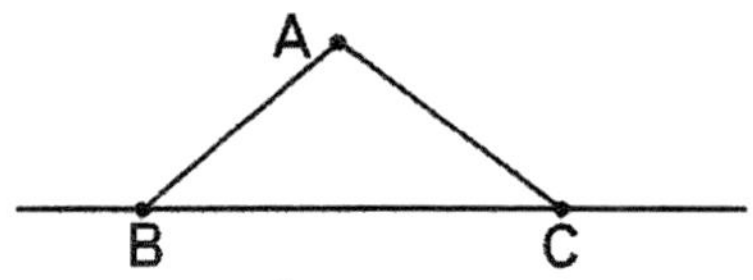	2	1
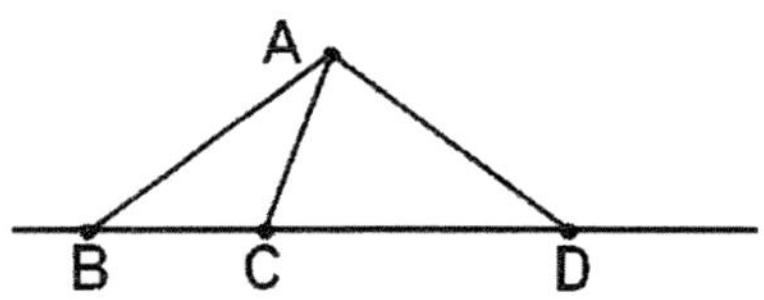	3	3
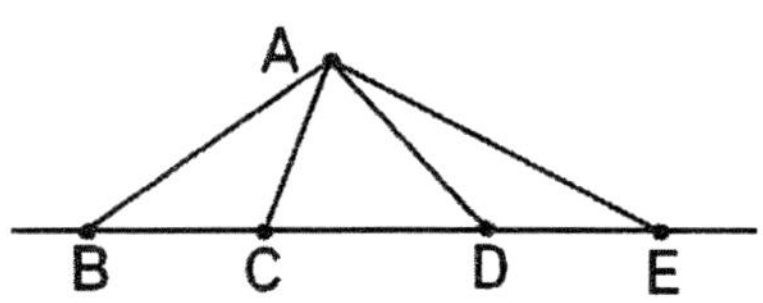	______	______
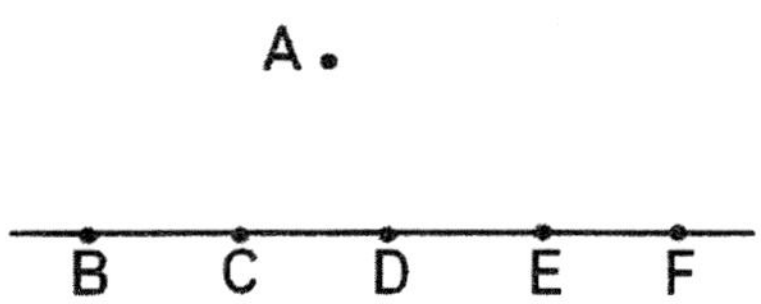	______	______
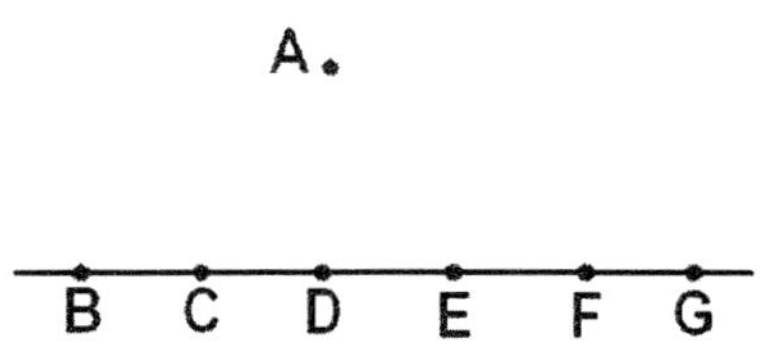	______	______
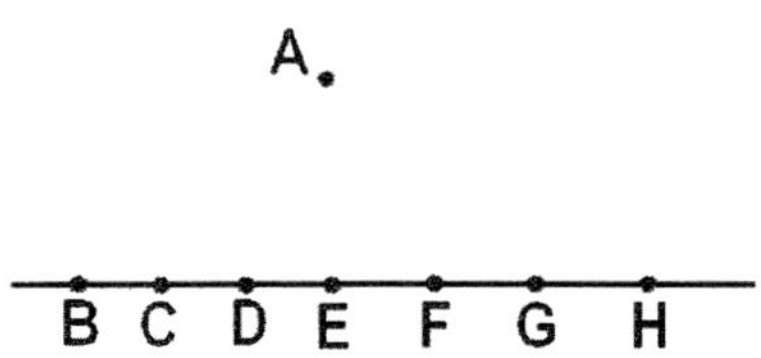	______	______

마지막 열에 있는 수들이 이루는 수열은 무엇인가?

오른쪽 그림 각 원 위에 서로 다른 점에 선분을 연결한 4개의 점이 있다. 단지 원 위에 꼭짓점이 있는 삼각형을 세면 각 원마다 4개가 있다.

각 삼각형을 시각화하기 위해, 아래 네 개의 그림에서 분리된 삼각형을 각각 표시하였다.

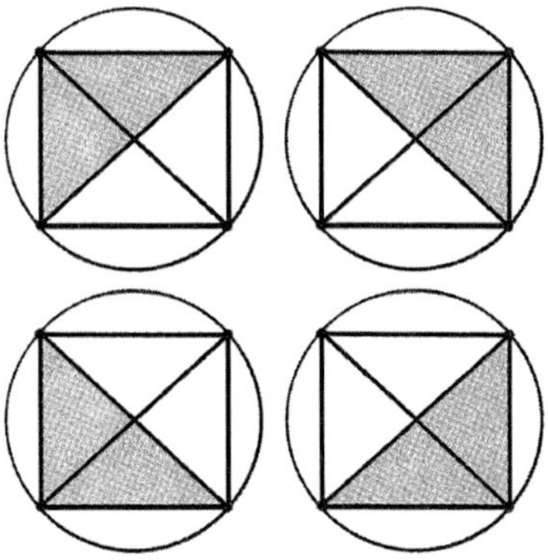

11. 아래 표를 완성하시오. 마지막 열에 적힌 수들을 설명하시오.

	원 위에 꼭짓점의 수	원 위에 꼭짓점을 가진 삼각형의 수
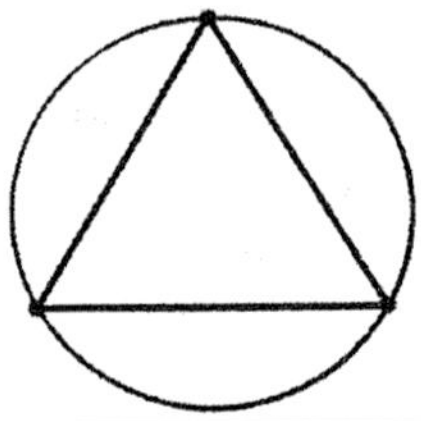	3	1
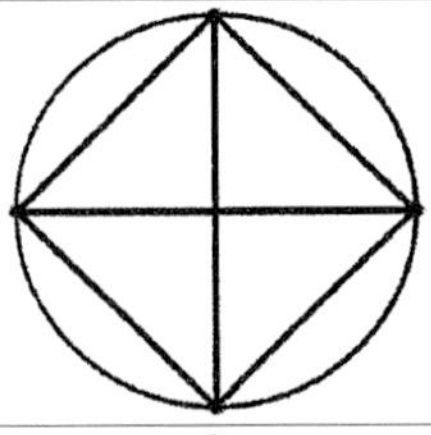	4	4
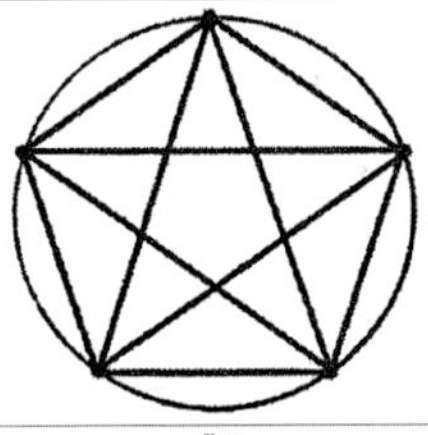	5	____
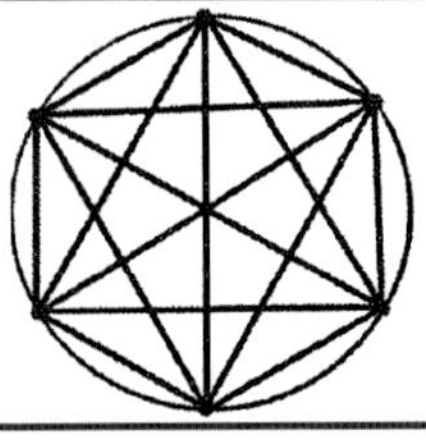	6	____

12. 원 위에 일곱 개의 점이 있다. 각 점들을 선분으로 모두 연결하자. 여기에서 찾을 수 있는 삼각형의 개수를 추측하시오.

다각형의 개수 세기

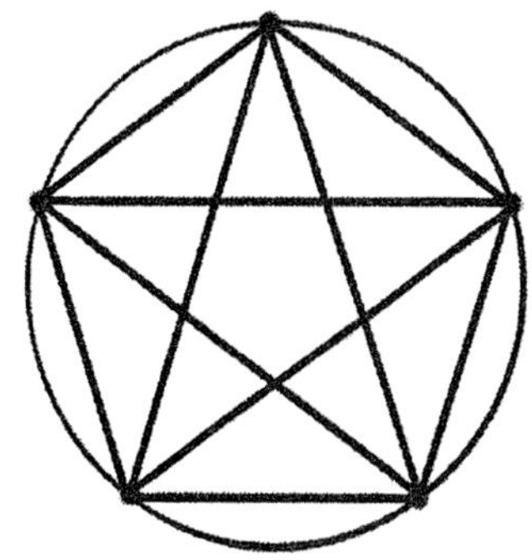

오른쪽 그림은 원 위에 다섯 개의 점이 있고, 이 점들을 선분으로 모두 연결한 것이다.

원 내부에 여러 개의 다각형이 존재한다. 그러나 원 위에 꼭짓점이 놓인 볼록다각형[9]의 개수를 셀 것이다.

13. 위 그림을 참고하여 아래 도형의 개수를 구하시오. (단, 원 위에 끝점 또는 꼭짓점이 있는 것만을 고려한다.)

(a) 얼마나 많은 선분이 있는가?

(b) 얼마나 많은 삼각형이 있는가?

(c) 얼마나 많은 사각형이 있는가?

(d) 얼마나 많은 오각형이 있는가?

(e) 위 질문에 대한 답을 파스칼의 삼각형에 근거한 수들로 설명하시오.

14. 원 위에 네 개의 점이 있다. 각 점들을 선분으로 모두 연결하자. 여기에서 찾을 수 있는 다음 도형의 개수를 구하시오. (단, 원 위에 끝점 또는 꼭짓점이 있는 것만을 고려한다.)

(a) 얼마나 많은 선분이 있는가?

(b) 얼마나 많은 삼각형이 있는가?

(c) 얼마나 많은 사각형이 있는가?

9) 역자주 : 어느 내각이나 모두 180° 보다 작은 각으로 되어 있는 다각형.

15. 다음 그림에서 각 점들을 선분으로 모두 연결하자. 점, 선분, 삼각형, 사각형, 오각형과 육각형의 개수를 구하여 아래 표를 채우시오. (단, 원 위에 끝점 또는 꼭짓점이 있는 것만을 고려한다.)

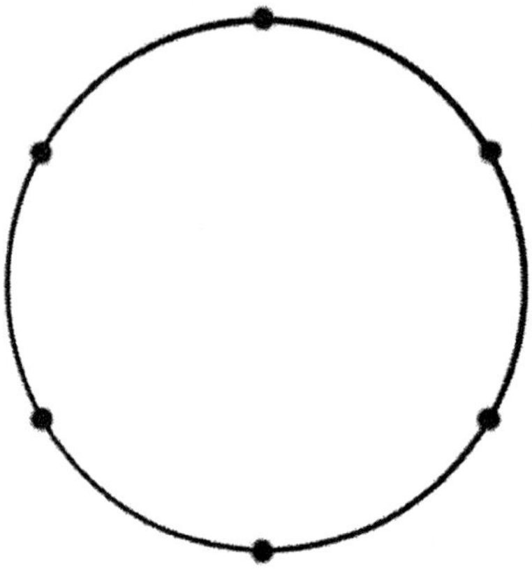

점의 수	선분의 수	삼각형의 수	사각형의 수	오각형의 수	육각형의 수
6	15	_____	_____	_____	_____

표에서 구한 수들을 설명하시오.

16. 점, 선분, 삼각형, 그리고 다른 다각형의 개수를 구하여 아래 표를 완성하고, 각 행에 있는 수들을 설명하시오. (단, 원 위에 끝점 또는 꼭짓점이 있는 것만을 고려한다.)

	점	선분	삼각형	사각형	오각형	육각형	칠각형	팔각형	구각형
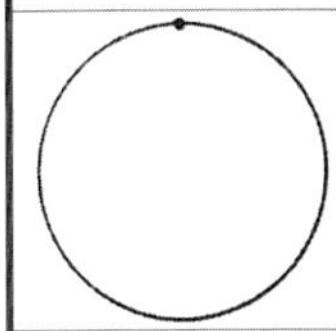	1								
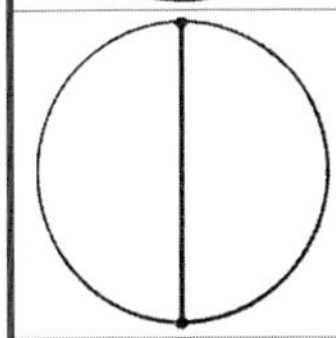	2	1							
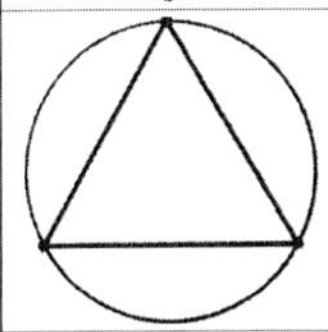	3	3	1						
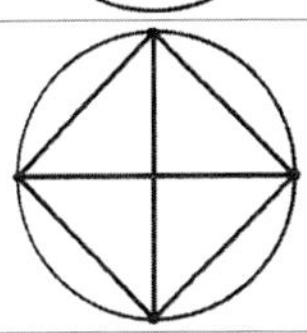	4	6	4	1					
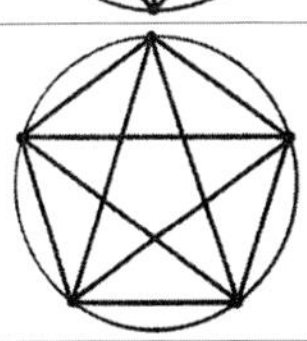	5	____	____	5	____				
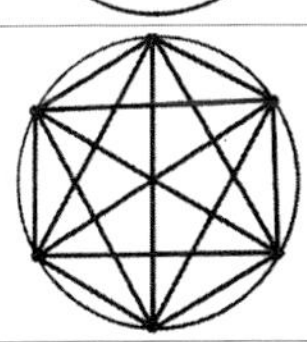									
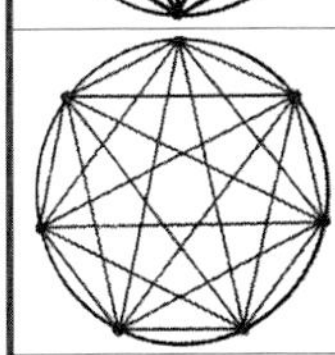									
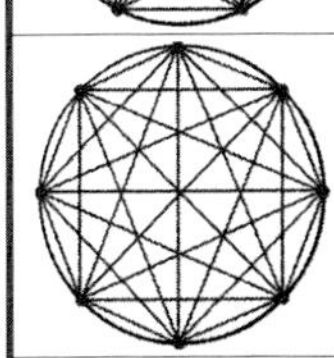									
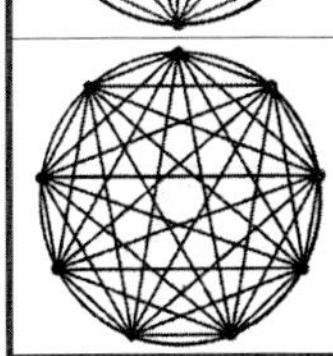									

5.4 막대 다이어그램[10)]

이 절에서 우리는 익숙하지 않은 환경에서 몇 가지 친숙한 숫자 규칙을 발견할 것이다. 두 선분이 서로 교차하여 만들어진 짧은 선분(Shorter Line Segment)[11)]은 몇 개인가? 아래 두 다이어그램에서 각각 네 개와 아홉 개로 짧은 선분들을 찾을 수 있다.

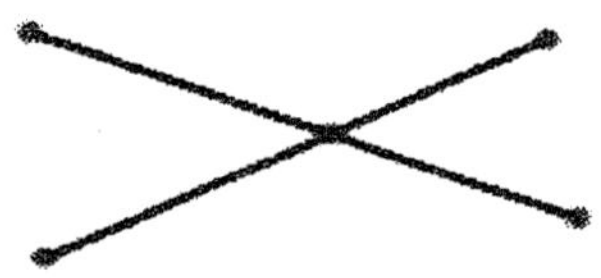

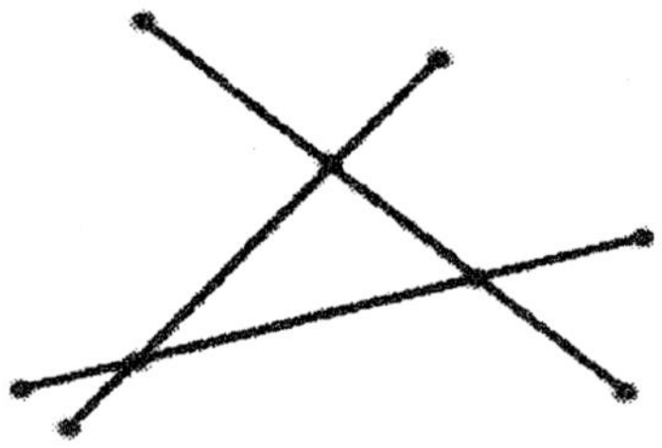

5.4절

1.

(a) 세 선분이 한 점에서 만나지 않고, 서로 다른 것과 교차하는 네 선분의 막대 다이어그램을 그리시오. 얼마나 많은 짧은 선분이 만들어지는가?

(b) (a)에서 답한 결과를 사용하여 아래 표를 완성하시오.
다섯 개 선분이 서로 다른 것과 교차할 때, 만들어지는 짧은 선분의 개수를 추측하시오. 직접 다이어그램을 그리고, 그 과정을 설명하시오.

선분의 수	1	2	3	4	5			
만들어진 짧은 선분의 수	1	4	9					

각 선분은 두 끝점이 있다. 두 선분이 교차할 때마다 새로운 점이 만들어진다. 두 선분이 다른 것과 교차할 때, 끝점을 포함하여 얼마나 많은 점들이 있는가? 세 선분이 교차할 때, 점들의 개수를 구하시오. 이 절의 처음에 있는 도형을 참고하시오.

10) 역자주 : 서로 교차하는 선분들이 이루는 도형들의 개수를 셀 것이다.
11) 역자주 : 주어진 선분들이 교차하여 나누어진 선분의 조각들을 말한다.

2.

(a) 세 선분이 한 점에서 만나지 않고, 서로 다른 것과 교차하는 네 선분의 막대 다이어그램을 그리시오. 끝점을 포함하여 얼마나 많은 점들이 있는가?

(b) 아래 표를 완성하시오.

선분의 수	1	2	3	4	5			
끝점을 포함한 점들의 개수	2	5	9					

위 표에서 '끝점을 포함한 점들의 개수' 들의 수열과 5.7절(269쪽 문제 1)에서 구한 다각형의 대각선의 수를 비교하시오.

(c) 아래 파스칼의 삼각형에서 원으로 표시된 각각의 수에서 1을 빼시오. 어떤 수열이 만들어지는가?

1
1 1
1 2 1
1 3 3 1
1 4 6 4 1
1 5 10 10 5 1
1 6 15 20 15 6 1
1 7 21 35 35 21 7 1
1 8 28 56 70 56 28 8 1

한 점에서 만나지 않는 세 선분으로 만들어진 영역은 한 개이다. 문제 2에서 그린 네 선분에 의해 만들어진 짧은 선분으로 둘러싸인 영역의 개수는?

3.

(a) 다음 표를 완성하시오.

막대 다이어그램	선분의 개수	점의 개수	짧은 선분의 개수	영역[12]의 개수
	1	2	1	0
	2	5	4	0
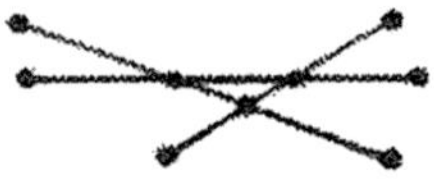	3	9	9	1
	4	14	16	3
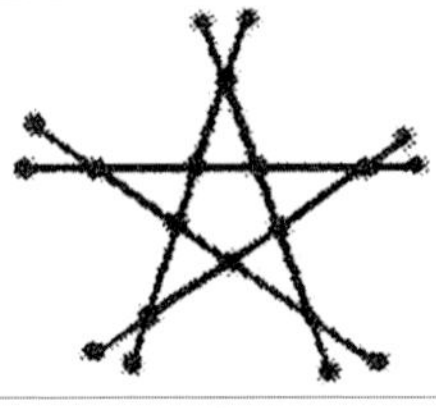	5	_____	_____	_____
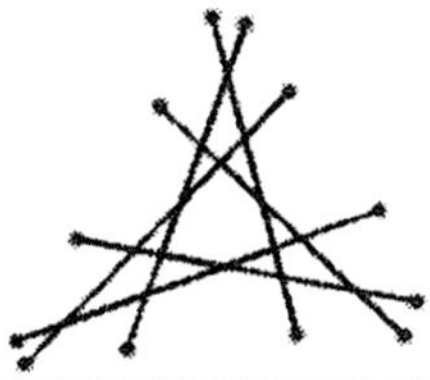	6	_____	_____	_____
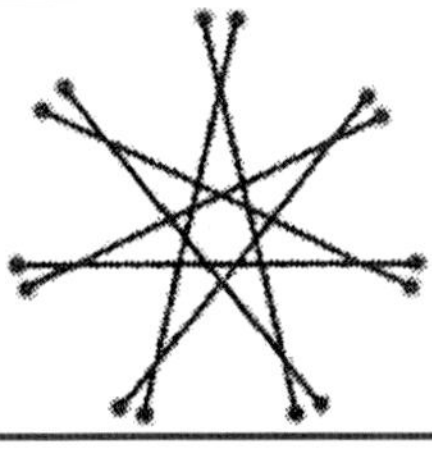	7	_____	_____	_____

(b) 점의 개수' 열의 수들이 나타내는 수열을 설명하시오.
힌트: 각각의 수들에 1을 더하여 보아라.

(c) 짧은 선분의 개수' 열의 수들이 나타내는 수열을 설명하시오.

(d) 영역의 개수' 열의 수들이 나타내는 수열을 설명하시오.

위 문제 3의 표에서 점, 짧은 선분, 영역의 개수를 구하였다. '선분'을 '모서리'라 하고, 점, 짧은 선분, 영역의 개수를 p, e, r이라 할 것이다.

일반적으로 (세 선분이 한 점에서 만나지 않는) n개의 교차하는 선분에 대하여, $p = T_{n+1} - 1$, $e = S_n$, $r = T_{n-2}$이다.

---

4. 문제 3의 표 일곱 번째 행의 각각에 대하여 $p - e + r = 1$ 임을 확인하시오.

참고
문제 4에서 주어진 식은 다각형과 그들의 대각선들에 대한 오일러 공식과 유사하다. 5.7절과 5.12절에서 자세하게 이 식을 공부할 것이다.

따라서, 문제 4의 식, $p - e + r = 1$ 에 $p = T_{n+1} - 1$, $e = S_n$, $r = T_{n-2}$ 을 대입하면

$$(T_{n+1} - 1) - S_n + T_{n-2} = 1$$

을 얻는다.

---

12) 역자주 : 짧은 선분으로 둘러싸인 영역을 뜻한다.

또한, $S_n = n^2 = T_n + T_{n-1}$ 이기 때문에 다음 식이 성립한다.

$$\begin{aligned} 1 &= (T_{n+1} - 1) - S_n + T_{n-2} \\ &= (T_{n+1} - 1) - (T_n + T_{n-1}) + T_{n-2} \end{aligned}$$

또는, 삼각수들에 적용된 공식인 다음 식을 얻는다.

$$2 = T_{n+1} - (T_n + T_{n-1}) + T_{n-2}$$

---

5. $n = 3, 4, 5, 6, 7$에 대하여
   $p = T_{n+1} - 1$, $e = S_n$, $r = T_{n-2}$ 임을 확인하시오.

6. $n = 3, 4, 5, 6, 7$에 대하여
   $T_{n+1} - (T_n + T_{n-1}) + T_{n-2} = 2$ 임을 확인하시오.

7. $n = 3, 4, 5, 6, 7$에 대하여
   $T_{n+1} - (T_n + T_{n-1}) + T_{n-2} = S_{n+1} + S_{n-1}$ 임을 확인하시오.

8. $p - e + r = S_{n+1} + S_{n-1} - 1$ 이 성립함을 보이시오.

5.5 **원 자르기**

1장(1.9절)에서 공간을 분할하였는데 예를 들어 2차원 공간(평면)을 직선으로 분할하였다. 다음 표는 분할된 영역의 개수를 나타낸 것이다.

직선의 개수	1	2	3	4	5	6
영역의 개수	2	4	7	11	16	22

그림과 같이 그룹 내의 가운데 수는 직선의 개수이고 그룹 내의 수들의 합은 영역의 개수이다.

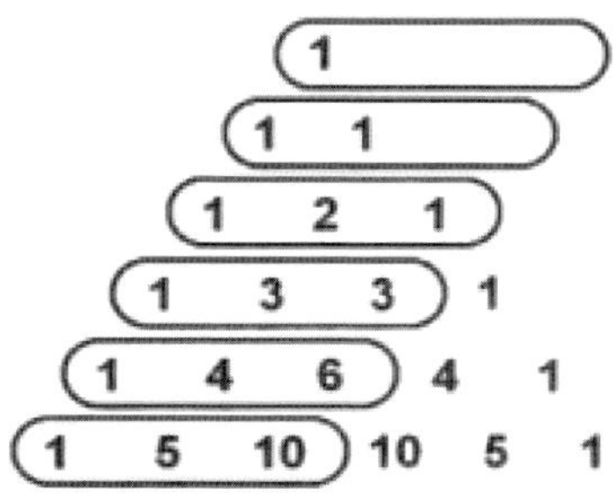

현으로 원을 잘라서 영역을 분할하는 것도 비슷하다.
(영역의 개수를 최대화하는 현을 선택해야 한다. 아래 그림을 참고하여라.)

세 개의 현으로 원 자르기

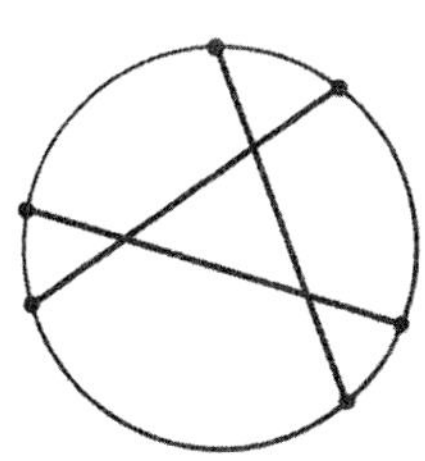

영역의 개수: 7
꼭짓점의 개수: 9
변의 개수: 15(**선분과 원호**)
$9-15+7=1$

5.5절

1. 다음 물음에 답하시오.

(a) 임의의 지름으로 원을 그리고, 꼭짓점(지름의 양 끝점), 변(선분과 원호) 및 영역(원 내부)의 개수를 구하시오. 각각을 v, e, f라 할 때, $v-e+f=1$임을 확인하시오.

(b) 서로 교차하는 두 개의 현의 양 끝점을 지나는 원을 그리시오. (a)와 같이 v, e, f를 구하고 $v - e + f = 1$임을 확인하시오.

2. 오른쪽 그림은 원의 네 개의 현이 서로 교차하되, 세 개의 현이 한 점에서 만나지는 않는다. 꼭짓점(원 위와 원 내부), 변(선분 및 원호) 및 영역(원 내부)의 개수를 구하시오. 각각을 v, e, f라 할 때, $v - e + f = 1$임을 확인하시오.

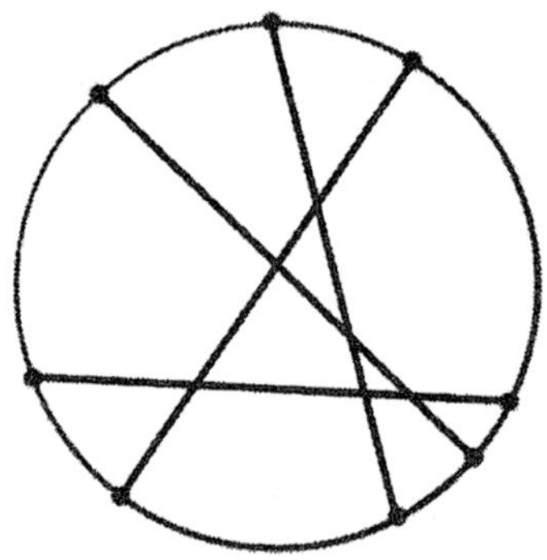

3. 문제 2에서 주어진 조건을 반복하여 다섯 개의 현이 서로 교차할 때, v, e, f의 값을 각각 구하고, $v - e + f = 1$임을 확인하시오.

4. 문제 1~3의 그림과 문제 1 직전의 그림에서 (a) 꼭짓점의 개수와 (b) 영역의 개수에 대한 표를 만드시오. 각 그림마다 영역 수에 꼭짓점 개수를 더하시오. 어떤 수열이 만들어지는가?

5. 문제 4에 나열된 원 안의 꼭짓점의 개수를 구하시오. 어떤 수열이 만들어지는가?

6. (a) 꼭짓점의 개수, (b) 변의 개수, (c) 문제 1에서 3까지와 문제 1 직전 그림에서 발견된 영역의 개수를 표로 정리하시오. 이제 각 그림에 대해 세 개의 숫자를 함께 더하시오. 여기서 얻은 결과를 문제 7에서 얻은 결과와 비교하시오.

7. 아래 파스칼 삼각형의 각 그룹 안에 있는 성분들을 각각 더하면 어떤 수열인가? 그 합들로 그림 밑의 식을 완성하시오. 이는 각 그룹의 합의 두 배에서 1을 뺀 것이다. 문제 6의 결과와 비교하시오. 무엇을 발견하였는가?

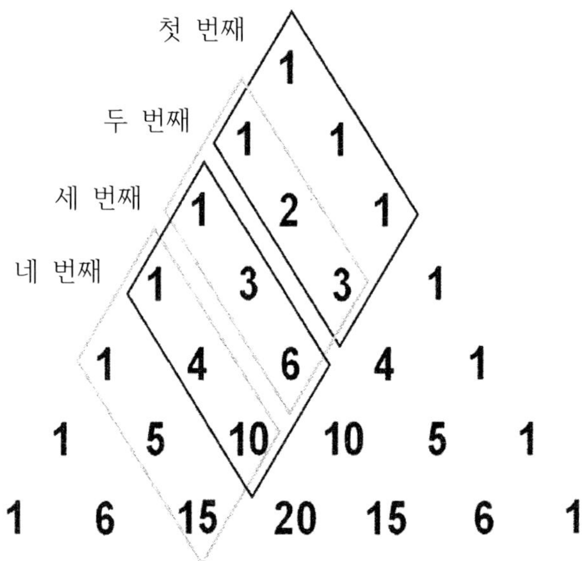

식의 나열

2 · (4)− 1 = 7

2 · (첫 번째 그룹)− 1 = ______

2 · (두 번째 그룹)− 1 = ______

2 · (세 번째 그룹)− 1 = ______

2 · (네 번째 그룹)− 1 = ______

8. 아래 그림에서 다섯 개의 행을 더 추가하시오. (a), (b), (c), (d) 열에 있는 성분들은 각각 어떤 수열인가?

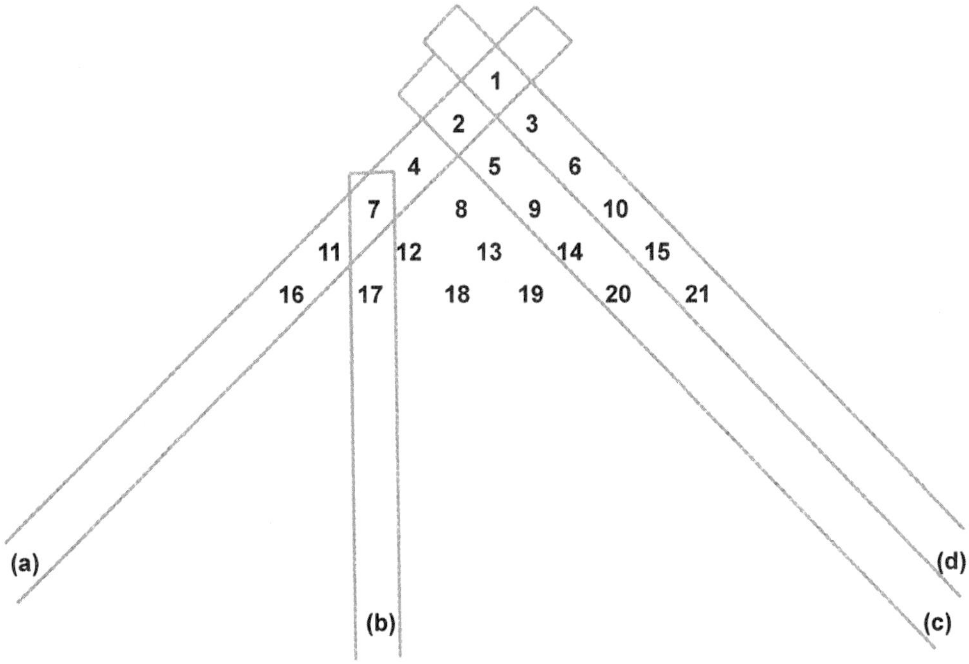

5.6 수 세기: 방데르몽드(Vandermonde) 항등식을 이용한 특수 조합

1장에서 조합과 파스칼의 삼각형을 살펴보았다. (5.3절과 같이) 원 안에서 볼록다각형을 세는 것은 실제로 또 다른 조합 문제일 뿐이다. 예를 들어, 원 위의 여섯 개의 점으로 만들 수 있는 선분의 개수는 $C(6, 2)=15$ (한 선분 당 점 두 개)이고, 원 위의 여덟 개의 점으로 만들 수 있는 오각형의 개수는 $C(8, 3)=56$이다. 이 절에서는 보다 복잡한 수 세기 문제에 조합을 사용해 확장해보자.

5.6절

1. 12시간 시계 면을 그리시오. 원 위에 일정한 간격으로 열두 개의 점을 찍고 각 점을 다른 모든 점들과 연결하시오. 육각형의 개수는?

   힌트 : 열두 개의 점 중 여섯 개의 점을 선택하자. (원 위에 꼭짓점이 있고 볼록한 것만 센다. 주어진 그림은 볼록 육각형 중 하나의 예시이다. 볼록 육각형이 되려면 선택한 점들 중 번호가 작은 점으로부터 차례로 연결하고 마지막 점은 첫 번째 점과 연결한다.)

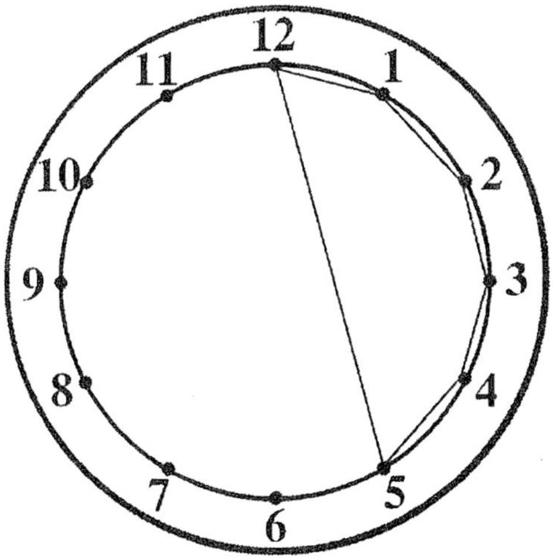

위 시계 문제를 참고하여 1부터 12까지의 점을 시계의 시각 단위처럼 세기로 하자. 이 상황에서 흥미로운 수 세기 문제를 살펴볼 수 있다. 예를 들어, 홀수 점이 네 개이고 짝수 점[13)]이 두 개로 구성된 육각형의 개수를 구하는 문제가 그 중 하나이다. 서로 다른 여섯 개의 홀수 점과 여섯 개의 짝수 점 중에서 선택할 수 있으므로, 답은 홀수 점 여섯 개 중에서 네 개를 선택하고 짝수 점 여섯 개 중에서 두 개를 선택하여 곱하면 된다. 즉, $C(6,\ 4) \cdot C(6,\ 2) = 15 \cdot 15 = 225$이다. 이는 **수 세기 기본적인 규칙**의 예이다. 즉, 어떤 그룹이 선택할 수 있는 경우의 수가 m이고, 앞의 그룹의 선택과 독립적인 또 다른 그룹이 선택할 수 있는 경우의 수가 n일 때, 가능한 선택의 총 경우의 수는 m과 n의 곱인 $m \cdot n$이다.

13) 역자주 : 이 절에서 사용하는 홀수 점과 짝수 점은 각각 홀수의 숫자가 적힌 점과 짝수의 숫자가 적힌 점을 뜻한다. 그래프이론에서 사용하는 차수의 개념이 아니다.

2. 위 내용을 참고하여 다음 조건으로 구성된 육각형의 개수를 구하시오.
   (a) 홀수 점 세 개와 짝수 점 세 개
   (b) 홀수 점 두 개와 짝수 점 네 개
   (c) 홀수 점 한 개와 짝수 점 다섯 개
   (d) 홀수 점 0 개와 짝수 점 여섯 개
   (e) 홀수 점 다섯 개와 짝수 점 한 개
   (f) 홀수 점 여섯 개와 짝수 점 0 개

3. 문제 2의 결과 값들과 위 단락의 225를 더하고, 그 합이 문제 1의 답과 같은지 확인하시오.

문제 2의 결과 값들은 모두 파스칼 삼각형의 6번째 행에 있는 성분들이다.
아래 표는 문제 1~3을 정리한 것이다.

여러 유형의 육각형의 개수

홀수 점의 개수	짝수 점의 개수	육각형의 개수
0	6	$C(6,\ 0)\cdot C(6,\ 6)=1\cdot 1=1$
1	5	$C(6,\ 1)\cdot C(6,\ 5)=6\cdot 6=36$
2	4	$C(6,\ 2)\cdot C(6,\ 4)=15\cdot 15=225$
3	3	$C(6,\ 3)\cdot C(6,\ 3)=20\cdot 20=400$
4	2	$C(6,\ 4)\cdot C(6,\ 2)=15\cdot 15=225$
5	1	$C(6,\ 5)\cdot C(6,\ 1)=6\cdot 6=36$
6	0	$C(6,\ 6)\cdot C(6,\ 0)=1\cdot 1=1$
		총합$=924$

구하려는 합은 다음과 같다.

$$=1^2+6^2+15^2+20^2+15^2+6^2+1^2$$

$$=1+36+225+400+225+36+1$$

$$=924$$

게다가, $924 = C(12,\ 6)$이다. 2.3절 '행 성분들의 제곱의 합'에서 이러한 성질을 탐구하고 다음과 같이 스트링곱을 본 적이 있다.

$$\begin{aligned} C(12,\ 6) &= (1,\ 6,\ 15,\ 20,\ 15,\ 6,\ 1) \cdot (1,\ 6,\ 15,\ 20,\ 15,\ 6,\ 1) \\ &= 1 \cdot 1 + 6 \cdot 6 + 15 \cdot 15 + 20 \cdot 20 + 15 \cdot 15 + 6 \cdot 6 + 1 \cdot 1 \\ &= 1^2 + 6^2 + 15^2 + 20^2 + 15^2 + 6^2 + 1^2 \\ &= 924 \end{aligned}$$

실제로 행 성분들의 제곱의 합은 방데르몽드 항등식의 특수한 경우로, 조합론에서 연구된다.

더 일반적인 경우는 홀수 개수와 짝수 개수의 경우처럼 균등하게 분할되지 않은 그룹에서 선택할 때이다. 예를 들어, 3의 배수인 한 개의 꼭짓점과 3의 배수가 아닌 다섯 개의 꼭짓점으로 구성된 육각형의 개수가 몇 개인지 살펴보자. 시계에는 3의 배수 3, 6, 9, 12인 꼭짓점이 네 개 있다. 그리고 3의 배수가 아닌 꼭짓점이 여덟 개 있다. 따라서, 답은 3의 배수인 점 4개 중에서 한 개를 선택하고 3의 배수가 아닌 점 여덟 개 중에서 다섯 개를 선택하여 이를 곱하면 $C(4,\ 1) \cdot C(8,\ 5) = 4 \cdot 56 = 224$이다.

꼭짓점의 일부가 3의 배수이고 나머지는 3의 배수가 아닌 모든 육각형을 찾으려면 다음 곱들을 합하여야 한다.

$C(4,\ 0) \cdot C(8,\ 6)$ 모든 꼭짓점이 3의 배수가 아닌 경우

$C(4,\ 1) \cdot C(8,\ 5)$ 3의 배수인 꼭짓점이 한 개, 3의 배수가 아닌 꼭짓점이 다섯 개

$C(4,\ 2) \cdot C(8,\ 4)$ 3의 배수인 꼭짓점이 두 개, 3의 배수가 아닌 꼭짓점이 네 개

$C(4,\ 3) \cdot C(8,\ 3)$ 3의 배수인 꼭짓점이 세 개, 3의 배수가 아닌 꼭짓점이 세 개

$C(4,\ 4) \cdot C(8,\ 2)$ 3의 배수인 꼭짓점이 네 개, 3의 배수가 아닌 꼭짓점이 두 개

시계에는 3의 배수인 수가 네 개밖에 없으므로 더이상 고려할 곱이 없다. 이 곱들의 합은 파스칼 삼각형의 4행인 (1, 4, 6, 4, 1)과 파스칼 삼각형의 8행의 중앙 부분인 (28, 56, 70, 56, 28)의 스트링곱과 같다.

$$
\begin{aligned}
(1,\ 4,\ 6,\ 4,\ 1)\cdot(28,\ 56,\ 70,\ 56,\ 28) &= 1\cdot 28+4\cdot 56+6\cdot 70+4\cdot 56+1\cdot 28 \\
&= 28+224+420+224+28 \\
&= 924
\end{aligned}
$$

게다가, 이 스트링곱은 아래 그림과 같이 파스칼 삼각형에서 확인할 수 있다.

1

1 1

1 2 1

1 3 3 1

(1 4 6 4 1)

1 5 10 10 5 1

1 6 15 20 15 6 1

1 7 21 35 35 21 7 1

1 8 (28 56 70 56 28) 8 1

1 9 36 84 126 126 84 36 9 1

1 10 45 120 210 252 210 120 45 10 1

1 11 55 165 330 462 462 330 165 55 11 1

1 12 66 220 495 792 (924) 792 495 220 66 12 1

4행과 8행에 있는 스트링곱인 924는 $4+8=12$행, 6열에서 발견된다.(육각형을 만들기 위해 여섯 개의 꼭짓점을 선택하였다.) 합 924는 이전 결과인 홀수 점 여섯 개와 짝수 점 여섯 개 중에서 여섯 개를 선택한 경우의 수와 동일하다. 그 이유는 시계 면에서 만들어지는 모든 육각형들의 개수와 같기 때문이다.

4. 3행 (1, 3, 3, 1)과 9행의 중앙 네 개의 성분인 (84, 126, 126, 84)의 스트링곱 (1, 3, 3, 1)・(84, 126, 126, 84)을 구하시오. 이 결과는 몇 번째 행에서 발견할 수 있는가?

5. 12시간 시계와 위의 논의를 참고하여, 소수점 (2, 3, 5, 7, 11)과 소수점이 아닌 점 (1, 4, 6, 8, 9, 10, 12)에 대하여 다음 조건으로 구성된 육각형의 개수를 구하시오.

   (a) 소수점 0개와 소수가 아닌 점 여섯 개
   (b) 소수점 한 개와 소수가 아닌 점 다섯 개
   (c) 소수점 두 개와 소수가 아닌 점 네 개
   (d) 소수점 세 개와 소수가 아닌 점 세 개
   (e) 소수점 네 개와 소수가 아닌 점 두 개
   (f) 소수점 다섯 개와 소수가 아닌 점 한 개
   (g) 소수점 여섯 개로 구성된 육각형이 존재하지 못하는 이유는 무엇인가?

6. 문제 5의 결과값을 모두 더하고 그 합이 문제 1의 답과 같은지 확인하시오. 스트링곱으로 그 결과를 나타내시오.

방데르몽드 항등식을 이용하여 많은 흥미로운 수 세기 문제를 해결할 수 있다. 방데르몽드 항등식에 대한 형식적 표현은 이 책의 범위를 벗어나지만, 이 식의 의미를 간단히 언급하고 몇 가지 수 세기 문제를 해결하는데 사용하고자 한다.

> 본질적으로, 방데르몽드 항등식은 다음과 같다.
> 파스칼 삼각형에서 r행을 선택하고 $r=m+n$을 만족하도록 r을 m과 n으로 분할하면 r행 c열 성분은 m행의 0열부터 c열까지의 성분들과 n행의 c열부터 0열까지의 성분들의 스트링곱과 같다.

이는 앞의 문제에서 풀이했던 방식이다. 이 식을 적용하는 또 다른 예가 있다. 9행을 선택하고($r=9$) 이를 두 부분으로 분할한다. 임의로 6과 3으로 분할하자. 즉, $m=6$, $n=3$이고 $m+n=r=9$이다. 이제 9행에 있는 열을 하나 선택하자. 임의로 5열을 선택하면 $c=5$이다. 그러면 9행 5열 성분은 $\mathrm{C}(r,\ c)=\mathrm{C}(9,\ 5)=\dfrac{9!}{5!\cdot 4!}=126$이다.

방데르몽드 항등식은 $m=6$행의 0열부터 $c=5$열까지의 성분들과 $n=3$행의 $c=5$열부터 0열까지의 성분들의 곱이 9행 5열 성분과 같음을 의미한다.

$$
\begin{aligned}
\mathrm{C}(9,\ 5) &= (1,\ 6,\ 15,\ 20,\ 15,\ 6)\cdot(0,\ 0,\ 1,\ 3,\ 3,\ 1) \\
&= 1\cdot 0+6\cdot 0+15\cdot 1+20\cdot 3+15\cdot 3+6\cdot 1 \\
&= 0+0+15+60+45+6 \\
&= 126
\end{aligned}
$$

파스칼 삼각형의 3행에서는 5열과 4열의 성분이 없기 때문에, 스트링곱의 계산을 위해 성분의 개수가 다른 스트링과 일치하도록 0으로 채운다. 행과 성분의 위치는 아래 그림과 같다.

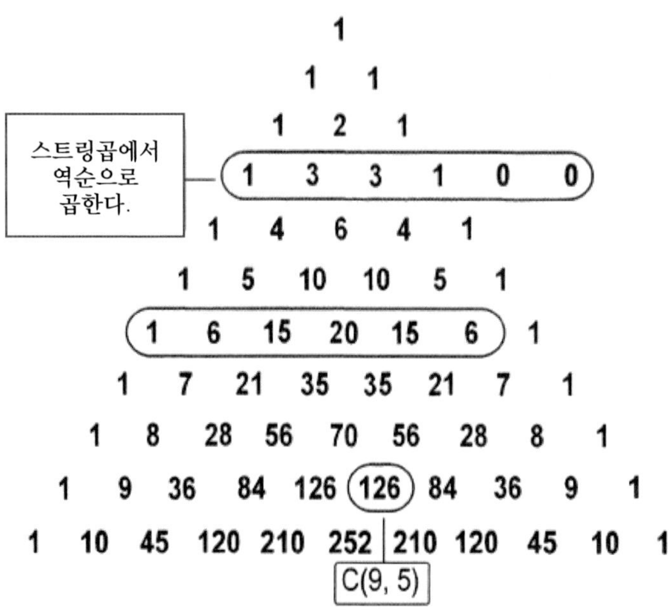

방데르몽드 항등식의 예시

$$C(9,\ 5) = (1,\ 6,\ 15,\ 20,\ 15,\ 6) \cdot (0,\ 0,\ 1,\ 3,\ 3,\ 1)$$

방데르몽드 항등식에 대한 응용은 다음과 같다:

고등학교 농구팀에는 아홉 명의 선수가 있다.
이 중 여섯 명은 선배이고 세 명은 후배이다.
경기의 선발 선수로 다섯 명의 선수가 무작위로 선발된다.

- 서로 다른 선발팀의 경우의 수는?
  정답) $C(9,\ 5) = 126$

- 다섯 명의 선배들로 구성된 서로 다른 선발팀의 경우의 수는?
  정답) $C(6,\ 5) \cdot C(3,\ 0) = 6 \cdot 1 = 6$?
  (선배 여섯 명 중 다섯 명을 선택하고 후배 세 명 중 0명을 선택하여 곱한다.)

- 네 명의 선배들로 구성된 서로 다른 선발팀의 경우의 수는?
  정답) $C(6,\ 4) \cdot C(3,\ 1) = 15 \cdot 3 = 45$
  (선배 여섯 명 중 네 명을 선택하고 후배 세 명 중 한 명을 선택하여 곱한다.)

- 세 명의 선배들로 구성된 서로 다른 선발팀의 경우의 수는?
  정답) $C(6,\ 3) \cdot C(3,\ 2) = 20 \cdot 3 = 60$
  (선배 여섯 명 중 세 명을 선택하고 후배 세 명 중 두 명을 선택하여 곱한다.)

- 두 명의 선배들로 구성된 서로 다른 선발팀의 경우의 수는?
  정답) $C(6,\ 2) \cdot C(3,\ 3) = 15 \cdot 1 = 15$
  (선배 여섯 명 중 두 명을 선택하고 후배 세 명 중 세 명을 선택하여 곱한다.)

- 한 명의 선배로 구성된 서로 다른 선발팀의 경우의 수는?
  정답) $C(6,\ 1) \cdot C(3,\ 4) = 6 \cdot 0 = 0$
  (선배 여섯 명 중 한 명을 선택하고 후배 세 명 중 네 명을 선택하여 곱한다.)
  농구팀에는 아홉 명의 선수들 중 세 명의 후배들만 있고 이 들 중 네 명을 선택할 수 없기 때문에 $C(3,\ 4) = 0$이다.

• 후배들로만 구성된 서로 다른 선발팀의 경우의 수는?

정답) C(6, 0)・C(3, 5)＝1・0＝0

(선배 여섯 명 중 0 명을 선택하고 후배 세 명 중 다섯 명을 선택하여 곱한다.)

농구팀에는 아홉 명의 선수들 중 세 명의 후배들만 있고 이 들 중 다섯 명을 선택할 수 없기 때문에 C(3, 5)＝0이다.

• 서로 다른 선발팀의 경우의 수는? 첫 번째 질문과 같다.

정답) 위의 결과들의 합 (1, 6, 15, 20, 15, 6)・(1, 3, 3, 1, 0, 0)＝126이다.

다음은 위의 정보를 표로 나타낸 것이다.

선수 아홉 명(선배 여섯 명, 후배 세 명)

선발팀 내의 다섯 명

선발팀	선배가 선택되는 경우의 수	후배가 선택되는 경우의 수	선발팀의 경우의 수
선배 다섯 명	C(6, 5)＝ 6	C(3, 0)＝1	6・1＝ 6
선배 네 명	C(6, 4)＝15	C(3, 1)＝3	15・3＝45
선배 세 명	C(6, 3)＝20	C(3, 2)＝3	20・3＝60
선배 두 명	C(6, 2)＝15	C(3, 3)＝1	15・1＝15
선배 한 명	C(6, 1)＝ 6	*C(3, 4)＝0	6・0＝ 0
선배 0 명	C(6, 0)＝ 1	*C(3, 5)＝0	1・0＝ 0
			총합＝126

또한, 총합＝(1, 6, 15, 20, 15, 6)・(0, 0, 1, 3, 3, 1)＝126**이다.

* 표 위의 과정들을 보아라.

** 총합은 파스칼 삼각형의 6행과 3행의 성분들의 스트링곱이다. 그 결과 126은 파스칼 삼각형 9행 5열의 성분인 C(9, 5)＝126이다.

7. 한 벌의 카드에서 에이스 카드 네 장, 잭 카드 네 장, 10 카드 두 장을 뽑아 테이블 위에 올려둔다. 이 열 장의 카드 중에서 세 장을 선택하려고 한다.

(a) 서로 다른 세 장의 카드를 고르는 경우의 수를 구하시오.

(b) 세 장의 에이스가 포함된 서로 다른 세 장의 카드를 고르는 경우의 수를 구하시오.

(c) 두 장의 에이스가 포함된 서로 다른 세 장의 카드를 고르는 경우의 수를 구하시오.

(d) 한 장의 에이스가 포함된 서로 다른 세 장의 카드를 고르는 경우의 수를 구하시오.

(e) 에이스가 포함되지 않는 서로 다른 세 장의 카드를 고르는 경우의 수를 구하시오.

(f) 두 개의 스트링을 구성하고 위의 (b) ~ (e)의 답에서 확인된 결과들의 스트링곱으로 확장하시오.

(g) 아래 그림의 파스칼 삼각형에서 (f)의 스트링과 (a)의 답에 동그라미로 표시하시오.

1
1 1
1 2 1
1 3 3 1
1 4 6 4 1
1 5 10 10 5 1
1 6 15 20 15 6 1
1 7 21 35 35 21 7 1
1 8 28 56 70 56 28 8 1
1 9 36 84 126 126 84 36 9 1
1 10 45 120 210 252 210 120 45 10 1
1 11 55 165 330 462 462 330 165 55 11 1
1 12 66 220 495 792 924 792 495 220 66 12 1

(h) 위의 (b) ~ (e)에 대한 답을 (a)에 대한 답으로 나누면, 임의로 테이블 위에 카드를 고른다고 가정할 때 각 문제의 조건에 해당되는 세 장의 카드를 뽑을 확률을 얻게 된다.

- **세 장의 카드 중 정확히 한 장의 에이스 카드를 뽑을 확률을 구하시오.**
- **두 장의 에이스 카드를 뽑을 확률을 구하시오.**
- **세 장의 에이스 카드를 뽑을 확률을 구하시오.**
- **에이스 카드를 뽑지 않을 확률을 구하시오.**

(i) 위 문제에서 찾은 네 개의 확률들을 더하시오.

(h) 총합을 구하시오.

방데르몽드 항등식에서는 파스칼 삼각형의 서로 다른 두 행의 성분들을 곱하는 일정한 순서가 규정되어 있는 반면, 더 일반적인 규칙은 서로 다른 행들의 성분들을 정방향 순서, 또는 역방향 순서로 나열한다. 단, 스트링곱의 계산을 위해 큰 행의 성분의 개수와 같게 작은 행에 0을 추가한다. 어느 경우든 성분들에 대응하는 스트링 곱은 선택한 두 행의 수들의 합에 해당하는 행에서 그 결과를 얻는다.

예를 들어, 파스칼 삼각형에서 4행과 7행을 선택하자. 4행은 다섯 개의 성분을 포함하고 7행은 여덟 개의 성분을 포함하고 있으므로 4행의 끝에 0을 한 개 추가하고 4행의 앞에 0을 두 개 추가하여 여덟 개의 성분들로 이루어지도록 하자. 그러면 스트링곱은 아래와 같다.

$$
\begin{aligned}
(0,\ 0,\ 1,\ 4,\ 6,\ 4,\ 1,\ 0)\cdot(1,\ 7,\ 21,\ 35,\ 35,\ 21,\ 7,\ 1) &= 0\cdot 1+0\cdot 7+1\cdot 21+4\cdot 35+6\cdot 35+4\cdot 21+1\cdot 7+0\cdot 1 \\
&= 0+0+21+140+210+84+7+0 \\
&= 462
\end{aligned}
$$

여기서 462는 파스칼 삼각형의 11행 7열에 있다. 11행은 행의 수 4와 7을 더하면 11이 되기 때문이고, 7열의 7은 파스칼 삼각형에서 더 큰 행을 나타내는 스트링의 마지막 성분의 열 위치이기 때문이다. 따라서 결과는 C(11, 7)=462이고 이는 직접 계산하여 확인할 수 있다.

8. 위의 논의에서와 같이 파스칼 삼각형의 4행과 7행을 선택하되, 이번에는 4행의 끝에 0을 2개 추가하고 4행의 앞에 0을 1개 추가하여 8개의 성분으로 만들자. 스트링곱을 구하시오. 앞의 결과와 같은가?

9. 다음 물음에 답하시오.
   (a) 파스칼 삼각형에서 6행의 성분들과 4행의 성분들로 구성된 각각의 스트링을 나타내시오. 큰 스트링의 길이와 일치하도록 작은 스트링 뒤에 0을 두 개 추가하고 두 스트링의 곱을 계산하시오. 파스칼의 삼각형에서 결과를 찾아 그 값이 행의 수 6과 4의 합인 10행에 있음을 확인하시오.

   (b) (a)의 과정을 따르되, 작은 스트링 앞에 0을 두 개 추가하시오.

   (c) (a)의 과정을 따르되, 0을 작은 스트링 앞에 한 개, 뒤에 한 개 추가하시오. 모든 결과를 비교하시오.

10. 파스칼 삼각형에서 6행의 성분들과 4행의 성분들로 구성된 각각의 스트링을 나타내시오. 큰 스트링 뒤에 0을 두 개 추가하고 0이 추가된 큰 스트링의 길이와 일치하도록 작은 스트링 앞에 0을 네 개 추가하시오. 두 스트링의 곱을 계산하시오. 그 값은 파스칼 삼각형의 10행 8열에 있다. 10행은 행의 수 6과 4의 합이고 8열은 6행에 0을 두 개 추가한 스트링의 마지막 성분의 열의 위치임을 확인하시오.
    이 경우 스트링 (1, 6, 15, 20, 15, 6, 1, 0, 0)은 0에서 8까지 위치를 가지므로 위의 스트링곱은 C(10, 8)이다.

이 절의 첫 예제인 시계 면에서의 육각형을 이용하여 방데르몽드 항등식의 확장된 예를 들어 정리해보자.

이번에는 점들에 대한 두 그룹(예: 홀수 점 및 짝수 점) 대신 시계에서 여섯 개의 점을 선택하여 육각형을 만들 수 있는 점들을 세 그룹으로 나누고자 한다. 이런 그룹은 홀수와 짝수처럼 공통된 수가 없어야 한다. 예를 들어 세 그룹을 3의 배수, 3의 배수 더하기 1, 3의 배수 더하기 2로 분리할 수 있다.

M은 3의 배수, M1은 3의 배수 더하기 1, M2는 3의 배수 더하기 2의 수들로 이루어진 그

룹은 아래와 같다.

$$M=\{3,\ 6,\ 9,\ 12\},\ M1=\{4,\ 7,\ 10,\ 1\}.\ M2=\{5,\ 8,\ 11,\ 2\}$$

서로소인 각각의 집합에는 네 개의 원소가 있다. 육각형을 만들기 위해 선택된 여섯 개의 점은 서로 다른 세 집합 또는 임의의 서로 다른 두 집합에서 선택할 수 있다.

(오직 한 집합에서만 여섯 개의 점을 선택할 수 없는 이유는 무엇일까?)

가능한 경우의 수에 대한 표는 다음과 같다.

점 열두 개(M: 네 개, M1: 네 개, M2: 네 개), 한 육각형마다 여섯 개의 점

육각형의 유형	M을 선택하는 방법의 개수	M1을 선택하는 방법의 개수	M2를 선택하는 방법의 개수
M+M1	C(4, 4)=1	C(4, 2)=6	C(4, 0)=1
M+M1+M2	C(4, 4)=1	C(4, 1)=4	C(4, 1)=4
M+ M2	C(4, 4)=1	C(4, 0)=1	C(4, 2)=6
M+M1	C(4, 3)=4	C(4, 3)=4	C(4, 0)=1
M+M1+M2	C(4, 3)=4	C(4, 2)=6	C(4, 1)=4
M+M1+M2	C(4, 3)=4	C(4, 1)=4	C(4, 2)=6
M+ M2	C(4, 3)=4	C(4, 0)=1	C(4, 3)=4
M+M1	C(4, 2)=6	C(4, 4)=1	C(4, 0)=1
M+M1+M2	C(4, 2)=6	C(4, 3)=4	C(4, 1)=4
M+M1+M2	C(4, 2)=6	C(4, 2)=6	C(4, 2)=6
M+M1+M2	C(4, 2)=6	C(4, 1)=4	C(4, 3)=4
M+ M2	C(4, 2)=6	C(4, 0)=1	C(4, 4)=1
M+M1+M2	C(4, 1)=4	C(4, 4)=1	C(4, 1)=4
M+M1+M2	C(4, 1)=4	C(4, 3)=4	C(4, 2)=6
M+M1+M2	C(4, 1)=4	C(4, 2)=6	C(4, 3)=4
M+M1+M2	C(4, 1)=4	C(4, 1)=4	C(4, 4)=1
M1+M2	C(4, 0)=1	C(4, 4)=1	C(4, 2)=6
M1+M2	C(4, 0)=1	C(4, 3)=4	C(4, 3)=4
M1+M2	C(4, 0)=1	C(4, 2)=6	C(4, 4)=1

참고

예를 들어 M1+M2는 서로 다른 두 집합 M1과 M2에서 6개의 원소를 선택하는 것으로 이는 정육각형을 만드는 여섯 개의 점을 의미한다.

C(4, 5)와 C(4, 6)와 같은 조합은 0과 같기 때문에 표에 포함되지 않으며, 다른 조합과 곱하면 결과는 0과 같다.
각 행마다 조합에서 괄호 안의 두 번째 수들의 합은 항상 6이다. 왜냐하면 육각형을 만들기 위해 그룹으로부터 여섯 개의 점들을 선택하기 때문이다. 예를 들어, 두 번째 행인 C(4, 4), C(4, 1), C(4, 1)을 살펴보아라. 괄호 안의 두 번째 성분인 4, 1, 1은 M에서 네 개의 점을, M1에서 한 개의 점을, M2에서 한 개의 점을 선택하였음을 나타낸다.
세 조합들의 곱 C(4, 4)・C(4, 1)・C(4, 1)=1・4・4=16은 해당 유형의 서로 다른 육각형이 열여섯 개 존재함을 의미한다.

다음으로 표의 각 행에 있는 세 조합들을 곱하여 각 유형의 서로 다른 육각형의 수를 구한 다음, 그 곱을 모두 더하여 총합을 구하고자 한다.

$$\left.\begin{array}{r} {}^{*}1\cdot6\cdot1=6 \\ 1\cdot4\cdot4=16 \\ 1\cdot1\cdot6=6 \end{array}\right\} 1\times(28)$$

$$\left.\begin{array}{r} 4\cdot4\cdot1=16 \\ 4\cdot6\cdot4=96 \\ 4\cdot4\cdot6=96 \\ 4\cdot1\cdot4=16 \end{array}\right\} 4\times(56)$$

$$\left.\begin{array}{r} 6\cdot1\cdot1=6 \\ 6\cdot4\cdot4=96 \\ 6\cdot6\cdot6=216 \\ 6\cdot4\cdot4=96 \\ 6\cdot1\cdot1=6 \end{array}\right\} \text{합계}=6\times(70)=420^{**}$$

$$\left.\begin{array}{r} 4\cdot1\cdot4=16 \\ 4\cdot4\cdot6=96 \\ 4\cdot6\cdot4=96 \\ 4\cdot4\cdot1=16 \end{array}\right\} 4\times(56)=224$$

$$\left.\begin{array}{r} 1\cdot1\cdot6=6 \\ 1\cdot4\cdot4=16 \\ 1\cdot6\cdot1=\underline{6} \end{array}\right\} 1\times(28)^{***}=28$$

총합=924

또한, 시계 위의 육각형의 총 개수는 C(12, 6)=924개이다.

* 곱으로 나타낸 모든 수들은 파스칼 삼각형의 4행의 성분들이다.

** 위에 제시된 다섯 개 곱들의 그룹은 아래와 같이 나타낼 수 있다.

$$6\times(1,\ 4,\ 6,\ 4,\ 1)\cdot(1,\ 4,\ 6,\ 4,\ 1) = 6(1^2+4^2+6^2+4^2+1^2)$$
$$= 6\times(70) = 420$$

곱의 다른 그룹들도 비슷하게 구조화할 수 있지만, 파스칼 삼각형의 4행의 성분들을 더 적게 사용한다.

*** 괄호 안의 수들은 파스칼 삼각형의 8행에 있는 성분이며, 아래와 같이 나타낼 수 있다.

$$(0,\ 0,\ 1,\ 4,\ 6,\ 4,\ 1)\cdot(1,\ 8,\ 28,\ 56,\ 70,\ 56,\ 28) = 28+224+420+224+28$$
$$= 924 = C(12,\ 6)$$

---

11. 위의 논의에서와 같이 시계에서 육각형 대신 오각형의 개수를 구하여 보자. 점 그룹은 동일하게 $M=\{3,\ 6,\ 9,\ 12\}$, $M1=\{4,\ 7,\ 10,\ 1\}$. $M2=\{5,\ 8,\ 11,\ 2\}$이다. 오각형을 만들기 위해 선택된 다섯 개의 점은 서로 다른 세 집합 또는 임의의 서로 다른 두 집합에서 선택할 수 있다. 위의 표와 유사한 표를 만든 후 표의 각 행에서 조합의 곱을 구하시오. 경우의 수의 총합이 C(12, 5)임을 보이시오. M에서 점 한 개, M1에서 점 두 개, M2에서 점 두 개로 구성된 오각형의 개수를 구하시오.

5.7 **다각형의 대각선과 관련된 네 가지 흥미로운 수 세기 문제**

이 절에서는 다음 네 가지 문제를 살펴보기로 한다.

- 다각형의 대각선은 몇 개인가?
- 대각선의 교점은 몇 개인가?
- 다각형을 대각선으로 분할할 때 생기는 영역의 개수는?
- 대각선의 교점으로 분할할 때 생기는 선분의 개수는?

대각선 개수 세기

여기서 주로 다룰 다각형은 '볼록다각형'이다. 볼록다각형에서는 대각선을 그리면 모두 다각형 안에서 교차하게 된다.

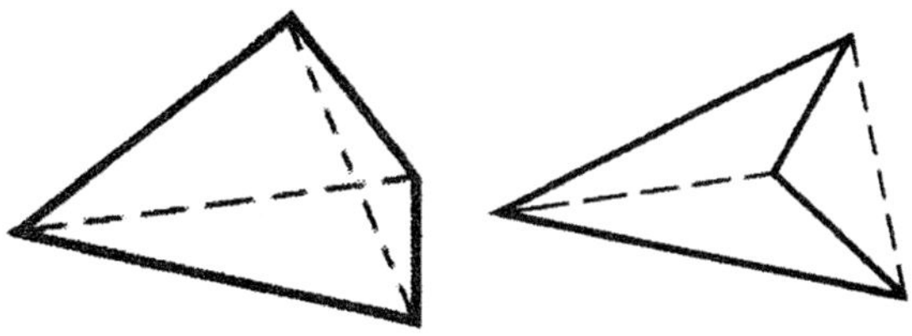

볼록사각형 **오목사각형**

5.7절

1. 아래 그림의 볼록다각형에 대해 대각선을 각각 그린 후 대각선의 개수를 구하시오. 아래 표의 빈칸을 채우시오.

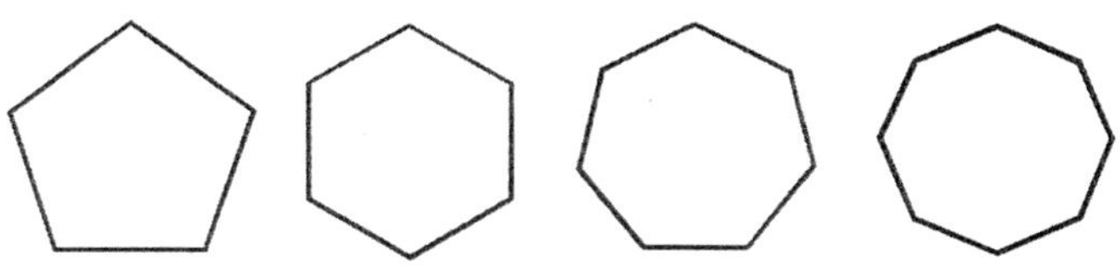

다각형의 변의 개수	3	4	5	6	7	8
대각선의 총 개수	0	2				

2. 구각형과 십각형 각각에 대해 대각선의 총 개수를 예측하시오.

3. 각 다각형에 대하여 대각선 개수와 변의 개수의 합을 구하시오. 어떤 수열이 만들어지는가?

위의 문제에서 총 대각선 수를 나타내는 수열을 파악하지 못했다면 각 수에 1을 더해보아라. 그러면 삼각수의 수열임을 알 수 있다. 따라서 n개의 변을 갖는 다각형이 주어지면 대각선의 개수는 대응하는 삼각수보다 1이 적다. 각 다각형에 대응하는 삼각수는 T_{n-2}이고 다음 식이 성립한다.

$(n$**개 변을 갖는 다각형의 대각선의 개수**$)=\mathrm{T}_{n-2}-1$

---

4. 다음 물음에 답하시오.

(a) 십이각형에서 대각선의 개수를 구하시오.

(b) 이십각형에서 대각선의 개수를 구하시오.

5. 아래의 파스칼 삼각형에 타원형 그룹으로 묶인 두 수를 더하시오.
어떤 수열이 만들어지는가?

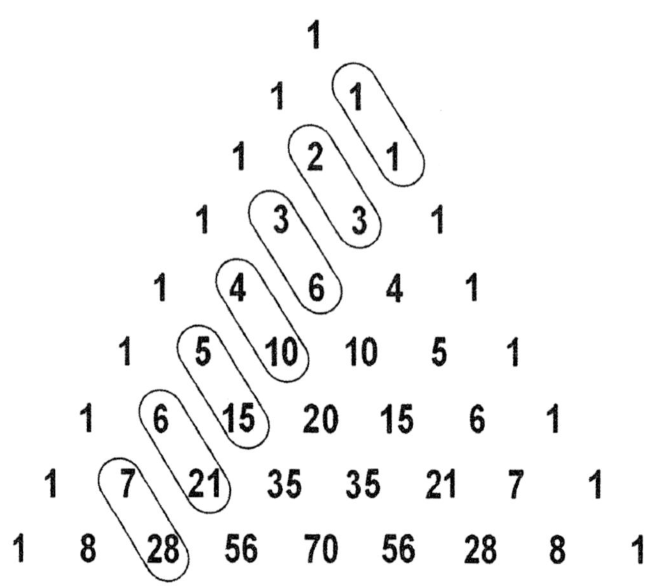

6. 아래의 파스칼 삼각형에 타원형 그룹 내의 큰 수에서 작은 수를 뺀다. 어떤 수열이 만들어지는가?

1
1 1
1 2 1
1 3 3 1
1 4 6 4 1
1 5 10 10 5 1
1 6 15 20 15 6 1
1 7 21 35 35 21 7 1
1 8 28 56 70 56 28 8 1

7. 아래의 파스칼 삼각형에 타원형 그룹에서 주어진 연산을 하시오. 어떤 수열이 만들어지는가?

1
1 - 1
1 + 2 - 1
1 3 + 3 - 1
1 4 6 + 4 - 1
1 5 10 10 + 5 - 1
1 6 15 20 15 + 6 - 1
1 7 21 35 35 21 + 7 - 1
1 8 28 56 70 56 28 + 8 - 1

8. 다음 물음에 답하시오.

(a) 아래의 수 삼각형에서 세 개의 행을 더 채우시오.

1

2 3

4 5 6

7 8 9 10

11 ___ ___ ___ ___

___ ___ ___ ___ ___ ___

___ ___ ___ ___ ___ ___ ___

(b) 아래의 화살표가 나타내는 두 열의 수열을 각각 설명하시오.

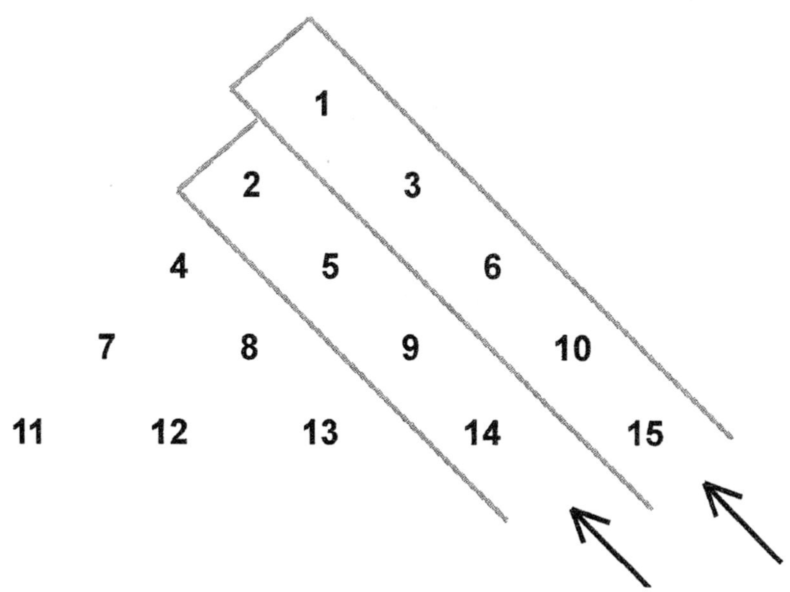

9. 다음 합을 구하시오.

$T_1 + 1 =$

$T_2 + 2 =$

$T_3 + 3 =$

$T_4 + 4 =$

$T_5 + 5 =$

위의 규칙을 반복하여 세 개의 합을 더 구하시오. 어떤 수열이 만들어지는가?

대각선 교점 개수 세기

대각선의 교점의 개수를 구할 때 가능한 교점의 최대 개수를 고려하도록 한다. 셋 이상의 대각선이 한 점에서 만나면 일부 교점을 간과할 수 있다. 따라서 교점의 가능한 최대 개수를 구하고자 한다. 각 대각선을 그릴 때 다른 대각선을 가로지르는 횟수를 세어라. 다음 방식은 꽤 유용하다. 아래는 육각형의 예시이다.

단계:

1. 첫 번째 꼭짓점으로 지정된 꼭짓점에서부터 모든 대각선을 그린다.

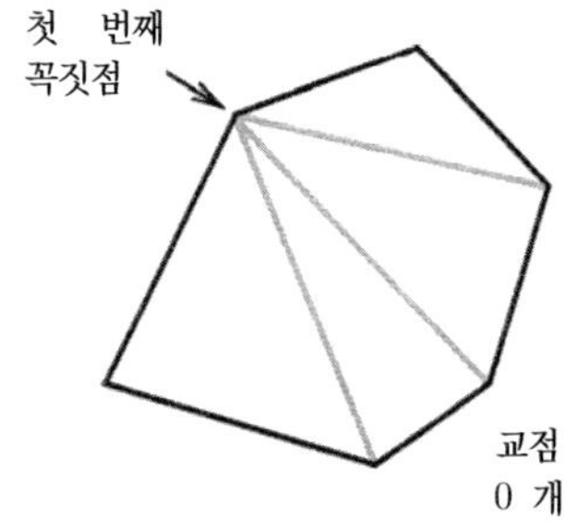

2. 다각형을 반시계 방향으로 돌면서 두 번째 꼭짓점에서 모든 대각선을 그린다.
첫 번째 대각선과의 교점의 개수를 구한다.

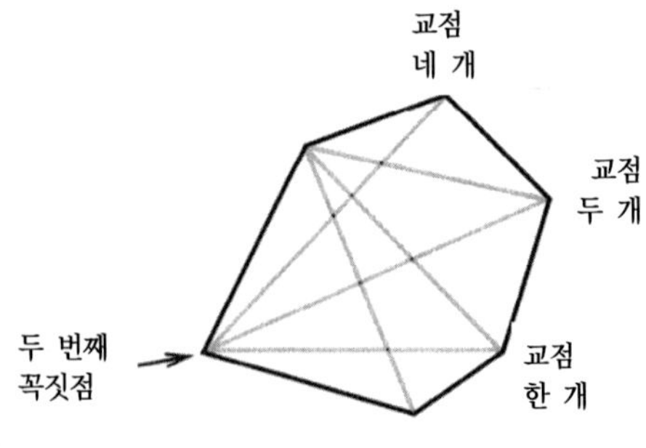

교점 개수의 부분합 $3+2+1=6$

3. 세 번째 꼭짓점에서 나머지 대각선을 그린다. 이전의 대각선 집합과 교점을 센다.

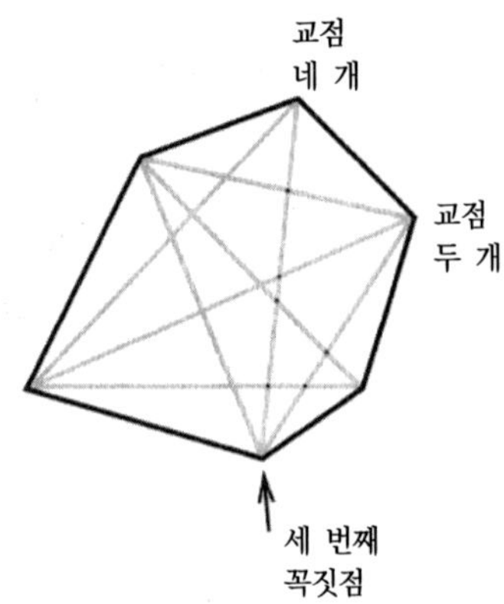

교점 개수의 부분합 $4+2=6$

4. 네 번째 꼭짓점에서 나머지 대각선을 그린다. 이전의 대각선 집합과 교점을 센다.

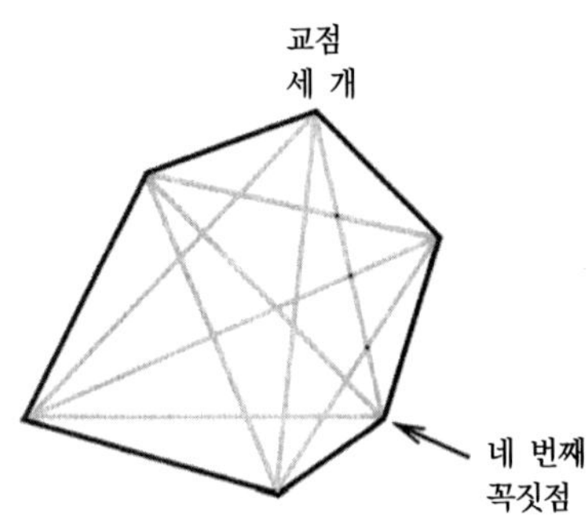

$$\begin{aligned}(\text{교점 개수의 총합}) &= 1+2+3\\ &\quad +2+4\\ &\quad +3\\ &= 15\end{aligned}$$

10. 위에서 설명한 방식을 이용하여 아래의 칠각형에 대각선을 그리시오. 두 번째 꼭짓점에서 대각선을 그릴 때 각각 4, 3, 2, 1개의 교점이 있는지 확인하시오. 세 번째 꼭짓점에서 대각선을 그리면 각각 6, 4, 2개의 교점이 있음을 확인하시오. 네 번째 꼭짓점에서 대각선을 그리면 각각 6, 3개의 교점이 있음을 확인하시오.

마지막 대각선을 그리면 네 개의 교점이 있음을 확인하시오. 결과를 모두 더해서 칠각형에서 대각선의 총 교점의 개수가 35임을 확인하시오.

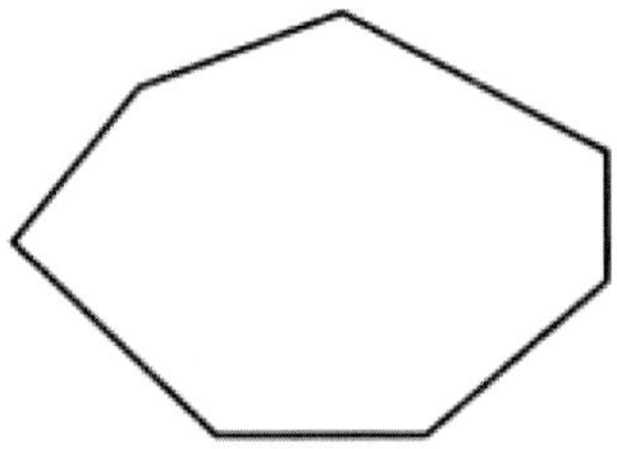

$$
\begin{aligned}
\textbf{(교점 개수의 총합)} &= 1 + 2 + 3 + 4 \\
&\quad + 2 + 4 + 6 \\
&\quad + 3 + 6 \\
&\quad + 4 \\
&= 35
\end{aligned}
$$

11. 육각형과 칠각형의 대각선 교점에 대해, 위와 같이 교점 개수의 총합의 계산 과정에 쓰여진 숫자 행의 나열 방식을 설명하시오.
오각형과 사각형의 대각선의 부분합에 대해 비슷한 패턴을 만들고, 이러한 다각형을 그린 후 대각선의 교점 개수를 세어 총합을 확인하시오. 팔각형의 대각선의 총 교점의 개수를 예측하시오.

12. 문제10과 문제11에 있는 대각선의 교점의 총 개수를 이용하여 다음 표를 채우시오.

다각형의 변의 개수	4	5	6	7	8	9
대각선의 교점의 총 개수	1		15	35		

표의 두 번째 행에 나열된 수를 아래의 파스칼 삼각형에서 동그라미로 표시하시오.
동그라미를 친 수열을 설명하시오.

1

1 1

1 2 1

1 3 3 1

1 4 6 4 1

1 5 10 10 5 1

1 6 15 20 15 6 1

1 7 21 35 35 21 7 1

1 8 28 56 70 56 28 8 1

1 9 36 84 126 126 84 36 9 1

1 10 45 120 210 252 210 120 45 10 1

위의 파스칼 삼각형에서 오포체 수를 찾으시오.

5.3절 다각형 개수 세기에서는 원을 둘러싼 점들의 집합에 의해 형성되는 사각형의 수를 설정했다. 사각형의 대각선이 오직 한 개의 교점을 가지고 있다는 사실은 임의의 다각형의 교점의 개수를 구하는 또 다른 방법을 제공한다. 예를 들어, 팔각형을 생각해 보자. 원 위의 8개의 점들의 집합에 따른 70(C(8, 4)= 70)개의 사각형이 있다. 따라서 팔각형의 대각선에는 각 사각형마다 한 개씩 총 70개의 교점이 있다.

---

13. 앞 단락의 정보를 이용하여 원 위의 열 개의 점들의 집합에 의해 형성된 사각형의 개수를 구하고 십각형의 대각선의 교점의 총 개수를 구하시오.

대각선으로 나눈 다각형 내부의 영역의 개수 세기

사각형에서 두 대각선은 사각형 내부를 네 개의 영역으로 나눈다. 앞의 내용과 마찬가지로 세는 과정에서 주의해야 한다. 세 개 또는 네 개의 대각선이 한 점에서 교차할 경우, 어떤 영역은 세는 과정에서 놓칠 수 있다.

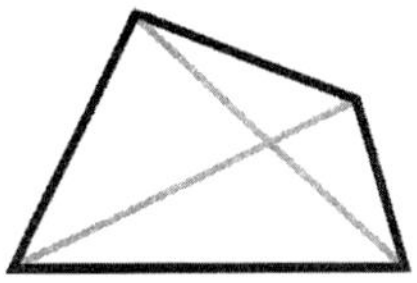

여기에서는 전과 마찬가지로, 최대 영역의 개수를 구하고자 한다.
주어진 영역을 가로질러 각 대각선을 그리면 해당 영역을 두 부분으로 나누며, 이미 존재한 영역의 개수보다 추가적으로 더 많은 영역을 생성한다. 따라서 대각선이 가로지르는 영역의 수는 분할로 인해 생성된 새로운 영역의 수와 같다. 다음은 육각형의 예시이다.

단계:

1. **첫 번째 꼭짓점으로 지정된 꼭짓점에서 모든 대각선을 그리고 영역의 수를 구한다.**

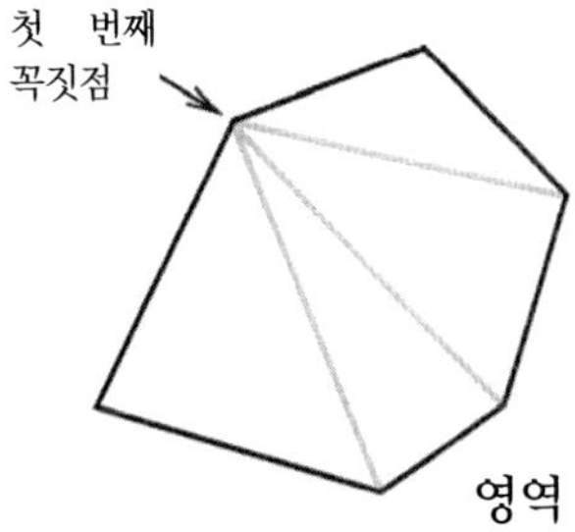

영역 1+1+1+1=4**개**

2. **반시계 방향으로 이동하면서 두 번째 꼭짓점에서 모든 대각선을 그린다. 지나가는 영역의 수를 각각 구한다.**

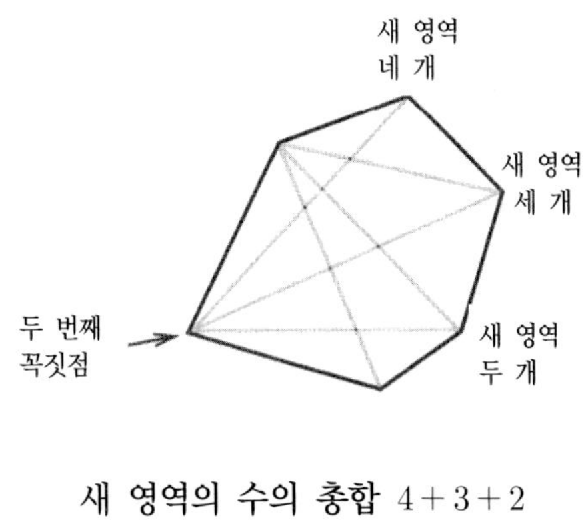

새 영역의 수의 총합 4+3+2

3. 세 번째 꼭짓점에서 나머지 대각선을 그린다. 지나가는 영역의 수를 각각 구한다.

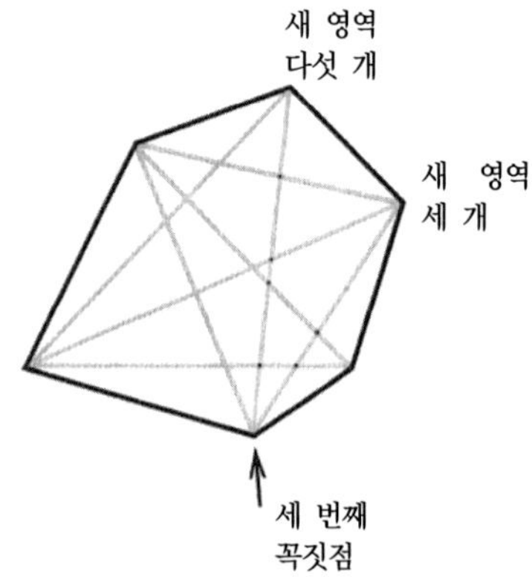

새 영역의 수 5+3

4. 네 번째 꼭짓점에서 나머지 대각선을 그린다. 지나가는 영역의 수를 각각 구한다.

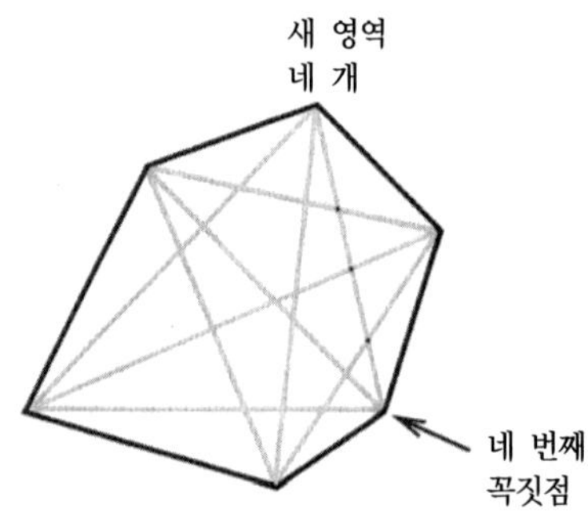

$$
\begin{aligned}
(\textbf{총 영역의 수}) &= 1+1+1+1 \\
&\quad +4+3+2 \\
&\quad +5+3 \\
&\quad +4 \\
&= 1+2+3+4 \\
&\quad +1+3+5 \\
&\quad +1+4 \\
&\quad +1 \\
&= 25
\end{aligned}
$$

덧셈 재정렬

⇦ **1씩 증가**

2씩 증가

3씩 증가

---

14. 위에서 설명한 방식을 이용하여 아래의 칠각형에 대각선을 그리시오.
 - 첫 번째 꼭짓점에서 대각선을 그리면
 1+1+1+1 개의 영역이 생기는지 확인하시오.

 - 두 번째 꼭짓점에서 대각선을 그리면
 5+4+3+2 개의 영역이 추가됨을 확인하시오.

 - 세 번째 꼭짓점에서 대각선을 그리면 7+5+3 개의 영역이 추가됨을 확인하시오.

 - 네 번째 꼭짓점에서 대각선을 그리면 7+4 개의 영역이 추가됨을 확인하시오.

 - 마지막으로 다섯 번째 꼭짓점에서 마지막 대각선을 그리면 다섯 개의 새로운 영역이 추가된다. 따라서 칠각형의 대각선으로 분할된 총 영역의 수가 50이 됨을 확인하시오.

(총 영역의 수) $= 1 + 1 + 1 + 1 + 1$

$+ 5 + 4 + 3 + 2$

$+ 7 + 5 + 3$

$+ 7 + 4$

$+ 5$

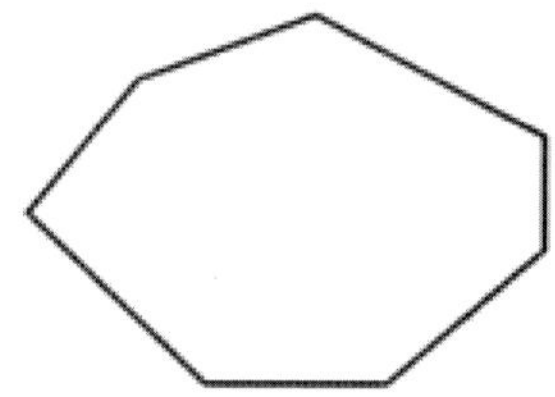

$= 1 + 2 + 3 + 4 + 5$

$+ 1 + 3 + 5 + 7$

$+ 1 + 4 + 7$

$+ 1 + 5$

$+ 5$

$= 50$

덧셈 재정렬
1씩 증가

2씩 증가

3씩 증가

4씩 증가

15. 위와 같이 육각형과 칠각형의 대각선으로 분할된 총 영역의 수의 계산 과정에 쓰여진 숫자 행의 나열 방식을 설명하시오.
오각형 및 사각형의 영역의 부분합에 대해 비슷한 패턴을 만들고 이러한 다각형을 그린 후 대각선으로 분할된 영역의 수를 세어 총합을 확인하시오. 팔각형의 대각선에 의해 생성된 총 영역 수를 예측하시오.

16. 문제14와 문제15에서 찾은 총 영역의 수를 이용하여 다음 표를 채우시오.

다각형의 변의 개수	4	5	6	7	8	9
대각선으로 분할된 영역의 총 개수	4		25	50		

파스칼 삼각형에서 각 그룹 내의 수들을 더하시오.
생성된 수열을 설명하시오.
참고: 삼각형은 대각선이 없지만 한 개의 영역으로 둘러싸여 있다.
따라서 이 수열의 첫째 항은 1이다.

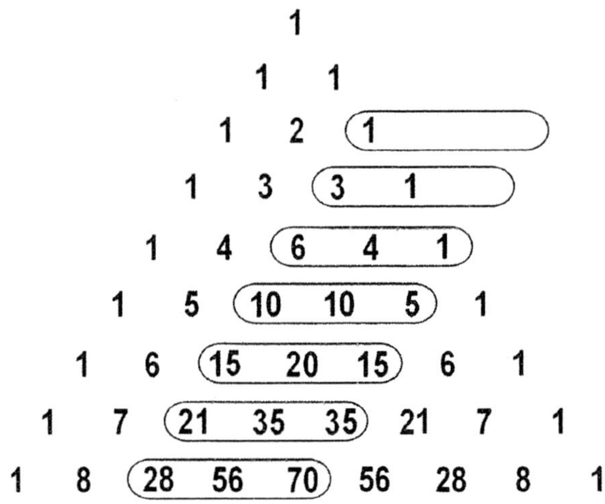

대각선의 교점으로 분할된 선분의 개수 세기

선분의 개수를 세기 전에 대각선의 수, 대각선의 교점, 그리고 여러 다각형의 대각선에 의해 분할된 영역 사이의 흥미로운 관계를 탐구할 것이다. 이 절에서는 앞의 내용을 복습하면 다음을 확인할 수 있다.

(대각선의 개수) + ***(교점의 개수)*** + 1 = ***(영역의 개수)***

17. 다각형에 대해 다음 표를 완성하시오.

변의 수 n	(대각선의 개수)	+	(교점의 개수)	+1 =	(영역의 개수)
3	0	+	0	+1 =	1
4	2	+	1	+1 =	4
5	5	+	5	+1 =	
6					
7					
8					

문제17에서 증명된 공식은 1장에서 본 오일러의 다면체 공식 $V-E+F=2$를 연상시킨다. 여기서 V는 꼭짓점의 개수, E는 변의 개수, F는 다면체의 면의 개수를 나타낸다. 다각형과 그에 따른 대각선에도 비슷한 공식이 있다.

$$v-e+f=1$$

여기서 v는 다각형의 꼭짓점의 개수에 대각선의 교점의 개수를 더한 값을 나타내며, e는 다각형의 변의 개수에 대각선의 교점으로 나눌 때 분할된 선분의 개수를 더한 값을 나타내며, f는 다각형을 대각선으로 나눌 때 분할된 영역의 수를 나타낸다. 예를 들어, 아래 그림에서 사각형과 대각선을 생각해보자.

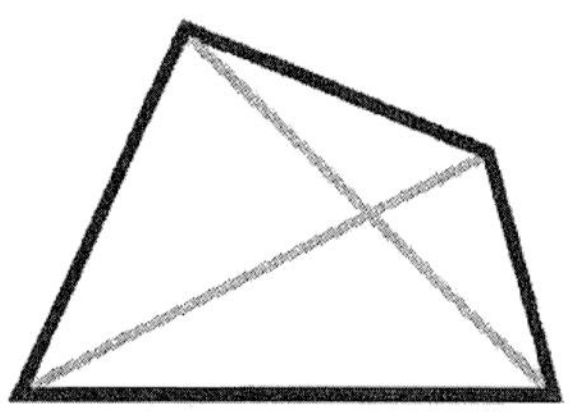

$v=5$ (꼭짓점 4개+교점 1개)

$e=8$ (변 4개+대각선으로 구성된 선분 4개)

$f=4$ (사각형 안의 영역의 수)

따라서

$$v-e+f=5-8+4=1$$

이 공식을 이용하여 다각형의 대각선이 교점으로 분할될 때 생성되는 선분의 개수를 구할 수 있다. v와 f를 알고 있을 때 e에 관한 공식을 적용하여 이를 해결할 수 있다. 다각형의 변의 개수인 n을 빼서 찾고자 하는 답을 이끌어 낼 수 있다.

<u>예시</u>: 육각형과 그에 따른 대각선을 고려하자. 이 절의 앞의 내용에서 다음을 구할 수 있다.

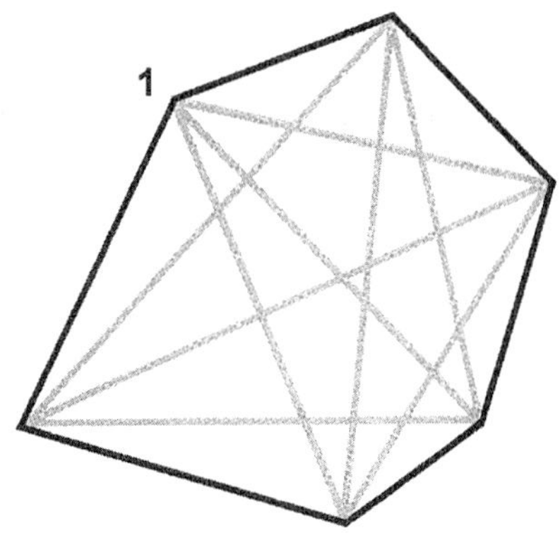

v = 21 (꼭짓점 6개+교점 15개)

e = ?

f = 25 (사각형 안의 영역의 수)

v − e + f = 1을 이용하여 e를 구하면 다음과 같다.

$$\begin{aligned} e &= v + f - 1 \\ &= 21 + 25 - 1 \\ &= 45 \end{aligned}$$

변의 개수 $n = 6$을 빼면, 다각형의 대각선을 교점으로 나눌 때 45 − 6 = 39 개의 선분을 얻게 된다.

이 결과는 선분의 개수를 직접 세어봄으로써 확인할 수 있다. 꼭짓점 1에서 시작하여 각 대각선의 선분을 센 다음(총 열세 개) 꼭짓점 2로 이동하여 동일한 과정을 반복하고, 다음에는 꼭짓점 3으로 이동하여 선분의 개수(마찬가지로 열세 개)를 구하시오. 꼭짓점 3에서는 대각선 중 하나가 이미 계산되었다. 여기서 새로 분할된 선분은 아홉 개 뿐이다. 꼭짓점 4에서는 아직 계산되지 않은 대각선이 한 개 있고 이 대각선에는 분할된 네 개의 선분이 더 있으므로 총 13 + 13 + 9 + 4 = 39 개의 분할된 선분이 육각형 안에 있다.

18. 오각형의 대각선이 교점으로 분할된 선분의 총 개수를 구하시오. 앞의 예에서 설명한 대로 $v - e + f = 1$ 공식을 적용해보고 나서 직접 세어봄으로써 결과가 동일한지 확인하시오.

19. 팔각형의 대각선의 교점으로 분할된 선분의 총 개수를 구하시오.

본 절의 결과 요약

n개의 다각형에 대해 다음과 같이 정의하자.

d =(대각선의 개수),
i =(대각선의 교점의 개수),
r =(대각선으로 만들어진 영역의 개수),
s =(대각선이 교점으로 나누어질 때 생기는 선분의 개수)

v =(대각선의 정점과 교점의 조합 수),
e =(변의 개수와 대각선이 교점으로 나누어질 때 생기는 선분 개수의 합)
f =(대각선으로 만들어진 영역의 개수)

$\mathrm{v} = n + \mathrm{i}$

$\mathrm{f} = \mathrm{r}$

$\mathrm{e} = n + \mathrm{s}$

변수 v, e, f와 i, s, r의 유일한 차이점은 v와 e가 각각 i와 s보다 n만큼 크다는 것이다.

---

20. v, e, f에 대해 위에서 주어진 식 $\mathrm{v} - \mathrm{e} + \mathrm{f} = 1$에 대입하고 이는 $\mathrm{i} - \mathrm{s} + \mathrm{r} = 1$로 간결하게 표현할 수 있음을 보이시오.

이 절의 시작 부분에서 $\mathrm{d} = \mathrm{T}_{n-2} - 1$을 확인하였고 그 다음에 $\mathrm{i} = \mathbb{P}_{n-3}(n-3)$번째 오포체 수를 발견하였다. 문제17에서는 $\mathrm{r} = \mathrm{d} + \mathrm{i} + 1$을 확인하였다. 이제 다각형에서 오일러의 공식 $\mathrm{v} - \mathrm{e} + \mathrm{f} = 1$을 적용하여 e에 관한 식 $\mathrm{e} = \mathrm{v} + \mathrm{f} - 1$을 얻었다.

대입하면 $\mathrm{e} = \mathrm{v} + \mathrm{f} - 1 = n + \mathrm{i} + \mathrm{r} - 1$

$\mathrm{e} = n + \mathrm{s}$이므로

$$n + \mathrm{s} = n + \mathrm{i} + \mathrm{r} - 1$$

마찬가지로 다음 식이 성립한다.

$$\begin{aligned} s &= i + r - 1 \\ &= i + (d + i + 1) - 1 \\ &= d + 2i \end{aligned}$$

$$i = \mathbb{P}_{n-3}$$

$$s = d + 2i = T_{n-2} - 1 + 2\,\mathbb{P}_{n-3}$$

$$r = d + i + 1 = T_{n-2} - 1 + \mathbb{P}_{n-3} + 1 = T_{n-2} + \mathbb{P}_{n-3}$$

4장 4.6절에서 다음 공식을 알고 있다.

$$\mathbb{P}_n = \frac{T_n \cdot T_{n+2}}{6} = \frac{n(n+1)(n+2)(n+3)}{24} \text{ 이므로}$$

$$\mathbb{P}_{n-3} = \frac{T_{n-3} \cdot T_{n-1}}{6} = \frac{(n-3)(n-2)(n-1)n}{24}$$

즉, 모든 공식은 삼각수와 주어진 다각형의 변의 수인 n으로 나타낼 수 있다. (아래 문제23 참고). 삼각수로 나타내면 다음과 같다.

$$v = n + \frac{T_{n-3} \cdot T_{n-1}}{6}$$

$$f = T_{n-2} + \frac{T_{n-3} \cdot T_{n-1}}{6}$$

$$e = n + T_{n-2} - 1 + \frac{T_{n-3} \cdot T_{n-1}}{3}$$

$$d = T_{n-2} - 1$$

$$i = \frac{T_{n-3} \cdot T_{n-1}}{6}$$

$$s = T_{n-2} - 1 + \frac{T_{n-3} \cdot T_{n-1}}{3}$$

$$r = T_{n-2} + \frac{T_{n-3} \cdot T_{n-1}}{6}$$

21. 위의 공식을 사용하여 n개의 변으로 구성된 다각형에 대해 아래 표를 채우시오.

n	d	i	s	r	v	e	f
3	0	0	0	1	3	3	1
4	2	1	4	4	5	8	4
5	5	5	15	11	10	20	11
6							
7							
8							

22. 문제21의 표에 나열된 각 다각형에 대해
공식 $\mathrm{v}-\mathrm{e}+\mathrm{f}=1$과 $\mathrm{i}-\mathrm{s}+\mathrm{r}=1$을 확인하시오.

23. n각형에서 다음 공식들이 성립한다.

$$\mathrm{d}=\frac{n^2-3n}{2}$$

$$\mathrm{i}=\frac{n^4-6n^3+11n^2-6n}{24}$$

$$\mathrm{s}=\frac{n^4-6n^3+17n^2-24n}{12}$$

$$\mathrm{r}=\frac{n^4-6n^3+23n^2-42n+24}{24}$$

위의 공식을 이용하여 문제21의 표에서 $n=3,\ 4,\ 5,\ 6$에 대한 항목을 확인하시오.

24. 아래 그림처럼 별의 꼭짓점을 포함하여 모든 교점의 개수를 i라 하자. 모든 선분의 개수를 s, 모든 영역의 개수를 r라 하자. i, s, r을 각각 구하고 공식 $\mathrm{v}-\mathrm{e}+\mathrm{f}=1$과 $\mathrm{i}-\mathrm{s}+\mathrm{r}=1$이 성립함을 확인하시오. 참고: 별은 볼록다각형이 아니다.

25. 아래 그림처럼 칠각별에 대해 문제 24에서와 같이 i, s, r을 각각 구하시오. 식 $v - e + f = 1$과 $i - s + r = 1$이 성립함을 확인하시오.

참고: 칠각별은 볼록다각형이 아니다.

26. 아래 그림처럼 도형에서 문제 24와 같은 방식으로 i, s, r을 각각 구하시오. 식 $v - e + f = 1$과 $i - s + r = 1$이 성립함을 확인하시오.

참고: 이 도형에서 대각선은 그려지지 않는다.

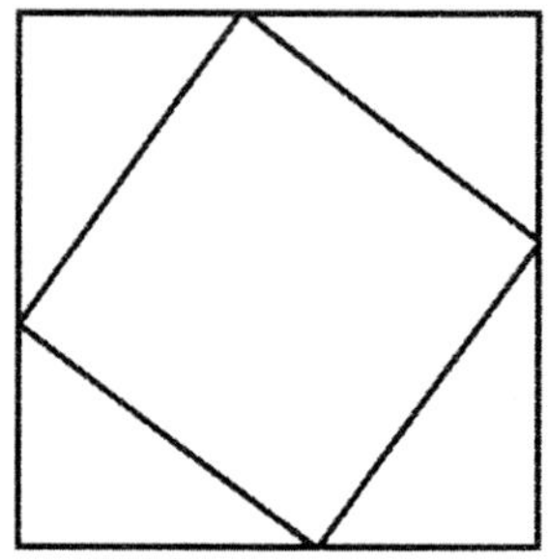

27. 아래의 파스칼 삼각형에 그룹 안의 각 수들을 더하시오.
어떤 수열이 만들어지는가? 힌트: 문제21의 표를 비교하시오.

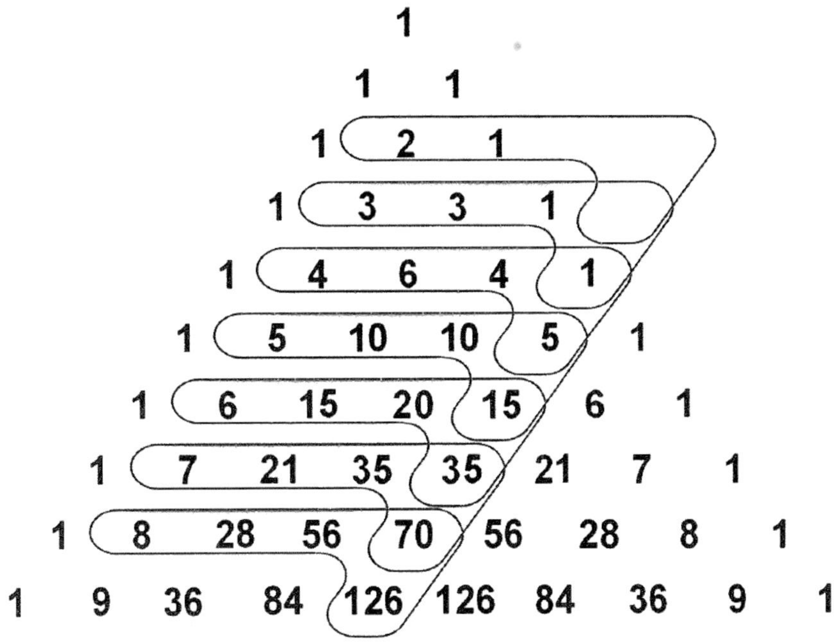

5.8 잘못된 패턴 추정

다음 세기 문제는 그 자체로 흥미롭기는 하지만, 단 몇 개의 관찰에 근거하여 패턴을 예측하는 데 있어서 서둘러 결론을 내려서는 안 되는지를 잘 보여주는 예시로 종종 제시된다. 세기 문제는 원 위의 점 집합에서 선분(원의 현)으로 연결할 때 분할된 최대 영역의 수를 찾는 것이다. 다음 문제에서 세는 과정을 확인해보자.

5.8절

1. 원의 영역에서 원의 주어진 점에 의해 형성되는 선분으로 분할된 하위 영역의 개수를 구하여 아래 표를 완성하시오.

	점 개수	영역 개수
	1	1
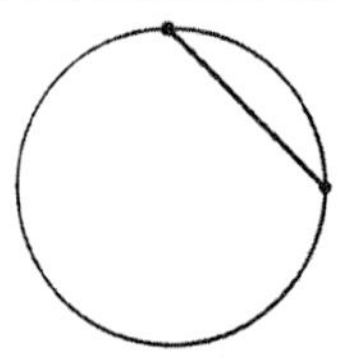	2	2
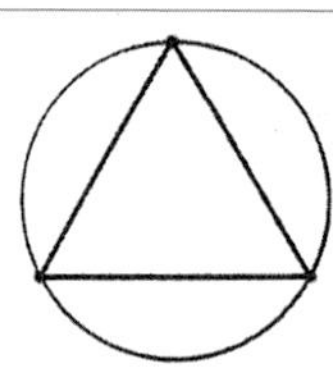	3	4
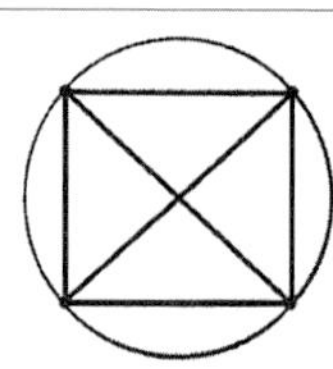	4	______
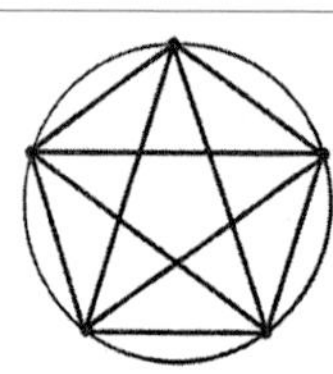	5	______

수 8과 16으로 위의 표를 완성했다면 정답이다. 마지막 열에 있는 영역 개수의 수열에 근거해 보면, 여섯 개 점에 의해 분할된 영역의 개수가 32임을 예상할 수 있다.

하지만, 이것은 사실이 아니다!

2. 원 안에 여섯 개의 점이 있고 이를 연결한 현에 의해 분할된 원 안에 있는 영역의 개수를 구하시오. (참고: 육각형이 정육각형이면 세 개의 현이 한 점에서 교차하기 때문에 한 영역이 없어진다.)

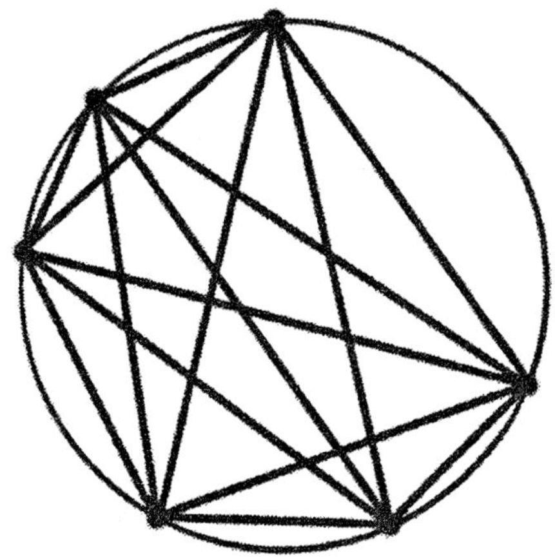

정답은 32가 아니기 때문에 점의 개수가 7, 8, 9, …일 때 다음의 영역의 개수를 예측할 수 있는가? 답은 '그렇다'이다. 이전 5.7절에서 일련의 다각형 안에 있는 영역의 개수를 찾았다. 이전과 같은 n각형을 다루지만, 이 절에서는 원에 내접한 n각형에 대해서 다루고 있다. 다각형의 둘레를 가로지르면서, 이제 다각형의 각 변과 원호 사이의 추가 영역을 발견하게 된다. 즉, 원 내부에 n개의 추가 영역이 있다는 것을 의미하며, 여기서 n은 다각형의 변의 개수이다. 따라서 5.7절에서 발견한 영역의 개수에 n을 더하면 된다.

5.7절으로부터 $r=\dfrac{n^4-6n^3+23n^2-42n}{24}$의 다각형 내부 영역 개수에 대한 공식을 가지고 있다. 이제 위의 공식에 n을 더하자.

$$r=\frac{n^4-6n^3+23n^2-42n}{24}+n$$

또한 파스칼 삼각형에서 같은 수열을 찾을 수 있다. (문제 3 참조)

3. 아래 파스칼 삼각형의 각 타원형 그룹 안의 숫자를 모두 더하시오.
어떤 수열이 만들어지는가?

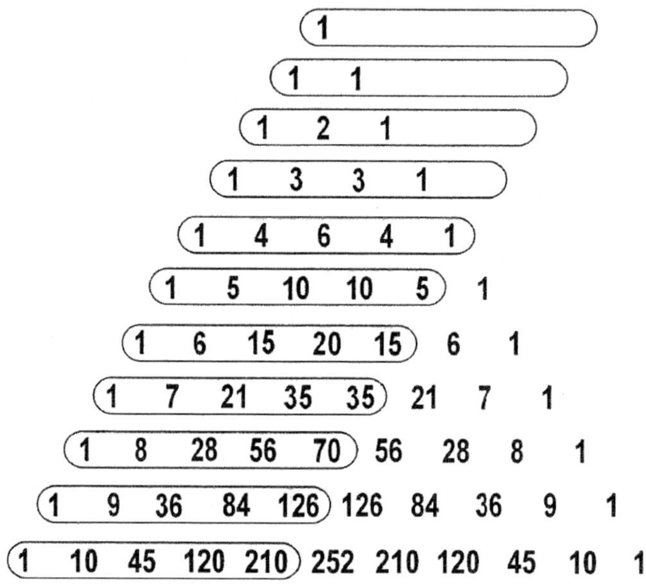

5.9 **격자삼각형 안의 삼각형 개수 세기**

아래 그림에는 2×2 삼각형과 3×3 삼각형이라고 부르는 두 개의 격자삼각형이 있다. 격자삼각형 안의 삼각형을 계산하는 과정에서 아래 그림과 같이 두 개의 두 개의 서로 다른 삼각형 위치를 구별할 것이다.

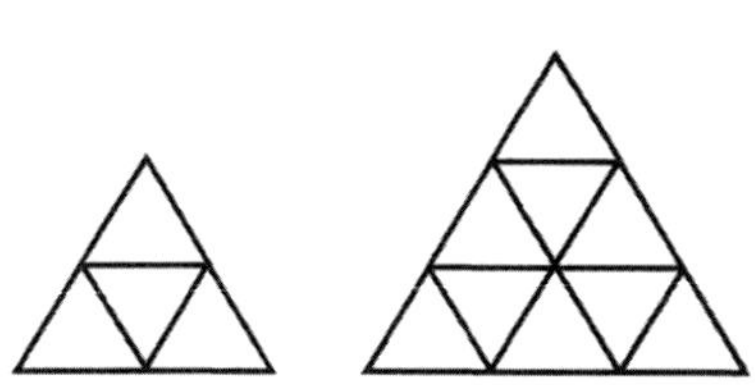

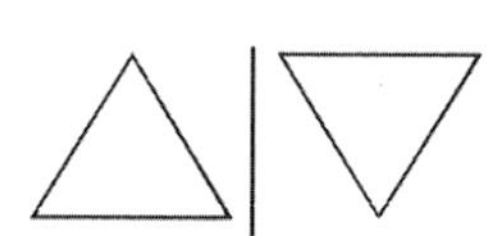

위치(1) **위치**(2)

먼저 1×1 격자삼각형으로 시작하여 2×2 격자삼각형 등으로 확장하고 위치(1)의 삼각형의 개수를 구하자. 마찬가지로 위치(2)의 삼각형의 개수를 구하자.

예를 들어, 3×3 격자삼각형에서 3×3 삼각형을 포함하여 그 삼각형 내의 모든 다른 삼각형을 세어 보자. 아래 그림 및 표를 참조하시오.

1×1 삼각형의 개수 세기

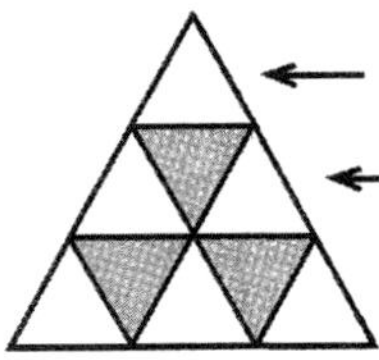

← 레벨 1 - 위치 (1)의 삼각형 한 개

← 레벨 2 - 위치 (1)의 삼각형 두 개, 위치 (2)의 삼각형 한 개

← 레벨 3 - 위치 (1)의 삼각형 세 개, 위치 (2)의 삼각형 두 개

2×2 삼각형의 개수 세기

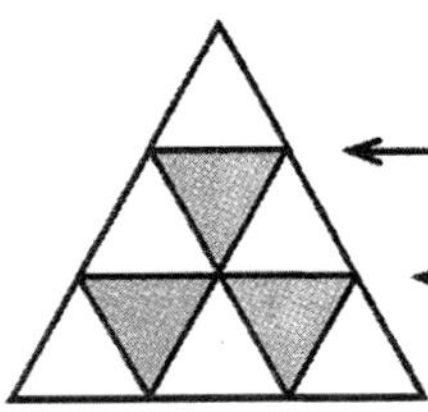

← 레벨 1 - 위치 (1)의 삼각형 한 개

← 레벨 2 - 위치 (1)의 삼각형 두 개

	위치 (1)	위치 (2)
	레벨 1 2 3	**레벨** 1 2 3
1×1	1+2+3	1+2
2×2	1+2	
3×3	1	

$$\begin{aligned}\text{전체 합} &= (1+2+3)+2\times(1+2)+1\\ &= 6+2\times3+1\\ &= 13\end{aligned}$$

5.9절

1. 아래의 표를 채우시오.

		위치 (1)	위치 (2)	전체 합
	1×1	1		1
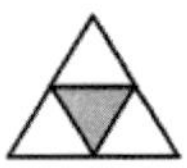	1×1 2×2	$1+2$ 1	1	5
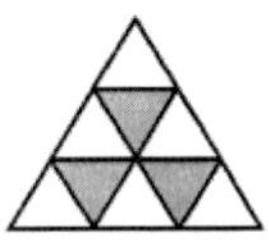	1×1 2×2 3×3	$1+2+3$ $1+2$ 1	$1+2$	13
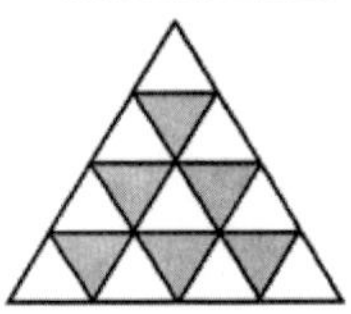	1×1 2×2 3×3 4×4			
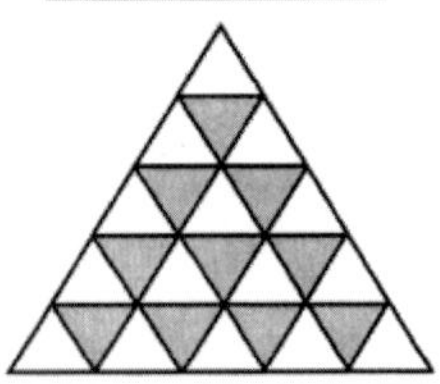	1×1 2×2 3×3 4×4 5×5			

2. 위의 위치(1) 열에 있는 숫자의 합계를 설명하시오.
3. 앞의 표(문제 1)의 각 합계는 삼각수의 흥미로운 패턴으로 나타낼 수 있다. 해당 패턴을 이용하여 다음 표를 완성하시오.

주어진 삼각형	삼각형 전체 개수
1×1	$1=1$
2×2	$5=3+2(1)$
3×3	$13=6+2(3)+1$
4×4	$27=10+2(6)+3+2(1)$
5×5	___ = ________________
6×6	___ = ________________

4. 문제 3에서 발견한 패턴을 사용하여, 7×7 격자삼각형과 8×8 격자삼각형에서 발견될 총 삼각형 개수를 예측하시오.

5.10 격자사각형 안의 정사각형 및 직사각형의 개수 세기

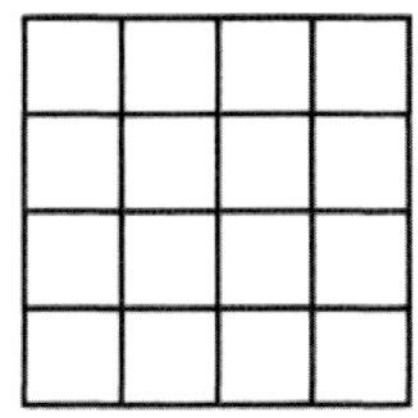

격자선과 일치하는 변이 있는 오른쪽 그림에서 정사각형은 몇 개인가? 이 도형을 4×4 격자정사각형이라 하자. 이 격자정사각형의 정사각형 유형은 1×1 정사각형, 2×2 정사각형, 3×3 정사각형, 4×4 정사각형이 있다. 4×4 격자사각형 안에는 4가지 유형의 정사각형이 있다. 일반적으로 $n\times n$ 격자사각형 안에는 n가지 유형의 정사각형이 있다.

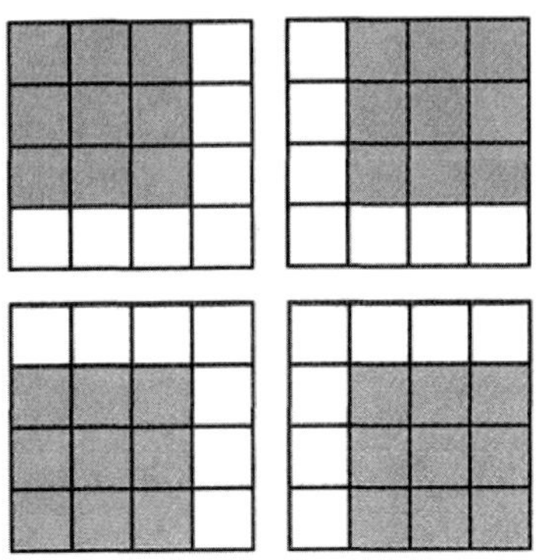

왼쪽 도형에 음영으로 표시된 부분은 이 격자사각형 안의 4개의 3×3 정사각형이다.

격자사각형 안에 있는 다른 유형의 정사각형 개수를 세는 체계적인 방법이 있다. 먼저 열에 유형을 나열한 다음, 첫 번째 열(아래에서 위로)의 입력 내용을 반전시키고 길이를 함께 곱하여 각 유형의 개수를 구하여 두 번째 열을 만든다. 아래 표를 참조하시오.

	정사각형 유형	각 유형별 정사각형 개수
네 개 유형	1×1	$4\cdot 4=16$
	2×2	$3\cdot 3=9$
	3×3	$2\cdot 2=4$
	4×4	$1\cdot 1=1$
		정사각형의 총 개수 $=30$

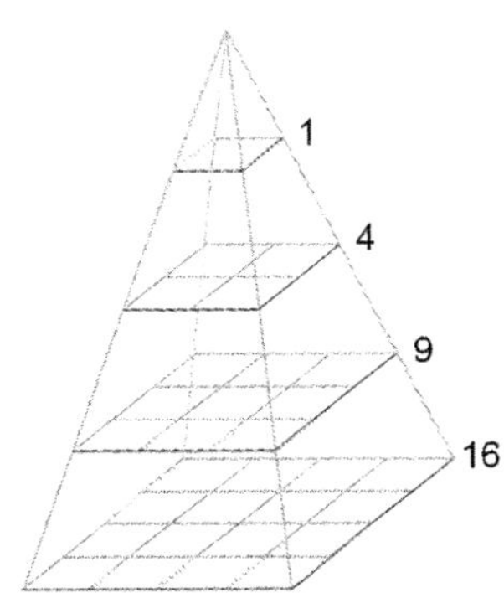

정사각형의 총 개수는 다음과 같다.

$$1+4+9+16=30$$

이 정사각형의 총 개수는 4장에서 s_4로 표기된 밑변이 정사각형인 피라미드 수이다.

일반적으로 $n\times n$ 격자정사각형 안의 모든 유형의 정사각형의 개수는 s_n이다.

5.10절

1. 3×3 격자사각형 안에 있는 정사각형의 총 개수를 구하시오.

2. 5×5 격자사각형 안에 있는 정사각형의 총 개수를 구하시오.

3. 앞의 문제에서 나온 각 총 개수는 삼각수의 흥미로운 패턴으로 나타낼 수 있다. 아래의 표를 완성하고 패턴을 찾으시오.

주어진 정사각형	삼각형 전체 개수
1×1	$1 = 1$
2×2	$5 = 3 + 2(1)$
3×3	$14 = 6 + 2(3) + 2(1)$
4×4	$30 = 10 + 2(6) + 2(3) + 2(1)$
5×5	___ = ____________

만약 격자선과 반드시 일치하지 않는 정사각형을 센다면 격자에는 더 많은 정사각형이 있다. 이러한 새로운 유형의 정사각형 예가 있다. 2×2 격자사각형의 경우 하나의 새로운 정사각형이 있으며, 총 개수는 $s_2 + 1 = 5 + 1 = 6$이다. 3×3 격자사각형에는 몇 개의 새로운 사각형이 있을 것이며, 오직 한 개의 정사각형만 보일 것이다.

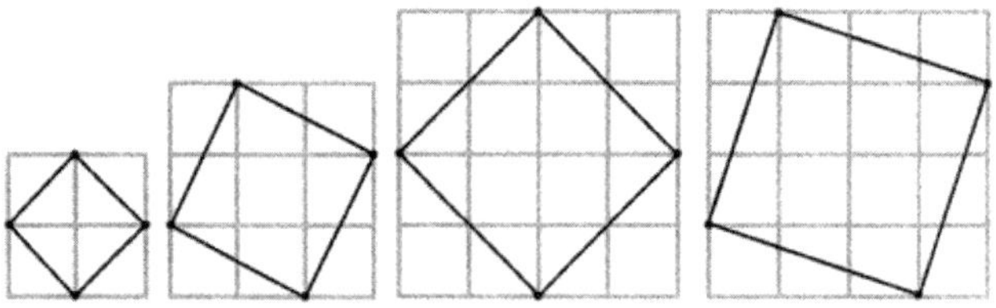

I II III IV

4. 3×3 격자사각형 안에 있는 정사각형의 총 개수가 $s_3+6=20$임을 확인하시오.

5. 4×4 격자사각형 안에 있는 정사각형의 총 개수가 $s_4+20=50$임을 확인하시오.

6. 5×5 격자사각형의 경우 정사각형 총 개수는 $s_5+50=105$이다. 6×6 격자사각형의 경우 정사각형 총 개수를 예측하시오.

7. 수열 1, 6, 20, 50, 105, …와 육각수를 비교하시오.

2×2 격자사각형 안에는 격자선과 일치하는 직사각형이 몇 개 있는가? 4×4 격자사각형 안에는 직사각형이 몇 개인가? 4×4 격자사각형 안에는 $4\cdot4=16$가지 유형의 직사각형이 있고, 일반적으로 $n\times n$ 격자사각형 안에는 $n\cdot n$가지 유형의 직사각형이 있다.

아래 표는 이들 16가지 유형을 정리한 표이다. 사각형의 경우와 마찬가지로 첫 번째 열(아래에서 위로)의 역행인 두 번째 열을 만들고 길이를 함께 곱하여 각 유형의 개수를 구한다.

	직사각형 유형	각 유형별 직사각형 개수	
	4×4	$1\cdot1=1$	
	3×4	$2\cdot1=2$	$1+2+3+4=T_4$
	2×4	$3\cdot1=3$	
	1×4	$4\cdot1=4$	
	4×3	$1\cdot2=2$	
	3×3	$2\cdot2=4$	$2(1+2+3+4)=2\cdot T_4$
	2×3	$3\cdot2=6$	
16개 유형	1×3	$4\cdot2=8$	
	4×2	$1\cdot3=3$	
	3×2	$2\cdot3=6$	$3(1+2+3+4)=3\cdot T_4$
	2×2	$3\cdot3=9$	
	1×2	$4\cdot3=12$	
	4×1	$1\cdot4=4$	
	3×1	$2\cdot4=8$	$4(1+2+3+4)=4\cdot T_4$
	2×1	$3\cdot4=12$	
	1×1	$4\cdot4=16$	
		총 개수 $=100$	$(1+2+3+4)\cdot T_4=10\cdot T_4=T_4\cdot T_4$

4×4 격자사각형 안의 전체 직사각형 개수는 그 자체로 4번째 삼각수 T_4의 제곱이다. 즉, $(T_4)^2=10^2=100$이다.

일반적으로, $n\times n$ 격자정사각형에서 전체 직사각형의 개수는 $(T_n)^2$이다.

8. (a) 8×8 정사각형 체크보드 격자에서 전체 직사각형의 개수를 구하시오.

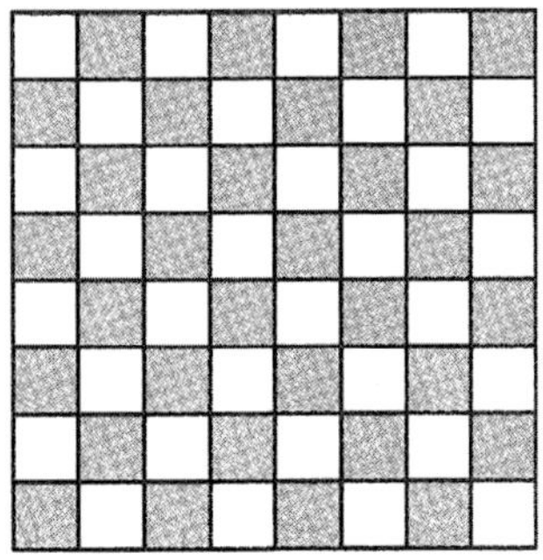

(b) 7×7 격자정사각형 안에서 전체 직사각형의 개수를 구하시오.

(c) 8×8 격자정사각형 안의 전체 직사각형의 개수에서 7×7 격자정사각형 안의 전체 직사각형의 개수를 빼면 결과는 8^3임을 보이시오.

(d) 일반적으로 $n \times n$ 격자정사각형 안의 전체 직사각형의 개수에서 $(n-1)\times(n-1)$ 격자정사각형 안의 전제 직사각형 개수를 빼면 항상 n^3임을 보이시오. 힌트: 3.1절의 삼각수 $(T_n)^2-(T_{n-1})^2=n^3$의 유사성을 이용하시오.

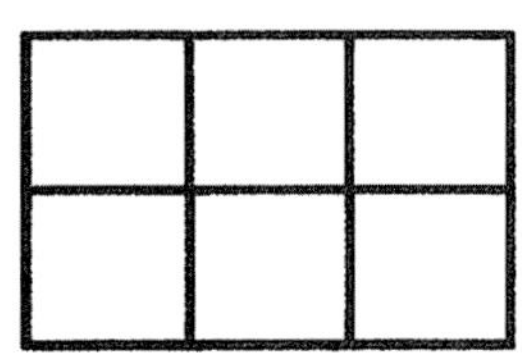

2×3 격자사각형을 살펴보자. 가로가 2, 세로가 3 이든지 가로가 3, 세로가 2 이든지 일관되게 전개하면 순서는 중요하지 않다. 격자사각형에서 직사각형도 동일한 규칙이 적용된다.

일단 격자사각형이 정해지면, 2×1 직사각형과 1×2 직사각형은 다른 것으로 본다. 또한 3×1 직사각형은 직사각형의 첫 번째 길이가 격자의 첫 번째 길이보다 크기 때문에 이 격자사각형에 존재할 수 없다.

하지만, 1×3 직사각형은 존재한다.

2×3 격자사각형(격자정사각형이 아님)에서는 6가지 직사각형 유형이 있다(6 = 2 · 3). 이 6가지 유형은 아래 표와 같다. 각 유형마다 직사각형의 개수를 세어보면, 첫 번째 열을 반전(위-아래)시키고 길이를 함께 곱하여 구한다.

	직사각형 유형	각 유형별 직사각형 개수	
6개 유형	1×1	$2\cdot3=6$	$2\times(3+2+1)=2\cdot\mathrm{T}_3$
	1×2	$2\cdot2=4$	
	1×3	$2\cdot1=2$	
	2×1	$1\cdot3=3$	$3+2+1=\mathrm{T}_3$
	2×2	$1\cdot2=2$	
	2×3	$1\cdot1=1$	
		총 개수 $=18$	$3\cdot\mathrm{T}_3=\mathrm{T}_2\cdot\mathrm{T}_3=18$

또한, 총 개수는 2번째 및 3번째 삼각수의 곱 $3\cdot6$과 같다.

> **일반적으로, $m\times n$ 격자사각형 안의 전체 직사각형의 개수는 $\mathrm{T}_m\cdot\mathrm{T}_n$이다.**

문제 9~문제 11은 아래 세 가지 격자직사각형(I, II 및 III)**을 참고하여 구하시오.**

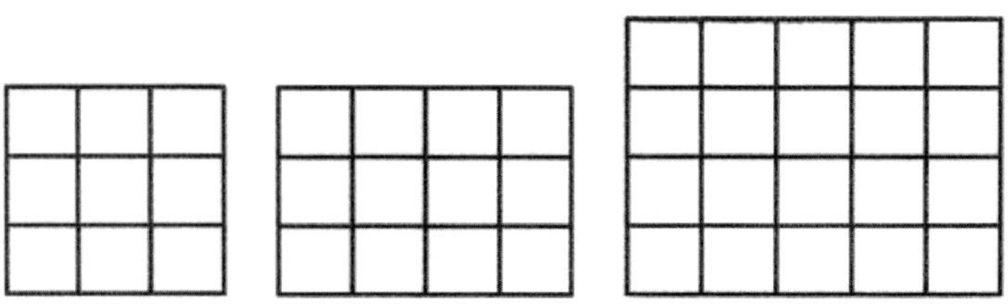

I　　　II　　　III

9.

(a) 격자직사각형 I, II, III 안에서 전체 직사각형의 개수를 각각 구하시오.

(b) 격자직사각형 I, II, III 안에서 직사각형의 유형의 개수를 각각 구하시오.

(c) 격자직사각형 I, II, III 안에서 2개의 열을 나열하고 직사각형의 유형의 개수를 각각 구하시오.

10. 격자직사각형 II에서 1×1, 2×2, 3×3 정사각형의 개수를 각각 구하시오. 전체 정사각형의 개수를 구하시오.

11. 격자직사각형 III에서 1×1, 2×2, 3×3, 4×4 정사각형의 개수를 각각 구하시오. 전체 정사각형의 개수를 구하시오.

모든 직사각형 유형을 나열하지 않고 $m\times n$ 격자직사각형 안에서 특정 유형의 직사각형 개수를 찾을 수 있는가? 답은 '그렇다'이다. 예를 들어, 위의 문제에서 얻은 격자직사각형 III 안에서 3×2 직사각형이 몇 개 있는지 알고 싶다. 4×5 격자직사각형에서 가로 길이를 5로 하자. 가로 길이가 2인 3×2 격자직사각형의 개수를 구해보자.

3×2 직사각형의 왼쪽 꼭짓점이 4×5 격자직사각형의 왼쪽 상단 꼭짓점에 위치하면 3×2 직사각형의 오른쪽 꼭짓점이 추가로 놓여질 수 있는 위치의 개수는 $5-2=3$이다. 따라서 가로 길이에 놓이는 타일의 기존 위치를 더한 것은 타일의 총 수평 위치 $3+1=4$와 같다. 그러므로 3×2 직사각형이 가로로 놓일 수 있는 개수는 $5-2+1=4$이다. 같은 방법으로 3×2 직사각형이 세로로 놓일 수 있는 개수를 구하면 $4-3+1=2$이다. 이 두 수를 곱하여 4×5 격자직사각형 안에 들어갈 수 있는 3×2 직사각형의 총 개수를 구하면 $4\times2=8$이다. 4×5 격자직사각형 안에는 3×2 직사각형은 여덟 개 있다. 따라서 이 규칙은 3단계 과정을 거친다.

1. 격자직사각형의 가로 길이에서 주어진 유형의 직사각형의 가로 길이를 빼고 1을 더한다.
2. 격자직사각형의 세로 길이에서 주어진 유형의 직사각형의 세로 길이를 빼고 1을 더한다.
3. 이 두 수를 곱하여 격자직사각형 안에 들어갈 수 있는 주어진 유형의 전체 직사각형 개수를 구한다.

12. 위에 있는 격자직사각형 I, II, III에서 2×3 직사각형 개수를 각각 구하시오. 위에서 설명한 3단계 방법을 이용하여 2×3 직사각형 개수를 구하고 답을 확인하시오.

13. 5×7 격자직사각형 안에는 2×2 정사각형의 총 개수를 구하시오.

14. 8×8 체크보드 격자직사각형에서 2×2 정사각형의 총 개수를 구하시오.

5.11 격자입방체 안의 정육면체 및 직육면체 개수 세기

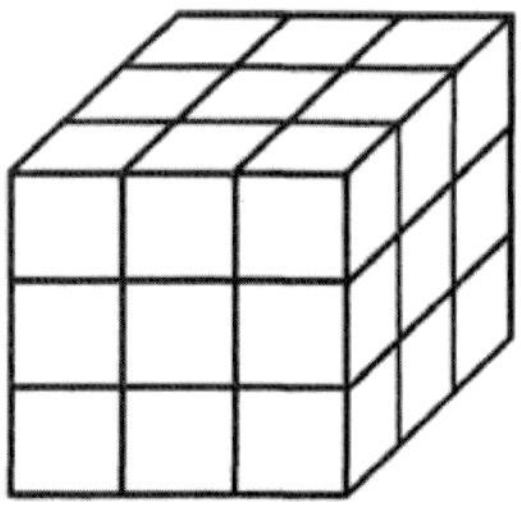

오른쪽 그림에서 정육면체는 몇 개인가? 이 격자 배열을 $3 \times 3 \times 3$ 격자입방체 또는 격자상자라고 하자. 이 격자입방체 안의 정육면체 유형에는 $1 \times 1 \times 1$ 정육면체, $2 \times 2 \times 2$ 정육면체, 다른 정육면체를 포함하는 $3 \times 3 \times 3$ 정육면체가 있다. $3 \times 3 \times 3$ 격자입방체에는 3가지 유형의 정육면체가 있다. 일반적으로, $n \times n \times n$ 격자입방체에는 n가지 유형의 정육면체가 있다.

격자입방체 안에서 서로 다른 정육면체의 유형의 개수를 세는 체계적인 방법이 있다. 먼저 열에 유형을 나열한 다음, 첫 번째 열(아래에서 위로)을 반전시키고 길이를 함께 곱하여 각 유형의 개수를 두 번째 열에 쓴다. 아래 표를 참고하여라.

	정사각형 유형	각 유형별 정사각형 개수
3가지 유형	$1 \times 1 \times 1$	$3 \cdot 3 \cdot 3 = 27$
	$2 \times 2 \times 2$	$2 \cdot 2 \cdot 2 = 8$
	$3 \times 3 \times 3$	$1 \cdot 1 \cdot 1 = 1$
		총 개수 $= 36$

전체 정육면체 개수는 $1+8+27=36$ 또는 $1^3+2^3+3^3=6^2$이다.

> 일반적으로, $n\times n\times n$ 격자입방체에 있는 정육면체의 총 개수는 다음과 같다.
> $$1^3+2^3+3^3+\cdots+n^3=\left(\mathrm{T}_n\right)^2$$

(3.1절의 삼각수를 떠올리면, 다음과 같은 항등식을 보았을 것이다.

$$1^3+2^3+3^3+\cdots+n^3=(1+2+3+\cdots+n)^2=\left(\mathrm{T}_n\right)^2)$$

이것은 $n\times n$ 정사각 격자 안의 직사각형의 총 개수와 동일하다.(이전 절을 보아라.)

일반적으로, $n\times n\times n$ 격자입방체에 있는 정육면체의 총 개수는 $n\times n$ 정사각격자 안의 직사각형의 총 개수와 같다.

5.11절

1. $4\times4\times4$ 격자입방체 안에서 정육면체의 총 개수를 구하시오. 이 값이 4×4 정사각 격자 안에서 직사각형의 총 개수와 동일한지 확인하시오.

2. 다음 물음에 답하시오.

(a) 오른쪽 그림의 $2\times2\times2$ 격자입방체 안에서 정육면체의 유형의 개수를 구하시오.

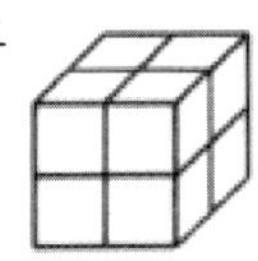

(b) 이 격자입방체 안에서 정육면체의 총 개수를 구하시오.

$3\times3\times3$ 격자입방체 안에서 정육면체의 총 개수는? 직육면체의 개수를 세는 것은 정육면체의 개수를 세는 것과 비슷하다. 정육면체 유형보다 더 많은 유형의 직육면체가 있다. $3\times3\times3$ 격자입방체에는 정육면체를 포함하여 $3\cdot3\cdot3=27$가지 유형의 직육면체가 있다. 아래 표는 이들 27가지 유형의 직육면체를 체계적으로 정리한 표이다. 정육면체의 경우와 마찬가지로 첫 번째 열을 반전(아래에서 위로)시키고 길이를 함께 곱하여 만든 두 번째 열을 이용하여 각 유형의 개수를 구한다.

	직육면체 유형	각 유형별 직사각형 개수			
	3×3×3	1·1·1=1			
	3×3×2	1·1·2=2	T_3		
	3×3×1	1·1·3=3			
	3×2×3	1·2·1=2			
	3×2×2	1·2·2=4	$2 \cdot T_3$	$T_3 \cdot T_3$	
	3×2×1	1·2·3=6			
	3×1×3	1·3·1=3			
	3×1×2	1·3·2=6	$3 \cdot T_3$		
	3×1×1	1·3·3=9			
	2×3×3	2·1·1=2			$6(T_3 \cdot T_3)$
	2×3×2	2·1·2=4	$2 \cdot T_3$		$= T_3 \cdot T_3 \cdot T_3$
	2×3×1	2·1·3=6			$= (T_3)^3$
27개 유형	2×2×3	2·2·1=4			$= 216$
	2×2×2	2·2·2=8	$4 \cdot T_3$	$2(T_3 \cdot T_3)$	
	2×2×1	2·2·3=12			
	2×1×3	2·3·1=6			
	2×1×2	2·3·2=12	$6 \cdot T_3$		
	2×1×1	2·3·3=18			
	1×3×3	3·1·1=3			
	1×3×2	3·1·2=6	$3 \cdot T_3$		
	1×3×1	3·1·3=9			
	1×2×3	3·2·1=6			
	1×2×2	3·2·2=12	$6 \cdot T_3$	$3(T_3 \cdot T_3)$	
	1×2×1	3·2·3=18			
	1×1×3	3·3·1=9			
	1×1×2	3·3·2=18	$9 \cdot T_3$		
	1×1×1	3·3·3=27			
	총 개수	=216	$6(T_3 \cdot T_3) = (T_3)^3$		

3×3×3 격자입방체 안에서 정육면체의 총 개수는 세 번째 삼각수의 세제곱 즉, $(T_3)^3$이다.

$$(T_3)^3 = 216.$$

일반적으로 $n \times n \times n$ 격자입방체 안에서 직육면체 유형의 개수는 $n \cdot n \cdot n = n^3$이다.

일반적으로, $n \times n \times n$ 격자입방체에 있는 직육면체의 총 개수는 $(\mathrm{T}_n)^3$이다.

---

3. 다음 물음에 답하시오.

(a) $4 \times 4 \times 4$ 격자입방체 안의 직육면체의 총 개수를 구하시오.

(b) $4 \times 4 \times 4$ 격자입방체 안의 정육면체가 아닌 직육면체의 총 개수를 구하시오.

$2 \times 4 \times 3$ 격자상자를 생각하자. 가로, 세로, 높이를 한번 결정한 대로 일관되게 전개하면 순서는 중요하지 않다. 격자상자의 직육면체에도 동일한 규칙이 적용된다. 일단 격자상자가 정해지면, $2 \times 3 \times 1$ 직육면체와 $2 \times 1 \times 3$ 직육면체는 다른 것으로 본다.

또한 $3 \times 1 \times 1$ 직육면체의 첫 번째 길이가 격자상자의 첫 번째 길이보다 크기 때문에 $2 \times 4 \times 3$ 격자상자에 존재할 수 없다. 그러나 $1 \times 1 \times 3$ 직육면체는 존재한다.

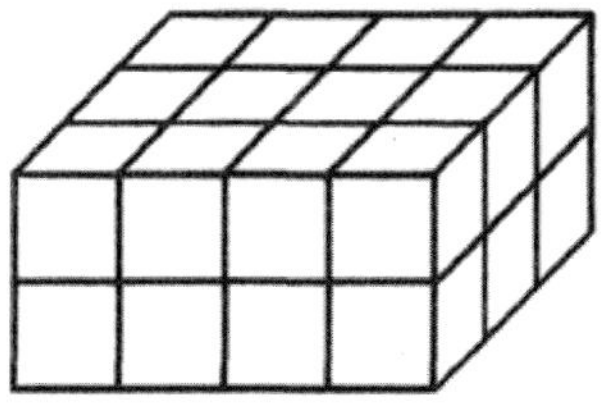

$2 \times 4 \times 3$ 격자상자(격자입방체가 아닌)에는 일부 정육면체를 포함하여 24가지 유형 $(24 = 2 \cdot 4 \cdot 3)$의 직육면체가 있다. 이들 24가지 유형을 체계적인 방법으로 아래 표와 같이 나열할 수 있다. 각 유형의 직육면체 개수를 세어보면, 첫 번째 열을 반전(아래에서 위로)시키고 길이를 함께 곱하여 두 번째 열에 쓴다.

	직육면체 유형	각 유형별 직사각형의 개수			
	$2\times4\times3$	$1\cdot1\cdot1=1$			
	$2\times4\times2$	$1\cdot1\cdot2=2$	T_3		
	$2\times4\times1$	$1\cdot1\cdot3=3$			
	$2\times2\times3$	$1\cdot2\cdot1=2$			
	$2\times3\times2$	$1\cdot2\cdot2=4$	$2\cdot\mathrm{T}_3$		
	$2\times3\times1$	$1\cdot2\cdot3=6$			
	$2\times2\times3$	$1\cdot3\cdot1=3$		$\mathrm{T}_4\cdot\mathrm{T}_3$	
	$2\times2\times2$	$1\cdot3\cdot2=6$	$3\cdot\mathrm{T}_3$		
	$2\times2\times1$	$1\cdot3\cdot3=9$			
	$2\times1\times3$	$1\cdot4\cdot1=4$			
	$2\times1\times2$	$1\cdot4\cdot2=8$	$4\cdot\mathrm{T}_3$		
24개 유형	$2\times1\times1$	$1\cdot4\cdot3=12$			$3(\mathrm{T}_4\cdot\mathrm{T}_3)$ $=\mathrm{T}_2\cdot\mathrm{T}_4\cdot\mathrm{T}_3$
	$1\times4\times3$	$2\cdot1\cdot1=2$			
	$1\times4\times2$	$2\cdot1\cdot2=4$	$2\cdot\mathrm{T}_3$		
	$1\times4\times1$	$2\cdot1\cdot3=6$			
	$1\times2\times3$	$2\cdot2\cdot1=4$			
	$1\times3\times2$	$2\cdot2\cdot2=8$	$4\cdot\mathrm{T}_3$		
	$1\times3\times1$	$2\cdot2\cdot3=12$		$2(\mathrm{T}_4\cdot\mathrm{T}_3)$	
	$1\times2\times3$	$2\cdot3\cdot1=6$			
	$1\times2\times2$	$2\cdot3\cdot2=12$	$6\cdot\mathrm{T}_3$		
	$1\times2\times1$	$2\cdot3\cdot3=18$			
	$1\times1\times3$	$2\cdot4\cdot1=8$			
	$1\times1\times2$	$2\cdot4\cdot2=16$	$8\cdot\mathrm{T}_3$		
	$1\times1\times1$	$2\cdot4\cdot3=24$			
		총 개수 $=180$	$\mathrm{T}_2\cdot\mathrm{T}_4\cdot\mathrm{T}_3=3\cdot10\cdot6=180$		

$2\times4\times3$ 격자상자 안에 직육면체의 총 개수는 두 번째, 네 번째, 세 번째 삼각수들의 곱 즉, $\mathrm{T}_2\cdot\mathrm{T}_4\cdot\mathrm{T}_3=3\cdot10\cdot6=180$이다.

일반적으로, $m\times n\times p$ 격자상자 안에 있는 직육면체의 총 개수는 $\mathrm{T}_m\cdot\mathrm{T}_n\cdot\mathrm{T}_p$이다.

4. 아래 세 가지 격자상자(I, II 및 III)를 참고하여 다음 물음에 답하시오.

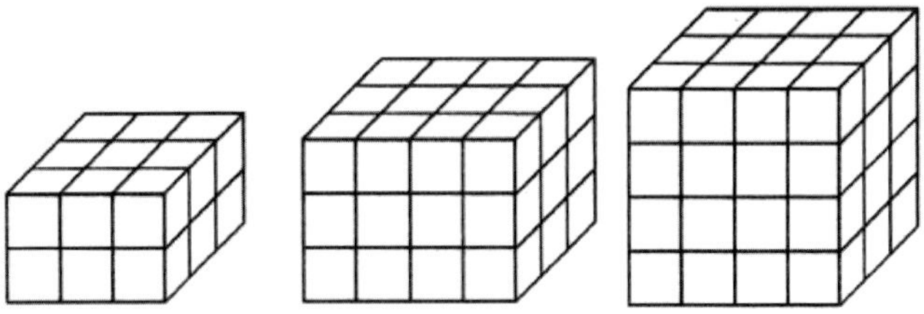

I II III

(a) 격자상자 I, II, III 안에서 직육면체의 유형의 개수를 각각 구하시오.

(b) 격자상자 I, II, III 안에서 전체 직육면체의 개수를 각각 구하시오.

(c) 격자상자 I에서 두 개의 숫자 열(위의 표를 참고)을 나열하고 격자상자 I에서 직육면체 유형의 개수를 구하시오.

(d) 격자상자 I에서 각각의 직육면체 유형 안의 $1\times1\times1$ 정육면체와 $2\times2\times2$ 정육면체의 개수를 각각 구하시오. 정육면체의 총 개수를 구하시오.

모든 유형을 나열하지 않고 $m\times n\times p$ 격자상자 안에서 선택한 유형의 직육면체 개수를 구할 수 있을까? 대답은 '그렇다'이다. 격자직사각형 안에서 선택한 유형의 직사각형의 개수를 구하는 방식과 동일하다.(이전 절의 끝 부분 참고) 예를 들어, 위의 문제에서 격자상자 II가 있고 그 격자상자 안에 $2\times3\times1$ 직육면체의 개수를 구하자. 격자상자의 크기는 $3\times4\times3$이다. 따라서 (3, 4, 3)에서 (2, 3, 1)을 각각 빼고 그 결과에 각각 1을 더하여 (2, 2, 3)을 얻는다. 이 세 수를 곱하면 $2\cdot2\cdot3=12$이다. $3\times4\times3$ 격자상자 안에는 $2\times3\times1$ 유형의 직육면체가 12개가 있다.

5. $4\times8\times8$ 격자상자 안의 $3\times3\times3$ 정육면체의 개수를 구하시오.

6. $5\times6\times8$ 격자상자 안의 $3\times2\times2$ 직육면체의 개수를 구하시오.

7. $4\times4\times4$ 격자입방체 안의 $2\times3\times5$ 직육면체를 찾을 수 있는가?

8. $4\times4\times6$ 격자상자 안의 정육면체의 총 개수를 구하시오.

9. $1\cdot T_4+2\cdot T_4+3\cdot T_4+4\cdot T_4+5\cdot T_4$를 두 삼각수의 곱으로 나타내시오.

10. $(1\cdot T_4+2\cdot T_4+3\cdot T_4)+2(1\cdot T_4+2\cdot T_4+3\cdot T_4)+3(1\cdot T_4+2\cdot T_4+3\cdot T_4)$ 을 세 삼각수의 곱으로 나타내시오.

5.12 오일러 공식과 격자

삼각 격자

다각형과 대각선에 대한 오일러 공식은 다음과 같다.

$$v-e+f=1$$

이때, v는 다각형의 꼭짓점 개수과 대각선의 교점의 개수의 합이고, e는 다각형의 변의 개수와 대각선의 교점에 의해 나누어진 선분의 개수의 합이며, f는 다각형의 내부에서 대각선으로 분할된 영역의 개수이다.

또한 이 공식은 다각형의 변과 대각선을 나타내는 격자선으로 이루어진 격자에도 적용된다. 다음 삼각 격자에서 점, 변, 영역(점, 선분, 면)의 개수를 세어보자. 삼각 격자에서의 점, 변, 영역의 개수를 각각 p, e, r이라 하자.

	격자	점의 개수(p)	변의 개수(e)	영역의 개수(r)	$p-e+r$
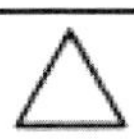	1×1	3	3	1	1
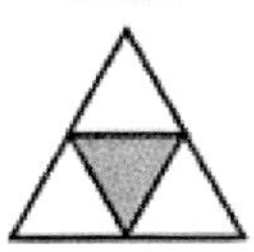	2×2	6	9	4	1
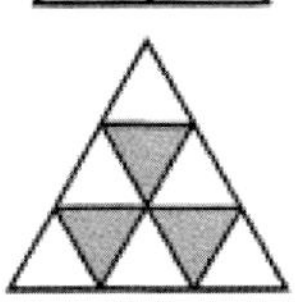	3×3	10	18	9	1

점의 개수 3, 6, 10은 삼각수 T_2, T_3, T_4이다. 변의 개수 3, 9, 18은 삼각수의 세 배인 $3T_1$, $3T_2$, $3T_3$이다. 영역의 개수 1, 4, 9는 사각수이다. 각각의 경우마다 다음 식을 만족한다.

$$p-e+r=1$$

5.12절

1. 다음 물음에 답하시오.

(a) 다음 4×4 삼각 격자에서 점, 변, 영역의 개수를 각각 구하시오. $p=\mathrm{T}_5$, $e=3\mathrm{T}_4$, $r=4^2$을 만족함을 보이시오. $p-e+r=1$이 성립함을 확인하시오.

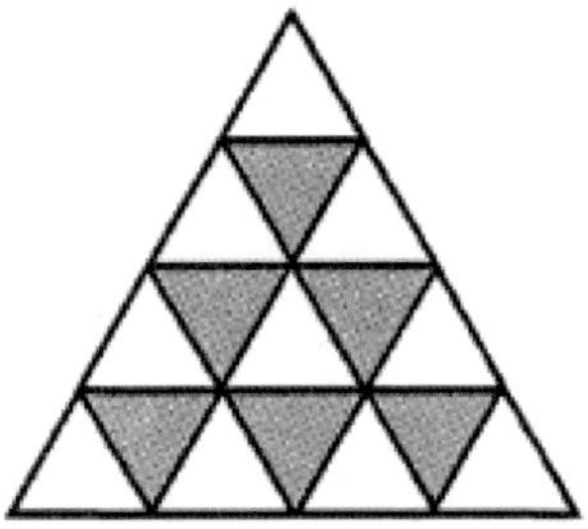

(b) 다음 5×5 삼각 격자에서 점, 변, 영역의 개수를 각각 구하시오. $p=\mathrm{T}_6$, $e=3\mathrm{T}_5$, $r=5^2$을 만족함을 보이시오. $p-e+r=1$이 성립함을 확인하시오.

일반적으로 $n\times n$ 삼각 격자에서 $p=\mathrm{T}_{n+1}$, $e=3\mathrm{T}_n$, $r=n^2$,

$$p-e+r=1$$

이 성립한다. 그러므로 다음 식을 만족한다.

$$\mathrm{T}_{n+1}-3\mathrm{T}_n+n^2=1$$

또한 $n^2=\mathrm{T}_n+\mathrm{T}_{n+1}$이므로 다음 식이 성립한다.

$$\mathrm{T}_{n+1}-3\mathrm{T}_n+\mathrm{T}_n+\mathrm{T}_{n-1}=1$$

이를 정리하면 다음 식이 성립한다.

$$\mathrm{T}_{n+1}-2\mathrm{T}_n+\mathrm{T}_{n-1}=1.$$

2. $n=2,\ 3,\ 4,\ 5,\ 6$일 때, $\mathrm{T}_{n+1}-2\mathrm{T}_n+\mathrm{T}_{n-1}=1$이 성립함을 보이시오.

이제 p, e, r의 합을 생각해보면 다음과 같다.

$$\begin{aligned} p+e+r &= \mathrm{T}_{n+1}+3\mathrm{T}_n+n^2 \\ &= \mathrm{T}_{n+1}+3\mathrm{T}_n+\mathrm{T}_n+\mathrm{T}_{n-1} \\ &= \mathrm{T}_{n+1}+4\mathrm{T}_n+\mathrm{T}_{n-1} \end{aligned}$$

문제 2의 식은 $\mathrm{T}_{n+1}+\mathrm{T}_{n-1}=2\mathrm{T}_n+1$과 동일하다. 이 식을 위에 대입하면 다음과 같다.

$$\begin{aligned} p+e+r &= 4\mathrm{T}_n+2\mathrm{T}_n+1 \\ &= 6\mathrm{T}_n+1 \end{aligned}$$

$6\mathrm{T}_n+1$은 $(n+1)$번째 중심 육각수(Centered Hexagonal Number)이기도 하다.(3.5절 참고) 따라서 $n\times n$ 삼각 격자에서 점, 변, 영역의 개수의 합은 $(n+1)$번째 중심 육각수 ${}^{C}\mathrm{H}_{n+1}$이며 다음과 같다.

$$\begin{aligned} 6\mathrm{T}_n+1 &= \frac{6n(n+1)}{2}+1 \\ &= 3n^2+3n+1 \end{aligned}$$

---

3. $n=1,\ 2,\ 3,\ 4,\ 5,\ 6$일 때, $6\mathrm{T}_n+1$을 계산하시오. 계산한 값이 문제 1에서 구한 값과 앞의 표에서 찾은 p, e, r의 합과 각각 같은지 확인하시오. 그리고 계산한 값이 3.5절의 중심 육각수 표에 있는지 확인하시오.

---

p, e, r의 합에 대한 또 다른 공식은 1×1 단위 삼각 격자에서 찾은 스트링 $(3,\ 3,\ 1)$과 스트링 $(n^2,\ n,\ 1)$의 스트링 곱으로 다음과 같다.

$$\begin{aligned} (3,\ 3,\ 1)\bullet(n^2,\ n,\ 1) &= 3n^2+3n+1 \\ &= p-e+r \\ &= 6\mathrm{T}_n+1 \end{aligned}$$

삼각 격자는 중심 육각수 구조를 나타내기도 한다. 아래 그림은 중심 육각수 $^{C}H_2$, $^{C}H_3$, $^{C}H_4$이다. 꼭짓점은 격자선을 따라 연결되어 있고, n은 한 변 위에 있는 점의 개수이다. 아래 그림에서 점, 변, 영역의 개수를 세어보자. 이전처럼 점, 변, 영역의 개수를 p, e, r이라 하자.

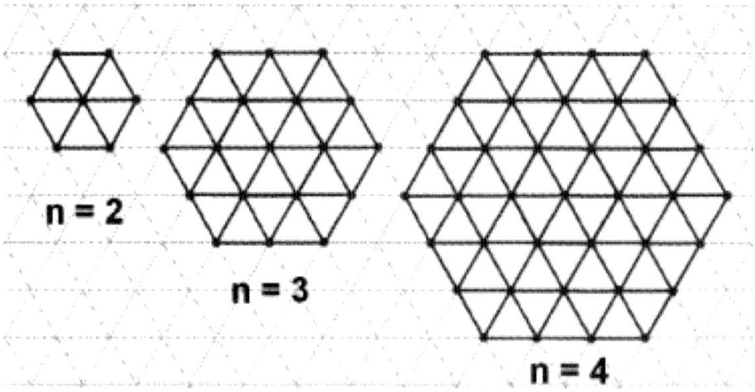

4. 아래 중심 육각수 구조에 대한 표를 완성하시오.

n	p	e	r	$p-e+r$
1	1	0	0	$1-0+0=1$
2	7	12	6	$7-12+6=1$
3	19	42	24	$19-42+24=1$
4	37	___	___	$37-$ ____ $+$ ____ $=1$

각각의 그림의 점 개수는 중심 육각수 $^{C}H_1$, $^{C}H_2$, $^{C}H_3$, $^{C}H_4$이다. 영역의 개수는 제곱수의 여섯 배인 $6(n-1)^2$이다. $p-e+r=1$이므로 변의 개수 e를 계산하여 구할 수 있다. 따라서 $e=6(T_{n-1}+S_{n-1})$이다.

5. 공식 ${}^{C}H_n$, $6(T_{n-1}+S_{n-1})$, $6(n-1)^2=6S_{n-1}$을 이용하여 $n=1, 2, 3, 4$일 때, 문제 4의 표의 p, e, r의 값을 구할 수 있는지 확인하시오.

6. 공식 ${}^{C}H_n=6T_{n-1}+1$과 위의 e와 r에 대한 공식을 이용하여 삼각수와 사각수에 대한 $p-e+r$을 구하시오.

7. $n=5$일 때, p, e, r의 값을 예측하시오.

8. $n=2, 3, 4, 5$일 때, $\dfrac{12C(3n,\ 4)}{C(3n,\ 2)}$를 구하시오. 어떤 수열이 만들어지는가? ($C(3n,\ 4)$, $C(3n,\ 2)$는 이항계수이다.)

아래 그림은 중심 육각수 ${}^{C}H_2$, ${}^{C}H_3$, ${}^{C}H_4$이다. 꼭짓점은 선택된 격자선을 따라 연결되어 있다. 다음 그림에서 점, 변, 영역의 개수를 세어보자. 이전처럼 점, 변, 영역의 개수를 p, e, r이라 하자.

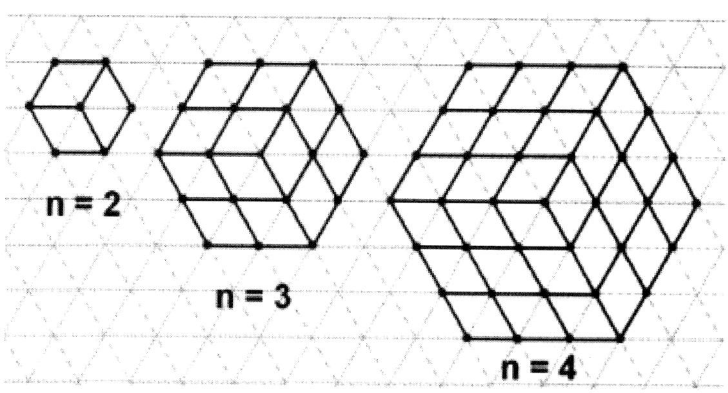

9. 아래 중심 육각수 구조에 대한 표를 완성하시오.

n	p	e	r	$p-e+r$
1	1	0	0	$1-0+0=1$
2	7	9	3	$7-9+3=1$
3	19	30	12	$19-30+12=1$
4	37	___	___	$37-$____$+$____$=1$

각각의 그림의 점 개수는 중심 육각수 ${}^{C}\mathrm{H}_1$, ${}^{C}\mathrm{H}_2$, ${}^{C}\mathrm{H}_3$, ${}^{C}\mathrm{H}_4$이다. 영역의 개수는 제곱수의 세 배인 $3(n-1)^2$이다. $p-e+r=1$이므로 변의 수 e를 계산하여 구할 수 있다. 따라서 $e=3\mathrm{T}_{2n-2}=6\mathrm{T}_{n-1}+3\mathrm{S}_{n-1}$이다.

10. 공식 ${}^{C}\mathrm{H}_n$, $3\mathrm{T}_{2n-2}$, $3(n-1)^2=3\mathrm{S}_{n-1}$을 이용하여 $n=1,\ 2,\ 3,\ 4$일 때, 문제 9의 표 p, e, r의 값을 구할 수 있는지 확인하시오.

11. 공식 $p={}^{C}\mathrm{H}_n=6T_{n-1}+1$과 위의 e와 r에 대한 공식을 이용하여 삼각수와 사각수에 대한 $p-e+r$의 값을 구하시오.

12. $n=5$일 때, p, e, r의 값을 예측하시오.

13. 아래 격자에 $n=5$, 6일 때 그림을 그리시오.

정사각 격자

다음 정사각 격자(Square Grids)에서 꼭짓점, 변, 면의 개수를 세어보자. 이전처럼 점, 변, 영역의 개수를 p, e, r이라 하자.

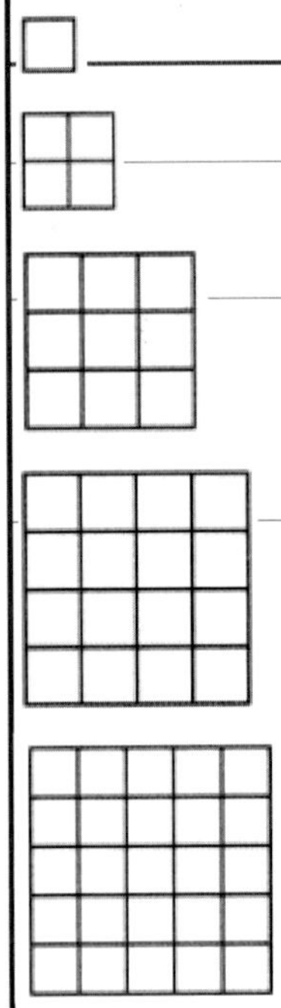

	격자	점의 개수(p)	변의 개수(e)	영역의 개수 (r)	$p-e+r$
	1×1	4	4	1	1
	2×2	9	12	4	1
	3×3	16	24	9	1
	4×4				
	5×5				

참고 $n \times n$ 정사각 격자에서 영역의 개수는 가장 큰 정사각형의 넓이와 같다.

14. 위의 4×4, 5×5 정사각 격자 표를 완성하시오.

15. 위의 표의 p, e, r의 세 열의 수열들의 규칙을 설명하시오.

16. 6×6 정사각 격자에서 p, e, r을 예측하시오.

17. 다음 물음에 답하시오.

(a) 4×4 정사각 격자의 p, e, r의 값이 $p=(4+1)^2$, $e=4\mathrm{T}_4$, $r=4^2$임을 확인하시오. 식 $(4+1)^2-4\mathrm{T}_4+4^2=1$이 성립함을 확인하시오.

(b) 5×5 정사각 격자의 p, e, r의 값이 $p=(5+1)^2$, $e=4\mathrm{T}_5$, $r=5^2$임을 확인하시오. 식 $(5+1)^2-4\mathrm{T}_5+5^2=1$이 성립함을 확인하시오.

일반적으로 다음과 같은 식이 성립한다.

$$p=\mathrm{S}_{n+1},\ e=4\mathrm{T}_n \text{ 그리고 } r=\mathrm{S}_n,$$

$$p-e+r=1$$

그러므로 다음과 같다.

$$\mathrm{S}_{n+1}-4\mathrm{T}_n+\mathrm{S}_n=1$$

또한 $\mathrm{S}_n=n^2=\mathrm{T}_n+\mathrm{T}_{n-1}$이므로 다음 식이 성립한다.

$$\begin{aligned}1&=\mathrm{S}_{n+1}-4\mathrm{T}_n+\mathrm{S}_n\\&=(\mathrm{T}_{n+1}+\mathrm{T}_n)-4\mathrm{T}_n+(\mathrm{T}_n+\mathrm{T}_{n-1})\\&=\mathrm{T}_{n+1}-2\mathrm{T}_n+\mathrm{T}_{n-1}\end{aligned}$$

이는 삼각 격자에서 얻은 결과와 같다.

18. 다음 물음에 답하시오.

(a) 앞의 표의 각각의 격자에서 $p+e+r$의 값을 구하시오.
합들은 어떤 수열인가?

(b) 6×6 정사각 격자의 p, e, r의 합을 예측하시오.

일반적으로 p, e, r의 합은 다음과 같다.

$$\begin{aligned} p+e+r &= \mathrm{S}_{n+1}+4\mathrm{T}_n+\mathrm{S}_n \\ &= (\mathrm{T}_{n+1}+\mathrm{T}_n)+4\mathrm{T}_n+(\mathrm{T}_n+\mathrm{T}_{n-1}) \\ &= \mathrm{T}_{n+1}+6\mathrm{T}_n+\mathrm{T}_{n-1} \end{aligned}$$

$\mathrm{T}_{n+1}+\mathrm{T}_{n-1}=2\mathrm{T}_n+1$임을 상기하면 $p+e+r=8\mathrm{T}_n+1=(2n+1)^2$을 얻을 수 있다.

또한, $8\mathrm{T}_n+1$은 $n+1$번째 중심 팔각수 ${}^{C}\mathrm{O}_n$이기도 하다.(3.2절 문제 18 및 3.5절 참고)

아래 그림은 이 성질을 시각화한 것이다. 이 그림에서 단위 정사각형 주위에 그룹화된 여덟 개의 삼각수들을 찾아보자. $n=3$일 때, 삼각수 $\mathrm{T}_3=6$이다. 그러므로 다음과 같은 식을 얻는다.

$$8\mathrm{T}_3+1=8\cdot6+1=49$$

$$(2n+1)^2=(2\cdot3+1)^2=7^2=49$$

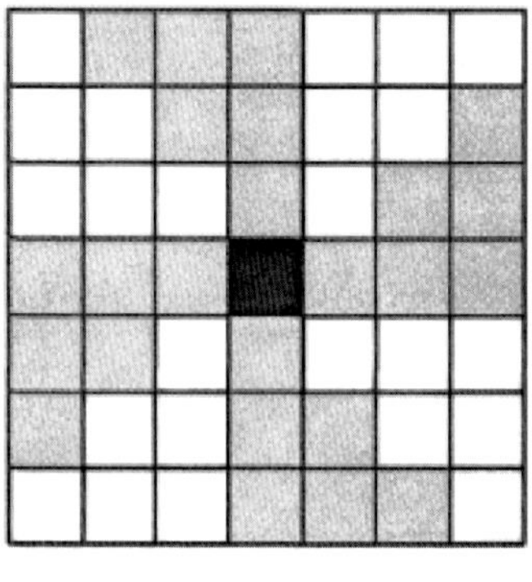

$8\mathrm{T}_n+1=(2n+1)^2$ (위 그림은 $n=3$인 경우이다.)

$n \times n$ 정사각 격자에서 p, e, r의 합에 대한 또 다른 공식은 1×1 단위 사각 격자에서 찾은 스트링 (4, 4, 1)과 스트링 $(n^2,\ n,\ 1)$의 스트링 곱으로 다음과 같다.

$$\begin{aligned} p+e+r &= (4,\ 4,\ 1) \cdot (n^2,\ n,\ 1) \\ &= 4n^2+4n+1 \\ &= (2n+1)^2 \\ &= 8\mathrm{T}_n+1 \end{aligned}$$

참고 n^2 =(**가장 큰 격자의 넓이**), n=(**가장 큰 격자의 한 변의 길이**)

직사각 격자

정사각 격자는 직사각 격자(Rectangular Grids)의 특별한 경우이다.
공식 $p-e+r=1$는 여기에서도 성립하며, r은 직사각 격자의 영역의 개수로 구하는 식이 같지만, p와 e는 구하는 식이 다르다. $n \times m$ 직사각 격자라면, 다음과 같다.
$r=nm$이고, $p=(n+1) \cdot (m+1)$, $e=(n+1) \cdot m+n \cdot (m+1)$.

---

19. 다음 물음에 답하시오.

(a) 아래 3×5 직사각 격자에서 점, 변, 영역의 개수를 세고, 그 값이 $(n+1) \cdot (m+1)$, $(n+1) \cdot m+n \cdot (m+1)$, nm과 각각 같음을 확인하시오.

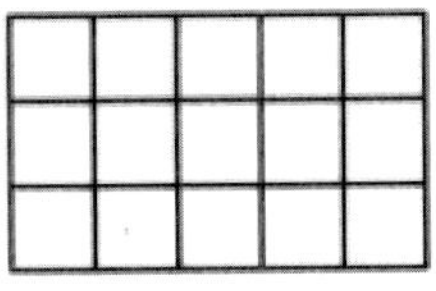

(b) 위의 공식을 이용하여 $n \times m$ 직사각 격자에서 $p-e+r=1$가 성립함을 대수적으로 확인하시오.

(c) $a=$(격자 넓이), $b=$(n과 m의 평균)이라 할 때,
$p+e+r=(4,\ 4,\ 1)\cdot(a,\ b,\ 1)$이 성립함을 보이시오.
스트링 곱의 값은 $4nm+2(n+m)+1$일 것이다. 즉, 격자 넓이의 네 배와 격자 둘레의 합에 1을 더한 값과 같다.

스트링곱을 바탕으로 한 다각형 격자에서 p, e, r의 값을 예측하기

삼각 격자와 정사각 격자에 적용된 $p+e+r$의 스트링 곱을 살펴보자.

$$(3,\ 3,\ 1)\cdot(n^2,\ n,\ 1)=3n^2+3n+1=6\mathrm{T}_n+1$$

$$(4,\ 4,\ 1)\cdot(n^2,\ n,\ 1)=4n^2+4n+1=8\mathrm{T}_n+1$$

아래 그림의 오각형은 5개의 점과 5개의 변, 1개의 영역으로 이루어져 있다. 오각형의 스트링은 $(5,\ 5,\ 1)$이고, 위의 규칙을 적용한 스트링곱은 다음과 같다.

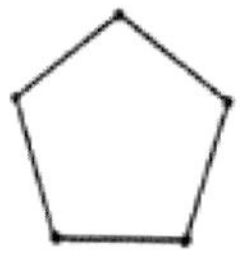

$$(5,\ 5,\ 1)\cdot(n^2,\ n,\ 1)=5n^2+5n+1$$

---

20. 먼저 삼각수에서 $5n^2+5n+1$을 예측하고, 공식 $\mathrm{T}_n=\dfrac{n(n+1)}{2}$을 이용하여 그 값이 맞음을 확인하시오.

21. 스트링곱 $(6,\ 6,\ 1)\cdot(n^2,\ n,\ 1)$을 계산하고, 그 값이 $12\mathrm{T}_n+1$임을 확인하시오.

오각형에 대한 p, e, r의 값은 무엇일까? 먼저 p에 대해 생각해보자. 삼각 격자 표에서 p에 대한 삼각수를, 정사각 격자 표에서 p에 대한 사각수를 찾을 수 있다. 그렇다면 그 다음 단계에서 p에 대한 오각수로 확장할 수 있는가? e, r의 값을 구하고자 앞의 표에서 열을 살펴보자.

삼각 격자 표의 e는 삼각수의 세 배이고, 정사각 격자 표의 e는 삼각수의 네 배이므로 다음 단계 격자 표의 e는 삼각수의 다섯 배라고 가정하자.

삼각 격자와 정사각 격자에서의 r은 제곱수이므로 다음 단계 격자의 r도 제곱수일 것이다. 아래 표는 앞에서 가정한 p, e, r의 값을 보여준다.

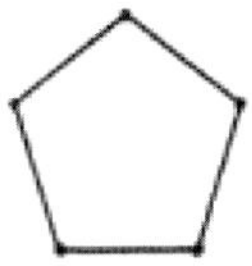

n	p	e	r	$p-e+r$
1	5	5	1	$5-5+1=1$
2	12	15	4	$12-15+4=1$
3	22	30	9	$22-30+9=1$

따라서 $p=\mathrm{P}_{n+1}$, $e=5\mathrm{T}_n$, $r=\mathrm{S}_n$이라 가정하면, $p-e+r=\mathrm{P}_{n+1}-5\mathrm{T}_n+\mathrm{S}_n=1$으로 오일러 공식 $p-e+r=1$이 적용됨을 알 수 있고, p, e, r의 합은

$$p+e+r=\mathrm{P}_{n+1}+5\mathrm{T}_n+\mathrm{S}_n$$

이다.

또한 p, e, r의 합은 삼각수로도 표현할 수 있다.

$\mathrm{S}_n=n^2=\mathrm{T}_n+\mathrm{T}_{n-1}$, $\mathrm{P}_n=\mathrm{T}_n+2\mathrm{T}_{n-1}$임을 상기하자. 그러면 $\mathrm{P}_{n+1}=\mathrm{T}_{n+1}+2\mathrm{T}_n$이다.

따라서

$$\begin{aligned} p+e+r &= \mathrm{P}_{n+1}+5\mathrm{T}_n+\mathrm{S}_n \\ &= \mathrm{T}_{n+1}+2\mathrm{T}_n+5\mathrm{T}_n+\mathrm{T}_n+\mathrm{T}_{n-1} \\ &= \mathrm{T}_{n+1}+8\mathrm{T}_n+\mathrm{T}_{n-1} \end{aligned}$$

이다.

$\mathrm{T}_{n+1}+\mathrm{T}_{n-1}=2\mathrm{T}_n+1$이므로 삼각 격자와 정사각 격자에서 확장하여

$p+e+r=10\mathrm{T}_n+1$ 또는 $p+e+r=(5,\ 5,\ 1)\cdot(n^2,\ n,\ 1)=5n^2+5n+1$을 얻을 수 있다.

22. $n=4$, 5일 때, 앞의 표의 해당되는 값을 각각 구하시오.

23. $n=1$, 2, 3, 4, 5, 6일 때, $5n^2+5n+1$과 $10\mathrm{T}_n+1$을 각각 구하시오. 두 값이 같음을 확인하시오.

24. 스트링 (6, 6, 1)과 육각형에 대한 p, e, r을 예측하시오.

정육면체 격자

정육면체는 8개의 꼭짓점, 12개의 모서리, 6개의 면으로 이루어져 있고, 다면체에 대한 오일러 공식 $\mathrm{V}-\mathrm{E}+\mathrm{F}=2$을 만족한다. 이제 정육면체 격자(Cubic Grids)에서 전체 정육면체 표면에 나타난 꼭짓점, 모서리, 면의 개수를 세어보자. 이전 격자에서처럼 점, 변(선분), 영역의 개수를 p, e, r이라 하자.

표면에서만	격자	점의 개수(p)	변의 개수(e)	영역의 개수 (r)	$p-e+r$
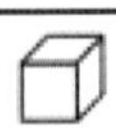	$1\times1\times1$	8	12	6	2
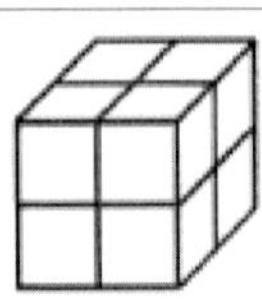	$2\times2\times2$	26	48	24	2
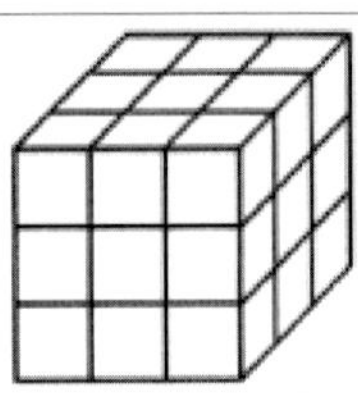	$3\times3\times3$	56	108	54	2

변의 수 12, 48, 108은 제곱수의 12배이다.

$$12=12\cdot1$$

$$48=12\cdot4$$

$$108=12\cdot9$$

영역의 수 6, 24, 54는 제곱수의 6배이다.

$$6 = 6 \cdot 1$$
$$24 = 6 \cdot 4$$
$$54 = 6 \cdot 9$$

각각의 경우마다 $p-e+r=2$가 성립한다. 위의 표를 살펴보면 $e=2r$, $p=r+2$이므로

$$\begin{aligned} p-e+r &= (r+2)-2r+r \\ &= 2 \end{aligned}$$

이다.

---

25. 다음 물음에 답하시오.

(a) $4\times4\times4$ 정육면체 격자(표면에서만)에서 점, 변, 영역의 개수를 구하시오. 그 값이 $e=12 \cdot 4^2$, $r=6 \cdot 4^2$임을 확인하시오. 공식 $p-e+r=2$을 이용하여 p의 값을 구하시오.(곧 p에 대한 식을 찾을 것이다.)

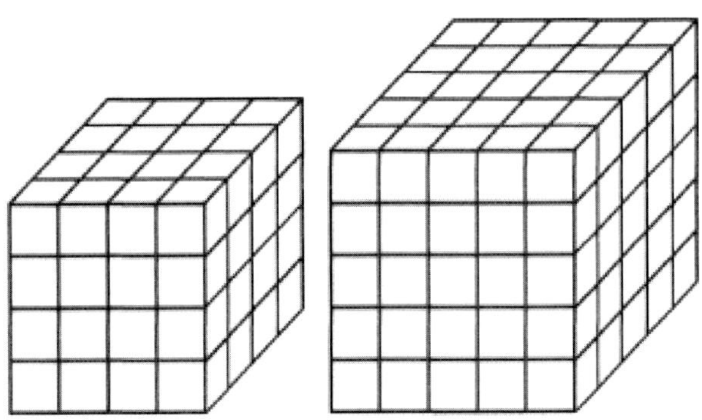

(b) $5\times5\times5$ 정육면체 격자에서 점, 변, 영역의 개수를 구하시오. 그 값이 $e=12 \cdot 5^2$, $r=6 \cdot 5^2$임을 확인하시오. 공식 $p-e+r=2$을 이용하여 p의 값을 구하시오.(곧 p에 대한 식을 찾을 것이다.)

점 p의 수열에 대한 공식은 제곱수의 배수와는 조금 다르다. 점, 변, 영역의 수를 나타내는 정육면체 스트링 (8, 12, 6)을 이용하자. 스트링 (8, 12, 6)과 전체 정육면체 격자를 표현하는 스트링 $(1,\ n,\ n^2)$의 스트링 곱은 정육면체 격자 표면의 점 개수를 나타낸다.[14)]

$(8,\ 12,\ 6)\cdot(1,\ n,\ n^2)=8+12n+6n^2\ (n=0,\ 1,\ 2,\ 3,\ \cdots)$

---

26. 다음 물음에 답하시오.

(a) 다음 식들이 성립함을 확인하시오.

격자	점의 개수(p)
$1\times1\times1$	$(8,\ 12,\ 6)\cdot(1,\ 0,\ 0^2)=8$
$2\times2\times2$	$(8,\ 12,\ 6)\cdot(1,\ 1,\ 1^2)=26$
$3\times3\times3$	$(8,\ 12,\ 6)\cdot(1,\ 2,\ 2^2)=56$
$4\times4\times4$	$(8,\ 12,\ 6)\cdot(1,\ 3,\ 3^2)=98$
$5\times5\times5$	$(8,\ 12,\ 6)\cdot(1,\ 4,\ 4^2)=152$

(b) $6\times6\times6$ 정육면체 격자에서 꼭짓점 개수를 예측하시오.

(c) $7\times7\times7$ 정육면체 격자에서 꼭짓점 개수를 예측하시오.

일반적으로 $n\times n\times n$ 정육면체 격자에서 $p,\ e,\ r$에 대한 식은 다음과 같다.

$$\begin{aligned}p&=(8,12,6)\cdot(1,n-1,(n-1)^2)\\&=8+12(n-1)+6(n-1)^2\\&=8-12+6+6\cdot n^2\\&=2+6\cdot n^2\end{aligned}$$

$$e=12\cdot n^2$$

14) 역자주 : $(1,\ n,\ n^2)$는 $n\times n\times n$의 정육면체 격자에서 n^2은 한 면에 속하는 작은 정사각형의 개수, n은 전체 정육면체의 한 변을 나눈 선분의 개수, 1은 가장 큰 정육면체의 개수를 의미한다.

그리고

$$r = 6 \cdot n^2$$

$r = 6 \cdot n^2$은 $n \times n \times n$ 정육면체 격자의 겉넓이이고, 다음과 같이 표현할 수 있다.

$$p = 2 + r$$

그리고

$$e = 2r$$

정육면체 격자의 점의 개수는 정육면체 표면의 영역의 개수에 2를 더한 값과 같으며, 정육면체 격자의 변의 개수는 정육면체 표면의 영역의 개수의 2배이고, 정육면체 격자의 영역의 개수는 정육면체 겉넓이와 같으므로 다음과 같이 정리할 수 있다.

$$\begin{aligned} p - e + r &= 8 + 12(n-1) + 6(n-1)^2 - 12 \cdot n^2 + 6 \cdot n^2 \\ &= 8 + 12n - 12 + 6n^2 - 12n + 6 - 12 \cdot n^2 + 6 \cdot n^2 \\ &= 8 + 12 + 6 \\ &= 2 \end{aligned}$$

이제 p, e, r의 합을 구해보자.

$$\begin{aligned} p + e + r &= 8 + 12(n-1) + 6(n-1)^2 + 12 \cdot n^2 + 6 \cdot n^2 \\ &= 8 + 12n - 12 + 6n^2 - 12n + 6 + 12 \cdot n^2 + 6 \cdot n^2 \\ &= 8 - 12 + 6 + 24 \cdot n^2 \\ &= 2 + 24 \cdot n^2 \\ &= 2 + 4r \end{aligned}$$

$n^2 = \mathrm{T}_n + \mathrm{T}_{n-1}$이므로 $p + e + r = 2 + 24(\mathrm{T}_n + \mathrm{T}_{n-1})$이다.

사면체 격자

사면체는 네 개의 꼭짓점, 여섯 개의 모서리, 네 개의 면으로 이루어져 있고, 다면체에 대한 오일러 공식 $V-E+F=2$을 만족한다. 이제 사면체 격자(Tetrahedral Grids)의 표면에서 꼭짓점, 모서리, 영역의 개수를 세어보자. 이전 격자에서처럼 점, 변(선분), 영역의 개수를 p, e, r이라 하자.

표면에서만	격자	점의 개수 (p)	변의 개수 (e)	영역의 개수 (r)	$p-e+r$
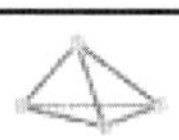	$1\times1\times1$	4	6	4	2
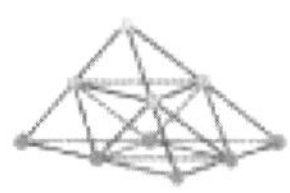	$2\times2\times2$	10	24	16	2
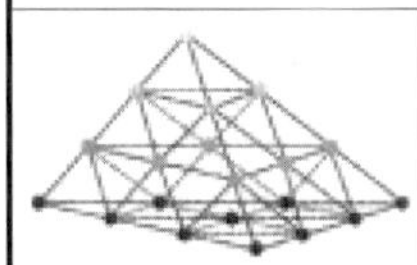	$3\times3\times3$	20	54	36	2

변의 수 6, 24, 54는 제곱수의 6배이다.

$$6=6\cdot1$$
$$24=6\cdot4$$
$$54=6\cdot9$$

영역의 수 4, 16, 36은 제곱수의 4배이다.

$$4=4\cdot1$$
$$16=4\cdot4$$
$$36=4\cdot9$$

각각의 경우마다 $p-e+r=2$가 성립한다.

위의 표를 살펴보면 $e=\frac{3}{2}r$, $p=\frac{1}{2}r+2$이므로

$$p-e+r=(\frac{1}{2}r+2)-\frac{3}{2}r+r=2$$

이다.

27. $4\times4\times4$ 사면체 격자에서 점, 변, 영역의 개수를 구하시오. 사면체의 표면에서만 세어야 함을 기억하시오. 그 값이 $e=6\cdot4^2$, $r=4\cdot4^2$임을 확인하시오.
공식 $p-e+r=2$을 이용하여 p의 값을 구하시오.
(아래 그림은 안을 볼 수 있는 사면체 격자이다.)

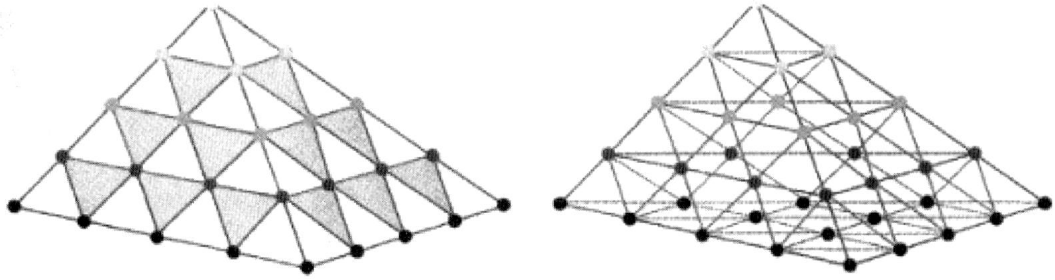

일반적으로 $n\times n\times n$ 사면체 격자에서 p, e, r에 대한 식은 다음과 같다.

$$p=\frac{1}{2}r+2$$
$$=2+2\cdot n^2$$
$$e=6\cdot n^2$$
$$r=4\cdot n^2$$

$r=4\cdot n^2$은 면적을 삼각형 단위로 셀 때, $n\times n\times n$ 사면체 격자의 겉넓이이고, $p=\frac{1}{2}r+2$, $e=\frac{3}{2}r$으로 표현할 수 있다.

이제 p, e, r의 합을 구해보자.

$$p+e+r=2+2\cdot n^2+6\cdot n^2+4\cdot n^2$$
$$=2+12\cdot n^2$$
$$=2+3r$$

$n^2=\mathrm{T}_n+\mathrm{T}_{n-1}$이므로 $p+e+r=2+12(\mathrm{T}_n+\mathrm{T}_{n-1})$이다.

5.13 **다면체를 표현하는 점 다이어그램의 내부와 외부의 점 세기**

아래 그림은 삼각수 T_6의 점 다이어그램으로 스트링을 구할 수 있다. 스트링 (3, 3, 1)은 꼭짓점 개수, 변의 개수, 삼각형 영역의 개수로, 이를 **삼각형 스트링**이라 정의하자. T_6은 파스칼 삼각형 7행에서 찾을 수 있다. 삼각형 스트링은 3행부터 존재하고, 스트링 곱은 7행 $(3+4=7)$에 있으므로 필요한 스트링 (1, 4, 6)은 파스칼 삼각형 4열에 있다.

좀 더 살펴보면 스트링 곱이 점 다이어그램의 꼭짓점 개수, 변 위의 점 개수, 내부의 점 개수임을 알 수 있다.

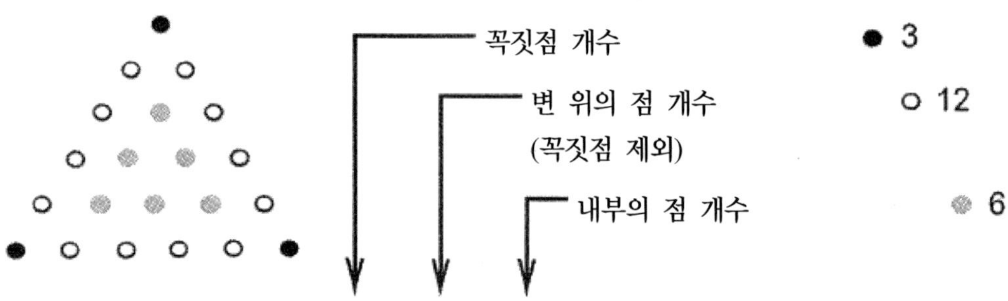

$$T_6=(1,\ 4,\ 6)\cdot(3,\ 3,\ 1)=1\cdot3+4\cdot3+6\cdot1$$
$$=3+12+6$$
$$=21$$

5.13절

1. 그림 없이 삼각수 T_7의 꼭짓점 개수, 변 위의 점 개수(꼭짓점 제외), 내부의 점 개수를 구하시오.(힌트: 3.1절의 문제 15(a) 참고)
   T_7의 점 다이어그램을 그리고 위에서 구한 값이 맞는지 확인하시오.

2. T_5의 점 다이어그램을 그리시오.
   (a) 꼭짓점 개수, 변 위의 점 개수(꼭짓점 제외), 내부의 점 개수를 구하시오.

   (b) T_5를 나타내는 스트링을 구하여 (3, 3, 1)과 스트링곱을 구하시오. (n이 스트링 (3, 3, 1)을 곱해야 하는 행의 수라면, 그 결과는 파스칼 삼각형 $(n+3)$행 2열에 있다. 이 수는 삼각수 T_{n+2}이기도 하다. 또한 3.1절 문제 14도 참고하시오.)
   (a)에서 구한 결과와 함께 곱의 형태로 전개하시오.

비슷한 방법으로 사면체수 $t_5=35$를 살펴볼 수 있다. t_5의 스트링곱은

$$(1,\ 3,\ 3,\ 1)\cdot(4,\ 6,\ 4,\ 1)=1\cdot4+3\cdot6+3\cdot4+1\cdot1=4+18+12+1=35$$

이다. 사면체의 꼭짓점의 개수, 모서리의 개수, 삼각형(면)의 개수, 사면체의 개수로 나타낸 스트링 (4, 6, 4, 1)를 **사면체 스트링**이라 정의하자.(4.7절 참고) t_5는 파스칼 삼각형 7행에서 찾을 수 있다. 사면체 수에 대한 스트링은 4행부터 존재하고, 스트링 곱은 7행$(4+3=7)$에 있으므로 스트링곱은 파스칼 삼각형 3행에 있다.
좀 더 살펴보면 스트링 곱이 점 다이어그램의 꼭짓점의 개수, 모서리 위의 점의 개수(꼭짓점 제외), 면 위의 점의 개수(모서리 제외), 내부의 점의 개수임을 알 수 있다. 아래 그림을 살펴보자.

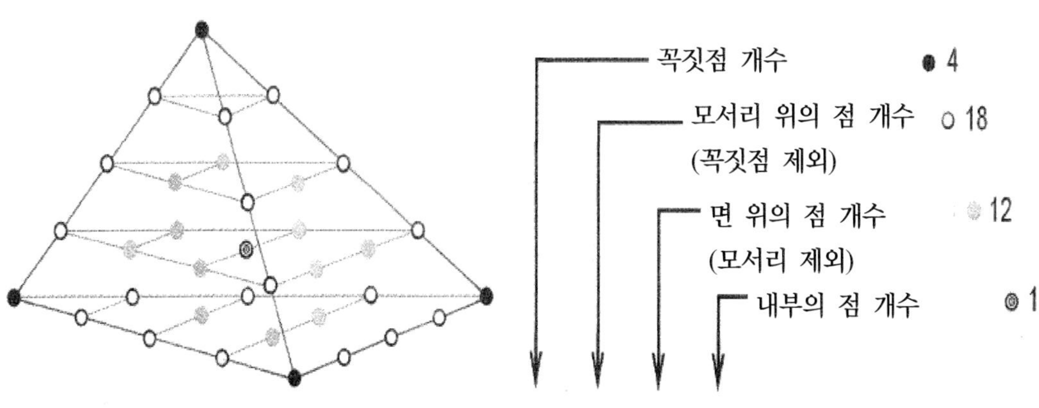

$$\begin{aligned} t_5=(1,\ 3,\ 3,\ 1)\cdot(4,\ 6,\ 4,\ 1)&=1\cdot4+3\cdot6+3\cdot4+1\cdot1\\ &=4+18+12+1\\ &=35\end{aligned}$$

3. 사면체 스트링 (4, 6, 4, 1)의 원소는 파스칼 삼각형의 4열의 원소이다. 이 스트링과 5열의 처음 4개의 원소로 이루어진 스트링의 곱은 어느 열에 있는가? 그리고 그 값은 어느 사면체 수인가?

4. t_{10}은 어느 열에 있는가?

5. t_6의 점 다이어그램을 그리시오.(힌트: 앞의 점 다이어그램에 아래층을 하나 더 그리시오.)
   (a) 점 다이어그램에서 꼭짓점의 개수, 모서리 위의 점의 개수(꼭짓점 제외), 면 위의 점의 개수(모서리 제외), 내부의 점의 개수를 구하시오.

   (b) t_6의 스트링을 구하여 (4, 6, 4, 1)과 스트링곱을 구하시오. (n이 스트링 (4, 6, 4, 1)을 곱해야 하는 행의 수라면, 그 결과는 파스칼 삼각형 ($n+4$)행 3열에 있다. 이 수는 사면체수 t_{n+2}이기도 하다.) (a)에서 구한 결과와 함께 곱의 형태로 전개하시오.(4.1절 문제 5 참고)

6. 그림 없이 사면체수 t_7의 꼭짓점의 개수, 모서리 위의 점의 개수(꼭짓점 제외), 면 위의 점의 개수(모서리 제외), 내부의 점의 개수를 구하시오.

4차원 다면체 오포체에서 정의하는 스트링은 (5, 10, 10, 5, 1)이고, 이 스트링의 원소들은 오포체의 부분공간의 수를 의미한다.(1.8절 참고)

5	**꼭짓점 개수**
10	**모서리의 개수**
10	**삼각형의 개수(면에서)**
5	**사면체의 개수**
1	**오포체의 개수**

오포체 수는 파스칼 삼각형 4열에 있다. 오포체 수의 수열은 1, 5, 15, 35, 70, 126, …이다. 여섯 번째 오포체 수는 $\mathbb{P}_6=126$로 파스칼 삼각형 9행에 있다. 이는 이항계수 C(9, 4)이다. 점 다이어그램에서 $\mathbb{P}_6$는 126개의 점이 있음을 의미한다. 파스칼 삼각형 4행과 오포체에서 정의하는 스트링의 곱은 다음과 같다.

$$\begin{aligned}(1,\ 4,\ 6,\ 4,\ 1)\cdot(5,\ 10,\ 10,\ 5,\ 1) &= 1\cdot5+4\cdot10+6\cdot10+4\cdot5+1\cdot1\\ &=5+40+60+20+1\\ &=126\end{aligned}$$

파스칼 삼각형의 4행과 5행의 스트링 곱을 상기하면, 9행의 수들을 쉽게 알 수 있다. (참고: 오포체 수의 행 위치는 항상 4이다. 이 경우의 스트링 곱은 파스칼 삼각형의 n번째 행을 나타내는 마지막 원소의 열 위치이다.)

더욱이 스트링곱의 중간 결과는 꼭짓점의 개수, 모서리 위의 점의 개수(꼭짓점 제외), 면 위의 점의 개수(모서리 위의 점 제외), 사면체에서의 점의 개수(면 위의 점 제외), 오포체의 내부의 점의 개수이다. 따라서 다음과 같이 정리할 수 있다.

5	**$\mathbb{P}_6$의 꼭짓점 개수**
40	**모서리 위의 점의 개수(꼭짓점 제외)**
60	**면 위의 점의 개수(모서리 위의 점 제외)**
20	**사면체에서 점의 개수(면 위의 점 제외)**
1	**오포체 내부의 점의 개수**
126	**총합**

일반적으로 n행의 처음 다섯 개의 원소들로 구성된 스트링과 5행의 마지막 다섯 개의 원소들로 구성된 스트링 (5, 10, 10, 5, 1)의 스트링곱은 파스칼 삼각형의 $(n+5)$행 4열 원소이다. 이 수는 오포체 수 $\mathbb{P}_{n+2}$이다.

n행의 원소가 5개보다 적은 경우 스트링곱을 구하기 위해 0으로 자리를 채우면 된다. 예를 들어 파스칼 삼각형의 2행으로 구성한 스트링과 스트링곱을 하는 경우 다음과 같다.

$$\begin{aligned}(1,\ 2,\ 1,\ 0,\ 0)\cdot(5,\ 10,\ 10,\ 5,\ 1) &= 1\cdot5+2\cdot10+1\cdot10+0\cdot5+0\cdot1\\ &=5+20+10+0+0\\ &=35=\mathbb{P}_4\end{aligned}$$

스트링곱의 확장된 형태의 조건인 5, 20, 10, 0, 0은 점 다이어그램에서 5개의 꼭짓점, 모서리 위의 20개의 점(꼭짓점 제외), 면 위의 10개의 점(모서리 위의 점 제외), 사면체 내부의 0개의 점, 오포체 내부의 0개의 점을 의미한다.

---

7. 오포체에서 정의한 스트링 (5, 10, 10, 5, 1)은 파스칼 삼각형의 5행의 원소들이다. 6행의 처음 다섯 개의 원소들로 구성된 스트링과 (5, 10, 10, 5, 1)의 스트링 곱은 어느 행에 있는가? 그리고 그 값은 몇 번째 오포체 수인가?

8. $\mathbb{P}_{10}$은 몇 번째 행에 있는가?

9. 다음 물음에 답하시오.

(a) $\mathbb{P}_5$에서 꼭짓점의 개수, 모서리 위의 점의 개수(꼭짓점 제외), 면 위의 점의 개수(모서리 위의 점 제외), 사면체에서 점의 개수(면 위의 점 제외), 오포체 내부에서 점의 개수를 구하시오.

(b) $\mathbb{P}_2$에서 스트링 곱 $(1,\ 0,\ 0,\ 0,\ 0)\cdot(5,\ 10,\ 10,\ 5,\ 1)$을 이용하여 꼭짓점의 개수, 모서리 위의 점의 개수(꼭짓점 제외), 면 위의 점의 개수(모서리 위의 점 제외), 사면체에서 점의 개수(면 위의 점 제외), 오포체 내부에서 점의 개수를 구하시오.

(c) $\mathbb{P}_7$의 스트링을 구하여 (5, 10, 10, 5, 1)과 스트링곱을 구하시오. (n이 스트링 (5, 10, 10, 5, 1)을 곱해야 하는 행의 수라면, 그 결과는 파스칼 삼각형 $(n+5)$행 3열에 있다. 이 수는 오포체 수 $\mathbb{P}_{n+2}$이기도 하다.)

10. 그림 없이 오포체 수 $\mathbb{P}_{10}$의 꼭짓점의 개수, 모서리 위의 점의 개수(꼭짓점 제외), 면 위의 점의 개수(모서리 위의 점 제외), 사면체에서 점의 개수(면 위의 점 제외), 오포체 내부에서 점의 개수를 구하시오.

다면체(다차원)에서 정의된 스트링

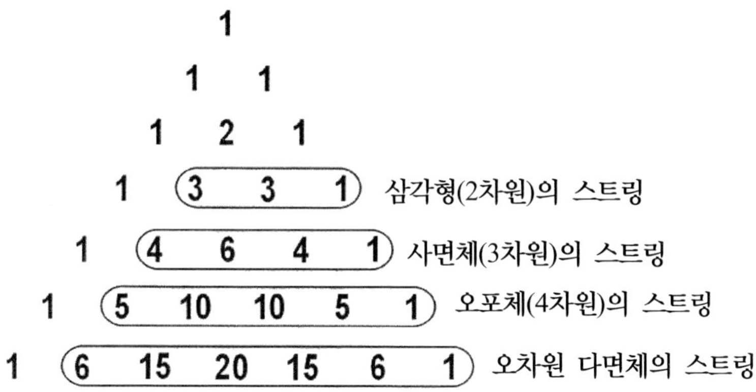

---

11. 5차원 다면체에 정의된 스트링은 (6, 15, 20, 15, 6, 1)이다. 파스칼 삼각형 4행의 원소로 구성된 스트링과 스트링곱을 구하시오.(부족한 자리는 0으로 채우시오.) 구한 결과는 파스칼 삼각형의 몇 행의 원소인가? 이는 여섯 번째 5차원 다면체 수이다.

5.14 n차원 초입방체의 점 다이어그램에서 내부점과 외부점 세기

1장에서 1개의 정육면체는 8개의 꼭짓점, 12개의 모서리, 6개의 면, 1개의 정육면체로 이루어져 있음을 확인하였다. 이 수들을 정육면체에서 정의된 스트링의 성분이라 부르자. 이 수들은 다음과 같은 스트링곱의 결과로 확인할 수 있다.

$$(1,\ 3,\ 3,\ 1)\cdot(2^3,\ 2^2,\ 2^1,\ 2^0)$$

$$=1\cdot 8+3\cdot 4+3\cdot 2+1\cdot 1=\underline{8+12+6+1}=27=3^3$$

하나의 정사각형은 4개의 꼭짓점, 4개의 변과 1개의 정사각형으로 이루어져 있다. 이 수들을 정사각형에서 정의된 스트링의 성분이라 하자. 이 수들로 다음 스트링곱을 확인할 수 있다.

$$(1,\ 2,\ 1)\cdot(2^2,\ 2^1,\ 2^0)=1\cdot 4+2\cdot 2+1\cdot 1=\underline{4+4+1}=9=3^2$$

위에서 2의 거듭제곱, 파스칼 삼각형의 행의 원소를 스트링곱 하였는데, 이 결과는 각각의 도형의 총 부분공간의 수를 나타내며, 3의 거듭제곱으로 표현할 수 있다.

5.14절

1. 초입방체(4차원)는 꼭짓점, 모서리, 면(사각형), 정육면체 및 하나의 초입방체로 구성된다. 위에서 설명한 내용을 확장하여 파스칼 삼각형의 행과 2의 거듭제곱 스트링을 사용하여 초입방체를 구성하는 각 부분공간의 수를 추측하시오. 총 부분공간의 수의 개수는? 이는 3의 거듭제곱인가?(힌트: 1장 10절 참고)

다음으로 다양한 크기의 정사각형과 정육면체에 대한 점 다이어그램을 살펴보고 꼭짓점, 모서리 위의 점(꼭짓점 제외), 면 위의 점(모서리 위의 점 제외) 및 내부의 점을 계산하자. 그 다음 초입방체에 대해 유사한 과정을 수행하자.

정사각형

파스칼 삼각형의 2행의 원소의 합은 정사각형의 꼭짓점의 수와 같다. 1×1, 2×2, 3×3 정사각형의 점 다이어그램은 다음 그림과 같다.

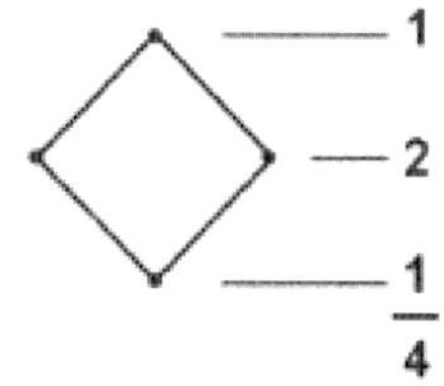

정사각형의 꼭짓점들

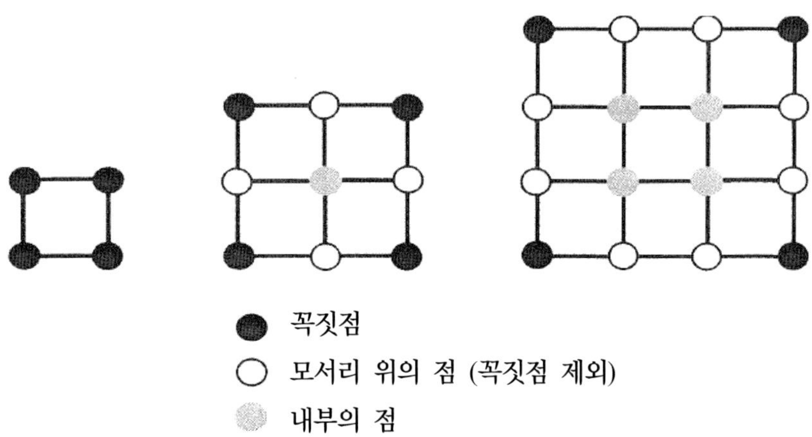

2. 위의 각각의 정사각형 점 다이어그램에 대한 꼭짓점, 변 위의 점(꼭짓점 제외), 내부의 점의 개수를 구하시오. 문제 4와 5에서 이 결과를 이용하시오.

3. 위 그림의 정사각형들의 점의 총 개수는 각각 4, 9, 16이다. 점의 총 개수가 25인 정사각형의 점 다이어그램을 그리고 꼭짓점, 변 위의 점(꼭짓점 제외), 내부의 점의 개수를 구하시오. 문제 4와 5에서 이 결과를 이용하시오.

4. 정사각형에서 정의된 스트링 (4, 4, 1)은 단위 정사각형의 꼭짓점의 수, 변의 수, 사각형 수로 이루어진다. 이 스트링과 아래 주어진 스트링과의 스트링곱으로 표현하시오.

(a) $(1,\ 0^1,\ 0^2)=(1,\ 0,\ 0)$

(b) $(1^0,\ 1^1,\ 1^2)=(1,\ 1,\ 1)$

(c) $(2,\ 2^1,\ 2^2)=(1,\ 2,\ 4)$

(d) $(3^0,\ 3^1,\ 3^2)=(1,\ 3,\ 9)$

각 스트링곱의 결과와 문제 2, 3의 결과를 비교하시오. 무엇을 찾을 수 있는가?

5. 다음 표를 완성하시오. (변 위의 점에서 꼭짓점을 제외한다.)

정사각형의 점 다이어그램

정사각형	꼭짓점 점 v	변 위의 점 e	내부 점 i	합계
1×1	4	0	0	4
2×2	4	4	1	9
3×3	4	8	4	16
4×4	4	12	9	______
5×5	4	16	______	______
6×6	4	______	______	______

문제 5의 표로부터 정사각형의 점 다이어그램에서 꼭짓점의 수는 항상 4개, 변 위의 점의 수 (꼭짓점 제외)는 4의 배수, 내부의 점과 전체 점의 개수는 완전제곱수임을 알 수 있다. $n\times n$의 정사각형에서 아래의 공식을 추론할 수 있다.

$$v=4$$
$$e=4(n-1)$$
$$i=(n-1)^2$$

전체 점의 개수는 다음과 같다.

$$v+e+i=(n+1)^2$$

---

6. $4+4(n-1)+(n-1)^2=(n+1)^2$임을 확인하시오.

7. 문제 6에 나타난 스트링곱이 $n \times n$ 정사각형의 전체 점의 개수와 같다는 것을 확인하시오. 즉, $(1,\ n-1,\ (n-1)^2)\cdot(4,\ 4,\ 1)=(n+1)^2$임을 확인하시오.

8. $v-e+i=(3-n)^2$임을 확인하시오.

9. $\dfrac{(v+e)}{2}+i-1=n^2$임을 확인하시오.

문제 9의 $\dfrac{(v+e)}{2}+i-1=n^2$은 픽 정리(Pick's Theorem)의 특별한 경우이다. 픽 정리는 정사각형 격자에 그려진 다각형(볼록다각형)의 모든 점의 개수(내부와 변)와 다각형의 넓이에 대한 공식이다. 다각형의 넓이 A는 다각형의 변 위에 있는 점의 수 b의 절반에서 다각형의 내부의 점의 수 i를 더한 뒤 1을 뺀 것과 같다. 즉, $A=\left(\dfrac{b}{2}\right)+i-1$로 나타낼 수 있다. 이 다각형은 볼록다각형에서 정의된다. 그러므로 정사각형의 경우에는 $b=v+e$로 나타낼 수 있다. 즉, 다음 식이 성립한다.

$$A=\left(\frac{b}{2}\right)+i-1=\frac{(v+e)}{2}+i-1$$

다음 그림을 참고하자.

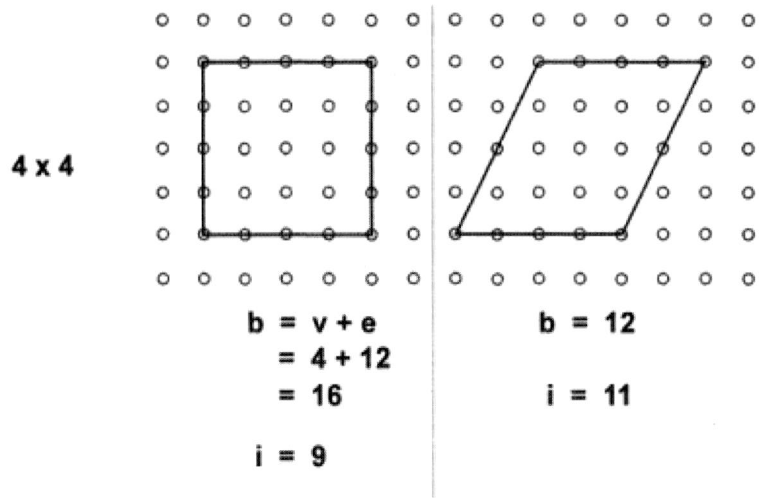

위 두 다각형들의 넓이는 서로 같다. 픽 정리를 적용하여 이를 확인해보자.

사각형

$$A=\left(\frac{b}{2}\right)+i-1$$
$$=\left(\frac{16}{2}\right)+9-1$$
$$=(8)+9-1$$
$$=16$$

마름모

$$A=\left(\frac{b}{2}\right)+i-1$$
$$=\left(\frac{12}{2}\right)+11-1$$
$$=(6)+9-1$$
$$=16$$

> 참고
>
> 4×4 **정사각형의 넓이는** 16**이지만 정사각형 다이어그램에서의 점의 총 개수는** 25**이다. 이것은** $v+e+i=(n+1)^2$**과** $\frac{(v+e)}{2}+i-1=n^2$**이기 때문이다**.

정육면체

이제 정육면체에 대해 살펴보자. **정육면체에서 정의된 스트링**은 (8, 12, 6, 1)이며 아래의 식의 결과이다.

$(1,\ 3,\ 3,\ 1)\cdot(2^3,\ 2^2,\ 2^1,\ 2^0)=1\cdot 8+3\cdot 4+3\cdot 2+1\cdot 1=\underline{8+12+6+1=27}=3^3$

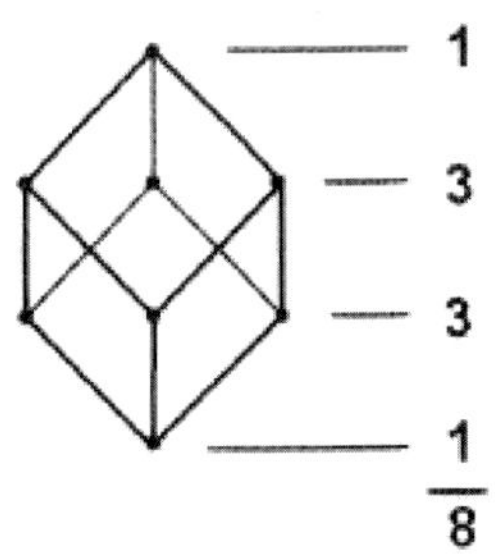

정육면체의 꼭짓점들

8, 12, 6, 1은 정육면체의 부분공간의 수로 각각 꼭짓점, 모서리, 면(정사각형)과 정육면체의 수를 나타낸다.
파스칼의 삼각형의 3행의 원소의 합과 정육면체의 모든 점의 수는 같다.

처음 세 개의 정육면체의 점 다이어그램을 보여준다.

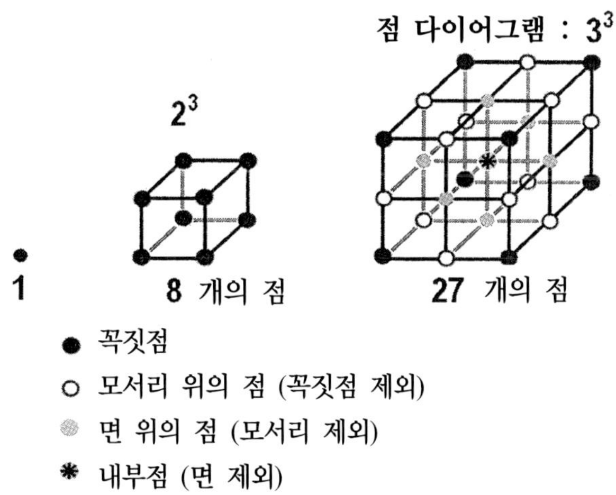

---

10. 위 그림의 각각의 정육면체 점 다이어그램에서 꼭짓점의 수, 모서리 위의 점의 수(꼭짓점 제외), 면 위의 점의 수(모서리 위의 점 제외), 내부점의 수(면 위의 점 제외)를 구하시오. 이 결과는 문제 12에서 사용할 것이다.

11. 위 그림의 정육면체는 각각 전체 점의 개수가 1, 8, 27이다. 점의 총 개수가 $64=4^3$인 정육면체의 점 다이어그램을 그리고 꼭짓점의 수, 모서리 위의 점의 수(꼭짓점 제외), 면 위의 점의 수(모서리 위의 점 제외), 내부점의 수(면 위의 점 제외)를 구하시오. 이 결과는 문제 12에서 사용할 것이다.

12. 정육면체에서 정의된 스트링 (8, 12, 6, 1)의 각 숫자는 꼭짓점, 모서리, 면, 정육면체의 수로 나타난다. 이 스트링과 아래 주어진 스트링과의 스트링곱으로 표현하시오.

(a) $(1,\ 0^1,\ 0^2,\ 0^3)=(1,\ 0,\ 0,\ 0)$

(b) $(1^0,\ 1^1,\ 1^2,\ 1^3)=(1,\ 1,\ 1,\ 1)$

(c) $(2,\ 2^1,\ 2^2,\ 2^3)=(1,\ 2,\ 4,\ 8)$

(d) $(3^0,\ 3^1,\ 3^2,\ 3^3)=(1,\ 3,\ 9,\ 27)$

각각 스트링곱의 결과와 문제 11, 12의 결과를 비교하시오. 무엇을 찾을 수 있는가?

13. 다음 표를 완성하시오.

정육면체의 점 다이어그램

정육면체	꼭짓점의 점 v	모서리 위의 점 e	면 위의 점 f	내부 점 i	합계
$1\times1\times1$	8	0	0	0	8
$2\times2\times2$	8	12	6	1	27
$3\times3\times3$	8	24	24	8	64
$4\times4\times4$	8	36	54	27	____
$5\times5\times5$	8	48	____	____	____
$6\times6\times6$	8	____	____	____	____

문제 13의 표로부터 정육면체의 점 다이어그램에서 꼭짓점의 수는 항상 8개, 모서리 위의 점의 수(꼭짓점 제외)는 12의 배수, 면 위의 점의 수(모서리 제외)는 완전제곱수의 6의 배수, 내부점과 전체 점의 수는 세제곱수임을 알 수 있다. $n\times n\times n$의 정육면체에서 아래의 공식을

추론할 수 있다.

$$v=8$$
$$e=12(n-1)$$
$$f=6(n-1)^2$$
$$i=(n-1)^3$$

전체 점의 개수는 다음과 같다.

$$v+e+f+i=(n+1)^3$$

---

14. $8+12(n-1)+6(n-1)^2+(n-1)^3=(n+1)^3$임을 확인하시오.

15. 문제 14에 나타난 스트링곱이 $n\times n\times n$ 정육면체 점의 총 개수와 같다는 것을 확인하시오. 즉, $\left(1,\ n-1,\ (n-1)^2,\ (n-1)^3\right)\cdot(8,\ 12,\ 6,\ 1)=(n+1)^3$임을 확인하시오.

16. $v-e+f-i=(3-n)^3$임을 확인하시오.

색칠된 정육면체 문제

한 모서리의 길이가 3인 정육면체의 면을 완전히 색칠했다고 하자. 그리고 이것을 모서리의 길이가 같은 27개의 작은 단위 정육면체(모서리의 길이가 1인 정육면체)로 잘랐다고 하자. 다음 몇 개의 흥미로운 문제를 살펴보자.

- 면이 0개 색칠된 단위 정육면체는 몇 개인가?
- 면이 1개 색칠된 단위 정육면체는 몇 개인가?
- 면이 2개 색칠된 단위 정육면체는 몇 개인가?
- 면이 3개 색칠된 단위 정육면체는 몇 개인가?

면이 4개 이상 색칠된 단위 정육면체는 존재할 수 없다. 세 개의 색칠된 면이 있는 단위 정육면체는 원래 정육면체의 꼭짓점에 있다. 두 개의 색칠된 면이 있는 단위 정육면체는 각 모서리의 중앙에 있다. 하나의 색칠된 면이 있는 단위 정육면체는 원래 정육면체의 각 면 중앙에 있다. 그림을 참고하시오.

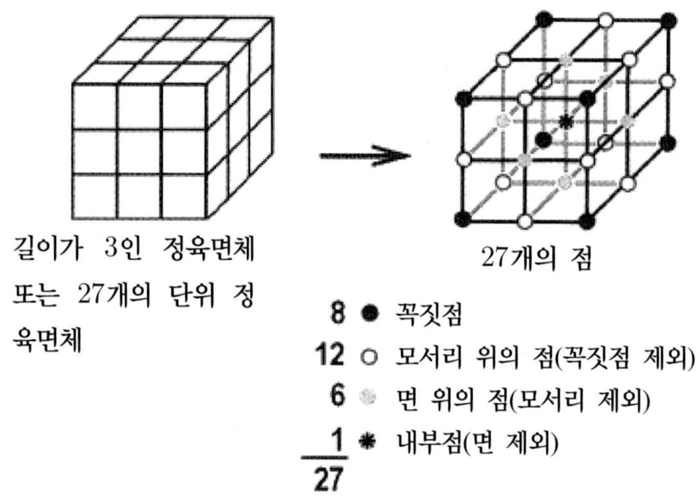

각 단위 정육면체는 27개 점으로 나타난 정육면체 점 다이어그램의 점 중 하나에 해당한다. 뿐만 아니라 모서리 길이가 3인 정육면체에 색칠된 면의 수에 대한 질문의 답은 각 종류의 점, 즉 꼭짓점, 모서리, 면 및 내부점의 수에 해당한다. 각각의 질문에 대한 답은 다음과 같다.

- 면이 0개 색칠된 단위 정육면체는 몇 개인가? 답 : 1

- 면이 1개 색칠된 단위 정육면체는 몇 개인가? 답 : 6
- 면이 2개 색칠된 단위 정육면체는 몇 개인가? 답 : 12
- 면이 3개 색칠된 단위 정육면체는 몇 개인가? 답 : 8

---

17. 모든 면이 색칠된 모서리의 길이가 4인 정육면체를 64개의 단위 정육면체($64=4^3$)로 잘랐다. 다음을 구하시오.

(a) 면이 0개 색칠된 단위 정육면체는 몇 개인가?

(b) 면이 1개 색칠된 단위 정육면체는 몇 개인가?

(c) 면이 2개 색칠된 단위 정육면체는 몇 개인가?

(d) 면이 3개 색칠된 단위 정육면체는 몇 개인가?

스트링곱을 이용하여 문제 17의 정답을 찾을 수 있다. 이 경우 스트링 $(2,\ 2^1,\ 2^2,\ 2^3)=(1,\ 2,\ 4,\ 8)$과 정육면체에서 정의된 스트링 (8, 12, 6, 1)을 이용하면 다음과 같다.

$$(2^0,\ 2^1,\ 2^2,\ 2^3)\cdot(8,\ 12,\ 6,\ 1)$$
$$=1\cdot 8+2\cdot 12+4\cdot 6+8\cdot 1=\underline{\mathbf{8+24+24+8}}=64=4^3$$

중간 결과인 8, 24, 24, 8은 찾고자 하는 답이며 이 수는 또한 64개 점으로 이루어진 정육면체의 점 다이어그램에서 꼭짓점의 수, 모서리 위의 점의 수(꼭짓점 제외), 면 위의 점의 수(모서리 위의 점 제외), 내부점의 수(면 위의 점 제외)이다. 이 절의 문제 13을 살펴보자.

모서리의 길이가 5인 정육면체에서 스트링곱은 다음과 같다.

$$(3^0,\ 3^1,\ 3^2,\ 3^3)\cdot(8,\ 12,\ 6,\ 1)$$
$$=1\cdot 8+3\cdot 12+9\cdot 6+27\cdot 1=\underline{\mathbf{8+36+54+27}}=125=5^3$$

중간 결과인 8, 36, 54, 27은 각각 색칠된 면이 3개, 색칠된 면이 2개, 색칠된 면이 1개, 색칠된 면이 0개인 단위 정육면체의 개수이다. 그리고 이전과 마찬가지로 이 수들은 점의 수가 $5^3=125$인 정육면체의 점 다이어그램에 대한 꼭짓점의 수, 모서리 위의 점의 수(꼭짓점 제외), 면 위의 점의 수(모서리 위의 점 제외), 내부점의 수(면 위의 점 제외)이다. 이 절의 문제 12를 살펴보자.

요약하면 다음의 스트링곱을 이용하여 구할 수 있다.

모서리의 길이가 3인 정육면체 : $(1^0,\ 1^1,\ 1^2,\ 1^3)\cdot(8,\ 12,\ 6,\ 1)$

모서리의 길이가 4인 정육면체 : $(2^0,\ 2^1,\ 2^2,\ 2^3)\cdot(8,\ 12,\ 6,\ 1)$

모서리의 길이가 5인 정육면체 : $(3^0,\ 3^1,\ 3^2,\ 3^3)\cdot(8,\ 12,\ 6,\ 1)$

참고로 이 스트링곱들로부터 세제곱수의 수열을 얻을 수 있다.

(1^3을 포함시켜 완벽하게 표현하였다.)

$1^3=1$

$2^3=8$

$3^3=27$

$4^3=64$

$5^3=125$

18. 모든 면이 색칠된 모서리의 길이가 6인 정육면체를 216개의 단위 정육면체($216 = 6^3$)로 잘랐다. 모서리의 길이가 6인 정육면체에서의 스트링곱을 이용하여 다음을 추측하시오.
(a) 면이 0개 색칠된 단위 정육면체는 몇 개인가?

(b) 면이 1개 색칠된 단위 정육면체는 몇 개인가?

(c) 면이 2개 색칠된 단위 정육면체는 몇 개인가?

(d) 면이 3개 색칠된 단위 정육면체는 몇 개인가?

보이는 정육면체 문제

평면에서 정육면체를 그래픽으로 투영한 윤곽선은 육각형처럼 보일 수 있다. 그리고 여러 개의 단위 정육면체를 쌓아 더 큰 정육면체를 형성하면 그 이미지가 중심 육각수의 이미지처럼 보일 수 있다. 보이는 정육면체 문제는 "단위 정육면체를 아래와 같이 쌓았을 때 보이는 정육면체는 몇 개인가?"라는 질문에 대해 중심 육각수로 이어지는 흥미로운 패턴을 탐구하는 문제이다.

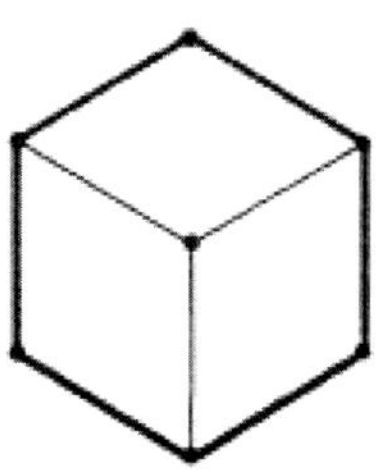

A

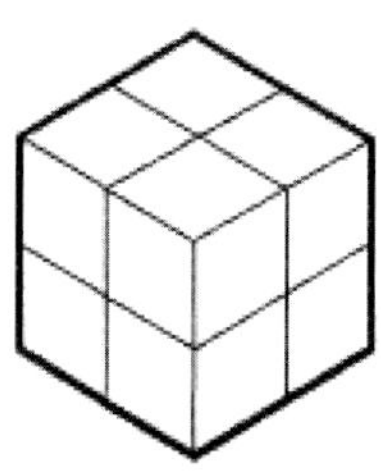

B

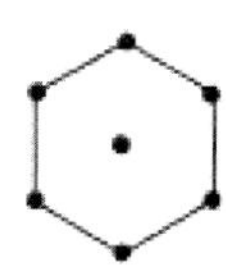

${}^{C}H_2 = 7$ **(보이는 정육면체의 수)**

C

그림 B는 더 큰 정육면체 $2^3 = 8$을 만들기 위해 8개의 단위 정육면체를 쌓아 놓은 것이다. 그러나 정육면체 중 7개만 부분적으로 보이고 하나는 숨겨져 있다. 아래 그림은 $3^3 = 27$을 보여준다. 다음과 같은 방식으로 보이는 정육면체를 찾는다. 먼저, 정면에서 정육면체를 보면 9개의 정육면체가 보인다. 둘째, 오른쪽에서 정육면체를 보면 이전에 세지 않은 6개의 정육면체를 찾을 수 있다. 셋째, 위에서 정육면체를 보면 이전에 세지 않은 정육면체가 4개 있다.

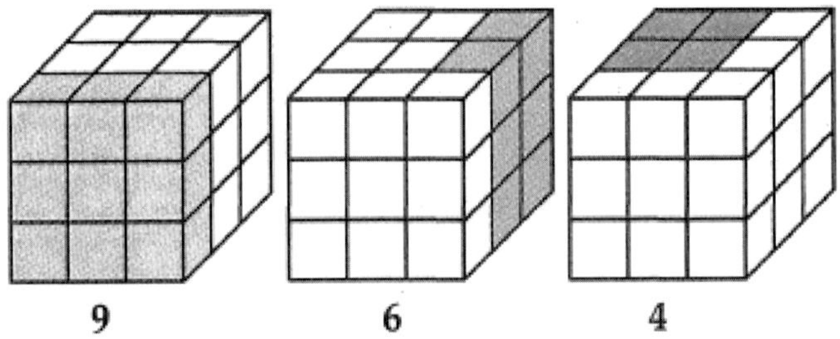

따라서 3×3×3의 정육면체에서 9+6+4=19개의 정육면체를 볼 수 있다. 이때, 19는 3번째 중심 육각수 $^{C}H_3$과 같다.

또한 27개의 단위 정육면체 중 8개가 숨겨져 있다.

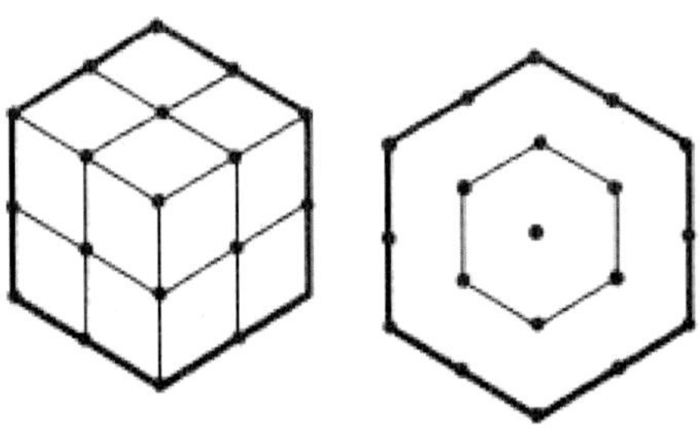

$^{C}H_3 = 19$

19. 다음 표를 완성하시오. 다음 그림에 대하여 위 방법을 사용하자.

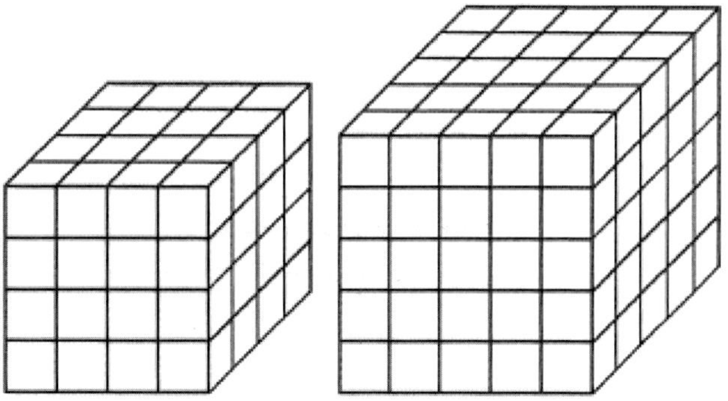

정육면체	보이는 정육면체의 수			전체	중심 육각수
	앞	오른쪽 (세지 않은)	위 (세지 않은)		
$1\times1\times1$	1	0	0	1	1
$2\times2\times2$	4	2	1	7	7
$3\times3\times3$	9	6	4	19	19
$4\times4\times4$	___	___	___	___	___
$5\times5\times5$	___	___	___	___	___

20. $6\times6\times6$ 정육면체의 보이는 정육면체의 수를 예상하시오.

일반적으로 $n\times n\times n$ 정육면체의 보이는 정육면체의 수는 ${}^{C}H_n$이다. 앞에서 보이는 정육면체의 개수는 n^2, 옆에서 보이는 정육면체의 개수(세지 않은)는 $2T_{n-1}$, 위에서 보이는 정육면체의 개수(세지 않은)는 $(n-1)^2$이다. 따라서 $n\times n\times n$ 정육면체의 보이는 정육면체의 수는 $n^2+2T_{n-1}+(n-1)^2$이고, 이는 n번째 중심 육각수와 ${}^{C}H_n$와 같으므로 다음이 성립한다.

$n^2+2T_{n-1}+(n-1)^2={}^{C}H_n$

21. $n=3, 4, 5, 6$일 때, $n^2+2\mathrm{T}_{n-1}+(n-1)^2={}^{\mathrm{C}}\mathrm{H}_n$이 성립함을 확인하시오.

22. $n^2=\mathrm{T}_n+\mathrm{T}_{n-1}$일 때, ${}^{\mathrm{C}}\mathrm{H}_n$을 삼각수의 합으로 나타내시오.

23. 두 수 a와 b의 기하평균은 곱의 제곱근이다. 따라서 9와 4의 기하평균은 $9 \cdot 4$의 제곱근인 6이다. 위의 표에서 옆면에서 보이는 정육면체 수는 앞면과 상단에서 볼 수 있는 수의 기하평균이다. $2\mathrm{T}_{n-1}$이 n^2과 $(n-1)^2$의 기하평균임을 보이시오.

24. $n\times n\times n$ 정육면체의 보이는 정육면체의 수를 나타내는 다른 공식으로 $n^3-(n-1)^3$이 있다. 여기서 $(n-1)^3$은 보이지 않는 정육면체의 개수이다.
$n=2, 3, 4, 5$일 때, $n^3-(n-1)^3={}^{\mathrm{C}}\mathrm{H}_n$이 성립함을 확인하시오.

초입방체

초입방체(4차원)은 꼭짓점, 모서리, 면(사각형), 입체(정육면체)와 하나의 초입방체로 이루어져 있다. 이 절의 시작에서 설명한 개념을 확장하여 파스칼 삼각형의 4행의 원소로 구성된 스트링과 적절한 2의 거듭제곱으로 구성된 스트링으로 스트링곱을 구성한다. 이 스트링곱의 중간 결과는 초입방체의 부분공간의 수, 즉 초입방체에서 찾을 수 있는 꼭짓점, 모서리, 면, 정육면체 및 초입방체의 수를 나타낸다.

$$\begin{aligned}(1,\ 4,\ 6,\ 4,\ 1)\cdot(2^4,\ 2^3,\ 2^2,\ 2^1,\ 2^0) &= 1\cdot 16+4\cdot 8+6\cdot 4+4\cdot 2+1\cdot 1\\ &= \underline{16+32+24+8+1} \quad \Leftarrow \text{4차원 초입방체의 부분공간의 수}\\ &= 81\\ &= 3^4\end{aligned}$$

여기에서 초입방체는 16개의 꼭짓점, 32개의 모서리, 24개의 면, 8개의 정육면체, 1개의 초입방체로 구성되어 있음을 알 수 있다. **초입방체에서 정의된 스트링**은 이 수들로 구성된 (16, 32, 24, 8, 1)이다. 꼭짓점의 수, 모서리의 수, 면의 수, 정육면체의 수 및 초입방체 수의 순서이다.

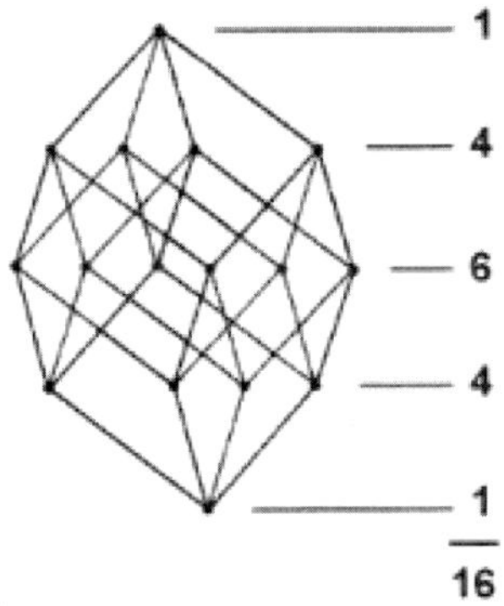

초입방체의 꼭짓점들

파스칼 삼각형의 4행의 원소의 합과 4차원 초입방체의 꼭짓점의 수는 같다.

---

25. 위 그림의 초입방체에서 모서리의 수가 32임을 확인하시오.

26. 5차원 초입방체로 정의된 스트링을 추측하시오.

다음 그림에서 맨 왼쪽과 맨 오른쪽에 있는 다이어그램은 왜곡된 초입방체의 2차원 그림이다. 부분 요소들의 크기나 모양이 같지 않기 때문에 왜곡되어 있다. 부분 요소의 수는 일치한다. 꼭짓점과 모서리는 쉽게 보이므로 각각 16개 및 32개이다. 24개의 면은 식별하기 어렵고 8개의 정육면체는 2차원으로 볼 때 서로 교차하는 것처럼 보이기 때문에 훨씬 식별하기 어렵다. 그러나 대칭성을 이용하면 그림에서 표시된 것 처럼 왜곡된 네 쌍의 정육면체로 분리하여 살펴볼 수 있다.

꼭짓점의 절반은 각 정육면체를 식별하기 쉽도록 꼭짓점에 이름을 붙였으며 그림의 오른쪽과 왼쪽 끝에 표시된 초입방체에서 위치를 찾는 데 도움이 되도록 정렬되어 있다.

초입방체의 8개의 정육면체 부분공간

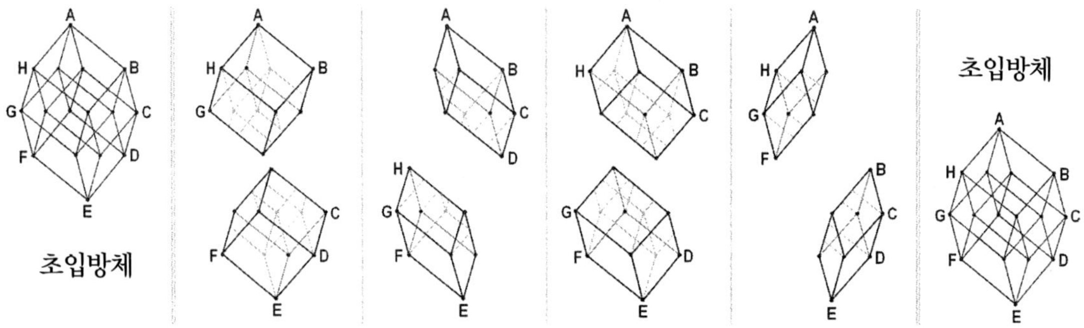

---

27. 초입방체에서 정의된 스트링 (16, 32, 24, 8, 1)과 아래 주어진 스트링과의 스트링곱을 구성하고, 처음 네 개의 초입방체의 수를 구하시오.
    (a) $\left(1,\ 0^1,\ 0^2,\ 0^3,\ 0^4\right)=(1,\ 0,\ 0,\ 0,\ 0)$
    (b) $\left(1^0,\ 1^1,\ 1^2,\ 1^3,\ 1^4\right)=(1,\ 1,\ 1,\ 1,\ 1)$
    (c) $\left(2,\ 2^1,\ 2^2,\ 2^3,\ 2^4\right)=(1,\ 2,\ 4,\ 8,\ 16)$
    (d) $\left(3^0,\ 3^1,\ 3^2,\ 3^3,\ 3^4\right)=(1,\ 3,\ 9,\ 27,\ 81)$

    이 네 개의 결과가 각각 2^4, 3^4, 4^4, 5^4과 같음을 확인하시오.

28. 첫 번째 초입방체 수는 $1^4=1$이다. 6번째 초입방체 수를 찾으시오. 초입방체에서 정의된 스트링을 사용하여 6번째 초입방체 수를 생성하는 스트링곱으로 표현하시오.

초입방체 수에 대한 점 다이어그램을 만들면 꼭짓점, 모서리 (꼭짓점 제외), 면 (모서리에 있는 점 제외), 정육면체 (면에 있는 점 제외) 및 각 초입방체의 내부 (정육면체에 있는 점 제외)의 점의 개수를 찾을 수 있다. 스트링곱과 이전에 정육면체에 적용했던 방법을 이용하면 이를 셀 수 있다. 문제 27에서 서로 다른 수의 거듭제곱으로 구성된 다양한 스트링으로 초입방체에서 정의된 스트링과의 스트링곱을 구성하였다. 초입방체 수에 대한 점 다이어그램에 있는 꼭짓점의 수, 모서리 위의 점의 수(꼭짓점 제외), 면 위의 점의 수(모서리 제외), 입체도형 위의 점의 수(면 제외) 및 내부점의 수(정육면체 제외)를 구하려면 스트링곱의 중간 결과를 확인하면 된다. 예를 들어 초입방체 수 $5^4=625$에서 다음을 얻을 수 있다.

$$
\begin{aligned}
(16,\ 32,\ 24,\ 8,\ 1)\cdot(3^0,\ 3^1,\ 3^2,\ 3^3,\ 3^4) &= (16,\ 32,\ 24,\ 8,\ 1)\cdot(1,\ 3,\ 9,\ 27,\ 81)\\
&= 16\cdot 1+32\cdot 3+24\cdot 9+8\cdot 27+1\cdot 81\\
&= \underline{16+96+216+216+81} \quad \Leftarrow\\
&= 625 = 5^4
\end{aligned}
$$

전체 점의 수가 $5^4=625$인 다섯번째 초입방체 수의 점 다이어그램에서 다음을 얻을수 있다.

16	**꼭짓점의 수**
96	**32개의 모서리 위의 점의 수(꼭짓점 제외)**
216	**24개의 면 위의 점의 수(모서리 제외)**
216	**8개의 정육면체 위의 점의 수(면 제외)**
81	**초입방체의 내부점의 수(정육면체 제외)**
625	**모든 점의 수**

이 스트링곱에는 3의 거듭제곱 스트링을 사용하였다. 이 경우는 다섯 번째 초입방체 수이므로 $5-2=3$이 거듭제곱의 밑으로 사용한 것이다. 항상 거듭제곱의 밑은 n번째 초입방체 수보다 2가 작다.

29. $4^4=256$개의 점을 가지는 초입방체의 점 다이어그램에서 꼭짓점의 수, 모서리 위의 점의 수(꼭짓점 제외), 면 위의 점의 수(모서리 제외), 입체도형 위의 점의 수(면 제외) 및 내부점의 수(정육면체 제외)를 구하시오.

30. 다음 표를 완성하시오.

초입방체의 점 다이어그램

초입방체 n	꼭짓점 v	모서리 위의 점 e	면 위의 점 f	입방체 위의 점 c	내부 점 i	합계
$1\times1\times1\times1$	16	0	0	0	0	$16=2^4$
$2\times2\times2\times2$	16	32	24	8	1	$81=3^4$
$3\times3\times3\times3$	16	64	96	64	16	$256=4^4$
$4\times4\times4\times4$	16	96	216	216	81	$625=$____
$5\times5\times5\times5$	16	128	384	512	256	____$=$____
$6\times6\times6\times6$	16	____	____		____	____$=$____

문제 30의 결과를 보면 꼭짓점의 수는 항상 16이고, 모서리 위의 점의 수(꼭짓점 제외)는 32의 배수이며 면 위의 점의 수(모서리 제외)는 제곱에 24를 곱한 값이고, 정육면체 위의 점의 수(면 제외)는 짝수의 세제곱이고, 내부점의 수는 점 다이어그램의 전체 점의 수와 마찬가지로 완벽한 네제곱수이다.

$n\times n\times n\times n$ 초입방체의 공식은 아래와 같다.

$$v=16$$

$$e=32(n-1)$$

$$f=24(n-1)^2$$

$$c=(2n-2)^3=8(n-1)^3$$

$$i=(n-1)^4$$

각각의 총합은 다음과 같다.

$$v+e+f+c+i=(n+1)^4$$

---

31. $16+32(n-1)+24(n-1)^2+8(n-1)^3+(n-1)^4=(n+1)^4$임을 확인하시오.

32. 문제 31에 나타난 스트링곱이 $n\times n\times n\times n$ 초입방체의 전체 점의 수와 같음을 확인하시오.
즉, $(1,\ n-1,\ (n-1)^2,\ (n-1)^3,\ (n-1)^4)\cdot(16,\ 32,\ 24,\ 8,\ 1)=(n+1)^4$임을 확인하시오.

33. $v-e+f-c+i=(3-n)^4$임을 확인하시오.

5차원 초입방체(오포체)

5차원 초입방체은 꼭짓점, 모서리, 면(사각형), 입체(정육면체), 4차원 초입방체과 하나의 5차원 초입방체으로 이루어져 있다. 이 절의 시작에서 설명한 개념을 확장하여 파스칼의 삼각형의 5번째 행의 원소로 구성된 스트링과 적절한 2의 거듭제곱으로 구성된 스트링으로 스트링곱을 구성한다. 이 스트링곱의 중간 결과는 5차원 초입방체의 부분공간의 수, 즉 5차원 초입방체에서 찾을 수 있는 꼭짓점, 모서리, 면, 정육면체, 4차원 초입방체과 5차원 초입방체의 수를 나타낸다.

$$\begin{aligned}(1,\ 5,\ 10,\ 10,\ 5,\ 1)\cdot(2^5,\ 2^4,\ 2^3,\ 2^2,\ 2^1,\ 2^0)&=1\cdot 32+5\cdot 16+10\cdot 8+10\cdot 4+5\cdot 2+1\cdot 1\\&=\underline{32+80+80+40+10+1}\\&=243\\&=3^5\end{aligned}$$

⇦ 5차원 초입방체의 부분공간의 수

여기에서 5차원 초입방체는 32개의 꼭짓점, 80개의 모서리, 80개의 면, 40개의 정육면체, 10개의 4차원 초입방체과 하나의 5차원 초입방체로 구성되어 있음을 알 수 있다. **5차원 초입방체에서 정의된 스트링**은 이 수들로 구성된(32, 80, 80, 40, 10, 1)이다. 꼭짓점의 수, 모서리의 수, 면의 수, 정육면체의 수, 4차원 초입방체 수와 5차원 초입방체의 수의 순서이다. 파스칼 삼각형의 5행의 원소의 합과 5차원 초입방체의 꼭짓점의 수는 같다.

$$1+5+10+10+5+1=32$$

---

34. 5차원 초입방체에서 정의된 스트링 (32, 80, 80, 40, 10, 1)과 아래 주어진 스트링과의 스트링 곱을 구성하고, 처음 네 개의 5차원 초입방체의 수를 구하시오.
    (a) $(1,\ 0^1,\ 0^2,\ 0^3,\ 0^4,\ 0^5)=(1,\ 0,\ 0,\ 0,\ 0,\ 0)$
    (b) $(1^0,\ 1^1,\ 1^2,\ 1^3,\ 1^4,\ 1^5)=(1,\ 1,\ 1,\ 1,\ 1,\ 1)$
    (c) $(2,\ 2^1,\ 2^2,\ 2^3,\ 2^4,\ 2^5)=(1,\ 2,\ 4,\ 8,\ 16,\ 32)$
    (d) $(3^0,\ 3^1,\ 3^2,\ 3^3,\ 3^4,\ 3^5)=(1,\ 3,\ 9,\ 27,\ 81,\ 243)$
    이 네 개의 결과가 각각 2^5, 3^5, 4^5, 5^5과 같음을 확인하시오.

35. 첫 번째 5차원 초입방체 수는 $1^4=1$이다. 6번째 5차원 초입방체 수를 찾으시오. 5차원 초입방체에서 정의된 스트링을 사용하여 6번째 5차원 초입방체 수를 생성하는 스트링 곱으로 표현하시오.

5차원 초입방체 수에 대한 점 다이어그램을 만들면 꼭짓점의 수, 모서리 위의 점의 수(꼭짓점 제외), 면 위의 점의 수(모서리 제외), 정육면체 위의 점의 수(면 제외), 4차원 초입방체 위의 점의 수(정육면체 제외) 및 5차원 초입방체의 내부점의 수(4차원 초입방체 제외)를 찾을 수 있다. 스트링곱과 이전에 4차원 초입방체에 적용했던 방법을 이용하면 이들을 셀 수 있다. 문제 34에서 서로 다른 수의 거듭제곱으로 구성된 다양한 스트링으로 5차원 초입방체에서 정의된 스트링 (32, 80, 80, 40, 10, 1)과의 스트링곱을 구성하였다. 5차원 초입방체 수에 대한 점 다이어그램에 있는 꼭짓점의 수, 모서리 위의 점의 수(꼭짓점 제외), 면 위의 점의 수(모서리 제외), 정육면체 위의 점의 수(면 제외), 4차원 초입방체 위의 점의 수(정육면체 제외) 및

5차원 초입방체의 내부점의 수(4차원 초입방체 제외)의 점을 세려면 스트링곱의 중간 결과를 확인한다. 예를 들어 초입방체 수 $4^5 = 1024$에서 다음을 얻을 수 있다.

$$\begin{aligned}(32,\ 80,\ 80,\ 40,\ 10,\ 1)\cdot(2^0,\ 2^1,\ 2^2,\ 2^3,\ 2^4,\ 2^5)\\ &= (32,\ 80,\ 80,\ 40,\ 10,\ 1)\cdot(1,\ 2,\ 4,\ 8,\ 16,\ 32)\\ &= 32\cdot 1+80\cdot 2+80\cdot 4+40\cdot 8+10\cdot 16+1\cdot 32\\ &= \underline{\mathbf{32+160+320+320+160+32}} \quad \Leftarrow\\ &= 1024 = 4^5\end{aligned}$$

그러므로 네 번째 5차원 초입방체 수인 4^5의 점 다이어그램에서 전체 점의 수는 1024이고, 구성은 다음과 같다.

32	**꼭짓점의 수**
160	80**개의 모서리 위의 점의 수(꼭짓점 제외)**
320	80**개의 면 위의 점의 수(모서리 제외)**
320	24**개의 정육면체 위의 점의 수(면 제외)**
160	10**개의 4차원 초입방체 위의 점의 수(정육면체 제외)**
32	**5차원 초입방체의 내부점의 수(4차원 초입방체 제외)**
1024	**모든 점의 수**

이 스트링곱에는 2의 거듭제곱 스트링을 사용하였다. 이 경우는 네 번째 5차원 초입방체 수이므로 $4-2=2$이 거듭제곱의 밑으로 사용한 것이다. 항상 거듭제곱의 밑은 n번째 5차원 초입방체 수보다 2가 작다.

36. $3^5 = 243$개의 점을 가지는 5차원 초입방체의 점 다이어그램에서 꼭짓점의 수, 모서리 위의 점의 수(꼭짓점 제외), 면 위의 점의 수(모서리 제외), 정육면체 위의 점의 수(면 제외), 4차원 초입방체 위의 점의 수(정육면체 제외) 및 5차원 초입방체의 내부점의 수(4차원 초입방체 제외)를 구하시오.

37. $5^5 = 3125$개의 점을 가지는 초입방체(5차원)의 점 다이어그램에서 꼭짓점의 수, 모서리 위의 점의 수(꼭짓점 제외), 면 위의 점의 수(모서리 제외), 정육면체 위의 점의 수(면 제외), 4차원 초입방체 위의 점의 수(정육면체 제외) 및 5차원 초입방체의 내부점의 수(4차원 초입방체 제외)를 구하시오.

4차원과 5차원 초입방체의 수는 모두 삼각수의 합의 형태로 다음과 같이 표현할 수 있다.

$$(\mathrm{T}_n + \mathrm{T}_{n-1})^2 = \mathrm{T}_{n^2} + \mathrm{T}_{n^2-1} = n^4$$

$$(\mathrm{T}_{n^2} - \mathrm{T}_{n^2-1}) \cdot \left[(\mathrm{T}_n)^2 - (\mathrm{T}_{n-1})^2\right] = n^5$$

38. $\mathrm{T}_{4^2} + \mathrm{T}_{4^2-1} = 4^4$와 $(\mathrm{T}_4 + \mathrm{T}_{4-1})^2 = 4^4$임을 확인하시오.

$n > 1$인 자연수 중 하나를 택하여 다음 식이 성립함을 확인하시오.

$$(\mathrm{T}_n + \mathrm{T}_{n-1})^2 = \mathrm{T}_{n^2} + \mathrm{T}_{n^2-1} = n^4$$

39. $n > 1$인 자연수 중 하나를 택하여 다음 식이 성립함을 확인하시오.

$$(\mathrm{T}_{n^2} - \mathrm{T}_{n^2-1}) \cdot \left[(\mathrm{T}_n)^2 - (\mathrm{T}_{n-1})^2\right] = n^5$$

요약

파스칼 삼각형의 두 번째 행의 수의 총합은 사각형의 꼭짓점의 수와 같다.

$1+2+1=4$

파스칼 삼각형의 세 번째 행의 수의 총합은 정육면체의 꼭짓점의 수와 같다.

$1+3+3+1=8$

파스칼 삼각형의 네 번째 행의 수의 총합은 4차원 초입방체의 꼭짓점의 수와 같다.

$1+4+6+4+1=16$

파스칼 삼각형의 두 번째 행의 수의 총합은 5차원 초입방체의 꼭짓점의 수와 같다.

$1+5+10+10+5+1=32$

초입방체에서 정의된 스트링의 성분은 꼭짓점(0차원), 모서리(1차원), 정사각형 (2차원), 정육면체(3차원) 및 더 높은 차원의 초입방체의 수를 순서대로 나타낸다.

초입방체에서 정의된 스트링

(4, 4, 1) 정사각형(2차원)

$$(1, 3, 3, 1)\cdot(2^3, 2^2, 2^1, 2^0) = 1\cdot 8+3\cdot 4+3\cdot 2+1\cdot 1$$
$$= 8+12+6+1=27=3^3$$

(8, 12, 6, 1) 정육면체(3차원)

$$(1, 3, 3, 1)\cdot(2^3, 2^2, 2^1, 2^0) = 1\cdot 8+3\cdot 4+3\cdot 2+1\cdot 1$$
$$= 8+12+6+1=27=3^3$$

(16, 32, 24, 8, 1) 4차원 초입방체(4차원)

$$(1, 4, 6, 4, 1)\cdot(2^4, 2^3, 2^2, 2^1, 2^0)=1\cdot 16+4\cdot 8+6\cdot 4+4\cdot 2+1\cdot 1$$
$$=16+32+24+8+1=81=3^4$$

(32, 80, 80, 40, 10, 1) 5차원 초입방체(5차원)

$$(1, 5, 10, 10, 5, 1)\cdot(2^5, 2^4, 2^3, 2^2, 2^1, 2^0)$$
$$=1\cdot 32+5\cdot 16+10\cdot 8+10\cdot 4+5\cdot 2+1\cdot 1$$
$$=\underline{32+80+80+40+10+1}=243=3^5$$

이렇게 정의된 스트링의 성분의 합은 3의 거듭제곱이다. 일반적으로 n차원 초입방체일 때 3^n이다.

또한 각각의 스트링의 성분들에 +, −부호를 교대로 붙인 다음 모두 더하면 항상 1이다. 이러한 결과는 n차원 초입방체에 대한 오일러 공식으로 나타낼 수 있다.

차n원 초입방체에 대한 오일러 공식들		
	$4-4+1=1$	**정사각형**
	$8-12+6-1=1$	**정육면체**
	$16-32+24-8+1=1$	**4차원 초입방체**
	$32-80+80-40+10-1=1$	**5차원 초입방체**

이 수들은 더 높은 차원의 꼭짓점, 모서리, 정사각형, 정육면체 및 초입방체의 수를 순서대로 계산한 것이다.

예시: $1000=10^3$개의 점을 가진 정육면체에 대한 점 다이어그램을 생각하자. 스트링 $(8^0,\ 8^1,\ 8^2,\ 8^3)$(거듭제곱의 밑 8은 계산할 열 번째 정육면체의 수 10보다 2가 작다.)과 정육면체에서 정의된 스트링을 사용한 스트링곱을 구한다. 꼭짓점의 수, 모서리 위의 점의 수(꼭짓점 제외), 면 위의 점의 수(모서리 제외), 내부점의 수(면 제외)를 알아낼 수 있다.

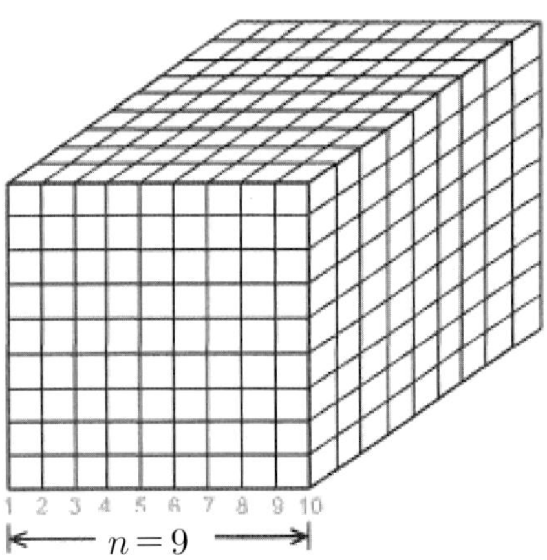

단위수 9^3

점 729개

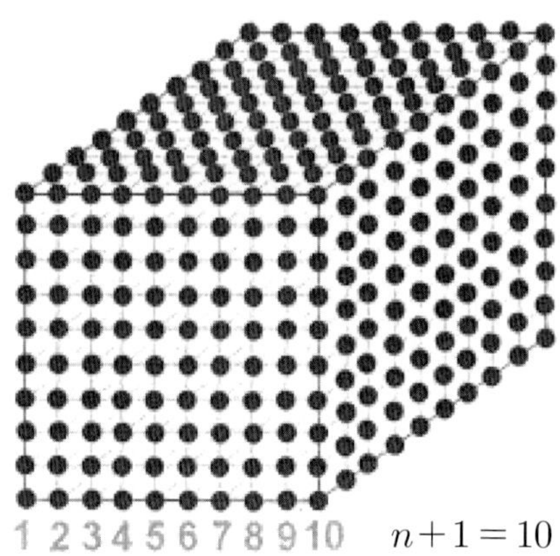

$n+1=10$

10^3

점 1000개

이 스트링곱은

$$\begin{aligned}(8^0,\ 8^1,\ 8^2,\ 8^3)\cdot(8,\ 12,\ 6,\ 1) &= 1\cdot 8+8\cdot 12+64\cdot 6+512\cdot 1\\ &= \mathbf{8+96+384+512}\\ &= 1000=(n+1)^3=10^3\end{aligned}$$

8	**꼭짓점의 수**
96	**모서리 위의 점의 수(꼭짓점 제외)**
384	**면 위의 점의 수(모서리 제외)**
512	**내부점의 수(면 제외)**
1000	**전체 점의 수**

또한 이 수들의 교대합은 다음과 같다.

$$8-96+384-512=(3-n)^3=(3-9)^3=(-6)^3=-216$$

6
격자 경로 세기

6.1 격자에서 경로 세기 - 첫 번째

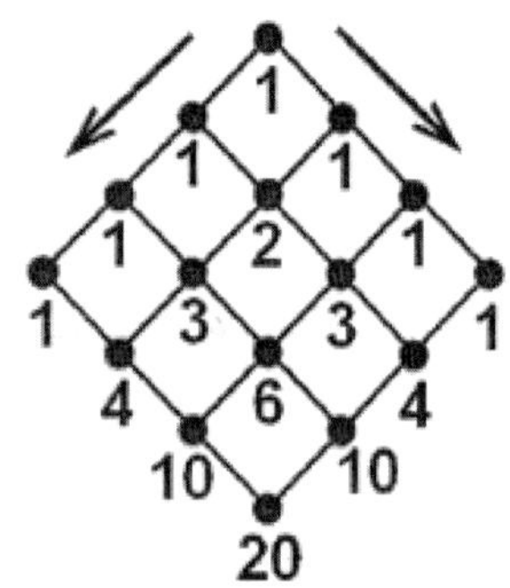

1장 14절에서 파스칼 삼각형을 이용하여 정사각형 격자를 통과하는 가장 짧은 경우의 수를 셀 수 있다. 경로는 격자 선만 따라갈 수 있으며 수평 또는 수직 방향으로 갈 수 없다. 이러한 경로를 격자 경로(lattice paths)라고 한다.

다음 그림에서 위에서 아래로 내려가는 경로를 찾아보자. 상단에서 각 지점에 도착하는 방법의 수를 적어보자. 각 수는 파스칼 삼각형처럼 바로 위에 있는 두 수의 합이다.

예를 들어 '6'이라고 표시된 지점으로 가는 길을 따라가려면 '3'으로 표시된 두 지점 중 하나에서 출발해야 도착할 수 있다는 것을 알 수 있다. 3×3의 격자에는 위에서 아래로 총 20개의 최단 경로가 있다.

그림의 중앙 아래에 있는 수, 1, 2, 6 및 20은 중심 이항 계수(central binomial coefficients) $C(2n,\ n)$이다. $n=1,\ 2,\ 3$에 대한 다음 그림의 맨 아래에서 이 수들을 볼 수 있다. 전체 그림은 파스칼 삼각형 부분으로 볼 수 있다.

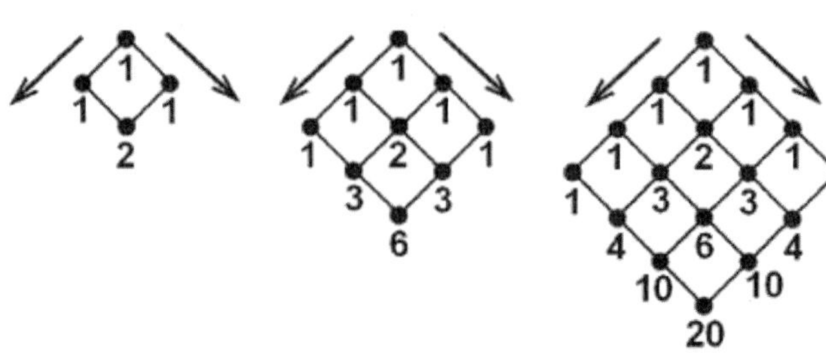

일반적으로 $n \times n$ 격자의 시작점에서 끝점으로 향하는 최단 경로의 수는 $C(2n,\ n)$이고, $m \times n$ 격자에서의 최단경로의 수는 $C(m+n,\ m) = C(m+n,\ n)$이다.

6.1절

1. 다음 4×4 격자에서 위에서 아래로만 갈 수 있다고 할 때, 각 점 옆의 경로를 따라 위에서 아래로 가는 방법의 수를 적으시오. 시작점에서 끝점으로의 최단 경로의 수를 구하시오.

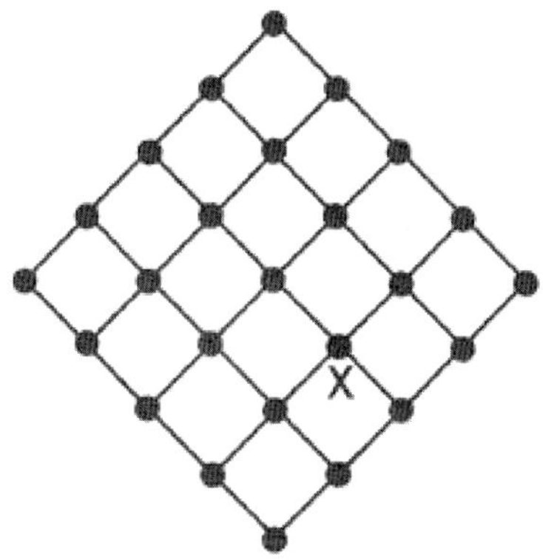

2. C(8, 4)의 값을 구하고 문제 1의 결과와 비교하시오.

3. 시작점에서 점 X를 지나 끝점으로 도달하는 최단 경로의 수를 구하시오. (힌트 : 답은 10이 아니다.)

4. 공식 $C(2n,\ n)$을 사용하여 6×6 격자의 최단 경로의 수를 구하시오.

위의 문제 3의 그림에서 점 X에 도달하는 최단 경로의 수는 10이다. 그러나 X에 도착한 후 끝점에 도달하는 몇 가지 방법이 더 있다. 점 X에서 시작하여 끝점으로 가는 최단 경로의 수는 3이다. 세기의 기본 원리(Fundamental Principle of Counting, 1.13절)를 사용하여 점 X를 통과하는 최단 경로의 수는 $10 \times 3 = 30$이다.

5. 점 X를 지나지 않는 최단 경로의 수를 구하시오. (문제 1~3을 다시 반복한다.)

위의 그림에서 점 X를 지나는 최단 경로의 수는 시작점에서 점 X까지의 최단 경로의 수와 끝점에서 점 X까지의 최단 경로의 수의 곱이다. 다시 말하면 이것은 세기의 기본원리를 적용한 것이다.

아래 그림에서는 격자의 위에서 아래로, 아래에서 위로까지 각 지점에 도착할 수를 적은 두 가지 패턴을 나타낸다.

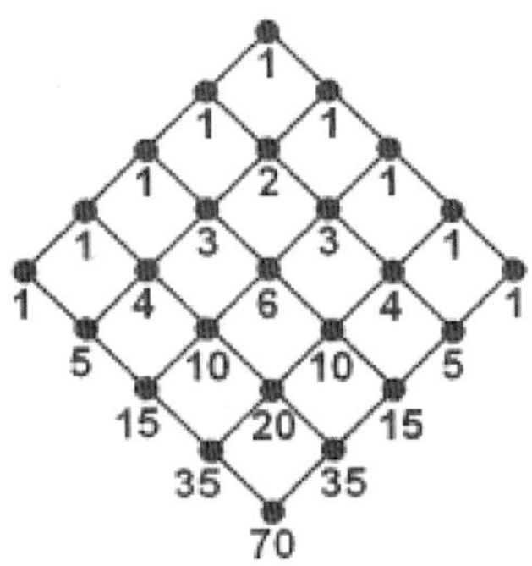

시작점에서 끝점까지

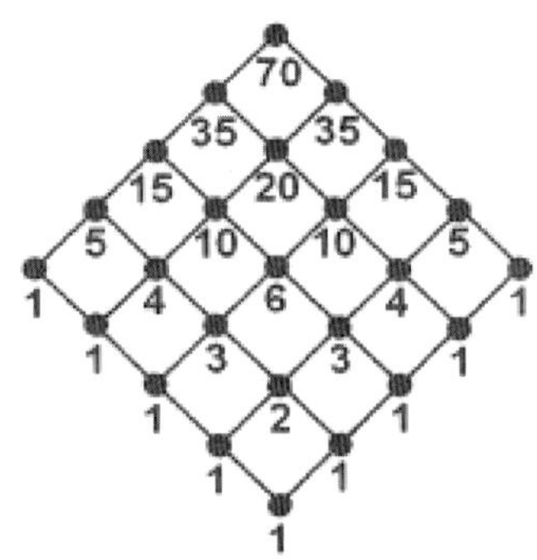

끝점에서 시작점까지

위 두 그림의 수의 배열을 겹쳤을 때 같은 위치에 있는 수들을 곱하여 각 지점을 지나는 최단 경로의 수를 찾는다. 이 결과의 수 배열을 곱셈 배열(Array of Products)이라고 부를 것이다. 참고 : 이것은 2.3절에서 사용한 것과 동일한 절차이다.

1·70
1·35 1·35
1·15 2·20 1·15
1·5 3·10 3·10 1·5
1·1 4·4 6·6 4·4 1·1
5·1 10·3 10·3 5·1
15·1 20·2 15·1
35·1 35·1
70·1

⇨

70
35 35
15 40 15
5 30 30 5
1 16 36 16 1
5 30 30 5
15 40 15
35 35
70

겹치고 곱함.

곱셈 배열 - 이 수들을 아래 격자에 배열한다.

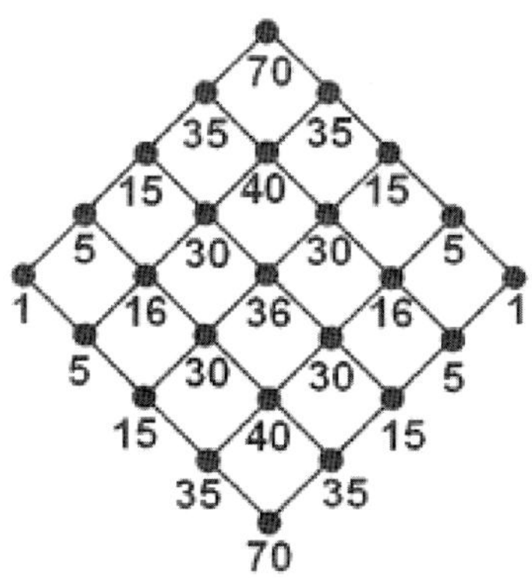

이 그림은 시작점에서 끝점으로 각 지점을 통과하는 최단 경로의 수를 나타낸다.

---

6. 위에 나타낸 곱셈 배열의 각 행에 있는 모든 수의 합을 구하시오. 어떤 사실을 알 수 있는가?

7. 위에서 구한 4×4 격자에 대한 곱셈 배열과 비슷한 방법으로 3×3 격자의 최단 경로를 구하는 곱셈 배열의 그림을 구성하시오.

아래 그림은 해당 행의 각 지점을 지나는 최단 경로 수와 함께 4×4 격자의 중간 행을 나타낸다. 시작점에서 끝점으로 경로를 택하면 중간 행의 지점 중 하나를 지나야 한다. 시작점에서 끝점으로 70개의 최단 경로가 있으므로 가운데 행의 수의 합도 70이어야 한다. 실제로 가로 행의 수의 합은 70이다.

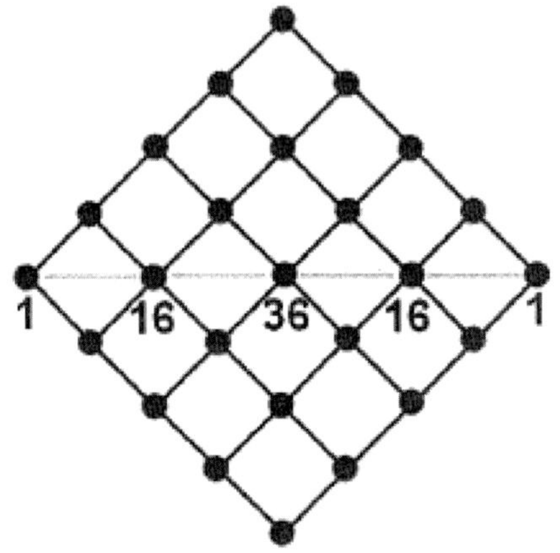

8. 문제 7에서 구한 곱셈 배열의 각 행에 있는 모든 수의 합을 구하시오. 어떤 사실을 알 수 있는가?

곱셈 배열에는 여러 가지 흥미로운 성질이 있다. 각 행은 파스칼 삼각형 행과 다른 행의 일부로 구성된 스트링의 스트링곱의 중간 결과로 나타나는 수로 구성된다. 예를 들어 곱셈 배열의 중간 행이 스트링곱의 중간 결과로 나타난 수임을 아래와 같이 확인할 수 있다.

$$(1,\ 4,\ 6,\ 4,\ 1)\cdot(1,\ 4,\ 6,\ 4,\ 1)=\mathbf{1+16+36+16+1}=70$$

가운데 행 바로 위의 행에 있는 수는 다음 스트링곱에서 찾을 수 있다.

$$(1,\ 3,\ 3,\ 1)\cdot(5,\ 10,\ 10,\ 15)=\mathbf{5+30+30+5}=70$$

첫 번째 스트링은 파스칼 삼각형의 세 번째 행의 수들로 구성된다. 두 번째 스트링은 5번째 행의 중심에서 같은 개수의 수들로 구성된다.

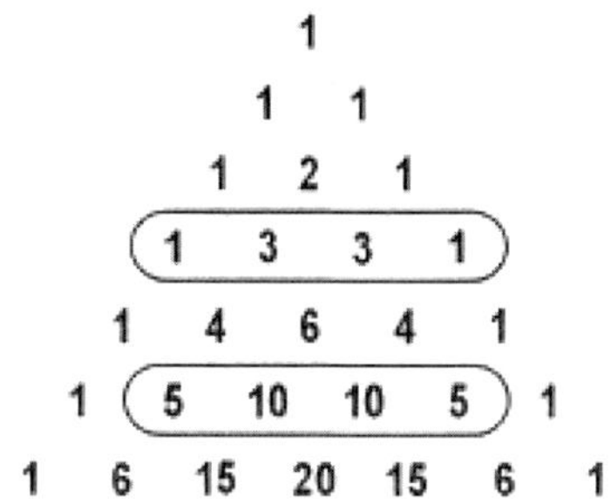

이 스트링은 파스칼 삼각형의 3번째와 5번째 행에서 형성되었으므로 스트링곱은 8번째 행에서 찾을 수 있다. 스트링곱은 70 = C(8, 4)이다. 곱셈 배열의 각 행에 있는 수의 합은 70 = C(8, 4)이고 해당 행의 수는 파스칼 삼각형의 다양한 행에 대한 스트링곱의 중간 결과로 나타내어진다.

---

9. 파스칼 삼각형의 스트링과 곱셈 배열의 두 번째 및 세 번째 행에 있는 수들을 만드는 스트링곱의 중간 결과로 나타내시오. 즉, 15 40 15가 되는 두 행의 일부와 35 35가 되는 두 행의 일부를 각각 표시하시오. (아래 그림을 참고하시오.)

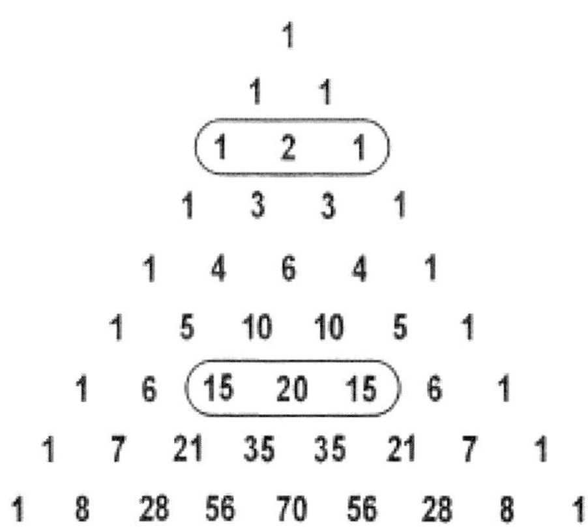

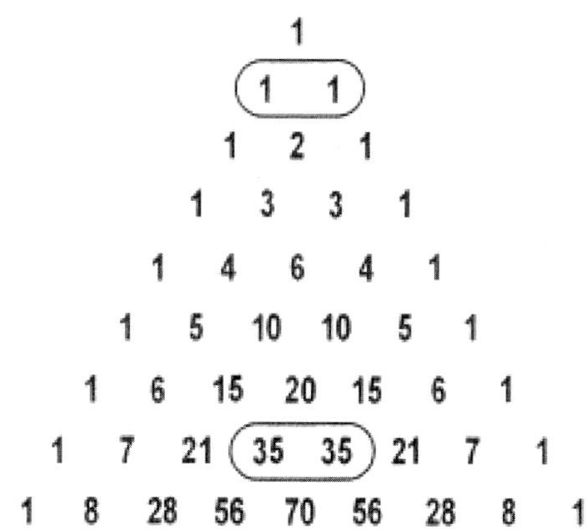

아래 그림은 대각선의 합이 모두 126인 곱셈 배열의 수로 C(9, 4)로부터 주어진 파스칼 삼각형의 원소이다. (C(9, 4) = C(9, 5)이므로 C(9, 5)이기도 하다.) 예를 들어 1, 5, 15, 35,

70으로 주어진 대각선의 수들의 합은 126이다. 이 대각선은 2장에서 살펴본 파스칼 삼각형의 '하키 스틱 성질'의 예시이다. 그러나 5, 16, 30, 40, 35으로 주어진 대각선에 포함된 수는 다른 모든 대각선의 수와 마찬가지로 그 합이 126이 된다.

$1+5+15+35+70=126$, $15+30+36+30+15=126$, $\mathbf{5+16+30+40+35=126}$

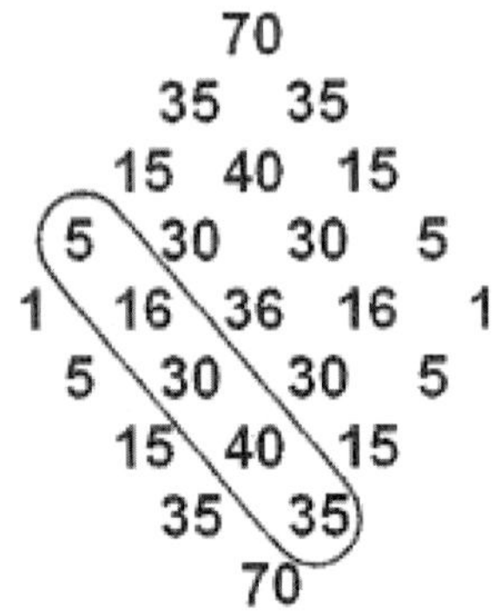

이 대각선의 수들은 흥미로운 방법인 스트링곱의 중간 결과로 나타난다. 다음 패턴을 살펴보시오.

$$(1,\ 1,\ 1,\ 1,\ 1)\cdot(1,\ 5,\ 15,\ 35,\ 70)=\mathbf{1+5+15+35+70}=126=C(9,\ 4)$$
$$(5,\ 4,\ 3,\ 2,\ 1)\cdot(1,\ 4,\ 10,\ 20,\ 35)=\mathbf{5+16+30+40+35}=126$$
$$(15,\ 10,\ 6,\ 3,\ 1)\cdot(1,\ 3,\ 6,\ 10,\ 15)=\mathbf{15+30+36+30+15}=126$$
$$(35,\ 20,\ 10,\ 4,\ 1)\cdot(1,\ 2,\ 3,\ 4,\ 5)=\mathbf{35+40+30+16+5}=126$$
$$(70,\ 35,\ 15,\ 5,\ 1)\cdot(1,\ 1,\ 1,\ 1,\ 1)=\mathbf{1+5+15+35+70}=126$$

위의 각 스트링곱의 첫 번째 스트링은 파스칼 삼각형 열에 있는 원소를 역순으로(큰 것에서 작은 것으로) 나열한 것이다. 위의 각 스트링곱의 두 번째 스트링은 파스칼 삼각형 열에 있는 원소를 순서대로(작은 것에서 큰 것으로) 나열한 것이다. 예를 들어, 위의 두 번째 스트링곱을 보면 다음과 같다.

$$(5,\ 4,\ 3,\ 2,\ 1)\cdot(1,\ 4,\ 10,\ 20,\ 35)=\mathbf{5+16+30+40+35}=126$$

이 스트링은 파스칼 삼각형의 제1열과 제3열에 있다. 아래 그림을 참고하여라. 각 스트링의 길이는 5이고 스트링곱인 126은 선택한 스트링의 길이 5와 두 열의 번호의 1과 3의 합인 $1+3+5=9$ 행에서 찾을 수 있다. 해당 행의 위치는 $5-1=4$이며 스트링 길이보다 하나 작다.

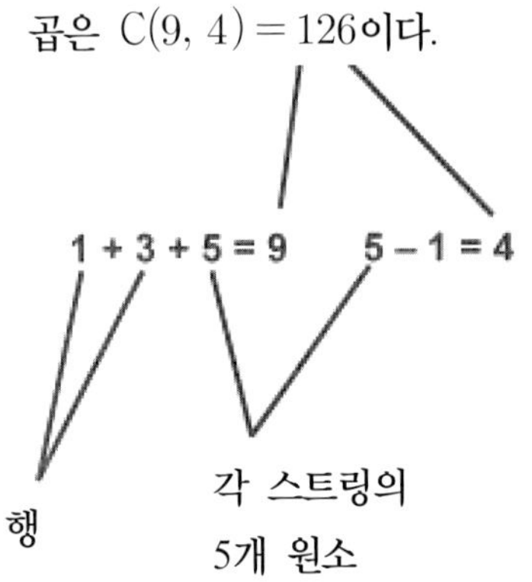

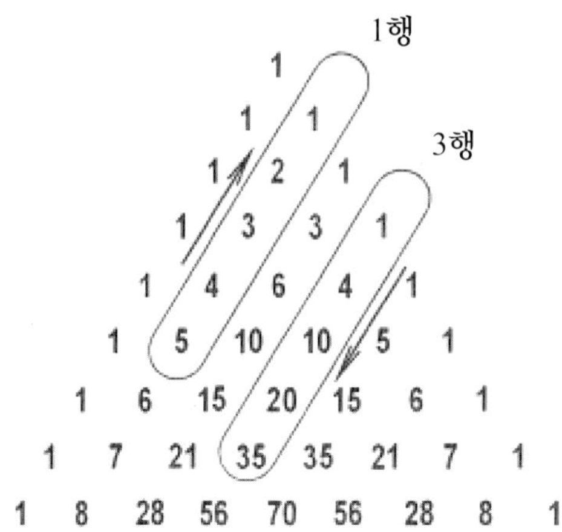

이 스트링곱의 중간결과는 다음과 같다.

$1+5+15+35+70$

$5+16+30+40+35$

$15+30+36+30+15$

$35+40+30+16+5$

$1+5+15+35+70$

위의 수들은 곱셈 배열의 대각선에 있는 수들이다. 이러한 패턴은 또한 파스칼 삼각형 열보다 일반적인 패턴의 특수한 경우이다.

> 일반적으로 파스칼 삼각형의 a열에서 n개의 원소가 내림차순으로 구성된 첫 번째 스트링과 b열에서 n개의 원소가 오름차순으로 구성된 두 번째 스트링의 스트링곱은 $\mathrm{C}(a+b+n,\ n-1)$이 되고, 이것은 파스칼 삼각형의 $(a+b+1)$의 n번째 원소와 같다.

10. 아래 스트링곱을 계산하고 $C(a+b+n,\ n-1)$과 같음을 확인하시오.

(a) (15, 10, 6, 3, 1) · (1, 4, 10, 20, 35) (힌트 : 제2열과 제3열)

(b) 파스칼 삼각형의 제3열의 처음 4개의 원소를 역순으로 나열한 것과 제5열의 처음 4개의 원소

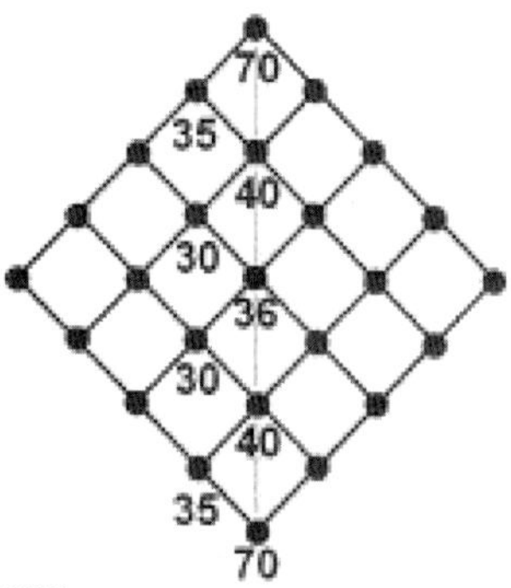

오른쪽 그림은 해당 열의 각 점을 지나는 경로의 수와 함께 4×4 격자의 중앙 열을 보여준다. 이 숫자의 합은 2의 거듭제곱으로 $2^8=256=70+40+36+40+70$이다. 이 합은 스트링 (1, 2, 6, 20, 70)과 이 스트링을 역순으로 나열한 스트링의 스트링곱이다.

$$(1,\ 2,\ 6,\ 20,\ 70)\cdot(70,\ 20,\ 6,\ 2,\ 1)=70+40+36+40+70=256$$

스트링 (1, 2, 6, 20, 70)의 수들은 파스칼 삼각형 중앙에 있는 조합 $C(2n,\ n)$이다. 이들은 시작점에서 끝점으로 $n\times n$ 격자의 전체 최단 경로의 수를 나타낸다.

11. 조합 $C(2n,\ n)$의 수로 형성된 다음 스트링곱을 계산하고, 계산 결과가 2의 거듭제곱으로 나타냄을 보이시오.

(a) (1, 2, 6) · (6, 2, 1)

(b) (1, 2, 6, 20) · (20, 6, 2, 1)

(c) (1, 2, 6, 20, 70, 252) · (252, 70, 20, 6, 2, 1)

(d) (1, C(2, 1), C(4, 2), C(6, 3), C(8, 4)) · (C(8, 4), C(6, 3), C(4, 2), C(2, 1), 1)

총합 $256 = 70 + 40 + 36 + 40 + 70 = 2^8$은 파스칼 삼각형의 제9행의 처음 5개의 원소의 합과 같다. 그것은 $1+9+36+84+126=256$이다. 곱셈 배열의 가운데 열 바로 왼쪽 열에 있는 수의 합이 $35+30+30+35=130$이고, 파스칼 삼각형의 제9행의 처음 4개의 원소의 합과 같으므로 이는 중요하다. 그것은 $1+9+36+84=130$이다.

곱셈 배열의 각 열을 살펴보면 해당 열에 있는 수의 합이 파스칼 삼각형의 제9행에 있는 적절한 개수의 원소의 합과 같다는 것을 알 수 있다. 이 수는 해당 점을 지나는 최단 경로 수의 합계를 찾는 열에 속하는 점의 개수와 같다.

---

12. 문제 7에서 찾은 곱셈 배열의 가운데 열에 있는 모든 수의 합을 찾으시오. 이 합을 2의 거듭제곱으로 나타내시오.

13. 문제 12에서 구한 합과 파스칼 삼각형의 제7행에 있는 처음 4개 원소의 합이 같음을 보이시오.

14. 문제 7에서 찾은 곱셈 배열의 다른 열의 수들을 더하고, 이 합이 파스칼 삼각형의 제7행에 있는 원소의 적절한 개수의 합과 같음을 보이시오.

6.2 격자에서 경로 세기 – 두 번째

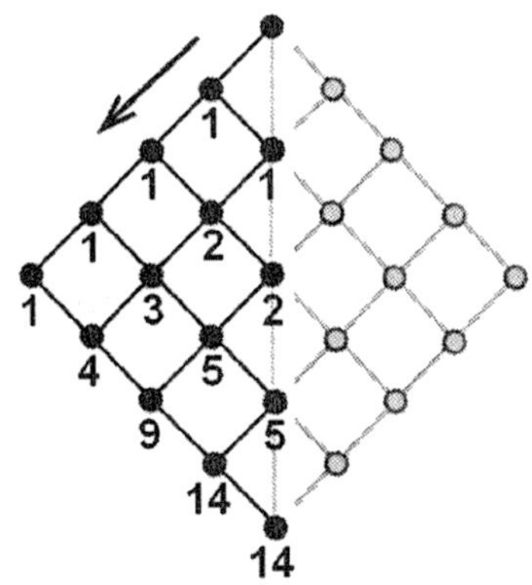

격자의 중심 열을 교차하는(또는 교차하지 않는) 경로에 관한 몇 가지 흥미로운 문제가 있다. 예를 들어, 4×4 격자를 보면 중심 열을 가로지르지 않는 최단 경로가 몇 개 있는가? (단, 중심 열에 점을 포함할 수 있다.) 각 격자점에 도착하는 최단 경로의 수를 시작점에서 왼쪽이나 중심 열까지 최단 경로의 수로 쉽게 구할 수 있다. 아래 그림을 보자. 이런 종류의 경로는 독일 수학자 발터 폰 다이크(Walther von Dyck)의 이름을 따서 다이크 경로(Dyck Path)라고도 부른다.

카탈란 수

4×4 격자에는 중심 열을 지나되 가로지르지 않는 14개의 최단 경로가 있다. 마찬가지로 그림의 오른쪽에 있는 최단 경로도 대칭으로 14개이다. 격자의 중심 열 아래에 있는 수 1, 2, 5, 14는 각각 1×1, 2×2, 3×3, 4×4 격자에 대한 최단 경로의 수이다. 이 수는 카탈란 수(Catalan number)이며 1800년대의 벨기에 수학자 유진 카탈란(Eugene Catalan)의 이름을 딴 것으로, 그는 교차하지 않는 대각선을 사용하여 다각형을 삼각형으로 나눌 수 있는 방법의 수를 탐구하였다. 카탈란 수에 대한 공식은 파스칼 삼각형의 중심 열을 반으로 나눈 것으로 $C(2n,\ n)$을 $n+1$로 나누는 것이다. 예를 들어 4×4 격자를 보면 $n=4$일 때, 네 번째 카탈란 수는 $\dfrac{C(8,\ 5)}{5}=\dfrac{70}{5}=14$이다. 기호 $C(n)$을 사용하여 n번째 카탈란 수를 나타내므로 $C(4)=14$이고, 일반적으로 $C(n)=$($n\times n$ 격자의 왼쪽 아래 방향에서 시작함으로써 중심 열을 가로지르지 않는 최단 경로의 수)에 대한 공식은 다음과 같다.

$$C(n)=\frac{C(2n,\ n)}{n+1}\ \ (\text{단, } n=1,\ 2,\ 3,\ \cdots)$$

카탈란 수의 다른 공식은 다음과 같다.

$$C(n)=C(2n,\ n)-C(2n,\ n-1)\ \ (\text{단, } n=1,\ 2,\ 3,\ \cdots)$$

6.2절

1. $n=1, 2, 3, 4, 5, 6$ 일 때 두 공식 $\dfrac{C(2n, n)}{n+1}$과 $C(n)=C(2n, n)-C(2n, n-1)$의 값을 구하시오.

2. 아래의 파스칼 삼각형에서 타원으로 둘러싸인 그룹의 큰 원소에서 작은 원소를 뺀 수들은 어떤 수열인가?

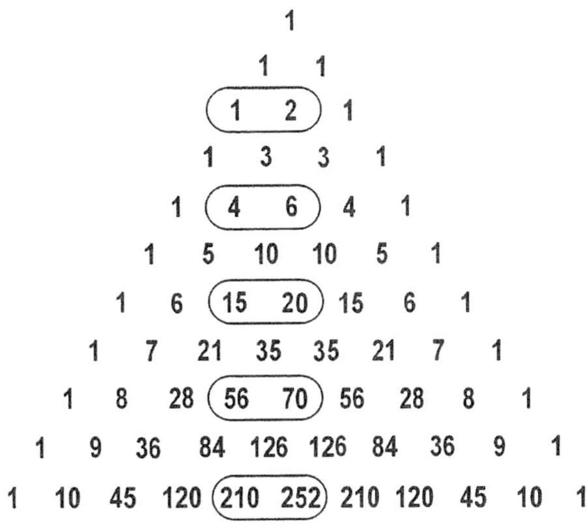

3. 이 절의 격자와 비슷한 방법으로 5×5 격자를 그리고 중심 열을 지나되 가로지르지 않는 최단 경로의 수를 찾으시오. 단, 시작점에서 중심 열 또는 왼쪽 점을 지날 수 있다. 구한 값과 $C(5)$를 비교하시오.

4. 중심 열을 지나는 4×4, 5×5 격자에서 최단 경로의 수를 각각 구하시오.
힌트 : 격자의 총 경로의 수에서 중심 열을 지나되 가로지르지 않는 경로의 수를 뺀 값을 생각하시오.

5. $n=4, 5$일 때, 식 $C(2n, n)\cdot\dfrac{n-1}{n+1}$의 값을 구하시오. 문제 4에서의 구한 값과 비교하시오.

일반적으로 격자의 왼쪽에 있는 중심 열을 지나되 가로지르지 않는 $n \times n$ 격자의 최단 경로의 수와 오른쪽에 있는 중심 열을 지나되 가로지르지 않는 $n \times n$ 격자의 최단 경로의 수를 더한 값은 격자의 시작점에서 끝점까지의 전체 최단 경로의 수와 같다. 이것의 공식은 다음과 같다.

$$(\text{전체 최단 경로의 수}) = 2 \cdot \mathrm{C}(n) + \mathrm{C}(2n, n) \cdot \frac{n-1}{n+1} = \mathrm{C}(2n, n)$$

---

6. 대수적으로 $2 \cdot \mathrm{C}(n) + \mathrm{C}(2n, n) \cdot \frac{n-1}{n+1} = \mathrm{C}(2n, n)$임을 보이시오.

다음 질문은 "정확히 한 번 중심 열을 지나는 최단 경로의 수는?", "정확히 두 번 중심 열을 지나는 최단 경로의 수는?", "정확히 n번 중심 열을 지나는 최단 경로의 수는?" 답은 카탈란 수의 스트링을 포함하는 스트링곱을 사용하여 찾을 수 있다.

1단계-중심 열의 점들 중 한 점만 지나되 가로지르지 않는 경로

중심 열의 점들 중 정확히 한 점만 지나되 가로지르지 않는 모든 최단 경로를 찾는 경우부터 시작하자. 이것을 1단계라고 부르자. (0단계는 중심 열의 점들을 지나되 가로지르지 않는 최단 경로의 수, 즉 카탈란 수이다.) 달리 명시되지 않는 한, 항상 시작점에서 끝점까지의 최단 경로의 수를 계산한다. 6×6 격자를 생각하고 중심 열의 점들 중 정확히 한 점만 지나되 가로지르지 않는 모든 최단 경로를 찾는다. 중심 열의 점에 위에서 아래로 이름을 나타내면 유용하다. 각 점은 주어진 수의 경로에 포함되기 때문이다. 다음 그림을 참조하여라.

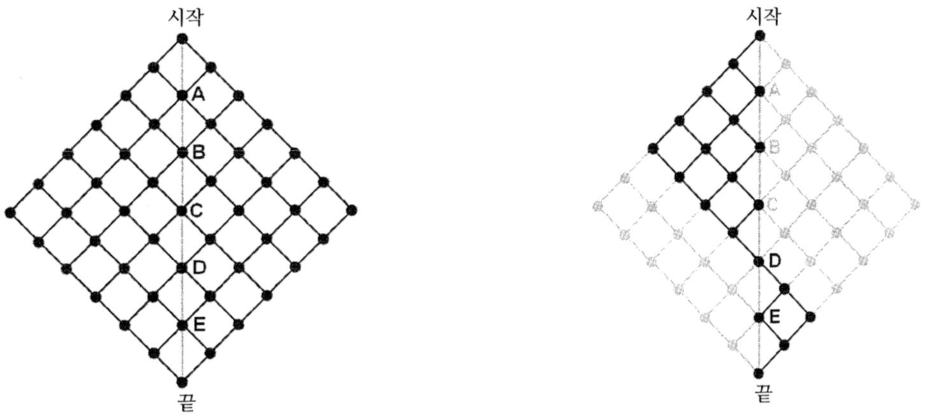

6×6 격자의 경우, 중심 열을 지나되 가로지르지 않는 5개의 점들이 있다. 이 예에서는 점 D를 교점으로 선택하자.(위 오른쪽 그림 참조) 시작점에서 점 D (왼쪽 아래)까지 $C(4)=$ (중심 열을 지나되 가로지르지 않는 14개의 최단 경로)가 있다.(4×4 격자의 중심 열의 점들을 지나되 가로지르지 않는 최단 경로의 수와 동일). 점 D에서 끝점까지 $C(2)=$(중심 열의 점들 중 단 2개의 점만 지나되 가로지르지 않는 최단 경로의 수)가 있다. 기본 세기 원리를 사용하여, 중심 열의 5개의 점들 중 점 D만 지나 시작점에서 끝점까지의 최단 경로의 수는 $C(4)\cdot C(2)=14\cdot 2=28$ 이다. 대칭으로, 그림과 같이 왼쪽 대신 오른쪽에서도 중심 열의 5개의 점들 중 점 D만 지나 시작점에서 끝점까지의 최단 경로의 수는 28로 같다.

---

7. 위에 그림 6×6 격자에서 중심 열의 점들 중 한 번만 아래의 주어진 점을 지나는 시작점에서 끝점까지(왼쪽 아래 방향으로 시작)의 최단 경로의 수를 구하시오.
   (a) 점 A (b) 점 B (c) 점 C (d) 점 D

대칭으로, 문제 7의 (a)와 (d) (점 A와 점 E)에 대한 답은 동일하다. 점 B와 점 D를 지나되 가로지르지 않는 최단 경로의 수에 대해서도 마찬가지이다. 6×6 격자의 중심 열의 점을 지나되 가로지르지 않는 전체 최단 경로(왼쪽 아래 방향에서 시작)의 수를 찾으려면 지금까지 찾은 결과를 더하면 된다. 이것은 처음 5개의 카탈란 수의 스트링과 그 역순 스트링의 스트링

곱이다.

$$(1, 2, 5, 14, 42) \cdot (42, 14, 5, 2, 1) = 42+28+25+28+42=165$$

일반적으로 $n\times n$ 격자의 중심 열의 점들 중 한 점만 지나되 가로지르지 않는 전체 최단 경로(왼쪽 아래 방향에서 시작)의 수는 첫 번째 $n-1$ 카탈란 수의 스트링과 그 역순 스트링의 스트링곱으로 구한다. $P_1(n)$은 중심 열을 한 번만 지나는 전체 최단 경로의 수이다. (아래 첨자 1은 이것이 1단계임을 나타낸 것이다.)
그러므로 다음과 같다.

$$P_1(n) = (C(1), C(2), C(3), \cdots, C(n-1)) \cdot (C(n-1), C(n-2), C(n-3), \cdots, C(2), C(1))$$

아래 표는 크기가 다른 격자에 대해 중심 열의 점들 중 한 점만 지나되 가로지르지 않는 시작점에서 끝점까지의 최단 경로(왼쪽 아래 방향에서 시작)의 수를 나타낸 것이다.

격자	1단계 스트링 곱 두 스트링은 카탈란 수의 수열 스트링과 그 역순으로 구성된 수의 수열의 스트링이다.	중심 열을 단 한번 지나는 경로의 수*
2×2	$(1)\cdot(1)=1$	1
3×3	$(1, 2)\cdot(2, 1)=2+2=4$	6
4×4	$(1, 2, 5)\cdot(5, 2, 1)=5+4+5=14$	27
5×5	$(1, 2, 5, 14)\cdot(14, 5, 2, 1)=14+10+10+14=48$	110
6×6	$(1, 2, 5, 14, 42)\cdot(42, 14, 5, 2, 1)=41+28+25+28+42=165$	429

* ***왼쪽 아래 방향으로 가는 시작점에서 끝점까지의 최단 경로의 수***

8. C(6)과 C(7)을 구하고 7×7 격자와 8×8 격자에 대해 위의 표를 확장하시오.

9. 아래 그림의 파스칼 삼각형에서 타원으로 둘러싸인 각 그룹의 큰 원소에서 작은 원소를 빼시오. 이렇게 생성된 수열과 위 표의 마지막 열과 비교하시오. 어떤 수열인가?

10. 문제 9에서 파스칼 삼각형이 나타내는 것처럼, 중심 열의 점들 중 한 점만을 지나되 가로지르지 않는 최단 경로의 수에 대한 수열은 다음과 같다.

$$P_1(n) = C(2n-1, n-2) - C(2n-1, n-3)$$

$n = 3, 4, 5, 6, 7$일 때, 값을 각각 구하시오.

구한 이 수가 위 표의 마지막 열에 있는 수와 동일한지 확인하시오.

1
1 1
1 2 1
(0 1) 3 3 1
1 4 6 4 1
(1 5) 10 10 5 1
1 6 15 20 15 6 1
1 (7 21) 35 35 21 7 1
1 8 28 56 70 56 28 8 1
1 9 (36 84) 126 126 84 36 9 1
1 10 45 120 210 252 210 120 45 10 1
1 11 55 (165 330) 462 462 330 165 55 11 1
1 12 66 220 495 792 924 792 495 220 66 12 1

오른쪽 아래로 시작하는 비슷한 수의 최단 경로가 있다. 이렇게 하면 전체 최단 경로의 수가 앞의 표 및 문제 결과의 2배가 된다. 일반적으로 $n \times n$ 격자의 중심 열의 점들 중 한 점만 지나되 가로지르지 않는 전체 최단 경로의 수는 첫 번째 $n-1$ 카탈란 수 스트링과 그 역순 스트링과의 스트링곱의 2배이다.

$$2P_1(n) = 2(C(1), C(2), C(3), \cdots, C(n-1)) \cdot (C(n-1), C(n-2), C(n-3), \cdots, C(2), C(1))$$

또는 같은 표현으로 조합을 이용하여 나타내면 다음과 같다.

$$2P_1(n) = 2[C(2n-1, n-2) - C(2n-1, n-3)] \text{ (단, } n = 2,\ 3,\ 4,\ \cdots)$$

참고

(1) 공식은 n이 2보다 크거나 같을 때 적용된다. 2×2격자 이상에서는 중심 열의 점들 중 한 점 이상 지나되 가로지르지 않는 경로가 있을 수 있다. 반면 1×1격자에서는 이러한 경로가 없다.

(2) $n=2$이면 $C(2n-1, n-3)$의 값은 0이다.

---

11. 중심 열의 점들 중 한 점만 지나되 가로지르지 않는 5×5 격자에서 시작점에서 끝점까지의 전체 최단 경로의 수를 구하시오.

12. 8×8 격자에서 중심 열의 내부 점을 A, B, C, D, E, F, G라고 하자. 8×8 격자에서 중심 열의 점들 중 점 D만 지나되 가로지르지 않는 시작점에서 끝점까지의 최단 경로(왼쪽 아래 방향에서 시작)의 수를 구하시오.

13. 앞의 6×6 격자 그림을 다시 참고하여 중심 열의 5개의 점들 중 점 B와 점 D만 지나되 가로지르지 않는 6×6 격자의 시작점에서 끝점까지의 최단 경로(왼쪽 아래 방향에서 시작)의 수를 구하시오.

14. 문제 13을 참고하여 중심 열의 점 A와 점 B, C, D, E 중 한 점만 지나되 가로지르지 않는 6×6 격자의 시작점에서 끝점까지의 최단 경로(왼쪽 아래 방향에서 시작)의 수를 각각 구하시오.

2단계 – 중심 열의 점들 중 단 두 점만 지나되 가로지르지 않는 경로

문제 13에서 6×6 격자의 중심 열의 점들 중 두 점만 지나되 가로지르지 않는 최단 경로의 수를 구하였다. 점 B와 점 D를 선택하자. 중심 열의 점 5개 중 2개의 점을 선택하는 경우의 수는 C(5, 2) = 10이다. 중심 열의 점들 중 단 2개의 점만 지나되 가로지르지 않는 전체 최단 경로(왼쪽 아래 방향에서 시작)의 수를 찾으려면 10번의 계산을 수행한 다음 결과를 더해야 한다.

이러한 계산에는 중심 열의 점들 중 한 점만 지나되 가로지르지 않는 경로를 계산하는 방식과 유사하게 카탈란 수와 세기 기본 원리가 적용된다. 중심 열의 점들 중 두 점만 지나되 가로지르지 않으면 주어진 격자가 세 개의 하위 격자로 나누어진다. 아래 그림을 참고하여라. 따라서 중심 열의 점들에서 두 점만을 지나되 가로지르지 않는 전체 최단 경로의 수를 찾기 위해서는 세 개의 카탈란 수를 곱해야 한다. 중심 열의 점들 중 두 점만 지나되 가로지르지 않는 경로 열 개 중 선택한 두 점에 대해 각각 이러한 계산을 수행해야 한다.

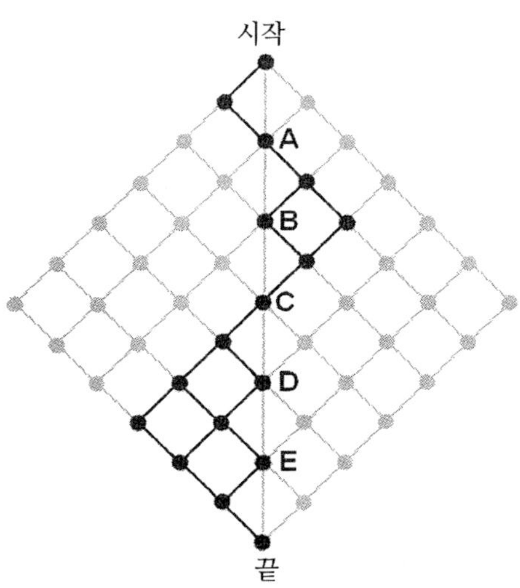

선택된 두 점이 점 A와 점 C인 경우

중심 열에서 선택된 두 점 A와 C는 이 6×6 격자에서 1×1, 2×2, 3×3 하위 격자를 형성한다. 두 점 A와 C에서 중심 열을 지나되 가로지르지 않는 전체 최단 경로의 수(왼쪽 아래 방향으로 시작)는 다음과 같이 각각의 최단 경로의 수의 곱으로 구할 수 있다.

시작점에서 점 A까지 : 1×1 C(1) = 1

점 A에서 점 C까지 : 2×2 C(2) = 2

점 C에서 끝점까지 : 3×3 C(3) = 5

중심 열의 두 점 A와 C를 지나는 전체 최단 경로의 수는 다음과 같다.

$C(1) \cdot C(2) \cdot C(3) = 1 \cdot 2 \cdot 5 = 10$

4개 그룹으로 나누어 10가지 경우를 모두 계산하면 다음과 같다.

중심 열의 점들 중 선택된 두 점	전체 최단 경로의 수
AB	$C(1) \cdot C(1) \cdot C(4) = 1 \cdot 1 \cdot 14 = 14$
AC	$C(1) \cdot C(2) \cdot C(3) = 1 \cdot 2 \cdot 5 = 10$
AD	$C(1) \cdot C(3) \cdot C(2) = 1 \cdot 5 \cdot 2 = 10$
AE	$C(1) \cdot C(4) \cdot C(1) = 1 \cdot 14 \cdot 1 = 14$
BC	$C(2) \cdot C(1) \cdot C(3) = 2 \cdot 1 \cdot 5 = 10$
BD	$C(2) \cdot C(2) \cdot C(2) = 2 \cdot 2 \cdot 2 = 8$
BE	$C(2) \cdot C(3) \cdot C(1) = 2 \cdot 5 \cdot 1 = 10$
CD	$C(3) \cdot C(1) \cdot C(2) = 5 \cdot 1 \cdot 2 = 10$
CE	$C(3) \cdot C(2) \cdot C(1) = 5 \cdot 2 \cdot 1 = 10$
DE	$C(4) \cdot C(1) \cdot C(1) = 14 \cdot 1 \cdot 1 = 14$

중심 열의 점들 중 두 점을 지나되 가로지르지 않는 전체 최단 경로의 수(왼쪽 아래 방향으로 시작)는 위의 10개 결과들의 합이며 다음과 같다.

$$14 + 10 + 10 + 14 + 10 + 8 + 10 + 10 + 10 + 14 = 110$$

그러나 동일한 결과가 나오는 더 쉬운 계산 방법이 있다. 총합을 산출하는 스트링곱의 집합을 포함한다. 중심 열의 점들 중에서 첫 번째 점 A를 지나되 가로지르지 않는 전체 최단 경로의 수를 먼저 계산한다고 가정하자. a가 처음 네 개의 카탈란 수의 스트링과 그 역순 스트링의 스트링곱을 나타낸다. b는 처음 세 개의 카탈란 수의 스트링과 그 역순 스트링의 스트링곱을 나타낸다. c는 처음 두 개의 카탈란 수의 스트링과 그 역순 스트링의 스트링곱을 나타내고 d는 곱 $(1) \cdot (1) = 1$로 나타낸다.

위의 내용을 정리하면 다음과 같다.

$$a=(1, 2, 5, 14)\cdot(14, 5, 2, 1)=14+10+10+14=48$$

$$b=(1, 2, 5)\cdot(5, 2, 1)=5+4+5=14$$

$$c=(1, 2)\cdot(2, 1)=2+2=4$$

$$d=(1)\cdot(1)=1$$

또한 처음 네 개의 카탈란 수의 스트링과 a, b, c, d로 구성된 스트링의 스트링곱은 6×6 격자 중심 열의 점들 중 두 점만 지나되 가로지르지 않는 전체 최단 경로의 수 (왼쪽 아래 방향으로 시작)와 같다.

$$\begin{aligned}(1, 2, 5, 14)\cdot(a, b, c, d) &= 1\cdot a+2\cdot b+5\cdot c+14\cdot d\\ &= 1\cdot 48+2\cdot 14+5\cdot 4+14\cdot 1\\ &= 48+28+20+14\\ &= 110\end{aligned}$$

이 스트링곱 패턴은 다른 크기의 격자에도 사용할 수 있다. 예를 들어, 5×5 격자의 경우, 최단 경로는 중심 열을 지나는 네 개의 점이 있다. 네 개의 점으로부터 두 개의 점을 선택할 수 있으므로 $C(4, 2)=6$ 쌍의 점들이 있다. 중심 열의 점들 중 두 점만 지나되 가로지르지 않는 전체 최단 경로의 수(왼쪽 아래 방향으로 시작)를 찾으려면 6가지 경우의 계산을 수행한 다음 그 결과를 더해야 한다. 6×6 격자에 대해 설명한 2단계 스트링곱의 방법을 사용하여 다음과 같이 a, b, c를 정의하는 것으로 시작하자.

$$a=(1, 2, 5)\cdot(5, 2, 1)=5+4+5=14$$

$$b=(1, 2)\cdot(2, 1)=2+2=4$$

$$c=(1)\cdot(1)=1$$

다음으로 처음 3개의 카탈란 수의 스트링과 a, b, c로 구성된 스트링으로 스트링곱을 한다. 이것은 5×5 격자의 중심 열의 점들 중 두 점만 지나되 가로지르지 않는 전체 최단 경로의 수(왼쪽 아래 방향으로 시작)는 다음과 같다.

$$\begin{aligned}(1, 2, 5)\cdot(a, b, c) &= 1\cdot a+2\cdot b+5\cdot c\\ &= 1\cdot 14+2\cdot 4+5\cdot 1\\ &= 14+8+5\\ &= 27\end{aligned}$$

15. 앞 쪽의 목록과 유사한 6개의 계산 목록을 만들어 중심 열의 점들 중 두 점만 지나되 가로지르지 않는 전체 최단 경로의 5×5 격자에서 시작점에서 끝점까지의 전체 최단 경로(왼쪽 아래 방향에서 시작)의 수를 구하시오.
스트링곱을 사용하여 위에서 구한 합이 27인지 확인하시오.

16. 4×4 격자를 사용하면 경로는 중심 열의 세 개의 점을 지날 수 있다. 전체 최단 경로의 수를 구하기 위해서 a와 b에 대한 스트링을 찾은 다음 스트링곱 $(1, 2)\cdot(\mathrm{a}, \mathrm{b})$을 계산하여 4×4 격자에서 중심 열의 점들 중 두 점만 지나되 가로지르지 않는 전체 최단 경로(왼쪽 아래 방향에서 시작)의 수를 구하시오.

일반적으로 카탈란 수의 스트링과 그 역순 스트링을 포함하는 2단계 방법을 사용하여 $n\times n$ 격자에서 중심 열의 점들 중 두 점만 지나되 가로지르지 않는 전체 최단 경로(왼쪽 아래 방향에서 시작)의 수를 구할 수 있다. $(n-2)$개의 수를 계산하기 위해서, 먼저 $(n-2)$ 카탈란 수의 스트링과 그 역순 스트링의 스트링곱을 먼저 계산한 다음, $(n-3)$ 카탈란 수의 스트링과 그 역순 스트링의 스트링곱을 구하고 같은 방법으로 계속해서 구한다. 마지막 수는 $(1)\cdot(1)=1$이다. 이러한 $(n-2)$개의 스트링곱은 다음과 같다.

$$a_1=(1, 2, 5, \cdots, \mathrm{C}(n-2))\cdot(\mathrm{C}(n-2), \mathrm{C}(n-3), \cdots, 5, 2, 1)$$
$$a_2=(1, 2, 5, \cdots, \mathrm{C}(n-3))\cdot(\mathrm{C}(n-3), \mathrm{C}(n-4), \cdots, 5, 2, 1)$$
$$a_3=(1, 2, 5, \cdots, \mathrm{C}(n-4))\cdot(C(n-4), \mathrm{C}(n-5), \cdots, 5, 2, 1)$$
$$\vdots$$
$$a_{(n-4)}=(1, 2, 5)\cdot(5, 2, 1)$$
$$a_{(n-3)}=(1, 2)\cdot(2, 1)$$
$$a_{(n-2)}=(1)\cdot(1)$$

다음으로 처음 $(n-2)$개 카탈란 수의 스트링과 스트링$(a_1, a_2, a_3, \cdots, a_{(n-2)})$의 스트링곱을 한다. 이 계산 결과는 $n\times n$ 격자의 중심 열의 점들 중 두 점만 지나되 가로지르지 않는

18. 8×8 격자에 대하여 위의 표의 아래 부분을 구하시오.

19. 아래의 파스칼 삼각형에 타원으로 표시된 각 그룹의 큰 성분에서 작은 성분을 빼서 생성된 수열을 위의 표 마지막 열과 비교하시오. 어떤 수열인가?

1
1 1
1 2 1
1 3 3 1
1 4 6 4 1
(0 1) 5 10 10 5 1
1 6 15 20 15 6 1
(1 7) 21 35 35 21 7 1
1 8 28 56 70 56 28 8 1
1 (9 36) 84 126 126 84 36 9 1
1 10 45 120 210 252 210 120 45 10 1
1 11 (55 165) 330 462 462 330 165 55 11 1
1 12 66 220 495 792 924 792 495 220 66 12 1
1 13 78 (286 715) 1287 1716 1716 1287 715 286 78 13 1
1 14 91 394 1001 2002 3003 3432 3003 2002 1001 394 91 14 1
1 15 105 455 (1365 3003) 5005 6435 6435 5005 3003 1365 455 105 15 1

20. 문제 19의 파스칼 삼각형처럼 $n \times n$격자의 중심 열을 두 점만 지나되 가로지르지 않는 최단 경로의 수로 구성된 수열의 성분을 나타내는 다른 공식은 다음과 같다.

$$P_2(n) = C(2n-1, n-3) - C(2n-1, n-4)$$

$n=4, 5, 6, 7, 8$에 대해 위 식에 대입하여 값을 구하시오.
위의 표에서 2단계 스트링곱의 결과와 함께 확인하시오.

앞에서 구한 바와 같이 오른쪽 아래 방향으로 시작하는 최단 경로의 수는 왼쪽 아래 방향으로 시작하는 최단 경로의 수와 같다. 따라서 모든 경우의 수는 이전 표의 결과 값의 두 배이다.

따라서 $n \times n$ 격자의 중심 열을 두 점만 지나되 가로지르지 않는 모든 최단 경로의 수는 카탈란 수의 처음 $(n-2)$개로 이루어진 스트링과 중심 열을 한 번만 지나되 가로지르지 않는 최단 경로의 수의 역순인 수열로 형성된 스트링의 스트링곱의 두 배이다. 이를 공식으로 나타내면 다음과 같다.

$$2\mathrm{P}_2(n) = 2(\mathrm{C}(1), \mathrm{C}(2), \mathrm{C}(3), \cdots, \mathrm{C}(n-2)) \cdot (\mathrm{P}_1(n-2), \mathrm{P}_1(n-3), \cdots, 48, 14, 4, 1)$$

이 식을 조합으로 표현하면 다음과 같다.

$$2\mathrm{P}_2(n) = 2[\mathrm{C}(2n-1, n-3) - \mathrm{C}(2n-1, n-4)] \text{(단, } n=3, 4, 5, \cdots)$$

참고

(1) 공식은 n이 3보다 크거나 같을 때 성립한다. 3×3 격자 이상은 두 점만 지나되 가로지르지 않는 최단 경로를 가질 수 있다. 1×1 격자 및 2×2 격자에는 이러한 경로가 없다.

(2) $n=3$이면 $\mathrm{C}(2n-1, n-4)=0$이다.

21. 8×8 격자의 시작점에서 끝점까지 가는 중심 열을 두 점만 지나되 가로지르지 않는 모든 최단 경로의 경우의 수를 구하시오.

3 단계- 중심 열의 점들 중 단 세 점만 지나되 가로지르지 않는 경로

스트링 곱의 패턴은 $n \times n$ 격자에서 중심 열을 세 점만 지나되 가로지르지 않는 최단 경로(왼쪽 아래 방향에서 시작)의 수를 구하는 것으로 확장된다.

첫 번째 스트링은 카탈란 수의 처음 $(n-3)$개로 이루어진 카탈란 수로 구성된다. (이번에는 $n-2$가 아니다.) 두 번째 스트링은 $(n-1)\times(n-1)$에서 3×3 격자까지의 중심열을 두 번만 지나되 가로지르지 않는 최단 경로 수에 대한 결과값들로 구성된다.

예를 들어 7×7 격자를 살펴보자. 7×7 격자에서 시작점에서 끝점까지 중심 열을 세 점만 지나되 가로지르지 않는 모든 최단 경로(왼쪽 아래 방향에서 시작)의 수를 찾기 위해 카탈란 수의 처음 4개로 구성된 스트링과 6×6, 5×5, 4×4, 3×3 격자에서 중심 열을 두 번만 지나되 가로지르지 않는 최단 경로의 수의 결과값들로 구성된 스트링의 스트링곱을 구하자. 이 수들은(2단계 스트링곱 표에 있는 수열로부터) 스트링 (110, 27, 6, 1)을 갖는다.

$$\begin{aligned}(1, 2, 5, 14)\cdot(110, 27, 6, 1) &= 1\cdot110+2\cdot27+5\cdot6+14\cdot1\\ &= 110+54+30+14\\ &= 208\end{aligned}$$

---

22. 4×4 격자를 그리고, 시작점에서 끝점까지 중심 열을 세 번만 지나되 가로지르지 않는 최단 경로(왼쪽 아래 방향에서 시작)가 하나만 있음을 보이시오.

23. 5×5 격자를 그리고, 시작점에서 끝점까지 중심 열을 세 번만 지나되 가로지르지 않는 최단 경로(왼쪽 아래 방향에서 시작)의 수가 아래와 같음을 보이시오.

$$(1,2)\cdot(6,1)=1\cdot6+2\cdot1=8$$

24. 6×6 격자를 그리고, 시작점에서 끝점까지 중심 열을 세 번만 지나되 가로지르지 않는 최단 경로(왼쪽 아래 방향에서 시작)의 수가 아래와 같음을 보이시오.

$$(1,2,5)\cdot(27,6,1)=1\cdot27+2\cdot6+5\cdot1=44$$

아래 표는 다양한 크기의 격자에 대해 시작점에서 끝점까지 중심 열을 세 번만 지나되 가로지르지 않는 최단 경로(왼쪽 아래 방향에서 시작)의 수를 나타낸다.

격자	3단계 스트링곱 두 스트링은 카탈란 수의 수열의 스트링과 2 단계 결론을 활용하여 구성된 스트링	중심열의 점들 중 세 점만 지나되 가로지르지 않는 최단 경로의 수*
4×4	$(1)\cdot(1)=1$	1
5×5	$(1, 2)\cdot(6, 1)=6+2=8$	8
6×6	$(1, 2, 5)\cdot(27, 6, 1)=27+12+5=44$	44
7×7	$(1, 2, 5, 14)\cdot(110, 27, 6, 1)=110+54+30+14=208$	208
8×8	$(1, 2, 5, 14, 42)\cdot(429, 110, 27, 6, 1)$ $=429+220+135+84+42=910$	910

* *왼쪽 아래 방향으로 시작점에서 끝점까지의 가는 최단 경로의 수*

일반적으로, $n\times n$ 격자의 중심 열을 세 번만 지나되 가로지르지 않는 최단 경로의 수는 카탈란 수의 처음 $(n-3)$개로 구성된 스트링과 중심 열을 두 점만 지나되 가로지르지 않는 최단 경로의 수들의 역순으로 만든 수열인 형태의 스트링의 스트링곱이다.

다음을 상기하자.

$$P_2(3)=1,\ P_2(4)=6,\ P_2(5)=27,\ P_2(6)=110,\ P_2(7)=429,\ P_2(8)=1638,\ \cdots.$$

이 수들은 위에서 2단계 스트링곱 표의 수열에서 볼 수 있다.

따라서 $n\times n$ 격자의 중심 열을 두 번만 지나는 최단 경로(왼쪽 아래 방향에서 시작)의 수에 대한 공식은 다음과 같다.

$$P_3(n)=(C(1), C(2), C(3), \cdots, C(n-3))\cdot(P_2(n-3), P_2(n-4), \cdots, 110, 17, 6, 1)$$

25. 9×9 격자에 대하여, 위의 표의 아래 부분을 구하시오.

26. 아래의 파스칼 삼각형에 타원으로 표시된 각 그룹의 큰 성분에서 작은 성분을 빼서 생성된 수열은 어떤 수열인가? 이 수열을 위의 문제 및 논의에서 찾은 결과와 비교하시오.

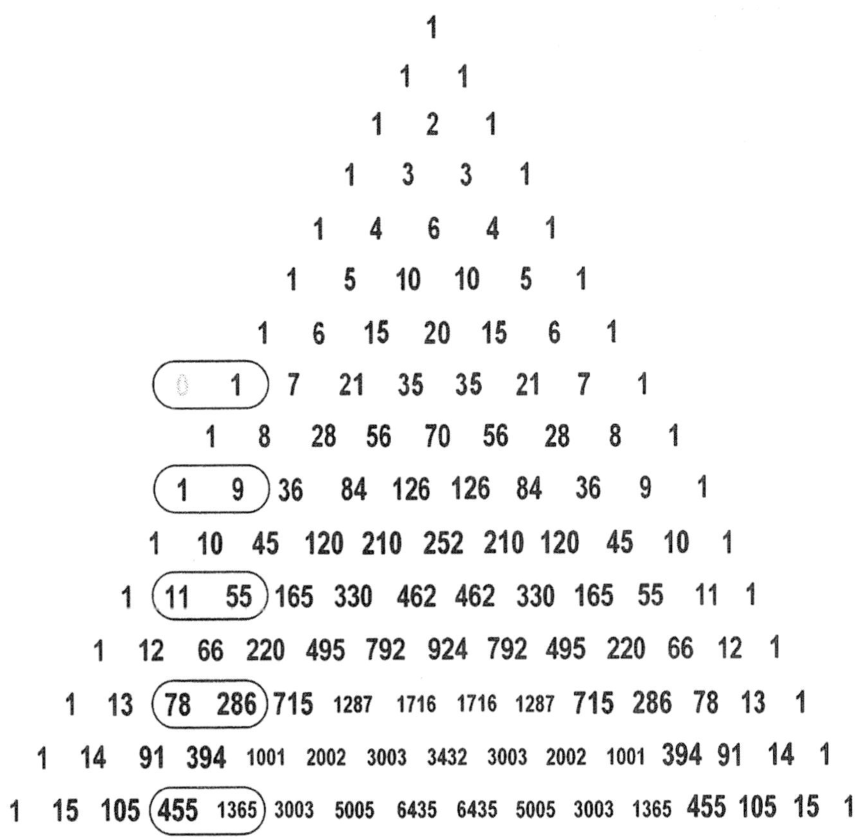

문제 26의 파스칼 삼각형처럼 $n \times n$ 격자에서 최단 경로(왼쪽 아래 방향에서 시작)의 수에 대한 또 다른 공식을 조합으로 표현하면 다음과 같다.

$$P_3(n) = C(2n-1, n-4) - C(2n-1, n-5) \ (\text{단}, \ n = 4, 5, 6, \cdots)$$

참고

(1) **공식은 n이 4보다 크거나 같을 때 성립한다.** 4×4 **격자 이상은 중심 열을 세 번 이상 지나되 가로지르지 않는 경로를 가질 수 있다.** 4×4**격자보다 작은 격자에서는 이러한 경로가 없다.**

(2) $n=4$**이면** $C(2n-1, n-5)=0$**이다.**

---

27. $n=4,\ 5,\ 6,\ 7,\ 8$일 때, 위의 식을 계산하시오. 결과값의 주어진 수열과 위의 3단계 스트링곱 표에 있는 수열을 비교하시오. 무엇을 발견하였는가?

앞에서 구한 바와 같이 오른쪽 아래 방향으로 시작하는 최단 경로의 수는 왼쪽 아래 방향으로 시작하는 최단 경로의 수와 같다. 따라서 모든 경우의 수는 이전 표의 결과 값의 두 배이다.

따라서 $n\times n$ 격자의 중심 열을 세 번만 지나되 가로지르지 않는 모든 경로의 수는 카탈란 수의 처음 $(n-3)$개로 구성된 스트링과 중심 열을 두 번만 지나되 가로지르지 않는 경로의 수의 역순으로 된 수들로 구성된 스트링의 스트링곱의 두 배이다.
이를 공식으로 나타내면 다음과 같다.

$$2P_3(n)=2(C(1), C(2), C(3), \cdots, C(n-3))\cdot(P_2(n-1), P_2(n-2), \cdots, 27, 6, 1)$$

이 식을 조합으로 표현하면 다음과 같다.

$$2P_3(n)=2[C(2n-1, n-4)-C(2n-1, n-5)] \quad (\text{단, } n=4,\ 5,\ 6,\ \cdots)$$

참고

(1) **공식은 n이 4보다 크거나 같을 때 성립한다.** 4×4 **격자 이상은 중심 열을 세 번 이상 지나되 가로지르지 않는 경로를 가질 수 있다.** 4×4 **격자보다 작은 격자에서는 이러한 경로가 없다.**

(2) $n=4$**이면** $C(2n-1, n-5)=0$**이다.**

4 단계 이상-중심 열의 점들 중 네 점 이상 지나되 가로지르지 않는 경로

$P_x(n)$은 $n\times n$ 격자에서 중심 열을 x번 지나되 가로지르지 않는 최단 경로(왼쪽 아래 방향에서 시작)의 수이다. 스트링곱을 사용하여 $P_4(n)$이상의 공식을 구하려면 이전 단계의 경우의 수에 대한 수열을 알아야 한다.

$P_x(n)$을 조합으로 표현하면 다음과 같다.

$$P_x(n)=C(2n-1,\ n-x-1)-C(2n-1,\ n-x-2)\ \ (\text{단, } n\geq x+1)$$

$n=x+1$이면 $C(2n-1,\ n-x-2)=0$이다.

---

28. $P_x(n)$의 공식을 이용하여 8×8 격자에서 왼쪽 아래 방향으로 시작하는 중심 열을 세 번만 지나되 가로지르지 않는 최단 경로의 수를 구하시오.

29. $P_x(n)$의 공식을 이용하여 8×8 격자에서 왼쪽 아래 방향으로 시작하는 중심 열을 다섯 번만 지나되 가로지르지 않는 최단 경로의 수를 구하시오.

30. $P_x(n)$의 공식은 x뿐만 아니라 격자 크기인 n에도 종속된다.

(a) $x=4$, $n=5$, 6, 7, 8, 9이 각각에 대하여 $P_x(n)$을 구하시오.
참고. 구한 값은 4단계의 처음 다섯 개의 성분이다.

(b) $n=6$, $x=0$, 1, 2, 3, 4, 5의 각각에 대하여 $P_x(n)$을 구하시오.
참고. $x=0$일 때, $P_0(n)=C(n)=C(6)=132$로 여섯 번째 카탈란 수이고, 6×6 격자의 중심 열을 지나지 않는 최단 경로의 수이다.

31. $C(n)=C(2n,\ n)-C(2n,\ n-1)$ (단, $n=1,\ 2,\ 3,\ \cdots$)과
$C(n)=C(2n-1,\ n-1)-C(2n-1,\ n-2)$ (단, $n=1,\ 2,\ 3,\ \cdots$)을 보이시오.
참고. $n=1$일 때, $C(2n-1,\ n-2)=0$이다.

6.2절 정리

$n \times n$ 격자의 시작점에서 끝점까지 최단 경로(왼쪽 아래 방향에서 시작)의 수를 살펴보면서 중심 열을 지나는 경로의 수를 계산하는 다음과 같은 수열을 찾아보았다.

0단계 카탈란 수들로 구성된 첫 번째 수열은 중심 열을 지나지 않는 (즉, 0번 교차하는) 최단 경로의 수들이다. 이 수열을 C 또는 P_0라 하자.

$$\mathrm{P}_0 : 1,\ 2,\ 5,\ 14,\ 42,\ 132,\ 429,\ 1430,\ \cdots,\ \mathrm{C}(n),\ \cdots$$

공식 :

$$\mathrm{P}_0(n)=\mathrm{C}(n)=\mathrm{C}(2n-1, n-1)-\mathrm{C}(2n-1, n-2) \ (\text{단, } n=1,\ 2,\ 3,\ \cdots)$$

$n=1$이면 $\mathrm{C}(2n-1, n-2)=0$이다.

1단계 다음 수열은 중심 열을 한 번만 지나되 가로지르지 않는 (즉, 한 번만 교차하는) 최단 경로의 수이다. 이 수열을 P_1라 하자.

$$\mathrm{P}_1 : 1,\ 4,\ 14,\ 48,\ 165,\ 572,\ 2002,\ \cdots,\ \mathrm{P}_1(n),\ \cdots$$

공식 :

$$\mathrm{P}_1(n)=\mathrm{C}(n)=\mathrm{C}(2n-1, n-2)-\mathrm{C}(2n-1, n-3) \ (\text{단, } n=2,\ 3,\ 4,\ \cdots)$$

$n=2$이면 $\mathrm{C}(2n-1, n-3)=0$이다.

2단계 다음 수열은 중심 열을 두 번만 지나되 가로지르지 않는 (즉, 두 번만 교차하는) 최단 경로의 수이다. 이 수열을 P_2라 하자.

$$\mathrm{P}_2 : 1,\ 6,\ 27,\ 110,\ 429,\ 1638,\ 6188,\ \cdots,\ \mathrm{P}_2(n),\ \cdots$$

공식 :

$$\mathrm{P}_2(n)=\mathrm{C}(n)=\mathrm{C}(2n-1, n-3)-\mathrm{C}(2n-1, n-4) \ (\text{단, } n=3,\ 4,\ 5,\ \cdots)$$

$n=3$이면 $\mathrm{C}(2n-1, n-4)=0$이다.

3단계 다음 수열은 중심 열을 세 번만 지나되 가로지르지 않는 (즉, 세 번만 교차하는) 최단 경로의 수이다. 이 수열을 P_3라 하자.

$$P_3 : 1,\ 8,\ 44,\ 208,\ 910,\ 3808,\ 15504,\ \cdots,\ P_3(n),\ \cdots$$

공식 :

$$P_3(n) = C(n) = C(2n-1, n-4) - C(2n-1, n-5) \text{ (단, } n = 4,\ 5,\ 6,\ \cdots)$$

$n=4$이면 $C(2n-1, n-5) = 0$이다.

4단계 이상 중심 열을 네 번 이상 지나되 가로지르지 않는 최단 경로의 수

공식 :

$$P_x(n) = C(n) = C(2n-1, n-x-1) - C(2n-1, n-x-2) \text{ (단, } x \geq x+1)$$

$n=x+1$이면 $C(2n-1, n-x-2) = 0$이다.

6.3 **격자에서 경로 세기 – 세 번째**

이 절에서는 $n \times n$ 격자에서 중심 열을 x번 가로지르는 최단 경로(왼쪽 아래 방향에서 시작)의 수인 $\mathrm{P}_x(n)$의 값에 관한 표를 만들어보자. 각 열의 항목은 주어진 x의 값과 점점 증가하는 격자의 크기에 대해 중심 열을 가로지르는 최단 경로의 수를 나타낸다. 각 행의 수들은 지정된 격자 크기에 대해 x의 값을 증가시키며 중심 열을 가로지르는 최단 경로의 수를 나타낸 것이다.

$\mathrm{P}_x(n)$ **값에 관한 표**

$n \times n$ \ x	0	1	2	3	4	5	6
1×1	1						
2×2	2	1					
3×3	5	4	1				
4×4	14	14	6	1			
5×5	42	48	27	8	1		
6×6	132	165	110	44	10	1	
7×7	___	___	___	___	___	___	___

6.3절

1. $\mathrm{P}_x(n)$의 공식을 이용하거나 또는 발견한 다른 규칙들을 이용하여 위 표의 7번째 행을 완성하시오.

2. 파스칼 삼각형의 9번째 행의 처음 다섯 개의 성분들은 다음과 같다.

   1 9 36 84 126

   이 수열을 이용하여 주어진 수열의 뒷 항에서 앞 항을 각각 뺌으로써 두 항의 차를 나타내는 수열을 생성한다.
   이제 새 수열을 역순으로 나열하고 마지막 항으로 1을 추가한다. 이 값을 위에 표시된 $\mathrm{P}_x(n)$ 값에 관한 표의 5번째 행과 비교하여 보자.

문제 2에서 수열을 찾은 방법은 $n \times n$ 격자에서 최단 경로의 수를 찾는 방법이 파스칼 삼각형과 연관성이 있음을 보여준다. 다음 그림은 6×6 격자의 경우를 나타낸 것이다.

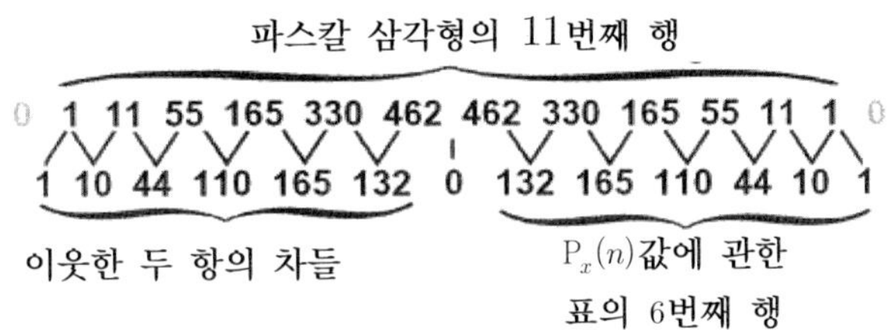

일반적으로 $n \times n$ 격자의 경우 파스칼 삼각형의 $(2n-1)$번째 행을 선택하여 두 항의 차를 나타내는 수열을 찾는다. 이 행의 앞 부분은 $P_x(n)$ 값에 관한 표의 네 번째 행에 역순으로 나열된 수열로 $x < n$에 대해 중심 열을 x번 가로지르는 최단 경로(왼쪽 아래 방향에서 시작)의 수이다. (대칭으로 파스칼 삼각형의 11번째 행의 뒷 부분에 같은 수들이 있다.)

---

3. 파스칼 삼각형의 7번째 행의 앞 부분에 있는 원소들은 1 7 21 35이다. 주어진 수열에서 뒷 항에서 앞 항을 각각 뺌으로써 두 항의 차를 나타내는 수열을 생성한다. 이제 새 수열을 역순으로 나열하고 마지막 항으로 1을 추가하시오. 이 값을 위에 표시된 $P_x(n)$ 값에 관한 표의 4번째 행과 비교하시오.

4. 다음 물음에 답하시오.

(a) $P_x(n)$ 값에 관한 표의 각 행의 원소들을 더하여 행의 합으로 이루어진 수열을 구하시오.

(b) 다음 조합의 값을 각각 구하시오.

C(1, 0), C(3, 1), C(5, 2), C(7, 3), C(9, 4), C(11, 5), C(13, 6)

(c) 문제 4의 (a)와 (b)의 수열을 비교하시오.

문제 4의 (a)에서 구한 수열의 각 항은 해당 행에 대해 표시된 각 격자의 시작점에서 끝점까지 모든 최단 경로(왼쪽 아래 방향에서 시작)의 수의 합이다.(앞의 $P_x(n)$ 값에 관한 표 참조). 오른쪽 아래 방향으로 시작할 때도 같은 수의 경로가 있기 때문에 행의 합은 해당 격자에 대한 모든 최단 경로의 수의 $\frac{1}{2}$로 다음과 같다.

$$(\text{행의 합}) = \frac{C(2n,\ n)}{2}$$

또한 문제 4의 (b)로부터 행의 합에 대해 다음과 같이 다른 공식으로 나타낼 수 있다.

$$(\text{행의 합}) = C(2n-1,\ n-1)$$

예를 들어, $n=6$인 6×6 격자를 고려하면

$$C(2\cdot6-1,\ 6-1) = C(11,\ 5) = 462$$

이고 $P_x(n)$ 값에 관한 표의 6번째 행에 대한 행의 합은 다음과 같다.

$$132+165+110+44+10+1=462$$

---

5. $\frac{C(2n,\ n)}{2} = C(2n-1,\ n-1)$이 성립함을 보이시오.

6. 6×6 격자에서 최소 한 번 중심 열을 가로지르는 최단 경로(왼쪽 아래 방향에서 시작)의 수를 구하고 $C(11,\ 4)$와 같음을 확인하시오.

7. 6×6 격자에서 최소 두 번 중심 열을 가로지르는 최단 경로(왼쪽 아래 방향에서 시작)의 수를 구하고 $C(11,\ 3)$과 같음을 확인하시오.
8. 6×6 격자에서 최소 세 번 중심 열을 가로지르는 최단 경로(왼쪽 아래 방향에서 시작)의 수를 구하고 $C(11,\ 2)$와 같음을 확인하시오.

9. 6×6 격자에서 최소 네 번 중심 열을 가로지르는 최단 경로(왼쪽 아래 방향에서 시작)의 수를 구하고 C(11, 1)과 같음을 확인하시오.

문제 6~9는 $n \times n$ 격자에서 최단 경로의 수를 찾는 방법이 파스칼 삼각형과 연관성이 있음을 보여준다. 다음 그림은 6×6 격자의 경우를 나타낸 것이다.

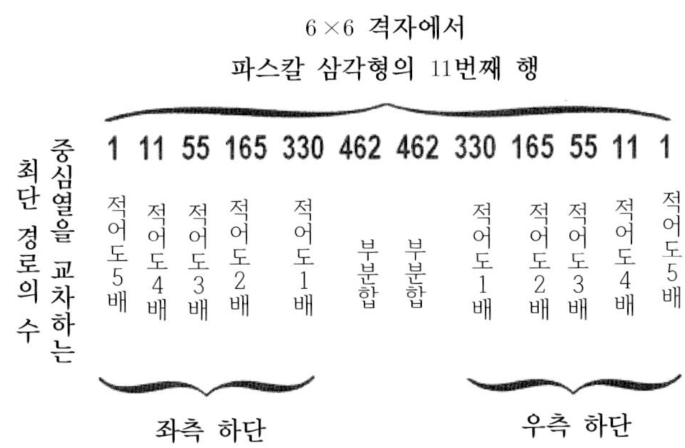

$$총합 = 462 + 462 = 924 = C(12,\ 6)$$

6×6 격자에서 최단 경로의 수

*부분 총합=(왼쪽(또는 오른쪽) 시작점에서 끝점까지의 최단 경로의 수)

$$462 = 132 + 165 + 110 + 44 + 10 + 1$$

10. 5×5 격자에 대해 위의 표와 비슷한 표를 나타내시오. $n = 5$이기 때문에 파스칼 삼각형의 9번째 행($2n - 1 = 10 - 1 = 9$)을 이용하시오.

아래 삼각형 배열의 원소들은 $\mathrm{P}_x(n)$ 값에 관한 표에서 가져온 것이다.

이 배열에서 흥미로운 수의 규칙이 있다.

1						
2	1					
5	4	1				
14	14	6	1			
42	48	27	8	1		
132	165	110	44	10	1	
429	572	429	208	65	12	1

이 배열의 각 원소는 그 위의 원소의 두 배와 그 위의 원소의 양쪽에 있는 두 원소의 세 수의 합이다. 예를 들어, 원소 $110=48+2\cdot 27+8$이다. 다음 그림을 참고하시오.

1						
2	1					
5	4	1				
14	14	6	1			
42	48	27	8	1		
132	165	110	44	10	1	
429	572	429	208	65	12	1

$$(1,\ 2,\ 1)\cdot(48,\ 27,\ 8)=48+54+8=110$$

이 성질은 파스칼 삼각형의 배열에도 성립한다.

---

11. 위의 배열의 임의의 행에서 선택한 연속된 세 개의 원소들을 첫 번째 스트링, 파스칼 삼각형의 두 번째 행의 원소들을 두 번째 스트링으로 하여 구한 스트링곱이 첫 번째 스트링의 중간 성분 하단에 있는 배열 중 바로 다음 행에 있는 원소임을 확인하시오.

12. 위 배열의 다섯 번째 행의 원소들을 첫 번째 스트링, 파스칼 삼각형의 네 번째 행의 원소들을 두 번째 스트링으로 하여 스트링곱이 위 배열의 일곱 번째 행과 첫 번째 스트링의 중간 성분 아래에 있는 원소임을 확인하시오.
13. 문제 12에서 주어진 방법을 반복하되, 위의 배열의 네 번째 행의 원소들로 첫 번째 스트링을 만드시오.(총 5개의 성분들을 만들기 위해 0을 추가하시오.) 스트링곱이 위 배열의 여섯 번째 행과 첫 번째 스트링의 중간 성분 아래에 있는 원소임을 확인하시오.

일반적으로, 파스칼 삼각형의 짝수 행인 2R번째 행에서 구성된 스트링(2R)과 $P_x(n)$ 값에 관한 표의 r번째 행에서 연속된 원소들로 구성된 스트링(r)을 생각하자. 두 스트링 2R과 r의 스트링곱의 곱을 구하기 위해 스트링(r)에 필요한 경우 일부만 가져오던지 0을 추가한다. 이 스트링곱은 $P_x(n)$ 값에 관한 표의 (R+r)번째 행과 구성된 스트링의 중간 성분 아래에 있는 원소와 같다.

---

14. 파스칼 삼각형의 6번째 행에서 구성된 스트링과 $P_x(n)$의 4번째 행의 원소들에 0을 추가한 스트링의 스트링곱이 $P_x(n)$ 값에 관한 표의 7번째 행에서 4번째 성분과 같음을 확인하시오. 즉, (1, 6, 15, 20, 15, 6, 1)·(14, 14, 6, 1, 0, 0, 0) 의 값이 $P_x(n)$ 값에 관한 표의 7번째 행에서 4번째 성분과 같음을 확인하시오.

15. 파스칼 삼각형의 4번째 행에서 구성된 스트링과 $P_x(n)$의 5번째 행의 첫 번째 4개의 원소들에 0을 추가한 스트링의 스트링곱이 $P_x(n)$ 값에 관한 표의 7번째 행에서 두 번째 성분과 같음을 확인하시오. 즉, (1, 4, 6, 4, 1)·(0, 42, 48, 27, 8) 의 값이 $P_x(n)$ 값에 관한 표의 7번째 행에서 두 번째 성분과 같음을 확인하시오.

또 다른 흥미로운 규칙으로는 $P_x(n)$ 값에 관한 표에서 제시된 배열의 열의 수로 이루어진 스트링들의 스트링곱이 있다. 예를 들어, 배열에서 1열의 처음 3개 원소들로 구성된 스트링과 2열의 처음 3개의 원소에서 역순으로 구성된 스트링의 스트링곱은 배열에서 4열의 3번째 원소와 같다. 스트링곱은 다음과 같다.

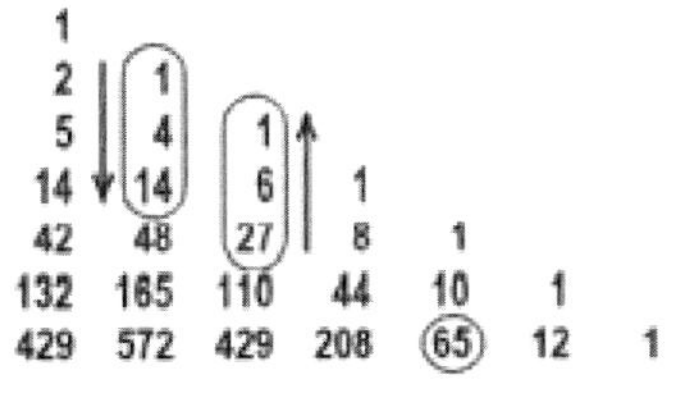

$$(1,\ 4,\ 14)\cdot(27,\ 6,\ 1)=27+24+14=65$$

일반적으로 배열에서 c_1열의 처음 m개의 원소와 c_2열의 처음 m개의 원소에서 역순으로 구성된 스트링의 스트링곱은 배열에서 (c_1+c_2+1)열의 m번째 원소와 같다. 배열의 열은 왼쪽부터 0, 1, 2, $\cdots$, 으로 순서가 부여된다. 또 다른 예로, 0열의 처음 4개의 원소들과 2열의 처음 4개의 원소에서 역순으로 구성된 스트링에 대하여, 스트링곱은 다음과 같다.

$$(1,\ 2,\ 5,\ 14) \cdot (110,\ 27,\ 6,\ 1) = 110 + 54 + 30 + 14 = 208$$

원소 208은 $3(0+1+2=3)$열의 4번째 원소에 해당한다.

---

16. $P_x(n)$ 값에 관한 표에서 1열의 처음 4개의 원소들과 3열의 처음 4개의 원소에서 역순으로 구성된 스트링을 각각 구하시오. 구한 두 스트링의 스트링곱은 $P_x(n)$ 값에 관한 표에서 5열에 있는 4번째 원소와 같음을 확인하시오.
힌트: $n=9$이고 $x=5$일 때, $P_x(n)$ 값에 관한 표에서 5열에 있는 4번째 원소를 찾기 위해 다음 공식을 이용하시오. $P_x(n) = C(2n-1,\ n-x-1) - C(2n-1,\ n-x-2)$ 값 9와 5는 $P_x(n)$ 값에 관한 표에서 이 스트링곱의 결과값이 있는 위치와 관계가 있고, 열의 값으로 구할 수 있다.

17. $P_x(n)$ 값에 관한 표의 0열은 카탈란 수 $C(n)$으로 구성되어 있다.
$n=2,\ 3,\ 4,\ 5,\ 6,\ 7$에 대해 $C(n+1)-2 \cdot C(n)$과 동일한 수열을 구하시오. 어떤 수열인가?

$P_x(n)$에 대한 공식인

$$P_x(n) = C(2n-1,\ n-x-1) - C(2n-1,\ n-x-2)$$

는 다음과 같이 나타낼 수 있다.

$$P_x(n) = (2x+2) \cdot \frac{C(2n-1,\ n-x-1)}{n+x+1}$$

(조합의 공식을 이용하여 식을 정리할 수 있다.)

---

18. $n=1,\ 2,\ 3,\ 4,\ 5,\ 6,\ 7$에 대해 $P_0(n) = 2 \cdot \dfrac{C(2n-1,\ n-1)}{n+1}$를 계산하고, 이는 카탈란수와 같음을 확인하시오.

19. $n=2,\ 3,\ 4,\ 5,\ 6,\ 7$에 대해 $P_1(n) = 4 \cdot \dfrac{C(2n-1,\ n-2)}{n+2}$임을 확인하시오.

20. $n=3,\ 4,\ 5,\ 6,\ 7$에 대해 $P_2(n) = 6 \cdot \dfrac{C(2n-1,\ n-3)}{n+3}$임을 확인하시오.

21. $n=4,\ 5,\ 6,\ 7$에 대해 $P_3(n) = 8 \cdot \dfrac{C(2n-1,\ n-4)}{n+4}$임을 확인하시오.

22. $n=5,\ 6,\ 7$에 대해 $P_3(n) = 10 \cdot \dfrac{C(2n-1,\ n-5)}{n+5}$임을 확인하시오.

23. $P_x(n)$에 대해 $x=5$라 하자. 위의 공식과 유사한 공식을 작성하시오. $n=6,\ 7,\ 8$에 대해 $P_x(n)$의 값을 계산하시오.

24. 위의 공식 중 하나를 사용하여 6×6 격자에서 시작점에서 끝점까지 중심 열을 오직 0번, 1번, 2번, 3번을 가로지르는 각각의 최단 경로(왼쪽 아래 방향에서 시작)의 수를 구하시오.

6.4 격자에서 경로 세기 - 네 번째

이 절에서는 $n \times n$ 격자에서 중심 열을 가로지르지 않는 시작점에서 끝점까지의 최단 경로(왼쪽 아래 방향에서 시작)를 살펴본다. 앞서 카탈란 수의 수열로 크기가 다른 격자마다 최단 경로의 수를 구할 수 있음을 살펴보았다. 이러한 경로는 중심 열에 닿을 수는 있지만 중심 열을 가로지를 수는 없다. 이제 n 값에 따라 중심 열을 한 번 또는 두 번만 가로지르지 않고 지나거나 또는 지나지 않는 최단 경로의 수를 구해보자.

먼저 6×6 격자를 예로 들어보자. 카탈란 수 C(6) = 132는 6×6 격자에서 중심 열을 가로지르지 않는 최단 경로의 수이다. 문제는 이 경로들 중 몇 가지가 중심 열을 가로지르지 않되 지나고 몇 가지가 지나지 않는다는 것이다. 이는 쉽게 답할 수 있는 문제이다. 6×6 격자를 살펴볼 때, 중심 열의 바로 왼쪽에 있는 열에 집중하고 5×5 격자의 절반인 왼쪽임을 주의 깊게 보자.

아래 그림을 참고하면 5×5 격자의 왼쪽 절반이 6×6 격자에서 분리되었다.

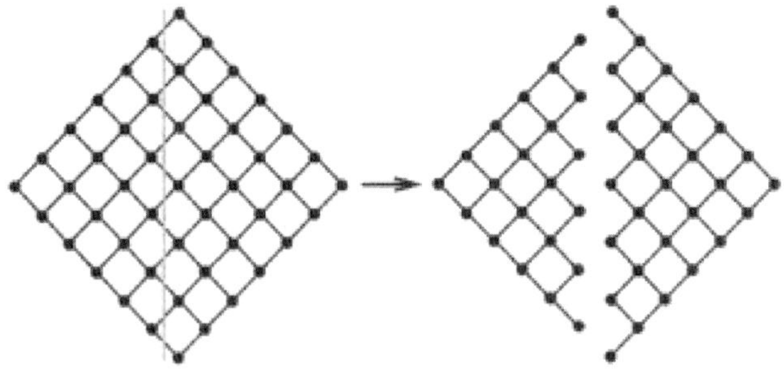

5×5 격자의 중심 열을 지나되 가로지르지 않는 최단 경로의 수는 6×6 격자에서 발견되는 중심 열을 지나지 않는 최단 경로의 수이며, 그 수는 C(5) = 42이다. 따라서 6×6 격자에서 중심 열을 지나되 가로지르지 않는 최단 경로의 수는 C(6) − C(5) = 132 − 42 = 90이다.

> 일반적으로 $n \times n$ 격자에서 중심 열을 지나지 않는 시작점에서 끝점까지의 최단 경로의 수(왼쪽 아래로 시작하는)는 다음과 같다.
>
> $C(n-1)$
>
> 그리고 중심 열을 한 번 이상 지나지만 가로지르지 않는 최단 경로의 수는 다음과 같다.
>
> $C(n) - C(n-1)$

$Q_0(n)$을 중심 열을 지나되 가로지르지 않는 모든 최단 경로의 수라 하자.(첨자 0은 이 경로가 0단계임을 나타내며, 중심 열을 지나지 않음을 의미한다.) $Q_0(n)$의 값은 다음과 같다.

$$Q_0(n)=C(n-1)$$

이제 이러한 경로가 중심 열을 가로지르지 않으면서 몇 번 지나는지 알아보자. 몇 개의 경로가 중심 열에 한 번 또는 두 번만 가로지르지 않고 지나는가?

6.4절

위의 공식을 이용하여 $n\times n$ 격자에서 (a) 시작점에서 끝점까지의 중심 열을 지나지 않는 최단 경로(왼쪽 아래 방향에서 시작)의 수와 (b) 중심 열을 적어도 한 번 이상 지나되 가로지르지 않는 최단 경로(왼쪽 아래 방향에서 시작)의 수를 구하시오.

1. $n=2$
2. $n=3$
3. $n=4$
4. $n=5$

6×6 격자의 예시를 살펴보면 중심 열을 한 번 이상 지나되 가로지르지 않는 최단 경로의 수는 90이다. 이 중 몇 가지가 중심 열에 오직 한 번, 오직 두 번, 또는 그 이상 가로지르지 않고 지나는가? 이 질문에 대한 접근 방식은 6.2절의 중심 열을 가로지르는 경로 문제에 접근하는 방법과 유사할 것이다. 이 절에서는 6×6 격자에 대한 분석을 구체적으로 설명하고, 완전한 이해를 위해 필요한 만큼 다른 크기의 격자에 대한 세부 정보들은 독자들이 찾아보도록 하자.

1단계 – 중심 열을 오직 한 번만 지나되 가로지르지 않는 최단 경로

6×6 격자의 중심 열에 있는 내부 점 5개를 A, B, C, D, E로 표기하면 최단 경로의 수를 분석하는데 도움이 된다.

시작점

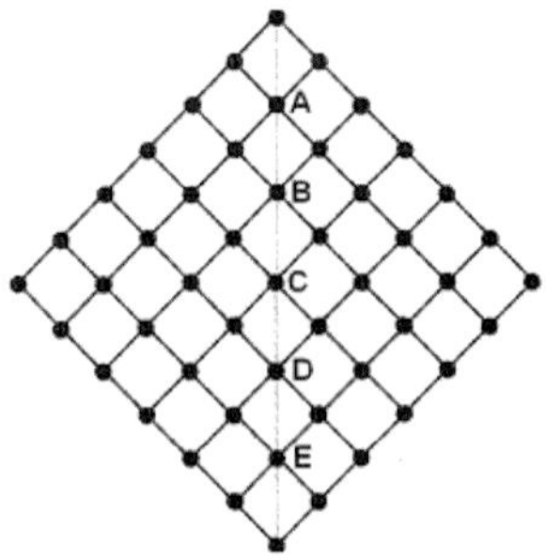

끝점

중심 열을 한 번만 지나되 가로지르지 않는 최단 경로의 수를 구하려면, 각 점들을 고려해야 한다. 우선 점 A를 고려하자. 경로가 점 A를 지나되 가로지르지 않으려면 격자를 통과하는 경로의 나머지 부분은 점 A를 제외한 나머지 네 점들을 피해야 한다. 즉, 점 A를 지난 후에는 다른 점들은 지나지 말아야 한다. 점 A에서 끝점까지 5×5 격자를 살펴보고 중심 열을 지나지 않는 경로의 수가 $C(5-1)=C(4)=14$임을 알 수 있다. 또한 시작점에서 점 A까지 가는 방법은 단 한 가지이므로, 수 세기의 기본 원칙에 따라 점 A에서 오직 한 번만 중심 열을 지나되 가로지르지 않는 최단 경로의 수는 $1\times14=14$이다.

이제 점 B를 살펴보자. 시작점에서 점 B까지 가는 방법은 한 가지이며, 점 B에서 끝점까지 4×4 격자를 살펴보면 5×5 격자의 중심 열을 지나지 않는 최단 경로의 수가 $C(4-1)=C(3)=5$임을 알 수 있다. 따라서 점 B에서 오직 한 번만 중심 열을 지나되 가로지르지 않는 최단 경로의 수는 $1\times5=5$이다.

한편 시작점에서 점 C까지 가는 방법은 두 가지이기 때문에 점 C의 경우는 달리 고려해야 한다. 점 C에서 끝점까지 중심 열을 지나지 않는 최단 경로의 수는 $C(3-1)=C(2)=2$이다. 따라서 점 C에서 오직 한 번만 중심 열을 지나되 가로지르지 않는 최단 경로의 수는 $2\times2=4$이다. 대칭성에 의해 점 D와 점 E의 경우는 각각 점 B와 점 A의 경우와 같다. 따라서 각 경우의 수를 모두 더하면 다음과 같다.

$$14+5+4+5+14=42$$

즉 6×6 격자에서 오직 한 번만 중심 열을 지나되 가로지르지 않는 최단 경로의 수는 42이다.

5. 3×3 격자에서 오직 한 번만 중심 열을 지나되 가로지르지 않는 최단 경로(왼쪽 아래 방향에서 시작)의 수를 구하시오.

6. 4×4 격자에서 오직 한 번만 중심 열을 지나되 가로지르지 않는 최단 경로(왼쪽 아래 방향에서 시작)의 수를 구하시오.

7. 5×5 격자에서 오직 한 번만 중심 열을 지나되 가로지르지 않는 최단 경로(왼쪽 아래 방향에서 시작)의 수를 구하시오.

6×6 격자에서 오직 한 번만 중심 열을 지나되 가로지르지 않는 최단 경로의 수는 42이다. 이 수가 중심 열을 지나지 않는 최단 경로의 수와 같음을 주목하자. 다른 크기의 격자에서도 이 성질이 성립한다는 것은 놀라운 일이다. 문제 5, 6, 7의 각각에 대한 답을 격자에서 중심 열을 지나지 않는 최단 경로의 수와 비교하여 확인해보자.

일반적으로 $n\times n$ 격자에서 시작점에서 끝점까지의 중심 열을 지나지 않는 최단 경로(왼쪽 아래 방향에서 시작)의 수는 중심 열을 오직 한 번만 지나되 가로지르지 않는 최단 경로의 수와 같다.

이 성질에 대한 결과로 $n\times n$ 격자에서 시작점에서 끝점까지의 중심 열을 오직 한 번만 지나되 가로지르지 않는 최단 경로(왼쪽 아래 방향에서 시작)의 수는 카탈란 수 $\mathrm{C}(n-1)$이다. 따라서 다음식이 성립한다.

$$\mathrm{Q}_1(n)=\mathrm{C}(n-1)=\mathrm{Q}_0(n)$$

아래 표는 서로 다른 크기의 격자에 대해 시작점에서 끝점까지의 중심 열을 오직 한 번만 지나되 가로지르지 않는 최단 경로(왼쪽 아래 방향에서 시작)의 수를 나타낸 것이다.

1단계

격자	중심 열을 오직 한 번만 지나되 가로지르지 않는 경로의 수
1×1	0
2×2	1
3×3	2
4×4	5
5×5	14
6×6	42
7×7	132
8×8	429

2단계 – 중심 열을 오직 두 번만 지나되 가로지르지 않는 최단 경로

중심 열을 오직 두 번만 지나되 가로지르지 않는 최단 경로의 수를 구하기 위해 중심 열 위에 있는 내부점(시작점과 끝점의 제외한 점)들의 각 쌍을 고려할 필요가 있다.

6×6 격자에서 5개의 내부점들 중 2개를 택하면 10개의 쌍이 존재한다. 여기서도 성질을 분석할 때 대칭성이 이용된다. 우선 AB 쌍을 고려하자. 시작점에서 점 A까지와 점 A로부터 점 B까지 가는 경로는 각각 한 가지이다. 점 B에서 끝점까지 4×4 격자를 살펴보면 중심 열을 다시 지나지 않는 경로의 수가 $C(4-1)=C(3)=5$임을 알 수 있다. 수세기의 기본 원칙에 따라 중심 열을 오직 두 번만 지나되 가로지르지 않는 최단 경로의 수는 $1\times1\times5=5$이며 이는 점 A에서 한 번만, 점 B에서 한 번만 지나되 가로지르지 않는 최단 경로의 수이다. 대칭성에 의해 DE 쌍 역시 AB 쌍의 경우와 같다.

다음으로, AC 쌍을 고려하자. 시작점에서 점 A까지, 점 A에서 점 C까지, 점 C에서 끝점까지 가는 경로의 수는 각각 1, 1, 2이다. 따라서 중심 열을 오직 두 번만 지나되 가로지르지 않는 최단 경로의 수는 $1\times1\times2=2$이며 이는 점 A에서 한 번만, 점 C에서 한 번만 지나되 가로지르지 않는 최단 경로의 수이다. 대칭성에 의해 CE 쌍 역시 AC 쌍의 경우와 같다.

다음으로 AD 쌍을 고려하자. 시작점에서 점 A까지, 점 A에서 점 D까지, 점 D에서 끝점까지 가는 경로의 수는 각각 1, 2, 1이다. 따라서 중심 열을 오직 두 번만 지나되 가로지르지 않는 최단 경로의 수는 $1\times2\times1=2$이며 이는 점 A에서 한 번만, 점 E에서 한 번만 지나되 가로지르지 않는 최단 경로의 수이다. 대칭성에 의해 BE 쌍 역시 AD 쌍의 경우와 같다.

다음으로 AE 쌍을 고려하자. 시작점에서 점 A까지, 점 A에서 점 E까지, 점 E에서 끝점까지 가는 경로의 수는 각각 1, 5, 1이다. 따라서 중심 열을 오직 두 번만 지나되 가로지르지 않는 최단 경로의 수는 $1\times5\times1=5$이며 이는 점 A에서 한 번만, 점 D에서 한 번만 지나되 가로지르지 않는 최단 경로의 수이다. 이번에는 대칭성에 의해 같은 AE 쌍 외의 다른 경로가 없다.

다음으로 BC 쌍을 고려하자. 시작점에서 점 B까지, 점 B에서 점 C까지, 점 C에서 끝점까지 가는 경로의 수는 각각 1, 1, 2이다. 따라서 중심 열을 오직 두 번만 지나되 가로지르지 않는 최단 경로의 수는 $1\times1\times2=2$이며 이는 점 B에서 한 번만, 점 C에서 한 번만 지나되 가로지르지 않는 최단 경로의 수이다. 대칭성에 의해 CD 쌍 역시 BC 쌍의 경우와 같다.

마지막으로 BD 쌍을 고려하자. 시작점에서 점 B까지, 점 B에서 점 D까지, 점 D에서 끝점까지 가는 경로의 수는 각각 1, 1, 1이다. 따라서 중심 열을 오직 두 번만 지나되 가로지르지 않는 최단 경로의 수는 $1\times1\times1=1$이며 이는 점 B에서 한 번만, 점 D에서 한 번만 지나되 가로지르지 않는 최단 경로의 수이다. 이번에는 대칭성에 의해 같은 BD 쌍 외의 다른 경로가 없다.

위의 10가지 쌍의 경우의 수를 모두 더하면 다음과 같다.

$$5+5+2+2+2+2+5+2+2+1=28$$

즉 6×6 격자에서 오직 두 번만 중심 열을 지나되 가로지르지 않는 최단 경로의 수는 28이다.

---

8. 3×3 격자에서 오직 두 번만 중심 열을 지나되 가로지르지 않는 최단 경로(왼쪽 아래 방향에서 시작)의 수를 구하시오.

9. 4×4 격자에서 오직 두 번만 중심 열을 지나되 가로지르지 않는 최단 경로(왼쪽 아래 방향에서 시작)의 수를 구하시오.

10. 5×5 격자에서 오직 두 번만 중심 열을 지나되 가로지르지 않는 최단 경로(왼쪽 아래 방향에서 시작)의 수를 구하시오.

6×6 격자에서 오직 두 번만 중심 열을 지나되 가로지르지 않는 최단 경로의 수는 28이다. 이는 5×5 격자의 중심 열에 한 번 이상 지나되 가로지르지 않는 최단 경로의 수, 즉 14 개의 경로가 한 번만 지나되 가로지르지 않는 최단 경로의 수, 9개의 경로가 두 번만 지나되 가로지르지 않는 최단 경로의 수, 4개의 경로가 세 번만 지나되 가로지르지 않는 최단 경로의 수, 1개의 경로가 네 번만 지나되 가로지르지 않는 최단 경로의 수와 동일함을 주목하자. 이 모든 경우들의 최단 경로의 수들을 더하면 $14+9+4+1=28$이다. 다른 크기의 격자에서도 이 성질이 성립한다는 것은 놀라운 일이다. 문제 8, 9, 10의 각각에 대한 답을 해당 격자보다 한 차원 낮은 격자(문제 1~4 참고)에서 중심 열을 한 번 이상 지나되 가로지르지 않는 최단 경로의 수와 비교하여 확인해보자.

일반적으로, 다음 식이 성립한다.

> $(n-1)\times(n-1)$ 격자에서 시작점에서 끝점까지의 중심 열을 한 번 이상 지나되 가로지르지 않는 최단 경로(왼쪽 아래 방향에서 시작)의 수는 $n \times n$ 격자에서 중심 열을 오직 두 번만 지나되 가로지르지 않는 최단 경로의 수와 같다.

$(n-1)\times(n-1)$ 격자에서 중심 열을 한 번 이상 지나되 가로지르지 않는 최단 경로의 수는 $C(n-1)-C(n-2)$이다. 따라서 $Q_1(n)=C(n-1)=Q_0(n)$이다. 따라서 위에서 언급한 성질의 결과로 $n \times n$ 격자에서 시작점에서 끝점까지의 중심 열을 오직 두 번만 지나되 가로지르지 않는 최단 경로(왼쪽 아래 방향에서 시작)의 수는 $C(n-1)-C(n-2)$이다.

$Q_2(n)$을 중심 열을 오직 두 번만 지나되 가로지르지 않는 최단 경로의 수라 하자.(첨자 2는 2단계를 뜻한다.) 정리하면 다음 식이 성립한다.

$$\begin{aligned} Q_2(n) &= C(n-1)-C(n-2) \\ &= Q_1(n)-C(n-2) \\ &= Q_1(n)-Q_0(n-1) \end{aligned}$$

$Q_0(n)=C(n-1)$이 성립하므로 위의 등식에서 $C(n-2)$를 $Q_0(n-1)$로 대체할 수 있다.

아래 표는 서로 다른 크기의 격자에 대해 시작점에서 끝점까지의 중심 열을 오직 두 번만 지나되 가로지르지 않는 최단 경로(왼쪽 아래 방향에서 시작)의 수를 나타낸 것이다.

2단계

격자	중심 열을 오직 두 번만 지나되 가로지르지 않는 경로의 수
1×1	0
2×2	0
3×3	1
4×4	3
5×5	9
6×6	28
7×7	90
8×8	297

3단계 이상 – 중심 열을 오직 세 번 또는 그 이상 지나되 가로지르지 않는 최단 경로

중심 열을 오직 세 번만 지나되 가로지르지 않는 최단 경로의 수를 구하기 위해 중심 열 위에 있는 내부점(시작점과 끝점의 제외한 점)들의 각 세 쌍을 고려할 필요가 있다. 6×6 격자에서 5개의 내부점들 중 3개를 택하면 10가지 세 쌍이 존재한다. 이 공식을 확장해보자.

일반적으로 다음이 성립한다.

> $(n-1)\times(n-1)$ 격자에서 시작점에서 끝점까지의 중심 열을 두 번 이상 지나되 가로지르지 않는 최단 경로(왼쪽 아래 방향에서 시작)의 수는 $n\times n$ 격자에서 중심 열을 오직 세 번만 지나되 가로지르지 않는 최단 경로의 수와 같다.

$(n-1)\times(n-1)$ 격자에서 중심 열을 두 번 이상 지나되 가로지르지 않는 최단 경로의 수는 중심 열을 가로지르지 않는 총 경우의 수에서 중심 열을 지나지 않는 최단 경로의 수와 중심 열을 오직 한 번만 지나되 가로지르지 않는 최단 경로의 수의 합을 뺀 것과 같다.

즉, $C(n-1)-\left[Q_0(n-1)+Q_1(n-1)\right]$이다.

$C(n-1)$에 $Q_1(n)$을 대입하여 간단히 하면 $Q_1(n)-Q_0(n-1)-Q_1(n-1)$이다.

$Q_2(n) = Q_1(n) - Q_0(n-1)$이므로 위 등식은 $Q_2(n) - Q_1(n-1)$과 같다.

$Q_3(n)$을 중심 열을 오직 세 번만 지나되 가로지르지 않는 최단 경로의 수라 하자.(첨자 3은 3단계를 뜻한다.) 정리하면 다음 식이 성립한다.

$$Q_3(n) = Q_2(n) - Q_1(n-1)$$

---

11. 점 3개를 고려하여 4×4 격자에서 시작점에서 끝점까지의 중심 열을 오직 세 번만 지나되 가로지르지 않는 최단 경로(왼쪽 아래 방향에서 시작)의 수를 구하시오. $n=4$일 때, 이 수가 $Q_3(n) = Q_2(n) - Q_1(n-1)$의 값임을 확인하시오.

12. 점 3개를 고려하여 5×5 격자에서 시작점에서 끝점까지의 중심 열을 오직 세 번만 지나되 가로지르지 않는 최단 경로(왼쪽 아래 방향에서 시작)의 수를 구하시오. $n=5$일 때, 이 수가 $Q_3(n) = Q_2(n) - Q_1(n-1)$의 값임을 확인하시오.

13. 점 3개를 고려하여 6×6 격자에서 시작점에서 끝점까지의 중심 열을 오직 세 번만 지나되 가로지르지 않는 최단 경로(왼쪽 아래 방향에서 시작)의 수를 구하시오. $n=6$일 때, 이 수가 $Q_3(n) = Q_2(n) - Q_1(n-1)$의 값임을 확인하시오.

아래 표는 서로 다른 크기의 격자에 대해 시작점에서 끝점까지의 중심 열을 오직 세 번만 지나되 가로지르지 않는 최단 경로(왼쪽 아래 방향에서 시작)의 수를 나타낸 것이다.

3단계

격자	중심 열을 세 번만 지나되 가로지르지 않는 경로의 수
1×1	0
2×2	0
3×3	0
4×4	1
5×5	4
6×6	14
7×7	48
8×8	165

위에서 살펴본 규칙들은 일반적으로 다음과 같이 성립한다.

$(n-1)\times(n-1)$ 격자에서 시작점에서 끝점까지의 중심 열을 $(x-1)$ 번 이상 지나되 가로지르지 않는 최단 경로(왼쪽 아래 방향에서 시작)의 수는 $n\times n$ 격자에서 중심 열을 오직 x번만 지나되 가로지르지 않는 최단 경로의 수와 같다.

중심 열을 4번만 지나되 가로지르지 않는 경우에는, $(n-1)\times(n-1)$ 격자에서 중심 열을 세 번 이상 지나되 가로지르지 않는 최단 경로의 수가 중심 열을 가로지르지 않는 전체 경우의 수에서, 중심 열을 지나지 않는 최단 경로의 수와 중심 열을 오직 한 번만 지나되 가로지르지 않는 최단 경로의 수와 중심 열을 오직 두 번만 지나되 가로지르지 않는 최단 경로의 수의 합을 뺀 것과 같다. 즉, 다음이 성립한다.

$$\mathrm{C}(n-1)-\left[\mathrm{Q}_0(n-1)+\mathrm{Q}_1(n-1)+\mathrm{Q}_2(n-1)\right]$$

$\mathrm{C}(n-1)$에 $\mathrm{Q}_1(n)$을 대입하여 간단히 나타내면 $\mathrm{Q}_1(n)-\mathrm{Q}_0(n-1)-\mathrm{Q}_1(n-1)-\mathrm{Q}_2(n-1)$이다.
$\mathrm{Q}_2(n)=\mathrm{Q}_1(n)-\mathrm{Q}_0(n-1)$이므로 위 등식은 $\mathrm{Q}_2(n)-\mathrm{Q}_1(n-1)-\mathrm{Q}_2(n-1)$이다.

또한 $\mathrm{Q}_3(n)=\mathrm{Q}_2(n)-\mathrm{Q}_1(n-1)$이므로 정리하면 $\mathrm{Q}_3(n)-\mathrm{Q}_2(n-1)$로 나타낼 수 있다.

$Q_4(n)$을 중심 열을 오직 네 번만 지나되 가로지르지 않는 최단 경로의 수라 하자.(첨자 4는 4단계를 뜻한다.) 정리하면 다음 식이 성립한다.

$$Q_4(n)=Q_3(n)-Q_2(n-1)$$

일반적으로, $Q_x(n)$을 중심 열을 오직 x번만 지나되 가로지르지 않는 최단 경로의 수라 하자. 다음과 같은 식이 성립한다.

$$Q_1(n)=Q_0(n)=C(n-1)\text{이고 } Q_x(n)=Q_{x-1}(n)-Q_{x-2}(n-1) \ (\text{단, } 1<x<n)$$

---

14. 점 4개를 고려하여 6×6 격자에서 시작점에서 끝점까지의 중심 열을 오직 네 번만 지나되 가로지르지 않는 최단 경로(왼쪽 아래 방향에서 시작)의 수를 구하시오. $n=6$일 때, 이 수가 $Q_4(n)=Q_3(n)-Q_2(n-1)$의 값임을 확인하시오.

15. $Q_4(n)=Q_3(n)-Q_2(n-1)$을 이용하여 아래 표의 값들을 확인하고 빈칸을 채우시오.

격자	중심 열을 네 번만 지나되 가로지르지 않는 경로의 수
1×1	0
2×2	0
3×3	0
4×4	0
5×5	1
6×6	5
7×7	20
8×8	____
9×9	____

16. 다음 물음에 답하시오.

(a) $Q_5(n)$에 대한 공식을 구하시오.

(b) $n=6,\ 7,\ 8$에 대하여 $Q_5(n)$의 값을 구하시오.

17. 다음 수열을 찾으시오.

$Q_0(5)$, $Q_1(5)$, $Q_2(5)$, $Q_3(5)$, $Q_4(5)$

다음 수열을 찾으시오.

$C(8, 4)-C(8, 3)$, $C(7, 3)-C(7, 2)$, $C(6, 2)-C(6, 1)$, $C(5, 1)-C(5, 0)$, $C(4, 0)-0$

두 수열이 어떤 관계가 있는가?

18. 수열 $Q_0(5)$, $Q_1(5)$, $Q_2(5)$, $Q_3(5)$, $Q_4(5)$의 합이 $C(5)=42$임을 확인하시오.

19. 다음 수열을 찾으시오.

$Q_0(6)$, $Q_1(6)$, $Q_2(6)$, $Q_3(6)$, $Q_4(6)$, $Q_5(6)$

수열 $Q_0(6)$, $Q_1(6)$, $Q_2(6)$, $Q_3(6)$, $Q_4(6)$, $Q_5(6)$의 합이 $C(6)=132$임을 확인하시오.

20. 다음 파스칼 삼각형에서 타원으로 둘러싸인 각 수들에 대하여 큰 수에서 작은 수의 차로 이루어진 수열을 찾으시오. 찾은 수열을 $Q_0(6)$, $Q_1(6)$, $Q_2(6)$, $Q_3(6)$, $Q_4(6)$, $Q_5(6)$와 역순으로 비교하시오.

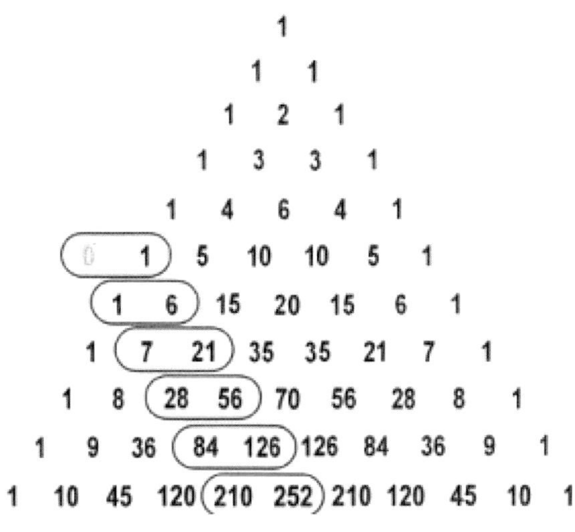

21. 위의 파스칼 삼각형에서 11번째 행을 나타내시오. 하키 스틱 원리를 이용하여 타원으로 둘러싸인 각 수들 중 큰 수들의 합은 C(11, 5), 작은 수들의 합이 C(11, 4)임을 각각 확인하시오. 또한, 타원으로 둘러싸인 각 수들에 대하여 큰 수에서 작은 수의 차들의 합이 C(11, 5)−C(11, 4)=C(6)=132와 같음을 확인하시오.

$Q_x(n)$의 값을 카탈란 수로도 나타낼 수 있다. 앞서 $Q_0(n)=C(n-1)$, $Q_1(n)=C(n-1)$ $Q_2(n)=C(n-1)-C(n-2)$과 $Q_3(n)=Q_2(n)-Q_1(n-1)$임을 알고 있으므로 이를 대입하면

$$Q_3(n)=C(n-1)-C(n-2)-C(n-2)$$

이다. 즉, $Q_3(n)=C(n-1)-2C(n-2)$이다.

$$Q_4(n)=Q_3(n)-Q_2(n-1)$$

이므로 마찬가지로 대입하면

$$Q_4(n)=C(n-1)-2C(n-2)-Q_2(n-1)$$

또는

$$Q_4(n)=C(n-1)-2C(n-2)-C(n-2)-C(n-3)=C(n-1)-3C(n-2)-C(n-3)$$

이다.

위의 결과들을 정리하면 다음과 같다.

$$\begin{aligned} Q_0(n)&=C(n-1)\\ Q_1(n)&=C(n-1)\\ Q_2(n)&=C(n-1)-\ C(n-2)\\ Q_3(n)&=C(n-1)-2C(n-2)\\ Q_4(n)&=C(n-1)-3C(n-2)+C(n-3) \end{aligned}$$

이 공식을 이해하기 위해 n에 6을 대입하면 다음과 같다.

$$Q_0(6)=C(6-1)=C(5)=42$$

$$Q_1(6)=C(6-1)=C(5)=42$$

$$Q_2(6) = C(6-1) - C(6-2) = C(5) - C(4) = 42 - 14 = 28$$

$$Q_3(6) = C(6-1) - 2C(6-2) = C(5) - 2C(4) = 42 - 2 \times 14 = 14$$

$$\begin{aligned} Q_4(6) &= C(6-1) - 3C(6-2) + C(6-3) \\ &= C(5) - 3C(4) + C(3) \\ &= 42 - 3 \times 14 + 5 \\ &= 5 \end{aligned}$$

이 수들을 문제 20의 결과와 비교하여 보자.

---

22. 카탈란 수로 $Q_5(n)$에 대한 공식을 유도하시오.

23. $n=6,\ 7,\ 8$에 대하여 문제22에서 찾은 $Q_5(n)$의 값을 구하시오.

위의 $Q_x(n)$ 공식에서 카탈란 수의 계수들은 파스칼 삼각형에서 피보나치 대각선의 이항계수이다. 카탈란 수로 나타내어진 $Q_x(n)$의 계수인 피보나치 내각신을 칮으려면 아래 그림과 갈이 파스칼의 삼각형의 x번째 행에서 시작하여 대각선 위쪽으로 선택한 수들을 차례대로 부호를 교대하여 계수 스트링을 얻을 수 있다. 예를 들어 $Q_5(n)$의 계수들을 찾으려면 파스칼 삼각형의 5행에서 시작하여 피보나치 대각선에 있는 수들에 부호를 교대하여 계수 스트링 $(1,\ -4,\ 3)$을 얻을 수 있다.

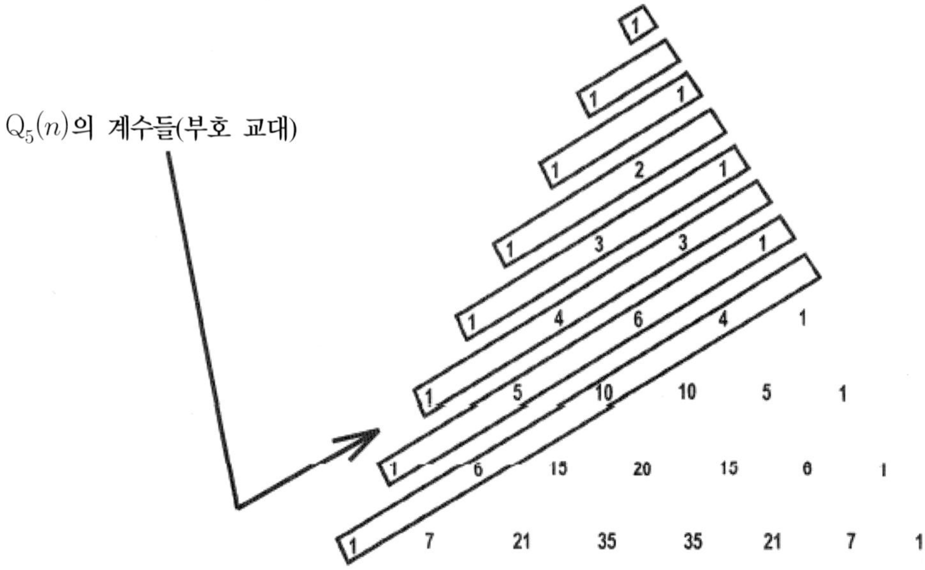

파스칼 삼각형의 피보나치 대각선

카탈란 수의 스트링은 (C($n-1$), C($n-2$), C($n-3$))이다. 두 스트링곱은 $Q_5(n)$와 같다. 즉, 다음 식이 성립한다.

$$Q_5(n) = (1,\ -4,\ 3)\cdot(C(n-1),\ C(n-2),\ C(n-3))$$
$$= C(n-1) - 4C(n-2) + 3C(n-3)$$

항상 카탈란 수의 스트링은 C($n-1$)부터 시작하여 n값을 하나씩 줄여나가고, 계수 스트링의 성분의 개수로 구성된다. 예를 들어 $n=8$ 일 때 다음 값을 얻을 수 있다.

$$Q_5(8) = (1,\ -4,\ 3)\cdot(C(7),\ C(6),\ C(5))$$
$$= (1,\ -4,\ 3)\cdot(429,\ 132,\ 42)$$
$$= 429 - 4\times132 + 3\times42$$
$$= 429 - 528 + 126$$
$$= 27$$

24. 피보나치 대각선에서 발견한 이항계수와 위에서 증명한 카탈란 수의 스트링곱을 이용하여 $Q_6(n)$의 공식을 카탈란 수로 유도하시오.

    이 공식을 이용하여 $Q_6(8)=7$임을 확인하시오.

25. 피보나치 대각선에서 발견한 이항계수와 위에서 증명한 카탈란 수의 스트링곱을 이용하여 $Q_7(n)$의 공식을 카탈란 수로 유도하시오.

    이 공식을 이용하여 $C_7(10)=44$임을 확인하시오.

6.5 격자에서 경로 세기 – 다섯 번째

이 절에서는 $n\times n$ 격자에서 중심 열을 오직 x번만 지나되 가로지르지 않고, 또는 지나지 않는 것 중 한 경우의 최단 경로(왼쪽 아래 방향에서 시작)의 수인 $Q_x(n)$의 값에 대한 표를 만들어보자. 각 열의 항목은 x값과 격자의 크기 n에 대해 중심 열을 가로지르지 않고 지나는 경로의 수를 나타낸다. 표에 있는 각 행의 수들은 주어진 격자 크기에 대한 최단 경로의 수를 나타내며, 이 최단 경로들은 중심 열을 오직 x번만 지나되 가로지르지 않는다.

$n\times n$ \ x	0	1	2	3	4	5	6
1×1	1						
2×2	1	1					
3×3	2	2	1				
4×4	5	5	3	1			
5×5	14	14	9	4	1		
6×6	42	42	28	14	5	1	
7×7	132	____	____	____	____	____	____

6.5절

1. $Q_x(n)$의 공식을 사용하거나 또는 다른 규칙을 찾아 그것을 이용하여 위에 있는 표의 7번째 빈칸을 채우시오.

2. 카탈란 수의 수열은 아래와 같다.

   1, 2, 5, 14, 42, 132, 429, ⋯

   이 수열을 이용하여, 주어진 수열의 각 항과 바로 전항의 차로 이루어진 새로운 수열을 만든다. 이 값들을 $Q_x(n)$ 값의 표에 있는 $x=2$의 열과 비교하시오. 무엇을 찾을 수 있는가?

3. 아래 그림에 표시된 파스칼의 삼각형의 각각의 타원으로 둘러싸인 그룹에서 더 큰 성분에서 더 작은 성분을 뺀 수의 수열을 만들어라. 수열 $Q_0(7)$, $Q_1(7)$, $Q_2(7)$, $Q_3(7)$, $Q_4(7)$, $Q_5(7)$, $Q_6(7)$의 역순과 비교하시오.

1
1 1
1 2 1
1 3 3 1
1 4 6 4 1
1 5 10 10 5 1
0 1 6 15 20 15 6 1
1 7 21 35 35 21 7 1
1 8 28 56 70 56 28 8 1
1 9 36 84 126 126 84 36 9 1
1 10 45 120 210 252 210 120 45 10 1
1 11 55 165 330 462 462 330 165 55 11 1
1 12 66 220 495 792 924 792 495 220 66 12 1

$Q_x(n)$은 분명한 공식이 있다. 파스칼 삼각형의 특정 이항계수들의 차에서 나온다.

$$Q_x(n) = C(2n - x - 2,\ n - x - 1) - C(2n - x - 2,\ n - x - 2)$$

(단, $x < n - 1$이고, $x = n - 1$이면 $Q_x(n) = 1$이다.)

4. $n = 6$일 때, $x = 0,\ 1,\ 2,\ 3,\ 4,\ 5$에 대하여 아래 공식의 값을 구하시오

$$Q_x(n) = C(2n - x - 2,\ n - x - 1) - C(2n - x - 2,\ n - x - 2)$$

$Q_x(n)$ 값에 대한 위의 표에서 6번째 행과 비교하시오.

5. $n=7$일 때, $x=0,\ 1,\ 2,\ 3,\ 4,\ 5,\ 6$에 대하여 아래 공식의 값을 구하시오

$$Q_x(n) = C(2n-x-2,\ n-x-1) - C(2n-x-2,\ n-x-2)$$

$Q_x(n)$ 값에 대한 위의 표에서 7번째 행과 비교하시오.

6. 아래 공식을 사용하여 $Q_x(n)$ 값에 대한 위의 표에서 8번째 행, 9번째 행을 추가하시오.

$$Q_x(n) = C(2n-x-2,\ n-x-1) - C(2n-x-2,\ n-x-2)$$

아래 삼각형 배열의 성분은 바로 위에 있는 $Q_x(n)$ 값의 표에서 나온 것이다. 이 수 삼각형을 카탈란 삼각형(Catalan Triangle)이라고 하며 이 배열에는 흥미로운 수 패턴이 있다.

1							
1	1						
2	2	1					
5	5	3	1				
14	14	9	4	1			
42	42	28	14	5	1		
132	132	90	48	20	6	1	
429	429	297	165	75	27	7	1

$Q_x(n)$ 값의 표 각 행에 있는 성분의 합이 카탈란 수 $C(n)$인 것은 놀라운 일이 아니다. 표에는 $n \times n$ 격자에서 중심 열을 오직 x번만 지나되 가로지르지 않고, 또는 지나지 않는 것 중 한 경우의 모든 최단 경로의 경우의 수로 구성되어 있으며, 이는 카탈란 수 $C(n)$로 알려져 있다.

수 위에 있는 행에서 카탈란 삼각형의 수를 생성하는 규칙이 있다. 예를 들어, 각 성분은 바로 위의 수, 왼쪽에 있는 수, 오른쪽에 있는 수의 모든 수의 합이다. 예를 들면 다음과 같다.

$$90 = 42 + \underline{28} + 15 + 5 + 1$$

다음 그림을 보자.

1							
1	1						
2	2	1					
5	5	3	1				
14	14	9	4	1			
42	42	28	14	5	1		
132	132	90	48	20	6	1	
429	429	297	165	75	27	7	1

위의 그림은 522페이지에 언급했던 성질을 나타내며 여기에 다시 기술하면 일반적으로 다음과 같다.

> $(n-1)\times(n-1)$ 격자에서 시작점에서 끝점까지 중심 열을 최소 $x-1$번 지나되 가로지르지 않는 최단 경로(왼쪽 아래 방향에서 시작)의 수는 $n\times n$ 격자에서 중심 열을 오직 x번만 지나되 가로지르지 않는 최단 경로의 수와 같다.

그런 다음 $\mathrm{Q}_x(n)$ 값의 표에서 $x=3$인 열 즉, 네 번째 열을 살펴보자. 이러한 성분은 $\mathrm{P}_x(n)$의 표(525페이지)에 있는 $x=1$인 열의 성분과 동일하며, 상쇄된 $n\times n$부분만 다르다. 정리하면 다음과 같다.

> 2×2 격자, 3×3 격자, 4×4 격자 및 그 이상의 격자에서 중심 열을 한 번만 가로지르는 경로의 수는 각각 4×4 격자, 5×5 격자, 6×6 격자 및 그 이상의 격자에서 중심 열을 오직 세 번만 지나되 가로지르지 않는 최단 경로의 수와 각각 같다.

---

7. $\mathrm{Q}_x(n)$ 값의 표(540페이지)의 $x=5$인 열을 (525페이지)표의 $x=2$인 열의 값과 비교하시오. 중심 열을 오직 두 번만 가로지르는 최단 경로의 수와 중심 열을 다섯 번만 지나되 가로지르지 않는 최단 경로의 수에 대해 설명하시오.

위에서 언급한 두 표의 유사한 열의 스트링곱은 $Q_x(n)$ 값의 표에서 앞선 열보다 더 큰 홀수 번째 열에서 그 값을 찾을 수 있다.

또 다른 흥미로운 패턴은 카탈란 삼각형 배열의 열($Q_x(n)$에 있는 열)의 스트링곱과 관련이 있다. 예를 들어, 배열의 2 열의 처음 3개 성분으로 형성된 스트링과 3열 3개 성분의 역순으로 형성된 스트링의 스트링 곱은 배열의 6열에 있는 세 번째 성분과 같다. 예를 들어 스트링 곱은 다음과 같다.

$$(1,\ 3,\ 9)\cdot(14,\ 4,\ 1)=14+12+9=35$$

1								
1	1							
2	2	1						
5	5	3	1					
14	14	9	4	1				
42	42	28	14	5	1			
132	132	90	48	20	6	1		
429	429	297	165	75	27	7	1	
1430	1430	1001	572	275	110	35	8	1

일반적으로 다음과 같다.

> 배열 c_1열의 처음 m개 성분으로 형성된 스트링과 c_2열의 처음 m개 성분의 역순으로 형성된 스트링의 스트링 곱은 배열의 (c_1+c_2+1)열의 m번째 성분과 같다.

배열의 열은 왼쪽부터 시작하여 0, 1, 2, 3, …로 번호가 매겨진다는 것을 떠올려보자. 또 다른 예로, 0열의 처음 4개의 성분으로 구성된 스트링과 3열의 처음 4개의 성분의 역순으로 구성된 스트링의 스트링 곱은 다음과 같다.

$$(1,\ 1,\ 2,\ 5)\cdot(48,\ 14,\ 4,\ 1)=48+14+8+5=75$$

이 값 75는 $0+3+1=4$열의 네 번째 성분이다.

8. 배열의 1열의 처음 4개의 성분으로 구성된 스트링과 3열의 처음 4개 성분의 역순으로 구성된 스트링을 구하고, 이 두 스트링의 스트링곱은 배열의 5열의 네 번째 성분과 같음을 확인하시오.

   힌트: $Q_x(n) = C(2n-x-2, n-x-1) - C(2n-x-2, n-x-2)$ 공식을 사용하여 배열의 5 열에서 네 번째 성분을 찾는다. 여기서 $n=9$ 및 $x=5$이다. 값 9와 5는 열의 배열의 상쇄와 $Q_x(n)$ 값의 표의 성분 위치로 인해 발생한다.

결론적으로, 카탈란 삼각형의 $Q_x(n)$ 또는 항목에 대한 공식을 하나 더 알고 있다. 먼저 파스칼의 삼각형을 보고 어떤 분수를 곱하면 $Q_x(n)$ 값을 계산하는 어떤 성분을 찾아보자.

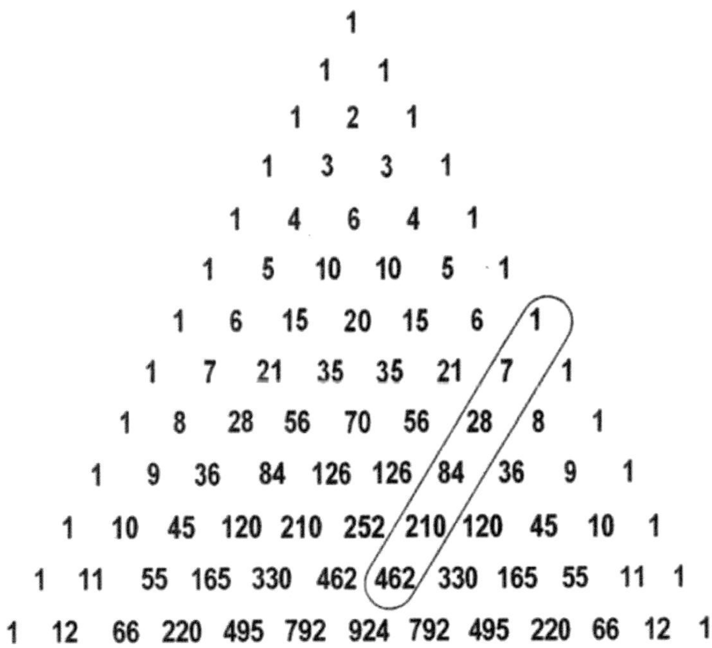

예를 들어 그림에 표시된 파스칼의 삼각형의 6 열에 타원으로 둘러싸인 6개의 성분의 역순으로 구성된 스트링을 만들자. 즉, 이 스트링은 (462, 210, 84, 28, 7, 1)이다. 해당 스트링과 스트링 $\left(\frac{1}{11}, \frac{2}{10}, \frac{3}{9}, \frac{4}{8}, \frac{5}{7}, \frac{6}{6}\right)$과 스트링곱을 구한다. 중간 계산 과정은 다음과 같다.

$$(462, 210, 84, 28, 7, 1) \cdot \left(\frac{1}{11}, \frac{2}{10}, \frac{3}{9}, \frac{4}{8}, \frac{5}{7}, \frac{6}{6}\right)$$
$$= 42+42+28+15+5+1$$

합은 $C(6)=132$이지만 중간 계산 과정인 42, 42, 28, 14, 5, 1은 카탈란 삼각형의 6행에 있는 수이다(이것은 $Q_x(n)$ 값의 표의 6행이다).

또 다른 예로, 파스칼 삼각형의 5열에 타원으로 둘러싸인 5개 성분의 역순으로 형성된 스트링을 만든다. 즉 이 스트링은 (126, 56, 21, 6, 1)이다.

이 스트링과 스트링$\left(\frac{1}{9}, \frac{2}{8}, \frac{3}{7}, \frac{4}{6}, \frac{5}{5}\right)$의 스트링곱을 계산하고 중간 계산 결과를 나타내자.

$$(126, 56, 21, 6, 1) \cdot \left(\frac{1}{9}, \frac{2}{8}, \frac{3}{7}, \frac{4}{6}, \frac{5}{5}\right) = 14+14+9+4+1$$

합은 $C(5)=42$이지만 중간 계산 결과인 14, 14, 9, 4, 1은 카탈란 삼각형의 5행($Q_x(n)$ 값의 표의 5행)에 있는 수이다.

---

9. 파스칼 삼각형의 4열의 처음 네 개의 원소를 역순으로 구성한 스트링을 구하시오. 이 스트링과 스트링 $\left(\frac{1}{7}, \frac{2}{6}, \frac{3}{5}, \frac{4}{4}\right)$의 스트링곱을 계산하고, 중간 계산 결과가 카탈란 삼각형의 4행(또한 $Q_x(n)$의 4행)에 있는 수인지 확인하시오.

일반적으로 앞의 예와 문제 9에서 스트링곱의 중간 계산 결과는 카탈란 삼각형의 행에 있는 성분들과 같다. 정리하면 다음과 같다.

> 파스칼 삼각형의 n열의 처음 n개 성분의 역순으로 구성된 스트링과 분자가 각각 정수 $1, 2, 3, \cdots, n$이고 분모가 각각 $2n-1, 2n-2, 2n-3, \cdots, n$인 스트링과의 스트링곱이 카탈란 삼각형의 n행에 있는 수이다. 이것은 또한 $Q_x(n)$값 표의 n행에 있는 수와 같다.

위에서 관찰한 패턴으로부터, $Q_x(n)$의 공식은 이항계수의 항과 분수의 곱으로 다음과 같이 나타낸다.

$$Q_x(n) = C(2n-1-x,\ n) \cdot \frac{x+1}{2n-1-x} \ (\text{단, } x < n)$$

---

10. 위의 $Q_x(n)$에 대한 공식을 이용하여, 7×7 격자에서 시작점부터 끝점까지를 중심 열을 오직 세 번만 지나되 가로지르지 않는 최단 경로(왼쪽 아래 방향에서 시작)의 수를 구하시오.

요약: $n \times n$ **격자에서 시작점부터 끝점까지 격자선을 따라가는 최단 경로의 수**

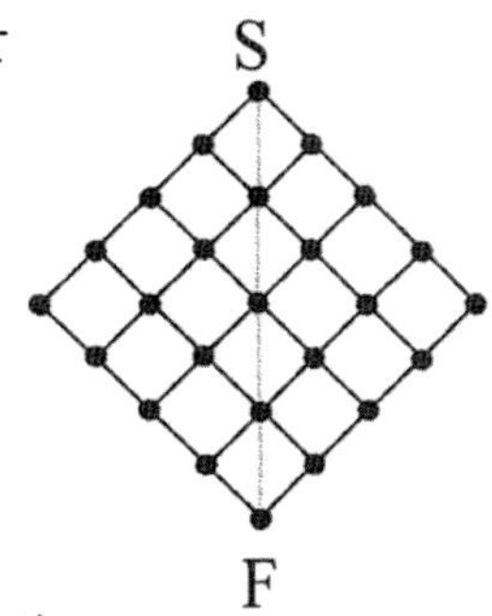

전체 최단 경로의 수 : $C(2n, n)$

왼쪽 아래로 시작하는 전체 최단 경로의 수 : $C(2n-1, n-1)$

오른쪽 아래로 시작하는 전체 최단 경로의 수: $C(2n-1, n-1)$

> 참고 **파스칼 삼각형 법칙** : $C(2n, n) = C(2n-1, n-1) + C(2n-1, n-1)$

왼쪽 아래로 시작하고 중심 열을 적어도 한 번 이상 지나는 전체 최단 경로의 수 :

$C(2n-1, n-1)$

왼쪽 아래로 시작하고 중심 열을 오직 x 번만 지나는 전체 최단 경로의 수 :

$P_x(n)$ ($P_x(n)$의 공식은 아래에 주어졌다.)

왼쪽 아래로 시작하고 중심 열을 지나되 가로지르지 않는 전체 최단 경로의 수 :

$C(2n-1, n-1) - C(2n-1, n-2)$ (이 수는 카탈란 수 $C(n)$이다)

왼쪽 아래로 시작하고 중심 열을 오직 x 번만 지나되 가로지르지 않는 전체 최단 경로의 수 :

$Q_x(n)$ ($Q_x(n)$의 공식은 아래에 주어졌다.)

왼쪽 아래로 시작하고 중심 열을 가로지르지도 않고 지나지도 않는 전체 최단 경로의 수 :

$C(2n-2,\ n-1)-C(2n-2,\ n-2)$

(이 수은 카탈란 수 $C(n-1)$ 그리고 $Q_0(n)$의 값이다.)

왼쪽 아래로 시작하고 중심 열을 지나되 가로지르지 않는 전체 최단 경로의 수:

$C(2n-2,\ n-2)-C(2n-2,\ n-3)$

(이 수는 역시 다음과 같은 카탈란 수의 차이다. $C(n)-C(n-1)$)

(이 수는 역시 $x=1,\ 2,\ 3,\ \cdots,\ n-1$일때 $Q_x(n)$ 값들의 합이다.)

$P_x(n)$과 $Q_x(n)$의 공식 요약

I. $n\times n$ 격자에서 시작점에서 끝점까지(왼쪽 아래로 시작) 중심 열을 오직 x번만 지나는 최단 경로의 수

a) 재귀적 공식

$$P_x(n)=P_{x-1}(n-1)+2P_x(n-1)+P_{x+1}(n-1)\ (\text{단, } 1<x<n-1)$$

그리고 $x=0$ 이면 $P_x(n)=C(n)$이고, $x=n-1$이면 $P_x(n)=1$이다.

$$x\geq n\text{이면 } P_x(n)=0$$

b) 두 이항계수의 차

$$P_x(n)=C(2n-1,\ n-x-1)-C(2n-1,\ n-x-2)\ (\text{단, } n\geq x+1)$$

$n=x+1$ 이면 $C(2n-1,\ n-x-2)=0$이다.

c) 분수와 이항계수의 곱

$$P_x(n)=(2x+2)\cdot\frac{C(2n-1,\ n-x-1)}{n+x+1}$$

II. $n \times n$ 격자에서 시작점에서 끝점까지 중심 열을 오직 x번만 지나되 가로지르지 않거나 또는 지나지 않는 최단 경로(왼쪽 아래 방향에서 시작)의 수

a) 재귀적 공식

$$\mathrm{Q}_x(n) = \mathrm{Q}_{x-1}(n) - \mathrm{Q}_{x-1}(n-1)$$

(단, $1 < x < n$ 그리고 $\mathrm{Q}_1(n) = \mathrm{Q}_0(n) = \mathrm{C}(n-1)$이다.)

b) 두 이항계수의 차

$$\mathrm{Q}_x(n) = \mathrm{C}(2n-x-2,\ n-x-1) - \mathrm{C}(2n-x-2,\ n-x-2)$$

(단, $x < n-1$ 그리고 $x = n-1$이면 $\mathrm{Q}_x(n) = 1$이다.

c) 분수와 이항계수의 곱

$$\mathrm{Q}_x(n) = \mathrm{C}(2n-1-x,\ n) \cdot \frac{x+1}{2n-1-x} \text{ (단, } x < n)$$

카탈란 수 C(n) 공식

a) 분수와 이항계수의 곱

$$\mathrm{C}(n) = \frac{\mathrm{C}(2n,\ n)}{n+1} \text{ (단, } n = 1,\ 2,\ 3,\ \cdots)$$

두 이항계수의 차

b) $\mathrm{C}(n) = \mathrm{C}(2n,\ n) - \mathrm{C}(2n,\ n-1)$ (단, $n = 1,\ 2,\ 3,\ \cdots$)

c) $\mathrm{C}(n) = \mathrm{C}(2n-1,\ n-1) - \mathrm{C}(2n-1,\ n-2)$ (단, $n = 2,\ 3,\ 4,\ \cdots$)

d) $\mathrm{C}(n) = \mathrm{C}(2n-1,\ n-1) - \mathrm{C}(2n-2,\ n-3)$ (단, $n = 4,\ 5,\ 6,\ \cdots$)

e) 파스칼 삼각형 행의 성분의 제곱수의 합

$$\mathrm{C}(n) = \frac{1}{n+1} \cdot \left(\{\mathrm{C}(n,\ 0)\}^2 + \{\mathrm{C}(n,\ 1)\}^2 + \{\mathrm{C}(n,\ 2)\}^2 + \{\mathrm{C}(n,\ 3)\}^2 + \cdots + \{\mathrm{C}(n,\ n)\}^2\right)$$

(단, $n = 1,\ 2,\ 3,\ \cdots$)

f) 재귀적 공식

$$C(n) = 2 \cdot \frac{2n-1}{n+1} \cdot C(n-1) \text{ (단, } n > 1 \text{ 이고 } C(1) = 1\text{이다.)}$$

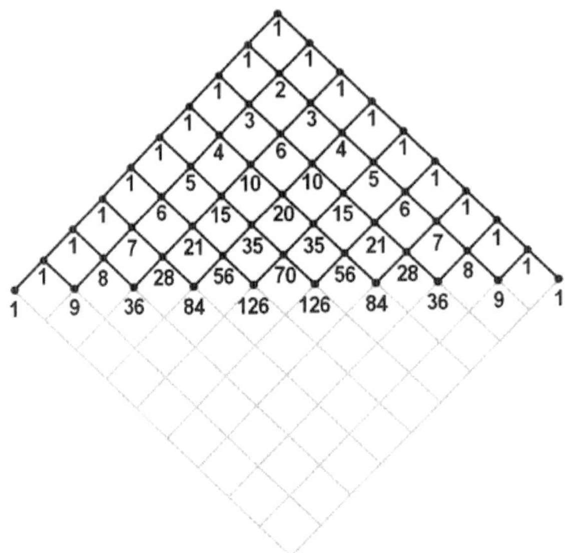

6.6 입방체 격자 및 고차원 격자 위의 경로

$1 \times 1 \times 1$ 입방체 위에서 시작점부터 끝점까지의 길이가 3인 경로 6개는 아래 그림과 같다.

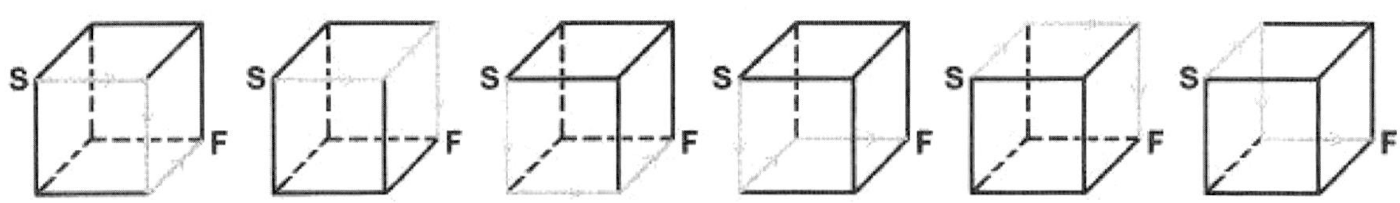

위 격자를 따라 움직일 수 있는 세 가지 방향은 순서대로 오른쪽(r), 아래(d), 뒤(b)이다.

예를 들어, 첫 번째 그림의 경로는 rdb로 나타낼 수 있고, 두 번째 그림의 경로는 rbd로 나타낼 수 있다.

문자 r, b, d를 배열하는 방법은 $3! = 6$가지 방법이 있고, 각각의 배열은 $1\times1\times1$ 입방체 위에 시작점(S)부터 끝점(F)까지의 한 가지 경로에 대응된다.

$2\times2\times2$, $3\times3\times3$, $\cdots$ 그리고 $n\times n\times n$ 입방체 위에 최단 경로의 수를 추정하기 위해서는 체계적인 방법으로 접근해야 한다.

파스칼 삼각형을 이용하기 전에 $2\times2\times2$ 입방체 위의 시작점부터 끝점까지 길이가 6인 90개의 경로를 모두 찾아보자. 경로는 모두 길이 6이며, 오른쪽으로 2만큼, 아래로 2만큼, 뒤로 2만큼 이동하여 만들어지므로 이를 순열로 배열할 수 있다.

배열 rrddbb는 경로 중 하나이다. 이 6개 문자들의 총 배열 수는 $\dfrac{6!}{2!\cdot2!\cdot2!}=90$이고 각 배열은 하나의 경로와 대응된다.

다양한 입방체 격자의 각 점을 지나는 경로의 수를 구하고, 이를 파스칼 삼각형을 이용하여 그 값을 확인하여 보자.

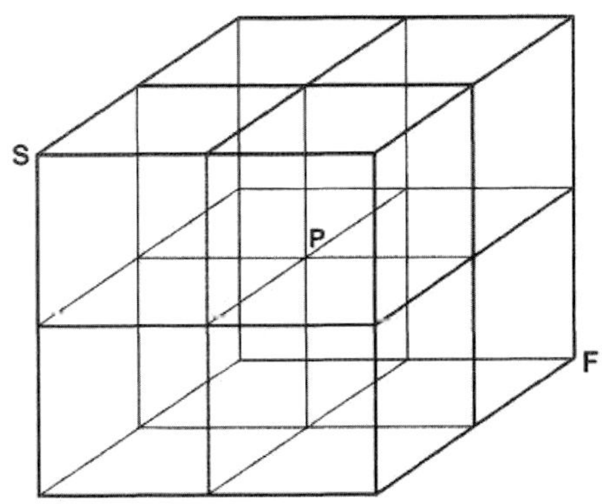

6.6절

1. 위 그림과 같이 $2\times2\times2$ 입방체 내부 중심점을 P라 하자. 시작점 S에서 중심점 P까지 6개의 경로가 있다.
   점 P에서 점 F까지 최단 경로의 수를 구하시오. 점 S에서 점 F까지의 최단 경로 중 중심점 P를 지나는 경로의 수를 구하시오.

다음으로 3×3×3 입방체에서 시작점 S에서 끝점 F까지의 최단 경로의 수를 찾기 위해 파스칼 삼각형을 이용해보자. 앞에서 뒤로(또는 위에서 아래로, 또는 왼쪽에서 오른쪽으로) 입방체의 각 격자를 조사하는 것이다.

각 격자는 정사각형이고 앞면에서 시작한다. 6.1절에서의 방법을 이용하여 각 격자 위에 경로를 셀 수 있다. 아래 그림을 살펴보자.

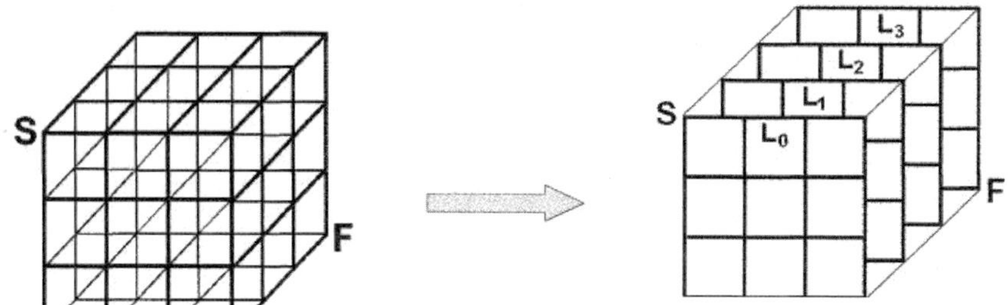

3×3×3 입방체에서
4개의 층

6.1 절에서와 같이, 앞면 격자 L_0 의 시작점 S로부터 오른쪽 아래 끝점까지의 최단 경로의 수를 찾을 수 있다. 이는 파스칼 삼각형의 한 부분이다.

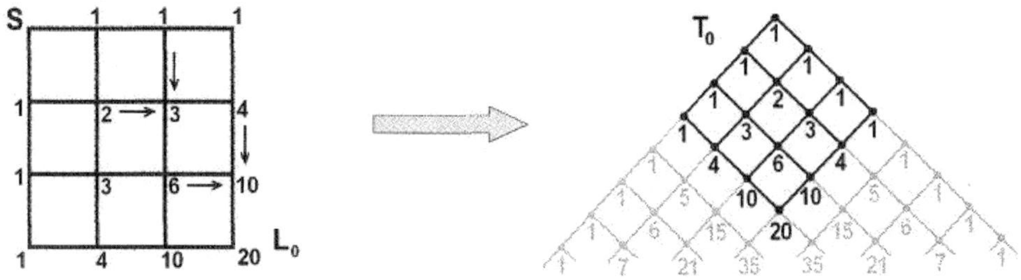

L_0의 그림에서 화살표는 각 점들에 도달하기 위한 최단 경로를 구하는데 사용된다. 따라서 '10'으로 표시된 점에 도달하기 위해서는 '4'로 표시된 점으로부터 내려오거나 '6'으로 표시된 점으로부터 오른쪽으로 이동해야 한다. 숫자 4와 6은 그들 점까지의 최단 경로의 수를 나타낸다. 그러므로 '10'으로 표시된 점까지의 최단 경로의 수는 10이다. 물론 이것은 파스칼 삼각형에서 각 성분을 구하는 파스칼 삼각형의 규칙과 같다. 그림 T_0은 L_0를 파스칼 삼각형으로 나타낸 것이며 이처럼 L_1층은 L_0로부터의 다른 파스칼 삼각형 T_1으로 나타낼 수 있다.

파스칼 삼각형 T_1 은 L_0에서부터 L_1층까지의 최단 경로의 수들을 나타낸 것이다. 새로운 삼각형 안에 수들은 스트링-배열 곱(string-array product)의 결과이며, 여기서 스트링은 파스칼 삼각형의 열이고, 배열은 파스칼 삼각형 T_0이다.

먼저, L_1층에서 수들을 어떻게 구하는지 살펴보자. 입방체의 윗면과 왼쪽 면은 앞면과 같은 수들로 표시된다. 아래 왼쪽 그림을 보자.

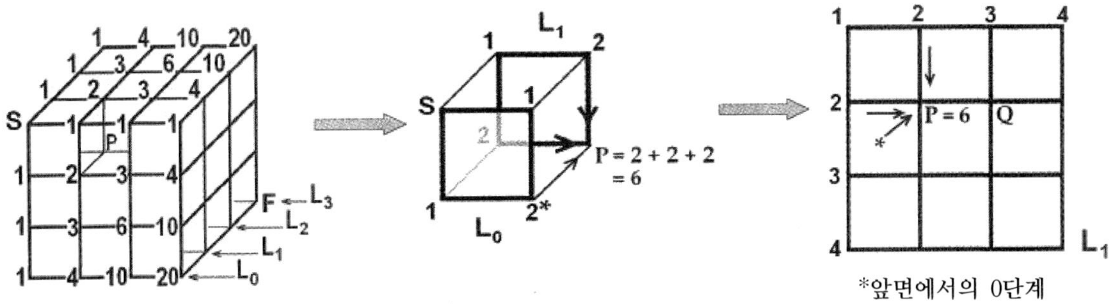

이 방법으로 L_1층에 대한 각 격자점에 해당되는 수들을 찾을 수 있다. L_1층의 위와 왼쪽 꼭짓점들에 대한 수들은 위 그림에서 오른쪽에 있다. 예를 들어 점 P의 수는 위쪽의 수, 왼쪽의 수 그리고 L_1층에서 점 P위치에 대응되는 앞면 L_0위의 점의 수의 합이다. 앞면 L_0로부터 들어오는 수는 *로 표시한다.

---

2. 시작점 S에서부터 점 Q까지 최단 경로의 수는 12이다. 위쪽, 왼쪽 그리고 앞면으로부터 들어오는 세 수의 합으로 12를 나타내시오.
   힌트: 위쪽 그림과 3×3×3 입방체에서 4개의 층 그림을 보시오.

3. 위의 오른쪽 그림 L_1층의 나머지 격자점의 수들을 각각 구하시오.

3×3×3 입방체에서의 네 개의 층 L_0, L_1, L_2, L_3는 3×3×3 입방체에서 4개의 층의 그림으로 나타내었다. L_2층과 L_3층에 대한 수들은 위에 설명된 방법으로 구할 수 있다. 시작점 S로부터 끝점 F까지 길이 9인 전체 경로의 수는 L_3층의 오른쪽 아래 꼭짓점에 있는 수이다.

L_1층에서 발견된 수들은 다음 페이지에 보여진 스트링-배열 곱을 이용하여 새로운 수 삼각

형의 성분들을 구할 수 있다.

스트링은 파스칼 삼각형의 첫 번째 열이고, 배열은 파스칼 삼각형이다.

다음 페이지에 보여진 것처럼 파스칼 삼각형의 각 열은 삼각형의 첫 열의 성분들의 곱이다. 이것을 ***파스칼 삼각형 방법****(Pascal Triangle Method)*이라고 하자.

입방체 격자의 다른 층에서의 수들을 구하기 위해 스트링-배열 곱에서 스트링을 구하기 위해 파스칼 삼각형의 다른 열을 이용한다.

k층의 수들은 파스칼 삼각형의 k번째 열을 이용한 스트링으로 찾을 수 있다.

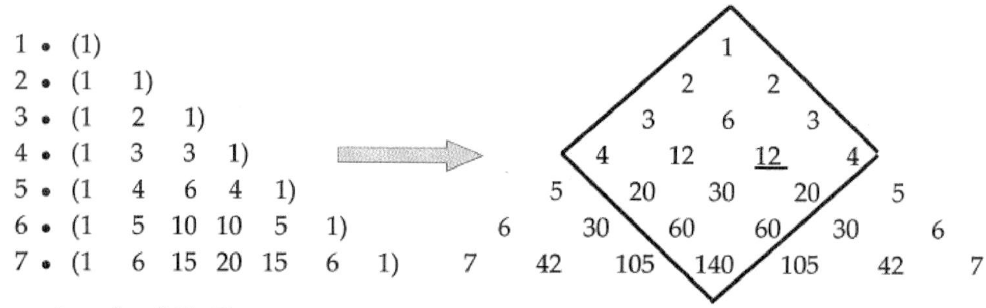

스트링-배열 곱

L_1층의 수는 수 삼각형 T_1이다.

그림 T_1에서 사각형에 둘러싸인 수들은 3×3×3 입방체의 L_1층에서 위쪽 또는 내부에 이르는 최단 경로들의 수를 나타낸다. 그러나, 수 삼각형 T_1에 보여진 다른 수들은 시작점으로부터 (1, r, d) 형태의 어떤 점에 이르는 최단 경로의 개수를 나타낸다. 즉, 아래 그림의 격자 상자에서 뒤로 1, 오른쪽과 아래쪽 방향으로 각각 r과 d이다.

예를 들어, 아래 그림의 점 Q는 앞 페이지의 그림에서 점 Q와 같고, 시작점 S에서 뒤로 1만큼, 오른쪽 2만큼, 아래쪽 1만큼 이동한 것으로 이를 좌표로 나타내면 (1, 2, 1)이다. 점 Q까지 최단 경로의 수 12는 위 그림 또는 아래 그림에서의 수 삼각형 T_1에서 찾을 수 있다.

상자에서 어떤 격자 점들에 이르는 최단 경로의 수를 찾는 것은 수 삼각형 T_1에 대응하는 위치에 있다. 예를 들어, 아래 그림에서 점 U의 좌표는 (1, 4, 2)이고, T_1에서 대응하는 수는 105이다. 따라서 점 S에서 점 U에 이르는 길이 $1+4+2=7$인 최단 경로의 수는 105이다.

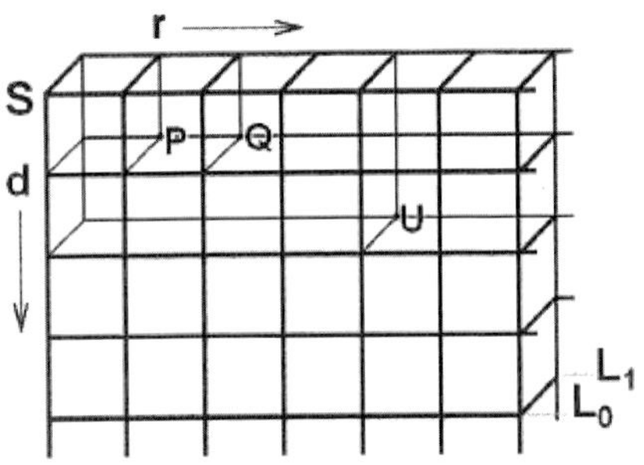

$1 \times r \times d$ **입방체**

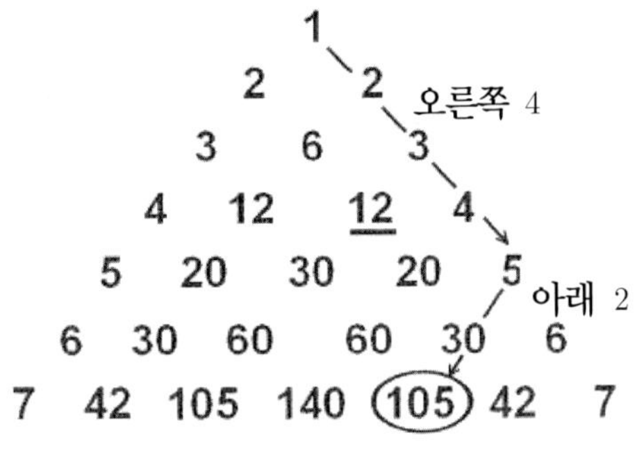

수 삼각형 T_1

L_2층의 수는 다른 스트링-배열 곱으로 형성된 새로운 수 삼각형에 나타내어진다. 이 스트링은 파스칼 삼각형의 2열이고, 배열은 다시 파스칼 삼각형이다.

아래 그림을 보자.

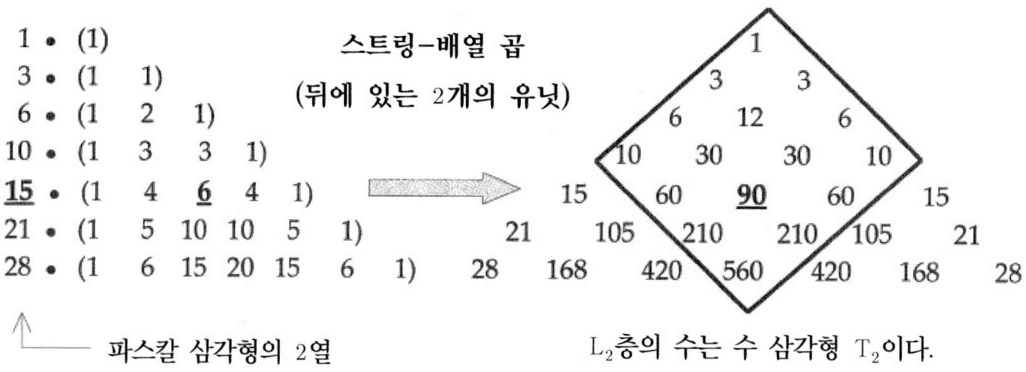

그림 T_2에서 사각형에 둘러싸인 수들은 3×3×3 입방체의 L_2층에서 위 또는 내부에 이르는 최단 경로의 수를 나타낸다. 이전과 같이 수 삼각형 T_2에 나타난 다른 수들은 시작점으로부터 (2, r, d) 형태의 어떤 점에 이르는 최단 경로의 수를 나타낸다. 격자 상자에서 r, d는 각각 오른쪽과 아래쪽 방향으로 이동하여야 하는 값이다.

2×2×2 입방체에서 최단 경로의 수 90은 L_2층에 대한 수 삼각형 T_2에서 찾을 수 있다는 것을 생각해보자. 따라서, L_2층에 대한 사각형 배열에서 수 90은 시작점 S에서부터 뒤로 2만큼(L_2에 이르기 위해), 오른쪽으로 2만큼, 아래로 2만큼 움직인 점을 지나는 최단 경로의 수이다. 또는 2×2×2 격자 입방체에서 길이 6인 시작점 S에서 끝점 F에 이르는 경로의 수이다. 또한, $90 = 15 \times 6 = C(6,\ 2) \cdot C(4,\ 2)$이다. 이 값들은 위 그림에서 밑줄 그어진 수이다.

일반적으로 $n \times n \times n$ 입방체의 최단 경로의 수들은 L_n층에 대한 수 삼각형에서 찾을 수 있다. $n \times n \times n$ 입방체에서 시작점부터 끝점까지 전체 최단 경로의 총 개수는 $C(3n,\ n) \cdot C(2n,\ n)$과 같다. 이 식에서 인수 $C(3n,\ n)$은 스트링-배열 곱의 스트링이고 인수 $C(2n,\ n)$은 파스칼 삼각형에서 중심 이항 계수이다.

4.

(a) 파스칼 삼각형의 3열과 파스칼 삼각형의 스트링-배열 곱으로 L_3층에 대한 수를 구하시오. 입방체 3×3×3에서 길이 9인 시작점 S로부터 끝점 F까지의 최단 경로의 수를 구하시오.

(b) 공식 $C(3n, n) \cdot C(2n, n)$을 이용하여 (a)의 답과 비교하시오.

5.

(a) 4×4×4 입방체에서는 앞면 L_0에서 L_4층까지 5개의 층이 있다. 앞면 L_0에서 L_3층까지는 3×3×3 입방체에서 살펴본 것과 같다. L_4층의 수는 파스칼 삼각형의 4열과 파스칼 삼각형의 스트링-배열 곱에서 찾을 수 있다. 수 삼각형 T_4 를 구하시오. 4×4×4 입방체에서 시작점 S로부터 끝점 F까지 길이 12인 최단 경로의 수를 구하시오.

(b) 공식 $C(3n, n) \cdot C(2n, n)$을 이용하여 (a)의 답과 비교하시오.

6. $C(3n, n) \cdot C(2n, n)$는 (이 절 뒤에서 설명된) 파스칼 피라미드에서 찾을 수 있는 삼항 계수 $\dfrac{(3n)!}{n! \cdot n! \cdot n!}$ 과 같다. 피라미드의 중심 삼항 계수이다.

$$C(3n, n) \cdot C(2n, n) = \frac{(3n)!}{n! \cdot n! \cdot n!} \quad (n=1,\ 2,\ 3,\ 4)$$임을 확인하시오.

다른 예로, 이전 페이지(사각형 상자 외부)에서 나타난 L_2층에 대한 같은 배열에서 수 420은 4×4×4 입방체(또는 더 큰)에서 (시작점 S로부터) 뒤로 2만큼(L_2층에 이르도록)한 후, 오른쪽으로 4만큼, 아래쪽으로 2만큼, 또는 오른쪽으로 2만큼, 아래쪽으로 4만큼 이동하여 한 점을 지나는 최단 경로의 수이다. 두 최단 경로의 수는 대칭성에 의해서 각 점을 지나는 최단 경로의 수는 같다.

어떤 격자 입방체에서 시작점으로부터 격자 안에 임의의 점까지의 최단 경로 수를 찾을 수 있다. 예를 들어, 순서쌍 (3, 2, 4)으로 표현되는 점 즉, 뒤로 3만큼, 오른쪽으로 2만큼, 아래쪽으로 4만큼 이동한 점까지 최단 경로의 수를 구하여 보자. 이 점에서의 첫 성분을 보면 앞면에서 뒤로 3만큼 있기 때문에 수 삼각형 T_3의 부분인 L_3층에 대한 배열로 나타내어야 한다.

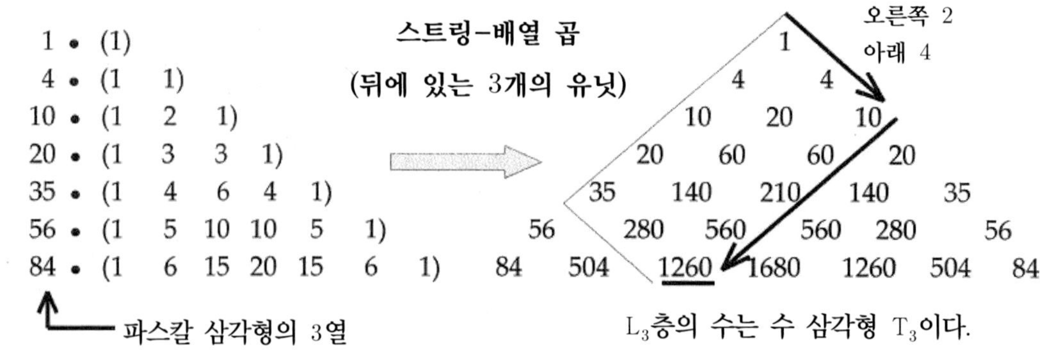

다음은 오른쪽으로 2만큼 이동한다(수 10을 가져오는 수 삼각형 T_3에서 오른쪽 아래로). 마지막으로, 아래쪽으로 4만큼(삼각형에서 왼쪽 아래로) 이동하여 수 1260을 찾는다. 그러므로, 시작점에서부터 점 (3, 2, 4)에 이르는 최단 경로의 수는 1260이다.

> **참고**
>
> 좌표의 성분 3, 2, 4는 시작점 S로부터 지정된 점까지 뒤로 3만큼, 오른쪽으로 2 만큼, 아래로 4만큼 이동하는 것과 수 삼각형 T_3를 고르고, T_3에서 최단경로의 수를 찾기 위해 이동하는 경로의 수로 사용된다. 점에 이르는 최단 경로는 유일한 경로가 아닌 격자 입방체에서 각각의 길이 $3+2+4=9$인 점 (3, 2, 4)에 이르는 1260개의 최단 경로가 있다.

7.

(a) 위에서 설명한 표기법을 사용하여 격자 입방체에서 시작점으로부터 뒤로 3만큼, 오른쪽으로 1만큼, 아래쪽으로 5만큼 위치한 점 즉, 점 (3, 1, 5)까지 최단 경로의 수와 경로의 길이를 구하시오.

(b) 격자 입방체에서 시작점으로부터 점 (2, 2, 2)까지 최단 경로의 수를 구하시오.
힌트: 수 삼각형 T_3가 아닌 수 삼각형 T_2를 참고하시오.

(c) 격자 입방체에서 시작점으로부터 점 (3, 3, 2)까지 최단 경로의 수를 최단 경로의 수와 경로의 길이를 구하시오.

(d) 격자 입방체에서 시작점으로부터 점 (4, 3, 2)까지 최단 경로의 수를 최단 경로의 수와

경로의 길이를 구하시오.

힌트: 연습문제 5에 언급되었다.

(e) 격자 입방체에서 시작점으로부터 점 (3, 0, 3)까지 최단 경로의 수와 경로의 길이를 구하시오.

일반적으로, 격자 입방체에서 어떤 점 $P(b, r, d)$에 대해, 뒤쪽, 오른쪽, 아래쪽 방향으로 시작점으로부터 점 P에 이르는 최단 경로의 수는 일반적 공식은 $C(b+r+d, b) \cdot C(r+d, r)$이다.

$b=d=r=n$이면 그 점은 입방체의 다른 끝점, 마지막 점 (n, n, n)임을 주의하시오. 또한, 위의 일반적 공식은 이전 공식 $C(3n, n) \cdot C(2n, n)$(연습문제 4 위의 내용)의 특별한 경우이다.

8.

(a) 격자 입방체에서 점 (b, r, d)에 대해 위에 주어진 일반적인 공식을 이용하여 시작부터 P(2, 3, 4)까시 최단 경로의 수를 구하시오.

(b) 격자 입방체에서 점 (b, r, d)에 대해 위에 주어진 일반적인 공식을 이용하여 시작부터 P(3, 4, 2)까지 최단 경로의 수를 구하시오.

이 값과 연습문제 7(d)와 위 8(a)의 결과들을 비교하시오.

(c) 격자 입방체에서 점 (b, r, d)에 대해 위에 주어진 일반적인 공식을 이용하여 시작부터 P(3, 4, 5)까지 최단 경로의 수를 구하시오.

수 삼각형 T_0, T_1, T_2, T_3는 파스칼 피라미드의 조각들에서 찾을 수 있다. (에필로그를 참고하여라.) 피라미드의 꼭대기 점에서 시작해서 피라미드 뒷면 아래로 내려가는 조각 T_0는, 파스칼 삼각형과 같다. 앞선 T_3를 포함한, 다른 수 삼각형 T_4, T_5, T_6, ... , T_N은 피라미드 뒷면의 앞에 있는 조각이고, 각각은 한 층 아래 그리고, 이전 조각의 앞에서 시작한다.

다음 그림은 피라미드의 뒷면에 평행한 평면인 첫 번째 조각, 항목이 표시된 수 삼각형 T_1을 보여준다. T_1 뒤에 보이는 T_0의 일부와 수 삼각형 T_2, T_3, T_4에 대해 수직인 평면으로 절단한 조각이 보이는 "화살표"가 위치한다. 그러나, T_1의 앞에 있을 T_2, T_3등에 대한 수 전체는 보이지 않는다.

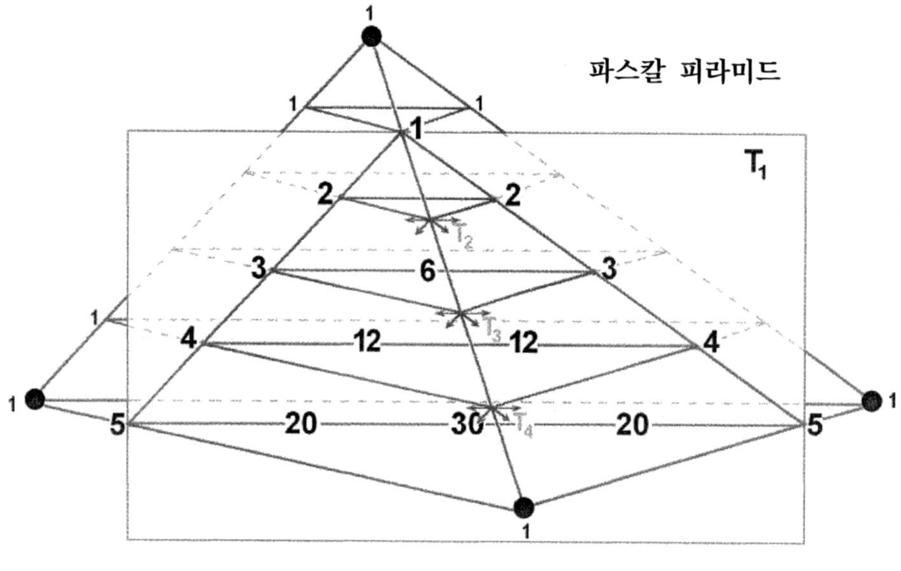

T_2, T_3, T_4 보이지는 않는 파스칼 피라미드의 전시된 수 삼각형 T_1의 조각

아래 그림과 같이 입방체를 반으로 나누는 평면에서 가로지르지 않지만 지나는 최단 경로의 수를 구해보자.

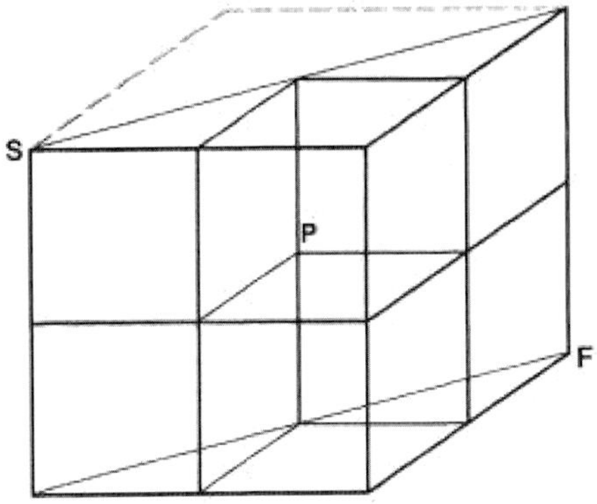

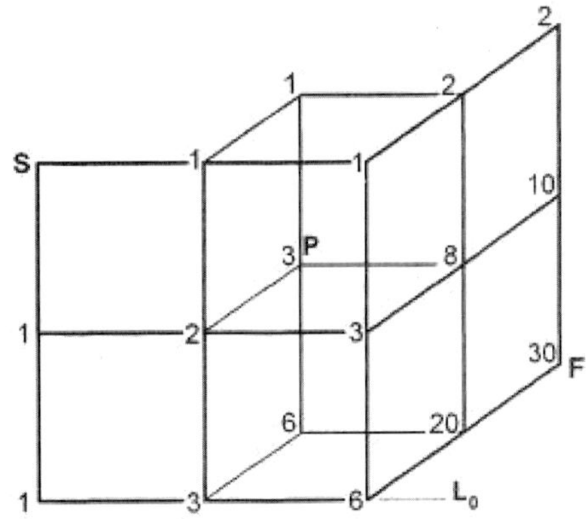

앞면 L_0층의 수들은 $2 \times 2 \times 2$ 입방체에서 찾은 수들과 다르지 않다. 그러나, L_1층과 L_2층의 수들은 다르고 이 수들의 배열은 더 이상 정사각형의 형태가 아니다. 그래서, $2 \times 2 \times 2$ 입방체에서 분할 면을 가로지르지 않지만 지나는 시작점 S로부터 끝점 F까지 이르는 최단 경로의 수는 30이다.(위 그림을 참고하자.) 이는 전체 입방체에서 전체 경로의 수의 $\frac{1}{3}$이다. 분할면을 가로지르지는 않지만 지나는 경로들의 수에 대한 일반적인 형식은 2차원 정사각형에서 가로지르지 않지만 지나는 최단 경로에 대한 카탈란 수에 $C(3n,\ n)$을 곱한 $\frac{C(3n,\ n) \cdot C(2n,\ n)}{n+1}$이다.

$n=2$일 때는 아래와 같다.

$$\frac{C(3n,\ n) \cdot C(2n,\ n)}{n+1} = \frac{C(6,\ 2) \cdot C(4,\ 2)}{3} = \frac{15 \cdot 6}{3} = 30$$

9.

(a) 대각선 평면으로 나누어진 1×1×1 입방체를 그리고, $n=1$에 대하여 위에 주어진 일반적인 공식이 성립함을 확인하시오.

(b) 위에 주어진 일반적인 공식을 이용하여, 3×3×3 입방체에서 분할 면을 가로지르지 않지만 지나는 시작점 S로부터 끝점 F까지 이르는 최단 경로의 수를 구하시오.

(c) 위에 주어진 일반적인 공식을 이용하여, 4×4×4 입방체에서 분할 면을 가로지르지 않지만 지나는 시작점 S로부터 끝점 F까지 최단 경로의 수를 구하시오.

이 장과 책에서는 초입방체와 그 모서리를 따라 시작점 S로부터 끝점 F까지 이르는 최단 경로의 수를 구하였다.

1장과 5장에서의 초입방체 그림을 떠올려보자.

아래 그림은 4차원에서 1×1×1×1 초입방체이다.

1×1×1×1 초입방체에서 시작점 S로부터 끝점 F까지 이르는 모든 최단 경로의 길이는 4이다.

시작점 S로부터 점 P, 점 P로부터 점 Q, 점 Q로부터 점 A, 점 A로부터 끝점 F에 이르는 경로 하나를 살펴보면 뒤로 한 칸, 오른쪽 한 칸, 아래로 한 칸, 밖으로 한 칸이다.

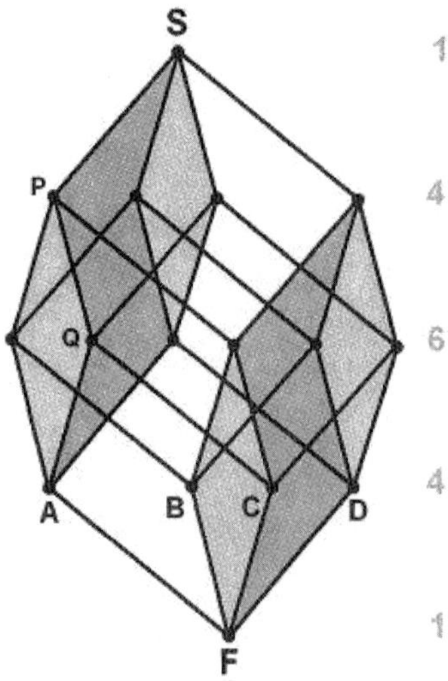

1×1×1×1 **초입방체**

10. 시작점 S로부터 끝점 F까지 이르는 길이 4인 초입방체 위에 경로의 수를 찾아라.
힌트: 왜곡된 모양에서 점 A, B, C, D는 바닥 점이다. 그러므로 시작점 S로부터 각 점에 이르는 길이 3인 최단 경로의 수는 6이다.

$n \times n \times n \times n$ 초입방체 위에서 시작점 S로부터 끝점 F까지 이르는 길이 $4n$인 경로의 수에 대한 일반적인 공식은 $C(4n,\ n) \cdot C(3n,\ n) \cdot C(2n,\ n) \cdot C(n,\ n)$이다.

주어진 그림처럼, $n=1$일 때,

$C(4,\ 1) \cdot C(3,\ 1) \cdot C(2,\ 1) \cdot C(1,\ 1) = 4 \cdot 3 \cdot 2 \cdot 1 = 4! = 24$ 이다.

$n=2$ 일 때, $C(8,\ 2) \cdot C(6,\ 2) \cdot C(4,\ 2) \cdot C(2,\ 2) = 28 \cdot 15 \cdot 6 \cdot 1 = 2520$이다.

이것은 $2\times2\times2\times2$ 초입방체에서 시작점 S로부터 끝점 F까지 이르는 길이 8인 경로의 수이다.

$n=1$일 때, 이 공식의 값은 4!과 같다. 우리는 이 공식을 "combfact"라고 새로운 용어를 만들고 다음과 같이 정의한다.

d차원 초입방체에서 시작점 S로부터 끝점 F까지 이르는 길이 $d \cdot n$의 최단 경로의 수는 아래와 같다.

$$\text{combfact}(d,\ n)$$
$$=\text{C}(dn,\ n)\cdot\text{C}((d-1)n,\ n)\cdot\text{C}((d-2)n,\ n)\cdot\ \cdots\ \cdot\text{C}(3n,\ n)\cdot\text{C}(2n,\ n)\cdot\text{C}(n,\ n)$$

d는 초입방체의 차원이고, n은 한 면의 길이이다.

---

11. $3\times3\times3\times3$ 초입방체에서 시작점 S로부터 끝점 F까지 이르는 길이 12인 최단 경로의 수를 구하시오.

12. combfact(3, 4)를 구하시오. 이것은 전체 면의 길이가 4인 3차원 입방체에서 시작점 S로부터 끝점 F까지 이르는 최단 경로의 수이다. 이 최단 경로 길이를 구하시오. 답을 연습문제 5와 비교하시오.

13. 단위 길이가 1인 5차원 초입방체에서 시작점 S로부터 끝점 F까지 이르는 최단 경로의 수를 구하시오.

14. 중심 다항계수, $\text{combfact}(4,\ 3)=\dfrac{(4\cdot3)!}{(3!\cdot3!\cdot3!\cdot3!)}$을 확인하시오.

    (일반적으로, $\text{combfact}(\text{d},\ \text{n})=\dfrac{(\text{d}\cdot\text{n})!}{(\text{n}!)^4}$이다.)

요약: 이 요약에서 경로들은 "최단 경로"를 의미한다.

2차원 $n \times n$ 격자에서 길이 $2 \cdot n$의 경로의 수는

combfact$(2,\ n) = \mathrm{C}(2n,\ n) \cdot \mathrm{C}(n,\ n)$ 이다.

대각선으로 분할한 선을 가로지르지는 않지만 지나는 최단경로의 수는 n차. 카탈란 수인 $\dfrac{C(2n,\ n) \cdot \mathrm{C}(n,\ n)}{n+1} = \mathrm{C}(n)$ 이다.

아래 그림은 파스칼의 삼각형에서의 수 삼각형 T_0이다.

삼각형 안에 각 원소는 시작점 S로부터 점 (r, d)에 이르는 사각형 격자에서 최단 경로의 수이다. (r과 d는 시작점 S로부터 오른쪽과 아래 격자로의 거리이다.)

또한, 이 거리들은 점 (r, d)에 이르는 경로의 수에 대응하는 수 삼각형의 위치를 언급한다.

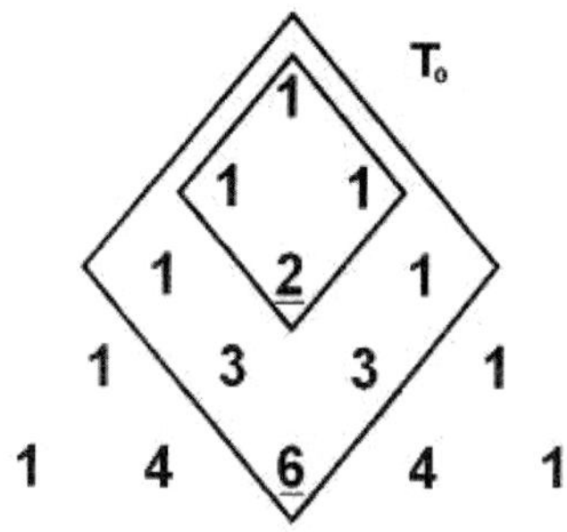

위에 보이는 T_0에서 상자들 안의 수들은 특정한 사각형 격자(1×1과 2×2) 에 대응하는 경로의 수들이다.

밑줄 친 수들은 중심 이항 계수이고, 격자에서 점(1, 1)과 (2, 2)의 위치의 점에 이르는 수들과 각각 같다.

> 일반적으로, 사각형 격자에서 시작점 S로부터 오른쪽-아래방향으로 이동한 임의의 점 P(r, d)까지의 최단 경로의 수는 공식 $\mathrm{C}(\mathrm{r}+\mathrm{d},\ \mathrm{r}) \cdot \mathrm{C}(\mathrm{d},\ \mathrm{d})$ 이다.

3차원 $n \times n \times n$ 격자에서 길이 $3 \cdot n$의 경로의 수는

combfact$(3,\ n) = \mathrm{C}(3n,\ n) \cdot \mathrm{C}(2n,\ n) \cdot \mathrm{C}(n,\ n)$이다.

분할 평면을 가로지르지는 않지만 지나는 최단 경로의 수는

$\dfrac{\mathrm{C}(3n,\ n) \cdot \mathrm{C}(2n,\ n) \cdot \mathrm{C}(n,\ n)}{n+1}$ 이다.

T_1, T_2, T_3는 (1) 552쪽에 그려진 파스칼의 피라미드 단면 또는 (2) 파스칼 삼각형의

열인 스트링과 파스칼 삼각형 배열(546-548쪽 참고) 의 '스트링 배열 곱'(string-array products)의 결과에 의해 생성된 수 삼각형 들이다.

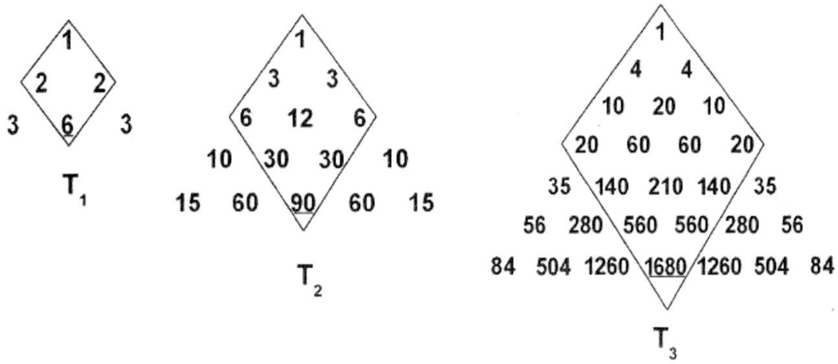

이들 삼각형들의 성분들은 격자 입방체에서 시작점에서부터 $b=1,\ 2,\ 3$인 경우, 격자 입방체의 앞면에 평행한 평면인 L_1, L_2, L_3층에 대응하는 점 (b, r, d)에 이르는 경로들의 수이다.

좌표 r과 d는 시작점 S로부터 격자 위에서 오른쪽과 아래 격자점까지의 거리이다.

또한 이 거리들은 점 (b, r, d)에 이르는 경로의 수에 대응하는 수 삼각형에서의 위치를 의미한다.

T_b는 수 삼각형이고, 시작점 S로 부터 뒤로의 거리는 b이다.

위의 수 삼각형들에 그려진 상자 안의 수들은 특정한 사각 격자,$1\times1\times1$, $2\times2\times2$, $3\times3\times3$에 대응하는 경로의 수들이다.

밑줄 친 수들은 입방체들에서 각각 (1, 1, 1), (2, 2, 2), (3, 3, 3)에 이르는 수들과 같다.

일반적으로, 입방체 격자에서 시작점 S로부터 뒤쪽-오른쪽-아래, 어떤 점 P(b, r, d)까지의 최단 경로의 수는 공식 $C(b+r+d,\ b)\cdot C(r+d,\ r)$이다.

4차원 $n\times n\times n\times n$ 격자에서 길이 $4\cdot n$의 경로의 수는

$\text{combfact}(4,\ n)=C(4n,\ n)\cdot C(3n,\ n)\cdot C(2n,\ n)\cdot C(n,\ n)$**이다.**

분할 초평면을 가로지르지는 않지만 지나는 최단 경로의 수는

$$\frac{C(4n,\ n)\cdot C(3n,\ n)\cdot C(2n,\ n)\cdot C(n,\ n)}{n+1}$$ 이다.

…

d**차원** $n\times n\times n\times\ldots\times n$ (d중쌍) 격자에서 길이 $d\cdot n$의 경로의 수는

combfact$(d,\ n)$

$=C(dn,\ n)\cdot C((d-1)n,\ n)\cdot C((d-2),\ n)\cdot\ \cdots\ \cdot C(3n,\ n)\cdot C(2n,\ n)\cdot C(n,\ n)$

이다.

끝난 것이 아니다.

-여러분이 할 수 있는 발견에는 끝이 없을 수도 있다.

준비가 되었으면 S에서 점 (b, r, d, o)까지의 4-D 격자의 최단 경로 수에 대한 공식을 개발하자. (b, r, d, o는 점의 위치를 찾기 위한 방향으로 뒤로, 오른쪽, 아래로, 밖으로 참조).

1

1 1

1 2 1

1 3 3 1

1 4 6 4 1

1 5 10 10 5 1

1 6 15 20 15 6 1

1 7 21 35 35 21 7 1

1 8 28 56 70 56 28 8 1

1 9 36 84 126 126 84 36 9 1

1 10 45 120 210 252 210 120 45 10 1

파스칼의 삼각형을 표현하는 대안

1

1 10

1 9 45

1 8 36 120

1 7 28 84 210

1 6 21 56 126 252

1 5 15 35 70 126 210

1 4 10 20 35 56 84 120

1 3 6 10 15 21 28 36 45

1 2 3 4 5 6 7 8 9 10

1 1 1 1 1 1 1 1 1 1 1

수열의 수

삼각수 (파스칼 삼각형 2열, 자연수의 부분합, $\frac{n(n+1)}{2}$)

1, 3, 6, 10, 15, 21, 28, 36, 45, 55, 66, 78, 91, 105, 120, 136, 153, 171, 190, ⋯

사각수 ($n^2 = T_n + T_{n-1}$)

1, 4, 9, 16, 25, 36, 49, 64, 81, 100, 121, 144, 169, 196, 225, 256, 289, 324, ⋯

오각수 ($n^2 + T_{n-1} = T_n + 2T_{n-1}$)

1, 5, 12, 22, 35, 51, 70, 92, 117, 145, 176, 210, 247, 287, 330, 376, 425, 477, ⋯

육각수 ($T_n + 3T_{n-1}$)

1, 6, 15, 28, 45, 66, 91, 120, 153, 190, 231, 276, 325, 378, 435, 496, 561, 630, ⋯

칠각수 ($T_n + 4T_{n-1}$)

1, 7, 18, 34, 55, 81, 112, 148, 189, 235, 286, 342, 403, 469, 540, 616, 697, 783, ⋯

팔각수 ($T_n + 5T_{n-1}$)

1, 8, 21, 40, 65, 96, 133, 176, 225, 280, 341, 408, 481, 560, 645, 736, 833, 936, ⋯

구각수 ($T_n + 6T_{n-1}$)

1, 9, 24, 46, 75, 111, 154, 204, 261, 325, 396, 474, 559, 651, 750, 856, 969, ⋯

십각수 ($T_n + 7T_{n-1}$)

1, 10, 27, 52, 85, 126, 175, 232, 297, 370, 451, 540, 637, 742, 855, 976, 1105, ⋯

▶

사면체수 (삼각뿔수, 파스칼 삼각형의 3열, 3차원, $T_{n+1} \cdot \frac{n}{3}$)

1, 4, 10, 20, 35, 56, 84, 120, 165, 220, 286, 364, 455, 560, 680, 816, 969, 1140, ⋯

사각뿔수 (제곱수의 부분합, $t_n + t_{n-1}$)

1, 5, 14, 30, 55, 91, 140, 204, 285, 385, 506, 650, 819, 1015, 1240, 1496, 1785, ⋯

오각뿔수 (오각수의 부분합, $t_n + 2 \cdot t_{n-1}$)

1, 6, 18, 40, 75, 126, 196, 288, 405, 550, 726, 936, 1183, 1470, 1800, 2176, ⋯

육각뿔수 (육각수의 부분합, $t_n + 3 \cdot t_{n-1}$)

1, 7, 22, 50, 95, 161, 252, 372, 525, 715, 946, 1222, 1547, 1925, 2360, 2856, ⋯

오각수 (파스칼 삼각형 4열, 4차원 단체(simplex), 역시 $t_{n+1} \cdot \frac{n}{4}$)

1,5, 15, 35, 70, 126, 210, 330, 495, 715, 1001, 1365, 1820, 2380, 3060, 3876, ⋯

육각수 (4차원 다면체, 사각뿔 수의 부분합, $(t_n)^2 - t_{n-1} \cdot t_{n+1}$)

1, 6, 20, 50, 105, 196, 336, 540, 825, 1210, 1716, 2366, 3185, 4200, 5440, 6936, ⋯

5차원 단체 수 (파스칼 삼각형 5열, 5차원 단체, $\mathrm{C}(n+4, 5)$)

1, 6, 21, 56, 126, 252, 462, 792, 1287, 2002, 3003, 4368, 6188, 8568, 11626, ⋯

삼각뿔대 수(오각뿔수와 같음)

입방체수(n^3)

1, 8, 27, 64, 125, 216, 343, 512, 729, 1000, 1331, 1728, 2197, 2744, 3375, ⋯

중심 삼각수($3T_{n-1}+1$, **단,** $n=0, 1, 2, 3, \cdots$ **그리고** $T_0=0$**이다.**)

1, 4, 10, 19, 31, 46, 64, 85, 109, 136, 166, 199, 235, 274, 316, 361, 409, 460, ⋯

중심 사각수($4T_{n-1}+1$)

1, 5, 13, 25, 41, 61, 85, 113, 145, 181, 221, 265, 313, 365, 421, 481, 545, 613, ⋯

중심 오각수($5T_{n-1}+1$)

1, 6, 16, 31, 51, 76, 106, 141, 181, 226, 276, 331, 391, 456, 526, 601, 681, 766, ⋯

중심 육각수($6T_{n-1}+1$)

1, 7, 19, 37, 61, 91, 127, 169, 217, 271, 331, 397, 469, 547, 631, 721, 817, 919, ⋯

중심 팔각수(홀수 사각수(제곱수), 역시 $8T_{n-1}+1$)

1, 9, 25, 49, 81, 121, 169, 225, 289, 361, 441, 529, 625, 729, 841, 961, 1089, ⋯

중심 십각수(삼각수에 1**을 더한다. 다시 말해서,** $10T_{n-1}+1$)

1, 11, 31, 61, 101, 151, 211, 281, 363, 451, 551, 661, 781, 911, 1051, 1201, 1361, ⋯

▶

카탈란 수($\frac{C(2n, n)}{n+1}$)

1, 2, 5, 14, 42, 132, 429, 1430, 4862, 16796, 58786, 208012, 742900, 2674440, ⋯

피보나치 수 ($F_n=F_{n-1}+F_{n-2}$, **단,** $F_1=1$, $F_2=1$**이다.**)

1, 1, 2, 3, 5, 8, 13, 21, 34, 55, 89, 144, 233, 377, 610, 987, 1597, 2584, 4181, 6765, ⋯

루카스 수($L_n=L_{n-1}+L_{n-2}$, **단,** $L_1=1$, $L_2=3$**이다.**)

1, 3, 4, 7, 11, 18, 29, 47, 76, 123, 199, 322, 521, 843, 1364, 2207, 3571, 5778, 9349, …

▶

중심 사면체 수(3차원, $(1, 4, 6, 4) \cdot (C(n, 0), C(n, 1), C(n, 2), C(n, 3)))$

1, 5, 15, 35, 69, 121, 195, 295, 425, 589, 791, 1035, 1325, 1665, 2059, 2511, 3025, …

중심 삼각뿔 수(3차원, $3 \cdot t_{n-1} + n$)

1, 5, 15, 34, 65, 111, 175, 260, 369, 505, 671, 870, 1105, 1379, 1695, 2056, 2465, …

중심 사각뿔 수(3차원, 팔각형 수와 같음, $4 \cdot t_{n-1} + n$)

1, 6, 19, 44, 85, 146, 231, 344, 489, 670, 891, 1156, 1469, 1834, 2255, 2736, 3281, …

중심 오각뿔 수(3차원, $5 \cdot t_{n-1} + n$)

1, 7, 23, 54, 105, 181, 287, 428, 609, 835, 1111, 1442, 1833, 2289, 2815, 3416, 4097, …

중심 육각뿔 수(3차원, 육각형 수와 같음, $6 \cdot t_{n-1} + n = n^3$)

1, 8, 27, 64, 125, 216, 343, 512, 729, 1000, 1331, 1728, 2197, 2744, 3375, 4096, 4913, …

파스칼 삼각형 안의 가려진 소수

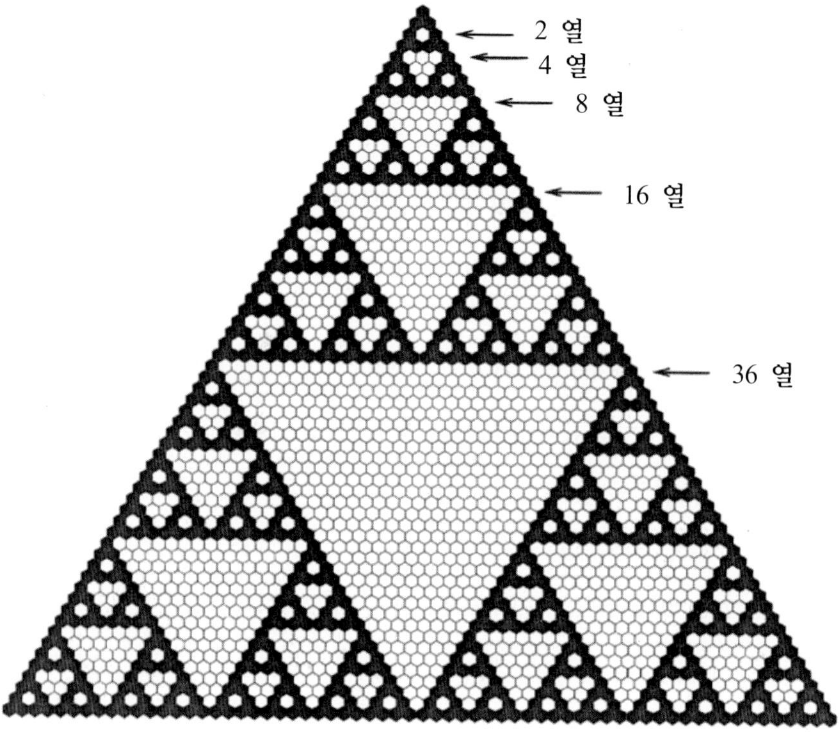

2의 배수는 이 파스칼 삼각형의 흰색 성분이다.

소수 배수에 해당하는 성분은 흰색으로 표시하고 나머지 성분은 검은색으로 표시할 때 다음 페이지의 그림에서 파스칼 삼각형의 패턴을 조사하시오.

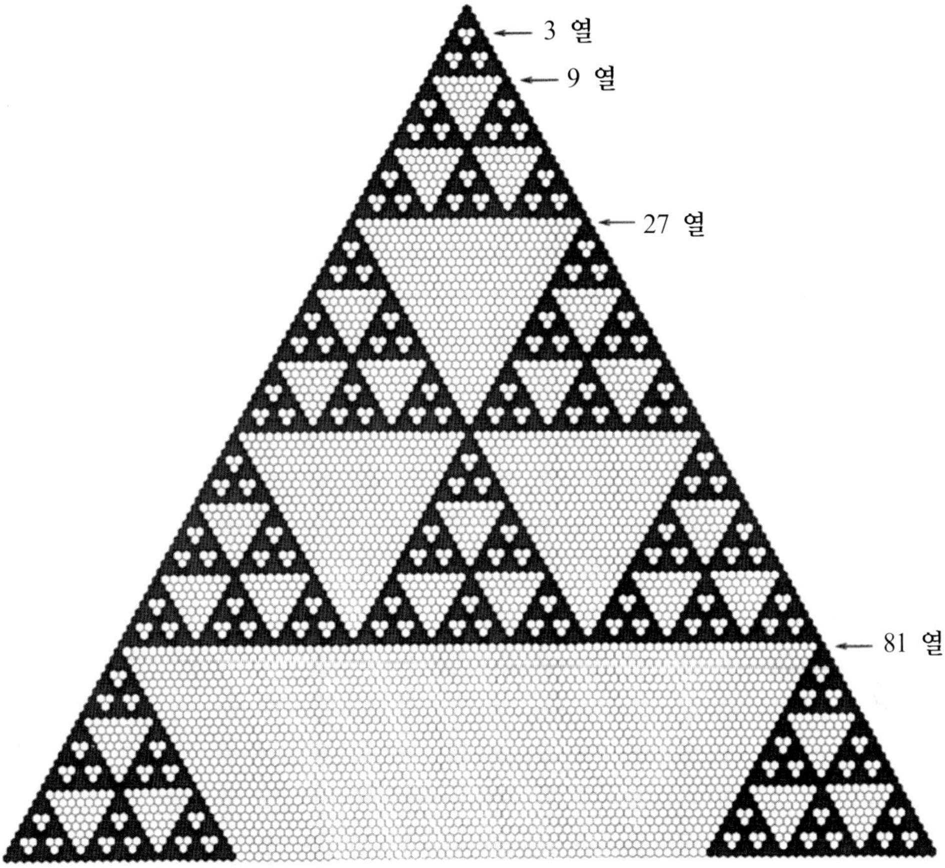

3의 배수는 이 파스칼 삼각형의 흰색 성분이다.

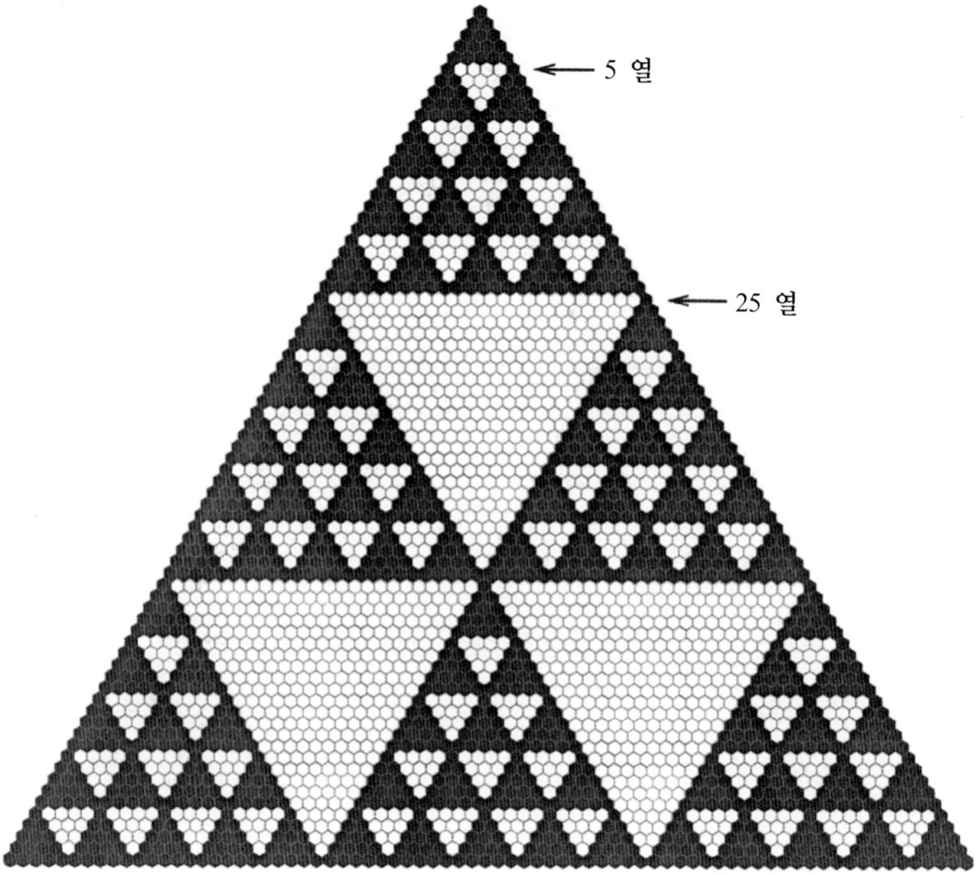

5의 배수는 이 파스칼 삼각형의 흰색 성분이다.

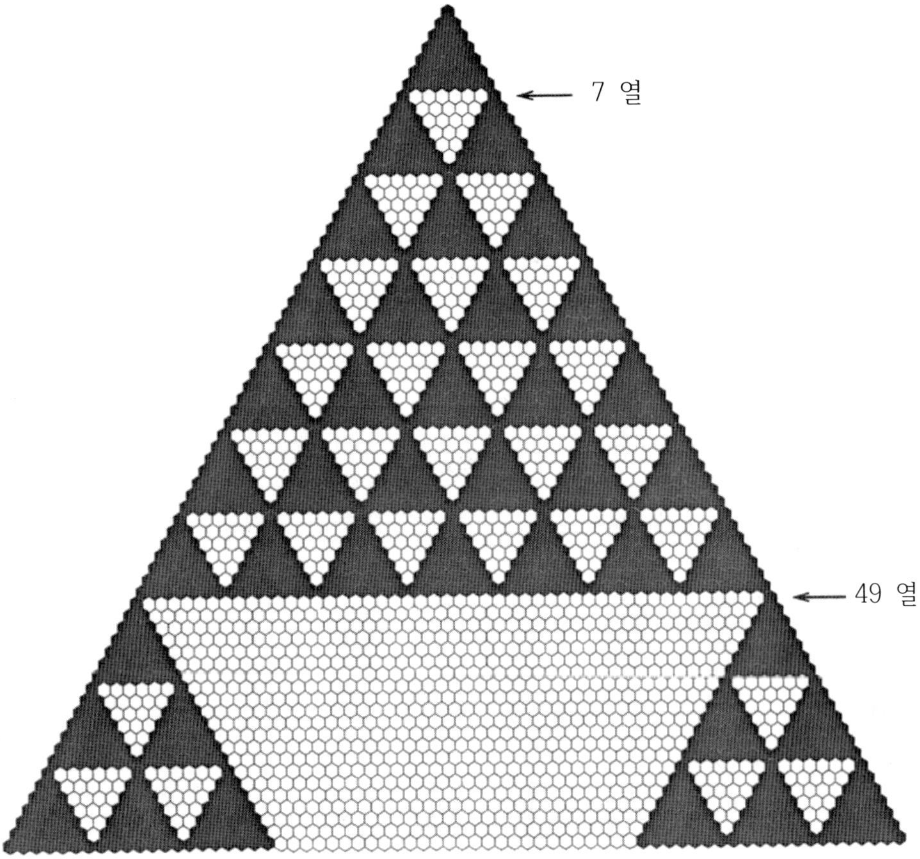

7의 배수는 이 파스칼 삼각형의 흰색 성분이다.

임의의 행에서 행의 수가 소수 또는 소수의 거듭 제곱이면 첫 번째와 마지막 성분을 제외한 모든 성분을 소수로 나눌 수 있다.

파스칼 삼각형의 23번째 행 - 각 성분의 소인수분해

1		
23		소수
253	=	11 • 23
1 771	=	7 • 11 • 23
8 855	=	5 • 7 • 11 • 23
33 649	=	7 • 11 • 19 • 23
100 947	=	3 • 7 • 11 • 19 • 23
245 157	=	3 • 11 • 17 • 19 • 23
490 314	=	2 • 3 • 11 • 17 • 19 • 23
817 190	=	2 • 5 • 11 • 17 • 19 • 23
1 144 066	=	2 • 7 • 11 • 17 • 19 • 23
1 352 078	=	2 • 7 • 13 • 17 • 19 • 23
1 352 078	=	2 • 7 • 13 • 17 • 19 • 23
1 144 066	=	2 • 7 • 11 • 17 • 19 • 23
817 190	=	2 • 5 • 11 • 17 • 19 • 23
490 314	=	2 • 3 • 11 • 17 • 19 • 23
245 157	=	3 • 11 • 17 • 19 • 23
100 947	=	3 • 7 • 11 • 19 • 23
33 649	=	7 • 11 • 19 • 23
8 855	=	5 • 7 • 11 • 23
1 771	=	7 • 11 • 23
253	=	11 • 23
23		소수
1		

파스칼 삼각형의 23행에 있는 모든 성분은 첫 번째 성분과 마지막 성분인 1을 제외하고 23으로 나눌 수 있다.

모든 행에서 행의 수가 소수이면 첫 번째 및 마지막 성분을 제외한 모든 성분을 행의 수로 나눌 수 있다.

파스칼 삼각형의 52번째 행

1 = C(52, 0)
52 = C(52, 1)
1 326 = C(52, 2)
22 100 = C(52, 3)
270 725 = C(52, 4)

52장의 카드 한 벌에서 무작위로 선택한 5장의 카드 조합이다.

2 598 960 = C(52, 5)
20 358 520 = C(52, 6)
133 784 560 = C(52, 7)
752 538 150 = C(52, 8)
3 679 075 400 = C(52, 9)
15 820 024 220 = C(52, 10)
60 403 728 840 = C(52, 11)
206 379 406 870 = C(52, 12)

13개의 카드를 선택할 수 있는 여러 가지 방법이 있다. 선택한 13장의 카드가 모두 같은 무늬 인 경우는 4 가지 방법 뿐이다.

635 013 559 600 = C(52, 13)
1 768 966 344 600 = C(52, 14)
4 481 381 406 320 = C(52, 15)
10 363 194 502 115 = C(52, 16)
21 945 588 357 420 = C(52, 17)
42 671 977 361 650 = C(52, 18)
76 360 380 541 900 = C(52, 19)
125 994 627 894 135 = C(52, 20)
191 991 813 933 920 = C(52, 21)
270 533 191 634 160 = C(52, 22)
352 870 329 957 600 = C(52, 23)
426 384 982 032 100 = C(52, 24)
477 551 179 875 952 = C(52, 25)

거의 496조개의 방법을 선택할 수 있다.

495 918 532 948 104 = C(52, 26)
477 551 179 875 952 = C(52, 27)
426 384 982 032 100 = C(52, 28)
352 870 329 957 600 = C(52, 29)
270 533 191 634 160 = C(52, 30)
191 991 813 933 920 = C(52, 31)
125 994 627 894 135 = C(52, 32)
76 360 380 541 900 = C(52, 33)
42 671 977 361 650 = C(52, 34)
21 945 588 357 420 = C(52, 35)
10 363 194 502 115 = C(52, 36)
4 481 381 406 320 = C(52, 37)
1 768 966 344 600 = C(52, 38)
635 013 559 600 = C(52, 39)
206 379 406 870 = C(52, 40)
60 403 728 840 = C(52, 41)
15 820 024 220 = C(52, 42)
3 679 075 400 = C(52, 43)
752 538 150 = C(52, 44)
133 784 560 = C(52, 45)

모든 조합의 합은 약 4.5×10^{15}인 2^{52}와 같다.

20 358 520 = C(52, 46)
2 598 960 = C(52, 47)
270 725 = C(52, 48)
22 100 = C(52, 49)
1 326 = C(52, 50)
52 = C(52, 51)
1 = C(52, 52)

색인

에필로그

탐구할 수 있는 광범위한 응용 프로그램과 패턴을 제공했지만 파스칼 삼각형의 모든 측면을 살펴보지 않았다. 탐구할 다른 영역을 찾고 있고 남은 10년이 있다면 파스칼 피라미드의 측면을 고려해보아라. 피라미드의 세 표면은 각각 파스칼 삼각형이다.

피라미드 내부의 각 요소는 바로 위에 있는 세 요소의 합이며 각 요소 수준은 삼항식 $(a+b+c)^n$의 확장 계수를 나타낸다. 즐거운 탐구가 되어라!

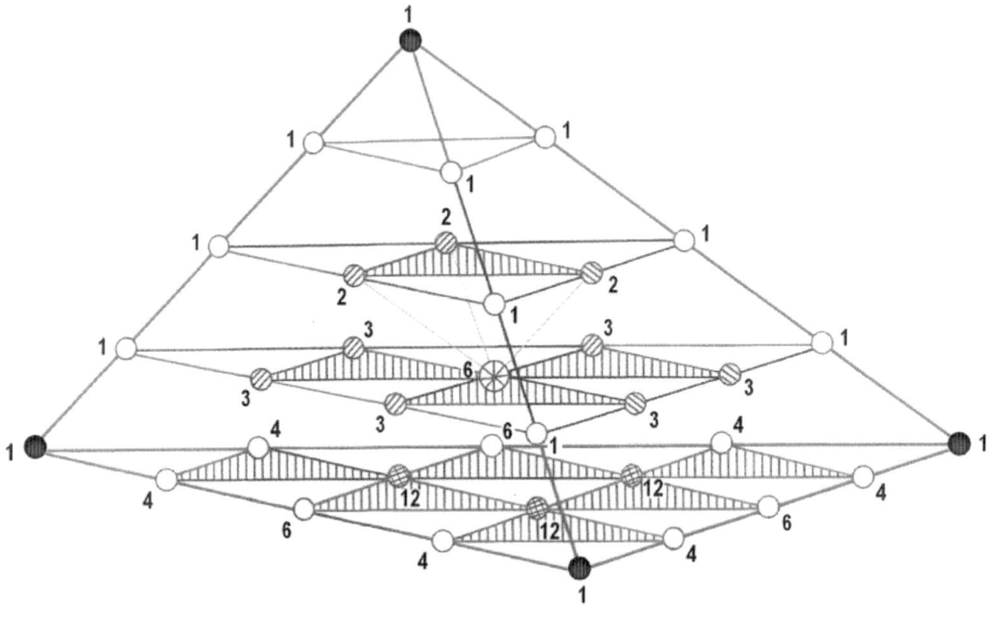

파스칼 피라미드

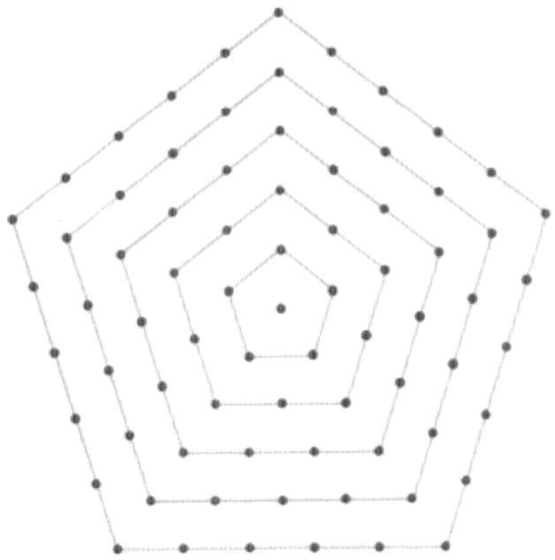

여섯 번째 중심 오각수

$$
\begin{aligned}
{}^{C}P_6 &= 1+5+10+15+20+25 \\
&= 1+5(1+2+3+4+5) \\
&= 1+5\times 15 \\
&= 76
\end{aligned}
$$

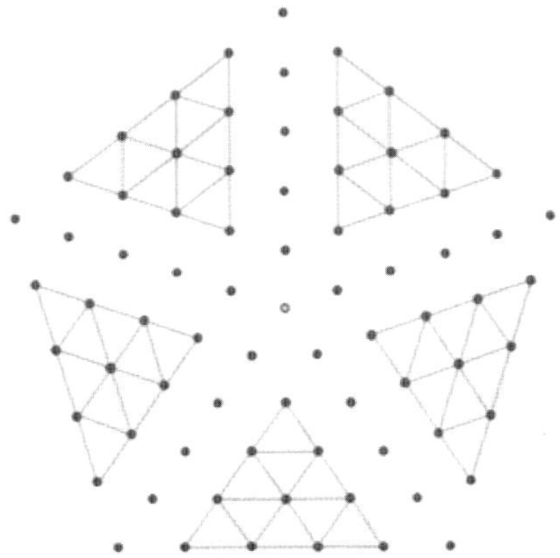

$${}^{C}P_6 = 5T_4 + 5(6-1) + 1$$

일반적으로 다음이 성립한다.

$${}^{C}P_n = 5T_{n-2} + 5(n-1) + 1$$

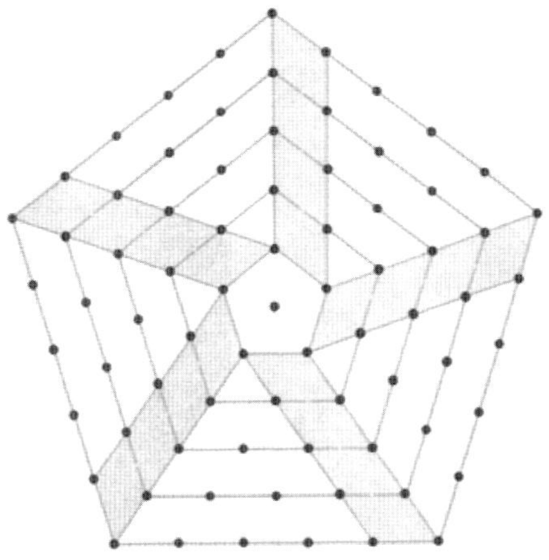

$${}^{C}P_6 = 5T_5 + 1$$

일반적으로 다음식이 성립한다.

$${}^{C}P_n = 5T_{n-1} + 1$$

저자 소개

토마스 M. 그린(Thomas M. Green)은 뉴욕 주에서 태어나 펜실베니아, 텍사스, 캘리포니아에서 자랐다. 그는 1962년 롱 비치에 있는 캘리포니아 주립대 학교에서 수학 석사 학위를 받았다. 그는 1960년대 말과 1970년대 초에 수학 및 컴퓨터 과학 분야의 두 개의 다른 국립 과학 재단 프로젝트에서 펠로우로 스탠포드 대학에서 대학원 과정을 마쳤다. 그는 여러 수학적 논문, 교과서, 파스칼 삼각형, 1986 (찰스 L. 햄버그(Charles L. Hamberg)와 공동으로) 및 텍사스 홀뎀 포커 교재(Texas Hold 'Em Poker Textbook, 2010)이라는 책을 저술하였다. 미국 수학 협회 회원 톰(Tom)은 콘트라 코스타 대학교(Contra Costa College)에서 수학 명예 교수로 재직하고 있다. 그는 아내 산드라(Sandra)와 함께 캘리포니아에 살고 있다.

찰스 L. 햄버그
1941년 8월~2010년 7월

찰스 L. 햄버그(Charles L. Hamberg)는 일리노이 주 록 포드 외곽의 작은 마을인 스틸만 골자기(Stillman Valley(에서 자랐다. 북 일리노이 대학교(Northern Illinois University)를 졸업 한 후 그는 수학 석사 학위를 받았다.그는 시카고의 루이스 국립 대학교(National Louis University)에서 고급 연구 자격증을 취득하였다. 그는 1983년에 일리노이 주에서 수학 교육 우수상 대통령상을 수상했으며 교육 부문에서 황금사과상(Golden Apple Award)을 수상했다. 척(Chuck)은 애들레이 E 스티븐슨(Adlai E. Stevenson) 고등학교에서 오랫동안 수학 교사였습니다. 링컨셔, 일리노이 수학 과학 아카데미, 오로라(Lincolnshire, Illinois Mathematics & Science Academy, Aurora), 여러 수학 교과서의 공동 저자이다. . 일리노이주 위원회와 국립 수학 교사 협의회를 포함한 몇몇 수학 단체의 회원이다. 아내 델라(Della)와 아들 존(Jon)이 현재 살고 있다.